JIANGDU KEY WATER CONSERVANCY PROJECT CHRONICLES

江都水利枢纽志（第三版）

《江都水利枢纽志（第三版）》编纂委员会◎编

河海大学出版社
HOHAI UNIVERSITY PRESS
·南京·

图书在版编目(CIP)数据

江都水利枢纽志 / 《江都水利枢纽志(第三版)》编纂委员会编. -- 3版. -- 南京 : 河海大学出版社, 2023.11

ISBN 978-7-5630-8382-4

Ⅰ. ①江… Ⅱ. ①江… Ⅲ. ①水利枢纽-概况-江都 Ⅳ. ①TV632.533

中国国家版本馆CIP数据核字(2023)第185709号

书　　名　江都水利枢纽志(第三版)
　　　　　JIANGDU SHUILI SHUNIU ZHI
书　　号　ISBN 978-7-5630-8382-4
责任编辑　吴　淼
特约编辑　夏无双　汤思语
特约校对　丁　甲
装帧设计　林云松风
出版发行　河海大学出版社
地　　址　南京市西康路1号(邮编:210098)
电　　话　(025)83737852(总编室)
　　　　　(025)83722833(营销部)
经　　销　江苏省新华发行集团有限公司
排　　版　南京布克文化发展有限公司
印　　刷　南京凯德印刷有限公司
开　　本　787毫米×1092毫米　1/16
印　　张　30.25
插　　页　11
字　　数　732千字
版　　次　2023年11月第1版
印　　次　2023年11月第1次印刷
定　　价　150.00元

江都水利枢纽航拍图

源头纪念碑

江都第一抽水站

江都第二抽水站

江都抽水站变电所

江都第三抽水站

江都第四抽水站

万福闸

太平闸

金湾闸

江都东闸

江都西闸

芒稻闸

送水闸

运盐闸、邵仙闸洞、邵仙套闸

邵伯闸

宜陵闸

宜陵北闸

迎宾大道

花影相伴

一泓清水北上文化石

万福闸鱼道

枫叶红了

咏源文化长廊

江都水利枢纽展览馆（一）

江都水利枢纽展览馆（二）

江都水利枢纽展览馆（三）

江苏新时代治水展示馆（一）

江苏新时代治水展示馆（二）

节水文化园一隅

节水文化园展厅

水闸科普园

江都水利枢纽集控中心

精细化管理丛书

为表彰在促进科学技术进步工作中做出重大贡献，特颁发此证书，以资鼓励。

证　书

获奖项目：大型泵站单泵测流

获奖单位：江苏省江都水利工程管理处等

奖励等级：三　等

奖励日期：一九八五年

85-50-3-009-2

国家科学技术进步奖
评审委员会

“大型泵站单泵测流”项目获“国家科学技术进步奖”三等奖

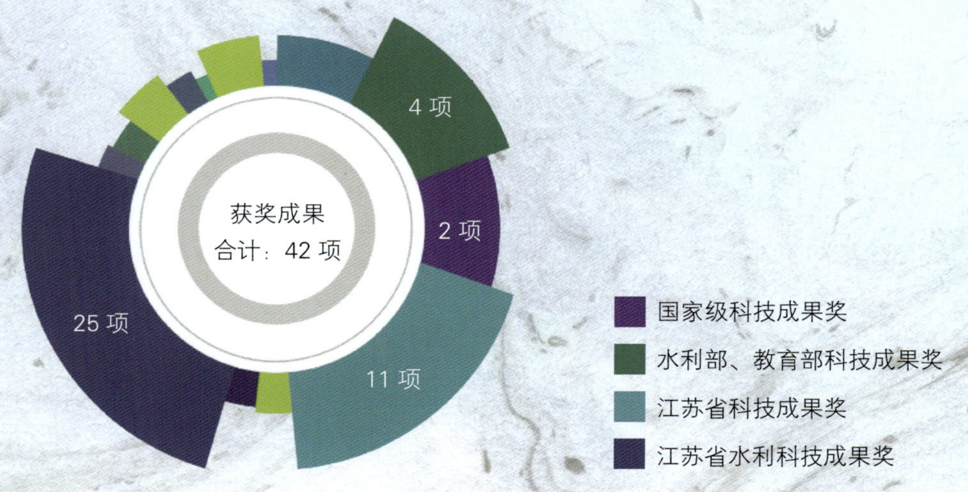

水利部科学技术进步奖

荣誉证书

为表彰在促进水利科学技术进步工作中做出重大贡献特颁发此证书，以资鼓励。

获奖项目：江都第一抽水站主泵改型研究

获奖单位：江苏省江都水利工程管理处

奖励等级：三　等

证 书 号：S973057-D02

奖励日期：1997年08月25日

中华人民共和国水利部

“江都第一抽水站主泵改型研究”获“水利部科学技术进步奖”三等奖

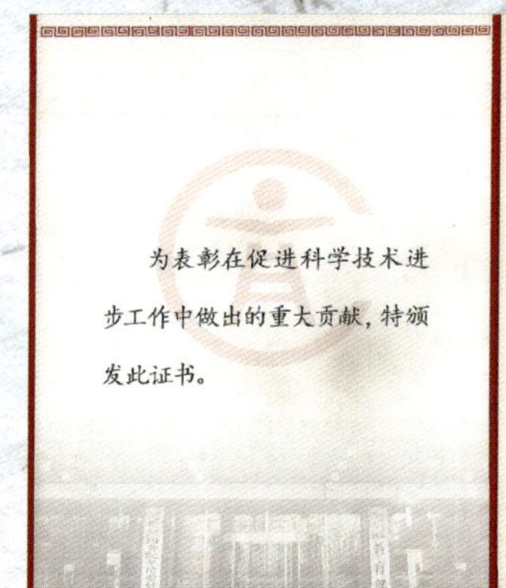

为表彰在促进科学技术进步工作中做出的重大贡献，特颁发此证书。

高等学校科学研究优秀成果奖
（科学技术）

证书

项目名称：大型轴流泵站高效安全关键技术及应用

奖励类别：科学技术进步奖

奖励等级：二等奖

获 奖 者：江苏省江都水利工程管理处

教育部

2021年3月24日

证书编号：2020-264-D05

“大型轴流泵站高效安全关键技术及应用”获“教育部科学技术进步奖”二等奖

源头精神堡垒

流韵雕塑

江石溪碑亭

淮河归江文化石

法治文化园长廊

廉政文化长廊

法治文化示范点

淮河归江十坝文化长廊

江淮明珠

田纪云
一九九五年六月三日

興修水利
造福百代

为江都水利枢纽工程书
一九九四年四月九日
胡绳

치산 치수는 천하지
대본이다.
치수사업을 잘하여
어미지향으로 만들고
대홍수를 이겨낸것은
공산당의 령도밑에
이룩된 인민들의
위대한 힘의 과시이며
사회주의 대승리이다.

김일성
1991. 10. 13.

治山治水乃天下之大事，搞好治水工作，建設魚米之鄉，戰勝洪澇災害，這顯示了在中國共產黨領導下人民的偉大力量，是社會主義的巨大勝利。

金日成

敬錄一九九一年十月十三日金日成參觀江都水利樞紐時題詞

南水北调第一站

张本光 一九九六年

泽被万代

江都水利枢纽工程

朱穆之 一九八八年十月

江水北调 造福人民

江都水利枢纽

陈俊生题

别须和田

一九六四年七月十三日晨 郭沫若

江淮明珠

全国文明单位

中央精神文明建设指导委员会
二〇〇五年十月

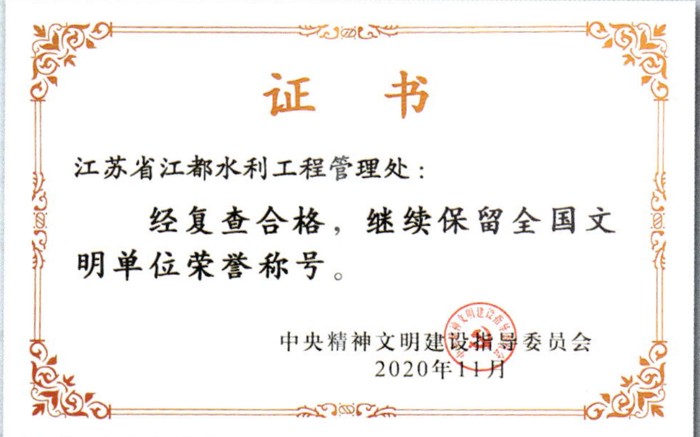

证　书

江苏省江都水利工程管理处：

经复查合格，继续保留全国文明单位荣誉称号。

中央精神文明建设指导委员会
2020年11月

江都管理处 2005—2020 年连续六次被中央文明委授予“全国文明单位”称号

2011 年 7 月，中共中央组织部授予江都管理处党委“全国先进基层党组织”称号

2012 年 1 月，江都水利枢纽工程被中国土木工程学会评为“百年百项杰出土木工程”

1982 年 11 月，江都抽水站被授予“国家优质工程金奖”

1982年11月，江都抽水站被水利电力部授予“优质工程奖”

1991年10月，江都抽水站被水利部评为“部一级管理单位”

2015年11月，江都管理处高分通过水利部“国家级水利工程管理单位”考核

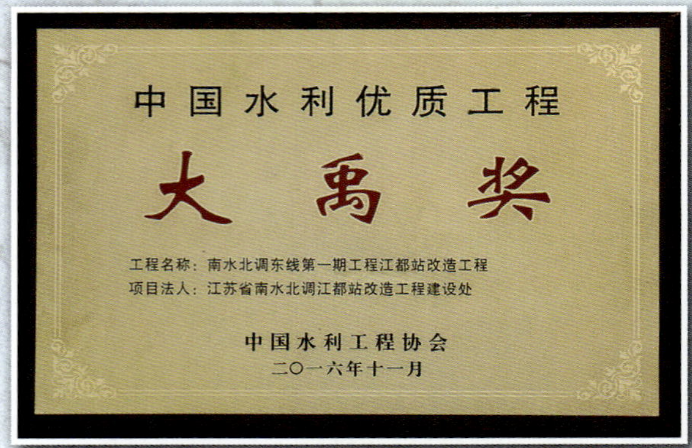

2016年11月，江都站改造工程被中国水利工程协会授予“中国水利工程优质（大禹）奖”

水利安全生产标准化
一级单位
中华人民共和国水利部
二〇一六年十二月

2016年12月，江都管理处高分通过水利部安全生产标准化一级单位核查

2021年9月，江都管理处荣获第四届“中国质量奖提名奖”

1997 年 5 月，江都管理处被水利部评为“文明服务示范单位”

2005 年 12 月，江都管理处被人事部和水利部评为“全国水利系统先进集体”

2019 年 3 月，江都管理处被水利部、共青团中央、中国科协评为“国家水情教育基地”

2001 年 9 月，江都管理处被水利部确定为首批“国家水利风景区”

2008 年 4 月，江都管理处被中华全国总工会授予“全国五一劳动奖状”

2021 年 12 月，江都管理处被中共中央宣传部评为“全国爱国主义教育示范基地”

江都水利枢纽工程位置图

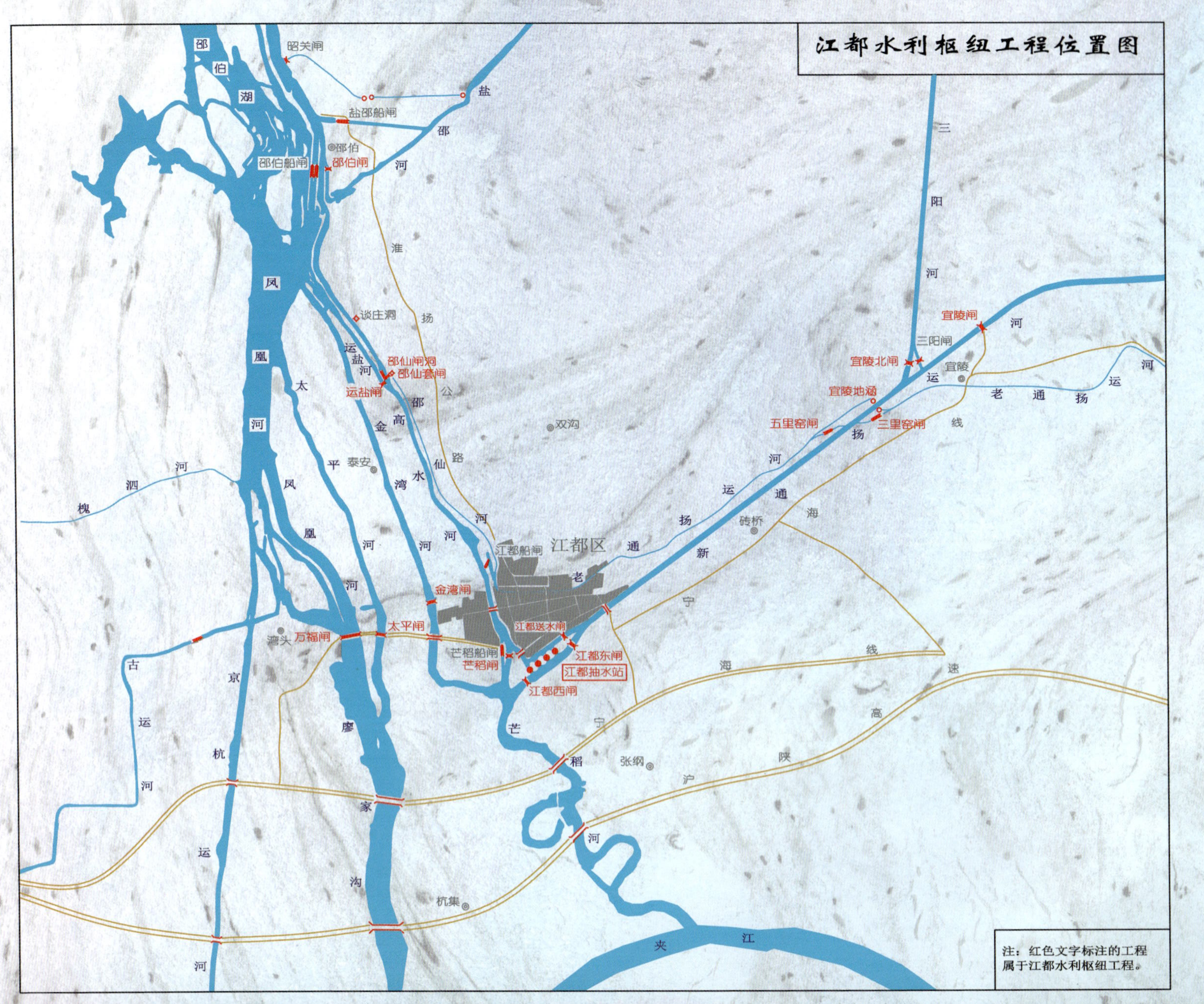

注：红色文字标注的工程属于江都水利枢纽工程。

《江都水利枢纽志》编纂委员会

（2000.9—2001.4）

主任委员 陈学富

副主任委员 汤正军

委　　员 郭永田　王葆青　陈庆山　徐正元　张顺民　史建华　张国琪　孙汉明　沈宏平　凌　平　朱福保　冷其江

主　　编 汤正军

副 主 编 沈宏平　张国琪

统　　稿 沈宏平　张国琪

编　　辑 董　毅　夏　炎　李　丽　于德才

《江都水利枢纽志》编纂委员会

(2001.4—2003.9)

《江都水利枢纽志》（第二版）编纂委员会
（2003—2012）

《江都水利枢纽志》（第三版）编纂委员会

（2013—2022）

《江都水利枢纽志》撰写分工情况

概　述	荣迎春　沈宏平　夏　炎
第一章　工程规划	沈宏平　张国琪
第二章　泵站工程	汤正军　滕海波　李尚红 金宏宽　汤　泳　沙新建 朱玉兵　朱建军
第三章　配套工程	董　毅　张国琪　游善江 姚文泉
第四章　技术管理	董　毅　朱福保　冷其江 刘庆龙　洪修文　姚文泉
第五章　工程效益	张国琪
第六章　科技教育	孙汉明　陈笃俊
第七章　综合经营	王葆青　施之玄
第八章　管理机构与队伍	郭永田　史建华　戴　威 黄玲英　汤　亮
第九章　行政管理	沈宏平　凌　平　王雪芳 樊　旭　张正安　姚爱群 孙才寿　于德才
第十章　人　文	史建华　戴　威　姚爱群
附　录	张国琪　董　毅　夏　炎 姚文泉　范顺芳
绘　图	滕海波　董　毅
摄　影	刘绵喜　夏　炎

《江都水利枢纽志》（第二版）撰写分工情况

概　述	辛华荣
第一章　工程规划	汤正军　雍成林
第二章　泵站工程	汤正军　雍成林　刘瑞生　华　骏　朱承明　孙振华
第三章　配套工程	魏强林　雍成林　周灿华　孙广荣　叶建琴
第四章　入江水道工程	周灿华　蔡　平　董　毅
第五章　技术管理	雍成林　龚维明　丁小锋　董　毅　黄春华
第六章　工程效益	雍成林　孙正兰　张晓英
第七章　科技教育	夏　炎　严光华
第八章　综合经营	王葆青　袁长治
第九章　管理机构与队伍	徐　明　夏　炎
第十章　行政管理	王雪芳　李　丽　樊　旭　肖建华　朱建军　姚爱群
第十一章　人　文	夏　炎　范顺芳
附　录	周灿华　穆　梅
绘　图	范顺芳　缪慧丽　胡安静
摄　影	张　斌

《江都水利枢纽志》（第三版）撰写分工情况

概　述	钱邦永
第一章　工程规划	钱邦永　周灿华　华　骏
第二章　泵站工程	华　骏　刘　刚　霍安新　阚永庚 薛井俊　刘瑞生　匡　正　姚文泉
第三章　配套工程	周灿华　华　骏　李尚红　董晓军 邵　林　朱承明　汤建忠
第四章　淮河入江水道归江控制工程	周灿华　李　扬　田磊磊
第五章　技术管理	樊　旭　徐　宁　叶建琴　倪　波 匡　正　王　成　傅　华　曹　云 刘媛媛
第六章　工程效益	王　成　王　江　肖　璐　李江艳
第七章　科技创新	周灿华　华　骏　朱承明　袁志波 王龙飞　商梦月
第八章　对外服务	王雪芳　冷其江　钱利华　孙岚清 韩　猛　滕　敏
第九章　党建和精神文明建设	朱建军　周　洁　孙正兰　孔　恺 许　媛　张　鹏　颜　蔚　商梦月
第十章　行政管理	孙广荣　蔡　平　吉　庆　肖建华 张　晖　陈　葆　顾　芸　唐　亮 严静慧　张　扬　郜　雅　陆　蓉
第十一章　文化建设	张　敏　颜　蔚　朱田恬
附　录	姚文泉　范顺芳　穆　梅
绘　图	周　颖
摄　影	张　斌

凡　例

一、本志贯彻党的理论方针政策，遵照国家志书出版法律法规和有关规范，实事求是地记述江都水利枢纽的历史，传承好水文化。

二、本志记事年限，上限从1958年“引江济淮，江水北调”跨流域调水规划开始，本次编写，下限记到2022年底，为了保持内容的完整性，部分内容延伸至2023年5月底。

三、本志横排竖写，纵横结合。全志设概述、11章49节和附录。概述位于正文之首，为全志的窗口；正文一般设章、节、目、子目4个层次，辅以图、表；采用编年体与纪事本末体相结合，按时序编排。

四、本志历史纪年均采用公元纪年。

五、本志所记高程，采用“废黄河零点”。

六、本志中五里窑闸原称五里窑船闸、三里窑闸原称宜陵船闸。

七、为了行文简略，本志所提省，均特指江苏省；省厅、厅均指江苏省水利厅；管理处指江苏省江都水利工程管理处。

八、本志资料主要来自档案记载、部门提供，有些资料是与有关当事人座谈、采访获得，并参考《江苏省志·水利志》。

序　一

江都水利枢纽是一个大型的水利工程，有灌溉、供水、排涝、泄洪、通航、发电、改善生态环境等综合性功能。它既是整个淮河治理工程体系的一个重要组成部分，又是江水北调工程体系的龙头。

新中国成立不久，毛泽东主席发出了“一定要把淮河修好”的伟大号召，党中央、国务院对治理淮河作出了重要部署，江苏人民迅速掀起了第一次治淮高潮，兴建了一大批治淮防洪骨干工程。同时，淮北地区干旱缺水的矛盾逐渐显现，“淮河用水不可靠，长江有水用不到”，“江水北调”的重大构想也从此启动。在党中央、国务院的亲切关怀下，举世瞩目的江都水利枢纽工程从1961年破土动工，历经17年建设，40年运行，从规划布局、设计施工，到运行管理，堪称江苏乃至全国治水的典范，是江苏水利的瑰宝，江苏人民的骄傲。

江都水利枢纽工程贯穿江淮两大流域，沟通京杭运河，连接新老通扬运河及里下河水系，实现了江水北调、江淮互济。江都水利枢纽建成运行以来，已累计抽引江水1 000亿 m^3，自流引江水950亿 m^3，安全泄洪9 000亿 m^3，排涝300亿 m^3，不仅大大促进了里下河地区和淮北地区农业耕作制度的变革，而且有效地解决了苏北地区水资源紧缺问题，为江苏特别是苏北地区的经济社会发展作出了巨大贡献。

《江都水利枢纽志》是目前江苏省第一部大型水利工程志，它内容全面系统，资料翔实丰富，全面记载了江都水利枢纽工程的发展历程，系统总结了工程建设与管理的经验和教训，为全面了解江都水利枢纽工程，进而了解江苏治水历史和治水成就提供了重要窗口，具有较高的存史价值。相信这部书的编撰完成，对于提升江苏水利工程的建设与管理水平，促进江苏水利现代化建设，将会发挥重要的借鉴作用。

江苏省副省长　黄莉新

2004年4月

序　二

在国家南水北调东线工程全面实施和新一轮治淮建设高潮到来之际，《江都水利枢纽志》出版问世了，这是全省水利事业发展中值得庆贺的一件事。

新中国成立不久，毛泽东主席就发出了“一定要把淮河修好”的伟大号召，党中央、国务院对治理淮河作出了重要部署，江苏人民由此迅速掀起了第一次治淮高潮，江水北调的重大构想也从此启动。在党中央、国务院的亲切关怀下，举世瞩目的江都水利枢纽工程从1961年破土动工到现在，历经17年建设，40年运行，为江苏特别是为苏北地区的经济社会发展作出了巨大贡献，创造了辉煌夺目的成就。江都水利枢纽工程从规划布局、设计施工，到运行管理，堪称江苏乃至全国治水的典范，是江苏水利的瑰宝，江苏人民的骄傲。

江都水利枢纽作为一个特大型的水利工程，具有灌溉、供水、排涝、泄洪、通航、发电、改善生态环境等综合性功能。它既是整个淮河治理工程体系的一个重要组成部分，又是江水北调工程体系的源头。该工程贯穿江淮两大流域，连接里下河水系，实现了江水北调，引江济淮，水资源跨流域调度，优化配置。江都水利枢纽建成运行以来，已累计抽引江水1 000亿m^3，自流引江水950亿m^3，安全泄洪9 000亿m^3，排涝300亿m^3，不仅为淮河洪水下泄和里下河地区排涝提供了安全保障，而且还有效地解决了苏北地区水资源紧缺问题，为这个地区的经济社会加快发展提供了有力的水资源保障。

正在实施的国家南水北调东线工程，是在江苏江水北调工程基础上的扩大和延伸。以江都水利枢纽为源头抽引江水，通过13级泵站和黄河隧道，将长江水输送到山东、河北、天津等地，以缓解我国北方地区水资源严重不足的矛盾。江都水利枢纽经过几十年跨流域、长距离、大流量的调水实践，积累了一套行之有效的水资源调度和水工程管理办法，将为国家南水北调工程的建设管理与运行提供宝贵的经验。相信江都水利枢纽工程建设、管理、运行的实践经验，将会走出江苏，走向全国。

《江都水利枢纽志》上溯工程发端，内容全面系统，资料翔实丰富，全面记载了江都水利枢纽工程的发展历程，系统总结了工程建设与管理的经验和教训，为全面了解江都水利枢纽工程，进而了解江苏治水历史和治水成就提供了重要窗口，具有较高的存史价值。这是江苏省第一部大型水利工程志，相信这部书的编撰发行，对于进一步提升江苏水利工程的建设与管理水平，促进江苏水利现代化建设，将会发挥重要的借鉴作用。

忆往昔，江都水利枢纽铸就了昨天的治水丰碑；看未来，江都水利枢纽还将不辱使命，在国家南水北调工程的伟大实践中，创造更加辉煌的明天！

江苏省水利厅厅长 吕振霖

2004 年 1 月

序　三

“古有都江堰，今有江都站”。素有“江淮明珠”之称的江都水利枢纽历经50年的沧桑与辉煌，可谓功勋卓越，“明珠”闪亮。盛世修志，在国家南水北调东线即将通水之际，《江都水利枢纽志》的再编问世，不仅是对江苏省江都水利工程管理处50年的回顾和展望，也是对现代水利历程的见证和记载，更为中华民族的治水文脉留下宝贵的精神财富。

该志是当代治水成就的真实记载。新中国成立后，毛主席发出“一定要把淮河修好”的伟大号召。在周恩来总理的亲自关心下，江都水利枢纽工程于1961年12月挥开了第一锹土，历经十七载，一个集调水、排涝、泄洪、通航、发电、改善生态环境等功能为一体的综合水利枢纽巍然屹立于世界东方。它既是伟大治淮工程的重要节点工程，也是南水北调东线工程的“源头”工程。从此，江淮两川实现了跨流域调水。50年来，江都水利枢纽工程累计调引江水2300亿 m^3，泄洪排涝9300亿 m^3，为苏北里下河地区抗旱排涝、夺取农业丰产、人民安居乐业作出重要贡献，再现“淮河熟、天下足”的丰收美景。

该志是东线调水之源的翔实描绘。正在实施的国家南水北调东线工程，是以江都水利枢纽为源头抽引江水，通过13级泵站和黄河隧道，将长江之水输送到山东、河北、天津等地，以缓解我国北方地区水资源严重不足的矛盾。这就更显示“源头明珠”的战略重要性和举足轻重的地位。经过多年建设，南水北调东线即将全面通水，届时，源头之水，逐级北上，唱响南水北调梦想，必将使古老的大运河重新焕发勃勃生机。

该志是现代水利工程的圭臬范本。作为全省水利行业窗口单位，国家南水北调东线工程的源头站，江苏省江都水利工程管理处抢抓水利现代化发展的重大机遇，朝着“效益充分发挥、管理规范精细、调控科学高效、机制良性顺畅、环境优美宜人、氛围文明和谐”的总体目标，跃马扬鞭，激流勇进，以“引源、厚泽、卓创、致远”的管理处精神奋力实现“江水北调促发展、防洪排涝保安澜、管理领先树典范、江淮明珠誉四方”的愿景，继续为我国水利改革发展提供宝贵的理论和实践经验。

《江都水利枢纽志》内容贯穿半纪春秋，浓墨重彩记载了工程的建设、壮大的激越历程，侧笔点睛兼述了单位形成、发展的曲折起伏，具有较高的史料价值。同时，也是了解江苏治水历史和治水成就的客观、全面的参考之志，更是一部记载工程建设与管理经验的典型性史书。

“风帆远扬，追寻梦想”。我衷心地希望江都水利枢纽在水利现代化新征程中，继续散发“江淮明珠”的璀璨光芒，打造现代水利的经典样板，用卓创的智慧把现代水利的不朽伟业引向更美好的明天。

谨此为序。

江苏省水利厅厅长 李亚平

2013 年 10 月

前　言

为全面反映江苏省江都水利工程管理处（以下简称管理处）60年发展历程，管理处党委组织开展《江都水利枢纽志》（第三版）编写工作。在参编人员的共同努力下，续编工作在管理处建处60周年之际完成，作为向管理处60岁生日献出的一份厚礼。

《江都水利枢纽志》（第三版）的编写，主要是续编近十年（2013年至2022年）管理处的各项工作。编写组成员反复核查资料，多次走访基层，真实地记录了较为详实的内容。十年来，管理处各项工作取得快速发展，工程防汛抗旱成效显著，精细管理模式先行先试，河湖保护治理精准施策，国情水情教育融合提升，科技创新成绩斐然，精神文明建设持续深化。编写内容全面记录了管理处守正创新，踔厉奋发，不断开创高质量发展、迈向新征程、建功新时代的新篇章。

按照新时期江苏水利现代化建设的新形势新要求，2013年起，管理处探索推行精细化管理，以科学管理理论指导水利工程管理实践，形成了向更高水平迈进的管理思路和价值理念。同时，不断推进管理信息化、智能化，研究应用新技术、新设备，形成了多项具有示范意义和推广价值的创新成果。本次续编，对近年来管理处关键技术的研究与应用在第七章科技创新中进行了记载。

近年来，管理处不断探索实践水文化“品牌”建设，深入践行习近平总书记殷殷嘱托，奋力打造国情水情教育工作榜样和高质量水利风景区发展样板。本次续编，将水文化建设相关内容编撰在本志第十一章。

本次续编的内容及统计资料，一般到2022年底。为了保持内容的完整性，第九章党建和精神文明建设章节中部分统计资料延伸至2023年5月。

《江都水利枢纽志》（第三版）的编写工作得到了全处上下的大力支持和通力协作，部分曾在管理处工作的老领导也提出了宝贵意见和建议，在此一并表示衷心感谢。由于编写人员水平有限，志书中难免存在差错和不足，敬请读者指正。

目录

Contents

概　述

在长江与淮河的下游，苏北平原的南端，有一座闻名中外的水利工程——江都水利枢纽。它就像一个神奇的“调节阀”，沟通了长江和淮河两大水系，使江淮互调互济；它又像一颗璀璨的明珠，闪烁在苏北大地，担负起改变苏北贫穷落后面貌的历史使命；它更像一座丰碑，镌刻着一代代水利人成功治水的智慧和艰辛……

（一）

江都水利枢纽位于江苏省扬州市江都区境内，其主体工程江都抽水站位于京杭大运河、新通扬运河和淮河入江尾闾芒稻河的交汇处。它既是伟大治淮工程中一项综合利用的重要工程，也是江苏省“江水北调东引”的“龙头”工程，还是国家南水北调东线工程的起点站。

江都水利枢纽是由以总装机容量为49 800 kW（改造后为55 800 kW）的4座大型电力抽水站为主体工程，以京杭运河、新通扬运河和三阳河为输水干河，以江都西闸、江都东闸、宜陵闸、宜陵北闸、芒稻闸、芒稻船闸、邵仙闸洞、运盐闸等15座水工建筑物为配套工程组成的江水北调东引工程；以万福闸、太平闸、金湾闸为口门组成的淮河入江水道归江泄洪控制工程。它们形成了一个具有调水、泄洪、排涝、发电、航运、改善生态环境等多功能于一体的大型水利枢纽工程。

江都水利枢纽的主要作用和任务是：抽引江水北上，送至京杭大运河沿线和苏北灌溉总渠自流灌区，并向江苏省淮北地区、山东、河北、天津等地补给水源；提供大运河航运、沿线工农业和城乡镇生活等所需水量；增加里下河地区排涝出路；自流引江水至里下河腹部灌溉，补给沿海垦区水源，实现冲淤保港和改良盐碱地；改善淮北地区和里下河地区水环境；在淮河有余水下泄时，利用江都第三抽水站（以下简称三站，同此，江都第一抽水站、江都第二抽水站、江都第四抽水站以下分别简称一站、二站、四站）的可逆式机组倒转发电；当淮河洪水下泄长江时，利用淮河入江水道，开启万福闸、太平闸、金湾闸排泄洪水。这一工程的实施，既为彻底改变苏北地区农业多灾低产面貌、建设高产稳产农田、加速发展农业创造条件，又为苏中及苏北城镇工业、生活用水和京杭大运河通航提供了可靠的保障，也为国家南水北调东线工程的实施奠定了坚实的基础。

（二）

江都水利枢纽经过17年的建设、60年的运行，实践证明工程规划设计合理，施工质量优良，管理规范科学，工程效益显著，具有一水多用、一闸多用、一站多用的优点。该工程于1981年荣获“国家优秀工程设计奖”。1982年，荣获“国家优质工程金奖”。1984年，被评为“江苏省十佳建设工程”。2012年，被评为“百年百项杰出土木工程”。2016年，南水北调东线第一期工程江都站改造工程获得“2015—2016年度中国水利工程优质（大禹）奖”。2021年9月，水利枢纽“精细化质量管理模式”获第四届“中国质量奖提名奖”。2021年12月，万福闸加固工程获“2019—2020年度中国水利工程优质（大禹）奖”。江都水利枢纽在规划、设计、建设和管理中具有以下几个特点：

一、合理布局，巧妙规划，充分利用“地利”优势

江都抽水站站址最初选在万福闸下游，后来为了兼顾里下河地区、沿海垦区和高宝湖地区的灌溉、排涝，经调查论证后，站址决定迁到江都，从而使江都水利枢纽的功能更加完善，既可引江济淮，溯京杭运河北上，向苏北大面积供水，又可排除里下河涝水入江，一举多得。它充分利用了京杭大运河、芒稻河和新通扬运河等原有河道及其设施，大大减少了工程量。首先是利用1958年拓浚的京杭大运河的里运河段作为送水干河，增建和改建了部分工程，使原来淮水南送灌溉的河道又成了江水北调的纽带。其次是分段利用芒稻河：下段作为引江工程的总口门，上段作为江都抽水站向北送水至大运河的衔接段。历史上，芒稻河是淮河的一条排洪河道，利用这条河道引水可以防止口门淤积，保证引排水通畅。三是利用了具有自流引江灌溉功能的新通扬运河，通过建闸控制，使之又成为里下河地区抽排涝水入江的排涝干河。

二、自力更生，艰苦奋斗，不断扩大工程效益

江都水利枢纽自1961年开始建设，1977年基本建成。这17年的建设是一段自力更生的历程。作为全国第一座大型泵站群，江都抽水站尤其是一站的建设，在当时的历史条件下，没有任何现成的模式和经验可以借鉴，建设涉及土建、机械、电力、水利、交通各个方面，综合技术性高。面对这些难题，建设者迎难而上，自力更生，反复探索，不断试验，逐步攻关。如一站采用的虹吸式出水流道在全国尚属首次，如何进行断流，防止机组倒转是当时的一道难题。为此，技术人员查资料，做试验，最终研制出真空破坏阀来进行断流，并攻克了如何使真空破坏阀更灵敏、可靠的难关。其技术在三站、四站建设过程中又不断进行改进，为大型泵站出水流道断流积累了很多技术数据。

这 17 年的建设时期也是一段艰苦奋斗的岁月。期间，工程建设经历了三年自然灾害、“文化大革命”等特殊时期，不但经济困难，而且施工安装的技术设备也很落后，如此巨大的施工安装任务全靠人力去完成，其艰苦程度可想而知。

17 年的建设又是一个逐步完善，不断扩大效益的过程。随着 4 座抽水站的逐步建成，抽水能力不断提高，加之与之相关配套工程的逐步完善，枢纽的整体功能也不断增加。如三站建成时增加了发电功能；江都西闸、五里窑船闸（现五里窑闸）、宜陵船闸（现三里窑闸）建成后，自流引江向东送水得到调节和控制；邵仙闸洞的建成，实现了引邵伯湖水输送通南地区灌溉；邵仙套闸的建成，解决了因邵仙闸过闸流量过大易造成船只撞闸沉船的问题。由于江都水利枢纽规模大，建设周期长，为了使建好 1 个工程就能发挥 1 个工程的效益，建设者和管理者统筹安排，合理调度，使主体工程与配套工程密切配合，既做到分期工程的全面配套，又做到单项工程及时投产。

三、与时俱进，勇于创新，不断提高工程管理水平

江都水利枢纽工程初期运行管理同建设一样没有现成模式可以借鉴。因此，管理处从工程建设的初期，就开始摸索管理方法，并在实践中总结完善。管理人员在多年的建设中，全过程地参与了设计、施工、安装和改造等各个环节，与其他部门一道攻克技术难题，积累了丰富的经验，为工程管理打下了坚实的基础。管理处从 1964 年制定《抽水站管理规程（草案）》《观测暂行规程》《技术档案管理暂定办法》，到 2001 年制定《江都水利枢纽工程管理规章制度汇编》，管理制度得到了不断完善，内容更齐全，适用面更广。同时，管理处还制定并不断完善行政管理方面的制度，为工程运行管理提供更好的服务。

由于管理处的建设与管理水平走在全国前列，在水利电力部（以下简称水电部）组织编写的第一部《泵站技术规范》中，管理处派员参加，并把管理处在建设与管理中积累的资料和经验纳入技术规范，成为其他泵站建设与管理的样本。之后的几十年间，管理处多次参与了多部国家标准、水利部行业标准和地方标准的编写或修订工作，如管理处为主要起草单位之一，参与编写了《泵站技术管理规程》（GB/T 30948—2021）、《水闸施工规范》（SL 27—1991）、《水闸工程管理规程》（DB32/T 3259—2017）、《水闸监控系统检测规范》（DB32/T 3623—2019）。为了进一步提高工程管理水平，2010 年编制了《抽水站技术管理细则》《水闸技术管理细则》。2013 年起，为了落实《江苏省江都水利枢纽管理现代化规划》，推进工程管理现代化建设，组织编写出版了江都水利枢纽精细化管理丛书 8 部。2020 年，参与起草编写并出版了江苏水利工程精细化管理丛书（泵站、水闸、水库 3 个分册），这充分体现了管理处作为水利工程精细化管理发源地的技术先行优势，这套精细化管理丛书的出版发行，成为实现全省水利工程精细化管理新模式的工具、指导书。

管理处在工程的更新改造中大力引进新技术、新设备、新材料，提高了工程设备

科技水平和运行管理水平。截至2021年，江都水利枢纽主要泵站、水闸工程均实现了自动化微机监控，并建成包括调度控制管理系统的江都水利枢纽工程监控网和办公自动化系统局域网。1994年至1999年，一站、二站在全国大型泵站中首次成功改造，在土建工程基本不动的情况下，单机流量增加2.2 m^3/s，不但节省了成本而且增加了效益。2005年至2010年，在南水北调东线工程江都站改造中，管理处进行专题技术研究和应用，取得了重要成果。其中针对三站等技术改造中水泵选型需求开发的水力模型，为三站、四站水泵选型设计提供了重要依据，成果鉴定认为该模型填补了国内轴流泵水力模型型谱的空白，采用五孔球型探针法，对三站改造后的水泵原型装置性能进行现场测试，检验工程改造成果，为泵站优化调度运行提供了重要数据。该方法符合泵站现场测试规程等有关规范的基本要求，测量精度高、实用性强、安装方便，该项目获2012年度江苏省水利科技优秀成果一等奖。

管理处十分注重提高职工的整体素质，以适应工程运行管理的需要。从建处初期的以岗前培训为主的教育，到后来的岗前培训、技术专业培训、“每月一课”、“每月一试”和“每年一考”等多种形式的教育活动，职工的素质不断提高，促进了工程管理水平的提升。管理处技术工人多次在全国及全省闸门运行工、泵站运行工、水文勘测工、水政执法等多个工种的技能竞赛中勇摘桂冠。截至2022年，共5人分别在全国闸门运行工和泵站运行工技能竞赛中夺冠，全省闸门运行工和泵站运行工技能竞赛连续6届的第一名都由管理处派出的选手获得。历届比赛中获奖的选手也因此获得了多项国家和省级荣誉称号或奖励。多名同志获得“全国五一劳动奖章”“全国技术能手”“江苏省技术能手”“江苏省水利技术能手”“江苏省五一劳动奖章”等荣誉称号。管理处还凭借自身实力，承担了全国大型泵站、水闸技术骨干训练班培训任务，为全国水利行业培养了大量技术人才。

60年的运行管理实践证明，管理处形成的一系列管理制度和方法是成功的，在规范化、制度化管理的基础上，探索实现精细化、信息化管理，保证了管理处的管理水平始终走在全国水利行业的前列。同时，为同行业泵站、水闸运行管理单位提供了新的经验。管理处分别于2015年、2016年高分通过国家级水利工程管理单位、水利安全生产标准化一级单位考核评审。2020年，首创全省水利工程精细化管理单位。

为适应江苏省全面建成更高水平小康社会、奋力开启基本实现现代化新征程的发展要求，全面贯彻落实江苏省关于加快水利改革发展、推进水利现代化建设的意见，细化落实《江苏水利现代化规划(2011—2020)》有关目标任务，加快推进江都水利枢纽管理现代化进程，根据省水利厅统一部署，管理处在厅属工管单位中率先组织编制了水利现代化规划。2012年11月7日，水利现代化规划通过省水利厅推进水利现代化建设试点工作领导小组办公室组织的审查，2013年1月29日得到省水利厅批复，明确了江都水利枢纽于2020年基本实现现代化的目标和任务。

2012年以来，管理处着力推进“六大体系”建设，即构建“完善可靠的防洪调水工程体系，规范精细的工程管理体系，协调有序的河湖管理体系，规范高效的防汛防旱管理体系，先进科学的信息化管理体系，保障有力的良性发展支撑体系”，基本实现“效益充分发挥，管理规范精细，调控科学高效，机制良性顺畅，环境优美宜人，氛围文明和谐”的现代化建设总体目标，展现了“江水北调促发展，防洪排涝保安澜，管理领先树典范，江淮明珠誉四方”的江都水利枢纽管理现代化愿景。

（三）

60年来，江都水利枢纽发挥了显著的社会效益，为苏北地区国民经济的发展作出了巨大的贡献。从1963年一站投运到2022年底，江都抽水站共抽引江水1 597.9亿m^3，特别是4座泵站全部建成后的46年间，年均抽水北送32.2亿m^3，相当于洪泽湖正常灌溉蓄水量，年抽水量在60亿m^3以上的有1978年、1995年、1999年、2001年、2013年、2019年和2022年共7年，其中2019年抽引江水量高达75.9亿m^3;抽排里下河地区涝水404.8亿m^3，其中1991年全年排涝27.3亿m^3；运用水闸自流引江水1 476.2亿m^3，年引水30亿m^3以上的就有1973年、1976年、1978年、1979年、1980年、1981年、1982年、1983年、1994年、1996年、1997年、2012年、2017年、2018年、2019年、2020年、2021年共17年，其中2019年引水量高达56.5亿m^3;三站从1969年到2022年利用淮河余水共发有功电10 346.2万kW·h。江都水利枢纽的建成，可以随时调节和保证京杭大运河航运水位，确保苏北段航道常年通航，提供淋盐洗碱水源，使苏北地区的盐碱土地得到改良，也为滩涂开发、沿海涵闸冲淤保港、改善生态环境提供了一定水源。

淮河下游入江水道是排泄淮河洪水的主要河道，历史上这些归江河道都是以打坝的方式蓄水灌溉，泄洪时拆坝放水。为使归江河道得到有效控制，1961年至1976年，淮河下游入江水道控制工程——万福闸、太平闸、金湾闸相继建成，62年来，三闸共下泄淮河洪水10 380.3亿m^3。1966年运盐闸建成，56年来运盐闸经芒稻闸共下泄淮河洪水228.01亿m^3。

20世纪80年代中后期，管理处利用自身技术、设备、水土资源等优势，先后组建机电安装、水利水电设计、自动化控制、机械加工维修、水下沉柜检修等经营队伍，逐渐形成以机电安装为主，自动化控制运用和水利水电设计为辅，以船闸通航、机械修配和水力发电为补充的“一主两翼三补充”综合经营格局。为适应经济社会发展，管理处积极拓展代管运行项目，不断创新扶持科技项目，利用资源发展餐饮项目，现形成以机电安装、委托运行管理、科研设计等为支柱的多元化经营格局，同时拓展通航、发电、钢结构防腐、水下施工、技术咨询、园林绿化等经营项目，经济效益逐年提升。

江都水利枢纽风景区与水利枢纽工程融为一体，所辖面积1.5 km^2，水域面积0.9 km^2。景区以工程景观为主，自然景观和人文景观为辅。主要分为源头参观区、核心生产区、参观接待区和预留发展区等。江都水利枢纽于1996年被评为“全国绿化先进单位”，1997年被水利部确定为“文明服务示范单位”。自2001年江都水利枢纽被水利部确定为首批国家水利风景区以来，管理处不断加强景区建设与管理工作，推动了景区建设与管理处各项工作同步协调发展。2017年11月被授予为“江苏最美水地标”，2019年被授予“江苏最美运河地标”，2022年被授予“国家水利风景区高质量发展标杆景区”。经过多年发展，管理处水文化建设取得一定成果。2021年管理处成立“水情教育中心”，面向社会公众开展国情水情教育，着力打造江都水利枢纽国情水情教育品牌。

管理处以“围绕中心抓党建、抓好党建促发展”为思路，大力加强基层党组织建设，不断推进党建工作与中心工作融合发展，充分发挥党委核心作用和广大党员先锋模范作用，始终保持江苏水利“排头兵”地位。管理处连续6次荣获“全国文明单位”，2011年被授予“全国先进基层党组织”称号，还先后获得“全国五一劳动奖状”“全国工人先锋号”“全国模范职工之家”“全国厂务公开民主管理先进集体”“中国农林水利系统和谐事业单位”“全国水利系统先进集体”“江苏省文明单位标兵”等荣誉称号。

2002年，国家南水北调东线工程正式开工建设，作为东线的源头工程，江都水利枢纽既面临更为艰巨的运行重任，同时也迎来更为难得的发展机遇。经过10年的建设，2013年5月，南水北调东线一期工程江苏段基本建成，2013年5月30日，南水北调东线工程江苏段实施了试通水，滔滔江水经9个梯级提水，总扬程40 m，最终送至山东南四湖。同年10月19日，南水北调东线一期工程进入全线试运行阶段，12月10日，工程全线正式通水。南水北调东线一期工程的建成通水，实现了水资源的优化配置，为沿线经济社会发展注入新的活力。自2013年建成通水运行以来，已顺利完成10个年度的水量调度计划，江苏已累计向山东调水61.38亿 m^3，惠及人口约6 700万，为保障亿万群众饮水安全、促进沿线地区经济社会发展、助力沿线生态环境改善作出了重要贡献。

“古有李冰都江堰，今有人民江都站”。江都水利枢纽开建以来，一代代建设者、管理者胸怀“让高山低头、河水让路”的豪迈气概，勇担“人民至上”的光荣使命，秉承勠力创新的“源头”精神，吞江吐淮，除害兴利，使一江清水逆流北上，丰盈的江淮活水泽被了广袤的北方大地。

2020年11月13日，习近平总书记在考察江都水利枢纽时，对南水北调工作作出重要指示，强调要继续推动南水北调东线工程建设，确保南水北调东线工程成为“优化水资源配置、保障群众饮水安全、复苏河湖生态环境、畅通南北经济循环的生命线”，为南水北调工作指明了方向，提供了根本遵循。

江都水利枢纽工程管理者们将牢记习近平总书记嘱托，接续奋斗，不断推进工程运行管理标准化、精细化、信息化，充分发挥工程的效益，为促进江水北调、南水北调沿线地区经济社会发展、生态环境的改善，为全面推进中国式现代化建设作出更大贡献。

第一章

工程规划

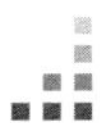

江苏省苏北地区从整体上讲，除洪水威胁外，还是个缺水地区，特别是淮北地区和沿海垦区，缺水严重。苏北虽然面向长江，水资源丰富，但在中华人民共和国成立初期，通江河道既少又小，引江水只有几十个流量。这些地区雨量虽然比较丰沛，但在时空上、地区间分布极不平衡，南丰北枯，年际变化率大。淮北地区大部分为平原坡地，沿海地区为平原洼地，蓄水条件很差，水资源紧缺。历史上洪泽湖所蓄淮水，主要灌溉东南部里下河和通南地区，就整个苏北地区而言，灌溉无保证。20 世纪 50 年代中期，省水利厅为解决苏北灌溉问题，先后提出“淮水北调，分淮入沂”和“引江济淮，江水北调”的跨流域调水规划，为解决苏北水源问题提出了战略性目标。

1957 年 5 月，省水利厅编制完成《淮水北调、分淮入沂工程规划设计任务书》，1958 年 1 月水电部批复同意，并于是年冬开始实施。其主要内容是：从洪泽湖向北，经杨庄、沭阳到连云港兴建一条长 172.9 km 由二河、淮沭河和沭新河 3 段组成的淮沭新河，从洪泽湖二河闸引水 900 m^3/s（1970 年修订为 750 m^3/s），由淮阴闸向北送水 440 m^3/s，其中由沭新闸向沂北地区，包括沭阳、东海、连云港市送水 100 m^3/s，进行灌溉，结合改善航运及城市工业用水；二河闸至沭阳淮沭段还可分泄淮河洪水 3 000 m^3/s 由新沂河入海。

1958 年，随着国民经济的发展及淮河上中游工情、水情的变化，上游来水日趋减少，苏北地区缺水问题更加突出。淮水可用不可靠，提高洪泽湖蓄水位一时又难以实现，而丰富的长江水却未充分利用。因而省水利厅在 1958 年《江苏省水利规划提纲》中，提出了“扎根长江，江水北调，引江济淮”的规划。

从此，经过 30 多年的规划、设计和施工，以江都水利枢纽为“龙头”，京杭运河苏北段为输水干渠，以 9 级 17 座抽水站为阶梯，4 个湖泊为调节的江苏省江水北调工程终于建成。该工程通过抽水北上，沟通江、淮、沂沭泗各流域，向东经新通扬运河送水入里下河地区，构成了苏北地区能灌、能排、能调度、能通航的供排水网络，彻底改变了这一地区贫穷落后的面貌，为国民经济和社会事业的全面发展、进步奠定了坚实的基础。

江都水利枢纽是江苏省江水北调的“龙头”工程，其主体工程是江都抽水站，另有 15 座配套水工建筑物，新通扬运河、三阳河和连接京杭运河的高水河等为配套河道。该项工程，前后经过 7 年酝酿，17 年建设，1980 年建成，达到抽、引长江流量 1 023 m^3/s，其中抽水 473 m^3/s（包括备用机，一站、二站更新改造后达到 508.2 m^3/s），自引 550 m^3/s。新增和改善航道 700 多 km。经过 60 年的运行，至 2022 年，抗旱、排涝抽水量达到 2 002.7 亿 m^3，自流引江 1 476.2 亿 m^3，为淮北地区和里下河地区的工农业发展提供了丰富的水源。实践证明工程布置合理，设计先进，施工优良，管理科学，效益显著。

第一节　江水北调规划

1952 年 10 月，毛泽东主席在视察黄河时说："南方水多，北方水少，如有可能，借点水来也是可以的。"这一宏伟设想也符合苏北的实际情况，触发了江苏省引江水至淮北和沿海垦区的构想。长江水源丰富，长江下游干流最后一个径流控制站——大通站多年平均径流量有 10 016 亿 m^3，而苏北从整体上讲一直是个缺水地区，特别是沿海垦区和徐淮地区缺水更为严重。淮河下游地区，原来一直依靠淮水灌溉，而淮河来水年际变幅很大，多水年份来水很多，无法拦蓄，且集中在汛期几个月内；偏旱和干旱年份来水很少，甚至断流，灌溉水源问题一直没有得到根本解决，尤其是通扬运河和栟茶运河以南沿用淮水灌溉的尾部地区，经常是"望淮兴叹"。洪泽湖水库虽已形成，但长期以来水位蓄不高，下游灌溉水源得不到解决。如何利用长江水，把江水送到整个苏北地区成为当时省水利厅领导思考的一个主要问题。

1954 年冬，省治淮总指挥部派出以陈志定为首的 20 多名技术干部去蚌埠治淮委员会参加淮河流域规划初稿编制工作，至 1956 年二季度完稿，提出了抽引江水的规划方案。

1956 年 1 月，中共中央公布了《全国农业发展纲要(草案)》，要求"在 7 年至 12 年内，基本上消灭普通的水灾和旱灾"。是年，淮北地区发生特大涝灾，粮食单产下降到 30～40 kg，有 70% 以上农民缺粮，近一半农民靠国家救济粮食维持生计。1956 年 7 月，中共江苏省委（以下简称省委）提出淮北地区"除涝改制、发展水稻"的方针，"旱改水"需要大量灌溉水源，引江济淮势在必行。

1957 年 7 月，省委在召开的第三届委员会第一次全体会议上，作出了根治徐淮地区的洪涝灾害，帮助徐淮人民彻底摆脱贫困的决定。提出解决淮北地区 67 万 hm^2 "旱改水"的灌溉水源问题，淮水不够，要引江济淮。

1958 年制订江苏全省水利规划时，省水利厅党组两次向省委报告，阐明淮河来水显著减少，加之淮水北调后，徐淮水稻面积扩大，水量分配将更加困难，因此，必须抽引江水，以解决苏北地区的灌溉问题。同时，拟将洪泽湖灌溉蓄水位自 12. 5 m 提高到 13. 5 m。由于洪泽湖有较大库容，以及预报的时期较长，多年调节具备有利条件，若淮水调节后仍不够，则需抽引江水补给。于是，省水利厅提出了"扎根长江，江水北调，引江济淮"的《江苏省水利规划》。

1959 年淮河流域干旱，下游断流，农业减产，使江苏省充分认识到淮河水可用不可靠，更加促使江苏集中力量，加快步伐，用扩大抽引江水的办法来解决苏北地区的灌溉水源问题。除自流引江外，江苏省考虑在沿江地区建造大型电力抽水机站，抽提江水，逐级北上。于是在 1959 年下半年，省水利勘测设计院编制、1960 年初省人

民委员会（以下简称省人委）报送了《江水北调东线江苏段工程规划要点》和《苏北引江灌溉电力抽水站设计任务书》，这是江水北调工程带有纲领性的规划文件，正式形成了“八级提水，四湖调节”的江水北调综合治理规划方案。

1959 年下半年，省水利勘测设计院编制的《苏北引江灌溉工程规划意见》，对建站的指导思想、原则及其作用都作了阐述，提出了灌溉抽水与里下河地区降低水位相结合的设想。在归江河道上设 12 500 kW 抽水站（称滨江站），在高宝湖大汕子处设 15 440 kW 抽水站（称大汕子站），两级抽提江水 11 亿 m^3，合流量 130 m^3/s。

1960 年 1 月，在中共中央召开上海会议期间，省委向周恩来总理呈报请求解决苏北缺水问题报告后，周总理同意兴办苏北引江工程。同年 4 月 15 日，水电部批准第一期工程按设计方案先行施工。是年，滨江站动工后又停建（移址现江都站，后有详述）。1961 年，省人委按国家计划委员会（以下简称国家计委）要求，突击赶编了《里下河地区修正规划报告》，同时一并上报江都水利枢纽工程设计方案。当年 12 月，一站开工建设。1963 年 1 月，国务院以国计曾字第 49 号文、水电部以（63）水电规水字第 01 号文正式批复，同意江都水利枢纽工程的总任务为：通过自流和抽引江水，统一调度江、淮、沂沭泗水源，以达到苏北里下河地区涝、淤、旱、碱综合治理的目的。装机规模第一步抽排里下河涝水 250 m^3/s,为二站、三站的相继建设铺平了道路。

1969 年 10 月，一站、二站、三站全部建成后，为江水北送淮北打好了基础，但淮安一站还在建设中，江水到不了淮北。1973 年冬到 1974 年春，淮北地区冬旱接春旱，旱情发展很快。面对当时的严重旱情，省水利厅下决心按江水北调规划，在分级抽水的规划点上，突击兴建金湖、蒋坝、淮安、高良涧、杨庄、泗阳、刘老涧、井儿头、芝麻、房山 10 处临时抽水站，向洪泽湖、骆马湖补水，并翻水到石梁河水库，以解决淮北地区的水源。虽然这些临时建成的简易抽水站单机流量小、成本大、效率低，只能应急，但它们却为“江水北调”走出一条畅通的道路，在江都抽水站这个“龙头”后面长出了龙身和骨骼。经过 10 多年的改造，这些临时抽水站有的已拆除，有的已改造成永久性的电力抽水站。目前，“江水北调”工程含江都、淮安、淮阴、泗阳、刘老涧、皂河、刘山、解台、沿湖等 9 个梯级泵站，输水干线长 404 km。第九级站沿湖站提水入微山湖能力为 32 m^3/s。西支线经过郑集、范楼、梁寨等泵站，可把江水送到江苏省最西北缺水的丰沛地区。东支线经二河、淮沭河、蔷薇河等河道，再经房山、芝麻、石梁河等泵站，可把江水送到江苏省最东北的赣榆县，实现了全面规划、综合利用、一站多用、一闸多用、一河多用、一水多用的目标。

随着淮河上中游工程的变化，淮河来水继续锐减，断流的情况越来越多，断流时间也越来越长，里下河地区及沿海垦区缺水灌溉，入海港口淤塞严重，直接影响排涝入海。在苏北旱改水逐年扩大、需水量急剧增加的情况下，为了解决苏北农田灌溉和冲淤保港的水源问题，省水电局于 1970 年又提出《江苏省淮河地区骨干工程规划治理意见》，要求江都抽水站送水能力由 250 m^3/s 提高至 400 m^3/s。1973 年 7 月，省水电局和省治淮指挥部向水电部治淮规划办公室和水电部报送《南水北调江苏段向北送水江都四站及配套工程初步设计》，水电部于10月批复同意四站设计。同年11月，四站开工建设，1977年3月建成投运。至此，历时17年，江都抽水站一站、二站、三站、四站全部建成并投入使用，为江水北送淮北打下了坚实的基础。为了解决南水北调水源问题，江苏省建议首先要开挖泰州引江河，增建高港抽水站，向东送水工程和向北送水工程同步兴建。1995年11月省计划经济委员会（以下简称省计经委）批复泰州引江河河道试挖工程初设概算，同月，泰州引江河工程正式开工，1999年9月泰州引江河工程竣工。该工程与江都水利枢纽工程一起为以后实施的国家南水北调东线工程提供了可靠的水源。

第二节　南水北调东线工程规划

南水北调工程是解决我国北方地区水资源严重短缺问题的重大战略举措，经过半个世纪的研究，规划确定分别从长江上、中、下游向北方调水的南水北调东、中、西3条线路，形成与长江、淮河、黄河和海河相互连通的“四横三纵”总体格局。

东线工程从长江下游干流取水，基本沿京杭大运河向北送水。在北方水资源配置的总体格局中，考虑东线工程位置偏东，地势较低，拟定其供水区域为黄淮海平原东部和山东半岛，主要供水目标为解决京沪铁路沿线和山东半岛的城市缺水，并为农业和生态环境补水。

东线工程的规划论证工作始于20世纪50年代。1958年，水电部和中国科学院等有关单位组成南水北调研究组，曾提出从长江下游引水的大运河提水线，即从淮河入江水道和京杭运河分段提水，经高宝湖、洪泽湖、南四湖，于东平湖入黄河，分级供水灌溉沿线农田。1959年淮河流域大旱，江苏省遂提出兴建苏北引江灌溉工程的意见，经水电部批准后于1961年开始建设江都泵站。

1972年华北大旱后，为解决海河流域的水资源危机，水利部组织有关部门研究东线调水方案，多次提出规划和有关规划论证报告，并于1976年提出《南水北调近期工程规划报告》上报国务院初审。在此基础上，淮河水利委员会于1983年1月提出《南水北调东线第一期工程可行性研究报告》，同年获国务院批准。在对1976年规划报告修改和补充的基础上，淮河水利委员会于1990年提出《南水北调东线工程修订规划报告》，1992年提出《南水北调东线第一期工程可行性研究修订报告》，1993年9月水利部审查了这2份报告。在此期间，淮河水利委员会还组织开展了南水北调东线第一期工程总体设计和其他专题科学研究工作，取得了许多重要成果，为科学比选东线调水方案打下了坚实基础。

20世纪90年代以来，北方地区缺水问题日益严重，已达到难以为继的程度。突出表现为黄河流域断流频繁、河湖干涸，国民经济的发展被迫以大量超采地下水、污染环境为代价。水资源已成为制约我国经济、社会和环境协调发展的重要因素。

为贯彻落实党的十五届五中全会确定的“采取多种方式缓解北方地区缺水矛盾，加紧南水北调工程的前期工作，尽早开工建设”的重大决策和国务院领导“先节水后调水，先治污后通水，先环保后用水”的指示精神，国家计委、水利部于2000年12月在北京召开了南水北调工程前期工作座谈会，部署了南水北调工程总体规划工作。根据水利部工作安排，淮河水利委员会负责会同海河水利委员会，于2001年编制完成《南水北调东线工程规划(2001年修订)》。此后，在东、中、西线规划等12个附件的基础上，国家计委和水利部联合编报了《南水北调工程总体规划》。

2002年12月，国务院批准《南水北调工程总体规划》。12月27日，国务院在北京人民大会堂和江苏省、山东省施工现场同时举行了南水北调工程开工典礼仪式。

南水北调东线工程，是在江苏省江水北调工程的基础上扩大规模、向北延伸，从扬州附近的长江干流引水，以京杭大运河为输水干线，开辟运西支线，逐级提水北上，并以洪泽湖、骆马湖、南四湖、东平湖作为沿线主要调蓄水库。引水出东平湖后分水两路，一路向北穿黄河后自流到天津，另一路向东流经济南、烟台、威海地区。东线工程输水干线总长1 156 km，建设13个梯级泵站，总扬程65 m，其中，江苏境内输水干线404 km，建设9个梯级泵站，扬程40 m左右。全线共需新建、扩建大型抽水泵站51座，江苏境内新建、扩建34座。工程规划分3期实施，抽江规模最终达到800 m^3/s，规划抽江水量达到148亿 m^3，新增供水量87亿 m^3。东线一期工程抽江规模由现有的400 m^3/s扩大到500 m^3/s，多年平均抽江水量达89亿 m^3，新增抽江水量36亿 m^3，其中向江苏省增供水19.25亿 m^3、向山东省增供水13.53亿 m^3、向安徽省供水3.23亿 m^3。

东线工程从长江引水，有三江营和高港两个引水口门，其中，三江营是主要引水口门；高港在冬春季长江低潮位时承担经三阳河、潼河向宝应站加力补水。为了完成东线一期工程抽水达500 m^3/s的目标，2002年12月三阳河、潼河开工建设，2005年6月完工，2003年9月宝应站开工新建，2005年12月完工，宝应站与江都站一起作为南水北调东线工程的第一梯级泵站。为达到年抽水89亿 m^3 目标，江都站从2005年12月起进行了改造，改造工程内容包括：①三站更新改造工程；②四站更新改造工程；③江都站变电所更新改造工程；④江都西闸除险加固工程；⑤江都东西闸之间河道疏浚工程；⑥江都船闸改建工程等。2012年12月底，江都站改造工程全部完工。2013年5月30日，南水北调东线工程江苏段实施了试通水，经9级提水，总扬程40 m，将江水送至山东南四湖。至此，南水北调东线一期工程江苏段主体工程全部完工。

第三节　工程布局

一、总体布局

根据苏北地势特征及现有水利情况，苏北引江灌溉工程本着“自力更生，互相支援”的原则，在大搞河网化，大修水库，尽量蓄用本地水和外来水的同时，以抽引江水为纲。在工程实施方面，采取两条腿走路的方针：一是自流引江和抽引江水同时进行，即里下河引江开挖河道工程和兴建电力抽水站同时进行；二是集中抽水和分散抽水同时进行；三是近期与远景结合，苏北抽引江水灌溉与南水北调东线工程力求配合；四是蓄引并举，既利用湖泊调蓄抽水北上，又利用湖泊蓄水互相调剂；五是抽水灌溉与除涝防洪结合，做到一站数用。

江都水利枢纽工程布局分自流引江和抽引江水两大系统。自流引江，主要是开挖新通扬运河、三阳河等河道，作为里下河地区引排河。新通扬运河已开挖，三阳河已完成宜陵至三垛段，今后继续开挖延伸到潼河。抽引江水，主体工程江都抽水站，布设在新通扬运河与淮河入江尾闾之一的芒稻河的交汇处，新通扬运河的北岸，由西到东布置一站、二站、三站、四站。其送水干渠高水河，向北至邵伯镇接京杭运河。江都抽水站配套工程芒稻闸、芒稻船闸、土山坝涵洞、江都船闸、邵仙闸洞、邵仙套闸、运盐闸，由南向北依次布置在高水河上及其两岸；江都西闸、江都东闸、江都送水闸、五里窑闸、三里窑闸、宜陵地涵、宜陵北闸、宜陵闸，由西向东依次布置在新通扬运河上及其两岸(详见彩页中江都水利枢纽工程位置图)。

1. 泵站工程

江都抽水站布设在江都区仙女镇(原江都镇,下同)引江桥南，新通扬运河河口北岸，自西向东一字形排开。一站位于江都西闸下游 242 m 处，西距芒稻河约 750 m；二站位于一站东侧 260 m 处；三站位于二站东侧 250 m 处；四站位于三站东侧 260 m 处，东距江都东闸 430 m。江都抽水站既可抽引长江水，又可抽排里下河地区涝水，同时三站还可利用淮河余水发电，是江苏省江水北调工程的“龙头”工程，也是国家南水北调东线工程的“源头”工程。

2. 配套涵闸工程

江都西闸布设于江都区境内的新通扬运河河口，是新通扬运河渠首工程，是抽引江水北上京杭运河、自流引江入里下河和抽排里下河涝水的调节控制闸，并在三站发电时，开闸或关闸可排泄淮河余水入江或入里下河(此工况时打开江都东闸)。

江都东闸布设于离江都西闸 1.5 km 处的新通扬运河上，是因原江都闸不能满足江水北调引排流量被拆除改建而成，与江都西闸一起控制自流引江、抽引江水、抽排里下河涝水和发电。

江都送水闸布设在四站上游出水渠道东侧距四站中心线 400 m 处。冬春长江水位低，无法自流引江，送水闸利用江都抽水站的余力，抽引江水入新通扬运河，向里下河补水。此闸实际运用时间极少（建闸后仅在 1996 年用过 1 次）。

宜陵闸布设在江都区宜陵镇东北 1.5 km 的新通扬运河上，主要作用是自流引江入里下河，解决新通扬运河上下游高低地之间引排和新通扬运河与通扬运河航运的矛盾。

宜陵北闸布设在三阳河河口，可为南水北调东线工程宝应站提供水源或为里下河地区自流引江，将里下河涝水经新通扬运河抽排入江，还可防止新通扬运河高水入三阳河两岸洼地。

宜陵地下涵洞布设在三里窑闸东侧，江都区宜陵镇以西的新通扬运河河底下部，是通扬运河穿过新通扬运河的交叉建筑物，为通扬运河水穿越新通扬运河提供独立通道。

芒稻闸建在芒稻河河口，其作用是：江都抽水站抽引江水北上时，关闸隔断江水；江都抽水站抽排里下河涝水时，开闸排涝入江或关闭闸门将涝水北送；淮河发生洪水时，开闸分泄淮河洪水。

邵仙闸洞建在江都抽水站北约 7.7 km 的高水河上，闸底部为东西方向的地下涵洞，洞上接运盐河上段，通邵伯湖，下通邵仙河，与通扬运河衔接。邵仙闸洞上部为南北方向的节制闸，南接高水河上段、运盐河下段，与江都抽水站上游引河相接；北接高水河下段，在邵伯镇与京杭运河衔接，为高低水分流的立体交叉控制工程。邵仙闸洞下部的邵仙洞作用为送淮水（邵伯湖水）入通扬运河，或江都面临集中暴雨时退涝水入邵伯湖。邵仙闸作用为江都抽水站抽水北送时，开闸放水；汛期排淮河洪水，经芒稻闸入江。该闸原可通航，自 2001 年 6 月建成邵仙套闸后停航，从而解决了因邵仙闸过闸流速过大易造成船只撞闸沉船的问题。

运盐闸建在江都区与邗江区交界的运盐河上，邵仙闸的西侧，它北通邵伯湖，南接高水河，可向邵伯湖补水；也可排淮河洪水经芒稻闸入江；江都抽水站抽水北送时，关闸挡水。该工程是江都水利枢纽配套工程之一，也是淮河入江水道控制工程。

邵伯闸位于江都区邵伯镇西侧，地处高水河与盐邵河的交汇处，工程下游通向里下河，通过南塘河接盐邵河，可用里运河水为里下河补水。

土山坝涵洞（以下简称土山洞）建在江都区仙女镇西北老土山坝坝址上，是向通扬运河输水的涵洞，但通扬运河补水一般是启用邵仙洞，该工程基本未用。2010 年 10 月，省水利厅在南京组织召开了土山洞工程安全鉴定会，该工程被评定为四类水闸。鉴于土山洞工程存在严重安全问题，且已有 10 多年未启用，原设计功能已丧失，省水利勘测设计研究院有限公司受管理处委托，编制了土山洞封堵方案设计报告。2014 年 6 月，省发展改革委以《省发展改革委关于江都水利枢纽土山坝涵洞应急封堵工程初步设计的批复》（苏发改农经发〔2014〕652 号）同意土山坝涵洞进行应急封堵。2014 年 7 月，省水利厅以《关于转发〈省发展改革委关于江都水利枢纽土山坝涵洞应急封堵工程初步设计的批复〉的通知》（苏水计〔2014〕67 号）进行批转。2015 年 10 月完成封堵。土山洞工程封堵完成后，原功能已丧失，2018 年 11 月省水利厅同意该工程注销。

3. 船闸工程

五里窑闸布置在江都区宜陵镇西北五里窑附近，在新通扬运河与通扬运河交叉口以西约 450 m 处的通扬运河上，与三里窑闸相望，是配合三里窑闸解决通扬运河仙女镇段灌溉、排涝和通航的工程。原担负向新通扬运河以南通南地区送水的任务，自宜陵地下涵洞建成后，不再担任此任务。

三里窑闸布设在宜陵镇以西三里窑附近，在新通扬运河与通扬运河交叉口以东 500 m 处的通扬运河上，与五里窑闸相望于新通扬运河两岸，与五里窑闸相互配合解决新通扬运河自流引江与通扬运河灌溉、排涝和航运上的矛盾（2015 年已废除通航功能）。

芒稻船闸布设在江都区仙女镇以西的芒稻河上，芒稻闸西侧 120 m，与芒稻闸一起构成芒稻河与高水河交汇的控制工程，是沟通芒稻河通江航运的建筑物。该工程建成后即交由交通部门接管运用。

江都船闸（原称仙女船闸）建在仙女镇西原芒稻河（现为高水河）和通扬运河的夹滩上，主要为了沟通原芒稻河和通扬运河的航运。江都水利枢纽建成后，由于芒稻河北段成为江都抽水站向北送水的高水河，因此，该工程 1965 年进行调向加固，提高通航标准。江都船闸列入江都水利枢纽工程项目前后，一直由交通部门管理运用。水利部水总〔2005〕350 号文关于江都站改造工程主要建设内容中，江都船闸改造工程也列入其中。为保证南水北调工程实施后高水河堤防安全，省交通厅以苏交航〔2011〕1 号文向省水利厅提出断航封堵的建议，根据省水利厅、省南水北调办公室相关批示，江苏水源公司于 2012 年 9 月 27 日组织有关部门召开协调会，双方商定，因省干线航道网调整，江都船闸段航道及船闸已失去功能，为保证南水北调东线调水期间该段堤防安全，将江都船闸加固改造方案调整为封堵废弃方案，于 2013 年 6 月完成封堵。

邵仙套闸布设在邵仙闸与运盐闸之间的隔堤上，是为解决邵仙闸通航时因过闸流速太大易造成船只撞闸沉船的问题而建设的，该套闸除具有通航功能外，当江都抽水站大流量抽水北送时，可分流部分流量。

4. 入江水道工程

万福闸布设于扬州市广陵区廖家沟上，在凤凰河、新河、壁虎河 3 河的汇合处，下游连接廖家沟，是淮河入江水道归江控制的主要排洪闸。

太平闸布设于扬州市科技新城太平河下游石羊沟上。1972 年废坝建闸，与万福闸、金湾闸配合运用，组成淮河入江水道归江控制的排洪闸。

金湾闸布设于江都区、扬州市科技新城交界的金湾河下游董家沟上，与万福闸、太平闸配合运用，组成淮河入江水道归江控制的排洪闸。

二、站址选定

江都抽水站站址的选择，有一个发展变化过程。早在20世纪50年代中期，淮河和沂、沭、泗两次规划中就提出利用淮河归江河道，沿邵伯湖、高邮湖抽引江水北上。1958年10月省水利厅党组向省委报告，要求兴建邵伯抽水站和大汕子抽水站，邵伯抽水站建在邵伯镇南塘附近，主要是考虑利用盐邵河结合抽排里下河水。

1959年下半年，省水利勘测设计院根据水电部意见，编制《苏北引江灌溉工程规划意见》，该意见提出:“抽引江水灌溉工程，不仅是淮河下游地区保证灌溉用水，提高灌溉标准的根本关键，就里下河地区而言，也是根除涝灾，大面积降低地下水位、改良盐渍土壤的重要措施。”这个规划意见的指导思想，就是指出抽引江水灌溉工程一定要结合里下河地区（包括沿海垦区）排涝，从而提出要在归江河道上和高宝湖大汕子处设置两级抽水站，抽提江水和里下河地区涝水。

1960年初，国务院总理周恩来同意建站后，省水利厅反复商讨，站址选在何处才能发挥它的最大作用。当时，新通扬运河已经开挖，京杭运河正在施工，邵伯控制站已决定由集中控制改为分散控制，万福闸也在建设，从这些实际情况考虑，邵伯抽水站应移到归江河道和通扬运河、邵仙闸范围内。根据这个精神，省水利厅计划将抽水站建于万福闸下游廖家沟西侧，称滨江站，作为江水北调的1级站，抽提江水，直接入邵伯湖、高邮湖；在大汕子建2级站，抽水入高宝湖；在蒋坝建3级站，抽水入洪泽湖。为了实现上半年完成25 000 kW抽水能力的要求，滨江站抓紧开挖站塘。

滨江站开挖站塘动工后，扬州专署水利局向省水利厅发去电报，提出了一个新建议。电报称：里下河地势低，排涝不畅，地下水位高，对农业增产影响极大，即使做了工程，还需大量的动力排涝。如结合解决动力设备，能否考虑将滨江抽水站移建于江都闸附近，既可抽引江水入高邮湖，又可使里下河一部分雨涝，经卤汀河、三阳河等河沟流向新通扬运河，利用抽水站抽排入长江。后来，扬州专署分管水利的副专员殷炳山带领专署水利局的主要技术干部，对沿江各港口逐一进行了实地查勘，对选择新的站址做了大量调查研究工作。经过多方面的比较后，殷炳山带领技术人员到省水利厅汇报，正式建议将滨江站站址建在江都县（现江都区，下同）西南郊芒稻河东侧、新通扬运河北岸。经过共同讨论，权衡利弊，这一建议得到省水利厅的赞同，滨江站即停工待议。

1961年4月，水电部副部长钱正英来江苏视察工作，经实地查勘后认为：苏北引江灌溉规划，应全面考虑里下河、垦区和高宝湖地区。事后，省水利厅对抽水站站址又进一步进行了调查研究，广泛征求各方面的意见，认为扬州建议的站址比较理想。省水利厅向省委、省政府汇报，并征得水电部同意后，于1961年8月编制了《苏北引江灌溉第一期工程滨江抽水站修正设计》，将滨江抽水站移至江都，正式更名为江都抽水站，输水干河利用京杭运河，将原高宝湖抽水站由大汕子附近移到淮安，更名为淮安抽水站。这个修正设计由省人委报经水电部审查批准，同意施工，并要求继续编制苏北引江灌溉工程全面规划。修正设计后，既可避免走一连串的湖泊洼地，工程省、水量损失少，还可向东送水解决滨海垦区用水和结合里下河排涝，使江都水利枢纽成为能灌、能排、能引、能抽、能航，控制灵活，江淮调度自如的多功能的综合利用工程。实践证明，江都抽水站站址的优选，使抽引江水的“龙头”工程规划布局趋于合理、优越。

第四节　泵站工程规划

江都抽水站建在江都区仙女镇西南侧，在新通扬运河和淮河入江尾闾之一的芒稻河的交汇处，由一站、二站、三站、四站 4 座电力抽水站组成，共装机 33 台套，装机总容量 49 800 kW，设计流量 400 m^3/s，连同备用机组抽水能力达 473 m^3/s，后通过一站、二站、三站、四站技术改造，江都 4 座抽水站现装机总容量达 55 800 kW，抽水能力共 508.2 m^3/s。它和其他 15 座配套水工建筑物，共同担负淮北地区灌溉水源，提供京杭运河航运及沿岸工农业和城镇生活用水，兼有苏北里下河地区灌溉、除涝、治渍任务，三站还可利用淮河余水进行发电。江都抽水站是江都水利枢纽的核心工程，既是江苏省江水北调一项综合利用的重点工程，也是国家南水北调东线工程的起点站之一。一站、二站、三站、四站规划建设主要数据见表 1-1。

表 1-1　江都抽水站规划建设主要数据表

<table>
<tr><th rowspan="2">站名</th><th rowspan="2">机组（台）</th><th colspan="2">装机容量（kW）</th><th colspan="2">抽水能力（m³/s）</th><th colspan="2">叶轮直径（m）</th><th colspan="2">扬程（m）</th><th rowspan="2">开、竣工年份（年）</th><th rowspan="2">改造年份（年）</th></tr>
<tr><th>改造前</th><th>改造后</th><th>改造前</th><th>改造后</th><th>改造前</th><th>改造后</th><th>改造前</th><th>改造后</th></tr>
<tr><td>一站</td><td>8</td><td>6 400</td><td>8 000</td><td>64</td><td>81.6</td><td>1.54</td><td>1.65</td><td>8</td><td>6</td><td>1961—1963</td><td>1994—1996</td></tr>
<tr><td>二站</td><td>8</td><td>6 400</td><td>8 000</td><td>64</td><td>81.6</td><td>1.54</td><td>1.65</td><td>8</td><td>6</td><td>1963—1964</td><td>1997—1999</td></tr>
<tr><td>三站</td><td>10</td><td colspan="2">16 000</td><td colspan="2">135</td><td colspan="2">2.00</td><td>8</td><td>7.8</td><td>1966—1969</td><td>2006—2009</td></tr>
<tr><td>四站</td><td>7</td><td>21 000</td><td>23 800</td><td colspan="2">210</td><td>3.10</td><td>2.90</td><td>7</td><td>7.8</td><td>1973—1977</td><td>2008—2010</td></tr>
<tr><td>合计</td><td>33</td><td>49 800</td><td>55 800</td><td>473</td><td>508.2</td><td></td><td></td><td></td><td></td><td></td><td></td></tr>
</table>

一、一站、二站规划

20 世纪 50 年代中期，由于水情、工情的变化，改变了淮河下游灌溉水源的历史状况，使得淮河流域上下游用水矛盾日趋突出，1959 年 3 月至 4 月间，江苏省与安徽省曾因洪泽湖蓄水位的问题引起一场争议，国务院总理周恩来曾亲自处理这一矛

盾，但未获全面解决。1959 年淮河流域遇伏旱，淮河断流百余天，洪泽湖水位低于死水位，苏北人民虽全力抗旱，水稻仍严重减产。干旱、断流、减产等事实，使江苏人民充分认识到淮河水可用不可靠。水电部领导也深感必须解决江苏缺水问题。1960 年 1 月，适逢中共中央召开上海会议，水电部副部长李葆华通知省水利厅厅长陈克天，就苏北引江灌溉工程问题，尽快呈具报告送达上海。陈克天和副厅长陈志定及设计院工程师许荫桐、沈日迈等随即赶至上海，并赶写了一份关于苏北引江灌溉工程设计任务书的简要报告，送请江苏省参加中共中央会议的省委书记江渭清呈报周恩来，请求解决江苏缺水问题。是年春节期间，省水利厅派灌溉管理处戎政和工程师沈日迈又赶赴北京落实此事，在国家经委谢北一秘书处看到一份工程项目目录上周恩来批示："请一波、志远阅办。"该目录里有"苏北引江灌溉工程"一项。从此，苏北引江灌溉工程有了立项，这也为江水北调工程的实施迈出了关键的一步。

在水电部的支持下，国家经委将苏北引江灌溉工程列入议事日程，后不久，省水利厅又派王厚高、吴光铣两工程师赶到上海，由谢北一（当时主管全国物资）主持开会，商谈确定由上海市制造大型电机、水泵各 16 台，并同意由江苏省垫支经费先行开工。1960 年 4 月，省水利厅随即编报了《苏北引江灌溉第一期工程滨江电力抽水站及高宝湖电力抽水站初步设计》。1960 年 4 月 15 日，水电部批准第一期工程按设计方案先行施工。同年 6 月 12 日，水电部同意苏北引江灌溉工程在 1960 年水利基本建设第二步计划中安排。是年冬，滨江抽水站开工，计划装机 12 500 kW。后来，省水利厅采纳扬州地区的意见，研究决定将苏北引江灌溉工程规划与里下河地区规划、滨海垦区规划、高宝湖地区规划进行综合考虑，统一安排灌溉、洗盐、改良水质和港口冲淤等水源问题，并结合里下河排涝。为此，滨江站停工迁至江都，更名为江都抽水站，原计划高宝湖站移到淮安，称淮安抽水站。

当时，省水利厅没有独立的设计单位，所以临时抽调人员对江都水利枢纽布局和设计数据等内容进行规划。不久，成立江苏省水利厅基本建设工程队，负责一站、二站的工程勘测、规划、设计等工作。

1961 年 3 月，水电部召开六省市规划筹备会议，研究认为：抽引江水到山东的工程规模巨大，决定暂缓考虑，抽引江水先解决苏北地区灌溉用水。水电部于同年 4 月批准同意江苏实施苏北引江灌溉工程。1961 年 8 月，省水利厅编制了《苏北引江灌溉工程第一期工程江都抽水站初步设计》，1961 年 8 月底报请省人委以苏水鲍字第 1201 号文报送中央，1961 年 10 月水电部以（61）规南字 109 号文批复同意施工，第一期工程（6 400 kW）技术设计文件由省人委以苏计惠字第 2518 号文批准。

江都抽水站虽经批准施工了，但上上下下仍有不同看法。有人认为当时国内经济十分困难，要不要搞这个大型抽水站？有人认为工程规模要不要搞这么大，要不要送水到微山湖？有人认为有没有物质和技术条件去搞这样大的现代化抽水站？还有的人认为，现在吃饭都成了大问题，需要"休养生息"，搞这么大的工程不太适宜等等。针对这些意见和建议，省水利厅经过反复论证，深入探讨研究，认为必须迎着困难上。

一站建成后，与之配套的涵闸工程，有的已经完成，有的相继开工。1963 年 8 月，里下河地区遭遇暴雨袭击，一站首次启用，日夜开机 20 天，抽排里下河涝水 1 亿 m^3，把泰州溱潼洼地的涝水直接抽排入江，形成里下河南部洼地水向南倒流，减轻了灾情，受到广大群众的赞扬。当时扬州地委书记胡弘非常支持江都抽水站建设，了解到有些人对江都抽水站有看法，就将人拉到一站出水地方开会，一看到一站出水，大家思想就不一样了，疑问就解决了，同时也为二站建设打下了基础。

二站于 1963 年由省水利厅基本建设局编制设计文件，水电部于同年 5 月批准扩大初步设计，省水利厅于同年 6 月转发下达，7 月开始兴建，同时建造宜陵闸、邵仙闸洞、江都西闸、五里窑闸等配套工程以及邵伯闸、邵伯老船闸下游调向工程。1964 年又批准建造运盐闸、芒稻闸及芒稻船闸、三里窑闸等配套工程，同时整治新通扬运河江都至泰州段。1963 年至 1966 年相继建成的宜陵闸、江都西闸、五里窑闸、三里窑闸使自流引江向东送水得到调节和控制；邵伯闸、邵伯船闸下游调向，邵仙闸、芒稻闸、芒稻船闸使抽水站引江水北送河道与京杭运河衔接；运盐闸使淮河入江排洪河道与抽引江水北送河道得以分隔和控制；同时邵仙洞建成，初步实现了引邵伯湖水输送到通扬运河以南（简称通南）地区灌溉。至此，初步形成了一个沟通长江、京杭运河与里下河水系的引、排、灌、航运为一体的江都水利枢纽工程。

一站和二站的设计流量、装机容量和站身结构相同，每站安装 8 台叶轮直径 1.54 m 半调节轴流泵，配单机 800 kW 立式同步电动机。单站容量为 6 400 kW，抽水 64 m^3/s，两站容量共 12 800 kW，抽水 128 m^3/s。站上设计水位 8.5 m，高水河两岸堤防按此水位设计。

站身采取整体性结构，站身总长 54.42 m，采用肘形逐渐收缩的进水流道，逐渐扩散的虹吸出水流道，停机时，打开驼峰的真空破坏阀断流。进水室底面高程为 -5.5 m，水泵叶轮中心高程为 -2.05 m，水泵层楼面高程 -1.8 m，电机层楼面高程为 5.53 m。

一站于 1963 年建成，是最早建成投产的泵站，二站于 1964 年建成，所用的主辅机设备是国产第一代产品，经过三十多年的长期运行，主水泵磨损、汽蚀严重，主电机绝缘严重老化，装置效率下降，已不能发挥原设计效益。1994 年 11 月，省水利厅批准对一站进行更新改造，1996 年 12 月竣工。1997 年 11 月，省水利厅批准对二站进行更新改造，1999 年 4 月竣工。改造后一站、二站均安装 8 台 1.75ZLQ-6 型立式机械全调节轴流泵，叶轮直径 1.64 m，配套 TL1000-24/2150 型同步电机。泵站设计扬程 6.0 m，单机流量 10.2 m^3/s，单站抽水能力 81.6 m^3/s，单机流量提高了 27.5%。一站、二站虹吸式出水管驼峰底原高程为 8.65 m，为适应南水北调总体规划水位的变化，一站、二站更新改造时将出水管驼峰底高程抬高到 9.0 m，与三站、四站驼峰底高程（9.0 m）相同。

二、三站规划

1966 年，省水利勘测设计院编制完成三站设计，1966 年 6 月，省水利厅报送水电部。1966 年 10 月 10 日水电部批复同意兴建。1966 年 12 月 1 日开工。1967 年 7 月继续兴建三站和有关配套工程。1968 年冬拓浚新通扬运河，使之与抽水站抽排能力相适应。1969 年 10 月，三站竣工投产。

三站安装立式可逆全调节轴流泵和立式可逆电动发电机 10 台套，总容量为 16 000 kW。设计流量为 135 m^3/s，发电 3 000 kW（水头 4 m）。进水流道采用平面蜗壳形，因产生涡带，后来在进水口底壁加了隔板，消除了涡带。1970 年有 2 台进水流道改用逐步收缩的肘形弯管，其进水室底面高程为-6.5 m，水泵叶轮中心高程为-3.5 m，电机层楼面高程为 5 m，站身总长 61.6 m。出水流道形式与一站、二站相同。

2006 年 11 月，经水利部批准，南水北调东线一期工程江都三站更新改造工程开工，2009 年 11 月主要工程完成。改造后采用 ZLQ13.5-8 型液压全调节立式轴流泵 10 台套，叶轮直径 2.0 m，设计扬程 7.8 m，单机流量 13.5 m^3/s。配套 TL1600-28/2600 型 1600/450 kW 立式可逆同步电机，总抽水能力 135 m^3/s，总装机容量 16 000 kW。改造后三站仍然保留发电功能，采用反向变频发电方式，增设变频发电机组，包括 4 000 kW 50 Hz 发电机、4 300 kW 25 Hz 电动机。改造后进水流道改为完全肘形流道。

三、四站规划

经过连续 8 年建设，到 1969 年，江都水利枢纽近期工程基本建成；京杭运河苏北段经过整治，大部分河段具备了向北送水的条件；新通扬运河扩建后，自流引江流量也达到了 250 m^3/s。这些工程的建成，对缓解苏北地区水资源不足矛盾起了显著的作用。随着淮河上中游工程的变化，淮河来水继续锐减，断流的情况越来越多，断流时间也越来越长，里下河地区及沿海垦区由于缺水灌溉，水位低落，水流不活，水质变坏，入海港口淤塞严重，仅射阳河、新洋港等排水河道，闸下淤积达 3 000 多万 m^3，直接影响排涝出海，在苏北旱改水逐年扩大、需水量急剧增加的情况下，为了解决苏北农田灌溉和冲淤保港的水源问题，省水电局于 1970 年又提出《江苏省淮河地区骨干工程规划治理意见》，要求江都抽水站流量由 250 m^3/s 扩大至 400 m^3/s。

1973 年 7 月，省水电局和省治淮指挥部向水电部治淮规划办公室和水电部报送《南水北调江苏段向北送水江都四站及配套工程初步设计》，水电部于同年 10 月批复同意四站设计。同年 11 月，四站开工，1975 年 7 月 1 日 2 台主机泵投入试运行，1977 年 2 月中旬 7 台机组全部安装结束，同年 3 月 4 日至 8 日，7 台机组进行了试运转，同年 3 月 15 日正式投入运行。至此，江都抽水站形成现在的 4 个大站的规模。

1974 年至 1978 年间，水电部还相继批准建设了宜陵北闸、江都东闸、江都送水闸、宜陵地下涵洞等配套工程，至 1980 年，这些工程陆续建成后，江都水利枢纽形成了较为完整的引、排、灌、航运、发电体系。

四站设计流量为150 m^3/s，包括备用机为210 m^3/s，每台30 m^3/s。选用机泵7台套（含备用机2台套）立式全调节轴流泵，叶轮直径3.1 m，每台配3 000 kW电动机，总容量21 000 kW。站身主要部位的高程分别为：进水室底面-9.1 m，水泵叶轮中心-3.5 m，水泵层楼面4.5 m，电机层楼面8.23 m。站身总长51.4 m，进出水流道形式与一站、二站相同。

2008年9月经水利部批准，南水北调东线一期工程江都四站更新改造工程开工，2010年6月主要工程完成。改造后采用ZLQ30-7.8型大型液压全调节立式轴流泵7台套，叶轮直径2.9 m，设计扬程7.8 m，单机流量30 m^3/s。配套TL3400-40/2600型3 400 kW立式同步电机，总抽水能力210 m^3/s，总装机容量23 800 kW。

第二章

泵站工程

江都抽水站由 4 座大型电力抽水站组成，一站兴建于 1961 年 12 月，竣工于 1963 年 3 月；二站于 1963 年 7 月开工，竣工于 1964 年 8 月；三站于 1966 年 12 月开工，竣工于 1969 年 10 月，1970 年 10 月通过竣工验收；四站于 1973 年 11 月开工，竣工于 1977 年 3 月。至此，历时 17 年，江都抽水站终于建成。该工程共安装大型立式轴流泵机组 33 台套，总装机容量为 49 800 kW，总抽水能力为 473 m^3/s。

江都抽水站工程规模大，建设周期长，是在国民经济持续发展和机电设备制造技术不断提高的基础上逐步建设成功的。在 17 年兴建过程中，建设者十分注意整个工程的效益发挥，坚持边建设边扩大效益的原则，使得整个工程在建设的同时，就逐步发挥并扩展自身的综合效益。1963 年一站建成，当年就抽排里下河地区涝水，减轻了里下河地区的涝情；二站建成后就及时投入了 1965 年里下河地区抗大涝和 1966 年、1967 年持续抗大旱之中，这充分证明了江都抽水站的兴建是有利于国计民生发展的必要之举。

江都抽水站是中华人民共和国成立后国内第一座自行设计、自行制造、自行安装的大型抽水站。随着工程建设规模的不断扩大，水泵叶轮直径从 1.54 m 扩大到 3.1 m，流量从 8 m^3/s 增加到 30 m^3/s，配套电动机功率从 800 kW 发展到 3 400 kW，每前进一步无不推动了我国大型电动机、大型水泵研发制造技术的发展，为培养大批泵站建设、管理人才打下了坚实的基础，同时为建设、管理大型泵站积累了宝贵的经验。

江都抽水站的成功建设克服了设计、施工、管理等一系列实际困难，这一切源于党的正确领导，源于广大干群的衷心拥护和支持，源于工程建设者充分发挥聪明才智，坚持发扬自力更生、艰苦奋斗的精神。

江都抽水站建成以来，发挥了巨大的经济效益和社会效益。但随着时间推移，工程老化日益严重，通过对设备的正常维护保养已越来越难以保证机组高效、安全运行。1994 年至 1996 年、1997 年至 1999 年一站、二站，2006 年至 2009 年、2008 年至 2010 年三站、四站先后进行了更新改造，使得江都抽水站在总装机台数不变的情况下，容量扩大到 55 800 kW，在机组净扬程有所增加的情况下总抽水能力达到 508.2 m^3/s。

第一节　一　站

一站位于江苏省扬州市江都区仙女镇引江桥南，处于新通扬运河与芒稻河的交汇处。根据江都抽水站的总体规划，一站建在整个枢纽的最西面。建站初该站装有 PVP-160（64ZLB-50）型立式半调节轴流泵 8 台，配套 8 台 TDL800-24/1250、6 kV 立式同步电动机直接传动，总装机容量 6 400 kW，设计流量 64 m^3/s。由江都抽水站专用变电所直接供电，采用架空式组合导线引入 6 kV 电源。

一站是中华人民共和国成立后国内第一座自行设计、自行建设、自行管理的大型泵站，由于当时的特定条件，加上无相关参考资料和经验可借鉴，因此在设计、施工中遇到了设计难、产品生产难、泵站施工难等许多实际困难。但是广大建设者发扬自力更生、艰苦奋斗的精神，成功攻克了各种难关。一站的建成，开创了我国建设大型泵站的新篇章。

一站所用的主辅设备是国产第一代试制产品，到 1994 年止，运行时间已超过国家规定使用年限，设备陈旧，暴露出不少问题。经省水利厅批准，一站于 1994 年 11 月开始更新改造，1996 年 12 月竣工，1997 年 3 月通过验收，6 kV 供电方式于 1998 年 11 月由架空方式改为 YJV_{22}-10-3×185 四拼高压电缆输电。2009 年 2 月南水北调江都站改造工程新建变电所投运后，由于输电距离延长，6 kV 供电方式改为 YJV_{22}-10-3×240 四拼高压电缆输电。

一站自建成投运到 2022 年底，累计平均每台机运行 13.7 万 h（更新改造前平均每台机运行 7.2 万 h），向北抽送江水 256.2 亿 m^3，抽排里下河地区涝水 68.4 亿 m^3。

一、泵站设计

一站的初步设计和技术设计由省水利厅勘测设计院负责编制，初步设计文件于 1961 年由省人委以苏水鲍字第 1201 号文报中央。经水电部审查，于 1961 年 10 月以（61）水电规南字第 109 号文件批复“同意施工，所送工程设计文件依据的水利规划有些问题，还需进一步研究，需编成规划文件报部”。第一期工程（6 400 kW）技术设计文件由省人委主持审批，技术设计于 1962 年 3 月 9 日省人委以苏计惠字第 2518 号文正式批准。

一站的设计是我国大型泵站设计的第一次尝试，当时（1961 年）国家正处在经济困难时期，同时，国内没有厂家生产过大型水泵，也无大型泵谱可查，因此在设计过程中遇到不少困难，但是参与人员勤奋工作、团结协作，终于完成了一站的设计工作。省水利厅勘测设计院工程师沈日迈负责整个工程的设计工作，生产厂家（上海电机厂、上海水泵厂等）、高等院校[苏北农学院（现扬州大学农学院）、华东水利学院（现河海大学）等]以及相关科研单位在各方面给予了很大的支持。

（一）主水泵、主电动机的选型

1. 主水泵

抽水站设计的首要任务是选择泵型。一站设计组首先分析研究抽水站上、下游水位组合，确定泵站的设计扬程。一站水位组合见表 2-1。

根据表中净扬程组合数值，经反复论证，确定以灌溉期抽引江水为主，设计净扬程采用 7 m。按照设计净扬程和批准的抽水站设计流量为 60 m^3/s 的规模，设计组考虑到装机容量大，只有使用大型机组才能节省投资，方便管理，提高效率。但在当时国内没有生产过大型水泵，也无水泵型谱可供选择，所以一方面和上海水泵厂洽谈研

表 2-1 一站水位组合表

工 作 情 况		长江三江营江潮水位（m）	抽水站站下水位（m）	抽水站站上水位（m）	净扬程（m）
设计	灌溉期抽引江水	1.77	1.67	8.5	6.83
	冬春季节抽引江水	0.3	0.0	8.5	8.5
	抽排里下河涝水	—	-1.0	6.3	7.3
校 核 水 位		—	-1.7	8.5	10.2

究，一方面走访有关使用大泵的单位。最终在南京热电厂发现了购自前苏联的 OП-2 型立式半调节轴流泵，该泵基本符合要求，出水 8 m^3/s，若选用 8 台套，共可抽水 64 m^3/s，虽比批准规模略大，但与站址规模适当。最后经过审定，并根据工程规划要求，结合当时制造厂的生产能力，一站选用了 1960 年初上海水泵厂仿苏联 OП-2型设计制造的 PVP-160（64ZLB-50）型水泵作为主水泵。

在上海水泵厂负责设计研制水泵过程中，为了使水泵厂设计的水泵与土建工程的设计相匹配，工程处特派专人长驻上海，负责与水泵厂联络，及时将水泵厂设计的水泵资料送工地工程设计组审阅，在工程设计组认可后再送水泵厂生产水泵。通过设计组、工程施工方以及水泵生产厂家的多方密切配合，水泵按时按要求成功制造完成，同时这也为后来的水泵安装、三方密切合作打下了良好的基础。

1994 年更新改造后主水泵采用了高邮水泵厂生产的 1.75ZLQ-6 型立式全调节轴流泵，改造前后主水泵的具体参数见表 2-2。

表 2-2 一站主水泵参数表

项 目	改 造 前	改 造 后
型 号	PVP-160（64ZLB-50）	1.75ZLQ-6
流 量（m^3/s）	8	10.2
扬 程（m）	8	6.0
比 转 速	500	700
转 速（r/min）	250	250
设计效率（%）	67	73.4
叶轮直径（m）	1.54	1.64
重 量（t）	13	20.554

水泵固定部分的重量基本由泵墩支持。整台水泵自下而上分别为底座、进水锥管、叶轮室、导叶体、中间接管、大弯管、出水弯管、出水座环，主泵为全金属结构。一站更新改造采用机械全调节水泵后，可根据实时水位组合进行水泵叶片角度的调节，以提高运行效率，同时在水泵中间接管侧面设计了进人孔，便于水泵的安装与检修。

2015 年，一站调节机构改造，将 8 台调节机构冷却水箱和轴承进行返厂维修、更换，对冷却器冷却方式改造，将原有调节机构外夹层间接冷却改成在油缸内加装紫铜材质盘管直接冷却，另外更换 2 台调节机构轴承组。

2. 主电动机

主水泵型号选定后，设计组立即着手选择与之匹配的主电动机。由于当时国内没有现成的适合该种泵型的大电动机，设计组于是和上海水泵厂、上海电机厂协商，上海电机厂决定试制与主水泵配套的立式同步电动机，型号为 TDL800-24/2150。参照水泵制造三方密切合作的经验，在电机生产过程中，工程处同样派专人长驻上海，及时协调沟通电机厂和工程设计、施工方的意见和建议，为电机的顺利制造以及之后的机组成功安装打下了良好的基础。1994 年更新改造后采用上海电机厂生产的 TL1000-24/2150 型立式同步电动机，改造前后主电动机参数见表 2-3。

表 2-3　一站主电动机参数表

项　　目	改　造　前	改　造　后
型　　号	TDL800-24/2150	TL1000-24/2150
单机容量（kW）	800	1 000
定子额定电压（kV）	6	6
定子额定电流（A）	92	115
转子励磁电压（V）	96	100
转子励磁电流（A）	193	192
功率因素	0.9（超前）	0.9（超前）
转　　速（r/min）	250	250
效　　率（%）	92	93.5
相　　数	3	3
极　　数	24	24
重　　量（t）	15.2	15.5

8 台主电动机均由电动机大梁支持，电动机分为固定和转动两部分。固定部分主要是上机架、定子、下机架。定子固定在电动机大梁的基础板上，由外壳、铁芯、线圈等组成。上下机架为筋式对称结构，上机架内装有导向瓦、推力瓦、上油缸、冷却器，推力瓦承担整个转动部分的重力及水推力；下机架悬挂固定在定子下面，内有下油缸、冷却器及下导瓦。电动机转动部分主要是电动机转子，它主要由主轴、轮辐、磁轭、磁极等组成。一站更新改造后的水泵及电动机主轴均为中空，内装机械调节杆。主电动机上机架以上装有机械调节机构轴承箱、齿轮箱及调节电动机等。

（二）土建工程

1. 站型及站房

一站站房型式为堤身式结构（图 2-1），站身直接挡水，虹吸式出水流道蜷曲在站房之中，站房本身兼作出水池后墙。站身由主站房、副站房、工作桥三部分组成。工程按Ⅱ级建筑物标准设计，站房结构安全系数采用一级标准，工作桥荷载按汽-10 t 标准设计。

一站站房包括主站房和副站房两部分。主站房底板分为2块，2块底板之间设有伸缩缝。主站房自上而下为主机层、通风层、检修层、水泵层。主机层自东向西依次为1号至8号主电动机，北墙中部位置设有3台现场低压控制开关柜。副站房建在出水流道上面，一层有真空破坏阀室、空压机房、站变室、检修间，二层由西向东依次为仓库、更衣室、低压开关室（包括励磁柜、直流屏、PLC柜、网络柜、低压开关柜等）、隔离变压器室和高压开关室。主副站房西侧为主控制室、办公和档案用房。整个泵站的布置合理大方，比较适合机组的运行管理和主辅设备的检修。

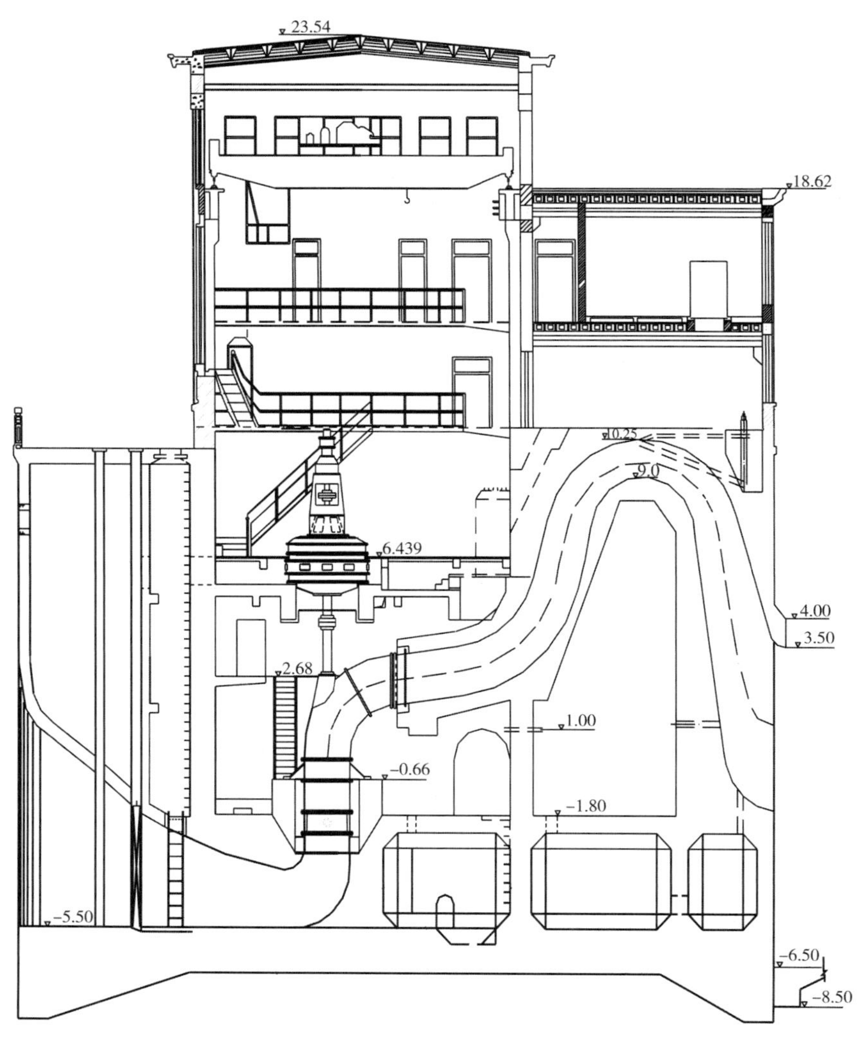

图 2-1　一站站身剖面图

2. 进水流道

一站采用肘形进水流道，由直线渐缩段、弯曲段、直锥段3个部分组成，逐步将水流由水平方向变为垂直方向。由于进水流道为变断面式，在施工时根据不同的部位和要求，采用相应模板和脚手架支撑的方法进行施工，解决了施工难度较大的问题。为了减少流道底板跨度，在进水口5 m宽处加设一个小中墩，使其净跨度减至2.2 m。一站进水流道进口宽5 m，高3.7 m，当流量为10.2 m^3/s时，进口流速达0.55 m/s。

3. 出水流道

一站设计出水流道时，出水管出口型式曾考虑了快速闸门、逆止阀门、虹吸管三种，当时负责设计的沈日迈工程师参考国外相关资料，经比较分析后，最终确定选用虹吸管出水。

虹吸式出水流道，主要用于停机断流时防止水泵倒转。虹吸断流的优点是安全可靠，检修任务少，特别是没有水下检修任务。一站建站全国最早，同时设计要求该站既能灌又能排、运行时间长等，从安全可靠角度出发，选用了虹吸断流方案。停机时只要能及时把真空破坏阀打开，虹吸即行破坏，发生事故的概率就很低了。真空破坏阀如发生故障，不能及时打开，装有手动闸阀补救。这些设备都在水面以上，并安装在室内，体积小、可靠性大，便于运行操作。设计时，对虹吸断流反复进行一系列的模型、原型试验，较好地攻克了与虹吸式出水流道配套的真空破坏阀灵敏可靠的难关。1994年更新改造时将出水流道驼峰底部高程由8.65 m抬高到9.0 m，使之与三站、四站相同，驼峰顶部断面高1.25 m，宽3.0 m，出口断面高5.3 m，宽5.0 m。

4. 进水渠道

一站的进水渠道主要由引水渠、前池及进水池三部分组成。排涝时打开江都东闸，关闭西闸，新通扬运河水由东向西流，然后直角转弯流入引水渠；灌溉时打开江都西闸，长江水由西向东流，然后直角转弯流入引水渠。考虑到工程量和进水条件要求高的原因，一站将进水池和进水管合二为一，成为肘型进水流道。进水前池为干砌块石护坦及灌砌块石护坦各10 m，引水渠与前池之间设浆砌块石埂底坎。引水渠正对着进水河道——新通扬运河，成90°正交侧向进水，进水时水流偏向一边，另一边形成回流区，抽江水时回流区在右边，排涝时回流区在左边，一方面影响进水流道的流态，致使泥沙淤积不对称，另一方面影响到水泵效率，致使边侧机组有汽蚀和水力振动现象。

2006年实施的江都东西闸之间河道疏浚工程项目中，为改善进水河道水流流态，在一站下游引河距站身141 m处设倒“Y”形导流墩，墩顶高程2.0 m，尾汊夹角为60°（尾汊与进水方向一致），单边长14 m，底高程-9.5 m；一站下游引河距站身90.5 m处增设导流坎，顶高程为-2.5 m（图2-2）。

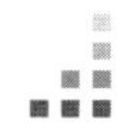

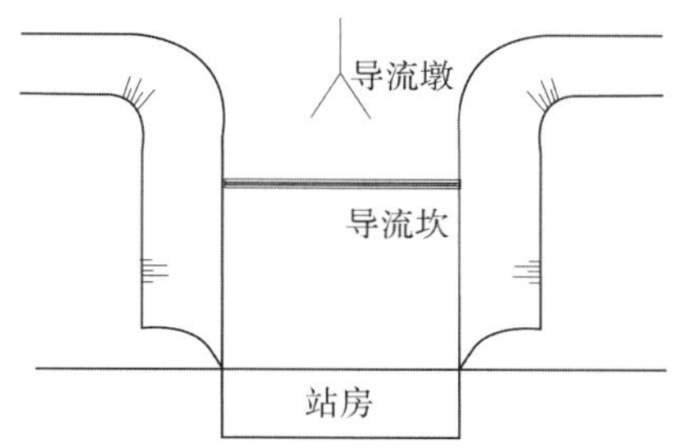

图 2-2　抽水站引河内增设倒“Y”形导流墩及导流坎组合示意图

5. 出水渠道

一站出水渠道包括上游混凝土防渗铺盖 13 m，上游灌砌块石护坦 9.5 m，上游砌块石护坦 12 m，块石防冲槽 4 m，外接黏土铺盖及上游滚水坝与出水干渠——高水河相连接。经过近 60 年运用，河床总体情况稳定，冲淤基本平衡。

（三）辅助设备

1. 油系统

一站油系统主要是用于主电动机轴承的润滑和散热。主电动机的上、下油缸内装有润滑用 32 号透平油，推力瓦和导向瓦运转中因摩擦产生的热量，由润滑油传递给冷却器后通过冷却水带走。改造后的主泵叶片角度调节器的轴承箱内也装有润滑用 32 号透平油。主机检修时，打开上、下油缸排油闸阀，通过排油母管将润滑油排到废油箱内，再用油泵输送至站房外，视油质进行处理。

1996 年，一站改造结束后，取消了废油箱，同时封闭油缸回油管道。目前检修时，只需打开上、下油缸，用滤油机将油抽至备用油桶。

2. 供水系统

一站的供水系统（图 2-3）原采用直接供水方式，由冷却泵直接提供主电动机及叶片调节机构冷却水和主水泵轴承的润滑水。这种供水方式投资少，使用方便。为了确保供水安全可靠，采用 2 台供水泵互为备用，并装有自动投入装置，一旦运行泵发生异常情况，另一台泵立即自动投入。供水系统主要设备有：IS-100-80-160A 型供水泵 2 台，配用 2 台 Y160M1-2 型 11 kW 异步电动机。

供水系统另一用途是当水泵检修结束需起吊检修闸门时，由于闸门内外的水压差，检修闸门不能起吊，必须向水泵的进水管充水，以降低检修闸门两侧的水压差。一站的闸门充水利用水泵橡胶轴承的润滑水进水管道和另设的闸门充水管道同时充水，从而缩短充水时间。

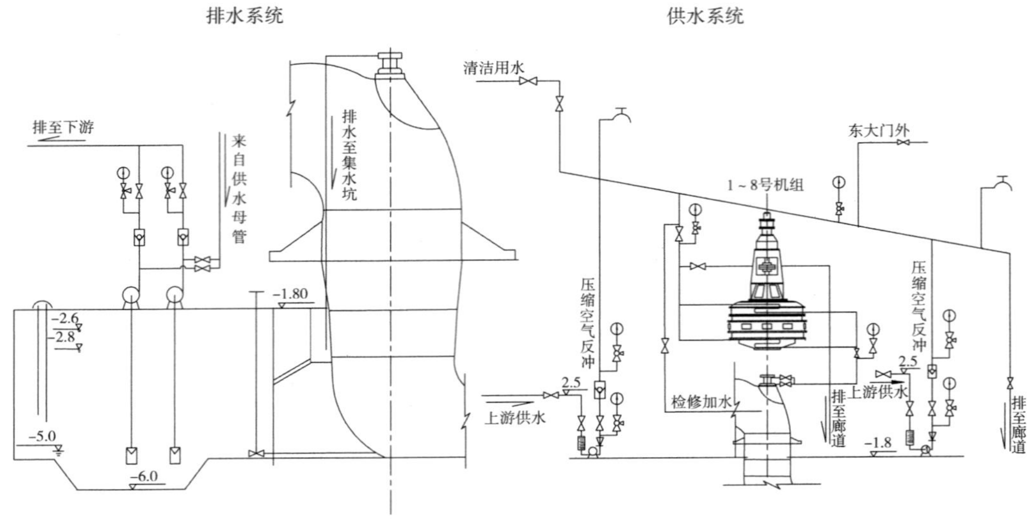

图 2-3　一站原供、排水系统图

2021 年，一站对供水系统进行改造，拆除原供水泵，改用循环冷却供水，冷却装置选用直流变频模块式风冷冷水（热泵）机组 3 台（两主一备），水力模块 2 台套（一主一备），循环供水装置控制柜 1 台套，数据采集及巡回检测报警控制装置 1 套，对原 3 号、6 号空箱中的供水泵取水口进行封堵，割除水下管道，制作管道钢筋笼，浇注水下水泥，对穿墙后的闸阀用混凝土进行封闭。在冷水机组旁侧新装潜水泵一台，用于机组填料函润滑和检修后水泵充水（图 2-4、2-5）。

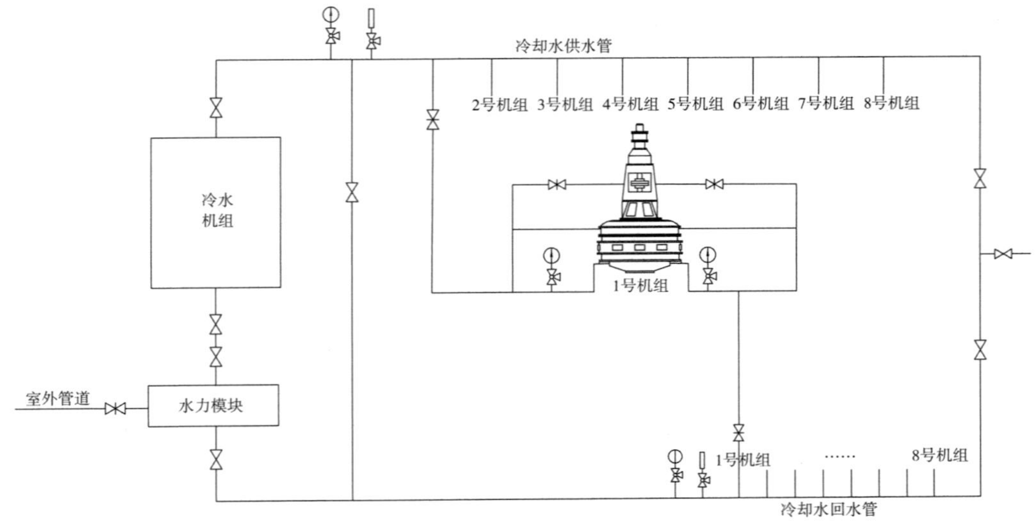

图 2-4　现一站主机组冷却水系统图

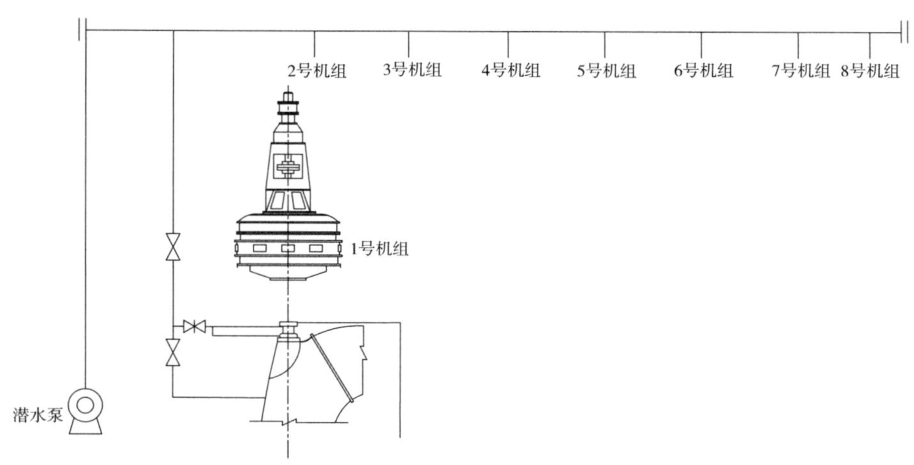

图 2-5　现一站主机填料函润滑水及水泵充水系统图

3. 排水系统

排水系统主要是排除集水廊道的积水。这些积水主要是供水系统的回水，如冷却水、润滑水、渗漏水，主辅机组的填料漏水，机组检修时进水流道的积水和检修闸门的漏水等。集水坑设置在底板上，低于底板 0.5 m 左右，排水泵装在排水廊道顶板上，排水泵的进水管装在排水廊道底板的集水坑内，易于排干廊道积水。排水泵进水口装有滤网，出口安装在站主泵的进水口，高于进水口的一般水位，低于最高水位。出水管穿墙时装有闸阀，供检修时进水口断水。排水系统主要设备为 TBL150/300-22/4 型排水泵 2 台，配套用 Y180L-4 电动机，电机功率为 22 kW。

2022 年，一站对排水系统进行改造，拆除原离心式排水泵，保留原出水管道，排水原理不变。新装两台 WQH185-22-18.5 型潜水泵，额定流量 185 m^3/h，扬程 22 m，功率 18.5 kW，配套电气控制柜，系统实现自动开停水泵。

4. 压缩空气系统

一站的压缩空气系统（图 2-6）主要作用是供给真空破坏阀和站内风动工具、吹扫用气等，压力为 0.6～0.8 MPa。为确保有足够的用气量及在事故停电时空压机停止运行的情况下，能可靠迅速地供给真空破坏阀的用气量，系统中装有低压储气罐用来贮备一定压力的气体。当压力不足时，空压机自动投入运转，始终保持储气罐的压力在规定的范围内。

2007 年，一站对 8 台真空破坏阀进行更新改造，采用日立泵制造（无锡）有限公司 ZP1750（D400）型真空破坏阀，彻底解决改造前真空破坏阀在运行中出现的卡涩或漏气现象。

2011 年 9 月，一站对 2 台水冷空压机进行更新改造并更换储气罐，选用 BLT-15A（1.67/0.8）型螺杆风冷式空压机和 C-1.5/0.8 型储气罐。

2020 年，一站更新一台真空破坏阀，将 5 号气动式真空破坏阀，更换为压力平衡式虹吸真空破坏阀（HXDP 型），通过电磁吸合带动阀门开关，不再需要提供压缩空气（图 2-7）。

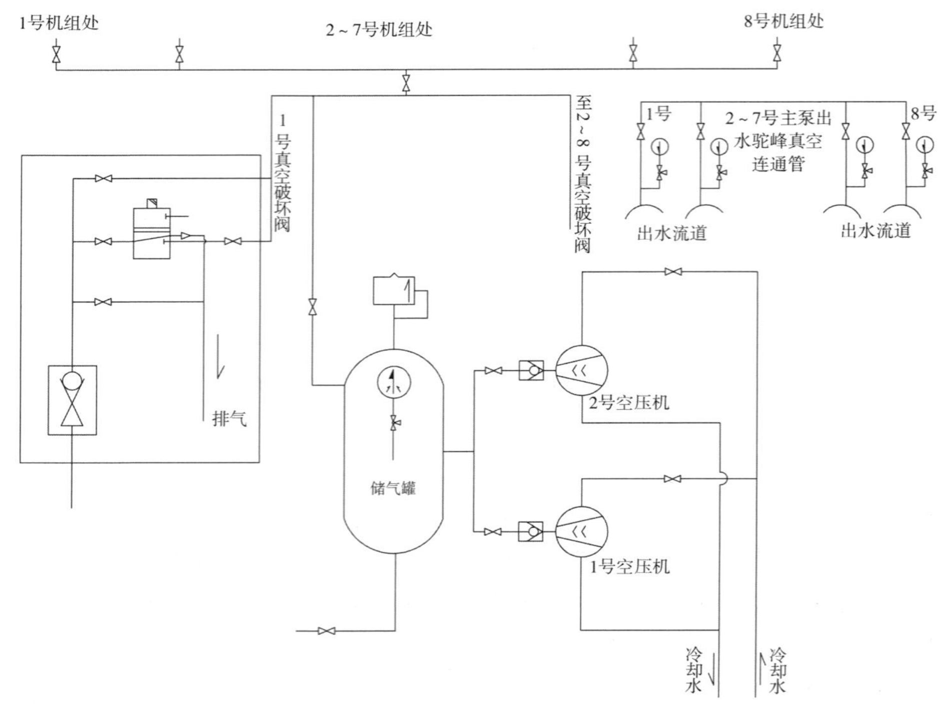

图 2-6　原一站压缩空气系统图

5. 通风系统

一站原 800 kW 同步电动机为穿流式风冷，热风在站房内自循环，站房内温度高达 48℃，同时噪音也高达 96 dB，远远超过规范小于或等于 80 dB 的要求。1994 年该站更新改造后，将主机层提高 1 m，并分隔成各自独立的排风道，分别设 2 台 T40-6 型轴流风机，将热风排至下游站房外工作桥下，大大降低了站房温度和噪音，改善了工作条件。

（四）电气设备

1. 一次电气部分

一站 6 kV 电源由变电所内的一站 6 kV 总开关经四拼 YJV_{22}-10-3×240 高压电缆引入，站内 6 kV 电源进线总开关再由单母线经开关连接至各台主机及站用变压器。当全站停机时，站用电自动切换为变电所提供的 400 V 备用电源。

2010 年，一站对 13 台高压柜进行了更新改造，采用德国 ABB 公司先进的 VD4 高压真空开关。2011 年 9 月至 12 月，一站对站变、低压开关柜进行了更新改造，站变更换为 SCB10-400/6 型干式变压器；低压进线和联络开关采用施耐德 MT 智

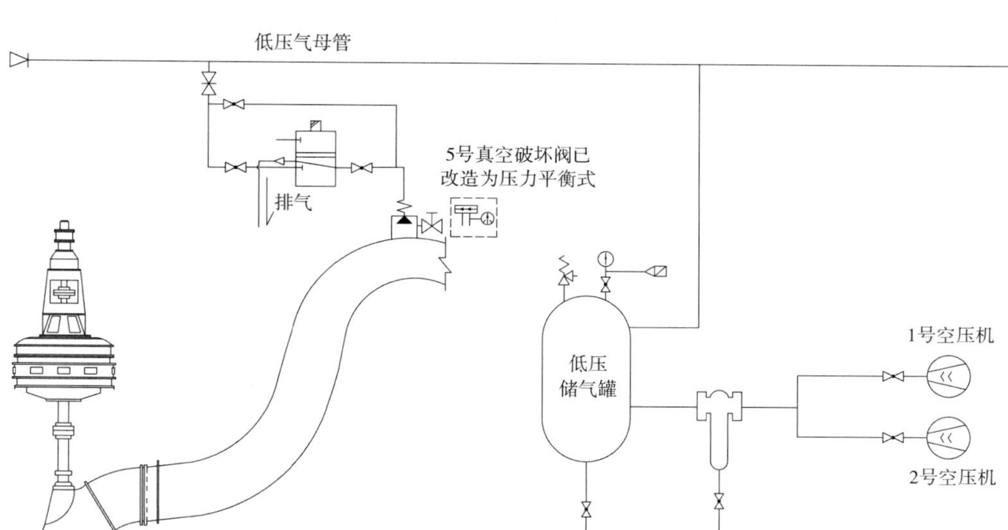

图 2-7 现一站压缩空气系统图

能型框架断路器，低压馈线开关采用施耐德 NS 型塑壳断路器，低压系统主回路采用智能型数字式仪表，具备通信功能。一站电气主接线图如图 2-8 所示。

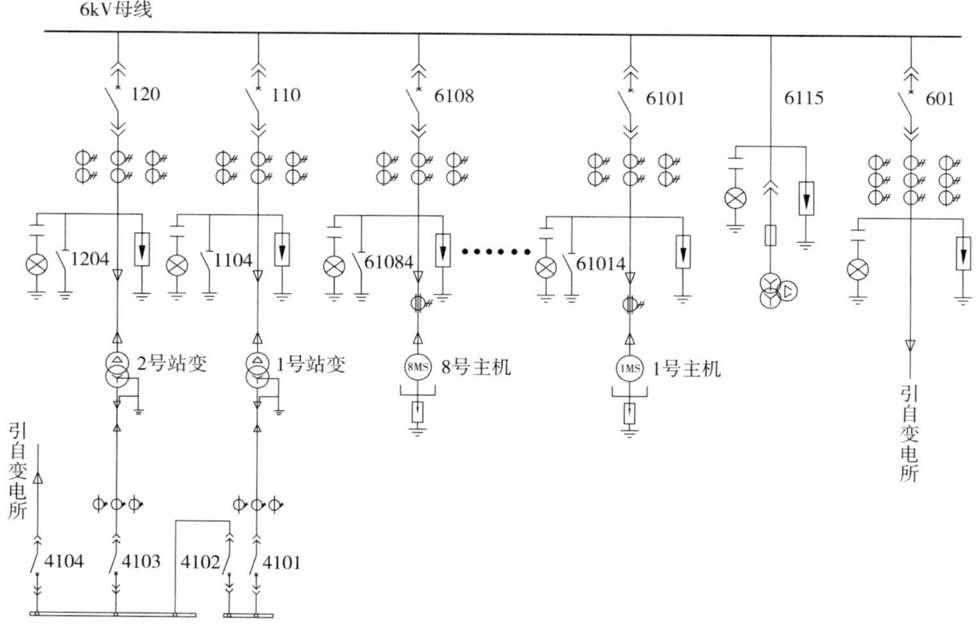

图 2-8 一站电气主接线图

2. 二次电气部分

2003 年，在“江苏省苏北地区水资源配置监控调度系统工程”中实施了“江都一站计算机近地监控、远程监测系统工程”。工程实施后，一站实现了微机监控、微机保护和微机励磁，微机监控系统可对泵站主机、辅助设备进行现场控制和远程自动控制，以及保护定值修改、实时数据采集、分析计算、数据存储、制表打印、运行监测、越限及事故报警、模拟图显示等。新增了不间断电源装置（UPS），当站用电因故障停电时，微机监控系统电源可由不间断电源装置（UPS）提供短时交流电源。安装了视频系统，进一步提高了泵站自动化管理水平。

2012 年 7 月至 12 月，一站自动化系统和视频系统进行升级改造，更换了 3 台 PLC 柜、2 套监控主机、视频主机和部分球形摄像机，实现与江都水利枢纽集中监控系统联网，数据相互传输，并具备与江苏水利网、南水北调东线工程调度系统联网功能，进一步提高自动化管理水平。

2020 年，一站对微机保护系统进行改造，拆除原南京南瑞继保电气有限公司保护装置柜、2 号及 3 号 PLC 柜。进线柜、2 台站变柜仪表室安装通用电气公司生产的 F650 馈线保护测控装置，8 台主机柜仪表室安装 M60 电动机继电器，F650 和 M60 是集成保护、控制、监视和测量功能的综合性装置，通信支持光口或以太网口与交换机连接，同时也支持与笔记本电脑 USB 接口连接，连接后在电脑上对 F650 和 M60 进行程序设置，设定保护定值和保护类型。F650 设有过电压、低电压、过流等保护，M60 设有过电压、欠电压、过负荷、过流等保护，并具备电流、电压、温度等监测功能。F650 和 M60 装置通过网线与交换机连接，上位机通过与交换机交换数据，可由上位机直接发出指令控制机组等设备开停。

2022 年 3 月，一站监控系统改造，将原控制室液晶大屏更换为 6 块 55 英寸拼接大屏，并更换监控主机 2 台，升级组态王软件控制系统，更换视频主机 1 台，UPS 主机 1 台及配套电池；对 8 台叶角显示装置进行改造，叶角通过测距传感器进行换算，利用 485 通信接口与 PLC 相连。

2009 年南水北调江都站改造工程实施后，各站单独设置直流装置，一站新安装一套直流装置，型号为 KMD，电池容量为 65Ah。2018 年，一站对直流装置进行改造，更换监控器、充电模块、电池巡检模块等老化设备。

3. 励磁装置

一站原采用的是苏州友明科技有限公司 LZK-3G 型微机励磁装置，该装置采用双机热备微机综合控制器，可任意设定为闭环可调的恒功率因数运行、恒电流运行、恒电压运行或恒触发角度运行，并可与上位机通讯，实现远方控制、设置、管理。

2020 年 9 月，一站对励磁系统进行更新改造，拆除原励磁装置柜和隔离变压器，保留原电源线，新安装 8 台套北京前锋科技有限公司生产的 WKLF-102 型同步电动机励磁装置，配套 8 台励磁变压器柜。新装置投励、整流、通信等功能更加稳定可靠，可确保同步电动机平稳运行，满足现有运行要求。

（五）金属结构

一站进水流道侧设有拦污栅和检修闸门。2018 年 3 月，一站对原拦污栅拆除更新，目前 16 扇拦污栅每扇净宽 2.51 m，净高 2.62 m，拦污栅扁钢间隔 100~150 mm。

一站主厂房行车为 QD30/5-12A5S 通用桥式起重机，1960 年制造，1963 年投入使用。2000 年，一站对行车部分电气设备进行了改造。2011 年，对行车驾驶室及滑线进行了更新。2021 年 9 月，将全车传动系统升级为变频调速系统，更换总电源滑线、全车电缆等辅助设施。

二、泵站施工

（一）施工概况

1961 年 12 月，一站的开工建设在当时尚属国内首举，从泵站设计、机组制造、辅机配套、土建施工，到机电设备安装等都处于探索之中。通过领导、技术人员、工人三结合，设计、施工、管理三结合，建设单位、科研院校、机泵制造厂家三结合，解决了施工中发现的一系列技术难题，一站较快地于 1963 年 3 月建成。1963 年 4 月由专家及省、地、县有关领导组成的江都抽水机站验收委员会进行验收，认为该工程“符合工程设计的要求，同意先行验收交接”。

一站是江都抽水站中最早建成的一座大型泵站，也是我国自行设计、自行制造、自行施工、自行管理的最早的大型泵站。该工程由江苏省苏北引江灌溉工程江都抽水机站工程处负责施工，泵站的土建工程施工由省水利厅基本建设工程队以内包方式承包；机电安装工程由华东电力建设局江苏工程公司负责，水电部委派对水电站机电安装有经验的技术人员 2 人、高级技工 1 人现场指导安装；土方工程除部分引河土方出包给建筑工程部第五工程局第三土石方工程公司机械化施工外，系工程处自营，由靖江、泰兴、泰州 3 个县民工总队施工。工程总投资 874.1 万元，共完成土方 91.96 万 m^3、石方 1.89 万 m^3、混凝土 1.91 万 m^3，耗用钢材 397 t、水泥 6 733 t、木材 2 278 m^3、黄砂 2.72 万 t、石子 3.72 万 t、块石 3.77 万 t。

（二）土建工程

一站的土建工程主要包括泵站的引水与进水渠道、出水渠道、进出水流道以及站房等部分。江都抽水站引水渠道皆为 1958 年开挖的自流引长江水的灌溉河道——新通扬运河，引水渠道与芒稻河相连直通长江。1958 年拓浚的京杭大运河的里运河作为送水干河向北送水。泵站的进水渠道与引水渠道——新通扬运河成 90° 正交进水，4 座泵站排列在新通扬运河北岸，设有江都东、西闸控制泵站灌、排运行。

一站的站房为堤身式结构，由于地质条件限制，站身南北中心线布置距新通扬运河口约 750 m，站身东西中心线与新通扬运河中心线平行，相距 220 m。江都 4 座站施工的共同点都是站身基坑挖得深、爬坡陡、地基渗水强、站身混凝土的技术要求高。站身基坑挖深 15.5 m，施工难度很大，施工人员克服困难，群策群力发明了灵活可靠、省力省时的土方爬坡机和容量较大、轻便耐用的铁架胶轮车、混凝土车道板等。这些发明创造，提高了土方施工效率近3倍，加快了施工进度。

一站站房施工过程中主站房的防渗施工是关键。工地施工人员多次试验、分析、比较后，决定施工中采用的砂石一定要严格淘洗，控制杂质含量，水灰比控制在0.65以内，提高了水泥浆本身的抗渗性，水泥选用普通水泥或矿渣水泥（使用矿渣水泥要加外加剂，并做好泌水排除），全面使用机拌、机震混凝土，增强与水泥浆的牢固结合。同时选好适合的石子，加强混凝土的养护，在28天内或未达到一定抗渗强度前不要还土或承受水头压力等。

对于站房底板的不均匀沉降问题，施工人员采取了相应措施：一是在设计时对完建时期及各种水位情况的底板下地基反力不均匀系数取小；二是在土建及墙后还土已基本完成，不再有重大加荷，底板沉陷基本稳定情况下开始机泵安装；三是在安装中严密监视底板沉陷情况，及时采取相应对策；四是在安装固定地脚螺栓，封灌二期混凝土的时间应尽量延后，并观察在无较大沉陷影响时再浇筑；五是及时观测底板的沉陷情况，并按相应方案解决问题。

一站的进出水流道施工均是从流道模板制作开始，先把流道分成若干断面按节进行拼制，然后按设计曲线制成模板并抛光，其中出水流道的驼峰弯管按整体制成，在出口断面较大部分每节又分成3个部分制作拼制成曲面模板。最后在此基础上进行混凝土浇筑，为避免渗水渗气，整个流道浇筑一次浇成，并加强养护。

站身也在立模后浇筑混凝土成型。站身的模板分层立模，按浇筑层分层设置，4个站的模板均分为5次架立，具体是：①底板立模；②水泵层立模；③进水导流板立模；④电机层立模；⑤主站房梁、柱立模。立模后进行站身钢筋的绑扎，之后是混凝土浇筑分层。一站站身混凝土浇筑采用轻轨斗车运送骨料，用0.4 m^3拌和机拌和，现场搭设拉坡机配合0.1 m^3双轮翻斗车将熟料运送入仓，混凝土经平仓后用软轴震捣，薄壁细部结构并辅以人工冲捣，使之密实。对防渗要求高的站身底板、隔水墙、出水管等部位，除选用合理的混凝土级配，加强平仓震捣、做到密实外，同时还掺用加气剂，以提高混凝土的抗渗性能。

一站、二站均为整体式大型泵站，站身结构比较复杂，混凝土的防渗要求高，预埋件和管道多。根据设计要求和结构特点，站身混凝土分成5次浇筑：第一次浇筑进出口齿墙及站身底板；第二次浇筑水泵层；第三次浇筑进口导流板及其站墩部位、泵墩等；第四次浇筑电机层、公路桥、出水流道；第五次浇筑副站房及主站房的柱和梁。

所有混凝土浇筑后，施工人员加强养护，查找不足，及时改正，特别是对于防渗工作进行了多次反复试验处理。因此整个土建工程按计划顺利完成，为下一步机电设备的安装打下了良好基础。

（三）设备安装

大型立式机组的安装，一般按先下后上、先水泵后电机、先固定部分后转动部分的原则进行。在安装过程中，固定部分的垂直同心度、高程，转动部分的轴线摆度、垂直度、中心、间隙等是六大关键要素。一站水泵机组的安装参照大中型悬吊式水轮发电机组的安装质量标准，参照水泵、电动机出厂使用维护说明书的有关规定和工地实际情况分步循序进行，其具体安装程序见图 2-9 所示框图。

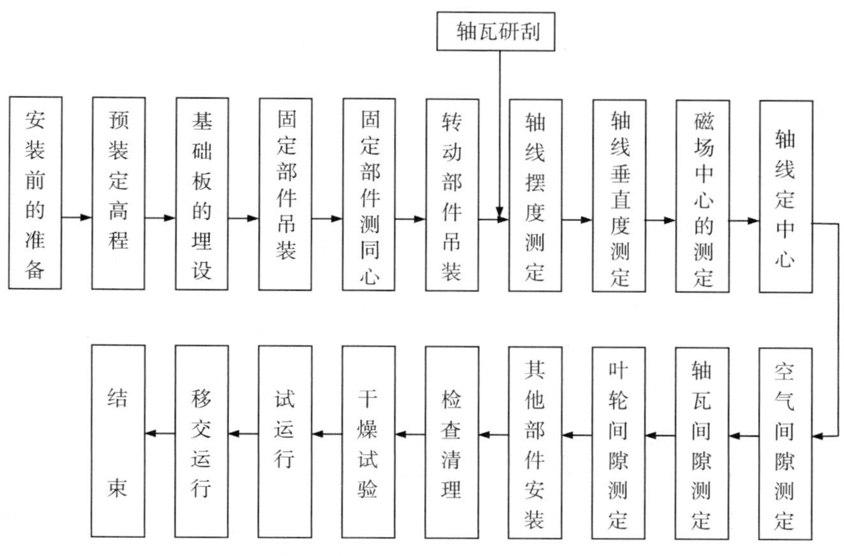

图 2-9 一站机组安装程序框图

在机组安装过程中遇到了一系列设备缺陷问题，如：主水泵泵管上下水导轴孔不同心，推力头镜板加工有夹灰现象，推力头圆周面与端平面垂直精度未达到技术要求，主电动机硅钢片变形等。针对这些缺陷，施工人员与厂方技术人员共同探讨解决方法，或返厂重新加工设备，或现场就地解决实际问题。对于其他一些问题，有的在机组运行前解决，有的在检修时解决，还有的则在厂家以后制造设备时加以改进。

1964 年 5 月至 8 月，水电部水利水电局第三安装工程处针对一站 1963 年运行后存在的一些问题，对整个泵站进行了检查和维修。

三、泵站更新改造

一站从 1963 年建成投产，到 1994 年，已历时 31 年，平均每台机组运行 7.22 万 h，由于机、泵和电气设备都是我国大型泵站的第一代产品，经过 31 年的运行，机械磨损均达到了机械强度疲劳极限及屈服极限值，水泵叶片因汽蚀磨损严重变形；电气设备绝缘老化，辅机耗能大，泵站效率明显下降，已由设计值的 67% 降至 58%；单机流量由设计的 8 m^3/s 下降至 7 m^3/s；8 台电动机有 7 台发生过绝缘击穿现象（1987 年更换 2 台），机组随时都有可能因设备故障被迫停机。1986 年 3 月和 1994 年 3 月，管理处两次委托省电力试验研究所对主电动机定子线圈绕组绝缘老化进行鉴定试验，通过两次结果的比较认为：定子绕组绝缘超过《水利部预防试验规程绝缘老化标准》，属严重老化。1994 年 4 月 15 日，省水利厅组织省内外有关专家在现场召开了设备技术鉴定会，一致认为该站已处于超龄服役运行状态，应尽早更新改造。

（一）泵站更新改造的方案审定

一站更新改造工程是一个新课题，当时省内没有大型泵站改造经验可借鉴，一切从头探索、自力更生进行。在土建基本不变的原则下，该站的更新改造工程尽量利用水工建筑物的原有裕度，更换所有的主机、主泵和辅助设备，适当增加泵站的抽水流量，同时运用先进的计算机监测技术对设备的电流、电压、有功、无功等电量参数和水位、气压、温度等非电量参数进行巡回检测、记录、打印，使得一站自动化、科学化的水平有了较大提高，促进了整个泵站管理向现代化管理迈进。

1. 水位的确定

新选水泵扬程的确定需要根据泵站的实际水位组合来进行，因此一站根据管理处水文站统计的建站30年来的水文资料，运用算术平均法求得该站的平均扬程，并参照南水北调东线工程的水位组合，报省水利厅批准，确定了设计水位：上游8.5 m，下游0.0 m；校核水位上游8.5 m，下游-1.0 m（详见表2-4）；并确定新选水泵扬程为6.0 m。

表2-4　一站更新改造水泵性能设计水位表

工作情况	站下游水位（m）	站上游水位（m）	净扬程（m）
灌溉期抽引江水	2.5	8.5	6.0
冬春季抽引江水	0	8.5	8.5
抽排里下河涝水	-0.5	6.3	6.8
校核水位	-1.0	8.5	

2. 主水泵叶片的选型

管理处委托扬州大学农学院的江苏机电排灌研究所对一站改造进行了模型试验。该所的试验报告（一站改造模型试验是继江都泵站更新叶轮模型试验之后进行的）为水泵改造提供了优良水力模型，并最终确定选用F1模型方案，模型方案性能见表2-5。

表2-5　水力模型方案参数表

水力模型组合编号	叶片数量（只）	设计扬程（m）	叶片角度0°				汽蚀性能（m）	零流量扬程（m）
			设计工况装置效率（%）	最高装置效率（%）	设计工况流量（L/s）	比原流量平均增长（%）		
F1	4	6.0	72.5	74.49	355.4	25～30	7.6	15～17

试验报告显示F1方案的水力装置效率值高达74.49%，其随叶片角度变化稍有降低，但差值较小，效率包络线最高点在0°效率曲线；在设计工况下F1方案汽蚀性能较好；F1方案的零流量扬程可达15～17 m，相应轴功率也很大，但电动机超高扬程启动过程中，最大力矩比额定力矩大1.5倍以上，启动没有问题；F1方案的叶轮结构特点是4只叶片相对称，有利于全调节机构的布置，且叶片水力中心与调节中心偏

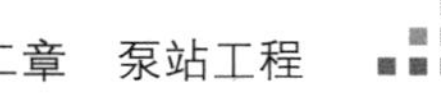

离较小，叶片调节力相对小些。

3. 主机泵的选型

由于一站担负着抗旱、排涝、航运补水等多种功能，其站下水位受长江潮汐影响，水位变幅大。根据建站以来的水文资料，考虑到在净扬程大于6.5 m时，原机组启动困难、振动厉害而被迫停机，故改造时选择流量大、效率高、汽蚀性能好的1.75ZLQ-6型机械全调节轴流泵，这样不但可以使水泵根据不同的水位及流量改变叶片角度，使水泵经常在高效区运行，而且可以使水泵在负角度启动，减轻机组的启动振动，同时采用了上海电机厂生产的TL1000-24/2150型立式同步电动机与之配套。

（二）泵站更新改造工程的实施

江都一站更新改造计划由管理处设计室（以下简称处设计室，1998年更名为江苏省引江水利水电设计研究院）先编制《江都一站更新改造可行性研究报告》上报，1994年6月15日省水利厅以苏水计〔1994〕85号文批复同意该可行性研究报告。之后，处设计室进行了工程改造的初步设计。1994年11月25日省水利厅以苏水基〔1994〕85号文批复同意江都一站更新改造工程的初步设计。江都水利枢纽机电安装处（以下简称处机电安装处）负责该项目的机电设备安装，省水建总公司一公司负责配套的土建工程，微机监测系统由江都水利枢纽科学研究所（以下简称处科研所）设计安装。主要改造项目有：8台主电动机更新；8台主水泵更新；高、低压电气改造；新增微机监测等。配套土建项目有：8台机组驼峰顶底面高程由8.65 m增高至9.0 m；进出水流道扩大衔接处理；二楼改造成高压开关室、整流变压器室、低压开关室及控制室；增设封闭式通风层和16个主电动机通风孔等。

为了确保一站汛期能够投运，且不影响整个枢纽工程效益的发挥，更新改造工程计划分两期完成。第一期工程自1994年11月2日接苏水电传〔1994〕54号内部传真通知开工，于1995年5月29日结束，改造了1号、2号两台机组，电气系统维持不变，2台改造机组电气运行采取临时过渡措施，1995年5月29日2台机组一次性启动成功。

一站更新改造第二期工程又分两个阶段进行。第一阶段自接到苏水基〔1995〕63号文后于1995年9月20日开工到1996年5月26日结束，改造了3号到6号4台机组及辅机系统、电气部分，1996年5月27日机组一次性启动成功，连同一期改造的2台机组全部投入汛期正常运行。改造后的6台机组抽水能力在叶片角度0°到+2°时可达到64.8 m^3/s，单机平均流量10.8 m^3/s，平均扬程5.03 m，其与改造前的8台机组抽水能力相当。第二阶段是在6台机组改造后安全运行两个多月后（当年8月初）开工，共安装了7号、8号两台机组，同时进行了真空破坏阀改造和排水泵、通风机的安装，同年10月底，整个更新改造工程全部竣工，共完成投资总经费1 603.44万元，改造工程被评为优良等级。

（三）泵站更新改造的效果

一站更新改造后单机流量增加2.2 m^3/s，提高27.5%，另外机组可以根据不同运行水位组合，调节叶片角度使水泵在最优工况下运行。

由于原设计主机为开敞式散热，主机层温度高达48℃，噪音达96 dB，直接影响运行人员身体健康，加速设备老化。改造为封闭式强迫通风后，主机层最高温度为41℃，噪音为80 dB，达到了隔热、降低噪音的目的。

一站改造后整体抽水能力增加了17.6 m^3/s，可增加灌溉面积1.1万 hm^2，以灌区每公顷旱改水田的平均增产值为1 500 kg计，可增产粮食1 650万kg，约合1 650万元，已超过改造投资额，其经济效益是显而易见的。改造后主要设备和电缆等得到了更新，增加了设备安全投运系数，相应减少了运行管理费用。机组采用机械全调节后，提高装置效率达6.4%，节约年运行电量129万kW·h，节约电费可达38万多元（按多年平均运行电量，每年开机100天折算）。一站改造后，自动化程度的提高对泵站管理向规范化、科学化、制度化、现代化的迈进提供有力的保证。

第二节　二　站

1963年5月23日，水电部以(63)水电水设字第98号文批准兴建二站，1963年7月开工建设，1964年8月竣工。该站位于一站东侧260 m处，站身结构和装配的机泵与一站相同，运行33年后，于1997年11月，省水利厅批准对二站进行更新改造，同年12月开工，1999年4月竣工，2000年1月进行电气自动化改造，当年汛前完成，2001年7月6日通过省水利厅验收。二站更新改造总经费为1 998.5万元。该站改造前后的规模、主辅设备、供电方式与一站均相同。

截至2022年12月底，二站平均每台机累计运行13.75万h（更新改造前平均每台机运行8.6万h），向苏北地区抽送江水260.9亿 m^3，抽排里下河地区涝水67.6亿 m^3。

一、泵站设计

二站的设计建设是紧接一站建成发挥效益后进行的，其主体工程及主要设备的选型均和一站相同。由于有了一站的设计施工经验，因此，二站设计施工中相关技术均较之前有了一定发展。

二站的设计由省水利厅勘测设计院负责，1963年水电部以(63)水电水设第98号文批准初步扩大设计。1964年水电部以(64)水电规水第08号文批复二站技术施工方案的设计。

（一）主水泵、主电动机的选型

1. 主水泵

二站建设时主水泵采用与一站相同的PVP-160（64ZLB-50）型立式半调节轴流泵，出水管口径为160 cm，系上海水泵厂特约试制产品，也是我国大型泵站上使用的

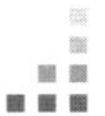

第一代产品，基于当时国内的实际水平，该机组未经试制及使用考验，制造工艺粗糙，结构上亦存在较大问题。1996 年二站更新改造后采用了与一站相同的 1.75ZLQ-6 型立式轴流泵，主水泵的技术参数、结构及特点等详见本章第一节一站主水泵参数表。

2. 主电动机

二站主电动机更新改造前采用与一站相同的 TDL800-24/2150 型立式同步电动机，更新改造后采用与一站相同的 TL1000-24/2150 型立式同步电动机。主电动机的型号、结构及特点等，详见本章第一节一站主电动机参数表。

（二）土建工程

1. 站型及站房

二站站房型式与一站一样，为堤身式结构（图 2-10）。站身包括主站房、副站房、工作桥三部分。主站房底板分为两块，两底板之间设有伸缩缝。

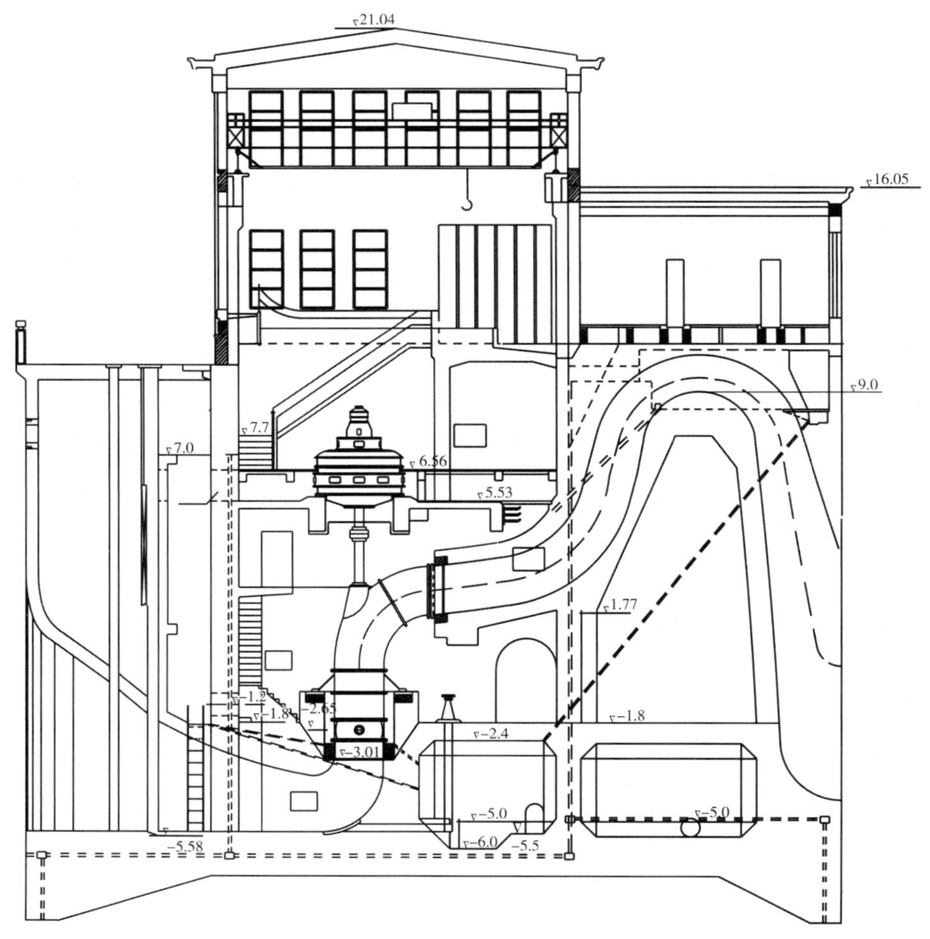

图 2-10　二站站身剖面图

主站房自上而下为主机层、检修层、水泵层。主机层自西向东依次为1号至8号主电动机，北墙中部设5台低压动力柜。主机层下面设强迫通风道，自西向东安装16台通风机。检修层电动机梁北侧铺设供水母管及润滑油母管。水泵层自西向东为1号至8号主水泵，西侧设润滑油回油箱及排油泵，中部设2台排水泵，3号、4号、6号主水泵东墙的北侧各设供水泵1台，水泵层北侧下部为排水廊道。二站更新改造后减少了1台低压动力柜，拆除了润滑油母管和西侧的润滑油回油箱及排油泵。

副站房建在虹吸式出水流道的上面，自西向东依次为高压开关室、站变室、隔离变压器室、低压开关室、更衣室、空压机房及小仓库，下面为真空廊道，安装8台真空破坏阀，并设有压缩空气母管。站房以东为东平房，设控制室、更衣室及办公室，站房西面建有修配间及仓库。改造后的泵站面貌一新，布置合理简洁。

2. 进水流道

二站进水流道与一站相同，也是肘形进水流道，详见本章第一节土建工程部分。

3. 出水流道

二站出水流道与一站基本相同，也是虹吸式断流，详见本章第一节土建工程部分。

二站出水流道仍采用一站的虹吸式，但二站设计虹吸管断面时，在驼峰前不扩散，缩小驼峰处断面，提高流速，增加夹气能力，然后逐步扩散，驼峰顶部断面高1.6 m，宽3 m。二站改造时，出水流道驼峰底部抬高至9.0 m，驼峰顶部断面高1.25 m。驼峰曲率半径2.64 m，驼峰后出水管中心线下倾角10°55′，出口断面高8 m，宽5 m，当流量为10.2 m^3/s 时，驼峰顶流速为2.79 m/s，出口断面流速为0.255 m/s。

4. 进水渠道

二站进水渠道与一站相同，进水前池为干砌块石护坦及灌砌块石护坦各10 m，引水渠与前池之间设浆砌块石埂底坎。侧向进水形式前池中流态较紊乱，影响到水泵效率，边侧机组有汽蚀和水力振动发生。

2006年实施的江都东西闸之间河道疏浚工程项目中，为改善进水河道水流流态，在二站下游引河距站身147.5 m处设倒“Y”形导流墩，墩顶高程2.0 m，尾汊夹角为60°（尾汊与进水方向一致），单边长14 m，底高程-10.0 m；二站下游引河距站身97 m处增设导流坎，顶高程为-2.5 m（图参见本章第一节进水渠道）。

5. 出水渠道

二站出水渠道和一站基本相同，其主要包括上游混凝土防渗铺盖13 m，上游灌砌块石护坦9.5 m，上游干砌块石护坦12 m，块石防冲槽4 m，外接黏土铺盖及上游滚水坝与出水干渠相连接。

近十年的河道断面观测资料显示，二站上下游均有淤积现象，但间隔冲淤量变化不大，河床长期保持稳定。

（三）辅助设备

1. 油系统

二站油系统的主要作用是用于主电动机轴承的润滑和散热。主电动机上、下油缸内装有 32 号透平油，作润滑和散热用。推力瓦和导向瓦在运转中产生的热量通过润滑油传给冷却器，通过冷却器中的冷却水带走。1997 年二站更新改造前水泵层西部设集油箱 1 只，主机检修时，打开上、下油缸排油闸阀，通过排油母管将润滑油排到废油箱内，再用油泵输送至站房外。更新改造时因需设置封闭通风道，将集油箱及相应管道拆除。

2. 供水系统

二站技术供水系统原采用直接供水方式，在水泵层 3 号、4 号及 6 号间隔设三台供水泵，互为备用，供给机组的冷却用水、润滑用水、主泵内加水、排水泵加水等。供水母管设在检修层电动机大梁北侧，各支管接在母管上，结构简明，检修方便。主机冷却水包括上、下油缸冷却水及叶片角度调节机构冷却水，其冷却回水至主泵填料函，用于水导轴承润滑。在主泵出水管上设立检修加水管，检修结束后，通过加水使检修门两侧水压平衡，便于起吊闸门，同时可用来调节供水母管的水压。供水泵取水口在上游，进水部分设进水总阀、进水阀及滤网，出水部分设出水阀及逆止阀，便于检修。供水系统主要设备有 3 台 IS100-80-160A 型供水泵，配用 3 台 Y160M1-2 型异步电动机。

2019 年 11 月，二站对技术供水冷却水进行改造，采用封闭式系统，利用 3 台模块式风冷冷水机组对循环水进行降温，经过 2 台水力模块控制循环水的压力及流量，调整制冷能力，实现闭路循环，同期对供排水管道母管进行了改造。

3. 排水系统

排水系统主要是排除站房内的各种工作回水、渗漏水、清扫水及检修时排主泵内积水。2 台排水泵布置在水泵层 5 号间隔，互为备用。排水泵加水由供水母管引来，排水泵进水口设在排水廊道的集水坑内，并装有滤网，出水口在下游，出水部分装有闸阀及逆止阀。当机组检修时，放下检修门，打开检修闸阀，将主泵内积水排至排水廊道，由排水泵排至下游，便于机组检修。排水系统主要设备有 1 台 200W Q250-15-18.5 型和 1 台 100W Q11171 型潜污泵。

4. 压缩空气系统

二站的压缩空气系统主要用于为虹吸式出水管顶部真空破坏阀开启提供动力，压力为 0.6～0.8 MPa，确保机组在停机后，利用压缩空气迅速打开真空破坏阀可靠断流。2012 年，对 2 台水冷空压机进行更新改造并更换储气罐，选用 BLT-15A（1.67/0.8）型螺杆风冷式空压机和 C-1.5/0.8 型储气罐，储气罐上装有 3 只电接点压力表和 1 只压力变总器，并装设动作可靠的安全阀。

2007 年，二站对 8 台真空破坏阀进行更新改造，采用日立泵制造（无锡）有限公司 ZP1750（D400）真空破坏阀，彻底解决改造前真空破坏阀在运行中出现的卡涩或漏气现象。

5. 通风系统

二站通风系统由通风机、通风机动力控制柜、低压开关室通风机动力电源及动力、控制电缆组成。水泵层自西向东原安装 8 台 03-11 型轴流通风机，配套 JO31-4 型电动机。主机层设计了强迫通风层，层内原共安装 16 台 T04 型通风机，配套 Y90S-2 型电动机。每台主机配用 2 台通风机，2016 年将水泵层通风机更新为 BZF51-60 型防爆轴流风机，将主机层通风机更新为 SFG-4-2R 防油防潮轴流通风机，并实现微机自动控制风机启停。

（四）电气设备

1. 一次电气部分

二站 6 kV 电源由变电所内的二站 6 kV 总开关经四拼 YJV_{22}-10-3×240 高压电缆引入，站内 6 kV 电源进线总开关再由单母线经开关连接至各台主机及站用变压器。当全站停机时，站用电自动切换为变电所提供的 400 V 备用电源。

2010 年 3 月，二站对高压柜进行了维修改造，采用德国 ABB 公司先进的 VD4 高压真空开关。2013 年 12 月，对低压开关柜进行了改造，拆除 20 台旧低压柜，新安装 16 台低压柜，低压进线和联络开关采用施耐德 MT 智能型框架断路器，低压馈线开关采用施耐德 NS 型塑壳断路器，低压系统主回路采用智能型数字式仪表，具备通信功能。电气主接线图如图 2-11 所示。

2. 二次电气部分

2000 年二站新增计算机监控系统、视频系统。因原控制室位于 7 号机组出水流道驼峰顶，运行过程中产生的振动、噪音很大，影响设备的运行稳定性和值班人员的身心健康，2006 年 10 月至 12 月，对控制室进行改造，于泵房东侧进行了扩建，对监控主机进行移位，安装了四台大屏幕显示器，更换了部分室外摄像机，对 9 台活动摄像头安装视频解码器等。2011 年 8 月进行了计算机监控系统升级改造，更换了 2 台 PLC 柜、2 套监控主机，实现与江都水利枢纽集中监控系统联网，可实现数据互相传输，并具备与江苏水利网、南水北调东线工程调度系统联网功能，进一步提高自动化管理水平。

2012 年 9 月，二站保护装置进行了改造。微机保护采用南京南瑞继保电气有限公司 RCS-9300C 系列产品，6kV 进线选用 RCS-9611CS 保护装置，站变选用 RCS-9621CS 保护装置，主机选用 RCS-9643CS 保护装置，通信选用 RCS-9698G 远动通信装置，PCS-9882 工业以太网交换机，通过 RCS-9698G 远动通信装置将保护测控数据传输至上位机。

保护柜内电源改由直流屏直接供电，进柜后通过空开分别给各台保护测控装置提供装置电源以及控制电源，改变了原先各保护装置由对应高压柜供给电源的方式，提高了保护系统运行可靠性。

2014 年 10 月至 11 月，二站对视频监控系统改造。更换损坏的视频主机、视频摄像机。更换控制室屏幕监视器为 55 寸 LCD 拼接（2×3）显示屏。

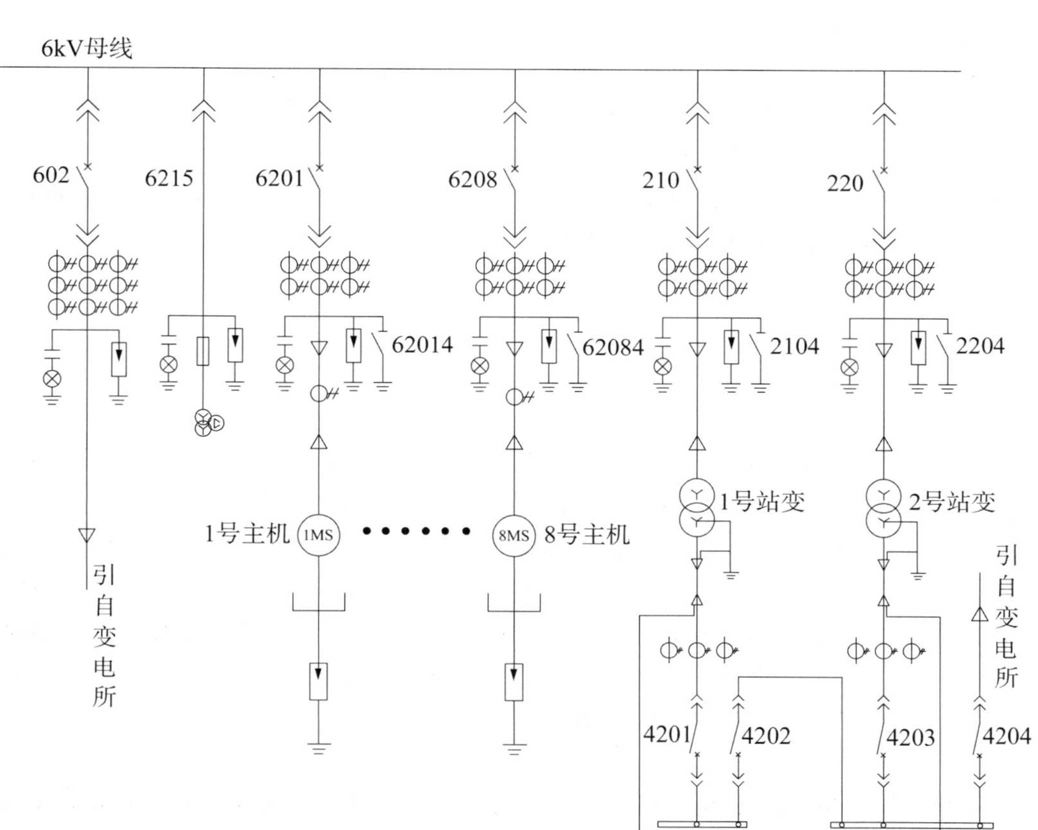

图 2-11　二站电气主接线图

2021 年、2022 年二站运行期间，6 号、7 号等机组 RCS-9643CS 保护装置出现数据丢失，反应迟滞，上位机无信号显示等情况。根据《微机继电保护装置运行管理规程》微机继电保护装置使用年限的要求，2022 年下半年，对 6 kV 保护装置进行升级改造，将 8 台电动机综合保护装置升级为 PCS-9627CC、6 kV 线路综合装置升级为 PCS-9611CS、2 台站变综合保护装置升级为 PCS-9621CS。

2020 年 4 月，二站对直流系统进行增容性改造，增加直流充电模块，以提高系统的可靠性。改造后的直流系统包含 1 台直流开关柜及 2 台蓄电池柜，直流开关柜包含充电模块、一体化监控器、综合采样单元、绝缘监测装置、电池巡检等。蓄电池柜柜体容放 18 只蓄电池，为阀控密封式铅酸蓄电池，型号为 NP210-12。

3. 励磁装置

2020 年，二站对励磁系统进行更新改造，拆除原 8 台苏州友明科技有限公司 LZK-3G 型励磁装置柜和隔离变压器，新安装 8 台套北京前锋科技有限公司生产的 WKLF-102 型励磁装置，配套 8 台励磁变压器柜，新装置投励、整流、通信等性能更加稳定可靠，可确保同步电动机平稳运行，满足现有运行要求。

（五）金属结构

二站进水流道侧设有拦污栅和检修闸门。2013 年 11 月，二站对原拦污栅拆除更新。目前 16 扇拦污栅每扇净宽 2.51 m，净高 2.62 m，拦污栅扁钢间隔 100～150 mm。

二站主厂房行车为 QD15/3t-10.5 m 双梁桥式起重机，1960 年制造，1963 年投入使用。2002 年，对行车部分电气设备进行改造。2013 年 12 月，对行车主钩、大小车行走传动系统维修，制动系统、钢丝绳更换、驾驶室及电气控制系统更新。

二、泵站施工

（一）施工概况

二站是紧接一站建成发挥效益后施工兴建的，其主机泵选型及装机容量均同一站，设计仍采用堤身式站身结构，除局部布置及虹吸管断面略有变更外，其他基本相同。由于有了一站的实践，二站机组安装时设备本身缺陷基本不再重复。同时又由技术经验丰富的水电部水利水电机电安装局第三安装工程处负责二站的机电安装，工程建设就地取材，实干加巧干，创新采用了钢架单、双胶轮车，电动循环拉坡机，蛙式电动夯土机，铁皮芦柴、碎料模板，竹木模板等三十余项技术革新和提高工效、增产节约措施，使得二站的机电安装技术、施工质量获得了全面的提高，同时还培养了管理处自己的管理队伍、运行队伍和未来的机电安装人员，加快了施工进度。

该工程由省水利厅基本建设局编制设计文件，江都水利枢纽工程处负责施工，土建工程由省水利厅基建工程队以内包形式承建，机电安装由水电部水利水电机电安装局第三安装工程处按包工包料方式承包，土方部分由工程处自营，主要由泰州、姜堰（原泰县，下同）民工总队部完成。工程总投资 829.32 万元，完成土方 49.8 万 m^3、石方 3.24 万 m^3、混凝土 1.56 万 m^3，耗用钢材 316 t、水泥 5 569 t、木材 2 211 m^3、黄砂 2.34 万 t、石子 3.55 万 t、块石 5.33 万 t。

（二）土建工程

二站的土建工程与一站基本相同，其进出水渠道于 1963 年 12 月开始施工，1964 年 8 月完成。在施工中，经检查发现 3 号、7 号水泵的出水管驼峰顶下两侧出现裂缝。后经全面检查，发现一站、二站大多数出水管驼峰顶下部位都有大小不等的裂缝，有窨水甚至滴水现象。经分析是由于混凝土内应力不等造成的，经对裂缝灌浆养护后再用约 150 kPa 压力进行高压灌浆，基本解决问题。

（三）设备安装

二站的机电设备安装方法和一站相同，但安装队伍不同，二站由水电部水利水电机电安装局第三安装工程处负责，1964 年 5 月至 8 月期间，该工程处的相关人员借鉴他们对大型水电设备安装的技术，对一站机组在安装和运行中发现而当时未获处理的问题进行了检修，在拆检中又发现和处理了一些问题，从而获得了更进一步的资料，使人们对大型立式泵站的设备、设计、施工、安装、管理、运行及效益

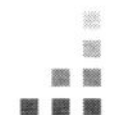

增加了感性认识。一站实践的成功经验无疑对泵站的理论、科技进步和后来的发展起了推动作用，同时为二站的设备安装提供了更有力的保证，使得二站比一站提前近半年完成建设。

三、泵站更新改造

二站主设备与一站一样，都是我国大型泵站上使用的第一代产品，到1996年更新改造时，每台机已平均运行8.6万h，经过33年的运行，设备汽蚀、老化情况也与一站相似，已处于超龄服役运行状态，应进行更新改造。

（一）泵站改造方案的审定

根据一站改造的成功经验，同时为了确保二站在汛期能够投运，发挥整个枢纽工程的综合效益，二站更新改造工程也分两期进行，1997年12月正式开工，1998年5月底完成一期工程，汛期全站8台机组投入运行。汛后开始二期工程，1999年4月底完成，确保全部设备当年汛期安全投入运行。

根据一站更新改造后的运行和现场测试成果，其水泵流量大、效率高、汽蚀性能好，二站仍选用江苏机电排灌研究所的模型泵段F1叶型，主水泵、主电动机的选型也与一站相同。

根据现代化工程管理的需要，二站实施了全面的电气自动化改造工程，安装了视频系统，实现了微机监控、微机保护和微机励磁，并与江苏水利网联接，可实现网上通讯，为实现“无人值守、少人值班”的工程管理模式打下了良好的基础。

基于更新改造工程与新建工程的不同之处，水泵叶轮中心高程不变，仍为-2.05 m，电动机基础高程不变，该工程安装除了按泵站技术规范要求进行，还需遵循以电动机基础中心和高程为基准的原则。

（二）泵站改造工程的实施

二站更新改造工程由管理处设计室设计，1997年3月20日省水利厅以苏水计〔1997〕43号文批准《江都二站更新改造工程可行性研究报告》，1997年11月18日省水利厅以苏水基〔1997〕85号文批准初步设计，更新改造于1997年12月正式开工，管理处机电安装处负责二站更新改造工程的机电设备安装，省水建总公司二公司负责配套的土建工程，泵站自动化监控系统由处科研所设计安装。主要改造项目有：8台主电动机、主水泵更新；高、低压电气改造；新增自动化监控系统、视频系统；供排水、气、油系统改造等。配套土建项目有：8台机组驼峰底加高35 cm至9.0 m；进出水流道改造；电气设备集中布置，开关室改造；主机层增设封闭通风道、通风机；站房伸缩缝、房顶防渗、整修等处理。整个工程分两期实施，1998年5月完成5号至8号主机组的安装、调试及相关土建工程和1号至8号出水流道驼峰抬高工作。1998年汛后至1999年4月完成1号至4号主机组的安装、调试及相关土建工程和全站辅助设备、电气设备的安装、调试工作，更新改造工程于1999年4月竣工，完成改造经费1998.5万元。2000年元月，二站进行了泵站自动化改造，并于当年汛前完成。2001 年 7 月 6 日通过省水利厅的验收。

（三）泵站改造的效果

二站 1997 年至 1999 年进行的更新改造，单机流量增加了 2.2 m^3/s，全站共增加流量 17.6 m^3/s。按每个流量投资 80 万元建新泵站，可减少投资 1 408 万元，其经济效益非常可观。

二站经更新改造和后续相继进行的一些设备的维修改造后，主要设备均更换为性能稳定的新产品、新设备，大大增加泵站运行的可靠性和高效性，同时为大型泵站的改造积累了丰富的经验。在采用先进的微机保护、监控系统后，泵站的自动化与现代化水平大大增强，提高了泵站运行、管理的综合效益，推进了泵站管理向更高层次发展。

第三节　三　站

三站位于二站东侧 250 m 处，1966 年 12 月开工，1969 年 10 月建成。该站安装 10 台套 ZL13.5-8 型立式全调节可逆式轴流泵，配用 1 600/600 kW 立式可逆式电动、发电机，总装机容量 16 000 kW，设计流量 135 m^3/s。可逆式机组正转抽水，在淮河有余水下泄时，可反转发电，在水头 4 m 的情况下，单机可发电 300 kW 并入电网，由江都抽水站专用变电所用架空组合导线直接供电。

三站的主辅设备到 2006 年已使用了近 40 年，远远超过了国家规定的使用年限，设备由于严重老化，使用中暴露了不少问题，机组的效益已不能正常发挥。2003 年 12 月，国务院批准了《南水北调工程总体规划》。为实施南水北调的东线方案，三站于 2006 年 11 月至 2009 年 11 月进行了更新改造。6 kV 供电方式由架空输电方式改为高压电缆六拼输电，所用高压电缆型号为 YJV_{22}-10-3×240。

截至 2022 年底，三站累计平均每台机抽水运行 11.56 万 h、发电运行 4.6 万 h（更新改造前平均每台机抽水运行 7.89 万 h、发电运行 3.59 万 h），抽引江水北送 424.9 亿 m^3，抽排里下河涝水 105.5 亿 m^3，发电用水量 166.45 亿 m^3，发电 10 346.2 万 kW·h。

一、泵站设计

省水利厅勘测设计院专门成立的设计组负责编制三站设计书。省水利厅于 1966 年 6 月以水计(66)字第 248 号文报送水电部，水电部于 1966 年 10 月以(66)水电规字第 155 号文批复同意兴建。

计划兴建三站时，国家当时正处在电力供应紧张时期，为了利用淮河丰水年有余水下泄可以发电的有利条件，同时为了探讨试验一机两用，达到正转抽水、反转发电

的目的，三站在设计时考虑兴建可逆式泵站，其站房的结构为堤后式，站身不直接挡水。与一站、二站堤身式结构相比，堤后式结构具有一些优点：工程投资比较少；出水流道局部损失较小；施工量加大，但作业面也大，工作安排、劳力调度比较灵活；副站房的空间大，利于设备安装检修等。

（一）主水泵、主电动机的选型

1. 主水泵

三站主水泵采用了上海水泵厂生产的 ZL13. 5-8 型立式可逆液压全调节轴流泵，可以用于抽水，也可用于发电，叶片角度可在-12°～+8°范围内调节，水泵与电动机直联。

主水泵包括固定和转动两部分，固定部分的主要部件有：上盖、上座、泵盖、异形管、泵座、叶轮外壳、导叶体、水导轴承、压环、底座等。转动部分的主要部件有：泵轴、操作油管、叶轮等。三站采用的水泵结构是在一站、二站的基础上改进的，水泵装在一个钢筋混凝土的圆筒形井内，井的一侧有出水管，水泵导叶体固定在水泵井下部。它的特点是水泵下部受力部位，如导叶体和叶轮外壳均对称而牢固地与混凝土水泵井相连。水泵泵盖与水泵井构成一个完整的弯管。泵盖不与导叶体相接触而是悬挂在水泵上盖下面，水泵上盖则固定在混凝土井口上。这种结构相对牢固，水泵不容易移位。同时水泵的部件均小于混凝土水泵井的内径，也小于电动机定子的内径，因此，在不移动电动机定子的情况下，水泵部件均可在电动机定子内上下起吊，利于安装和检修。

2006 年 11 月三站更新改造后，主水泵采用了江苏中天水力设备有限公司生产的 ZLQ13. 5-8 型立式全调节轴流泵（可逆式），改造前后主水泵的具体参数见表 2-6，改造后水泵的结构形式与原来的水泵基本相同，不同的是原水泵使用的油润滑金属导轴承改为水润滑弹性金属塑料导轴承。

表 2-6　三站主水泵参数表

项　　目	改　造　前	改　造　后
型　　号	ZL13. 5-8	ZLQ13. 5-8
流　　量（m^3/s）	13. 5	13. 5
扬　　程（m）	8. 0	7. 8
转　　速（r/min）	250/125	214. 3/107. 2
装置效率（%）	68	75. 3
叶片调节方式	液压调节	液压调节
叶轮直径（m）	2. 0	2. 0
重　　量（t）	30	32. 5

2014 年 10 月，三站结合主机大修，在主水泵填料函处增加了一道聚胺酯橡胶轴承，对相应泵轴轴颈部分进行了延长处理，提高了水泵运行的稳定性。在接下来几年

的主机大修中，均采取了在填料函处增加轴承的措施。2016 年，三站利用四站原有的清水泵，将深井水利用管道引接到三站水泵水导轴承处为水导轴承提供润滑用水，因压力偏小，2017 年初，在联轴层清水管道上增加了一台离心泵，以提高水压力，确保清水能到达水泵水导轴承内。2022 年 10 月，三站对清水润滑系统进行了改造，利用四站的水塔，将清水抽送到水塔，再从水塔上将清水引接到三站水泵层，提高了水压力，增加了供水的可靠性。

2. 主电动机

三站的 10 台主电动机均选用上海电机厂设计制造的可逆变速三相同步电机。其参数见表 2-7。

表 2-7　三站主电动机参数表

项　　目	改　造　前	改　造　后
型　　号	TL1600-48	TL1600-28/2600
单机容量（kW）	1 600/600	1 600/450
定子额定电压（kV）	6/6. 3	6/3
定子额定电流（A）	186/68. 8	180/108
转子励磁电压（V）	197. 2/173	124/106
转子励磁电流（A）	168. 5/148	177/151
功率因素	0. 9 超前/0. 8 滞后	0. 9 超前/0. 8 滞后
转　　速（r/min）	250/125	214. 3/107. 2
相　　数	3	3
极　　数	24/48	28/28
重　　量（t）	45	34

三站抽水时，电机作为同步电动机使用，转向为顺时针，电机取用电网的有功电能转变为抽水的机械能；发电时，主水泵作为水轮机使用，在上游水能的冲击下，水泵倒转（叶片角度已改变为+6°），转向为逆时针，发电机将轴上传来的机械能转变为电能。

同步电动机定子绕组和转子绕组中间有抽头，以实现变极调速。作电动机运行时，转速为 250 r/min，接线方式为双路星形，磁极数为 24 极；作发电机运转时，转速为 125 r/min，接线方式为单路星形，磁极数为 48 极。

2006 年三站更新改造后，主电动机采用了上海电气集团上海电机厂有限公司生产的 TL1600-28/2600 型，1 600 kW 同步电动机（6 kV，50 Hz），该电动机为 28 极，转速为 214. 3 r/min。三站原反向发电功能是由双速可变极同步电机，通过改变电机定转子绕组接线以改变转速和转向方式倒转发电，但是电机效率比不变极电机效率要低约 2%。三站主要是以抽水为主，为保证电机抽水效率，同时又保留发电状态下的发电功能和效率，改造时，主电机采用不变极电机，发电采用专门的变频发电机组，

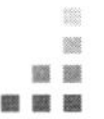

实现降速变频发电。变频发电机组由一台 4 000 kW、12P、6 kV、50 Hz、500 r/min 发电机和一台 4 300 kW、6P、3 kV、25 Hz、500 r/min 电动机组成，发电机与电动机同轴连接。发电时，水泵机组在 3 kV、25 Hz 状态下半速运行，推动变频发电机组电动机，再由变频发电机组发电机发出 6 kV、50 Hz 电力送入电网，从而既保证了发电效率，同时又保证在抽水时，水泵机组不因采用变极电机而使效率下降。10 台双速可变极同步电机与 10 台不变极电机加上变频发电机组相比较，其造价基本相同。

（二）土建工程

1. 站型及站房

三站站房型式为堤后式结构，站身不直接挡水，稳定性较强，混凝土一次浇捣工作量小，施工简单。在施工中，可以安排站房先施工，中段出水管和虹吸挡土墙的施工可以在机房砌筑和主机安装时同时进行，施工安装速度快。

三站站身分为三段，即站房、出水管及出水虹吸挡土墙（图 2-12）。为了尽可能减少墙后水压力，在主站房后高程 2. 20 m 及 1. 00 m 处放置了两道反滤层排水。主站房自上而下为主机层、电缆层、检修层、水泵层。水泵叶轮中心高程为-3. 5 m。主站房底板分为 2 块，在第一块底板上自西向东安装了 1 号至 5 号机组，第二块底板上安装了 6 号至 10 号机组。站房顶用拱形屋面板，屋顶拱底高程为 17. 30 m，用钢筋混凝土作拱架。站房主机层下电缆层南部有通风道，10 台主机均向通风道内出风，东西两端各用 1 台通风机排风。2006 年泵站改造时，因高、低压电气设备全部移至主厂房东侧新建的控制楼，电缆层南部的通风道也向东接长 30. 5 m，竖井风道也一并东移且保持了工程的原貌。

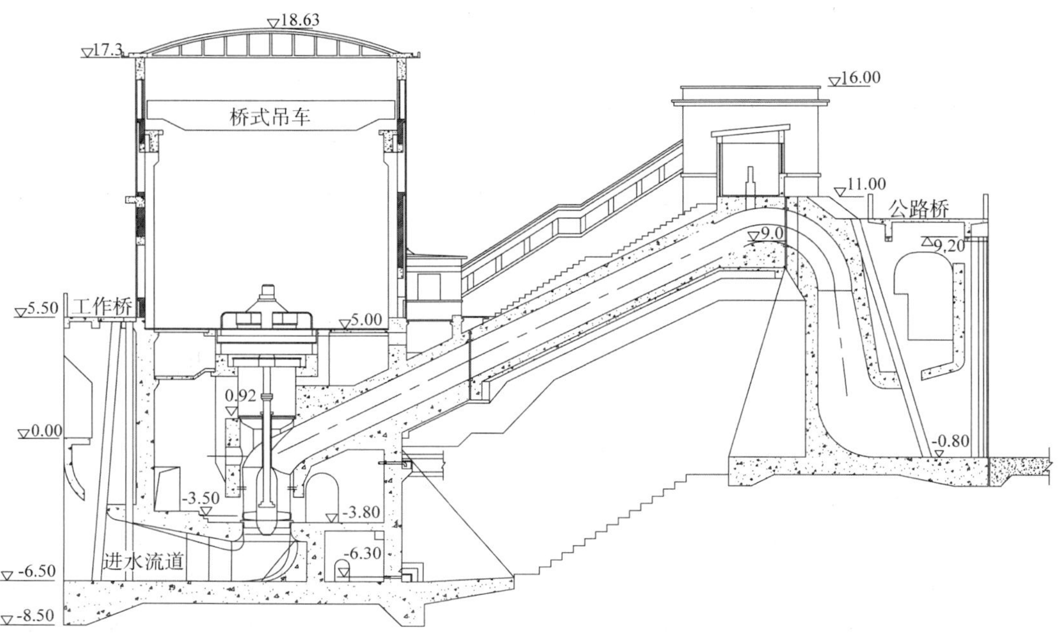

图 2-12　三站站身剖面图

主机层西侧为检修平台，中段出水管搁置在回填土上，分别与主、副站房相接，出水管内部接头处用Ω形平板橡皮密封。副站房放在出水虹吸管驼峰上，副站房的北侧为公路桥，上、下游翼墙为重力式浆砌块石挡土墙，上、下游设有混凝土和浆砌块石护坦，与主、副站房底板相接。

2. 进水流道

三站进水流道系国内大型泵站首次采用平面蜗壳式进水流道，它由进口段、吸水室及喇叭管等组成。水流由前池进入流道进口段后，由吸水室将水流引向喇叭口四周，再通过喇叭管进入水泵叶轮室。进水管的高度与叶轮直径之比为1.5，在不降低效率的情况下尽可能地抬高底板，减少开挖深度，不把站身基础放在土质较软的壤土上。另外，平面蜗壳式进水管施工比较方便，具有节省工程投资、加快施工进度等优点。

三站在建成后试运行中发现水泵汽蚀严重，有间歇性的剧烈震动和撞击，甚至无法正常工作，尤其在低扬程大流量的时候更为明显。经模型试验，发现进水流道中叶轮进口处有间歇的涡带产生，进口部分主流偏在一边，引起水泵汽蚀震动。1970年，三站在进水流道后部用块石混凝土填补，进水流道改为半肘形流道，消除了原来抽水时水泵间歇性强烈震动现象，但水泵汽蚀声响和震动仍较大。后来三站分别于1980年1月、1990年2月又对5号和2号进水流道进行了改造，用块石混凝土填补流道后部两侧涡流区，并在流道后部中间设置钢筋混凝土中隔板。改造后，水泵的震动有所减小，但水泵汽蚀仍较严重，效率偏低。

2006年11月三站更新改造时，为进一步改善主泵进水流道的性能，根据模型试验，对进水流道进行再改造，将原半肘形流道改为完全肘形流道，并将原进水流道平直段的后部中间隔墩缩短了2.98 m。

3. 出水流道

三站的出水流道根据一站、二站的经验，仍采用虹吸式出水流道，由站身段、中段和驼峰段三部分组成。中段较一站、二站平缓并稍有扩散，使水泵扬程在电动机达到同步以前不致升高太快。虹吸驼峰高程为9.0 m，在虹吸管顶部装有真空破坏阀断流。

三站主泵出水流道中间段搁置于回填土上方，因回填土的沉陷和流失，出水流道中间段产生不均匀沉降，使上下伸缩缝错位，密封损坏，造成上伸缩缝漏气和下伸缩缝漏水。2006年三站更新改造时，对出水流道中间段下方进行了底板压力灌浆处理及上下伸缩缝密封处理。

4. 进水渠道

三站的进水渠道与一站、二站相同，同样包括引水渠、前池及进水池三部分，站房布置成侧向进水，即站前引水渠与主河道——新通扬运河成90°正交。引水渠全长为167.8 m（从喇叭口到站前池），共分三段，第一段长90 m，为喇叭形进水口，渠底高程为-4.5 m；第二段长50 m，渠底由南向北倾斜，坡度为1∶25，渠底南端高程为-4.5 m，北端高程为-7.5 m与前池相连；第三段长27.8 m，即前池。前池为

140 号混凝土护坦，进水渠底宽均为 60.025 m。从运行情况来看，不论是排涝还是灌溉，站前流态都紊乱，边侧机组运行不稳定，由于流态不均匀，泥沙淤积不对称，引水渠道和前池每年都有大量的泥沙淤积，这样更加影响进水流道的水流状态。

2006 年实施的江都东西闸之间河道疏浚工程项目中，为改善进水河道水流流态，在三站下游引河距站身 131.5 m 处设倒“Y”形导流墩，墩顶高程 2.0 m，尾汊夹角为 60°，尾汊与进水方向一致，单边长 16 m，底高程−10.0 m；三站下游引河距站身 84.5 m 处增设导流坎，顶高程为−2.5 m（示意图参见本章第一节进水渠道）。

5. 出水渠道

三站出水渠道从虹吸管出水流道起依次为出水池、出水渠。出水池靠近虹吸管，为 140 号钢筋混凝土防渗板，长 15 m，宽 52.525 m，底部高程为−0.8 m，中间为 140 号混凝土护坦，长 22.44 m；护坦北侧为长 24 m 的混凝土底板，坡度 1∶30，北侧高程为 0 m，出水渠为喇叭形，与高水河成 90°正交，中间设有一导流墩，在发电运行时起导流作用。渠的两侧为干砌块石护坡，渠顶高程为 10.0 m。

（三）辅助设备

三站的辅机系统主要包括润滑油系统、压力油系统、供水系统、排水系统、压缩空气系统、通风系统和抽真空系统等。

1. 润滑油系统

润滑油系统主要用于主电动机轴承的润滑和散热，三站电动机润滑油采用 68 号透平油，推力瓦和导向瓦在运转中产生的热量通过润滑油传给冷却器，通过冷却器中的冷却水带走。

2. 压力油系统

压力油系统是供主水泵调节叶片角度用。三站设有两套油压装置，采用 68 号透平油，工作压力 3.6～4.0 MPa。每套装置由 4 只蓄能器、两台油泵（配 5.5 kW 电动机）、一台冷却泵（配 0.55 kW 电动机）及冷却器、安全阀、组合阀、过滤器、回油箱及自动控制系统等组成。控制系统具有压油装置油泵自动控制、主水泵叶片角度设定和自动控制功能。1 号油压装置供 1 号至 5 号主水泵，2 号油压装置供 6 号至 10 号主水泵，独立运行，两套油压装置可通过闸阀连通，互为备用。压力油经过母管分至各台主机组叶片角度调节受油器，经油压装置自动控制系统控制的电磁阀组进入操作油管至叶轮活塞腔，推动活塞做向下或向上直线运动，再通过连杆转臂机构，使水泵叶片转动。活塞动作时推出部分回油，经过受油器到回油支管，再至油压装置回油箱。压力油系统原理图见图 2−13。

3. 供水系统

三站供水系统主要用于主电动机上、下油缸冷却水；辅机设备冷却水；站内消防、清洁用水等。在主泵出水管设有检修加水管，在检修结束后，通过对水泵进水管加水使检修门两侧水压平衡，以起吊闸门。原供水系统主要采用 2 台供水泵从下游取水送至水塔，再经供水母管至主辅机冷却和其他用水的间接供水方式。2006 年更新改造

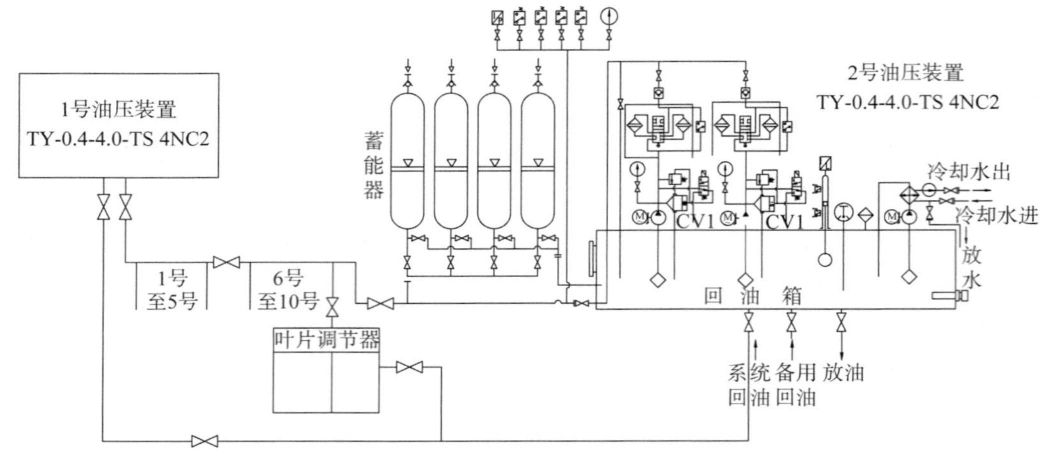

图 2-13　三站压力油系统图

后，原上游公路桥上方的水塔被拆除，冷却水的供水方式由间接供水改为直接供水。

三站在水泵层 5 号、6 号机组北侧装有 2 台 TBL-150/315-30/4 型离心式水泵（扬程 32 m）作为供水泵，配 Y200L-4 型异步电动机，功率 30 kW，2 台供水泵互为备用，由压力传感器控制运行。供水泵进水管路有两条，一条从下游河道取水，一条从排水廊道取水，两种取水方式不能同时使用，正常运用时供水泵从下游取水，只有当排涝运行、水草杂物堵塞下游取水口的莲蓬头，取水可改取排水廊道的积水。出水管路也有两条，一条接于供水母管，作为供水系统的水源，水在进入供水母管前，先由全自动滤水器对水中的杂物等进行过滤，全自动滤水器的型号为 DSL-Ⅲ-150，过滤精度 4 mm，配套电机功率 0. 55 kW；另一条接到排水泵的出水管上，当排水泵发生故障不能运用时，供水泵进出水管路的阀门作适当调整，可作排水泵使用。

因电机下油缸冷却器管径较小，在直接利用下游河水冷却的情况下，经常出现冷却器堵塞现象，严重影响机组安全运行。2017 年汛前，三站对主机冷却水系统进行了改造，在下油缸进出水管路上增加了相应的管道及闸阀，实现了既可以从冷却器进口处供冷却水，也可以从冷却器出口处供冷却水。当冷却器有堵塞现象时，改变供水方向，即可实现清理堵塞，确保了供水的稳定可靠。

4. 排水系统

三站排水系统主要用于排除工作回水、排除渗漏水，包括站房及伸缩缝漏水、主辅机组填料密封漏水、闸门漏水；检修时排除主水泵内积水及检修闸门的漏水等。上述排水集中到排水廊道内，用 2 台 TBL150/315-30/4 型离心泵排水，流量 200 m^3/h，配套电机 Y200L-4 型，功率 30 kW，廊道积水直接由排水泵抽排至站房下游河道中，出水口设在工作桥下。2 台排水泵由设在水泵层的浮子液位计（干簧管）自动控制开、停，互为备用。为确保排水廊道不因水位过高而淹没水泵层，在水泵层还装有浮子式数码液位计作报警用。在供水泵发生故障时排水泵出水管路的阀门作适当调整可作供水使用。供、排水系统见图 2-14。

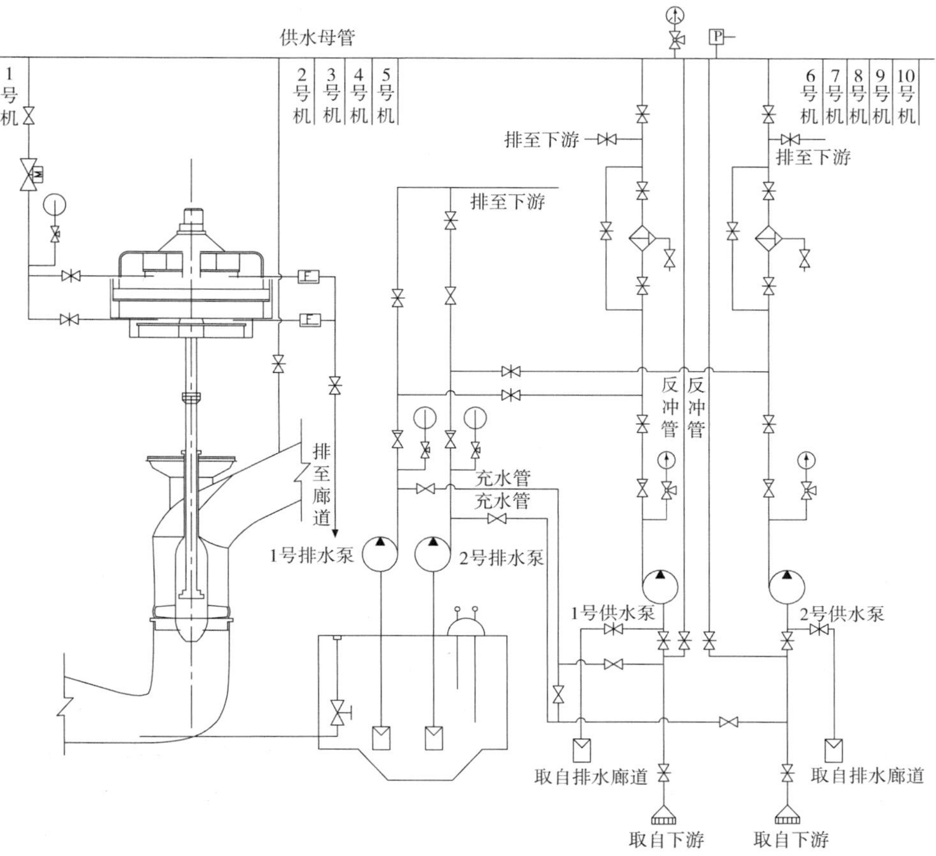

图 2-14 三站供、排水系统图

5. 压缩空气系统

三站压缩空气主要供给真空破坏阀和站内风动工具、吹扫用气等，压力为 0.6～0.8 MPa，由 2 台 SA08A 型螺杆空气压缩机供气，压缩机的排气量为 0.9 m^3/min，配套电机功率 7.5 kW，2 台互为备用，出口配用 2 m^3 贮气罐，再经供气母管连接到各台机组的真空破坏阀。压缩空气系统见图 2-15。

6. 通风系统

三站主机通风装置采用风道集中排风，在站房主机层下，电缆层南部设有通风道，10 台主机均向通风道内出风。东西两端各用 1 台 DRT4-72-11-740 型离心通风机吸风，每台全压为 1 350～1 970 MPa，最大流量为 128 100 m^3/h，配用 Y315S-6 型 75 kW 异步电动机。

7. 抽真空系统

三站抽真空系统主要用于发电时抽真空，使站出水池的水翻越虹吸管驼峰，推动水泵倒转发电。抽真空系统布置在副站房内，安装有 2 台 2SK-6A 型真空泵，其抽气

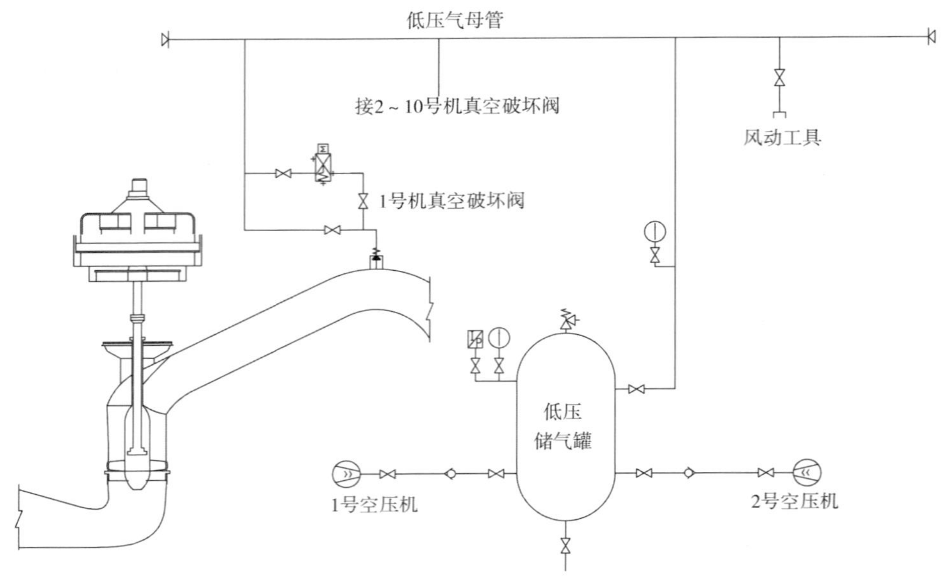

图 2-15　三站压缩空气系统图

速率 100 L/s，极限真空 3 300 Pa，配套电机功率 15 kW，沿副站房北墙敷设 1 条抽真空母管，母管与 2 台真空泵并联，母管通过支管与各台机组虹吸式出水管最高点接通，需抽真空时，将待开机组抽真空支管阀门打开，启动真空泵将管中空气抽出。每个虹吸式出水管上各装有 1 只真空表，用于在抽真空时和正常运行时观测虹吸管内的真空度。抽真空系统见图 2-16。

（四）电气设备

1. 一次电气部分

三站 6 kV 电源原由江都站专用变电所 2 号主变将 110 kV 降压提供，经 350 m 长的架空组合导线直接引入供电。架空组合导线每相由 4 根 LGJ-240 钢芯铝绞线组成，进入站房前先接于母线桥上，母线桥经穿墙套管进入站房后接于 6 kV 高压开关室内的 6 kV 母线总隔离刀闸。6 kV 电源进入主机层用单母线接线方式：每相由 2 片 LMY100×10 硬铝排固定于 ZD-10 型支持绝缘子上，沿主机层北墙 A、B、C 三相垂直立放，外部加防护网。6 kV 高压开关室还装有电容器柜、避雷器柜、PT 柜、站变柜等。主机层有 10 台主电动机、高压开关柜等。

2006 年三站更新改造后，6 kV 电气主接线采用单母线制（图 2-17），6 kV 母线分为Ⅰ、Ⅱ、Ⅲ段，Ⅰ、Ⅱ段母线间装有进线断路器，Ⅱ、Ⅲ段母线装有母线隔离刀闸。江都站专用变电所 6 kV 电源经 6 拼 YJV_{22}-3×240 电缆供至Ⅰ段母线，Ⅱ段母线装有两台站变、变频发电机组发电机及电压互感器，Ⅲ段母线装有 10 台主电机、变频发电机组电动机及电压互感器。抽水运行时，Ⅰ、Ⅱ、Ⅲ段母线进线断路器和母线隔离刀闸均处合闸状态。发电运行时，Ⅰ、Ⅱ、Ⅲ段母线进线断路器处合闸状态，母

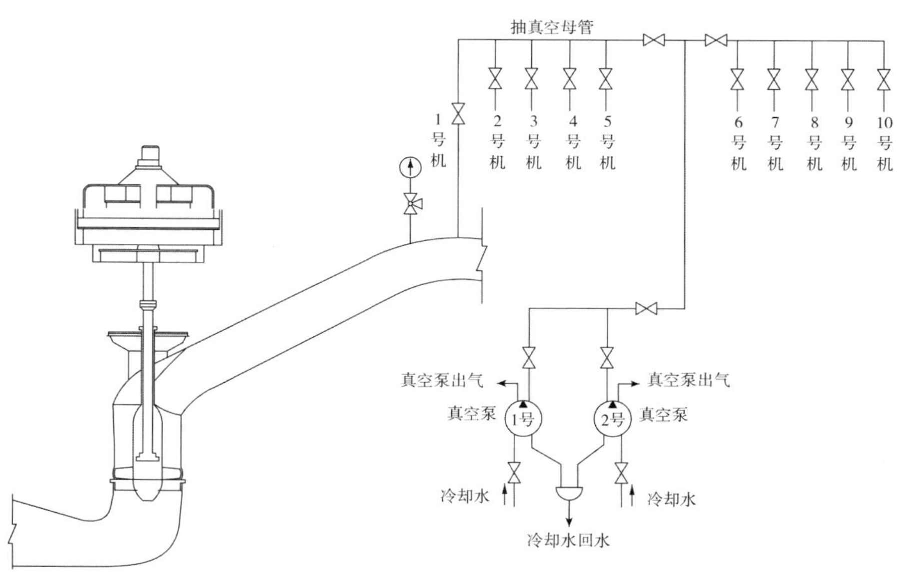

图 2-16　三站抽真空系统图

线隔离刀闸处分闸状态，主水泵机组在反转半速下运行，Ⅲ段母线电压为 3 kV、25 Hz，10 台水泵机组发出的电能推动变频发电机组的电动机，带动同轴连接的变频发电机组的发电机发出 6 kV、50 Hz 电力，经Ⅰ、Ⅱ段母线由江都站专用变电所送入电网。此时Ⅲ段母线电压互感器提供发电时主电机和变频发电机组电动机测量仪表、励磁装置及保护装置的电压。

三站的站用电负荷包括主机的励磁电源和辅机、照明、干燥电源、检修场所用电等。站用电系统采用单母线分段制，由两台 SCB10-630/6/0.4 型站用变压器提供 0.4 kV 站用电源。非运行期间，由江都站专用变电所供给 0.4 kV 备用电源。当三站停运时站用变压器退出，备用电源自动投入。

2. 二次电气部分

三站二次电气部分主要包括强电和弱电两部分。强电部分包括控制回路、保护回路及继电保护；弱电部分主要是在中控室不用一对一的方式，而是通过弱电选线的方式对设备进行远方控制、测量（主机定子电流、励磁电流除外），弱电部分还包括中央音响信号。中央音响信号分两种：事故信号和故障信号。当设备发生事故时，蜂鸣器报警；当设备发生故障时，电铃报警。两种故障发生时，操纵台上都能以光字牌点亮的方式告知值班人员故障性质。

2006 年三站更新改造后，配备了微机监控、微机保护、视频监视系统。微机监控可对站内 10 台主机，1 套变频电动/发电机组，2 台站用变压器和 6 kV、0.4 kV 配电装置，油、气、水系统，真空破坏阀等进行自动控制，实时监控。三站的自动控制系统分主控级、现场控制级，远控级留有接口。控制系统具有程序控制与现场控制两

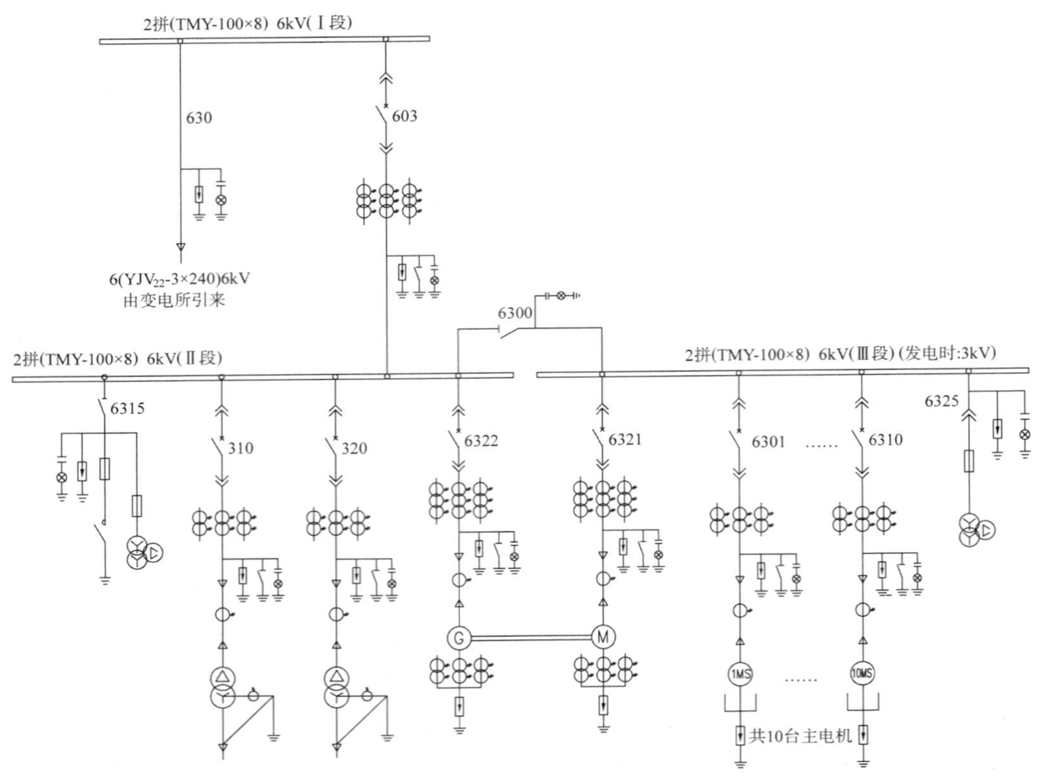

图 2-17　三站电气主接线图

种形式，以现场控制优先，当采用微机监控控制时，值班人员只要经过授权就可以直接点击相应操作开关，打开控制画面，进入控制提示页面，进行相对应的操作。三站的微机保护采用南京南瑞继保电气有限公司 RCS-9000 系列和 RCS-985 系列保护装置对站内进线、电动机、电动/发电机组、站用变压器等实施保护。同时，三站保护装置为专门设计，适应在电动、发电状态下不同定值要求及切换功能。三站视频监视系统主要包括 2 台视频主机、18 台彩色定点摄像机和 5 台一体化彩色摄像机，它们对全站的机电设备、上下游河道、东西大门外、中控室等处进行监视。

2016 年，三站对监控系统进行了改造，更换了两台监控主机及配套设备，升级了监控软件，将现场视频摄像头全部更新为高清摄像头，更换了视频主机及相关配套部件。

3. 励磁装置

三站建站时 10 台主机励磁采用电动/直流励磁机方式，1974 年更换为第一代可控硅励磁装置，1995 年 9 月三站将第一代励磁装置更换为北京核工业部电机运行技术开发公司生产的 BKL-101C 型可控硅励磁装置。

2006 年三站更新改造时，励磁装置选用了北京前锋科技有限公司研发的 WKLF-102（含双套调节器）最新一代同步电动机励磁装置。该装置为专用型同步电动机励

磁装置，可满足同步电动机常规异步起动，自动励磁调节等所有技术要求，针对特定现场的要求增加了相关软件、硬件功能，使装置可满足电动和自同期并网发电两种运行工况，并可适应电网频率为 50 Hz 和 25 Hz 两种工作模式。装置的励磁调节器为结构独立的控制单元，其功能涵盖了励磁系统所有测量、控制、调节与保护。励磁调节方式可设置为自动、手动及开环模式。自动模式为双闭环励磁调节方式，内环为励磁电流调节，外环可选择采用恒无功功率、恒功率因数及恒机端电压调节。手动模式采用恒励磁电流调节。各种调节方式可随时互相切换，支持在线参数整定，支持多种控制操作模式，远方可通过 RS485 接口后台 PC 机操作，通过网络与远程 PC 机联接实现远程操作、调试，具有完备的事故记录功能等。

2021 年 12 月，三站对励磁装置控制柜进行了维修改造，对原触摸屏及调节器硬件进行更换升级，通过装置微机系统对故障进行智能化定位，并通过触摸屏显示故障种类及信息，完善软件 Bug。改造后，电功/发电双套参数切换更加平稳，整体功能较以前有了较大提升。

（五）金属结构

三站进水流道侧设有拦污栅和检修闸门各 20 扇，检修闸门通过电动葫芦（CD-5）启闭。为发电需要，出水流道侧也设栏污栅 20 扇。2018 年 11 月，三站对 40 扇拦污栅整修防护出新，整形加固栅条，更换不锈钢铰链，栅槽破损处进行修补。

三站主厂房行车为 QD30/5-12A5S 双梁桥式起重机，2007 年制造，2008 年投入使用。2014 年，三站对行车电气系统进行变频技术改造，调整轨道、滑线，增加吊钩保险装置等辅助设施。

二、泵站施工

（一）施工概况

1966 年 12 月开始兴建三站，上海水泵厂和上海电机厂设计了 ZL13. 5-8 型立式可逆全调节轴流泵和电机，水泵叶轮直径 2 m，设计流量 13. 5 m^3/s，配套电机 1 600 kW。该机作发电机用时，在 4 m 水头时可发电 300 kW，可并入电网，发电采用改变线圈连接方式实现变极调速。

三站的土建工程由省水利厅基本建设工程总队施工，机电安装由水电部水利水电机电安装局第三安装工程处承包。工程总投资 1 086 万元，完成土方 52. 0 万 m^3、石方 1. 06 万 m^3、混凝土 1. 46 万 m^3，耗用钢材 505 t、水泥 5 137 t、木材 2 042 m^3、黄砂 1. 82 万 t、石子 3. 38 万 t、块石 1. 86 万 t。

（二）土建工程

三站采用堤后式（分段式）站房结构，站身不直接挡水，但出水管较长，并要解决好虹吸连接管与前后两段出水管的连接错位问题。在总结防渗施工经验的基础上，水下站房施工采取立模和按层次浇筑，避免出现一次立模工作量大、技术难度高等工艺问题。

三站出水流道中段在回填土上，流道随土体一起产生沉陷，伸缩缝错位，加上止水橡皮布置于靠近流道内壁，检修需在流道中进行，工作难度大。

三站站房为堤后式（分段式）结构，站身与虹吸式出水管分开布置，混凝土浇筑分层分为5次进行。第一次浇筑站身底板；第二次浇筑水泵层、出水挡土墙；第三次浇筑进水口导流板及其站墩；第四次浇筑电机层、工作桥、出水流道前段；第五次浇筑站房柱和梁、桥面板等。

（三）设备安装

三站的水泵机组安装方法与一站、二站基本相同。在机组就位安装方案上吸取了一站、二站的经验，组织行车提前到工，在电机层树立扒杆吊装预制屋架及行车大梁，留最后几只屋架不吊，将扒杆移至站房外，将行车吊装就位后，继续吊完屋架，进行屋面封顶，行车安装就位后利于下步设备安装。

由于三站为液压全调节机构水泵，在机组安装中，增加了操作油管试压和安装，同时在水泵、电动机就位后，还要进行受油器安装并进行其他部件安装。

三、泵站改造

三站经近40年运行，泵站装置效率由原设计的68%降为50%左右，泵站效益得不到充分发挥。同时该站设备老化严重，管理设施陈旧落后，已不能保证泵站安全运行，无法适应南水北调东线工程长时间大流量调水需要。更新改造前，三站存在问题主要有：主电机绝缘严重老化；主水泵汽蚀造成叶片严重损坏并引起变形、叶轮外壳局部穿孔；土建部分进水流道改造不彻底，出水管上下伸缩缝漏气、漏水严重，副站房砖结构墙体多处出现裂缝；电气部分的高、低压开关柜均为20世纪60年代产品，电气元件老化，故障频繁；辅机系统绝大部分设备为淘汰产品，经多年使用，损坏严重，危及泵站的安全运行；金属结构已严重锈蚀；起吊检修闸门及拦污栅的行走式电动葫芦已使用近40年，齿轮箱和行走机构磨损严重，电机绝缘老化，影响安全运行。

当江都站排涝时，里下河地区大量水草、作物秸秆、塑料制品等集中到抽水站进水池拦污栅前，堵塞拦污栅，形成栅前栅后的水位差，造成泵站效率降低，严重时拦污栅被挤压变形，导致维修时起吊困难，甚至被迫停机打捞水草。

三站机电设备严重老化，装置效率明显下降，已不能发挥其应有的工程效益，根据工程设施评级的规定，评定三站机电设备安全类别为三类，建筑物安全类别也为三类，需要对三站机电设备进行更新改造，对建筑物进行除险加固。南水北调东线一期江都站改造工程实施后，三站于2006年11月至2009年11月进行了更新改造，投资概算5 993万元。

（一）泵站改造方案的审定

三站从1969年建成投运到2006年已历时38年，平均每台机运行11.49万h，由于三站机组具备抽水、发电两种功能，经过38年长期高强度运行，机械磨损均达到了机械强度疲劳极限及屈服极限值。水泵部分的受油器漏油严重，经常发生甩油事

故。水泵汽蚀严重，造成叶片表面局部地方呈蜂窝状，且发生穿孔现象，叶轮外壳中心线上下约 30 cm 呈蜂窝状带，局部地方穿孔冒水。水导轴承常因进水造成停机抢修，主电动机绝缘老化严重，多台机发生过绝缘击穿事故。电气设备严重老化，辅机耗能大，泵站效率明显下降。随着南水北调东线工程的实施，年运行时间最高达 8 000 h 以上，三站机组已严重制约了调水功能的发挥，因此，必须进行改造才能满足设计供水的保证率。

1. 水泵泵型选择

江都泵站主要功能是抽取长江水沿运河北上，抽排里下河地区涝水入长江或北上。江都地处长江下游，抽水时受长江潮汐影响，泵站下游水位变化幅度一般在 2～3 m 左右。排涝时受里下河的水位及排水工况要求，泵站上、下游水位变化，上游一般在 2 m 左右，下游一般在 1.5 m 左右。南水北调东线工程实施后，年运行时间加长，上下游水位组合变化幅度将进一步增大。经多年水位资料分析，泵站最终确定最小扬程为 3.5 m，最大扬程为 8.5 m，平均扬程为 6.4 m，根据年扬程变化概率，设计扬程为 7.8 m。江都泵站对水泵的选择，既要满足不同扬程的需要，又要提高运行效率，在高效区宽及在高扬程下能安全可靠运行。根据目前我国已有水泵模型特性，选用混流泵比较理想。但改造泵站受原土建结构尺寸的影响，不能变动过大，经多次论证、综合考虑，最终仍选择经南水北调天津同台试验，适合江都泵站需要的轴流泵。

三站原水泵直径 2 m，转速 250 r/min，DN 值较高，汽蚀严重，振动较大，运行工效较差，此次结合改造，水泵转速降低为 214.3 r/min，DN 值改变为 428。

为提高抗汽蚀性能，叶片采用抗汽蚀性能强的不锈钢材料，转轮室采用在汽蚀带处堆焊不锈钢材料。为了提高加工精度，叶片与模型完全相似，采用五轴联动数控机床加工，加工误差要求不大于 0.5 mm 并采用三维坐标测试仪进行检验。

2. 流道数模计算及进、出水改造

三站在更新改造前，为提高改造效果，掌握主水泵流道性能，委托扬州大学进行了三维流动 CFD 数值计算研究及模型实验，检验进、出水流道内的流速分布及水力损失，分析进、出水流态，对进、出水流道的水力性能做出评价，并在现状进、出水流道控制尺寸范围内探讨进一步优化流道的可能性，满足流道内无涡流及其他不良流态，流道出口断面的流速分布尽可能均匀、水流方向尽可能垂直于出口断面，流道尽可能回收水流的动能、水力损失尽可能小的要求。

三站进水流道在建站时，受开挖深度的影响，采用不完全平面蜗壳结构形式，因进水流态不好，汽蚀严重，有间隙性强烈振动和噪声，后改为半肘形，效果不太明显。此次改造，根据三站进出水流道三维流动 CFD 数值计算研究及模型实验，优化确立了进水流道肘形流道方案及肘形流道形状和尺寸，流道水力损失为 0.627 m。依此，对三站进水流道进行了改造，进水流道中隔墩在出口处缩短 2 m。

三站出水流道为虹吸式出水流道，由站身段、中间段和驼峰段三部分组成。中间段出水管搁置在主副厂房中间的回填土上，因回填土沉降，中间段下沉严重，同时造成中间段与站身段、驼峰段的连接错位，伸缩缝遭到破坏，U 形橡胶密封损坏，上接口漏气降低水泵机组效率，下接口漏水带出管外泥土，造成新的沉降。此次改造，考虑各方面因素，对出水流道下方进行灌浆密实处理，对伸缩缝密封进行了凿除重新处理。

3. 泵站引河流态模型试验及整流措施

江都站 4 座泵站布置于新通扬运河河北，由长 150 m 引河引至泵站下游，对泵站而言，无论是抽引长江水或抽排里下河地区涝水，均为侧向进水，进水前池总有大范围的回旋区存在，站前水流侧向流入进水流道现象明显，特别是边侧机组，水流偏倾尤为严重，电机功率偏大，振动加剧，水泵效率降低。另进水前池回流区内泥沙淤积严重，进一步恶化了流态。

为确保泵站安全、高效运行，并为各站引河流态改善工程设计提供依据，改造前，委托扬州大学进行了泵站进水引河整体模型试验研究。研究建立 1∶50 模型，采用了加导流坎、直立墙、直导流墩、丁坝、“Y”形导流墩，以及不同长度、高度、不同组合共 16 种方案进行，在不同水位条件下进行了测试。根据改善效果、工程投资综合比较，最终选用引河口开始设置倒“Y”形导流墩加导流坎方案。改造后，经运行检验，泵站前池水流明显改善，无大范围的回旋区，水泵进水口处水流平顺。

4. 水泵轴承选用

水泵轴承是水泵关键部件之一，水泵轴承的寿命直接决定水泵的检修周期。根据江都站运行要求，水泵轴承的使用寿命至少应在 30 000 h 以上。三站水泵原采用油润滑巴氏合金导轴承，油润滑导轴承水导结构复杂，造价高，故障较多，安装检修工作量大，但管理维护得当，使用寿命较长，可达 30 000 h 以上。水润滑轴承结构简单，造价低，安装检修方便。水润滑弹性金属塑料导轴承（以下简称塑料轴承）在新安江水电站水轮发电机上成功运用，至 2006 年 4 月安全运行 31 500 h 以上。该塑料轴承试验资料表明，该型轴承可在不大于 0. 10 mm 砂粒条件下运行。经实地考察和综合考虑，三站水泵决定采用塑料轴承。

5. 电机轴承的选用

原泵站电机轴承上下导瓦、推力瓦均采用巴氏合金轴承（以下简称金属瓦）。四站在 1986 年至 1998 年共发生推力瓦烧损事故达 13 次之多，且大部分发生在排涝的紧急情况下，给工程效益的正常发挥带来了严重影响。弹性金属塑料瓦（以下简称塑料瓦）单位承载力比金属瓦提高 30%～50%，具有使用寿命长，无需研刮，安装检修时盘车力距小等优点。1999 年后四站主机推力瓦逐步改用塑料瓦代替金属瓦，成功消除推力瓦烧损事故。因此，三站主电机的推力瓦采用了塑料瓦。

6. 发电形式选择

三站原机组具有反向发电功能，为双速可变极同步电机，通过改变电机定、转子绕组接线，使极数由 24 极变为 48 极，改变转速同时改变转向。但是电机效率比不变极电机效率下降约 2%。如采用不变速直接发电方式，经试验在相同水头下，发电效

率仅为原效率40%以下。三站主要是以抽水为主，在上游水量较丰时才进行发电，为提高水泵机组效率，改造时，水泵机组主电机采用不变极普通电机，采用变频发电机组保留发电功能。这样既保证发电效率，又保证在抽水时水泵机组的效率。

7. 励磁装置控制功能的改进

同步电机微机励磁装置运行调节方式通常为恒电流、恒电压、恒功率因素。为满足三站变频发电机组发电机、电动机及 10 台水泵机组在不同工况下的需要，三站励磁装置励磁调节方式选择如表 2-8 所示。

表 2-8 三站励磁调节方式

励磁调节方式	主电机	变频发电机	变频电动机
电动	恒功率因数 恒励磁电流	—	—
发电	恒无功 恒励磁电流	恒机端电压 恒励磁电流	恒无功 恒励磁电流

主电机、变频发电机、变频电动机在发电状态下其励磁装置励磁调节方式有两种，但优先使用恒无功、恒机端电压方式，尤其是变频发电机组电动机必须采用恒机端电压方式。同时水泵机组在发电状态运行时取消强励功能，由变频发电机组进行强励。为了达到上述要求，三站专门开发两套控制软件，根据不同运行方式进行切换。

8. 保护配置及保护定值的设定

根据设计规范，泵站主电气设备保护配置除按常规配置外，在发电时为防止电网甩负荷时引起过电压，在变频发电机组发电机、电动机、水泵机组增加过电压保护；为防止电网甩负荷时因变频发电机组电动机励磁装置为恒机端电压运行调节方式，而发生水泵机组过速、3 kV 小电网频率增高，在变频发电机组电动机、水泵机组增加过周保护。

保护定值的计算应充分考虑到发电时的如下情况：变频发电机组发电机在发生短路故障时，无变频发电机组电动机、水泵机组的反馈电流；变频发电机组电动机、水泵机组在发生短路故障时，无电网短路电流；在 3 kV、25 Hz 小电网条件下，对水泵机组启动电流值及短路故障时短路电流值计算的影响。

9. 水泵叶片调节系统选用及改进

三站水泵原叶片角度调节采用液压调节机构，其关键部件受油器本体采用直配式滑套结构，故障率高。液压调节机构调节力大，该结构现已开发出多种形式，技术和可靠性上各有特色。三站改造时，经充分论证，水泵叶片角度调节仍采用液压调节系统，使用经优化改进后的受油器，受油器外形结构采用单一缸体，内部部件为组装形式，密封为浮动环与浮动环体的平面密封，电磁阀组及操作机构等采用板式数字阀的安装方式，结构紧凑，受油器外部采用了外罩布置。

10. 主水泵、主电机基础预埋件的处理

主水泵、主电机的基础预埋件如重新设计制造，必须将原预埋件凿除，对混凝土基础损坏较大，同时增大了工作量，工期也将延长。此次三站改造时，对三站主水泵、主电机基础预埋件进行了专门的检查和论证，最终决定对三站改造后新的主水泵、主电机的基础预埋件均保持不变，新电机、水泵按原基础预埋件进行设计，这样，既节约了费用，也保证了质量，同时减少了工作量，缩短了工期。

11. 解决进水流道混凝土浇筑技术问题

三站进水流道改造是将原半肘形流道改造成肘形流道，但受流道空间尺寸影响，采用普通混凝土浇筑无法振捣。建设处先后多次召开了专家研讨会和开展试验论证工作，最后确定进水流道改造施工采用自流平混凝土浇筑方案，并对施工单位所报的施工方案进一步优化，解决了进水流道混凝土浇筑技术问题。经检查验收，混凝土强度、新老混凝土界面黏结强度、流道结构尺寸满足设计要求。流道混凝土表面线型流畅、光滑，无蜂窝、露筋、裂缝等缺陷，外观质量良好。流道改造采用自流平混凝土浇筑，为大型泵站流道改造提供了可借鉴的经验。

（二）泵站改造工程的实施

三站更新改造工程是江都站改造工程的主要项目之一，此次更新改造由省水利勘测设计研究院有限公司设计，土建施工由省水利建设工程有限公司完成，机电设备安装由管理处三站完成，自动化设计、施工由省引江水利水电设计研究院完成。工程于2006年11月开工，2009年11月工程完工。三站更新10台套主机泵，单台容量为1 600 kW，电压等级为6 kV，并安装一套变频发电机组（变频电动机1台和发电机1台），对站内的6 kV、0.4 kV配电装置以及油、气、水系统也进行了更新改造。三站增设了自动化控制与视频监视系统，除对三站设备进行监控外，还可将相关信号上传至调度控制管理系统。6 kV电源由江都站变电所直供。

1. 土建工程

2006年11月6日三站土建工程开工，12月25日开始进行出水流道底板灌浆工艺性试验，2007年1月19日完成1号至10号出水流道灌浆，2月3日完成工作桥施工。2008年5月30日完成副厂房拆除重建工程，2008年8月28日完成上游公路桥拆除改建工程，2008年12月13日完成下游翼墙加固工程。2008年12月20日完成混凝土结构修补、裂缝处理以及防碳化处理，2008年12月27日完成出水流道伸缩缝处理。2009年1月1日完成进水流道改造。

2. 新建控制室

2007年4月17日三站开工新建控制室，2007年5月18日完成钻孔灌注桩施工及基础土方开挖，2007年7月13日完成地下通风井和地下通风机房施工，2007年7月26日完成控制室基础承台及基础梁施工，2007年8月19日完成控制室一层框架梁板柱施工，2007年9月7日完成二层梁板柱施工，2007年11月20日完成行车T形梁和控制室三层框架梁板柱施工，2007年12月16日完成填充墙及二次结构施工，

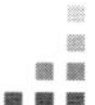

2008 年 1 月 20 日控制室通过主体结构分部工程验收。2010 年 7 月 20 日完成装饰工程。

3. 机电安装

三站机电设备改造分三批进行。2006 年 11 月 8 日开始第一批主机组拆除，2007 年 5 月 19 日 7 号、8 号、10 号 3 台机组安装结束，2007 年 5 月 22 日通过试运行验收。2007 年 11 月第二批更新改造工作开始，2008 年 3 月完成 1 号、2 号、4 号、5 号 4 台机组安装，2008 年 5 月完成高低压电气设备及辅机设备安装，2008 年 5 月 24 日通过试运行验收。2008 年 7 月完成变频发电机安装调试，2009 年 3 月 11 日进行了发电试运行。2008 年 10 月第三批更新改造工作开始，2009 年 2 月完成 3 号、6 号、9 号最后 3 台机组安装，3 月 15 日通过试运行验收。2009 年 11 月 10 日，三站更新改造泵站机组通过试运行验收，2010 年 10 月 11 日，通过单位工程完工验收，2012 年 2 月 25 日通过合同项目验收。

（三）泵站改造的效果

1. 开展江都站站下引河流态改善措施模型试验研究，在站下引河采用倒“Y”形导流墩加导流坎的组合方案，改善了抽水站在不同工况下的进水流态，应用效果良好。

2. 对三站进水流道进行了三维流动 CFD 数值计算研究及模型实验，优化确定了肘形进水流道改造方案，改善了进水流态。

3. 三站经综合技术改造后，运行状况明显改善，机组效率明显提高，经测试分析，装置效率在 75% 以上，效率较改造前提高了 16.28%。

第四节　四　站

四站位于三站东侧 260 m 处，1973 年 11 月开工，1977 年 3 月竣工。该站装有 7 台 ZL30-7 型立式全调节轴流泵，叶轮直径 3.1 m，设计扬程 7 m，单机设计流量 30 m^3/s，总抽水能力 210 m^3/s，每台水泵装配 3 000 kW 立式同步电动机，总装机容量 21 000 kW，由 110 kV 专线单独供电。

四站主辅设备经 30 多年运行，设备故障率高，泵装置效率明显降低，泵站效益得不到充分发挥。同时该站设备老化严重，已不能保证泵站安全运行，也无法适应南水北调东线工程长时间大流量调水的需要，必须对机电设备进行更新改造，对建筑物进行加固处理。2003 年 12 月，国务院批准了《南水北调工程总体规划》。为实施南水北调的东线方案，四站于 2008 年 9 月至 2010 年 6 月进行了更新改造。

截至 2022 年底，四站平均每台机累计运行 11.06 万 h（更新改造前平均每台机抽水运行 7.76 万 h），向苏北地区抽送江水 655.8 亿 m^3，抽排里下河地区涝水 163.3 亿 m^3。

一、泵站设计

1973年初由省水利工程总队、华东水利学院（现河海大学）、省农学院（现扬州大学）和管理处等单位抽调技术人员组成南水北调江苏段江都四站工程处设计组，负责编制初步设计和施工详图设计。省水电局、省治淮指挥部在1973年7月联合向治淮规划小组办公室和水电部上报四站初步设计。水电部以(73)水电计字第333号文答复同意四站的设计，抽水能力定为150 m^3/s，后水电部以(75)水电计字第23号文批复“对江都四站及配套工程的审查意见”，基本同意治淮规划小组办公室于1974年10月29日报水利部的初审意见，同意四站抽水能力设计为150 m^3/s，装机5台，备用机组2台（抽水能力60 m^3/s），总装机7台。1974年1月19日，省治淮指挥部以(74)第022号文批准施工图和施工预算。

（一）主水泵、主电动机的选型

1. 主水泵

四站改造前选用的是上海水泵厂生产的立式可调轴流泵共7台，水泵叶片角度为液压全调节，其调节范围在-6°到+6°之间。

改造后四站采用的是江苏中天水力设备有限公司（原高邮市水泵厂有限责任公司）生产的ZLQ30-7.8型立式全调节轴流泵，改造前后主水泵的具体参数见表2-9。

表2-9　主水泵参数表

项　　目	改　造　前	改　造　后
型　　号	ZL30-7	ZLQ30-7.8
流　　量（m^3/s）	30	30
扬　　程（m）	7.0	7.8
转　　速（r/min）	150	150
装置效率（%）	87①	77
叶片调节方式	液压调节	液压调节
叶轮直径（m）	3.1	2.9
重　　量（t）	45	66

注：①四站原水泵效率，在江都四站设计书上册（1976.9）水泵选型中标出，四站实型水泵的设计参数按相似比例换算求得，其中水泵效率为87%。

主水泵装在一个钢筋混凝土的圆筒形井内，井的一侧是出水管，水泵导叶体固定在水泵井下部。整台水泵固定部分自下向上分别为底座、中间接管、进水锥管、叶轮室、导叶体、异形管、泵盖、进人孔、出水弯管、上盖等；转动部分主要有叶轮、操作油管、泵轴等。这种水泵结构具有稳定性能好、安装检修方便的特点。

2. 主电动机

改造前后，四站均使用的是上海电机厂（现为上海电气集团上海电机厂有限公司）生产的立式同步电动机，具体参数见表 2-10。

表 2-10　主电动机参数表

项　　目	改　造　前	改　造　后
型　　号	TDL325/58-40	TL3400-40
单机容量（kW）	3 000	3 400
定子额定电压（kV）	6	6
定子额定电流（A）	340	379
转子励磁电压（V）	152	162
转子励磁电流（A）	265	229
功率因素	0.9 超前	0.9 超前
转　　速（r/min）	150	150
相　　数	3	3
极　　数	40	40
重　　量（t）	43.5	53.5

7 台主电动机为悬吊立式型，分为固定和转动两部分。固定部分主要是上机架、定子、下机架。上机架为辐射式结构，它固定在定子机座上，承受机组的全部轴向推力及水推力，上机架中间是上油缸和冷却器，并装有导向瓦和推力瓦；定子为整体结构，由外壳（机座）、铁芯、线圈等组成，每台电动机的北侧有通风道散热；下机架位于定子下部，与定子分开，中间是下油缸和下导瓦架及下导瓦、油冷却器等。电动机转动部分主要是电机转子，它由主轴、轮辐、磁轭、磁极等部分组成，电机主轴是中空的，供装操作油管用。

（二）土建工程

1. 站型及站房

由于四站的上、下游水位落差大，最大达 10.2 m，而且站址地基为软土层，所以站身承受的侧向压力很大，站身稳定很重要。因此，四站采用抗侧压力强的堤后式站身型式，建筑物按Ⅱ级设计。

四站站身采用主站房与虹吸出水流道分离的堤后式（图 2-18），在主站房上游侧高程 1.5 m 布置了一道反滤层排水。主站房底板分成 2 块，一块大小为 33.70 m×11.90 m，另一块大小为 25.70 m×11.90 m，2 块底板之间建有伸缩缝。主站房从上而下分为主机层、检修层、进人孔层、水泵层。水泵叶轮中心高程-3.5 m，出水流道轴线与机组垂直轴线交汇于高程 0.616 m 处。

在主站房第一块底板上自西向东安装了 1 号至 4 号机组，第二块底板上安装了 5 号至 7 号机组。站房最西面第一层为值班室、资料室等，第二层为控制室与低压开关室。主机层北面为现场开关柜、励磁柜及保护柜等，主电动机安装在中间偏北方

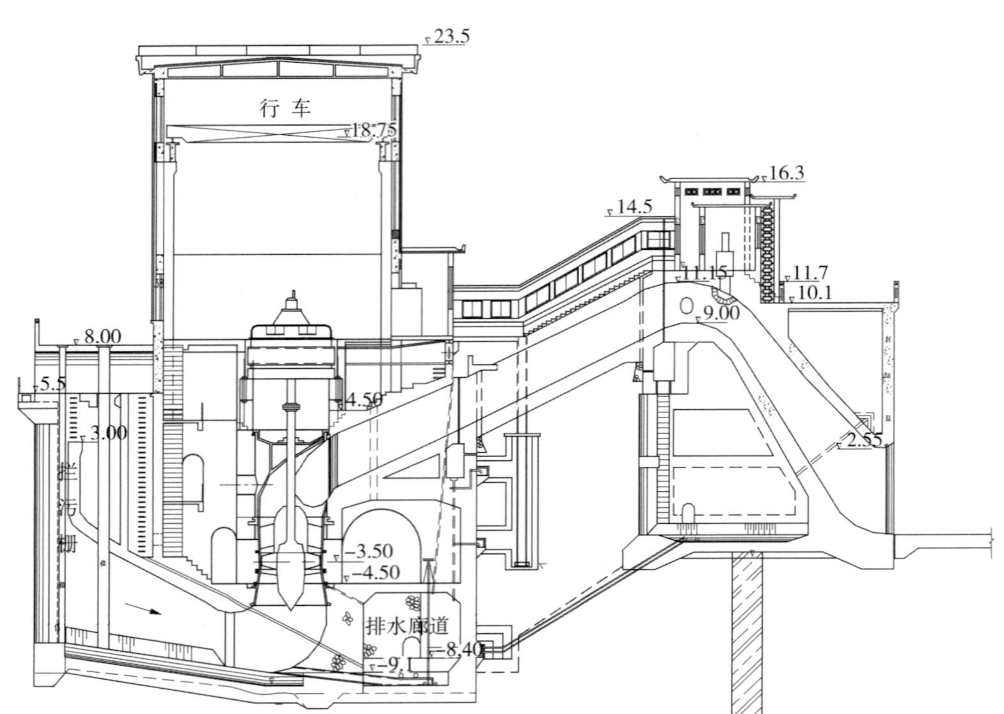

图 2-18　四站站身剖面图

向；东面为吊物孔、检修间及仓库等。站房西北侧为高压开关室、三相电抗器室，室外东侧为 1 号、2 号站变，西侧为 3 号主变。整个泵站的布置结构合理。

2. 进水流道

经过对一站、二站、三站的设计、施工及运行经验的比较，一站、二站肘形进水流道比三站的平面蜗壳式进水流道要好，所以四站仍采用肘形进水流道（图2-18），四站进水流道的进水管高度与叶轮直径之比为 1.8（一站、二站为 2.6），流道长约为叶轮直径的 3.2 倍（$L/D=3.2$），进水流道进口宽 7.0 m，高 5.22 m，进口流速 0.9 m/s，水泵前导叶最大流速 2.96 m/s。

在四站肘形进水流道进水侧装有拦污栅、检修闸门，后侧与叶轮室相连，进水流道底板最低处高程为-9.1 m（图 2-18）。

3. 出水流道

从工程的可靠性、造价、水位组合、施工条件、出水管效率和运行管理等角度综合考虑，四站仍选用了弯管——虹吸管出水流道（图 2-18）。虹吸管驼峰的底部高程 9.0 m，直管过流直径 232.5 cm，采用真空破坏阀断流。虹吸管驼峰后出水管的底壁下倾角为 60°（出水管中心线的下倾角约为 52°），驼峰顶的转弯中心角约为 80°，较一站、二站、三站小。出水流道的直管段净宽 5.8 m，流道中间有 50 cm 厚的隔墙，流道两侧壁厚 50 cm，总宽 7.3 m，在其中间还留有 70 cm 的空间，用以布置进入出水流道止水缝的检修廊道竖井。

出水流道的直管段流速约为 2.2 m/s，在虹吸管驼峰顶，将出水管的高度稍微降低，减小过流断面，出水流速可提高至 2.5 m/s，加强水流的挟气能力是便于虹吸尽快形成。过了虹吸管驼峰后，出水流道逐渐扩散至出口处，流速降至 1 m/s。

为了解决出水流道下的回填土不均匀沉降问题，四站的出水流道在施工时采用了简支结构，即虹吸出水管简支在站身和出口挡土墙上，将橡皮止水安装在出水管外圈，在止水外圈留出检修廊道，以便于安装橡皮止水和今后维修。

4. 进水渠道

四站的进水渠道主要包括引水渠、前池及进水池三部分。其中进水池考虑若建成开敞式，工程量将很大，同时考虑到进水条件要求较高的原因，四站将进水池和进水管合二为一成为肘形进水流道。

由南向北，四站引水渠分为 3 段。第一段长 44.5 m，为喇叭形进水口，正对着进水河道——新通扬运河，成 90°正交侧向进水，用于引水。进水时水流偏向一边，另一边形成大的回流区，影响进水流道的流态，而且泥沙淤积不对称。第二段长 45.1 m，底宽 53.425 m，渠底高程为-6.0 m，渠顶高程为 5.5 m，渠坡坡度为 1∶3。第三段长 30 m，底宽 53.425 m，渠底由南向北倾斜，坡度为 1∶20，渠底南端高程为-6.0 m 与第二段相连，北端高程为-7.5 m 与前池相连。

2006 年实施的江都东西闸之间河道疏浚工程项目，为改善进水河道水流流态，在四站下游引河距站身 148 m 处设倒“Y”形导流墩，墩顶高程 2.0 m，尾汊夹角为 60°（尾汊与进水方向一致），单边长 20 m，底高程-11.0 m。四站下游引河距站身 92 m 处增设导流坎，顶高程为-3.5 m。（示意图参见本章第一节进水渠道）

5. 出水渠道

四站出水渠道从虹吸管出水流道向后依次分为出水池、出水渠。出水池为喇叭形出水，翼墙与南北向成 15°夹角，池底高程为-2.0 m，翼墙顶高程为 10.0 m，出水池靠近虹吸管出水流道侧宽 56.625 m，长 19.975 m，池底铺有防渗铺盖。

出水池后依次为 10.0 m 长的灌砌块石护坦和 15.0 m 长的干砌块石护坦的出水渠，其后为 5.0 m 长的防冲槽。防冲槽后是一段长 24.117 m 的出水渠与江都枢纽 4 座站共同的出水干渠——高水河相连。这段出水渠宽 64.425 m，渠底高程为 0.0 m，渠的两边为干砌块石护坡，坡度是 1∶3，渠顶高程为 10.0 m。

（三）辅助设备

四站的辅机系统主要包括润滑油系统、压力油系统、供水系统、排水系统、压缩空气系统、通风系统等。

1. 润滑油系统

润滑油系统可分为主电动机润滑油和主水泵润滑油两部分，主要为机组运行提供润滑散热作用，润滑油采用 68 号透平油，主要设备有上油缸、下油缸、油冷却器、固定油盆、转动油盆等。

主电动机上、下油缸内的润滑油主要作用是用于轴承润滑，同时将运转中因摩擦产生的热量通过润滑油传给冷却器，冷却器中的冷却水带走热量。推力瓦为弹性金属塑料瓦，导向瓦为巴氏合金瓦。

主水泵采用的是稀油润滑水导轴承，瓦面为巴氏合金，润滑油置于转动油盆及固定油盆内，油的循环和冷却是利用泵轴带动转动油盆旋转，盆内油产生动能，在泵轴和瓦面螺旋油槽共同作用下，通过水泵导轴承60°的螺旋油槽，先润滑轴和水导瓦，再上升到固定油盆，经回油管返回转动油盆，如此循环不停达到润滑和冷却水导瓦的目的。

2. 压力油系统

压力油系统是供主水泵调节叶片角度用。四站设有两套油压装置，采用68号透平油，工作压力3.6～4.0 MPa。每套装置由8只蓄能器、两台油泵（配7.5 kW电动机）、一台冷却泵（配0.55 kW电动机）及冷却器、安全阀、组合阀、过滤器、回油箱及自动控制系统等组成。控制系统具有油压装置油泵自动控制、主水泵叶片角度设定、自动控制以及数据上传和下传功能。1号油压装置供1号至4号主水泵，2号油压装置供5号至7号主水泵，独立运行，两套油压装置可通过闸阀连通，互为备用。

压力油经过母管分至各台主机组叶片角度调节受油器，受油器主要由漏油盆、配压阀、反馈机构、液压缸等部件组成，压力油通过配压阀的分配，送到液压缸内，经操作油管进油孔进入内腔或直接进入操作油管外腔，进行叶片角度的调节。具体过程是：压力油经受油器的配压阀，进入操作油管至叶轮的活塞上腔或下腔，使活塞作向下或向上的直线运动，通过连杆转臂机构，使水泵叶片转动，以适应在各种工况下，机组能够安全高效地运行。同时，在机组起动时，调整叶片角度，降低起动负荷，减少起动转矩，使机组易于牵入同步。

自2019年开始，江都四站结合主机泵大修对调节机构同步进行改造，截至2022年底，1号、4号、5号主机调节机构已采用内置式同步液压装置，省去外供油系统。四站压力油系统见图2-19。

3. 供水系统

四站供水系统主要用于主电动机上、下油缸冷却水；站内消防、清洁用水等。在主泵出水管设有检修加水管，在检修结束后，通过对水泵进水管加水使检修门两侧水压平衡，以起吊闸门。

四站供水系统可以采用直接供水方式，也可以采用间接供水方式，当采用间接供水方式时，2台供水泵从下游或排水廊道中取水送至水塔，再经供水母管供主机冷却以及其他用水。如采用直接供水方式，则2台供水泵从下游取水后直接送至供水母管或由备用供水泵直接供水至供水母管。2种供水方式可以相互转换。

四站在水泵层1号机组北侧装有2台SLS200-315型离心式水泵（扬程32 m）作为供水泵，配Y2-200L-4型异步电动机，功率30 kW，2台供水泵互为备用，由压力

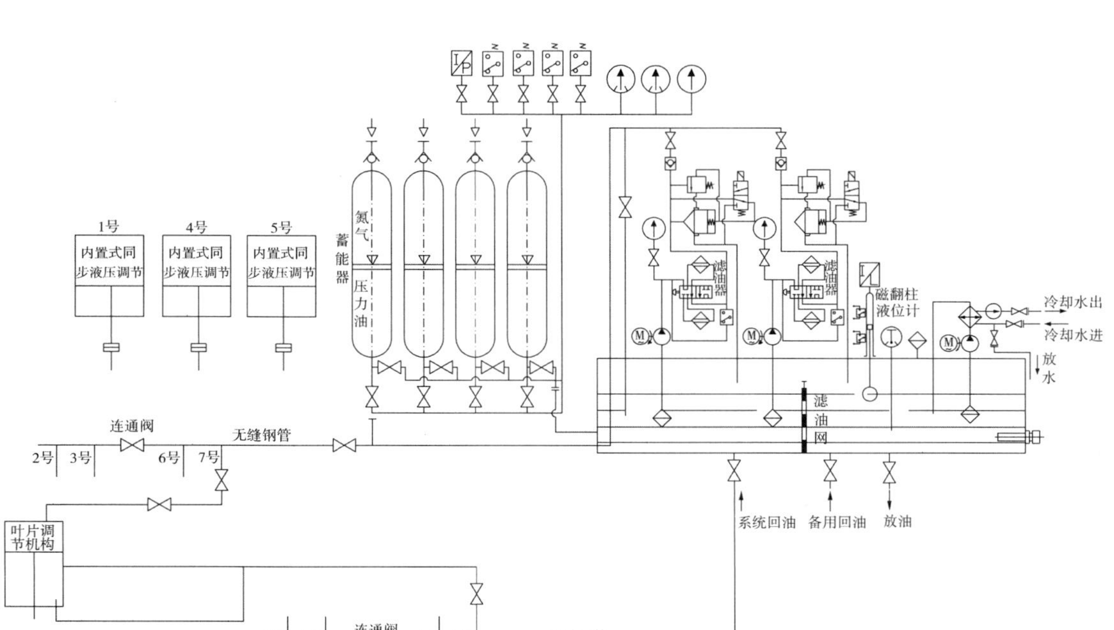

图 2-19　四站压力油系统图

传感器根据压力变化控制运行，若压力传感器失灵，则由电接点压力表控制运行。供水泵进水管路有两条，一条进水管从泵站下游进水口取水，一条进水管从排水廊道取水，两种取水方式不能同时使用，正常运用时供水泵从下游取水，只有当排涝运行、水草杂物堵塞下游取水口的莲蓬头时，取水可改为抽取排水廊道的水。出水管路也有两条，一条出水管接于供水母管，作为供水系统的水源，水在进入供水母管前，先由全自动滤水器对水中的杂物等进行过滤，全自动滤水器的型号为 DSL-Ⅲ-150，过滤精度 4 mm，配套电机功率 0.55 kW；另一条出水管直接引接至泵站下游，出口在工作桥下，当排水泵发生故障不能运用时，供水泵进出水管路的阀门作适当调整，可作排水泵使用，将排水廊道里的水排至泵站下游。

为了减少排涝时水草对供水泵进口的堵塞，进一步提高供水可靠性，1998 年四站在检修层的西北侧安装 SLS200-315 型备用供水泵 1 台，配用 Y2-200L-4 型电动机。该泵进水取自 1 号到 4 号主水泵出水流道下端，出口直接接至供水母管。

2017 年，四站将主机冷却水供水系统改造为自循环冷却系统，原供水系统作备用。改造后供、排水系统见图 2-20。

4. 排水系统

四站在水泵层 3 号、4 号机处装有 2 台排水泵。排水系统主要用于排除工作回水，排除渗漏水，包括站房及伸缩缝漏水、主副机组填料密封漏水、闸门漏水，检修时排除主水泵内积水及检修闸门的漏水等。上述排水集中到排水廊道内，用 2 台

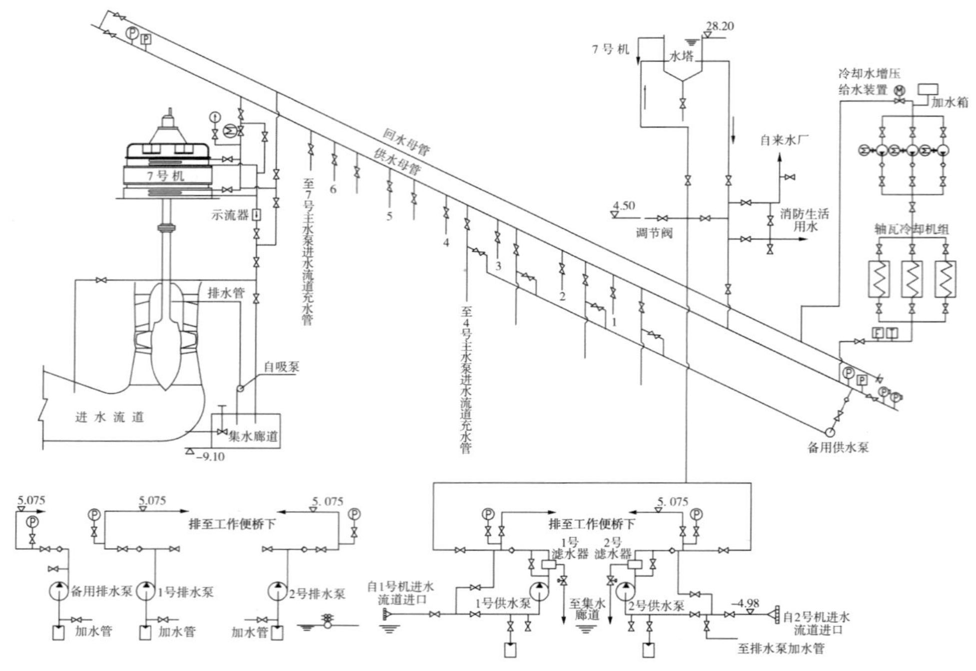

图 2-20　四站供、排水系统图

SLS150-125 型离心泵排水，流量 160 m^3/h，配套电机型号 Y2-160M2-2，功率 15 kW，廊道积水直接由排水泵抽排至站房下游河道中，出水口设在工作桥下。在水泵层 5 号机北侧还装有 1 台 SLS100-125 型备用排水泵，流量 100 m^3/h，配套电机型号 Y2-160M1-2，功率 11 kW。1 号、2 号排水泵由设在水泵层的浮子液位计（干簧管）自动控制开、停，互为备用，备用排水泵由电气开关直接控制开、停。为确保排水廊道不因水位过高而淹没水泵层，在水泵层还装有浮子式数码液位计作报警用。排水系统见图 2-20。

5. 压缩空气系统

四站压缩空气主要供给真空破坏阀、站内风动工具、设备吹扫以及门槽吹扫用气等，工作压力为 0.6～0.8 MPa，由 2 台 SA08A 型螺杆空气压缩机供气，压缩机的排气量为 0.9 m^3/min，配套电机功率 7.5 kW，2 台互为备用，出口配用 2 m^3 贮气罐，再经供气母管连接到各台机组的真空破坏阀。压缩空气系统见图 2-21。2021 年，四站将 4 号、5 号、6 号、7 号气动式真空破坏阀改造为压力平衡式真空破坏阀。

6. 通风系统

四站的通风系统包括主电动机的冷却通风和室内换气通风两部分。其中主电动机通风冷却方式为半管道式通风。每台主电动机热风排气管在电机北楼板下，穿过管道层和电缆廊道向北排出。风道底高程为 7.05 m，尺寸为 0.7 m×3.0 m，每个出口布置 2 台 TS35 型功率 5.5 kW 的轴流式通风机，排风量 35 600 m^3/h。

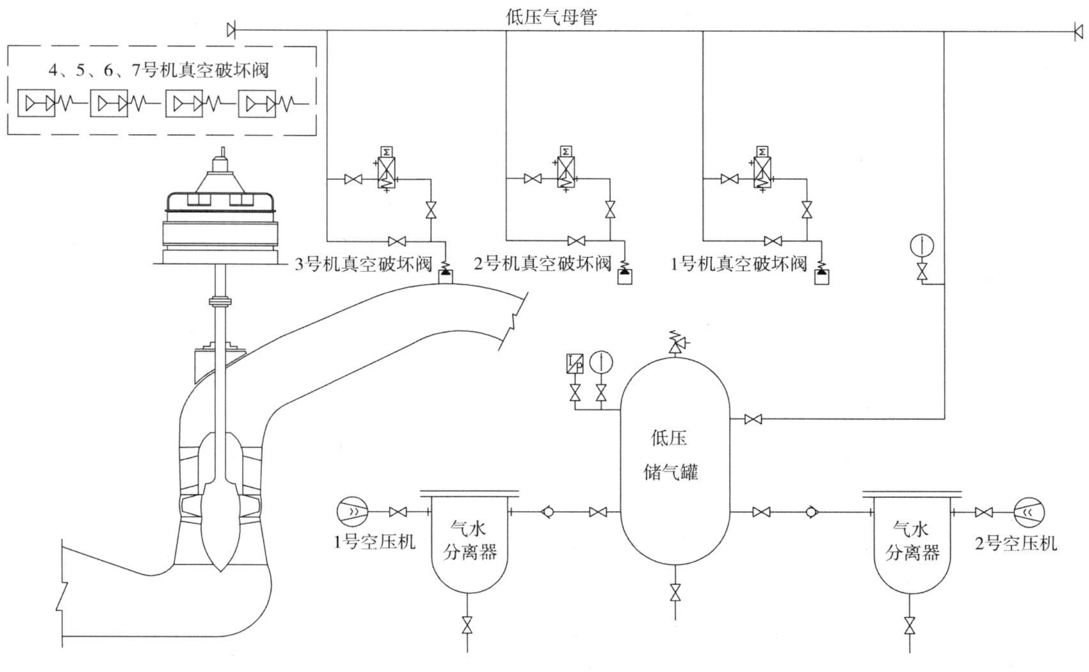

图 2-21　四站压缩空气系统图

站房内换气通风主要依靠门窗自然交换空气。在四站站房的水泵层南墙高程 -2.98 m 左右配有通风孔用于水泵层换气，每个通风孔装有通风机 1 台。在站房检修层的南墙大约高程 4.8 m 处装有 1 排通风窗。主机层的南墙，自上而下装有 3 排通风窗，北墙上部也有 1 排通风窗。

（四）电气设备

1. 一次电气部分

四站原总负荷 21 000 kW。建站初期，考虑向三站供电的 2 号主变（20 000 kVA）有较大裕度，而且三站、四站相距不远，可由三站设 1 条电缆专向四站 1 号机组供电，2 号至 7 号机组由 3 号主变供电。3 号主变型号为 SFZL1-20000/110，安装于四站西大门外北侧，由变电所 110 kV 架空专线供电。但这种供电方式不利于三站、四站的单独运行和检修。1979 年底，四站将 3 号主变更换为容量 31 500 kVA 的 SFZL1-31500/110 型主变压器，专供四站 7 台机组，拆除原三站向四站输送 6 kV 电源的电缆。随着供电网络容量增大，四站主机 6 kV 油开关遮断容量不够，1982 年初四站在 6 kV 进线侧增设 FK-6.3-2×2000-6 型分裂式三相电抗器，用以限制短路电流，确保油开关能可靠地切断短路电流。四站 1 号至 4 号主机组接在电抗器的一个臂上，5 号至 7 号主机组和站变接在电抗器的另一个臂上。2003 年 7 月，运行中的 3 号主变（SFZL1-31500/110 型、1973 年 2 月生产）由于超期服役，严重老化，绝缘降低而导致 110 kV 绕组匝间短路跳闸，无法修复。由于涝情严重，经省水利厅同意，从陕西铜川变压器厂紧急调运一台 SZ10-25000/110 型变压器更换损坏的 3 号主变。2007 年 4 月至 2009 年 10 月在变电所更新改造工程中，四站的 3 号主变移至新变电所变更为 2 号主变，四站新购一台 S10-31500/110 型变压器作为新的 3 号主变。

1989 年四站将主机开关柜更换为 JYN－10 型高压柜，将原主机开关更换为 SN10-10 型少油断路器。1999 年四站将原 6 kV 进线柜、站变柜、压变柜更新为 ZSG 型金属铠装移开式高压成套配电装置，将原 SN10－10 型少油断路器更换为 ZN28－10 型真空断路器。

2002 年 2 月至 3 月，四站原低压配电系统因设备老化，进行了维修改造，低压开关柜进线柜为 GCK 型（ABB 开关），其他有 XL-21 型和 YBS 型两种。

四站 2 台站变原为 SJ3-560/16 型，1973 年苏州变压器厂生产。2003 年 6 月 6 日 1 号站变 A 相低压绕组发生对地短路。为保证安全运行，2003 年 7 月四站将 2 台站变更新为常州华迪特种变压器厂生产的 SCB9-D-800/6 型干式变压器。

2008 年四站更新改造开始后，将原控制室拆除，新建 1 485 m^2 控制楼，建筑层数为 3 层，建筑物总高度为 19.2 m，上部结构型式为框架结构，基础采用预应力高强混凝土管桩基础。控制楼内集中布置有高、低压电气设备。四站变电所 110 kV 开关采用山东泰开高压开关有限公司生产的全封闭式成套电气组合设备 GIS，GIS 共分 2 路间隔，分别为 110 kV 进线间隔和 110 kVPT 间隔，无断路器。

四站的 110 kV 输电线路的架空导线、杆塔也进行了全面更新。控制楼一层北侧西边为主变压器室，东边由北向南依次为站用变压器室、励磁变压器室、会议室和值班室；二层西边南侧为继保室，东边由北向南依次为低压室、高压室、励磁室和控制室；三层北侧西边为 110 kVGIS 室，其余为四站的办公室、活动室和资料室等。主厂房北侧布置有现地监控及辅机开关柜。四站 3 号主变安装于控制楼一层主变压器室，3 号主变的型号为 S10-31500/110，容量为 31 500 kVA，110 kV 电源由变电所经架空线转供。主变 6 kV 出线处增加了大容量限流开关和消弧消谐柜，取消了电抗器。高压开关柜为 KYN28A-12 型手车式高压开关柜，断路器为 ABB VD4/Z12.12.32 型真空断路器。主变二次侧 6 kV 电源通过共箱母线送入高压开关室，经 6 kV 进线开关通过大容量限流开关与 6 kV 母线相连，6 kV 母线承担 7 台主机组、2 台站变的 6 kV 电源。2 台站变均为干式变压器，型号为 SCB9－D－800/6，容量 800 kVA，2 台站变并列运行。低压开关柜为 GCK 型抽屉式开关柜。四站一次主接线见图 2-22。

2. 二次电气部分

四站原二次电气部分主要包括强电和弱电两部分。强电部分包括控制回路、保护回路及继电保护；弱电部分主要是在中控室，不用一对一的方式，而是通过弱电选线的方式对设备进行远方控制、测量（主机定子电流、励磁电流除外），弱电部分还包括中央音响信号。中央音响信号分事故信号和故障信号两种。当设备发生事故时，蜂鸣器报警；当设备发生故障时，电铃报警，两种故障发生时，操纵台上都能以光字牌点亮的方式告知值班人员故障性质。

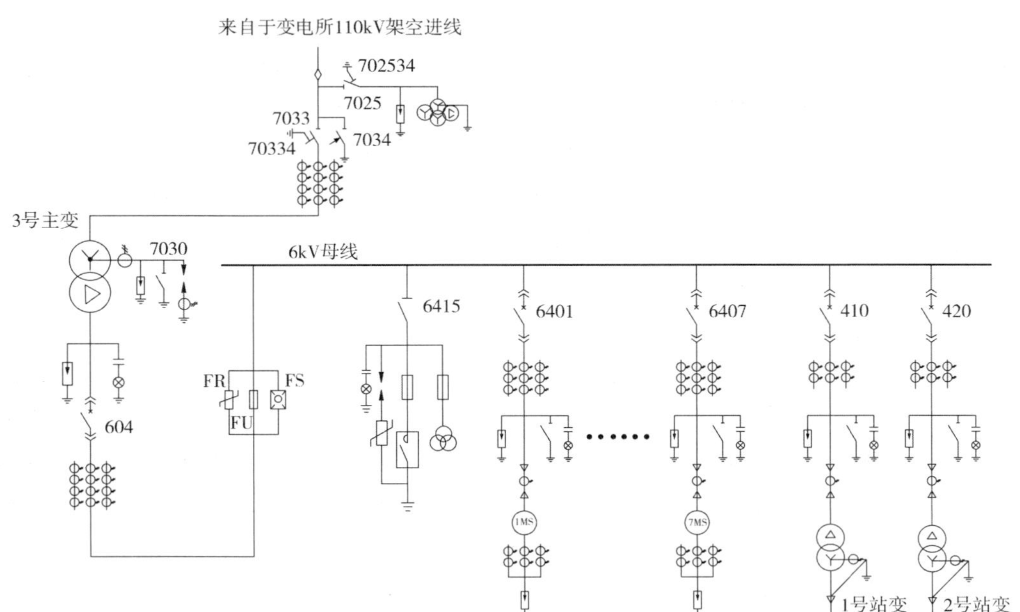

图 2-22 四站电气主接线图

1999 年四站为了进一步探索泵站控制、保护方面的新技术，结合水利部“948”项目，对泵站进行自动化改造的设计和施工，采用微机保护、微机励磁、微机直流装置及数字智能仪表，通过微机监控系统来实现对主设备控制、监测和保护。微机监控系统改造取消了弱电二次部分。同时由于采用微机监控保护装置，大大地简化了强电二次控制和保护部分的接线。

四站建站初期使用的直流操作电源、事故照明电源由变电所提供，变电所、4 座泵站共用一套直流装置。1980 年四站增设了 1 套三相全波整流直流装置提供直流电源，变电所的直流电源作为备用。2000 年 11 月四站在自动化监控系统改造时拆除原有的直流装置，新增了一套型号为 GZDW-34/220 V 的微机高频开关直流装置，配 90 Ah 德国阳光蓄电池，变电所的直流电源仍作为备用。

2008 年四站更新改造后安装了新的计算机监控系统和视频系统，实现了微机监控、微机保护和微机励磁，微机监控系统可对泵站主机、辅助设备进行现场控制和远方自动控制，实现实时数据采集、分析计算、数据存储、制表打印、运行监测、越限及事故报警、模拟图显示等，与江都水利枢纽集中监控系统联网，实行集中监控，并与江苏水利网联网，实现网上通讯、信息共享，具备与南水北调东线工程江苏调度系统联网功能，进一步提高了泵站自动化管理水平。

四站微机保护采用的是南京南瑞继保电气有限公司 RCS9000 系列微机保护，其中，主变差动保护装置为 9671C，主变高、低压侧后备保护装置为 9681C，非电量保护装置为 9661C。进线保护装置为 9681A，主机保护装置为 9643C，站变保护装置为

9621C。2019 年，四站将进线保护 RCS 9681A、站变保护装置 RCS 9621C 和主机保护 RCS 9643C 更新为通用电气公司生产的馈线保护测控装置 F650 和电动机保护装置 M60，F650 和 M60 测控保一体化装置集微机保护、控制、测量、通讯功能于一体，使设备简化，减少大量二次接线，降低成本和维护调试工作量。

江都站变电所更新改造后，各站单独设置直流装置，四站新安装一套微机高频开关直流装置，型号为 KMD，参数为 220 V、电池容量 65 Ah。2020 年，四站直流屏改造，更换直流充电屏和蓄电池屏，电池容量增至 200 Ah。

3. 励磁装置

四站建站初期采用了上海整流器厂生产的 KGLF11-300/170 型可控硅励磁装置。该装置控制部分为分立元件构成，使用近 20 年后，故障不断。1995 年底更新为北京核工业部电机运行技术开发公司生产的 BKL-101C 型励磁装置。1999 年四站对自动化监控系统改造时，为适应自动化需要，7 台主电动机的励磁装置由苏州友明科技有限公司改造为 LZK-3 型同步电动机可控硅励磁装置。

2008 年四站更新改造后，采用苏州友明科技有限公司 LZK-3G 型微机励磁装置，该装置采用双机热备微机综合控制器，可任意设定为闭环可调的恒功率因数运行、恒电流运行、恒电压运行或恒触发角度运行，并可与上位机通讯，实现远方控制、设置、管理，功能更为完善，运行更为可靠。

2019 年，四站对励磁装置进行维修改造，使用北京前锋科技有限公司 WKLF-102 型微机控制同步电动机励磁装置，采用超大规模集成度处理器作为核心控制单元，抗干扰能力强，起步无脉振，投励无冲击，全新可控硅同步触发控制，具有失步保护及不减载自动再整步等功能。

（五）金属结构

四站进水流道侧设有拦污栅和检修闸门，检修闸门通过 MH10-4A3 型门式起重机启闭。2014 年，四站对原拦污栅加固，增设新拦污栅 14 扇，每扇宽 3.23 m，高 2.28 m。

四站主厂房行车为 QD30/5-12A5S 双梁桥式起重机，1975 年制造，1977 年 3 月投入使用。2017 年，四站将 QD30T 双梁桥式起重机、10T 门式起重机全车传动系统改造为变频调速系统，相关辅助设施改造。

二、泵站施工

（一）施工概况

根据大流量泵站建设的需要，为减少泵站机组配套台数，四站采用了上海水泵厂设计的 ZL30-7 型立式全调节轴流泵，单机流量 30 m^3/s，配套电机 3 000 kW，泵型是在一站 64ZLB-50 型水泵的基础上改进而来，叶片角度在水泵运转情况下可以实时调节。

1973 年，水电部以(73)水电计字第 333 号文批准兴建四站。该站建筑物土建工程由省水建总队第一工程队施工，机电设备由管理处安装，土方由姜堰治淮工程团负责。工程总投资 1 590 万元，完成土方 88.54 万 m^3、石方 2.46 万 m^3、混凝土 2.6 万 m^3，耗用钢材 1 068 t、水泥 10 013 t、木材 1 417 m^3、黄砂 2.22 万 t、石子 4.77 万 t、块石 1.93 万 t。1978 年 3 月验收移交，同年进行了主体抗震加固。

（二）土建工程

四站的土建工程总体和三站相似，但四站土建中的进水流道吸取了一站、二站、三站的经验教训，采用肘形进水流道。出水流道为防止发生类似三站回填土不均匀沉降问题，采用了简支结构，即将虹吸出水管简支在站身和出口挡土墙上，下部再填回填土。

在四站站塘开挖至-10.5m 高程时，基底表面出现由东向西断续裂缝，裂缝宽度最大 8mm，深 30～90mm，倾斜角度约 30°，缝中有地下水向外渗出，并含极细砂。根据地基裂缝情况，考虑到可能对站身结构安全造成威胁，因此，底板需进行核算，增加钢筋，确保基础工程安全。通过估算，底板底层每米配 5 根直径 20mm 钢筋，后经研究，底板底层每孔再增加 12 根直径 28mm 钢筋，2 块底板共增加钢筋 9 t。底板浇筑前，对裂缝冒水冒砂处采用反滤层压砂和排水引流措施，使地层水不能进入浇筑的底板混凝土内后再进行站身底板浇筑。站身底板浇筑结束时未出现裂缝，当站身底板达到设计强度后对地基裂缝进行低压灌浆处理，西底板灌浆、灌水泥 6.55 t，东底板灌浆、灌水泥 1.45 t。

（三）设备安装

随着一站、二站、三站的相继建成投运，管理处也逐步地培养出自己的机电安装队伍。四站主机泵和辅机的安装都由管理处安装完成。

在安装方法上，四站同一站、二站、三站基本相同。由于四站的主要设备均较前三个站大，施工与安装时工作量均比较大，因此四站设备安装所需人力、物力和劳动强度相对较大。

三、泵站改造

四站经 30 多年运行，设备故障率高，泵装置效率明显降低，泵站效益得不到充分发挥。存在的问题主要有：主电机绝缘老化；推力头与轴颈配合较松，镜板磨损变形严重，多次发生推力瓦烧损故障；主水泵汽蚀严重，局部穿孔漏水，振动严重；高压开关为大排气少油断路器，灭弧性能差，运行中常出现机械故障；低压开关柜开关设备元件已老化，故障频发，影响安全运行；主变压器为铝线圈，损耗大，绝缘明显老化；大部分电缆为铝芯电缆，绝缘老化严重，性能下降；辅机系统绝大多数设备为淘汰产品，故障频繁，危及泵站安全运行；行车电气设备老化严重，经检测不符合安全运行条件；检修闸门碳化、露筋严重，吊耳、止水铁件锈蚀严重；水下检查部分进水口拦污栅变形较大。由于设备老化严重，已不能保证泵站安全运行，更无法适应南水北调东线工程长时间调水需要。

四站机电设备严重老化，已不能充分发挥其应有的工程效益，根据工程设施评级的规定，评定四站机电设备安全类别为三类，建筑物安全类别为二类。因此，需要对四站机电设备尽快进行更新改造，对建筑物进行加固处理。南水北调东线一期江都站改造工程实施后，四站于2008年9月至2010年6月进行了更新改造，投资概算6 286万元。

（一）泵站改造方案的审定

四站从1977年建成投运到2008年已历时32年，平均每台机运行7.77万h，主机泵及辅机系统经过32年长期运行，机械磨损均达到了机械强度疲劳极限及屈服极限值。水泵部分受油器漏油，水泵振动、汽蚀严重，叶轮外壳局部穿孔漏水，水导轴承经常因进水造成停机抢修。主电机部分绝缘普遍老化，多台机造成绝缘击穿事故，因绝缘损坏严重，现场难以修复，更换过2台主电机定子，多台机的推力瓦发生烧损事故。电气设备、辅机系统均严重老化、故障频繁，危及泵站安全运行，泵站效率明显下降。南水北调东线工程实施后，泵站的年运行时间最高达8 000 h以上，要使四站机组充分发挥调水功能，必须对其进行更新改造才能满足设计供水的保证率。

1. 泵站引河流态改善措施

四站与其他3座泵站工程一样，下游进水河道与新通扬运河正交，为改善进水流态，2006年四站在进水河道口站身下游侧距站进口边缘148.0 m处增建顶高程2.0 m的倒“Y”形导流墩；在92.0 m处增建顶高程-3.5 m的导流坎。

2. 流道数模计算

四站与三站一样，更新改造前，委托扬州大学进行了三维流动CFD数值计算研究及模型实验，结果表明四站进水流道为肘形流道，结构设计合理。出水流道为虹吸式出水流道，结构与三站基本相同，分为3段，但不同是，中间段是搁置在站身段、驼峰段上，状态良好。流道水力损失为0.558 m。

3. 主水泵选用

与三站一样，根据年扬程变化概率及满足设计扬程和最大扬程需要，四站应选用混流泵比较理想。考虑到选用混流泵原混凝土结构改变较大，破坏了土建结构的强度，最终仍选择了轴流泵。

四站原主水泵在吸入口装有前导叶，作为水泵底座承受水泵固定部分的荷载，安装时作为转动部分的临时支撑点，运行时当水流经肘管进入转轮前，使水流得到新的调整。四站在更新改造时，考虑前导叶影响效率，不再设置前导叶。

为提高抗汽蚀性能，叶片采用抗汽蚀性能强的不锈钢材料，转轮室采用在汽蚀带处镶焊不锈钢材料。为了提高加工精度，叶片与模型完全相似，采用五轴联动数控机床加工，加工误差不大于0.5 mm。

四站原水泵直径3.1 m，转速150 r/min，DN值为465，DN值较高，汽蚀严重，振动较大，运行工效较差。此次结合改造，水泵转速不变，直径降为2.9 m，DN值改变为435。

4. 主电动机选用

原四站设计扬程为 7 m，为适应南水北调东线工程调水需要，扬程增加至 7.8 m，电动机功率由 3 000 kW 相应提高到 3 400 kW。

5. 水泵轴承选用

水泵轴承是水泵关键部件之一，水泵轴承的寿命直接决定水泵的安全运行和检修周期。2006 年三站改造时，三站轴承选用水润滑弹性金属塑料瓦，在 2008 年四站改造时，三站轴承运用情况未有定论，考虑到四站为江都站主力泵站，经慎重考虑，四站主水泵改造时仍采用可靠性高、使用寿命长、已具有成熟使用经验的巴氏合金轴承，平面密封结构。

6. 电机轴承选用

四站原电机轴承上下导瓦、推力瓦均采用巴氏合金轴承。四站在 1986 年至 1998 年共发生推力瓦烧损事故达 13 次之多，给工程效益的正常发挥带来了严重的影响。弹性金属塑料瓦具有单位承载力比金属瓦大 30%～50%，使用寿命长，不需研刮，安装检修时盘车力距小等优点。1999 年后四站逐步改用弹性金属塑料推力瓦，成功消除了推力瓦烧损事故。因此，四站在 2008 年改造时仍选用弹性金属塑料推力瓦。

7. 水泵叶片调节系统选用及改进

四站水泵原叶片角度调节采用液压调节机构，其关键部件受油器本体采用分配阀、杠杆、操作机构组成的间配式结构，较三站原直配式结构要可靠得多。三站在 2006 年改造时，使用经优化改进后的受油器，受油器外形结构采用单一缸体，内部部件为组装形式，密封为浮动环与浮动环体的平面密封，电磁阀组及操作机构等采用了板式数字阀的安装方式，由控制系统进行调节。但在控制系统出现故障时，叶片角度不能实现自动跟踪。因此，2008 年四站改造时，叶片角度调节仍采用液压调节机构，在对已使用的多种受油器形式进行的综合研究基础上，对受油器又进行了改进，改进后的受油器具有以下的基本特点：①受油器本体外壳采用单一缸体；②金属密封采用浮动环密封结构；③采用分配阀、机械杠杆调节机构形式；④操作油管为单一管道；⑤受油器本体、分配阀、调节机构紧凑，外形美观；⑥叶片调节控制系统除具有原自动控制功能外，增加了电接点控制功能。

8. 主接线方案的确定

详见本章第五节变电所改建部分。

9. FSR 大容量高速开关选用

详见本章第五节变电所改建部分。

10. 主水泵、主电机基础预埋件的处理

主水泵、主电机基础预埋件如重新设计制造，原预埋件的凿除将对混凝土基础损坏较大，同时增大了工作量，工期也将延长。此次四站改造，对主水泵、主电机基础预埋件进行了专门的检查和论证，最终决定对四站改造后新的主水泵、主电机的基础预埋件均保持不变，新电机、水泵按原基础预埋件进行设计，这样，既节约了费用，也保证了质量，同时减少了工作量，缩短了工期。

（二）泵站改造工程的实施

四站更新改造工程是江都站改造工程的主要项目之一，由省水利勘测设计研究院有限公司设计，土建施工由省水利建设工程有限公司完成，机电设备安装由管理处完成，自动化设计、施工由省引江水利水电设计研究院完成。工程于 2008 年 9 月开工，2010 年 6 月完工。四站更新 7 台套主机泵，单台容量为 3 400 kW，电压等级为 6 kV，设计流量 30 m^3/s，更新一台型号为 S10-31500 kVA 110/6 kV 的主变及配套 GIS 设备，对门式起重机进行了更新改造。四站对站内的 6 kV、0.4 kV 配电装置以及油、气、水系统也进行了更新改造。四站更新自动化控制与视频监视系统，该系统除对四站设备进行控制外，还可将有关信号上传调度控制管理系统。

1. 土建工程

2009 年 2 月 15 日四站开始门槽改造，2010 年 4 月 28 日完成。2010 年 6 月 20 日四站完成混凝土结构修补、裂缝及碳化处理，翼墙防渗及裂缝处理等。

2. 新建控制室

四站新建控制室于 2008 年 9 月 3 日开工，2008 年 10 月 21 日基础承台及基础梁全部完成。2008 年 10 月 20 日通过由建设处组织，设计院、监理处与施工单位参加的对桩位轴线、垫层标高、基础承台及基础梁浇筑前隐蔽工程验收。2008 年 11 月 20 日完成一层框架梁板柱；2008 年 11 月 23 日完成二层框架梁板柱；2008 年 12 月 9 日完成三层框架梁板柱；2008 年 12 月 31 日完成填充墙砌筑、二次结构及地下室、事故油池、挡土墙等辅助设施。2009 年 6 月 23 日通过控制室分部工程验收。2010 年 10 月 20 日完成装饰工程。

3. 机电安装

四站改造分两批进行，2008 年 9 月开始第一批主机组及主要电气设备拆除，2009 年 4 月 28 日完成 1 号至 4 号 4 台机组及高低压电气设备安装，4 月 30 日通过试运行验收；2009 年 9 月，第二批更新改造工作开始，2010 年 2 月完成 5 号至 7 号 3 台机组的安装、辅机设备及视频系统的安装，2010 年 2 月 25 日通过试运行验收。机组联合试运行于 2010 年 6 月 19 日开始，2010 年 6 月 23 日四站更新改造泵站机组通过试运行验收，2010 年 11 月 11 日通过单位工程完工验收，2012 年 2 月 25 日通过合同项目验收。

（三）泵站改造的效果

1. 四站立式轴流泵模型装置叶片角度 0°，设计扬程 7.8 m 下效率达到 78.36%，平均扬程 6.4 m 下效率达到 77.24%，分别高于合同要求（77.0%、76.0%）1.36%、1.24%。2013 年 7 月建设处委托管理处水文站对四站机组出流及效率采用 ADCP 测流仪进行了现场测试，经分析，在 7.29 m 扬程 7 台机平均流量下，效率高于模型装置效率 0.2%，达 78.2%。与改造前装置效率 68% 相比，约提高了 10.2%。性能分析结论为：四站立式轴流泵从模型装置验收试验到真机试运行和正式投入运行等不同阶段的测试结果均表明该站水泵装置在运行时的各项能量特性指标（流量、效率等），机组运行的稳定性（振动、温升）等均满足工程的使用要求，达到了更新改造的预期效果。

2. 四站经综合技术改造后，运行状况明显改善，机组效率明显提高，经测试分析，在未考虑拦污栅及附着物影响的情况下，装置效率在75%以上，效率较改造前提高了9.23%。

第五节 变电所

江都水利枢纽变电所（以下简称变电所）为江都抽水站的专用变电所，担负着4座大型电力抽水站的转供电及管理处生产区、办公区、生活区用电的供电任务。它始建于1961年，由江苏省电业局设计院设计，坐落在一站和二站之间。随着江都水利枢纽泵站工程的不断扩建，用电负荷持续增加，至1977年四站建成投运后，变电所总容量达到71 500 kVA，共有3台主变压器，110 kV和35 kV系统设备布置在室外，6 kV和低压交、直流系统以及控制、保护部分的设备均布置在室内。

2006年，南水北调东线一期工程江都站更新改造开始实施，其项目建议书要求，江都站变电所设计年运行时间为8 000 h，原变电所经46年的运行，所有设备运行年限均已超过使用年限，设备陈旧，绝缘老化，维修困难，厂家的产品已经升级换代，配件无法购买，造成设备小修不断，大修年限不断缩短，事故频率逐年增高，如不进行彻底改造将很难担负起枢纽泵站的供电重任。2007年4月江都站新变电所开始兴建，2009年10月完工。

新建的江都站变电所为户内变电所，主变总容量96 500 kVA。江都站变电所是江苏泵站专用变电所中，规模最大、供电量最大、设备最先进的变电所。1962年至2022年，变电所累计转供电超过48亿kW·h。

一、供电方式

（一）35 kV环入方式供电

1961年一站兴建时，规划江都抽水站总负荷为28 800 kW，一站容量为6 400 kW，曾考虑用110 kV专用线或110 kV扬泰支线供电，由于当时单机容量小（每台800 kW），故决定负荷先按一站、二站考虑，由扬州湾头电厂向抽水站架设35 kV专用线——引五线（扬州五里变电所改为湾头变电所后称为引湾线）供电，变电所主变压器为1台三线圈变压器，容量为15 000 kVA，三线圈电压为110/38.5/6.3 kV，由35 kV线圈受电，分别向一站、二站供电。由于负荷不大，当时采用环入方式供电，变电所 35 kV 母线设有 1 条去孔庄变电所的 35 kV 联络线——江孔线（1988 年该 35 kV 线路改由新建的砖桥变电所供电，为与 110 kV 引砖线区别称为提砖线），使扬州湾头电厂输出的 35 kV 电网联成环行，以进一步提高供电可靠性。江都站变电所 35 kV 环入供电接线见图 2-23。

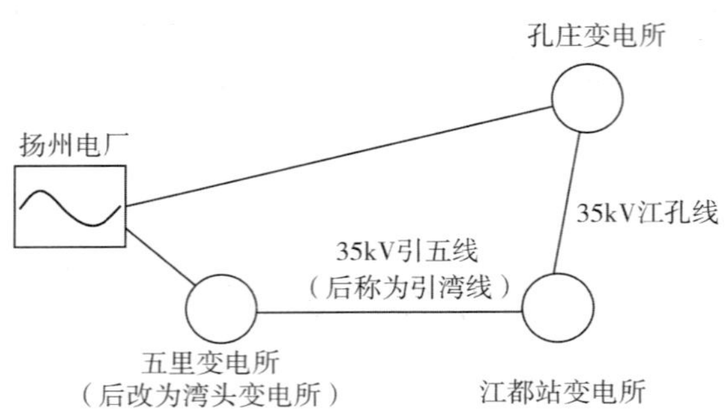

图 2-23　江都站变电所 35 kV 环入供电接线

（二）110 kV 扬泰支线供电

1966 年 12 月三站开工兴建，装机容量增加 16 000 kW，变电所于 1967 年扩建为 110 kV 变电所，增加 2 号主变压器，容量为 20 000 kVA，线圈电压 110/6. 3 kV。三站建成后，江都三个抽水站总负荷达 28 800 kW，主变总容量增至 35 000 kVA。由于当时扬州地区电力供应不足，谏壁—泰州 220 kV 过江线刚投入运行，110 kV 扬泰联络线负荷很小，而且江都抽水站由扬泰支线供电，仅需架设支接 110 kV 线路 4 km，这种供电方式便于江都抽水站发无功电，有利于提高扬州地区电压水平及改善电网潮流分布，减少线路损失等优点，缺点是支接线一旦发生故障，停电范围扩大且保护困难，但它的基建工程量小，投资最省，运行经济性也较好，故决定变电所 110 kV 电源由扬泰支线引入（图 2-24）。110 kV 电源供 1 号、2 号主变压器，35 kV 电源供 2 台所用变压器。

（三）110 kV 专用江扬线供电

1976 年，四站建成，又增加负荷 21 000 kW，4 个站的总负荷达到 49 800 kW，超过了 110 kV 扬泰线经济输送容量，江都抽水站如继续采用扬泰线支接供电，将影响电网电力潮流的合理分布，并使联络线不能发挥其应有的作用。鉴于华东电力系统已通过 220 kV 向扬州 220 kV 变电所供电，故江都抽水站改用 110 kV 专用江扬线供电，增设了 3 号主变，容量为 20 000 kVA（四站 1 号机在 2 号主变三站 6 kV 侧受电），总容量增至 55 000 kVA。该阶段供电方式见图 2-25 所示。1979 年 3 号主变更换为 31 500 kVA 的新变压器，换下来的 20 000 kVA 原 3 号主变用来替换 15 000 kVA 的原 1 号主变压器，主变总容量由 55 000 kVA 增至 71 500 kVA，扬州湾头电厂的 35 kV 专用线（引湾线）和 35 kV 联络线（江孔线）改为专对所用变压器供电。

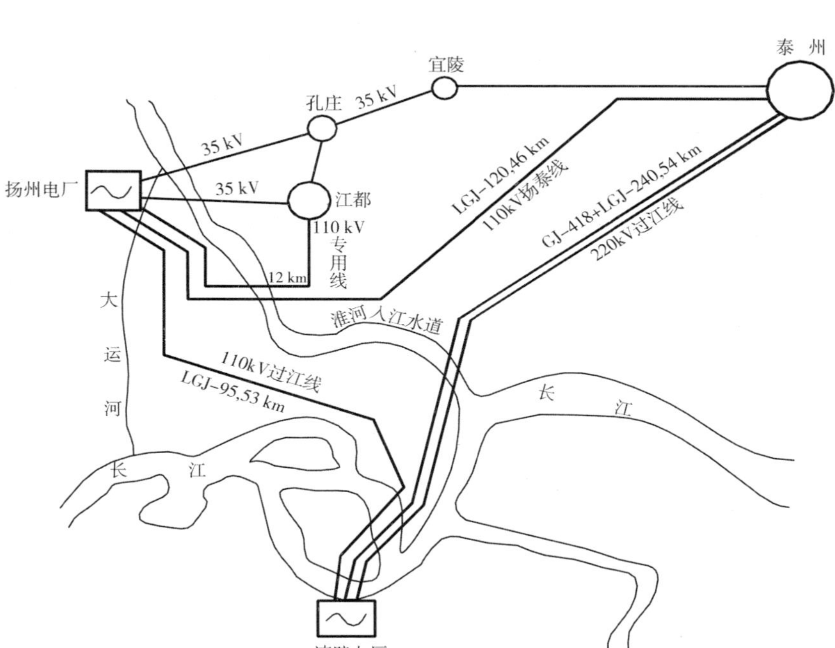

图 2-24　江都站变电所 110 kV 支线供电接线

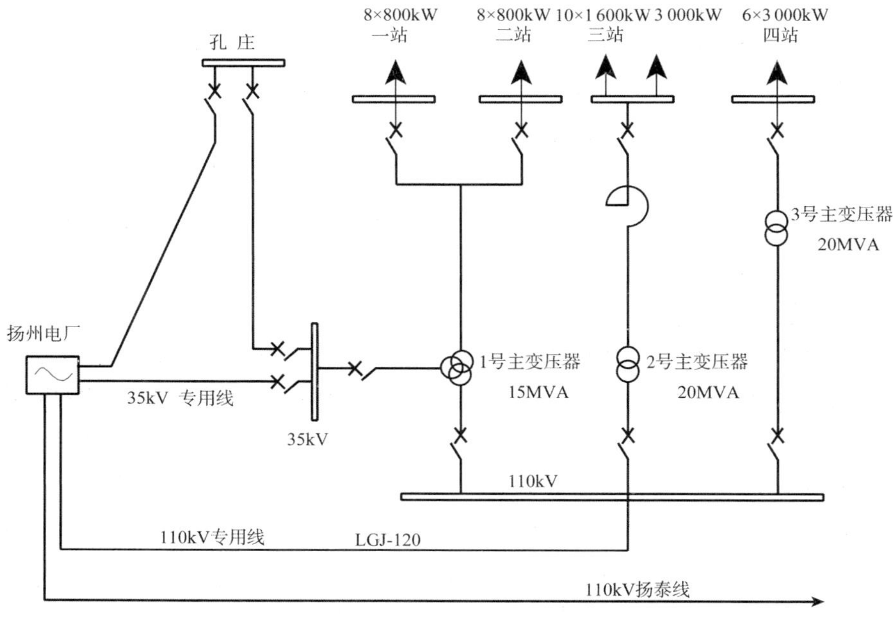

图 2-25　江都站变电所专用江扬线供电方式

（四）110 kV 引砖线供电

1987 年，江都双沟 500 kV 变电所工程上马，砖桥 220 kV 变电所建成，华东电网容量扩大，变电所 110 kV 电源由原来的 110 kV 江扬专线供电改为砖桥变电所 110 kV 引砖线供电，线路距离大大减少，调度也更为方便，同时也有利于改善电网潮流分布，减少线损。由于线路容量的扩大，1988 年 8 月，变电所对部分一、二次设备进行了增容、改型和更换，1988 年 12 月改建结束，并投入运行。另外，由砖桥变电所新设 35 kV 提砖线（区别于 110 kV 的引砖线）取代原江孔线，与扬州电厂的 35 kV 引湾线互为备用（2006 年 12 月，35 kV 引湾线改由广陵变电所供电，改称引广线）。该阶段的供电方式如图 2-26 所示。

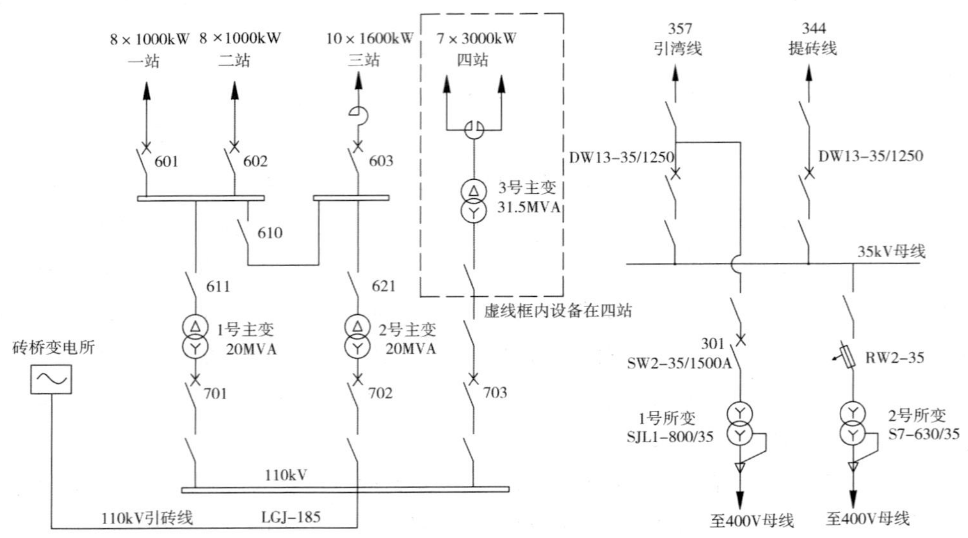

图 2-26　110 kV 引砖线供电方式

二、变电所改造

（一）原变电所扩建和改造

变电所兴建于 1961 年，随着泵站工程的不断扩建，变电所相应进行了扩建和改造，后期随着设备的老化，新产品不断推出，变电所相应进行了一些局部维修改造，主要有：

1. 主变压器

变电所的主变压器担负着为电力抽水站主电动机输送 6 kV 电源的任务。由于江都抽水站不断扩建，变电所电气设备随之作了相应的变化和调整，主变压器也进行了增换。

建一站、二站时，由于机组小，负荷不大，年利用率低，故装置了 1 台 15 000 kVA、110/38.5/6.3 kV 型三圈变压器。由扬州电厂架设的 35 kV 专用线经主变压器降为 6 kV，通过 2 台少油断路器（601、602）用架空组合导线分别向一站、

二站供电。主变压器型号为 SFSL1K-15000/110，由 35 kV 线圈受电。

1966 年 12 月三站开工兴建后，江都抽水站总负荷达 28 800 kW，变电所随之改建为 110 kV 变电所，由扬泰 110 kV 联络线支接 110 kV 电源供电，原有的三线圈 1 号主变压器改由 110 kV 线圈受电，向一站、二站供 6 kV 电源。另外，变电所新增 1 台 SF1-20000/110 型 2 号主变压器，通过 1 台少油断路器用架空组合导线向三站送电。

1973 年 11 月四站开工兴建后，江都抽水站总负荷达 49 800 kW，为适应电力负荷增长，变电所改由 110 kV 专用线供电，增设 1 台 SFZL1-20000/110 型变压器作为 3 号主变压器，由于四站与变电所相距约 800 m，故将 3 号主变压器设置于四站厂房西侧，110 kV 断路器安装于变电所内，用 110 kV 架空线路送电至四站，经主变降压后穿墙进入四站，经 6 kV 侧断路器供站内 6 kV 母线，这种组式（线路—变压器组）供电（即高压供电）造价低、电能损耗小、对主机启动也十分有利。

由于向三站供电的 2 号主变压器容量有较大的裕度，三站与四站距离又很近，如将四站的 1 号机组用电缆接到三站的 6 kV 母线上，四站主变容量只需 20 000 kVA 即可满足要求，所以四站建成后使用的 3 号主变压器选用容量为 20 000 kVA 的变压器。

随着江都抽水站年运行时间加长，检修工作必须穿插在运行期间进行，因而当四站机组全部运行时，其 1 号主机由三站供电的方式给三站检修带来不便，并且在变压器检修、试验时调度也不灵活，故于 1979 年 11 月，将 20 000 kVA 的 3 号主变压器更换为 31 500 kVA 的新 3 号主变压器。

四站 3 号主变压器增容为 31 500 kVA 后，将更换下来的原 20 000 kVA 主变作为新 1 号主变，将原三线圈 SFZL-15000/110 型 1 号主变压器淘汰。1979 年新 1 号主变投运，原三站向四站送 6 kV 电源的电缆拆除。

2003 年 7 月，运行中的 3 号主变（SFZL1-31500/110 型、1973 年 2 月生产）由于超期服役，严重老化，绝缘降低而导致 110 kV 绕组匝间短路跳闸，无法修复。此时涝情严重，经省水利厅同意，从陕西铜川变压器厂紧急调运一台 SZ10-25000/110 型变压器更换损坏的 3 号主变。

2004 年 7 月，1 号主变（SFZL1-20000/110 型、1974 年 7 月生产）由于超期服役，为确保安全运行，对 1 号主变进行了扩容更新，淘汰原有的 1 号主变，更换为 S10-40000/110 型变压器。

2. 所用变压器

由于地区 35 kV 电网到江都抽水站为双电源，变电所内因而安装了 2 台所用变压器。平时，所用变压器可供给站区各站日常照明、动力及检修用电，抽水站运行时，如站用电源发生故障，所用变压器还可提供可靠的备用电源。

变电所 1 号所用变压器在建站时为 SJ-150/35 型，由于容量偏小，1976 年更换为 SJL1-800/35 型。

变电所 2 号所用变压器于 1976 年安装使用，型号为 SJ-320/35，容量 320 kVA，与 1 号所用变压器互为备用。随着处区生产、生活用电负荷增加，2 号所用变压器容量已不能满足用电需要。1995 年 2 月，2 号所用变压器更换为 S7-630 型，容量为 630 kVA，同年 3 月新 2 号所用变压器投入运行 。

3. 断路器

变电所有电压等级不同的高压断路器 9 台，其中 110 kV 六氟化硫断路器 3 台，分别用于 1 号、2 号、3 号主变压器切换；35 kV 油断路器 3 台，用于 35 kV 二回进线和 1 号所用变压器切换；6 kV 真空断路器 3 台，分别向一站、二站、三站输出 6 kV 电源。

（1） 110 kV 断路器

变电所初建时，1 号主变为 15 000 kVA 三线圈变压器，其进线断路器采用沈阳高压开关厂 1960 年出厂的 DW3-110 型户外式多油断路器，额定电流为 1 500 A。

三站建成后，2 号主变压器投运，其进线断路器仍采用沈阳高压开关厂改进型 DW3-110G 型户外式多油断路器，额定电流 1 500 A。

1977 年四站建成后，采用线路—变压器组式供电，在变电所室外安装上海开关厂 1974 年 5 月出厂的 SW4-110I 型少油断路器，再用 110 kV 架空线路送电至四站站房旁的 3 号主变压器，断路器额定电流 1 000 A。

1988 年，变电所 110 kV 电源改由砖桥 220 kV 变电所供电，由于容量扩大，变电所部分设备随之进行了增容、更换，1 号、2 号主变进线多油断路器也随之更换为 SW2-110I 型少油断路器，额定电流 1 500 A。

1993 年底，3 号主变进线断路器更换为 SW2-110I 型少油断路器，采用液压操作机构，正常工作压力应保持在 30 MPa，但经常因密封问题发生泄压故障，危及安全运行。

1998 年底，变电所 3 台 110 kV 少油断路器全部更换为西安高压开关厂 1998 年 12 月出厂的 LW25-126 型六氟化硫断路器，其操作机构为全弹簧操作机构。六氟化硫断路器体积小，维护工作量小，大修周期长，运行安全性高。

（2） 35 kV 系统

1976 年变电所安装 1 号所用变压器时进线采用隔离开关加跌落式熔断器方式。1986 年，根据规范要求 1 号所变需要装设瓦斯保护，变电所拆除 1 号所用变压器进线侧跌落式熔断器，安装少油断路器，断路器为上海华通开关厂 1985 年 12 月出厂的 SW2-35 型少油断路器。

变电所 35 kV 系统采用双电源进线，分别经 2 台多油断路器引入 35 kV 母线，向 2 号所用变压器供电，2 路进线互为备用，35 kV 引湾线还可经 1 台 35 kV 少油断路器单独对 1 号所用变压器供电，2 台所用变压器互为备用，不并列运行。2 台多油断路器均为 DW13-35 型，1992 年安装投运。

（3） 6 kV 系统

建站初期，变电所 1 号主变压器 6 kV 侧母排由穿墙套管进入 6 kV 开关室，然后分别经 2 台 SN2-10 型、1 000 A 少油断路器通过 6 kV 架空组合导线供电给一站、二站。

1968 年变电所增添了 2 号主变压器，扩建了 6 kV 开关室，2 号主变 6 kV 侧则经过 1 台 SN3-10 型、2 000 A 少油断路器向三站供电，由于电源容量增大，6 kV 侧短路电流增加，故在 2 号主变与 SN3-10 断路器间串联了沈阳电抗器厂 1970 年 9 月出厂的 2 000 A、阻抗为 8% 的 NK-6 型水泥电抗器以限制短路电流。由于供电系统的变化，电抗器曾一度拆除，1988 年 12 月，已拆除的 2 号主变出线电抗器重新使用，电抗器移至三站 6 kV 断路器出线侧，并新建电抗器室，从电抗器室用 6 kV 架空组合导线引向三站。

6 kV 开关室内的 6 kV 母线由 2 000 A 的隔离开关分段，分别由 1 号主变压器和 2 号主变压器供电，正常运行时分段隔离开关断开。当任何 1 台主变压器因故障停用并从电路中断开后，操作分段隔离开关即可实现 2 台主变压器的相互备用作用。1980 年 3 月，变电所供一站、二站 6 kV 出线断路器更新为 SN10-10C 型，1990 年 10 月，6 kV 三站出线断路器更新为 SN10-10Ⅲ型。

随着一站、二站的更新改造，变电所供一站、二站 6 kV 出线断路器容量已近极限值，加之整个 6 kV 系统开关柜为 20 世纪 60 年代初期的非标产品，结构布置不合理，经过近 40 年的运行，严重老化，绝缘阻值下降，1999 年 10 月变电所对 6 kV 系统进行全面改造，开关柜及相应的手车式断路器全面更新，采用上海广电集团 1998 年 12 月生产的 KYN-10 型金属铠装移开式开关柜，3 台 6 kV 断路器采用北京开关厂 ZN12-10 型真空断路器。在一站、二站更新改造后，线路容量增加，加之 6 kV 架空组合导线运行日久，老化严重，因此，在 1998 年，变电所将通向一站、二站的 6 kV 架空组合导线更换为 6 kV 电缆。

（4）低压交流系统

变电所 2 台所用变压器在低压侧用电缆引入低压开关室低压柜母线，其进线柜装设容量为 1 500 A 和 1 000 A 的低压自动空气开关各一台，用于 400V 母线电源的切换。从 400 V 母线引出的一站、二站、三站、四站 400 V 备用电源用电缆分送至各站，当各站的站用电停电或发生故障时，可以作为可靠的备用电源。另外处区生产、动力用电也分别由低压柜引出。随着抽水站检修任务的加大和生产、生活区用电设备的增添，低压系统大部分开关容量明显不足，非正常事故跳闸屡屡发生，2000 年 2 月变电所对低压系统进行全面改造，更新了低压开关柜 11 台，其中 1 号、2 号所用变压器进线柜 2 台自动空气开关采用上海施耐德生产的塑壳空气断路器，其余低压出线开关均采用 ME-1000（1250）型万能式空气断路器。

4. 二次系统

（1）直流电源

江都抽水站共用一套直流电源，直流蓄电池组装设于变电所内，为变电所和 4 个抽水站提供直流电源，使控制、保护、断路器分合闸、事故照明等重要电路在电网停电时仍能连续可靠地供电，以便及时处理和排除故障，尽快恢复抽水站设备的正常运行。变电所初建时装设的是 1 组 K 型蓄电池，但由于抽水站机组多，导致 K 型蓄电池负荷重，进而影响了其安全性能。K 型蓄电池还存在酸气对设备腐蚀严重的现象，故于 1979 年改用上海蓄电池厂生产的 GGF-300 型防酸隔爆型蓄电池。运行 11 年后，原蓄电池整体老化，技术性能明显降低，又于 1990 年 12 月整体更新为同型号的蓄电池组。该蓄电池组使用至 2002 年，其蓄电池整体性能严重下降，部分电池极板脱落变形，需更新改造。2002 年，变电所将整组 GGF-300 型铅酸蓄电池更新为 108 只 Dryfit A612、300AH“德国阳光”牌免维护阀控式铅酸蓄电池，采用高频开关充电模块，直流系统可对装置运行实施全面监测和控制，可进行系统设置、信息查询，也可通过远程监控对系统实施“遥测、遥控、遥信、遥调”四遥功能。

（2）控制保护部分

变电所采用的是强电集中控制的控制方式。为了便于集中控制和事故处理，变电所设立专门中央控制室，与室内外电流、电压互感器连接的测量仪表及直流 220 V 控制保护回路设备都安装在中控室内的强电控制屏及保护盘上，控制操作均在控制室进行。

（二）变电所移址新建

2007 年 4 月至 2009 年 10 月，在南水北调东线一期工程江都站更新改造工程中，变电所进行了更新改造。

1. 更新改造方案的审定

（1）变电所所址的选择。原变电所位于一站、二站之间，由于江都泵站在苏北地区供水地位的重要性，因此，在变电所改造期间，必须确保泵站在汛期可以正常运行。在原址重建变电所，从招投标、设备制造、拆除、土建施工、安装调试到投运至少需要 10 个月以上，时间上不允许。根据南水北调《江都站改造工程可行性研究报告》批复意见，江都站 110 kV 变电所进行易地重建。新变电所的位置选在二站与三站之间，具有以下优点：靠近负荷中心（距三站 150 m，四站 400 m）；施工期间原变电所可继续使用，泵站可以正常运行；新址没有场地问题；可以根据南水北调工程的要求进行设计等。

（2）主接线方案的确定。初设时变电所主接线方案曾考虑 4 座泵站合建一座变电所，选用一台 25 000 kVA、两台 40 000 kVA 主变压器，通过电缆供 4 座泵站 6 kV 电源。该方案优点是 3 台主变压器可互为备用，提高供电的可靠性和灵活性，但缺点是供电线路长，损耗大、安装困难、可靠性较差。尤其是四站供电容量大，距离长，按允许电流、温升、压降及短路热稳定测算，至少需 10 根 $3\times240\ mm^2$、长约 500 m 的电缆，且现有安装位置这 10 根 $3\times240\ mm^2$ 电缆难以跨越三站。根据实际状况综合比较，最终确定仍采用原两个变电所主接线方案：变电所安装 2 台主变压器，供一站、二站、三站 6 kV 主电源；四站设专用变电所，安装 1 台主变压器，采用架空线路由变电所转供 110 kV 电源。

（3）主电机电压等级的选择。江都 4 座泵站改造前主电机电压等级均为 6 kV。如选用 10 kV 电压等级较 6 kV 优势明显，线路损耗低，电机重量可以降低，而提高绝缘等级无需增加较大费用。但此次江都站改造时，由于此前一站、二站已经改造，主机组电压均为 6 kV，新变电所建成后距三站最近，且与一站、二站同为一个变电所，从供电灵活性及主变压器互为备用考虑，三站主机电压仍以采用 6 kV 为宜。四站容量大，但在此次改造过程中，必须保证汛期改造工程的正常运行，三站、四站机组大、台数多，难以在一个非汛期完成全部机组及电气设备改造，因此，存在新老机组及新老电气设备的并用情况。由此，三站、四站主机组电压等级也必须选择 6 kV。

（4）FSR 大容量高速开关选用。根据江都站所处电网容量、变电所主接线及运行方式，6 kV 主接线开关选择方案有：① 按短路电流直接选择开关，则一站、二站的 6 kV 开关需要全部更换，设备及改造费用很高；② 仍设电抗器，有一定电能损耗，需建电抗器室，占用空间大；③ 采用 FSR 大容量高速开关，方法简便，技术先进，在电力系统已有大量成功应用，且体积较小，显著优点是总体投资较少，设备及安装费用可大大降低。经综合比较，此次江都站变电所选用 FSR 大容量高速开关方案。

（5）直流电源供电方式的确定。直流电源供电方式由原来 4 座站和变电所统一通过变电所集中供电改为各自独立供电。

2. 更新改造工程的实施

2007 年 4 月，江都站新变电所开工新建。2009 年 2 月，110 kV 供电线路由老变电所切换至新变电所，随即投入供电运行。2009 年 3 月和 5 月，35 kV 引广线、提砖线 2 条供电线路分别切换至新变电所，2009 年 10 月，工程全部完工。变电所由省水利勘测设计研究院有限公司设计，土建施工由扬州水利建筑工程公司完成，电气设备安装由管理处变电所完成，自动化设计、施工由省引江水利水电设计研究院完成。新变电所工程完成的主要工程量为：土方挖填 6 996.0 m^3，混凝土 2 381.5 m^3，钢筋 338.82 t，建筑面积 2 930 m^2，投资概算 4 279.09 万元。

江都站新变电所按照户内变电所设计，建筑层数为 4 层。1 层南侧设主变压器室，单独设置 2 间变压器室（分别布置 1 号、2 号主变压器），还有消防控制室、辅助用房、技术用房、工具间等；1 层北侧为 35 kV、6 kV 配电室、低压开关室（含所用变压器）；地下 1 层设电缆夹层（高低压配电室下部），布置电缆桥架；2 层设中央控制室、继电保护室（安装有监控装置、视频装置、保护装置、计量设备和直流装置）、办公用房；东 3 层设 110 kV GIS 组合开关室；西 3 层设层控总机办公用房等。变电所结构形式为框架结构，基础采用预应力混凝土管桩基础。控制楼四周布置交通道路，在控制楼南侧布置变压器检修平台。110 kV 终端塔布置在控制楼南侧约 20 m 处。

110 kV 进线按双回路设计，一回专用线路从江都砖桥 220 kV 变电所（距离 6 km）引接，另一回为预留接口，计划从扬州湾头 220 kV 变电所（距离 18 km）引接。110 kV 主接线采用单母线不分段方案，通过 3 个间隔分别引向 1 号、2 号、3 号主变压器，容量分别为 40 000 kVA、25 000 kVA、31 500 kVA。1 号主变供一站、二站，2 号主变供三站，3 号主变供四站，其中 1 号、2 号主变可互为备用。110 kV 开关采用山东泰开高压开关有限公司生产的全封闭式成套电气组合设备 GIS，GIS 共分 5 路间隔，分别为引砖线进线间隔、1 号主变出线间隔、2 号主变出线间隔、四站出线间隔、PT 间隔。

原变电所的 1 号（S10-40000/110 型）和四站的 3 号（SZ10-25000/110 型）主变移至新变电所，并变更为 1 号、2 号主变继续使用，四站则新购一台 S10-31500/110 型主变作为新的 3 号主变压器，淘汰原 2 号主变压器。

35 kV 备用电源回路有江都提砖线和扬州引广线 2 回，作为 2 台所用变压器的电源。变电所对 1 号、2 号所用变压器再一次进行了扩容更新，分别将原有的 1 号所用变压器（SJL1-800/35 型）、2 号所用变压器（S7-630/35 型）更新为两台 SCB10-1250/35 型、1 250 kVA 干式所用变压器，2 台所用变压器互为备用。

（三）35 kV、10 kV 配电系统改造

因江都区城市规划和发展需要，2012 年 3 月，35 kV 引广线拆除，改为 10 kV 龙金线支线供电，为此，更换 1 号所用变压器，新变压器型号为 SCB10-1250/10，高低压侧开关仍使用原开关，更换了高压侧电压、电流互感器及表计，拆除了联络间隔电气连接。

2022 年 3 月，35 kV 提砖线拆除，改为 10 kV 金广线支线供电，更换 2 号所用变压器，新变压器型号为 SCB13-1250/10，更换 35 kV 提砖线 5 台 KYN61-40.5 型开关柜为 10 kV KYN28-12 型开关柜。

2022 年 4 月，更换 10 kV 龙金线 4 台 KYN61-40.5 型开关柜为 KYN28-12 型开关柜。至此，变电所内已无 35 kV 电压等级设备。10 kV 的供电方式如图 2-27 所示。

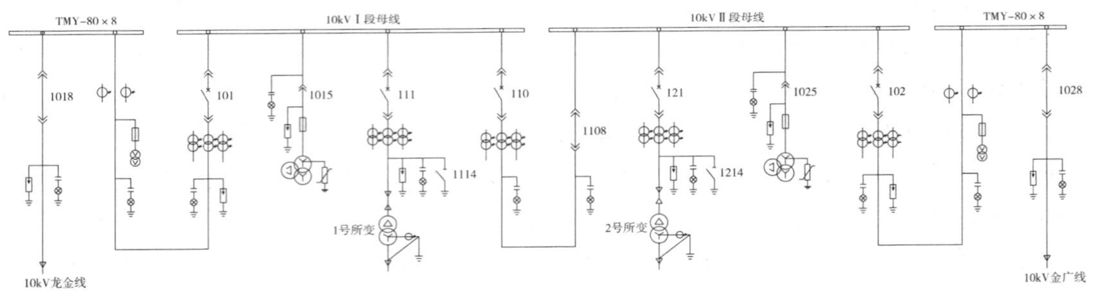

图 2-27 江都站变电所 10 kV 供电方式

三、主要设备

（一）主变压器

变电所的主变压器担负着为电力抽水站主电动机输送 6 kV 电源的任务。现有 3 台 110/6 kV 的主变，1 号主变压器容量为 40 000 kVA，低压侧出线接至Ⅰ段 6 kV 母线，对一站、二站供电；2 号主变压器容量为 25 000 kVA，低压侧出线接至Ⅱ段 6 kV 母线，对三站供电，1 号、2 号主变压器可互为备用；3 号主变压器容量为 31 500 kVA，安装于四站，通过 110 kV 专线在变电所受电。1 号、2 号、3 号主变压器的技术参数分别见表 2-11、表 2-12、表 2-13。

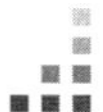

表 2-11 1号主变压器技术参数表

项　　目	参　　数	项　　目	参　　数
型　　号	S10-40000/110	空载损耗（kW）	31.616
容　　量（kVA）	40 000	负载损耗（kW）	161.389
额定电压（kV）	110±8×1.25%/6.3	阻抗电压（%）	10.54
额定电流（A）	210/3666	器 身 重（kg）	29 310
相　　数	3	油　　重（kg）	16 250
频　　率（Hz）	50	总　　重（kg）	61 200
冷却方式	ONAN	制 造 厂	陕西铜变实业股份有限公司
连接组别	YNd11		
空载电流（%）	0.2	生产日期	2004.6

表 2-12 2号主变压器技术参数表

项　　目	参　　数	项　　目	参　　数
型　　号	SZ10-25000/110	空载损耗（kW）	22.4
容　　量（kVA）	25 000	负载损耗（kW）	111.3
额定电压（kV）	110±8×1.25%/6.3	阻抗电压（%）	10.1
额定电流（A）	131.2/2291	净 身 重（kg）	22 470
相　　数	3	油　　重（kg）	14 690
频　　率（Hz）	50	总　　重（kg）	49 580
冷却方式	ONAN	制 造 厂	陕西铜变实业股份有限公司
连接组别	YNd11		
空载电流（%）	0.7	生产日期	2003.7

表 2-13 3号主变压器技术参数表

项　　目	参　　数	项　　目	参　　数
型　　号	S10-31500/110	空载损耗（kW）	21.651
容　　量（kVA）	31 500	负载损耗（kW）	124.15
额定电压（kV）	110±2×2.5%/6.3	阻抗电压（%）	10.65
额定电流（A）	165.3/2 887	上节油箱重（kg）	3 630
相　　数	3	器 身 重（kg）	25 540
频　　率（Hz）	50	油　　重（kg）	12 210
使用条件	户内	总　　重（kg）	51 500

续表

项　　目	参　　数	项　　目	参　　数
冷却方式	ONAN	制 造 厂	南通晓星变压器有限公司
连接组别	YNd11		
空载电流（%）	0.11	生产日期	2007.12

注：ONAN 为内部油自然对流冷却方式，即通常所说的油浸自冷式。

2021 年 10 月、2022 年 11 月，变电所分别对 1 号和 2 号主变压器进行了吊罩大修，对 2 台变压器铁芯及紧固件检查维修，更换了主变油枕、蝶阀、压力释放阀、瓦斯继电器、中性点接地刀闸机构控制箱、密封胶垫等老化配件，大修后试验合格，运行正常。

（二）断路器和高低压系统

变电所现有电压等级不同的高压断路器 15 台，其中 110 kV 六氟化硫断路器 4 台，分别用于 110 kV 引砖线进线、1 号及 2 号主变压器、四站 3 号主变压器 110 kV 专线切换；10 kV 真空断路器 5 台，用于 10 kV 两回进线和 1 号、2 号所用变压器切换；6 kV 真空断路器 6 台，分别用于 1 号、2 号主变压器低压侧出线，Ⅰ、Ⅱ段 6 kV 母线联络和向一站、二站、三站输出 6 kV 电源。

1. 110 kV GIS 和断路器

变电所采用的是山东泰开高压开关有限公司生产的 ZF10-126（L）/T3150-40 型气体绝缘金属封闭开关设备，简称 GIS，它是将断路器、三工位开关、快速接地开关、电流互感器、电压互感器、避雷器、母线、进出线套管等元件组合封闭在接地的金属壳体内，充以一定压力的 SF_6 气体作为绝缘介质所组成的成套开关设备。该设备具有结构简单、可靠性高、维护工作量小，机械寿命长，涡流损耗低，耐腐蚀，外形简洁美观，符合“无油化”要求等特点。

断路器（ZF10-126 型）为共箱罐式结构，三相共用一台 CT26 型弹簧操动机构，机械联动。断路器采用自能式灭弧原理，开断能力强，燃弧时间短，结构简单，性能可靠。其具体技术参数见表 2-14。

表 2-14　110 kV GIS 断路器技术参数表

项　　目	参　　数	项　　目	参　　数
型　　号	ZF10-126	合闸时间（ms）	75±10
额定电压（kV）	126	分闸时间（ms）	32±5
额定电流（A）	2 000	操动机构型号	CT26
额定短路开断电流（kA）	40	额定分合闸电压（V）	DC220
SF_6 气体额定压力（MPa）	0.6	电机功率（W）	500
SF_6 气体最低功能压力（MPa）	0.5	雷电冲击耐受电压（kV）	550

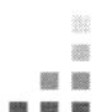

2. 10 kV 系统

变电所 10 kV 所用变压器 2 台，技术参数见表 2-15、表 2-16。

表 2-15　1 号所用变压器技术参数表

项　　目	参　　数	项　　目	参　　数
型　　号	SCB10-1250/10	冷却方式	AN/AF
容　　量（kVA）	1 250	总　　重（kg）	3 550
额定电压（V）	10 000±2×2. 5%/400	制　造　厂	浙江三变科技股份有限公司
额定电流（A）	72. 17/1804. 2		
连接组别	Dyn11	生产日期	2011. 8
阻抗电压（%）	5. 95		

表 2-16　2 号所用变压器技术参数表

项　　目	参　　数	项　　目	参　　数
型　　号	SCB13-1250/10	冷却方式	AN/AF
容　　量（kVA）	1 250	总　　重（kg）	3 100
额定电压（V）	10 000±2×2. 5%/400	制　造　厂	南京大全变压器有限公司
额定电流（A）	72. 17/1804. 22		
连接组别	Dyn11	生产日期	2022. 3
阻抗电压（%）	5. 68		

注：AN 为自然空气冷却方式，AF 为启动风机强迫风冷。

1 号所变由江都 10 kV 龙金线支线供电，2 号所用变压器由江都 10 kV 金广线支线供电。10 kV 2 台线路进线及 1 台母联断路器为 ABB VD4 1250A 型真空断路器，2 台所变进线断路器为 ABB VD4 630A 型真空断路器。

3. 6 kV 系统

6 kV 系统采用 KYN28A-12 型开关柜，所有断路器均为 ABB 原装进口 VD4-12 型真空断路器。主变压器 6 kV 侧至 6 kV 开关柜采用共箱母线传送 6 kV 电能。改造后共装设有 6 kV 开关柜 12 台，分别为 1 号主变出线 611 开关柜、2 号主变出线 621 开关柜、6 kV Ⅰ段母线大容量开关柜、6 kV Ⅱ段母线大容量开关柜、一站 601 出线开关柜、二站 602 出线开关柜、三站 603 出线开关柜、610 母线联络柜、6120 母线隔离柜、6105 Ⅰ段母线 PT 柜、6205 Ⅱ段母线 PT 柜及三站出线电缆柜各 1 台。三站采用 YJV_{22}-10-3×240 六拼高压电缆取代原架空组合导线方式供 6 kV 电源，一站、二站改用 YJV_{22}-10-3×240 四拼高压电缆分别供 6 kV 电源。

4. 低压交流系统

改建后的变电所低压交流（400 V）系统采用 MNS 型开关柜，设有低压进线柜

2 台，400 V 电源经进线断路器（断路器型号 MT25H1）铜母线连接到各低压出线开关柜，一站、二站、三站办公楼合用 1 块出线柜（断路器型号 NS400N），三站、四站、处办公楼合用 1 块出线柜（断路器型号分别为 MT08N1、MT10N1 和 MT08N1），生活区、应急调度中心合用 1 块出线柜（断路器型号分别为 MT10N1 和 NS400N），变电所的照明、动力柜等合用 1 块出线柜（断路器型号 NS160N），出线柜母线上还连接有用于改善功率因素的电容补偿主、辅柜各 1 台（断路器型号 NS400H）。低压各进、出线断路器均为国内生产的施耐德产品。

随着处区生产、生活、办公用电负荷的不断升高，变电所 2 台所变在冬夏两季用电高峰期时易出现短时过负荷运行现象。为解决这一难题，2017 年 3 月，变电所通过低压系统改造，将原低压母线分段，并在两段母线中设置一台母联开关，通过两台进线开关及一台母联开关“三合二”的灵活操作，将供电容量由原来的 1 250 kVA 提升至 2 500 kVA。

（三）二次系统

1. 直流电源

改建后的变电所直流电源由 FX22010 型高频模块充电装置以及德国阳光牌 Dryfit A412 进口阀控式密封免维护铅酸蓄电池组成，电压 220 V、电池容量 65 Ah，为变电所主设备提供控制、保护、信号电源。系统配备 2 块屏，1 块智能控制充电屏、1 块蓄电池屏。微机型直流电源系统采用液晶触摸屏显示，具有“四遥”功能；直流系统采用 2 路三相四线 380V 交流电源供电，并能进行自动切换，自动调压；交流浮充电装置采用 3 套 N+1 热备份智能高频开关充电模块，可带电插拔，任意一个部分出现故障均能自动退出而不影响整个系统工作。直流电源系统具有保护与告警功能，包括输入过压、欠压、缺相，输出过压、欠压、模块过热等；蓄电池均充和浮充过程能自动转换，可通过键盘进行设置并具有电压自动检测功能。直流电源系统通过 RS-485 串行通信口向自动化控制系统实时发送交直流电压、各回路电流，交流进线及直流出线开关状态，执行自动化控制系统发出的控制指令。

2013 年 5 月，直流屏蓄电池核容性充放电时，1 号、7 号、10 号、11 号蓄电池容量出现损失严重现象，为确保直流系统正常运行，变电所将直流屏 18 只德国“阳光”牌蓄电池更换为“汤浅”牌 NPL65-12 蓄电池。

2016 年 12 月，直流屏改造升级，变电所对老化的直流屏高频开关电源模块、监控器、综合测量仪、电池巡检仪、绝缘监测仪等进行更换。

2. 微机监控、视频和微机保护

变电所监控系统集控制、保护、测量、信号、管理等功能于一体，实现中控室内集中和分散控制，集中数据显示、分析、处理。通过计算机网络，可将工程设备的运行数据和状态，实时真实地展示在各级管理人员面前，实现配电设备的自动监视，满足“无人值班、少人值守”的要求。同时监控系统与上级调度控制管理系统通过网络连接，实现数据、指令传送和图像浏览，功能更为齐全，技术更为成熟。视频监视

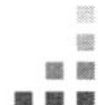

系统通过设置视频监视设施，使运行管理人员能够对现场关键设备的运行状态进行直接观察了解。

变电所采用由南京南瑞继保电气有限公司生产的继电保护装置。其中包含 110 kV 进线线路保护装置 RCS-942AU，发电时投入，抽水时退出；四站 110 kV 出线线路保护装置 RCS-942AU；主变压器差动保护装置 RCS-9671C、高压侧后备保护装置 RCS-9681C、低压侧后备保护装置 RCS-9681C 及主变压器瓦斯、压力释放等非电量保护装置 RCS-9671C；10 kV 线路、6 kV 出线保护装置 RCS-9611C；10 kV 变压器保护装置 RCS-9621C。

2022 年 4 月，变电所对部分保护装置进行升级改造，将原 10 kV 3 台线路保护装置更新为 PCS-9611C，原 2 台干式变压器保护装置更新为 PCS-9621C。

（四）集中控制调度监控系统

变电所内设置了全枢纽的调度监控中心，实现全枢纽的统一调度并将信息向上级传输。江都水利枢纽调度控制管理系统链接变电所、一站、二站、三站、四站、江都西闸、江都东闸和芒稻闸，构成江都水利枢纽工程监控网，为江都水利枢纽工程各站点实施调度、控制、管理提供平台，支持与已建江苏省防汛调度计算机网络系统互联，具备与南水北调东线工程调度运行管理网络系统互联的功能。

2013 年，调度监控中心新建集中监控系统，实现对核心工程区的 4 座泵站和江都东闸、江都西闸、芒稻闸等实现远程集中控制，对万福闸、太平闸、金湾闸、宜陵闸、宜北闸、邵仙闸、邵伯闸、运盐闸等实现远程集中监测，全处 16 座大中型工程实现了远程集中监视，并具备数据采集、运行监视、控制调节、资源共享等功能。

2014 年 12 月，作为对集中控制系统的补充，协助集控中心运行人员进行综合判断，调度监控中心建立视频监视系统，将全处工程站点的视频信息全部接入，并实时传送至省水利厅防汛办公室。

2015 年 12 月，为满足江都水利枢纽工程集中监控和调度管理长时间连续运用的要求，对调度中心集中监控屏进行了更新，拆除原有 67 英寸 2×3 DLP 大屏幕显示系统，新建 80 英寸 2×4 DLP 大屏幕显示系统，更新配套电视墙。

2021 年 10 月，拆除屏幕亮度明显降低的 DLP 大屏幕显示系统，新建监控 LED、LCD 主屏显示系统，监控 LED 屏体显示尺寸为 4 800 mm×2 720 mm，LCD 屏体为 16 块 55 寸 LCD 拼接屏，并建立海康威视 DS-B21-S10-A 视频综合平台。

（五）数据中心标准机房

2015 年，变电所三楼新建江都水利枢纽数据中心标准机房，面积约 77 m^2，其中主机房约 61 m^2，配电间约 16 m^2。数据中心机房设备主要由配电系统、UPS、精密空调、消防器材、10 台机柜及配套计算机组成，实现江都水利枢纽各类运行信息和工程管理信息统一存储、查询，同时建立实时和历史数据库，建设运行工程监控应用软件的云平台，实现通信平台网络化、枢纽信息数字化、信息共享标准化、高级应用一体化、多系统间联动化。

数据中心机房1号、2号机柜配置水文遥测服务器、遥测数据交换服务器、遥测数据采集服务器、防火墙等安全设备；3号机柜配置监控系统控制数据应用、发布服务器；4号机柜配置视频系统服务器、磁盘阵列；5号机柜配置机房控制设备KVM；6号机柜配置调度管理系统、工程管理系统、河湖管理系统服务器；7号机柜配置门户网站、办公自动化、档案管理系统服务器；8号机柜配置与厅视频会议系统、会商系统；9号机柜配置各运营商接入点（移动、电信、水利网、南水北调东线网）、防火墙等安全设备；10号机柜配置枢纽核心交换机、各工程站点接入光纤点及其跳线等。

数据中心机房安装有全处程控交换机，系统容量为800门，双CPU热备份。程控交换机系统支持传统配置方式和新的IP配置方式，提供最具拓展性、最先进的业务通信服务和应用，根据所使用不同的终端实现相应的通信功能。

第三章

配套工程

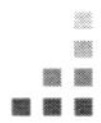

江都水利枢纽配套工程由江都西闸、江都东闸、江都送水闸、宜陵闸、宜陵北闸、芒稻闸、运盐闸、邵仙闸洞、土山坝涵洞①、宜陵地下涵洞10座涵闸，五里窑闸、三里窑闸、芒稻船闸、江都船闸②、邵仙套闸5座船闸和新通扬运河、高水河、三阳河等3条河道组成。

江都水利枢纽利用1958年开挖的新通扬运河作为向里下河地区自流引长江水灌溉的输水河道。为了兼顾防洪、灌溉、排涝、航运，1963年江都水利枢纽在新通扬运河河口以东500 m处建成了江都西闸，利用1958年建造的江都闸，作为引江水或排里下河涝水的控制工程；1978年，建成江都东闸、江都送水闸，拆除江都闸；1963年1月至1964年5月，开挖和利用归江河道芒稻河、运盐河及1953年开挖修建的邵仙河部分河段修筑成高水河，作为江都抽水站向北送水的输水干渠；在高水河与芒稻河、运盐河、邵仙河等交叉交汇处建造了配套控制工程，如1964年建造了高水河与芒稻河交叉控制工程——芒稻闸、芒稻船闸，1964年至1965年在高水河与运盐河、邵仙河的交汇处建造了运盐闸、邵仙闸洞，使北送的江水与邵伯湖分开，并用邵仙闸下部的涵洞引邵伯湖水入通扬运河；1999年，为解决高水河邵仙闸通航安全问题又修建了邵仙套闸；1963年至1965年为了解决通扬运河引淮河高水和新通扬运河引江、排涝低水的矛盾，建成了宜陵闸、五里窑闸、三里窑闸，1975年建成新通扬运河与三阳河交叉控制工程宜陵北闸。1980年建成了宜陵地下涵洞，从而完成了新通扬运河、通扬运河交叉控制工程。

这些工程的建成，使江都水利枢纽具备了防洪、灌溉、排涝、航运等综合功能。配套工程建成年代和基本情况见表3-1江都水利枢纽配套建筑物情况表。

江都船闸、邵伯闸③、邵伯船闸④等老工程受江都水利枢纽建设的影响，分别于1963年至1965年间进行了加固改造。

表3-1　江都水利枢纽配套建筑物情况表

名　称	闸顶高程（m）	闸底高程（m）	孔数	总净宽（m）	设计流量（m^3/s）	开、竣工日期	备注
江都西闸	9.0	−5.0	9	90	505	1963.6—1965.4	2006.2—2008.12除险加固后设计流量为950 m^3/s
江都东闸	6.0	−7.0	13	78	550	1977.11—1978.3	2005.7—2007.4除险加固
江都送水闸	10.0	2.0	3	18	300	1977.12—1978.10	
宜陵闸	6.0	−2.5	13	64	300	1963.3—1963.7	2011.5—2012.7除险加固
宜陵北闸	3.5	−5.0	7	42	300	1974.11—1975.9	2013.5—2015.7除险加固

① 土山坝涵洞于2015年10月完成封堵，2018年11月省水利厅同意该工程注销。

② 因省干线航道网调整，江都船闸于2013年6月完成封堵。

③ 邵伯闸虽不属于江都水利枢纽的配套工程，但属管理处管理，其维修养护工作一直由邵仙闸管理所负责，为查阅方便故在本章第一节最后作介绍。

④ 邵伯船闸自建成后就交由交通部门管理，也不属于江都水利枢纽配套工程，故本志不作介绍。

续表

<table>
<tr><th colspan="2">名　称</th><th>闸顶高程（m）</th><th>闸底高程（m）</th><th>孔数</th><th>总净宽（m）</th><th>设计流量（m^3/s）</th><th>开、竣工日期</th><th>备注</th></tr>
<tr><td colspan="2">芒稻闸</td><td>10.5</td><td>−1.0</td><td>7</td><td>70</td><td>830</td><td>1964.9—1965.7</td><td></td></tr>
<tr><td colspan="2">运盐闸</td><td>10.5</td><td>0.0</td><td>7</td><td>60</td><td>830</td><td>1965.9—1966.5</td><td>1999 年加固时改为 9 孔</td></tr>
<tr><td rowspan="2">邵仙闸洞</td><td>闸</td><td>10.5</td><td>1.0</td><td>4</td><td>52</td><td>300</td><td rowspan="2">1963.5—1964.5</td><td rowspan="2">1999 年新建邵仙套闸时邵仙洞改为 5 孔，流量改为 50 m^3/s</td></tr>
<tr><td>洞</td><td>0.5</td><td>−2.2</td><td>7</td><td>16.45</td><td>80</td></tr>
<tr><td colspan="2">土山坝涵洞</td><td>1.5</td><td>−1.5</td><td>3</td><td>9.0</td><td>80</td><td>1961.12—1962.11</td><td>2015.10 完成封堵，2018.11 省水利厅同意该工程注销</td></tr>
<tr><td colspan="2">宜陵地涵</td><td>1.67～2.17</td><td>−1.0～−1.5</td><td>3</td><td>10.5</td><td>40</td><td>1977.12—1978.5
1978.10—1980.5</td><td></td></tr>
<tr><td colspan="2">五里窑闸</td><td>6.0</td><td>−2.5</td><td></td><td>12.0</td><td>40～80</td><td>1963.6—1964.5</td><td></td></tr>
<tr><td colspan="2">三里窑闸</td><td>6.0</td><td>−2.5</td><td></td><td>12.0</td><td>40～80</td><td>1964.7—1966.1</td><td></td></tr>
<tr><td colspan="2">芒稻船闸</td><td>10.5</td><td>−3.0</td><td></td><td>12.0</td><td></td><td>1964.10—1966.4</td><td>2016.12 完成扩容改造</td></tr>
<tr><td colspan="2">江都船闸</td><td>7.5</td><td>−2.5</td><td></td><td>10.0</td><td></td><td>1952.9—1953.7</td><td>1965.9—1966.5（加固）
2013.6 完成封堵</td></tr>
<tr><td colspan="2">邵仙套闸</td><td>10.5</td><td></td><td></td><td>16.0</td><td>70</td><td>1998.11—1999.11</td><td>2016.7—2017.4（大修）</td></tr>
</table>

第一节　涵　闸

一、江都西闸

江都西闸位于江都区境内的新通扬运河河口，西距芒稻河 500 m，东距一站中心线 242 m。该闸 1963 年 6 月开工兴建，1964 年 6 月完成主体工程，1965 年 4 月竣工，同年 12 月管理处代管理。由于该闸在江都水利枢纽中的重要作用，被列为大型水闸，Ⅱ级建筑物。江都西闸主要作用为：抽水站抽引江水北送时，开闸引水提供水源；里下河地区需用水时，开启闸门自流引江水；抽水站抽排里下河涝水时，关闭闸门，隔断江水；三站发电时，江都东、西闸联合控制运用，配合发电；挡潮、控制下游水位；水情许可时，开闸通航。

随着南水北调东线一期工程的建成，江都西闸已成为南水北调东线工程的第一座控制工程。

（一）规划设计

在江都水利枢纽规划上，新通扬运河负担排里下河涝水 400 m^3/s，由于江都抽水站抽排时需隔断通江的芒稻河，因此，在新通扬运河上建江都西闸控制水流，江都西闸还是自流引江和抽引江水的供水口门。

江都西闸由省水利勘测设计院设计，水电部批准建设。设计要求是：稳定按闸上遇淮河千年一遇洪水位及千年一遇高潮位相遇、闸下里下河排涝抽至低水位设计；消能正向按闸上遇千年一遇高潮、闸下抽排里下河涝水到低水位后，江都抽水站抽水向北补水 200 m^3/s 设计。

江都西闸原设计引江流量 505 m^3/s，而随着里下河地区需水量的不断增加，江都东闸在 1978 年建成时，设计流量达到 550 m^3/s，加上江都抽水站 400 m^3/s 的设计流量，由此，江都西闸总设计流量需达到 950 m^3/s，该流量也是南水北调东线工程江都站调水规划设计中该闸的引水标准。

江都西闸闸总长 103.05 m，总宽 106.27 m，共 9 孔，每孔净宽 10.0 m，南首一孔为通航孔。闸门为弧形钢闸门，设有胸墙。通航孔设有钢质活动胸墙，闸门启闭设备为卷扬式启闭机。

（二）工程施工

1963 年，省江都水利枢纽工程处成立。江都西闸由于靠近工程处，因此未成立工务所，由工程处直接领导组织施工，民工由扬州专区泰兴、靖江两县成立总队部，在工地党委统一领导下进行施工，工程的建筑安装部分由省水利厅基本建设工程队承建。工程经营方式，由省水利厅基本建设工程队承包，土方部分由工程处自营。工程征用土地、房屋拆迁赔偿安置工作，统一由工程处及江都县共同组成的省江都水利枢纽工程拆迁赔偿安置委员会负责办理。江都西闸位于新通扬运河老河槽内，实际征用土地 6.4 hm^2，占用土地 6.5 hm^2，无房屋拆迁。

江都西闸是江都抽水站引江灌溉及排涝作用的咽喉建筑物，建筑在新通扬运河的河槽上，为及时配合一站、二站发挥作用，只能在 1963 年汛后开工，要求在 1964 年汛前完成。1963 年 6 月工程开工筑拦河坝头后一直留有过水口门，至 1963 年 8 月初封堵拦河坝口配合一站排涝。从拦河坝筑成到闸门安装，直至 1964 年 6 月拆坝放水，总工期 9 个多月。江都西闸地基内极细砂层分布不均，施工中按设计要求，所有闸底板及岸翼墙底板部位极细砂全部清除，挖到壤土层，换填混凝土，再在上面浇筑底板。整个施工过程中，根据施工情况开展技术革新，在使用一站施工中创新的电动拉坡机带动铁架胶轮车，加快施工进度的同时，又根据电动拉坡机脱钩来不及挂钩卡到变向滑轮里去的情况，加装了自动脱钩器，并进行电动拉坡机定额的测定。江都西闸翼墙内还土时，试用皮带输送机，为以后的施工探索了经验。江都西闸工程总物资约 20 万 t，物料供应按当时规定，统配物资通过中央订货，直线下达，大宗砂石材料，由省水利厅组织货源。江都西闸建设过程中，国家经济形势好转，物资供应正常。与江都西闸同时施工的还有二站，施工中需要大量的技术工人，当时的技术力量不能满足 2 个工程同时施工。因此采取以普代技，大量培养普工的办法，由民工总队选调人员，分别充实到瓦工、水泥工、石工、木工基层分队小组，采用业余时间上技术课、现场进行技术练兵的方法，壮大了施工队伍的技术力量，此举在江都西闸建设中发挥了巨大的作用。

闸门金属构件由省水利厅基本建设工程队加工，铸钢支座、铰链先由镇江矿山机械厂浇铸，由于质量未全部过关，后改由戚墅堰机车厂浇铸，在扬州水利机械厂及镇江造船厂两处分别进行加工。15 t 启闭机为上海重型机械厂生产，45 t 启闭机由郑州水工机械厂生产。闸门及启闭机安装由省水利厅基本建设工程队安装队承担。

江都西闸共完成土方 110 万 m^3，其中闸塘开挖土方 44 万 m^3，引河土方 34 万 m^3，闸塘开挖结合打坝土方 2 万 m^3，施工围堰土方 7.5 万 m^3，围堰水下土方 3.6 万 m^3。混凝土和钢筋混凝土工程 2.2 万 m^3。砌石 2.03 万 m^3，其中浆砌石 5 687 m^3，干砌石 8 534 m^3，抛石 6 078 m^3。工程造价 620.71 万元。

1964 年 1 月 17 日 6 号公路桥大梁在浇筑混凝土时，因脚手架支撑不牢而坍塌，造成 9 人死亡，21 人受伤。

1964 年 6 月 11 日，开坝放水，因需自流引江，闸门全开，致使放水当晚，上游北岸块石护坡以西的引河土坡发生淘刷坍塌，涨潮时情况更为严重，靠近上游坝处亦发生坍塌。岸坡经抢护才基本稳定。此次抢险共用抢险物资块石 1 958 t、卵石 250 t、大柴 70 t、草包 2 700 只。

（三）除险加固

多年来，江都西闸由于长期处于超标准运行之中，历史最大引水量达 1 478 m^3/s（1982 年 5 月 26 日，其中自流引江水入里下河 1 070 m^3/s，抽引江水北送 408 m^3/s），加之工程具有闸孔流量大、挡水落差大、地基条件差、调度工况多的特点，运行多年出现不少问题和隐患，进行了多次加固处理。

1. 消能防冲设施加固

自江都四站建成后，该闸自流引江水和抽水时，过闸流量远超过设计标准，加上闸上、下游引河系粉质砂土，不冲流速小，上、下游引河河床冲刷严重。汛期日平均流量约 1 000 m^3/s。1978 年大旱，6 月 22 日过闸最大流量达 1 340 m^3/s，上游距闸约 400 m 最深达高程 −15.5 m，闸下游防冲槽因河床冲刷倒坍，一般冲深到高程 −6.6 m，干砌块石海漫局部被冲刷破坏。1979 年下半年至 1980 年汛前对闸下干砌块石护坦进行修复，对闸下干砌海漫进行整理、修复、平整，灌砌成间距 1 m 的井字形格子，灌砌面宽 40 cm，以增加防冲能力；防冲槽坍塌处采用抛石处理方法并向外延伸 2 m，还在上、下游防冲槽外采用聚丙乙烯软体沉排防护，聚丙乙烯软体沉排 24 150 m^2，其中下游软体沉排顺水流方向长 50 m，宽 110 m；上游护坦处铺有聚丙乙烯软体沉排 2 块，其中近闸的一块顺水流方向长 20 m，宽 110 m，另一块顺水流方向长 90 m，宽 100 m；上游北岸护坡距上游翼墙末端 80 m 始至 210 m 止，高程从 0 m 向下顺坡铺有 3 块软体沉排，宽 70 m。1980 年 10 月，省水利勘测设计院复核确定江都西闸的日平均流量 700 m^3/s，瞬时流量不超过 1 000 m^3/s。聚丙乙烯软体沉排防护使用 7 年后检查，虽过闸流量超设计流量约 2 倍（1982 年 5 月 26 日，瞬时最大流量曾达 1 478 m^3/s），但排体稳定覆盖基本良好，闸上游排面淤积厚度 30～40 cm，闸下游亦停止冲刷。

1994 年 6 月，苏北旱情严重，江都抽水站抽引江水北送，新通扬运河自流引江，

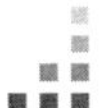

江都西闸按日平均流量 700 m^3/s 以内、瞬时流量不超过 1 000 m^3/s 控制。同年 8 月份旱情仍无缓解迹象，省水利厅决定江都西闸引水流量加大到日平均 800 m^3/s，瞬时流量不超过 1 000 m^3/s，并决定对江都西闸上游北岸易冲段进行抛石抢护。1994 年 8 月 15 日下午开始抛石，1994 年 9 月 2 日上午抛石工程全部完成。抛石范围从 0+240 至 0+450 m 断面，长 210 m，护脚段抛石宽度 10 m，厚度为 1.0～1.5 m，护坡段宽度 15～25 m，厚度约为 0.5～0.6 m，共抛石 11 244.5 t。1999 年 11 月至 2000 年 4 月，上游干砌块石护坡翻砌成浆砌块石护坡，其中左岸长 450 m，右岸长 630 m，并新建挡浪墙。

2. 下游翼墙抗倾及截渗加固

江都西闸上、下游第一节翼墙为钢筋混凝土扶壁式，基础坐落在重粉质壤土上，第二节、第三节翼墙均为浆砌块石重力式结构，基础坐落在粉砂土上，翼墙墙后填土均为粉砂土。1980 年下游左翼墙第二节查出在高程 3.5 m 处有一条水平裂缝，后发展成通缝，第二节、第三节翼墙出现不等沉陷、前倾变形。1991 年 7 月 27 日至 29 日，三江营高潮水位高于 5.0 m，最高水位为 5.85 m，相应闸下抽排水位为 1.6～1.8 m，下游翼墙后最高水位 4.0 m，致使该闸长时间处于高水位差工况下运行，最高达 4.25 m，下游翼墙墙前后水位差最大达 2.4 m，从而导致下游左翼墙存在渗漏途径的第二节及第二节、第三节交接处发生渗漏、流砂现象。因此，在 1991 至 1992 年对下游翼墙实施了加固处理，具体措施如下：①左下翼墙墙前（冒砂处）用土工布做了反滤导渗棱体；②左下翼墙后新钻三口减压井；③在左右岸墙侧用高压摆喷法各筑 45 m 长防渗刺墙一道；④在下游两侧顺河向用高压摆喷法各筑防渗墙一道；⑤在第二节翼墙前趾处灌水泥浆固基；⑥第二节、第三节翼墙水平裂缝以下墙体拆除重建；⑦第二节翼墙墙体埋设排水管及滤水器；⑧翼墙间伸缩缝及第三节翼墙垂直裂缝用水溶性聚氨酯堵漏处理；⑨下游翼墙末段 20 m 范围内砌石护坡翻建；⑩第二节翼墙后挖土减载，回填煤渣，表面做水泥护面等。

3. 堤防达标加固

1997 年，根据省水利厅对江海堤防达标建设的要求，对江都西闸堤防工程存在的问题，依据有关防洪堤防设计标准，江都西闸堤防实施达标加固，工程由处设计室设计，经频率分析计算及受益范围分析，江都西闸上游堤顶高程经省水利厅批准，确定为 8.20 m。堤防加固范围：左岸 0+030～0+480 m 段，右岸 0+030～0+605 m 段；左岸护坡自高程 0.0 m 至坡顶 7.4 m，右岸护坡自高程 3.0 m 至 8.2 m；左岸建挡浪墙至 8.2 m，护坡采用 100 号翻砌灌浆，厚 30 cm，新建护坡下设碎石垫层 10 cm。

江都西闸上游堤防达标加固工程 1999 年 12 月 20 日开工，2000 年 4 月 30 日主体工程基本完成，共完成土方 6 907 m^3、混凝土 382 m^3、浆砌块石 7 872 m^3，堤防加固总长 1 055 m，共使用经费 300.22 万元。

4. 上游引河切滩整治工程

江都西闸上游引河为 1958 年开挖的新通扬运河河口段，它与芒稻河成 90°的交角，建闸时上游引河工程段以外，河底宽 40 m，河底高程-4 m。随着引水流量的增加，上游北岸冲刷严重，深泓偏北，最深处曾达高程-15.3 m，1979 年初，江都西闸上游右岸距闸 130 m 至芒稻河口，高程 1.0 m 以上，以半径 450 m 切滩，切滩长度 300 m。高程-0.5 m 至 9 m 砌有干砌块石护坡，坡比 1∶3。护坡向外滩地挖至高程 1.0 m，退建后新通扬运河与芒稻河的交角为 120°～125°，水流流态有了初步改善，但切滩退建后留下的滩地仍使主流偏北，北岸冲刷问题仍未解决。同时，长江低潮位时引水断面过小，引水流量减小，流速加大，影响工程安全和效益的发挥。1997 年处设计室作出上游引河切滩整治工程可行性研究报告，2000 年 12 月 28 日省水利厅批准，2001 年 3 月省水利勘测设计院作初步设计，2001 年 6 月省水利厅批准设计。工程主要有：南岸滩地以坡比 1∶3 向下疏浚至-5.0 m；清除北岸阻水的老扒扒桥闸旧基；对北岸易冲刷的部位进行抛石防护。工程于 2001 年 10 月 31 日开工，2001 年 11 月 7 日至 2002 年 3 月 25 日，完成江都西闸上游引河南岸淤滩切除工程；2002 年 1 月 26 日至 2002 年 3 月 6 日，完成老扒扒桥闸旧基拆除及抛石护底工程；2002 年 1 月 16 日至 2002 年 3 月 18 日，完成江都西闸上游引河北岸抛石防护工程；2003 年 1 月 23 日竣工验收。江都西闸上游切滩整治工程完成土方 26 万 m^3，抛石护岸 12 470 m^3，老扒扒桥抛石护底 2 000 m^3，闸基清除 3 200 m^3。工程总投资 526.8 万元。

5. 江都西闸除险加固工程

根据水利部《关于南水北调东线第一期工程长江至骆马湖段（2003）年度工程江都站改造工程、淮安四站工程、淮安四站输水河道工程、淮阴三站工程初步设计的批复》（水总〔2005〕350 号），江都西闸按设计流量 950 m^3/s 进行除险加固，主要内容见表 3-2，加固工程由省水利勘测设计研究院有限公司设计，土建施工由省水利建设工程有限公司完成，闸门启闭机制作安装由省水利建设工程有限公司完成，电气设备安装由江都闸完成，自动化设计、施工由省引江水利水电设计研究院完成，投资概算 1 837.74 万元。江都西闸除险加固工程于 2006 年 2 月 28 日开工，2006 年 10 月 3 日完成工作桥排架抗震加固，2006 年 11 月 21 日完成公路桥工程，2006 年 11 月 27 日完成工作桥改造，2006 年 12 月 2 日完成工作便桥工程，2006 年 12 月 30 日完成启闭机房、桥头堡工程。2007 年 4 月 1 日完成混凝土表面防护，2007 年 4 月 20 日完成门槽埋件制作与安装、启闭机设备制作与安装，2007 年 4 月 29 日完成翼墙加固工程，2007 年 5 月 10 日完成弧形闸门制作与安装，2008 年 4 月 20 日完成下游消能防冲。2008 年 12 月 9 日通过试运行验收，2008 年 12 月 29 日通过单位工程验收，2012 年 12 月 25 日通过合同项目验收。

表 3-2　江都西闸除险加固工程主要项目一览表

序号	项目名称	施工内容	备注
一	建筑物工程		
1	土方工程	翼墙后土方开挖，防冲槽水下挖方	

续表

序号	项目名称	施工内容	备注
2	拆除工程	拆除原钢闸门、启闭机、公路桥、南北两侧桥头堡	
3	砌石工程		
(1)	浆砌石挡土墙	高程 1.5～5.5 m 采用浆砌石挡墙，顶部宽 0.55 m、厚 0.30 m 的混凝土盖顶；中部为 10 m 浆砌块石；底部为宽 4.4 m、厚 0.6 m 的混凝土底板，基础埋深 1.2 m	
(2)	浆砌块石护坡	高程 5.5～9.0 m 采用浆砌块石护坡，面层为 0.3 m 厚浆砌块石，下垫 0.1 m 碎石、0.05 m 黄砂及土工布，底部为 0.6 m× 0.8 m 混凝土齿坎，水平方向每 20 m 设一道 0.4 m×0.6 m 混凝土格埂	
(3)	下游防冲槽水下抛石	距西闸下游底板边线 103 m 处，防冲槽面高程 -7.0 m 过渡到 -8.0 m，底高程 -10.5 m。防冲槽结构软体沉排抛石，沉排采用宽幅复合（加筋）增强土工布 380 g/m^2，沉排上铺石平均厚度 30 cm，抛石平均块石粒径不小于 30 cm	
4	混凝土工程		
(1)	公路桥重建	新建 9 m 宽公路桥，标准为公路Ⅱ级	
(2)	上游闸墩接高	从高程 3.0 m 接高到高程 8.0 m	
(3)	工作便桥加宽	在上游闸墩接高的基础上，便桥加宽 2.5 m	
(4)	排架加固	在两排架柱之间浇筑 2 m 高的钢筋混凝土墙体，将排架和闸墩连成整体	
(5)	工作桥改造	凿除桥磨耗层、工作桥边缘、机墩，现浇混凝土机墩、启闭机房排架柱及大梁	
(6)	新建启闭机房及桥头堡	新建启闭机房 638 m^2，桥头堡拆除重建 403 m^2。对原办公楼进行维修改造	
(7)	翼墙加固	墙后水泥桩搅拌加固，铺土工布一层，上铺种植土 50 cm	
(8)	混凝土表面碳化处理	胸墙、工作桥排架、工作桥大梁、便桥大梁、闸墩上游高程 3.0 m 下游高程 0.0 m 以上用环氧厚浆防护	
二	机电设备及安装工程		
1	电气设备及安装		
(1)	电气设备	更新电气设备：配置高压开关柜 1 台、高压负荷开关柜 1 台、干式变压器 1 台、低压开关柜 3 台、现场控制箱 5 台、柴油发电机组 1 套、防雷接地 1 套、各式灯具 64 套	
(2)	电力电缆	布设电缆桥架 130 m，各式电线电缆 2 500 m	
(3)	控制电缆	更新控制电缆	
2	公用设备及安装工程		
(1)	计算机监控系统	控制室微机工作台 1 套、监控计算机 2 台、闸门开度仪 9 台。上下游水位计各 1 台，PLC 柜 1 台及相关的软件程序（操作系统、数据库软件等）	
(2)	计算机监视系统	视频主机 1 台、网络交换机 1 台、不间断电源 1 套、彩色摄像机 16 台	

续表

序号	项目名称	施工内容	备注
（3）	消防设备	增设消防设备	
三	金属设备及安装工程		
1	闸门设备及安装	对门槽进行改造，安装轨道，更换钢闸门	
2	启闭设备及安装	拆除旧启闭机，安装新启闭机	
四	其他项目		
1	增设检修门	增设检修门、电动葫芦及轨道	

（四）工程维修

1. 排架、工作桥底部等混凝土防碳化施工

江都西闸2008年加固改造时受经费限制，仅对排架进行了局部防碳化处理，其他部位混凝土碳化严重，主要构件碳化深度已接近甚至超过混凝土保护层厚度，局部主筋锈蚀，表层混凝土胀裂，结构强度降低，影响安全运行。2015年，省水利厅、省财政厅以苏财农〔2015〕88号文批准，管理处以苏水江管〔2015〕16号文下达“江都西闸排架、工作桥底部等部位混凝土防碳化工程”项目经费45万元，工程由省水利建设工程有限公司中标承担施工任务。主要工作量：混凝土表面处理5 984.57 m^2，混凝土表面喷涂真石漆676.99 m^2，混凝土表面刷涂环氧涂料5 307.58 m^2。工程于2015年6月4日开工，2015年7月14日完工，2015年7月27日工程通过竣工验收。

2. 自动化及视频监控系统改造

江都西闸自动化监控系统运行日久，设备型号陈旧，监控主机功能老化，影响安全运行，系统硬件及软件与江都枢纽调度管理系统不兼容，无法实现站点的远程监控和集中调度。2018年，省水利厅、省财政厅以苏财农〔2018〕3号文批准，管理处以苏水江管〔2018〕5号文下达“江都西闸自动化及视频监控系统升级改造工程”项目经费45万元。其内容包括：对部分陈旧设备进行更换，安装NEFC容错服务器1台，监控开发软件1套，不间断电源1套，86英寸液晶监视器1台，闸位计主板及闸位仪9套；各类网络摄像机18台，网络高清视频主机1台，视频客户端控制主机1台。工程于2018年7月15日开工，2018年9月20日工程完工，2018年10月8日通过竣工验收。

3. 江都抽水站引水口门增设拦污设施

江都四座抽水站引江水口门未设置专用清污设备，仅在抽水站下游进水侧设有一道拦污栅，用于拦截进水池漂浮物。为提高泵站机组安全运行能力，方便漂浮物清捞，2021年，省水利厅、省财政厅以苏财农〔2021〕35号文批准，管理处以苏水江管〔2021〕15号文下达“江都抽水站引水口门增设拦污设施工程”项目经费150万元，在江都抽水站引水口门即江都西闸进水侧利用原检修门槽增设拦污设施，并采购清漂船1艘。该项目分成拦污栅钢结构制作安装和清漂船采购两部分，苏州飞驰环保

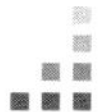

科技股份有限公司中标清漂船采购，省水利机械制造有限公司中标拦污栅钢结构制作安装施工任务。利用江都西闸进水侧检修门槽作为拦污栅栅槽，拦污栅设计运行最低水位为-0.5 m，1～8 号孔拦污栅设计高度 4.0 m，分为两段，每段高度 2.0 m，每孔拦污栅重 5.7 t。9 号孔是通航孔，分为上部拦污栅和下部拦污栅，上部拦污栅重 3.5 t，设计高度 3.0 m，分为两段，每段高度 1.5 m。下部拦污栅重 5.9 t，设计高度 4.0 m，分为两段，每段高度 2.0 m。拦污栅采用卸扣连接的吊杆悬挂在预埋门槽工字钢吊耳上。更换原 2 台 2 t 电动葫芦为 2 台 5 t 电动葫芦。清漂船命名为“江都清源 1 号”，型号为 FCQM8-6B，采用卧舱式驱动，对漂浮垃圾的聚拢、打捞、滤水、卸载全部自动化执行，工作效率高。工程于 2021 年 11 月 17 日开工，2021 年 12 月 27 日工程完工并通过竣工验收。

4. 水下钢丝绳更换及顶止水维修

江都西闸常年运行，闸门启闭非常频繁，水下钢丝绳磨损、锈蚀严重，局部有断丝现象，闸门顶止水出现破损。2021 年，省水利厅、省财政厅以苏财农〔2021〕102 号文提前批准，管理处以苏水江管〔2022〕1 号文下达“江都西闸水下钢丝绳更换及顶止水维修工程”项目经费 40 万元，工程主要工作量包括水下钢丝绳更换、顶止水维修和闸门防腐三部分，由省水利机械制造有限公司中标承担施工任务。完成工程量：① 西闸 1 号～8 号节制孔水下同型钢丝绳更换 135 m，9 号通航孔同型钢丝绳更换 64 m；② 9 孔闸门顶止水更换；③ 9 孔闸门防腐处理 5 805 m^2。工程于 2022 年 3 月 10 日开工，2022 年 4 月 28 日工程完工，2022 年 5 月 22 日通过竣工验收。

5. 供电线路改造

2014 年，省水利厅、省财政厅以苏财农〔2014〕78 号文批准，管理处以苏水江管〔2014〕25 号文下达“江都西闸供电线路及部分照明设施改造工程”项目经费 76 万元，工程由省水利建设工程有限公司中标施工，其内容包括：将原 SC10-315/10 干式变压器更换为 SCB10-500/10 干式变压器；更换高压进线柜、计量柜、照明箱、部分电缆桥架及元器件；更新工作桥、交通桥、管理所内部路灯等。2014 年 6 月进行电气设计，7 月完成招投标工作，8 月 12 日开工，2014 年 11 月 5 日工程完工，2014 年 12 月 12 日通过竣工验收。2021 年，省水利厅、省财政厅以苏财农〔2021〕102 号文提前批准，管理处以苏水江管〔2022〕1 号文下达“江都西闸、芒稻闸动力线路及芒稻闸配电房改造工程”项目经费 40 万元，主要内容包括：10 kV 架空线及混凝土杆拆除；YJV_{22}-3×95/10 高压电缆敷设、安装、电气试验。高邮新凯成建设工程有限公司和扬州永茂电力建设有限公司分别中标承担电缆敷设和架空线拆除、电缆安装施工任务。工程于 2022 年 4 月 22 日开工，2022 年 5 月 31 日工程完工，2022 年 6 月 23 日通过竣工验收。

6. 备用柴油发电机组更换

江都西闸柴油发电机组型号为 75GF，于 2008 年 1 月投入运行，属老型号淘汰产品。2021 年，省水利厅、省财政厅以苏财农〔2021〕102 号文提前批准，管理处以苏水江管〔2022〕1号文下达“江都西闸、芒稻闸柴油发电机更换及芒稻闸发电机房改造工程”项目经费25万元，采购、安装XH2C-80GF型柴油发电机组1台。

二、江都东闸

江都东闸位于江都区境内，新通扬运河上，距江都西闸1.5 km，距四站中心线430 m，该工程与江都西闸一起构成江都抽水站抽、排水的东、西控制口门。1958年新通扬运河开挖时，建造江都闸①，设计引水流量290 m^3/s。后为提高引江能力，1977年11月江都东闸开工兴建，1978年3月工程竣工验收。1979年冬江都闸拆除。江都东闸设计流量550 m^3/s，为Ⅳ级建筑物。主要作用为当里下河地区需水时，开闸自流引江水；当江都抽水站开机排涝时，开闸排里下河涝水。

（一）规划设计

江都东闸原规划是为解决里下河地区和滨海垦区的水源短缺问题，利用新通扬运河专线输水，高潮时自引江水，低潮而自流引江水困难时，关闸利用江都抽水站余力，抽江水经江都送水闸入新通扬运河补给里下河和垦区用水，或淮河有余水时，经江都送水闸入新通扬运河。原规划兴建江都送水闸要保留江都闸。按照南水北调规划，引江水由250 m^3/s扩大到550 m^3/s，需拆旧闸建新闸，因此，拆除江都闸，建江都东闸。实际运用中，江都东闸与江都西闸一起为自流引江水的控制工程。

江都东闸由省水利工程总队设计，1977年10月，省治淮指挥部、省革命委员会批准。

江都东闸闸总长120 m，总宽91.2 m，共13孔，其中南侧边孔已在1995年改造为通航孔。上扉门为钢筋混凝土平面直升门，下扉门原为钢筋混凝土平面直升门，1991年改造为钢结构闸门，设有胸墙，通航孔为活动胸墙。闸底板共分6块，两侧岸墙各挑出半块，底板高程-7.0 m，上下游设消能设施。公路桥布置在上游侧，工作便桥布置在下游侧，在便桥与公路桥中间为工作桥。左右采用空箱式岸墙。上游翼墙采用圆弧形式，其中第一节、第二节翼墙为圆弧连拱空箱结构，第三节为重力式结构。下游翼墙采用八字形斜坡式连拱挡土墙。

---

① 江都闸位于离芒稻河口约2 000 m的新通扬运河上，1958年12月开工兴建，1959年8月底竣工，1979年冬拓宽新通扬运河时拆除。设计流量引水290 m^3/s，排涝1 490 m^3/s。主要作用是自流引江，灌溉里下河及沿海垦区120万 hm^2 农田；江都抽水站开机排涝时，开闸引排里下河地区涝水。

江都闸经1958年水利会议通过列入计划并上报，它与泰州引江河引江闸为第一期引江济淮枢纽工程的重要组成部分，规划时以泰州引江河为主，通扬运河为辅，集中引取江水，以灌溉里下河腹地及滨海地区。

江都闸扩大初步设计由省水利厅勘测设计院设计。江都闸闸总宽71.7 m，共10孔，每孔净宽6 m。分5块底板，设有胸墙、公路桥、工作桥、工作便桥，闸底板上、下游布置有消力塘、海漫和防冲槽，闸身两侧布置有重力式浆砌块石岸墙、翼墙及干砌块石护坡，在两侧岸墙部位附设有水力发电设备，发电能力88 kW。闸门采用钢架木面板结构平面直升门，设有平衡铊。

1958年12月初正式开挖江都闸闸塘，至1959年8月底闸门、启闭机安装工程基本完工。工程总投资257.64万元。闸身工程的主要工程数量：土方29万 m^3，浆砌块石7 218 m^3，干砌块石3 726 m^3，混凝土12 654 m^3，闸门钢材152 t。

（二）工程施工

江都东闸由扬州地区水利局组成的江都四站配套工程处负责施工，建筑物工程由省水建总队一队负责，土方工程及建筑物工程所使用的杂工由姜堰、兴化治淮工程团配合施工。1977 年 11 月 1 日上、下游拦河坝开始构筑，至 1977 年 11 月 13 日完成。1977 年 12 月 7 日闸塘土方第一期开挖任务基本完成。1977 年 12 月 9 日混凝土开始浇筑，至 1978 年 1 月下旬完成闸墩、岸墙及工作桥架的浇筑，1978 年 3 月 4 日完成主要大型预制构件的预制、吊装。1978 年 3 月 20 日前完成启闭机安装及试运转工作。1978 年 3 月 25 日省水利局、扬州地区水利局会同有关单位进行竣工验收，1978 年 4 月 5 日拆坝放水。

江都东闸工程总投资 429. 8 万元，其中回收 13. 51 万元，工程造价 416. 29 万元（不包括土方经费）。工程中完成土方 60. 17 万 m^3、浆砌块石 867 m^3、干砌块石 3 265 m^3、灌砌块石 3 196 m^3、混凝土及钢筋混凝土 17 086 m^3；耗用水泥 6 290 t、黄砂 20 267 t、钢筋 354 t、型钢 180. 3 t、块石 14 374 t、碎石 31 804 t、木材 1 372 m^3。

（三）加固改造

1. 下扉门更新改造

江都东闸下扉门因梁格和面板出现大量裂缝，影响安全运行。1990 年下扉门更新改造由管理处设计室设计，省水利厅批准，其中项目内容有更换 13 孔下扉门为钢闸门、工作桥加宽 0. 8 m 及增设一座检修门库等，总经费 105. 6 万元。工程于 1990 年 8 月 27 日开工，1991 年 12 月 31 日主体工程结束，1992 年 6 月底扫尾工程结束，1992 年 10 月 5 日验收。原设计开闸水位差 1. 0 m，关闸水位差 0. 5 m，实际操作中水位差超过 0. 3 m，闸门就不能关闭。加固设计改善了滑动装置，用不锈钢作滑道，尼龙块作滑块。加固后的启门、闭门水位差分别由原来的 1. 0 m、0. 3 m 提高到 1. 5 m、0. 5 m。

2. 东、西闸通航改造

多年来，由长江前往里下河腹地的船舶需经芒稻船闸向北绕道。江都水利枢纽位于新通扬运河的河口，其中江都西闸设有通航孔，而江都东闸未设通航孔，因此只需在江都东闸将一孔节制孔改造为通航孔即可实现通航，节省船舶过闸费用。1995 年由管理处设计室设计，省水利厅批准，江都东、西闸进行通航改造。改造内容为：将江都东闸南侧第 13 号孔改造为通航孔，更换上下扉门为平面钢闸门，上扉门顶高程 4. 5 m，底高程 1. 3 m，下扉门顶高程 1. 5 m，底高程-1. 6 m，高程-1. 6 m 以下设置浮式叠梁钢闸门 7 块及钢筋混凝土压重块一块，在水位流量允许的条件下实行通航，大流量引、排水时停航，并将浮式叠梁闸门吊出增大过流。改造工程于 1995 年 6 月开工，同年 11 月竣工。1996 年 1 月江都东、西闸开始正式通航。

3. 清污机工程

根据水利部《关于南水北调东线第一期工程长江至骆马湖段（2003）年度工程江都站改造工程、淮安四站工程、淮安四站输水河道工程、淮阴三站工程初步设计的批复》（水总〔2005〕350 号），江都东闸清污机工程于 2006 年 12 月 31 日江苏水源公司以苏水源工〔2006〕150号文明确清污机桥及清污设备由江都东闸除险加固工程建设处建设管理，建设处与江都东闸除险加固工程建设处签订委托合同。东闸下游清污机桥及清污机安装于2006年3月3日开工，完工日期为2007年6月1日；12台回转式清污设备制造(采购)于2005年10月15日开工，完工日期为2007年4月27日；电气设备采购与安装工程于2006年12月18日开工，完工日期为2007年5月20日。2009年11月10日清污机工程通过试运行验收，2010年10月11日通过江都东闸除险加固清污机工程单位工程验收。2012年2月25日通过江都站合同项目验收。

4. 除险加固工程

江都东闸除险加固工程于2005年7月22日正式开工，2006年8月1日进行水下工程阶段验收，至2007年4月20日，批准项目基本实施完毕，主要工程项目全部完工。江都东闸除险加固工程项目内容详见表3-3。

表3-3　江都东闸除险加固工程项目内容表

序号	工程项目	工程内容	备注
一	建筑物工程		
1	闸身抗震加固	在下扉门位置的底板上增设混凝土底槛，双号孔闸室增设两道50 cm×80 cm C25混凝土撑梁	
2	闸墩及排架加固	13孔门槽旧混凝土凿除、凿毛，打锚固孔，安放药卷锚固剂，制造、安装钢筋，浇筑混凝土 原设计排架6.0～9.3 m，每边10 cm，钢筋全部剥离，再打锚筋孔浇筑混凝土。接高至高程11.5 m	排架加固经省水利厅同意变更为高程6.0 m以上混凝土全部凿除，浇筑C25混凝土至高程11.5 m
3	公路桥及工作桥拆除重建	拆除原公路桥，新建公路桥荷载标准为公路Ⅱ级，桥宽9 m，单号孔简支T形梁预制安装，双号孔现浇T形梁板结构，固支于闸墩 拆除原工作桥，新建工作桥为π形结构，桥面总宽5.1 m	
4	闸墩混凝土碳化处理	对闸墩及排架用高压水冲洗，表面清理、修补。闸墩环氧厚浆二度防护，排架环氧厚浆一度、喷真石漆一度和保护膜一遍，真石漆采用高压无气喷涂工艺涂装	
5	增建工作桥上启闭机房并改建桥头堡	启闭机房、桥头堡为框架结构，面积999 m^2（其中桥头堡407 m^2），门窗采用塑钢结构	
6	新建管理设施及配套工程	新建管理用房1 600 m^2，防汛仓库等300 m^2	
二	机电设备及安装工程		
1	电气设备更新改造	电气设备。对动力、照明系统进行全面更新改造，配置250 kVA干式变压器1台，高压柜1台，现场控制箱7台、低压开关柜4台、PLC柜1台、布设电缆桥架和各式电缆，增加柴油发电机组1套，防雷接地安装等 自动控制系统。增加工控机1套、视频主机1套、液晶电视机2台、打印机1台、水位计及显示仪各2套，闸位计13套 视频监控系统。视频监控系统摄像机包括13台彩色定点摄像机，分别安装在13孔工作桥下面，3台球型一体化彩色摄像机安装在北桥头堡三楼上下游、启闭机房内	

续表

序号	工程项目	工程内容	备注
三	金属结构设备及安装工程		
1	闸门及启闭机更新改造	下扉门钢闸门。新制钢闸门计13扇，更换闸门埋件；闸门及埋件喷锌防腐。每扇重17.4 t 上扉门钢闸门。由原12孔下扉钢闸门清洗、改造而成，每扇重8.84 t，13号孔上扉门为新制作钢闸门，每扇重9.22 t 启闭机。新制13套QP-2×160 kN-9.5 m固定式卷扬启闭机，上扉门用2台2×100 kN电动葫芦启闭 拆除工程。包括原工作桥及启闭机、胸墙、下游便桥、检修门电动葫芦及轨道、上下扉门、通航孔下扉门底槛、桥头堡等项目拆除	
四	临时工程		
1	临时工程	施工导流、截流工程。新制44块浮箱叠梁检修门，在上下游吊放检修门，潜水堵漏 其他临时工程。主要为施工单位进退场、施工供电、供水、照明、通信、临时办公及生活福利房屋、施工期环境保护设施等	
五	其他项目		
1	其　他	两侧岸墙盖板拆建	
2	概算项目调整	装饰工程。启闭机房、桥头堡及防汛仓库外墙贴通体面砖，内墙刷乳胶漆，地面贴地砖 整修工程。包括通航设施、道路恢复及翼墙环境整治等	

5. 清污机启吊便桥工程

2006年至2007年，江都东闸下游新建了12台回转式清污机。2007年8月，省水利厅以《关于江都东闸下游清污机启吊便桥工程初步设计和概算的批复》(苏水建〔2007〕33号文)，同意在清污机外侧布置钢筋混凝土便桥一座，批复工程概算经费651.79万元。

启吊便桥及引桥总长173.2 m，桥面宽度根据启闭机布置要求定为4.0 m，为满足清污机启闭及通航要求，桥面高度定为6.65 m。全桥共分20跨，中间12跨，每跨长7.1 m；南北引桥各4跨，除南侧通航孔跨长18 m外，其余跨长均为10 m。桥面布置卷扬式启闭机12台套，配套电机功率7.5 kW，对应闸上清污机一栅一机。

清污机启吊便桥工程2007年11月开工，完工期为2008年8月。

(四) 工程维修

1. 自动控制及视频系统改造

江都东闸原有自动化控制设备及软件与江都站调度管理系统不兼容，无法实现站点的远程集中监控。2014年，省水利厅、省财政厅以苏财农〔2014〕78号文批准，管理处以苏水江管〔2014〕25号文下达“江都东闸自动控制及视频系统升级更新工程”项目经费48万元。其内容包括：自动化系统的开发、设计、设备采购；软件开发和整个系统的安装、联调、试运行、培训和售后服务等。工程于2014年9月15日开工，2014 年 10 月 31 日工程完工并通过竣工验收。2021 年，省水利厅、省财政厅以苏财农〔2021〕102 号文提前批准，管理处以苏水江管〔2022〕1 号文下达“江都东闸视频系统升级改造工程”项目经费 20 万元，江都东闸原模拟摄像机更新为高清摄像机。工程于 2022 年 3 月 16 日开工，2022 年 4 月 10 日工程完工并通过竣工验收。

2. 清污机设备维修及改造

江都东闸清污机自投运以来，上游漂浮物量较多，清污设备经常超设计标准运行，导致清污机运行中多次出现耙齿变形、安全销剪断、牵引链条和传输链条拉断等故障，输送带多处撕裂。供电负荷增加，变压器容量不足。2014 年，省水利厅、省财政厅以苏财农〔2014〕78 号文批准，管理处以苏水江管〔2014〕25 号文下达“江都站清污机供电线路改造工程”项目经费 72 万元。工程由省水利建设工程有限公司中标施工，其内容包括：更新原 SC10-250/10 干式变压器为 SC10-315/10 干式变压器；更换低压照明柜 1 台，更新部分低压系统元器件和室外照明设施。工程于 2014 年 8 月 12 日开工，2014 年 10 月 3 日完工并通过竣工验收。2017 年，省水利厅、省财政厅以苏财农〔2016〕179 号文批准，管理处以苏水江管〔2017〕6 号文下达“江都站清污机维修及输送带更换工程”项目经费 39 万元。工程由扬州润雅机械有限公司和扬州星速科技有限公司中标，内容包括：江都站清污机配件更换、皮带输送机更新、部分耙齿加固。工程于 2017 年 4 月 10 日开工，2017 年 12 月 1 日完工，2018 年 2 月 2 日通过竣工验收。

3. 东闸下游护坡维修

由于江都东闸建成日久，运行频繁，下游护坡坡面多处出现塌陷和损坏。2016 年，省水利厅、省财政厅以苏财农〔2016〕18 号文批准，管理处以苏水江管〔2016〕10 号文下达“江都东闸下游护坡维修工程”项目经费 26 万元。工程由江苏龙川水利建设有限公司中标，其内容包括：加筋挡土墙施工；铺设联锁块、联锁块护坡隔埂、底坎混凝土浇筑；护坡清理勾缝。工程于 2016 年 4 月 29 日开工，2016 年 5 月 29 日完工，2016 年 6 月 13 日通过竣工验收。

4. 东闸排架等局部混凝土防碳化

江都东闸排架、闸墩、翼墙外立面等部位混凝土碳化严重。2016 年，省水利厅、省财政厅以苏财农〔2016〕18 号文批准，管理处以苏水江管〔2016〕10 号文下达“江都东闸排架防碳化工程”项目经费 36 万元。工程由省水利建设工程有限公司中标，其内容包括：排架刷涂石彩漆；闸墩、便桥桥墩水上部分刷涂环氧厚浆；上游翼墙外立面刷涂环氧渗透剂，下游两侧栏杆刷涂乳胶漆；南桥头堡内墙防水处理。工程于 2016 年 4 月 29 日开工，2016 年 6 月 20 日完工，2016 年 7 月 4 日通过竣工验收。

三、江都送水闸

江都送水闸位于四站上游引河东侧，距四站中心线 400 m。该闸于 1977 年 12 月动工兴建，1978 年 10 月竣工，设计流量 300 m^3/s，为Ⅱ级建筑物。主要作用是在冬

春季长江低潮而江都东闸自流引江困难时，利用江都抽水站抽江水经江都送水闸或淮河有余水开启江都送水闸入新通扬运河，向里下河补水，以改善水质，冲淤保港。

（一）规划设计

根据省治淮指挥部、省水利厅下达的规划数据，江都送水闸冬春送水经新通扬运河进入里下河流量为300 m^3/s，其中100 m^3/s 由三阳河输水向北，200 m^3/s 由宜陵闸以东新通扬运河北岸各口门输入里下河。按兴化水位1.1 m、泰州水位1.2 m、宜陵水位1.5 m、江都送水闸闸下1.7 m控制送水。闸的规模按闸上水位6.00 m，闸下水位1.70 m，向东送水流量为300 m^3/s。

江都送水闸扩大初步设计由扬州地区治淮指挥部设计室设计，工程还包括在上游引河北岸离翼墙9 m处设引水洞1座，在北岸堆土区后侧附设排水沟一条，沟底高程4.0 m，底宽1.0 m，两边坡比1：2，引水洞入排水沟处北侧做干砌块石护坡20 m；在堆土区东侧设直径1.0 m退水涵洞1座和浆砌块石宽2 m的码头7座；从引江桥口沿高水河北堤到江都东闸南新建柏油外事公路1条，长1.78 km，路面宽5 m。

江都送水闸闸总长103.04 m，闸总宽21 m，共3孔，每孔净宽6.0 m。闸门部位为2.0 m高的钢筋混凝土实用堰，上部设有交通桥、工作桥、工作便桥，下游设有消力池。翼墙上游采用圆弧形式，上游左侧六节、右侧四节、第一节翼墙采用浆砌块石空箱混凝土连拱形式，第二节、第三节为浆砌块石扶壁式，上左第三节翼墙结合引水涵洞洞首布置，第四节为重力式。翼墙下游设有三节翼墙，均为浆砌块石扶壁式。

（二）工程施工

江都送水闸由扬州地区水利工程队负责施工，土方工程和部分引河块石护坡工程由兴化治淮工程团配合施工，部分尾工和上下游削坝由姜堰治淮工程团配合施工。拆迁工作由江都县拆迁办公室负责。1977年12月上旬工程队开挖引河和闸塘，在此期间扬州地区治淮指挥部设计室完成扩大初步设计，主要项目除送水闸本身外，还有水闸上游左侧的引水涵洞和高水河北岸至引江桥的外事公路。1978年2月地区工程队进场，1978年5月建筑物工程全面施工，1978年10月底基本完工，具备放水条件。1979年1月6日工程进行验收移交，1979年3月底拆坝放水。根据工程验收会议要求和省水利局、地区水利局审定，增做上游引水洞出口护坡接长10 m，下游河坡从高程-5.0 m增至-1.0 m，1：3块石护坡接长30 m，外事公路从江都送水闸北端向南200 m增宽2 m。

该工程造价299.41万元。完成主要工程量为：石方913.3 m^3，混凝土和钢筋混凝土765.9 m^3，耗用钢材100 t、木材258 m^3。

施工过程中下游第三节翼墙基础还土不实，南岸翼墙下沉2 cm，并向外水平位移2 cm，北岸第三节翼墙尤为严重，施工中土质含水量多，形成橡皮土，为防止其过多沉陷，基础下增打直径20 mm、长2.5 m的木桩14根，经近半年考验，沉陷和位移没有发展。此外，公路桥两侧的圆弧形接线墙由于还土高度最深达10 m，也下沉了2 cm。

上游钢筋混凝土护坦在底部工程基本封底以后，上游翼墙浆砌块石仅上升1.5 m，墙后尚未还土，在接近护坦中部，南北向发生对称裂缝，随着翼墙墙后还土的上升，裂缝长度和宽度均有发展，渗水现象也较前严重。1978年11月初，实测裂缝长22 m、最大宽度0.5 mm，设计部门研究决定顺缝凿开宽50 cm，深25 cm的槽子，槽内增加直径8 mm钢筋、预留下部渗水通道，预埋灌浆孔，待后补的200号混凝土达到一定强度后进行灌浆，这些措施处理后仍有窨潮、渗水现象，并在原来位置上又发现裂缝。1979年1月6日召开的验收会议决定将整个防渗混凝土护坦再加浇一层厚度为30 cm的混凝土，面层放置 $\phi10@30$ 钢筋网，并设置垂直交叉的水平止水，即将原两块护坦改为四块，经过2个月观测，效果较好。

（三）工程维修

1. 下游翼墙前倾处理

1987年3月汛前检查发现江都送水闸下游左、右第一节翼墙前倾，其中左侧前倾3 cm，右侧前倾3.7 cm。1997年8月4日开始进行下游翼墙伸缩缝观测，并将下游翼墙加固方案上报省水利厅。1999年4月，省水利勘测设计研究院做江都送水闸下游翼墙前倾处理可行性研究。2001年3月，省水利厅在防汛急办项目中安排江都送水闸下游翼墙前倾处理。2001年10月，省引江水利水电设计研究院做江都送水闸下游翼墙前倾处理初步设计。支撑方式采用在下游第一节翼墙对应的第二、第三扶垛设四道钢筋混凝土撑梁。同时，翼墙墙后填土表面局部挖除20 cm，填10 cm厚砂石垫层夯实后做10 cm厚混凝土护面，公路挡土墙前及护坡前沿做排水沟，将墙后及高地雨水导向水闸下游，减小地表水向墙后渗透，以控制墙后水位。工程于2001年11月1日开工，2001年12月28日竣工。工程总经费26万元。

2. 闸门和启闭机更新、工作桥加固

2011年5月至11月，送水闸完成闸门和启闭机更新、工作桥加固，工程总经费80万元。

3. 电气改造及混凝土防碳化

送水闸电气改造于2011年10月16日开工，至2011年11月30日完工。内容包括：控制柜改造；进线、动力及控制电缆改造；照明改造；开度仪、闸位计改造；电缆沟改造。

混凝土防碳化处理于2011年11月3日开工，至2011年11月30日完工。内容包括：闸墩、工作桥、排架、胸墙、便桥等水上混凝土破损部位进行凿除、修复，闸墩、工作桥、排架、胸墙、便桥水上混凝土部位进行防碳化并做真石漆处理，工程费用133 607.28元。

4. 送水闸监测系统改造

送水闸原有视频系统设备老化，监控主机维修多次，为满足工程安全运行和全枢纽集中控制要求，2014年，省水利厅、省财政厅以苏财农〔2014〕78号文批准，管理处以苏水江管〔2014〕25号文下达“芒稻闸自动控制系统升级更新及送水闸监测

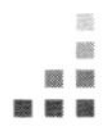

系统改造工程”项目经费49万元。其中包括：将送水闸自动化监测系统作为江都东闸自动化控制系统的一个子系统，主要对3孔闸门、配电装置进行监测，送水闸现场控制柜内安装一套PLC进行现场监控。工程于2014年8月30日开工，同年11月10日工程完工并通过竣工验收。

四、宜陵闸

宜陵闸位于江都区宜陵镇东北1.5 km的新通扬运河上。该闸于1963年3月动工兴建，1963年7月建成。设计流量300 m^3/s，校核流量350 m^3/s，为Ⅲ级建筑物。该工程主要作用是：自流引江向里下河地区提供灌溉用水；解决新通扬运河上下游高低地之间引排矛盾、新通扬运河与宜樊公路的交通矛盾，并与五里窑闸、三里窑闸配合，解决新通扬运河与通扬运河的航运矛盾。

（一）规划设计

宜陵闸工程扩大初步设计书于1963年1月经水电部批准。其具体规划如下：

1. 在里下河引江水灌溉季节，能及时开闸引水入里下河，改变过去在农忙季节动员大批劳力突击拆坝放水及耽误引江时间的现象；

2. 雷雨季节及时关闸，阻挡通扬运河以南高地雨水进入里下河低地，以减轻里下河涝灾，改变过去因动员劳力打坝不及时，而加重里下河受涝的局面，并在江都抽水站抽排里下河涝水时开闸，将里下河涝水引至江都抽水站；

3. 冬季里下河不引不排季节，为了保持通扬运河航运畅通与用水，可长期关闭闸门，维持新通扬运河与通扬运河水位，恢复通扬运河的历史状况；

4. 闸顶建公路桥，恢复宜樊公路的交通。

宜陵闸由省水利勘测设计院设计，设计抗震烈度Ⅶ度。

宜陵闸共13孔，其中节制孔12孔，通航孔1孔，闸总长79 m，闸总宽75.23 m。闸底板节制孔为钢筋混凝土平底板（π形结构），分缝在闸孔中间，底板面高程为−2.5 m。通航孔布置在右岸，底板的两边由相邻节制孔底板与岸墙底板延伸而组成，中间又另布置一块5.0 m宽的小底板，底板高程−2.5 m。公路桥、工作桥、工作便桥均为钢筋混凝土简支梁结构，岸墙采用重力式块石混凝土结构，上下游翼墙均为浆砌块石重力式结构。节制孔设有胸墙，闸门为钢架木面板结构。

为确保宜陵闸工程安全，开启闸门时，宜陵闸要先开中间6号至7号孔，当开启高度为0.05 m时依次顺序向两边开启，每台高度依次相差0.05 m；关闭闸门时，应先闭两边1号、13号孔，然后依次每台高度相差0.05 m向中间关闭。宜陵闸开启通航孔闸门时，应将下扉门开足与上扉门相平衡，然后两门同时开启，以防拉坏防漏止水设备。

（二）工程施工

宜陵闸由省水建公司一处施工，1963年2月开始组织施工队伍，1963年3月1日正式开挖闸塘土方，第一期工程先开挖中间闸身部位土方，使这一部位的混凝土得以提前浇筑，其余各部位土方仍继续施工，至1963年5月15日全部完成。

第一块闸底板（4号）于1963年3月26日开始立模，1963年3月30日浇筑混凝土，至1963年4月11日全部底板及岸墙底板浇筑完成。岸墙及闸墩于1963年4月6日开始浇筑，至1963年5月20日连同胸墙、公路桥、工作桥、便桥等中上部混凝土均相继完成。两岸重力式翼墙底板及上、下游消力池混凝土，先后于1963年4月中、下旬开始浇筑，结合闸身部位上升进度穿插进行，至1963年5月上旬全部浇筑完成。1963年4月中旬开始砌筑上、下游护堤及防冲槽，至1963年5月底基本结束；1963年4月下旬开始砌筑浆砌块石重力式翼墙及两岸块石护坡工程，至1963年6月初基本结束。

通航孔闸门2扇、节制孔闸门12扇于1963年6月上旬陆续制作完成运到工地，1963年6月16日开始吊装，节制孔闸门于1963年6月22日前吊装完成，通航孔闸门至1963年7月6日吊装完毕。全部水下工程于1963年6月完成，1963年7月1日至2日进行初步验收，1963年7月16日上、下游拦河坝水上土方拆除完毕，当日下午开坝放水，发挥效益。

宜陵闸总投资182.46万元。主要工程量：混凝土及钢筋混凝土5 621 m^3，干、浆砌块石3 353 m^3，土方12.7万m^3，钢筋101 t。

（三）工程加固

1. 历年加固

宜陵闸建成后发现岸墙、交通桥、工作桥大梁出现裂缝，1965年5月进行加固，交通桥、工作桥大梁宽度由40 cm增至60 cm，高度由70 cm增至90 cm，钢筋数量增加一倍，采用直径32 mm钢筋。

1972年节制孔闸门由原钢架木面板直升门全部改为钢架钢丝波浪形面板直升门。

1979年6月通航孔上、下两扇闸门由原钢架木面板直升门改为钢架钢面直升门。

2. 除险加固工程

宜陵闸除险加固工程经省水利厅苏水建〔2011〕9号文批复初设及概算，工程总投资1 123.83万元。工程于2011年5月15日开工，2012年7月完工。工程主要建设内容为：拆建公路桥及支架、拆建工作桥及排架；拆建工作便桥、改造工作门槽；加固岸墙；拆建路堤墙、闸墩及胸墙防碳化处理；更换闸门及启闭机；更新改造电气设备；增设自动监控、视频监视系统；增设启闭机房并拆建改造桥头堡等。

实际完成工程量为：土方（挖、填）2 629 m^3，混凝土867 m^3，防碳化处理3 751 m^2，钢筋134 t，钢结构230 t，安装启闭机14台、变压器1台套、自动化系统1台套，建造桥头堡、启闭机房592 m^2。

五、宜陵北闸

宜陵北闸（简称宜北闸）位于江都区丁伙镇新三阳河河口，在老三阳河西侧。该闸1974年11月开工兴建，1975年9月竣工、验收。设计流量300 m^3/s，校核流量

500 m^3/s，为Ⅲ级建筑物。该闸主要作用是防止新通扬运河高水侵入三阳河两岸大片低田，保证三阳河引江水北调灌溉和冲淤。

（一）规划设计

三阳河两岸地面南高北低，三阳河河口地面高程达 6.0 m，北至樊川盐邵河降低至 3.0 m 以下，沿盐邵河西至邵伯，两岸低达 2.0 m 以下，尤其是渌洋湖、荇绞湖、艾丝湖圩区地面最低达 1.5 m。樊川年平均水位约 1.4 m，最高洪水位 3.2 m，比新通扬运河设计高水位 4.5 m 低得多。因此，既要保证三阳河低地不受淹没或不加重涝渍灾害，又要保证新通扬运河现有引江能力不致削弱，发挥引、排、冲淤的效益，在三阳河上需建宜北闸。按规划宜陵北闸在灌溉期间引水能力 300 m^3/s，在冬春长江枯潮期引江水 100 m^3/s，送至射阳河、新洋港冲淤保港；江都抽水站排涝时，宜北闸开闸排水。

宜北闸由省水利勘测设计院设计，省治淮指挥部 1974 年批准实施。宜北闸闸总长 87.5 m，总宽 48.6 m，共 7 孔，每孔净宽 6 m。闸门为钢筋混凝土钢丝网水泥波形面板平面直升门，设有胸墙。反拱底板，设有交通桥、工作桥、工作便桥。上、下游均为四节翼墙，第一节、第二节翼墙为空箱式，第三节为扶壁式，第四节为重力式。

（二）工程施工

宜北闸由省水利建设公司一处施工。1974 年 11 月 16 日闸塘开挖，1974 年 12 月 30 日混凝土开始浇筑，至 1975 年 6 月初混凝土建筑物和闸门安装结束。

1975 年 6 月 5 日进行水下工程验收，1975 年 6 月 12 日拆坝放水，1975 年 7 月到 9 月安装启闭机，1975 年 9 月 25 日竣工验收，并交付管理单位使用。

宜北闸工程总投资 145 万元，完成主要工程量为：混凝土 3 880 m^3，钢材 84.8 t，石方 4 744 m^3，土方 12.7 万 m^3（其中闸塘土方 10 731 m^3，还土 317.3 m^3）。

（三）工程加固

2013 年 3 月，省发展改革委以《省发展改革委关于宜陵北闸加固改造工程初步设计的批复》（苏发改农经发〔2013〕386 号文）同意宜陵北闸进行加固改造，批复投资 2 089 万元，计划工期 14 个月。省水利厅以《关于转发〈省发展改革委关于宜陵北闸加固改造工程初步设计的批复〉的通知》（苏水建〔2013〕50 号）进行批转。工程于 2013 年 9 开工，2015 年 7 月完工。

主要建设内容为：加固底板及闸墩；增设撑梁、拦污栅搁置牛腿、起吊排架；拆建工作门槽、胸墙、公路桥、工作桥、排架及桥头堡；新建启闭机房及管理用房；工作便桥、上下游护坡整修；混凝土防碳化处理；增设 10 kV 环网柜、自动控制及视频监视系统；更换 10 kV 架空线路终端杆及杆上设备、变压器、现地控制箱、电缆；增设浮箱叠梁检修闸门；更换钢丝网水泥波形门、门槽埋件、活动门档、启闭机；改建拦污栅等。

实际完成工程量：土方（挖、填）139 900 m^3，混凝土 1 534 m^3，防碳化处理 4 012 m^2，钢筋 120 t，钢结构 156 t，启闭机 7 台，变压器等电气设备 1 台套，自动化系统 1 台套。

六、芒稻闸

芒稻闸位于江都区境内的芒稻河河口上，上游 80 m 处为高水河。它既是江都水利枢纽工程组成部分，又是淮河入江工程之一。该闸 1964 年 9 月动工兴建，1965 年 7 月竣工，1966 年 8 月管理处代管。设计流量 830 m^3/s，校核流量 900 m^3/s，Ⅱ级建筑物。主要作用为：江都抽水站抽引江水北送时关闸隔断江水；江都抽水站抽排里下河涝水时，开闸将涝水全部或部分排入长江（视苏北北部水情），当淮河发生洪水时，可下泄部分淮河洪水入长江。

（一）规划设计

江都水利枢纽工程规划中，为防止江都抽水站抽引江水北送时抽水外流入江，抽排里下河涝水时能及时退水入江，需在芒稻河上兴建芒稻控制工程，即芒稻闸和芒稻船闸，芒稻控制工程建成后，闸上水位抬高，改善了船舶航运条件。

芒稻闸工程扩大初步设计 1963 年由省水利勘测设计院设计，水电部批复同意列入 1964 年计划，省计划委员会代部审批，芒稻闸工程技术设计文件由省计划委员会、省水利厅于 1964 年 9 月 28 日批准下达。

芒稻闸闸总长 157 m，总宽 82.25 m，共 7 孔，每孔净宽 10 m，分 3 块钢筋混凝土平底板，钢筋混凝土闸墩，上部设有交通桥、工作桥、工作便桥。闸身两侧设有空箱扶壁式岸墙。上游翼墙为圆弧形，第一节为钢筋混凝土扶壁式，第二节、第三节、第四节为浆砌块石重力式翼墙；下游翼墙为八字形，第一节为钢筋混凝土扶壁式，第二节为浆砌块石重力式导流墙。

（二）工程施工

芒稻闸工程由省水利厅基本建设工程队施工。其中土方工程由泰兴、姜堰工程总队施工。1964 年 9 月 18 日开始筑拦河坝，1965 年 3 月 18 日主体工程浇筑完成，1965 年 4 月 10 日至 5 月 13 日闸门安装，1965 年 7 月 3 日拆坝放水，配合江都抽水站抽排里下河涝水，待排涝结束后，正式安装启闭机。芒稻闸水下土建工程全部完成时，施工单位会同工地建设银行、管理处等单位进行了检验，工程竣工时未办理正式验收。

芒稻闸工程造价 434.8 万元，完成土方 47.2 万 m^3，石方 14 393 m^3，混凝土及钢筋混凝土 16 715 m^3，水泥 3 956 t，钢材 137 t。

1965 年 6 月初，洪泽湖存水不足，江都抽水站抽引江水向北灌溉高邮以南沿运灌区，上游坝还需加做防浪工程，月底里下河地区普降暴雨，省委指示转入排涝，须于 1965 年 7 月 4 日开始排水，1965 年 7 月 3 日下午 4 时下游开挖坝放水，口门底宽 3 m 余，因黏土坝口门不易冲宽，且时值低潮，下游坝内水位抬高很慢。考虑到上游坝如夜间开口放水产生事故不易控制抢护，故于当日下午 5 时 45 分上游坝开通放水，口门底宽约 1～2 m，其时下游水位仅平底板，水位差在 7 m 以上，开坝后口门迅速扩展，水流沿坝坡滚跌而下，流势迅猛，冲击力大，水面上涨速度每分钟约 0.2 m，水

流紊乱，波及上游护坦部位，在公路桥上可听到石块冲动响声。下午 7 时许，下游坝外西岸坡发现坍塌，虽立即关闭闸门但塌势越来越严重，直至 9 时 50 分，闸门全部关闭后塌势才逐渐减缓，随即连夜抢险。1965 年 7 月 4 日上午 12 时险情基本稳定。为了平缓水流纠正流向，调挖泥机船挖除下游坝西岸坝埂及扩大深泓。同时继续扎草笼护浪，插草枕叠草包贴坡防浪。事后实测上游块石护坦部分冲坏，范围包括浆砌、干砌块石两部分，东西长约 40 m，南北宽 20 m，计约 800 m^2，冲深一般 1～2 m，最深达 3 m，经上级决定采取水中分层抛填黄砂瓜子片、小石子、大石子、块石，其与钢筋混凝土护坦连接处，用麻袋混凝土代替块石层。

（三）工程加固

1997 年，根据省水利厅对江海堤防达标建设的要求，对芒稻闸下游堤防工程存在的问题，依据有关防洪堤防设计标准，实施芒稻闸下游堤防达标加固。工程由省引江水利水电设计研究院设计，根据芒稻闸下游 50 年一遇水位作为设计水位，经省水利厅批准，设计确定芒稻闸下游堤防堤顶高程为 8.2 m。堤防加固范围为芒稻闸下左岸 0+500～0+700 m 增做灌砌块石护坡，0+060～0+140 m 坍塌的干砌块石护坡进行清理、回填后再建灌砌块石护坡，对其余原有干砌块石护坡进行全面翻砌、灌浆。下游左堤堤防进行加宽加高至高程 7.2 m、顶宽 5 m，并将堤防外侧洼地回填至高程 7.2 m，迎水面建浆砌块石挡土墙，长 800 m，并在其上部加做 1 m 高 0.2 m 厚挡浪板至高程 8.2 m。工程于 2003 年 12 月 6 日开工，2004 年 6 月 30 日主体工程全部完工，共完成土方 4.33 万 m^3，混凝土 2 725 m^3，钢材 15.5 t，浆砌块石 5 148 m^3，抛石 8 216 m^3，实际使用经费 997.33 万元（其中征地拆迁 400 万）。

南水北调东线一期沿运闸洞漏水处理工程安排对芒稻闸进行漏水处理，其内容包括旧闸门拆除、新钢闸门厂内分片制作、门槽埋件改造、闸门现场拼装和安装等施工内容。2012 年汛期主要进行闸门及埋件的制作，根据水情条件，2012 年 10 月进行检修门、安装平台拼装等现场施工准备，2012 年 11 月全面进行闸门更新施工，2012 年 12 月 20 日进行第一孔新闸门现场安装。2013 年 3 月底闸门更换全部完成，具备挡水条件。

（四）工程维修

1. 启闭机房、桥头堡新建

2004 年，考虑到芒稻闸运行与管理需要，省水利厅以苏水管〔2004〕84 号文下达“芒稻闸增设启闭机房项目”，经费 90 万元，同意建设芒稻闸启闭机房，该项目具体建设应包括桥头堡部分，但实际经费不够，2005 年省水利厅又以苏财农〔2005〕26 号文下达“芒稻闸桥头堡新建项目”，经费 35 万元，该项目的经费可与增设启闭机房的经费一同使用。芒稻闸东、西桥头堡为四层砖混结构，建筑面积 420 m^2，启闭机房为全框架结构，建筑面积为 490 m^2。启闭机房于 2004 年 10 月开工，工程于 2005 年 12 月完工，实际使用经费 125 万元。

2. 供配电设施改造

2013 年，省水利厅、省财政厅以苏财农〔2013〕110 号文批准，管理处以苏水江管〔2013〕21 号文下达“芒稻闸变压器更换及配套配电房工程”项目经费 30 万元，其内容包括：新建箱式变压器基础；安装欧式箱式变压器 1 台套；敷设安装电力电缆；拆除杆上旧变压器和 3 只跌落式熔断器、避雷器；拆除 2 根电线杆。工程于 2013 年 10 月至 11 月进行电气图设计和设备安装施工，2013 年 12 月进行设备调试，2013 年 12 月 17 日工程通过竣工验收。

3. 芒稻闸混凝土防碳化工程

芒稻闸混凝土局部碳化严重，表层混凝土胀裂，结构强度降低。2014 年，省水利厅、省财政厅以苏财农〔2014〕78 号文批准，管理处以苏水江管〔2014〕25 号文下达“芒稻闸混凝土防碳化工程”项目经费 60 万元，工程由省水利建设工程有限公司中标。2014 年 8 月 10 日至 9 月 11 日，排架真石漆施工，2014 年 8 月 19 日至 10 月 30 日，工作桥底面、上下游闸墩、胸墙、翼墙挡浪墙及公路桥和工作便桥栏杆等环氧涂料施工。2014 年 12 月 12 日工程通过竣工验收。2021 年，省水利厅、省财政厅以苏财农〔2021〕21 号文（第一批）、〔2021〕63 号文（第二批）批准，管理处以苏水江管〔2021〕12 号文（第一批）、〔2021〕21 号文（第二批）下达“芒稻闸排架等部位混凝土防碳化工程”项目经费 40 万元，工程由省水利建设工程有限公司中标。考虑到施工期间芒稻闸可能投入排水运行，工程先进行 1 号至 4 号孔施工，完工后再转移至 5 号至 7 号孔施工。完成工作量：混凝土表面处理 5 363. 6 m^2，排架及工作桥底部涂刷石彩漆 1 793. 0 m^2，闸墩、胸墙喷涂环氧厚浆 3 570. 6 m^2。工程于 2021 年 9 月 15 日开工，2021 年 11 月 25 日完工，2021 年 12 月 7 日通过竣工验收。

4. 芒稻闸自动控制系统升级改造

芒稻闸自动控制系统设备陈旧，运行不稳定，软硬件与枢纽系统不兼容，无法实现站点远程集中监控。2014 年，省水利厅、省财政厅以苏财农〔2014〕78 号文批准，管理处以苏水江管〔2014〕25 号文下达“芒稻闸自动控制系统升级更新及送水闸监测系统改造工程”项目经费 49 万元。其中包括：芒稻闸自动化系统的开发、设计、设备采购；软件开发和系统安装、联调、试运行、培训、售后服务等。工程于 2014 年 8 月 30 日开工，2014 年 11 月 10 日工程完工并通过竣工验收。

5. 供配电线路及配电房改造

芒稻闸电源进线采用 10 kV 架空线，配电系统采用室外箱式变压器供电，存在安全隐患，柴油发电机 1991 年 7 月投入运行，老化严重。2021 年，省水利厅、省财政厅以苏财农〔2021〕102 号文提前批准，管理处以苏水江管〔2022〕1 号文下达“江都西闸、芒稻闸动力线路及芒稻闸配电房改造工程”项目经费 40 万元，下达“江都西闸、芒稻闸柴油发电机更换及芒稻闸发电机房改造工程”项目经费 25 万元。工程主要包括：10 kV 架空线及混凝土杆拆除；$YJV_{22}-3\times95$ 高压电缆敷设、安装、电气试验；室外箱式变压器内电气设备转移至室内；新建发电机房 25 m^2；采购、安装

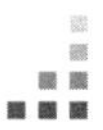

XH2C-80GF 型柴油发电机组 1 台。2022 年 3 月 10 日开工，2022 年 6 月 10 日工程完工，2022 年 9 月 27 日通过竣工验收。

七、运盐闸

运盐闸位于江都区与广陵区扬州生态科技新城交界的运盐河上，邵仙闸的西侧，北通邵伯湖，南接高水河，它既是江都水利枢纽工程组成之一，也是淮河入江水道归江控制工程之一。该闸 1965 年 9 月开工，1966 年 5 月竣工验收，1999 年 10 月进行加固改造。设计流量 830 m^3/s，为Ⅱ级建筑物。工程主要作用为：当江都抽水站抽引江水北送时，运盐闸关门挡水保证里运河水源，亦可打开运盐闸向邵伯湖补水 300 m^3/s；当淮河发生洪水时，由运盐闸排泄 830～900 m^3/s 经芒稻闸入江。

（一）规划设计

运盐闸由省勘测设计院勘测设计，工程扩大初步设计 1964 年经水电部批准，技术文件由省计划委员会（以下简称省计委）审核。1965 年 2 月，经省计委、交通厅、水利厅共同会审批准，根据江都水利枢纽工程规划和淮河入江水道规划，该工程起挡水、排洪、引水、通航等作用，排洪按淮河 300 年一遇洪水，泄流 830 m^3/s 设计，按淮河 1 000 年一遇洪水，泄流 900 m^3/s 校核。

运盐闸闸总长 132. 05 m，总宽 71. 8 m，原为 7 孔，其中节制孔 5 孔，通航孔 2 孔，1999 年运盐闸加固改造时，将 2 孔通航孔改为 4 孔节制孔，现为 9 孔。底板分 3 块，为适应闸门布置，底板向下凹成弧形门库。闸墩为钢筋混凝土结构，墩厚。通航孔 1. 4 m，节制孔 1. 1 m，改造后通航孔中间增设 1 m 厚的中墩。运盐闸上部设工作桥、人行便桥，1987 年在上游增设检修便桥桥面。运盐闸闸门上扉形式：节制孔为钢筋混凝土平面直升闸门，通航孔为钢架钢筋混凝土面板平面直升闸门。闸门下扉形式：节制孔为钢架钢筋混凝土面板下卧式弧形闸门，通航孔为下卧式弧形钢闸门。闸门启闭用一台移动卷扬式启闭机。1999 年运盐闸加固改造后闸门改为单扉平面直升钢闸门，增设混凝土胸墙，启闭机改为固定卷扬式平门启闭机。翼墙采用 110 号少筋混凝土半重力式结构，上游右岸为圆弧形，左岸为直线形，均分 3 块，下游左岸及右岸均为圆弧形，也分为 3 块。

（二）工程施工

运盐闸位于运盐河的弯道上，其上游临近邵仙洞的进口，下游与邵仙闸下游引河汇合，为了使水流平顺和上下游引河开挖土方不致过多，闸中心线稍显弯曲，上下游均以翼墙、护坡与两岸及邵仙涵洞连接。

由于该闸设计考虑通航要求，就其闸位置地形而言，通航布置比较困难，一是闸址在弯道上，二是邵仙闸泄流对运盐闸有横向流速。根据水工模型试验，靠近闸中间布置两个通航孔，使上述影响尽可能减少，两通航孔之间布置了三个节制孔，使来往船只错开。

运盐闸建筑物工程和机械安装由省水利厅基建队负责施工，土方工程和杂工由泰兴县总队负责。1965 年 9 月 14 日开工，1966 年 5 月 17 日通过验收，1966 年 5 月 25 日拆坝放水，5 月 26 日江都抽水站抽引江水向里运河送水，该闸发挥挡水作用。

该工程总造价 225. 98 万元，共完成土方 32. 8 万 m^3、石方 8 369 m^3、混凝土及钢筋混凝土 10 302 m^3、钢筋 297 t、闸门钢材 125 t、木材 1 203 m^3。

（三）工程加固

运盐闸闸门原为上下扉门结构，上扉门为平面钢架混凝土面板直升门，通航孔下扉门为钢结构弧形，下卧式结构，节制孔为钢架混凝土面板弧形下卧式结构。上下扉门均采用联动装置，开启上扉门时，节杆启动上扉门上升，下扉门在自重作用下随之下降，进入门库内，完成开闸过程。启闭机原为上海重型机械厂产 2×10 t 绳鼓式，配扬州水机厂产行车一台。

由于高水河水位常年均在 6. 0 m 以上，而邵伯湖控制水位在 4. 5 m，30 多年来，运盐闸开闸次数不多，大部分时间处于关闭状态，已失去了原设计的通航功能，弧形门及支铰常年处于水下，由于支铰的限制，下扉门门底最高只能提到高程 5. 5 m，所以建闸以来，该闸各孔下扉门及支臂一直未能得到正常的维护，门体锈蚀，止水老化，闸门漏水严重，经省水利工程建设质量检测中心检测，门体锈蚀率均达到 40% 以上，最高达 70%。另外，门库严重淤积，影响闸门的正常启闭；水上混凝土构件大面积碳化；7 孔闸门配备 1 台门式启闭机，操作不便，且一旦门机发生故障，将导致所有闸门无法启闭。针对上述存在问题，省水利厅批准对运盐闸工程进行加固改造。加固项目有：①通航孔增设小隔墩。原 2 孔通航孔改为 4 小孔，中间加小隔墩，每小孔净宽 6. 0 m，小隔墩厚 1. 0 m，顺水流方向长度 5. 5 m，墩顶高程上游侧 10. 5 m，下游侧 9. 0 m，排架厚 0. 4 m，排架伸至工作桥大梁底；②取消上扉门，增设胸墙。墙顶高程 9. 0 m，墙底高程 5. 5 m，墙厚 0. 3 m，在胸墙底部和中部加设横梁；③下扉门更换。将原 7 孔桁架式弧形门更换成 9 孔实腹式钢结构平面直升门；④启闭机改造。取消现有门机，每孔配一台 QPQ2×160 kN 启闭机；⑤闸身环氧厚浆涂料防护。对闸身常水位以上所有混凝土构件采用 $H_{52}-S_2$ 环氧厚浆封闭防护；⑥增设启闭机机墩。配合闸门启闭方式的改变，在工作桥上凿闸门滑轮孔，孔径 60 cm×80 cm，机墩断面垂直于大梁方向为 30 cm×30 cm，平行于大梁方向为 25 cm×330 cm；⑦人行桥拓宽。原人行桥狭长，总宽仅为 2. 6 m，采用拓宽翼缘的方法将人行桥拓宽为 3. 0 m；⑧下游河道清淤；⑨增建启闭机房，结构形式为轻型彩钢板，总面积 424 m^2。

邵仙闸洞、运盐闸除险加固改造工程总投资 627 万元，其中运盐闸 501. 5 万元。经公开招标，省水建总公司中标，负责承建运盐闸加固工程。1999 年 10 月开工，2000 年 12 月竣工，2002 年 8 月验收。

运盐闸原为移动式启闭机，1999 年加固改造时，启闭机更新为绳鼓式平面门启闭机（QPQ-2×160 kN），计 9 台套。同时，将原桁架式弧形门更新为 9 孔实腹式钢结构平面直升门。2007 年结合工程管理单位达标创建，维修项目安排了对闸门进行局部防腐处理，对顶止水、闸门吊耳及吊耳座等进行了更新改造。2010 年运盐闸启闭

 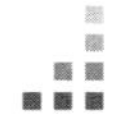

机房改造。2011 年运盐闸电气设备改造。

2013 年南水北调东线一期沿运闸洞漏水处理工程对涉及江都水利枢纽工程三座水闸中的运盐闸进行了加固改造，其工作内容是对 9 台启闭机进行大修、对活动门槽、闸门吊耳及检修门轨道等金属件喷锌防腐。

（四）工程维修

2018 年 9 月至 2019 年 3 月，运盐闸钢结构彩钢板启闭机房改建为钢筋混凝土框架结构启闭机房，建筑面积 467.12 m^2，层高 3.3 m，增建闸东侧桥头堡，建筑面积 56 m^2，高度 13.4 m，设计合理使用年限 50 年，工程耐火等级为地上二级。

八、邵仙闸洞

邵仙闸洞位于江都抽水站北约 7.7 km 的高水河中段，为高低水分流的立体交叉控制工程。邵仙闸洞下部为东西方向的地下涵洞，洞上接运盐河，通往邵伯湖，洞下通邵仙河，与通扬运河衔接。邵仙闸洞上部为南北方向的节制闸，南接高水河上段，与江都抽水站上游引河相通，北接高水河下段，在邵伯镇与里运河衔接。

邵仙闸洞 1963 年 5 月开工，1964 年 5 月竣工，1965 年 12 月由管理处代管。邵仙闸主要作用有：① 当江都抽水站抽水北送时，开闸放水 300 m^3/s；② 遇汛期桃汛，可排水 300 m^3/s，通过芒稻闸入江；③ 平水时通航。邵仙洞主要作用有：① 送淮水 80 m^3/s（现为 50 m^3/s）至通扬运河；② 江都地面临时集中暴雨，洞上水位抬高至 4.5 m，遇邵伯湖 3.5 m 低水位，开洞门退涝水入湖。邵仙闸洞均按Ⅱ级建筑物标准设计，1999 年 10 月进行除险加固。

（一）规划设计

历史上通扬运河的水源一度从运盐河引邵伯湖水在仙女庙镇附近入通扬运河，后规划入江水道排洪与灌溉分开，1952 年建邵伯闸，开邵仙河引水。邵仙闸洞规划的主旨是代替邵伯节制闸，由邵仙洞从运盐河引邵伯湖水，下游利用邵仙河下段补给通扬运河。

邵仙闸在洪水时控制里运河水位，送水时开闸输水。一般情况开闸结合通航。当抽引江水北送开闸放水时，闸的最大通过流量为 300 m^3/s，汛期可排淮水桃汛 300 m^3/s，过闸流速均不大于 1.0 m^3/s，以便利通航。邵仙洞按洞上（邵伯湖）水位 4.3 m，洞下（通扬运河仙女庙）水位 3.8 m，按通过流量 80 m^3/s 设计，结合江都地区临时集中暴雨，洞下水位抬高至 4.5 m 时，遇邵伯湖低水位 3.5 m 开洞退涝水入湖。

邵仙闸洞由省水利厅基本建设处设计，水电部批复委托省人委审批，经省人委 1963 年 3 月批准建设。

邵仙闸闸总长 110.6 m，总宽 59.83 m，共 4 孔，每孔净宽 13.0 m。底板共分 2 块。钢筋混凝土闸墩上设人行便桥、工作桥、工作便桥。上游翼墙共分 4 节，第一节、第二节为扶壁式钢筋混凝土结构，第三节、第四节为浆砌块石重力式结构。下游翼墙共分 3 节，第一节、第二节为扶壁式钢筋混凝土结构，第三节为浆砌块石重力式结构。

邵仙洞总长 91.875 m，1999 年改造时接长后为 138.875 m，总宽为 20.6 m，原为 7 孔，1999 年改造时封堵两侧边孔，现为 5 孔。邵仙洞分为 4 节，上下洞首底板高程为 0.0 m，中段 2 块底板高程为-2.0 m，以 1∶5 边坡衔接，上、下游均无消力池，上下洞首均直接与护坦相衔接。上洞首设有工作桥，下洞首设有工作便桥。上、下游翼墙均为圆弧形，上游第一节、第二节为钢筋混凝土扶壁式，第三节为浆砌块石重力式结构，1999 年加固时原上游翼墙全部埋入土中；下游第一节为钢筋混凝土扶壁式，第二节为浆砌块石重力式结构。

（二）工程施工

邵仙闸洞建设单位为省江都水利枢纽工程处，施工单位为省水利厅基本建设工程队，民力为邗江、泰兴两个民工总队。邵仙闸洞 1963 年 5 月 12 日正式开工，1964 年 5 月 14 日竣工放水。邵仙闸洞位于邵仙河与运盐河之间的隔堤上，南北向均为狭长地带，宽度一般为 40 m 左右，唯闸身处宽 140 m，除邵仙闸洞外，同时施工的工程还包括引河、堤防及谈庄、肖口两座涵洞，其中邵仙闸洞完成主要工程量为钢筋混凝土 14 111 m^3，石方 8 610 m^3，土方 44.4 万 m^3，钢筋 536 t，闸门钢材 120 t，木材 1 138 m^3；技工 47 955 工日，普工 46 703 工日。

（三）工程加固

随着四站建成和一站、二站机组更新改造工程竣工，邵仙闸过闸流量由设计的 300 m^3/s 增加到 508 m^3/s，过闸落差增加到 0.11 m，过闸流速由原来的 0.65 m/s 增加到 1.28 m/s。船只过闸时，方向难以控制，经常发生撞击闸墩、闸门事故，沉船事故时有发生。由于船只碰撞，闸墩、牛腿多处破损露筋，闸门支臂扭曲变形，危及建筑物安全，亟需修复。同时工程建成已 30 多年，工程及配套设施严重老化，水位变化区混凝土严重剥蚀，水上部分混凝土碳化严重，闸门止水漏水，启闭机电机老化，不能适应对工程的控制运用要求。

鉴于上述原因，1998 年邵仙闸经省水利厅批准对工程进行了加固。邵仙闸洞、运盐闸除险加固工程总投资 627 万元，其中邵仙闸 125.85 万元。经公开招标，省水建总公司中标。1999 年 10 月工程开工，2000 年 12 月竣工，2002 年 8 月验收。加固项目有：①机电大修，更换启闭机电机，每台功率 11 kW；②工作桥、工作便桥、人行桥大梁及排架混凝土表面采取环氧厚浆防护；③闸墩、牛腿混凝土修补，对受船舶撞击严重、发生破损露筋或水位变化区（高程 5.5 m 以上）、闸墩表面混凝土剥蚀严重部位，清除表层混凝土 0.05 m，湿喷补偿收缩水泥砂浆；④闸门支臂修复，止水橡皮更换；⑤邵仙洞内干洞检查、清淤；⑥根据抗震验算，对工作桥、人行桥、检修便桥增设抗震挡块；⑦增设轻型钢彩钢板启闭机房 270 m^2；⑧人行桥由原来的净宽 2.2 m 拓宽为 2.6 m，并增建高架引桥；⑨邵仙洞封闭边孔，由原来的 7 孔改为 5 孔，设计过水流量 50 m^3/s。1999 年 11 月邵仙套闸建成后，邵仙闸取消了通航功能，彻底解决了邵仙闸段向北送水与通航之间的矛盾。

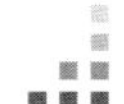

（四）工程维修

2006年邵仙闸启闭机大修。2007年邵仙洞启闭机更新及部分电气改造。2009年邵仙闸管理所工程照明及动力线路改造。2010年邵仙闸电动机、开关柜及防雷设施更换、邵仙闸启闭机房改造。2011年邵仙闸排架加固及边墩减载、邵仙闸电气设备改造。

2019年2月至5月，原钢结构彩钢板启闭机房改建为钢筋混凝土框架结构，建筑面积421.1 m^2，层高4 m；闸东侧新建3层桥头堡，建筑面积83.1 m^2，高度13.3 m；在闸孔上下游各增设一根钢结构抗震撑梁。

九、土山坝涵洞

土山坝涵洞（简称土山洞）位于江都区仙女镇西北老土山坝坝址上，是向通扬运河输水的涵洞。该工程1961年12月开工，1962年11月竣工，设计流量80 m^3/s。

（一）规划设计

为补给里运河及通扬运河灌溉用水，江都水利枢纽规划先建一站、站上引河和土山洞三项工程，在《江苏省苏北引江灌溉第一期江都抽水站工程（装机6 400 kW）技术设计书》中，土山洞由省水利厅组织设计，1962年3月省人委批准。根据中华人民共和国成立后通扬运河历年灌溉季节平均输水量83 m^3/s，提水灌溉耕地面积57万亩①，确定土山洞设计流量为80 m^3/s。

土山洞分3孔，每孔净宽3.0 m，净高3.5 m。洞身、胸墙为140号钢筋混凝土结构，洞身底板高程-1.5 m，洞身全长18 m。土山洞上游设15 m长140号钢筋混凝土铺盖，下游设25 m长140号钢筋混凝土消力池，消力池池底高程-3.0 m。涵洞洞门为钢架木面板结构，端柱上装有滚柱滑轮4个，启闭机为8 t手摇、电动两用螺杆式启闭机。

（二）工程施工

土山洞工程由省水利厅基本建设工程队承建，土方工程由靖江总队承担。1961年12月6日工程队正式开挖洞基塘土方，1962年7月15日闸门、启闭机全部安装及试车结束（电动设备至1965年3月施工）。1962年11月13日省水利厅会同有关单位进行了竣工检查，1963年4月4日与一站一起通过验收。

土山洞工程完成土方67 850 m^3，混凝土2 627 m^3，浆砌块石4 750 m^3，干砌块石965 m^3。

（三）工程封堵

1999年9月泰州引江河建成后，通扬运河被切断，导致通扬运河沿线灌溉面积和用水量大为减少，目前，水源主要通过邵仙洞引邵伯湖水，而且常年引水瞬时最大流量在30 m^3/s以下，加上江都区仙女镇城区有玉带洞可引高水河水进行补充，因此，

① 1亩≈666.7平方米。

土山洞原有的设计功能已逐渐丧失，自泰州引江河开挖后，土山洞已有十多年未启用。2010 年 10 月经安全鉴定，被评定为四类水闸，2015 年 10 月完成封堵。土山洞工程封堵完成后，原供水、灌溉功能已丧失，2018 年 11 月省水利厅同意该工程注销。

十、宜陵地下涵洞

宜陵地下涵洞位于江都区境内三里窑闸东侧，宜陵镇以西的新通扬运河河底，是通扬运河穿过新通扬运河的交叉建筑物。该工程 1977 年 12 月兴建，1980 年 5 月竣工验收，设计流量 40 m^3/s，校核流量 50 m^3/s，为Ⅲ级建筑物。宜陵地下涵洞主要作用是恢复通扬运河引邵伯湖水的能力，满足新通扬运河以南直至泰州南官河 450 km^2 的农田灌溉用水，改善群众生活用水和航运条件，解决新通扬运河自流引江与通扬运河向南送水及航运的矛盾。

（一）规划设计

在通扬运河与新通扬运河交叉处，分别建了三里窑闸和五里窑闸，它们只能解决通航问题，却不能解决通扬运河送水的问题。1974 年曾利用三里窑闸和五里窑闸送水又通航，由于闸首流速过急，几次发生伤船、撞船、翻船事故。为了彻底解决新通扬运河开挖后带来的送水矛盾，必须兴建横穿新通扬运河的宜陵地下涵洞，让两河彻底分开，恢复各自功能。

宜陵地下涵洞 1976 年 1 月由扬州地区治淮指挥部编制设计，分两期施工，经省水利局批准第一期工程先建两个洞首部分，列入 1978 年施工计划。第二期工程做六节洞身和上下游引河，列入 1980 年施工计划。

宜陵地下涵洞采用连拱框架式钢筋混凝土结构，反拱底板，正拱顶。洞身总宽 13 m，分三孔，每孔净宽 3.5 m，水平全长 142 m，共分六节，洞轴线与新通扬运河正交。洞首采用反拱底板，涵洞式断面，北洞首门槛顶高程-1.0 m，底板长 8 m，胸墙高程 2.17 m。南洞首门槛顶高程为-1.5 m，底板长 10 m，胸墙高程 1.67 m。洞首两侧岸墙采用横梁式支撑结构，洞身采用连拱框架式钢筋混凝土结构断面。消力池两侧采用扭曲面翼墙，洞北消力池长度 12 m，洞南消力池长度 15 m，扭曲面断面形式是重力式截面过渡到护坡形式。扭曲面采用浆砌块石。

涵洞为单向控制，闸门设在北洞首，闸门为钢筋混凝土梁格钢丝网水泥波形面板，采用 10 t 手摇、电动螺杆启闭机驱动。启闭机工作桥桥面宽 2.5 m，高程 10.1 m，工作便桥桥面宽 1.20 m，高程 5.5 m。

（二）工程施工

宜陵地下涵洞工程建筑物部分由扬州地区水利基建工程队负责承建，土方工程和杂工，第一期、第二期工程分别由宝应和泰兴县动员民力配合，并成立了地下涵洞工程处，统一领导，分工负责。

第一期工程于 1977 年 12 月 10 日破土动工，至 1978 年 5 月 20 日上、下洞首工程全部完成，完成土方 12.5 万 m^3、混凝土 800 m^3、砌石工程 2 669 m^3。

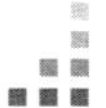

第二期工程与新通扬运河西段拓浚工程同时施工。1978 年 10 月施工队开挖闸塘水上土方，至 1980 年 2 月完成洞身和新通扬运河护底工程共完成混凝土 4 424 m^3，土方 46.9 万 m^3（其中引河土方 40.8 万 m^3）。1980 年 5 月 28 日省水利厅组织验收交接。

宜陵地下涵洞工程总造价为 221.18 万元，其中第一期工程预算造价 70 万元，第二期工程预算造价 151.18 万元（包括引河土方和桥 35.58 万元）。

第二期工程施工由于洞塘挖得深，地下水位高，在反拱底板部位发现有不少泉眼，渗水量大。为确保施工安全和工程质量，导流措施如下：在渗水比较严重的底板部位及泉眼处布置石子导水沟，其上覆盖油毡，导水沟与埋设在齿坎中的导管连通；将渗水导入龙沟，排入机塘，并在导水沟位置埋设灌浆管 2～4 根；斜坡段底板中间增设齿坎一道，增加底板的抗滑稳定性。施工过程中底板始终处于稳定状态，未发现有位移情况。

6 节洞身完成后，地区指挥部会同管理处及三里窑闸管理所对隐蔽工程进行了检查，然后还土并对导水沟灌浆处理。灌浆后各灌浆孔均未发现冒水情况，效果良好。但在 5 号板底开始灌浆时，由于 5 号洞身尚未浇筑，底板刚度小，混凝土尚未达到设计强度，灌浆压力大（约 11 m），灌浆过程中东、中孔离底板下边 6～7 m 处出现横向裂缝，当即停止灌浆，裂缝亦停止发展，在洞身全部完成后又重新灌浆，并对裂缝进行修补。

（三）工程大修

2015 年，省水利厅以苏水管〔2015〕16 号文下达“宜陵地涵大修”项目，经费 80 万元。主要大修内容有：工作闸门环氧富锌漆出新 135 m^2，滚轮维修；螺杆启闭机大修保养；工作桥拆建并建启闭房 51 m^2；拆建桥头堡 182 m^2；更换老化供电线路，安装电气照明设备；便桥栏杆混凝土表面修补防碳化处理；护坡局部修补等。工程于 2015 年 7 月开工，2015 年 11 月完工。

2017 年，省水利厅、省财政厅以苏财农〔2017〕26 号文下达“宜陵地涵防汛道路及上游护坡、拦污栅应急修复”项目，经费 90 万元。主要内容有：新建防汛道路 5 228 m^2，护坡修复 1 000 m^2，增设拦河设施 1 套等。工程于 2017 年 8 月开工，2017 年 10 月完工。

2021 年，江都区新建美丽乡村路从宜陵地涵上闸首以旱桥方式一跨通过，桥以灌注桩支撑。

2022 年，更换三里窑闸至地涵跨河电缆 VV_{22}−4×50+1×25，长 400 m。

十一、邵伯闸

（一）规划设计

邵伯闸位于江都区邵伯镇西侧，原为京杭运河与邵仙引河的衔接工程，该闸于 1952 年 10 月动工兴建，1953 年 5 月竣工，1953 年 6 月验收。设计流量 150 m^3/s。邵伯闸主要作用原为送水到通扬运河的渠首，为邵仙引河东岸、江都通北高地提供灌溉水源，并为通扬运河提供灌溉水源和通航用水。江都水利枢纽兴建后，邵伯闸功能发生了变化，下游调向里下河，通过南塘河接盐邵河，并将引水流量调整为 50 m³/s。

邵伯闸闸总长 96.5 m，总宽 13.0 m，共 2 孔，每孔净宽 5.0 m。单块底板厚 1.5 m，顺水流方向长 15.0 m，宽 13.0 m，中间以 1.2 m 宽闸墩分隔，边墩宽 0.9 m。工程两侧边墩外设钢筋混凝土空箱式岸墙，岸墙顶高程 8.5 m。上、下游翼墙为浆砌块石重力式结构，上游翼墙顶高程 8.5 m，翼墙顶设高 1.0 m 挡浪墙，下游翼墙顶高程 6.0 m。上游左岸护坡 10 m，右岸护坡至裹头末端，下游护坡长 22 m。

（二）工程施工

邵伯闸由苏北治淮指挥部邵伯闸工务所负责施工，共完成土方 64 414 m³，石方 4 282 m³，混凝土及钢筋混凝土 2 792 m³，闸门钢材 15.2 t，使用工程经费 64.49 万元。

江都水利枢纽利用了原邵仙河北段、运盐河南段和芒稻河北段作为输送江水的河道。由于规划的调整和水系的变化，影响到沿河的邵伯船闸（1934 年建）、邵伯闸（1953 年建成）、江都船闸（1953 年建成）以及邵伯一线船闸（1959 年建）等工程，这些工程在江都水利枢纽建设项目中安排了加固改造。其中邵伯闸先后进行 2 次局部改造，2012 年至 2013 年又进行了较全面地加固改建。

（三）工程加固

邵伯闸按入江水道六闸（邵伯水文测站）水位 7.5 m，最高不超过 8.0 m 设计，考虑到闸上最高水位 8.0 m，闸顶高程为 8.5 m，但工程竣工后由于入江水道尚未完成，1954 年 8 月 25 日排洪时，入江水道的六闸水位 8.77 m，邵伯闸闸上水位达到 9.0 m 以上（闸下相应水位 4.4 m 左右），超过了设计标准，因此，在闸上水位接近 8.0 m 时，即在上游打御洪草坝一道以策安全。为减少防洪负担和发挥工程作用，1955 年汛前，邵伯闸进行了加固，加固标准按闸上水位 9.0 m，相应闸下水位 3.0 m，最大水位差 6.0 m 设计。对闸门、胸墙酌以加强，上游护坦加厚 0.3 m，兼作闸身阻滑板，并在闸顶及上游翼墙处加做 1.0 m 高的挡浪墙，又加长下游护坡 3.0 m。

随着江都水利枢纽的兴建，邵伯闸功能也发生了变化，下游调向里下河，同时调整了引水流量。调向后工程设计最大水位差由原来的 6.0 m（闸上水位 9.0 m，闸下 3.0 m）增大到 8.0 m（闸上水位 9.0 m，闸下 1.0 m），为保证工程安全，1964 年 6 月，省水利厅以《关于在邵伯节制闸下加做滚水堰的函》[水基洪(64)字第 145 号] 批复在邵伯闸闸下加做一滚水堰，以抬高闸下水位，保证建筑物的稳定。同时，明确在该闸下游调向后，主要任务是补给里下河一部分抗旱用水，要根据下游河道和地区情况，流量不宜过大，滚水堰设计消能标准为 50 m³/s。邵伯闸自投运以来，引水流量一直控制在 50 m³/s 以内。

2010 年 8 月，省水利厅组织对邵伯闸进行了安全鉴定，被评定为四类水闸，需要进行加固改建处理。在南水北调东线一期工程沿运闸洞漏水处理工程中，邵伯闸进

行了加固改建，按 50 m^3/s 设计流量改造闸孔，增设工作桥排架，更新工作桥、闸门及埋件、启闭机，电气设备更新改造、增加启闭机房和桥头堡、混凝土防碳化处理、闸室处淤泥清除等。工程概算总投资 318 万元，其中，南水北调东线沿运闸洞漏水处理工程安排建设资金 121 万元，其余资金由省水利厅补助。工程于 2012 年 7 月开工，2013 年 7 月完工。

第二节 船 闸

一、五里窑闸

五里窑闸位于江都区宜陵镇西北五里窑附近，在新通扬运河与通扬运河交叉口以西约 450 m 处的通扬运河上，与三里窑闸相望。该船闸 1963 年 6 月开工，1964 年 5 月建成，1965 年 4 月交付管理处使用。按通航 800 t 船队设计，为Ⅲ级建筑物。其主要作用为解决通扬运河江都段灌溉、排涝和通航需求；新通扬运河以南通扬运河缺水时负责向通南送水，1980 年宜陵地下涵洞竣工后，不再担任此项任务。

（一）规划设计

1958 年开挖的新通扬运河在宜陵镇西侧切断了通扬运河。新通扬运河是里下河排涝和引用长江水灌溉的河道，水位较低，通扬运河则为引用邵伯湖水灌溉沿河地区的河道，水位较高。两河相交处以打坝拆坝维持各自水位，同时也切断了通扬运河的航运。为解决新通扬运河与通扬运河交叉的矛盾，江都水利枢纽规划在新通扬运河上建宜陵闸，在新通扬运河北侧的通扬运河上建五里窑闸，南侧建三里窑闸。1963 年省水利厅批准建设五里窑闸，以控制通扬运河通航水位和解决通北部分高地的灌溉水源。五里窑闸扩大初步设计由省水利厅基本建设工程队编制，1963 年 3 月省人委批准实行。

五里窑闸按一次通航 1 条 110 千瓦拖轮及 10 条 80 t 木船组成的船队设计。在邵仙洞向通扬运河以南送水 80 m^3/s 时，上、下游闸门打开，利用上闸首弧形门控制泄量，此时船闸断航。1980 年宜陵地下涵洞建成后，不再担负向通南地区送水的任务，但仍然担负通扬运河沿线地区排涝水 40～80 m^3/s 的任务。

五里窑闸总长 162.2 m，其中上闸首长 13.7 m，闸室长 135 m，下闸首长 13.5 m；上、下闸首净宽为 10 m，闸室净宽为 12 m。上闸首为钢筋混凝土底板及两个闸墩，闸首两侧为空箱墙，采用钢结构弧形闸门滚水堰消能结构，下卧式弧形钢闸门，使用 2 台手摇电动两用 15 t 卷扬式启闭机；下闸首为钢筋混凝土底板，空箱闸室和短廊道输水结构，采用钢结构人字式闸门，使用 2 台 4 t 推杆式启闭机，闸首两侧设有输水廊道，输水阀门采用钢筋混凝土结构，使用 2 台 8 t 螺杆式启闭机。闸室底板为透水式，锚杆式钢筋混凝土闸室墙。上、下闸首四周和两侧闸室墙基础均打有木板桩；上游导航段为浆砌块石翼墙和护坦，下游导航段为钢筋混凝土翼墙和浆砌、干砌块石护坦。

（二）工程施工

五里窑闸工程由省水利厅基本建设工程队施工，1963 年 6 月 25 日工程开工，施工期间为维持通扬运河航运，在距新通扬运河与通扬运河交叉处以西 800 m 开挖一条导流河，至 1964 年 4 月下旬共完成了船闸土建及上下游闸门、下游启闭机和阀门启闭机的安装。1964 年 4 月 23 日工程通过初步验收，并于 1964 年 5 月 10 日开坝放水。

上游弧形闸门在未安装启闭机前，采用 2 台 10 t 摇车临时开启，启闭一次需 3 h，因此，当时仅满足灌溉和排水需用而未通航。1964 年 8 月 2×15 t 启闭机运到工地，1964 年 9 月底安装完毕；同年 12 月中旬电气设备安装完成，试车后闸门启闭灵活，符合设计要求，1965 年 4 月正式投入运行。由于上游弧形闸门长期置于水中，日夜放水 20 多天，河底经流水冲刷，部分泥砂和石子向下游移动，在下游阀门附近产生淤积，致使闸门和阀门侧止水橡皮撕坏，经潜水工下水清除干净，并将损坏的防漏橡皮完全修好后，1965 年 6 月 5 日五里窑闸交付管理单位代管使用。

五里窑闸总投资 203.24 万元，完成土方 27.1 万 m^3、混凝土及钢筋混凝土 5 587 m^3，石方 2 280 m^3，钢筋 214 t，木材 1 086 m^3。

1. 下闸首底板裂缝处理

1963 年 12 月 2 日，下闸首上层空箱岸墙建设完成，墙后分层还土，12 月 28 日发现下闸首底板有 4 条与水流方向平行的裂缝，两条距中心线 1 m，两条对称于底板中心线约 4 m。消力槛上缝宽 0.1～0.2 mm，底板上缝宽 0.05～0.1 mm，缝深 4 cm，未及钢筋。经南京水利科学研究所测试分析，该缝属于温度影响的应力缝。经省水利厅同意，工程队在裂缝处凿 3～4 cm V 形槽，用 100 号砂浆补填密实，直至放水时，裂缝未再次出现与发展。

2. 闸室墙裂缝处理

五里窑闸锚杆式闸室墙还土高程达 1.5～2.0 m 时，迎水面高程-1.5 m 处发现一条通长水平裂缝，缝宽一般 0.1～0.3 mm，北岸 5 号墙裂缝达 0.8～1 mm，缝深 4～6.5 cm，均通过钢筋保护层。经分析，镇定梁下为回填土，设计时未考虑镇定梁下沉，在还土后锚拉杆受拉力使闸室墙受弯产生裂缝。设计单位研究决定，在迎水面加做 140 级钢筋混凝土撑柱 106 根，以弥补闸室墙抗弯能力不足，加固工程于 1964 年 3 月 10 日至 1964 年 4 月 24 日完成。

（三）大修改建

1968 年五里窑闸第一次大修，在下闸首人字门侧止水铁板上加焊一块 50 mm×50 mm×550 mm 钢板以解决 P 形侧止水橡皮与闸首岸墙止水板之间间隙较大漏水严重的问题。上闸首南侧紧靠爬梯处施工后发生的一条裂缝，大修时发现裂缝又有发展，随即对其进行了修补。施工中下闸首底板发生的裂缝大修时亦发现有所发展，经压力水试验后用 100 号砂浆封闭填实。

1979 年五里窑闸大修期间，下闸首底板原裂缝继续冒水窨潮，随即将裂缝凿开清洗，用 100 号水泥砂浆填实封堵，至放水时未见窨潮；对闸门进行了喷砂、喷锌和油漆等防腐处理。

1996 年五里窑闸大修，1996 年 11 月 1 日工程开工，1996 年 12 月 20 日竣工，1996 年 12 月 21 日正式复航。大修的土建项目有：闸室清淤；伸缩缝及底板裂缝检查与修补；闸室铁爬梯改造；启闭机房翻新改建。大修的闸门维修项目有：更换人字闸门底枢；更换人字门斜接柱止水木；将人字门防撞护木改为钢结构；人字门除锈油漆；更换上、下游闸门侧、底止水；将上游弧形闸门木质止水门槽改为钢结构；更换输水阀门的侧止水。大修的启闭机改造项目有：将人字门推杆式启闭机四级变速改为立式摆线针轮减速机，取消了蜗轮蜗杆、圆锥齿轮圆柱齿轮变速装置，仅保留了最后的齿轮齿杆一级传动。大修核准经费 37.4 万元，其中省水利厅下达经费 10 万元，其余为管理处自筹。

2013 年，省水利厅以苏水管〔2013〕21 号文下达“五里窑闸启闭机改造、闸门加固、混凝土防碳化及启闭机房改建”工程，经费 92 万元。主要内容有闸室两侧混凝土防碳化处理 2 000 m^2；上游卷扬式启闭机解体大修 2 套；下游螺杆启闭机解体大修 2 套；弧形闸门加固、防腐 500 m^2，人字门顶枢、底枢调整、防腐 560 m^2 等；启闭机房和防汛道路局部维修等。工程于 2013 年 10 月开工，2013 年 12 月完工。

二、三里窑闸

三里窑闸位于江都区宜陵镇以西三里窑附近，新通扬运河与通扬运河交汇口以东约 500 m 处的通扬运河上，与五里窑闸相望于新通扬运河两岸。该船闸 1964 年 7 月正式开工，1965 年 12 月通过水下工程竣工检验，1966 年 1 月拆坝放水，1966 年 8 月 22 日办理管理处交接代管手续。三里窑闸按通航 800 t 船队设计（2015 年已废除通航功能），为Ⅲ级建筑物。其主要作用为解决新通扬运河自流引江与通扬运河灌溉、排水和航运的矛盾；江都抽水站抽排里下河涝水时，三里窑闸可控制 40～80 m^3/s 涝水入新通扬运河；通扬运河西段单独排涝时，开启五里窑闸，关闭三里窑闸以阻水南行；冬春季不引江水时敞开三里窑、五里窑两船闸，恢复由通扬运河送邵伯湖来水 20～30 m^3/s，1980 年宜陵地下涵洞竣工后，两闸敞开送邵伯湖水的功能不再使用。

（一）规划设计

1958 年新通扬运河开挖以后，在宜陵处以低水位穿过通扬运河，切断了东段通扬运河引用水源，为解决新通扬运河与通扬运河交叉的矛盾，江都水利枢纽规划在新通扬运河上建宜陵闸，在新通扬运河北侧的通扬运河上建五里窑闸，南侧建三里窑闸。

三里窑闸属于江都水利枢纽工程 1964 年单项工程之一，扩大初步设计经水电部通知省计委审批，并经省交通厅、省电业管理局、省邮电局、省水利厅等有关单位会审，后由省水利厅、省计委批准下达。

三里窑闸按一次通航 1 条 110 千瓦拖轮及 10 条 80 t 木船组成的船队设计。

三里窑闸闸室总长 164.0 m，其中上闸首长 14.0 m，下闸首长 15.0 m，闸室宽 12 m，上、下闸首净宽 10 m。闸首和闸室均为钢筋混凝土结构，上闸首采用下卧式弧形钢闸门，配备 2 台 15 t 卷扬式启闭机；下闸首采用平板横拉钢闸门，配备 1 台 10 t 卷扬式启闭机，其为空箱闸室和短廊道输水结构，两侧输水阀门为钢筋混凝土平面直升，用 8 t 螺杆启闭机升降。闸室锚杆式钢筋混凝土挡土墙上部设挡浪板并做栏杆，闸室底部为透水式结构，用钢筋混凝土纵横梁分隔成方格，内填块石下铺滤层。上、下闸首四周和两面闸室墙基础均打有木板桩。为了控制闸室墙后的地下水位，在闸室挡土墙后，高程 2.0～1.5 m 处设置一道排水暗沟直通下游。遇反向水位时，下游出水口的阀门能自动关闭挡水。上游导航段为浆砌块石翼墙和护坦，下游导航段为钢筋混凝土翼墙和浆砌、干砌块石护坦。

（二）工程施工

三里窑闸工程施工由省水利厅基本建设工程队负责，土方工程由姜堰民工总队实施，1964 年 7 月 21 日正式开工。1965 年 3 月底混凝土和石方工程基本完成。

三里窑闸上闸首为弧形闸门，下闸首为横拉式闸门，闸门钢结构由省水利厅基建队安装队加工，闸门铸钢件由南京晨光机械厂铸造，扬州水利机械厂加工。由于铸钢件问题，闸门安装工程延至 1965 年 11 月底才结束。

1965 年 12 月 16 日，省水利厅指派江都水利枢纽工程处及管理处进行主验，邀请五里窑闸管理所、江都水利局、江都拆迁办公室、建行江都办事处、姜堰民工总队及省水利厅基本建设工程队组成水下工程验收组，三里窑闸通过水下工程竣工验收后，于 1966 年 1 月 23 日拆坝放水。

三里窑闸工程总投资 204.77 万元。主要工程量有引河及坝土方 14.4 万 m^3（不包括导流河），闸塘挖填土方 15.1 万 m^3，混凝土及钢筋混凝土工程 5 672 m^3，石方 1 790 m^3（其中浆砌石方 483 m^3，灌砌石方 593 m^3，干砌石方 714 m^3）。主要耗材：水泥 1 402 t、块石 3 823 t、黄砂 5 980 t、碎石 10 281 t、钢筋 286 t、闸门阀门钢材 73 t、木材 1 235.3 m^3。

（三）大修改建

1968 年三里窑闸大修时，上游弧形闸门主梁腹板上增开了直径 160 mm 的圆孔，以排除积水；拆除闸室护木，改为铸铁挂钩和铁链；增建了检修门通道；增设下闸首龙门吊架。

1978 年三里窑闸大修时，下游横拉门侧滚轮、滚轮座、阀门顶止水压板被校正复位；对闸首与闸室转角处混凝土进行角钢防护。

2012 年 11 月下游横拉门进行了大修，大修主要内容有：更换主侧滚轮，校正主、侧滚轮钢板；门库清淤；拆除、重新制作安装拦污栅；安装止水设施、防撞木、碰头木；闸室爬梯拆除后重新制作安装，工程费用 30 万元。

2014 年，省水利厅以苏水管〔2014〕25 号文下达“三里窑闸上游启闭机更换及启闭机房改造”项目，经费 40 万元，主要内容有：保留卷筒，更新电机、制动器、减

 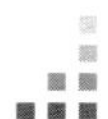

速机；对上下游启闭机房进行改造，增加管理所电动门，工程于2014年10月开工，2014年12月完工。

2015年12月，宜陵闸管理所搬至三里窑闸办公。

2017年，省水利厅以苏水管〔2017〕6号文下达"三里窑闸变配电设施更新及配电房维修"项目，经费30万元，主要内容有配电房拆除重建，更换干式变压器、所变进线柜、计量进线柜、动力柜、照明柜、检修动力柜、电容补偿器柜及电缆等，工程于2017年2月开工，2017年3月完工。

2022年，省水利厅以苏水江管〔2022〕1号文下达"三里窑闸闸门止水维修"项目，经费11万元，主要内容有三里窑闸上游弧形门侧、底止水维修更换，上下游闸门整形及油漆防腐等，工程于2022年3月实施并完工。

三、芒稻船闸

芒稻船闸位于江都区仙女镇西的芒稻河上，芒稻闸西侧120 m，与芒稻闸一同构成芒稻河与高水河交汇的控制工程，沟通芒稻河通江航运的建筑物。该船闸于1964年10月开工兴建，1966年4月竣工，同年10月交由交通部门接管运用。芒稻船闸按通航800 t木船队设计，为Ⅱ级建筑物，Ⅳ级航道。

（一）规划设计

芒稻船闸由省水利勘测设计院设计，扩大初步设计经水电部交由省计委审核，曾邀请省交通厅、省电业管理局、省邮电局会审后批准。

芒稻船闸规划按江都抽水站抽引江水300 m^3/s，上游最高校核水位9 m，下游千年一遇高潮位确定闸顶高程；按上游邵伯湖可能出现最低水位3 m，下游最低潮水位0 m，最小通航水深3 m确定上、下闸首底板高程。通航标准为800 t船队。

芒稻船闸闸室长135 m，宽12 m，上、下闸首净宽10 m。上、下游导航墙为钢筋混凝土扶壁式挡土墙，后接两段浆砌块石挡土墙。上、下游闸首均为空箱闸墙的连底式结构。闸室墙采用L形连底式钢筋混凝土结构。上、下闸首工作门为钢结构横拉门，启闭机为上海重型机器厂制造的2×2.5 t固定卷扬式启闭机，输水阀门采用平面直升式钢闸门，启闭机为镇江矿山机械厂制造的8 t螺杆式启闭机。输水系统采用平面环形短廊道断面2×2.5 m^2，进口处3×2.5 m^2，出口2—2×2.5 m^2，消能室外顶面栅格的孔口出水面积为7.5×4 m^2。

芒稻船闸上、下游引航道的直线段各长280 m，以400 m的转弯半径衔接上、下游通入芒稻河，引航道底宽25 m，边坡1∶3，至闸首附近逐渐缩为10 m，与闸门口门相接，引航道导墙为不对称式，直线进闸，曲线出闸。公路桥跨越下闸首，保持通航净空6 m，桥面净宽7 m，并加1.5 m人行道，设计标准为汽-13和拖-60。

（二）工程施工

芒稻船闸由省水利厅基本建设工程队施工，1964年10月25日正式开工，1964年12月24日开始浇筑闸身底板混凝土，到1965年5月28日闸身混凝土工程基本完成，同时开挖上、下游引河。公路桥于 1966 年 1 月 10 日正式通车。1965 年 10 月 27 日开始安装闸门，1965 年 12 月 11 日基本装好。1966 年 3 月 21 日进行水下工程检验，接着拆除上、下游坝，于 1966 年 4 月 5 日放水，1966 年 5 月中旬试航。

芒稻船闸工程造价 395. 35 万元。主要工程量为土方 63. 5 万 m^3，块石 7 294 m^3，混凝土 15 507 m^3。主要消耗材料为水泥 3 981. 6 t，木材 1 209 m^3，钢筋 581 t，黄砂 17 062 t，块石 13 586 t，钢材 150 t。

（三）工程扩容改造

随着芒稻河航道货运量的不断增长，芒稻船闸原设计通过量已不能满足通航需求，存在诸多安全隐患。2014 年 11 月，芒稻船闸扩容改造工程启动，按照Ⅲ级船闸标准建设，设计最大船型为 1 000 t 级船舶，船闸基本尺度为 180 m×23 m×4 m（闸室长×口门宽×门槛最小水深）。船闸承受双向水头作用，最大正向设计水头为 8. 50 m，最大反向设计水头-1. 31 m。闸室灌泄水采用闸墙长廊道侧支孔全分散输水型式，上、下闸首工作闸门采用横拉门型式，闸门启闭机采用齿轮齿条式机械传动。2017 年 12 月通过竣工验收，投资约 2. 3 亿元。工程竣工后，船闸运行平稳，引航道通畅，大幅提升整体通航效能，有效突破内河通往长江和沿海的水运瓶颈，同时保障了南水北调输水安全。

四、江都船闸

江都船闸原名仙女庙船闸，位于江都区仙女镇西原芒稻河和通扬运河的夹滩上，1952 年 9 月底工程开工，1953 年 7 月竣工验收。主要作用是沟通原芒稻河（现为高水河）和通扬运河的航运，因此，江都船闸列入江都水利枢纽工程项目。由于江都水利枢纽工程建设后，芒稻河北段成为江都抽水站向北送水的高水河，因此江都船闸于 1965 年进行调向加固，加固后的通航标准为 800 t 级船队分二次通过。南水北调东线工程实施后，因省干线航道网调整，江都船闸段航道及船闸已失去通航功能，为保证南水北调东线调水期间该段堤防安全，江都船闸于 2012 年实施封堵废弃。

（一）规划设计

江都船闸兴建初期为沟通里运河和里下河地区通长江的唯一通航建筑物，东接通扬运河、连泰州，北出拦江坝由运盐河达邵伯，南经芒稻河入长江。

江都船闸闸室长 95 m，宽 10 m，顶高程 5. 8 m，底高程-2. 5 m。上闸首顶高程 7. 0 m，底高程 0. 0 m，下闸首顶高程 7. 0 m，闸室底高程-2. 5 m。船闸工作闸门均为钢结构横拉门，配电动启闭机。

因 1954 年排洪水位超过设计水位，故江都船闸于 1956 年进行加固，闸室墙由 5. 8 m 升高至 7. 0 m，上、下闸首补强，闸门加固。

江都水利枢纽总体设计中，芒稻河北段成为抽引江水向北送水河道，设计水位为 8. 5 m，校核水位为 9. 0 m，江都船闸原下游接芒稻河，相应水位抬高，不但使水流反向，而且水位差也由原来的 4. 6 m 增至 7. 0 m，原工程已不能适应变化后的情况。江

都船闸改建扩大初步设计经水电部批准，由省水利厅于1965年2月下达，在技术施工设计阶段修改为加固方案，经省交通厅函复同意，于1965年4月报送水电部核备。建筑物标准仍按Ⅱ级建筑物设计。

加固内容为上闸首（高水河侧）空箱岸墙改成短廊道头部输水，闸首底板高程自-2.5 m升至0.5 m，局部空箱墙加厚，并全部接高，南岸至10.5 m，北岸至9.5 m，门库尾部接长，启闭机房重建等；上游两岸挡土墙接高、接长，护坡护坦拆除并抬高；闸室墙接高至7.5 m，纤道抬高，原下闸首改作闸室，新建闸室墙长23.3 m，满足闸室长135 m；下游接做新下闸首及下游出口翼墙；下闸首房及人行便桥拆除重建，护木全换新；上、下闸门门框加固，活动支承部件、轨道全部换新，下闸门调换上、下游方向，上闸门封闭原有阀门，增设2 m×2.5 m钢结构阀门两扇；改装换新全部电气设备及信号设备；两岸排水系统改道及增设集水窨井，修理上、下游门槛等。

江都船闸建成于1953年，经50多年运行，土建工程及设备老化严重，影响安全运行，为保证南水北调工程实施后高水河堤防安全，江都船闸实施加固改造，主要建设内容包括上闸首接高加固、下闸首拆除重建等。在江都船闸改建工程组织实施时，省交通厅以苏交航〔2011〕1号向省水利厅提出了断航封堵的建议。为尽快组织实施船闸改建工程，根据省水利厅、省南水北调办公室相关批示，江苏水源公司于2012年9月27日组织省交通运输厅航道局及各有关部门共同组织召开了江都船闸改建实施方案协调会。根据会议精神，江苏水源公司与省交通运输厅航道局商定，因省干线航道网调整，江都船闸段航道及船闸已失去通航功能，为保证南水北调东线调水期间该段堤防安全，将江都船闸加固改造方案调整为封堵废弃方案，船闸封堵方案由江苏水源公司委托设计并履行相关变更报批手续，由省交通航道部门与江苏水源公司共同组织审定，相关征地拆迁工作由交通航道部门负责解决。

（二）工程施工

江都船闸于1952年9月底兴建施工，1953年8月20日完工，主要工程量为土方18.7万m^3，混凝土4 011 m^3，砌块石2 859 m^3（其中干砌石680 m^3，浆砌石174 m^3）。

1954年仙女庙航闸管理所成立，省治淮指挥部直接领导，1959年仙女庙船闸管理所改名江都闸管理所，管理江都闸和仙女庙船闸。1960年12月经省委批准将仙女庙船闸交与交通部门管理。

（三）工程加固

江都船闸1965年的加固工程，于1965年7月22日开工，工程为填筑上、下游挡水坝。1965年9月1日起先后拆除上游建筑物，1965年11月11日起浇筑混凝土，至1965年12月28日全部空箱顶板浇筑结束，1966年3月20日吊装复位。上闸门止水橡皮、阀门和启闭机至1966年4月中旬全部安装结束。1965年11月下旬开始吊起下闸门调向，凿除原有的止水铁件后，进行加固，新装底滚轮，1966年3月下旬全部安装结束。

块石工程自1965年12月下旬开始，1966年3月下旬基本结束。闸室墙接高自1965年11月上旬开始浇筑，1965年12月下旬结束。下闸首机房及人行便桥自

1965 年 10 月下旬开始至 12 月中旬结束。还土工程自 1965 年 12 月上旬开始至 1966 年 3 月中旬大体结束。1966 年 4 月 22 日开坝放水，下游围坝于同月下旬挖清，上游围坝于 1966 年 5 月下旬挖清。上游机房于 1966 年 4 月中旬开始砌造，至 1966 年 5 月下旬结束。电气设备 1966 年 5 月上旬开始安装，1966 年 6 月基本结束。

（四）工程封堵

2012 年 12 月，江苏水源公司与扬州市航道管理处正式签订委托建设管理合同，由扬州市航道处承担船闸工程的建设管理任务，工程于 2013 年 3 月开工，2013 年 6 月封堵主体工程基本完成。

五、邵仙套闸

邵仙套闸位于江都区仙女镇以北，距芒稻闸 7.7 km 的邵仙闸洞与运盐闸之间的隔堤上。该闸始建于 1998 年 11 月，1999 年 11 月主体工程竣工，并通过竣工初步验收投入试运行。在后续配套、完善工程竣工后于 2002 年 8 月正式验收。该套闸为 V 级航道标准，Ⅱ级建筑物。工程建成后，解决了因邵仙闸过闸流速过大船只撞闸造成翻船、沉船的问题。同时，当江都抽水站向北送水 400 m^3/s 时，邵仙套闸可分流 70 m^3/s，此时，可开通闸过船；当江都抽水站向北送水 500 m^3/s 或 560 m^3/s 时，邵仙套闸过流分别为 90 m^3/s 及 101 m^3/s，此时，套闸以船闸方式运行。工程布置详见图 3-1。

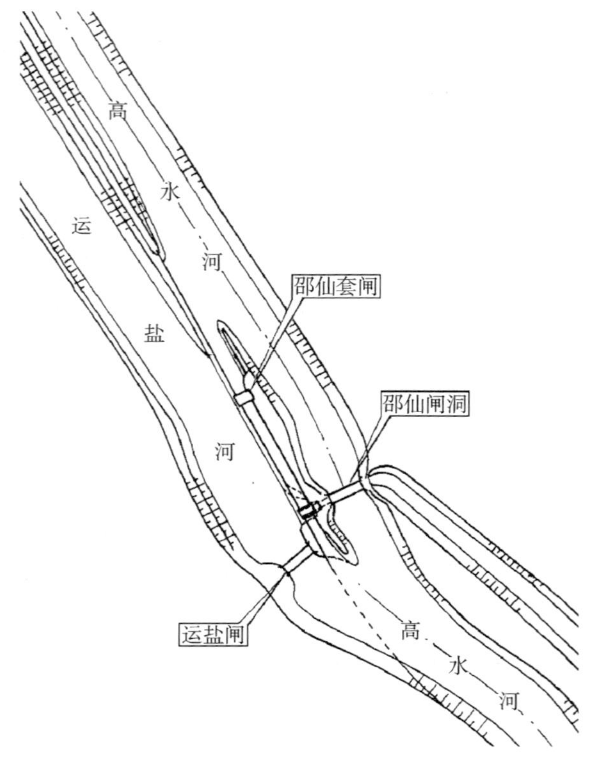

图 3-1　邵仙控制工程平面布置图

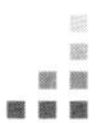

（一）规划设计

邵仙闸洞建成后为了顾及航运，上部邵仙闸闸门不得不常年开闸过船，并且常因江水北送流速过大船只撞闸造成翻船、沉船事故；江都抽水站排涝时，由于邵仙闸不能控制造成里运河水大量流失，同时遇淮河排洪时，由于高水河水位不能降低至排涝低水位，也限制了运盐闸的排洪，因此不能充分发挥江都水利枢纽排涝、排洪的最大效益。1998 年 6 月受管理单位委托，省水利勘测设计研究院编制了《江都水利枢纽邵仙控制加固改造工程可行性研究报告》，并报经省计经委批准，同年 10 月省水利厅批复邵仙套闸初步设计。邵仙套闸主体工程结束后，省水利厅 2001 年批准后续配套、完善工程。

邵仙套闸总长 190 m，其中上、下闸首长均为 15 m，U 形结构闸室长 160 m，分 8 节，每节长 20 m。闸室、上下闸首宽均为 16 m，邵仙洞涵洞延伸段从上闸首底板下立交穿过。上、下游副导航墙采用高桩承台、扶壁式直立墙，下游主导航墙采用防渗地下连续墙基础，扶壁式直立墙。上闸首上游、下闸首下游引航道内均设 0. 5 m 深消力池。上、下游工作门均为平面升卧式钢闸门，采用 2×400 kN 卷扬式启闭机。邵仙套闸采用微机自动监控系统监控闸门启闭，监测上、下游水位，视频监视上、下游和闸室船只情况及升卧式闸门搁门器运行情况。

（二）工程施工

邵仙套闸工程由省水建总公司承建，河海大学监理公司担任工程监理。1998 年 10 月 5 日施工单位进场，进行施工前期土方开挖，1998 年 11 月 5 日主体工程招投标，1998 年 11 月 20 日主体工程开工，1998 年 11 月 27 日开始闸室 45 cm 地连墙施工，至 1999 年 3 月 7 日所有地连墙、灌柱桩的施工全部完成。1998 年 12 月 8 日混凝土开始浇筑，至 1999 年 6 月 29 日闸室、上下闸首、上下游主副导航墙、引航道工程施工全部完成，1999 年 6 月 1 日至 6 月 28 日闸门、启闭机安装；1999 年 7 月 10 日通过省水利厅组织的水下工程验收，1999 年 11 月 28 日主体工程竣工，并通过省水利厅主持的竣工初步验收。1999 年 12 月 28 日邵仙套闸试通航成功。

邵仙套闸工程总投资 5 630 万元，主要工程量为土方工程 55. 0 万 m^3，混凝土及钢筋混凝土工程 2. 43 万 m^3，砌石工程 8 424 m^3，钢结构 121 t，钢筋及零星金属结构 1 963 t，基础工程 505 m^3。

后续配套、完善工程于 2001 年 11 月 20 日开工，其中土建工程（上、下游靠船墩接长、增设部分助航设施、上下游停泊区增设系船柱及人行便桥、增建下闸首人行交通桥等）由高淳水建公司中标承建，闸门启闭系统更新改造及趸船由省水利机械总厂中标承建。2002 年 6 月工程竣工。2002 年 8 月 13 日邵仙套闸工程正式竣工验收。

2004 年邵仙套闸下游南靠船墩加固。2006 年省邵仙水利开发有限公司办公楼改造。2008 年邵仙套闸控制室装修。2011 年至 2012 年邵仙套闸下游靠船墩加固改造。2011 年至 2012 年套闸南靠船墩及 5 号、6 号便桥改造。

（三）工程大修

2016 年 3 月，省水利厅以《省水利厅关于邵仙套闸大修工程可行性研究报告的批复》(苏水计〔2016〕14 号)同意邵仙套闸大修工程可行性研究报告，核定邵仙套闸大修工程估算总投资 1 185 万元。2016 年 6 月，省水利厅以《省水利厅关于邵仙套闸大修工程初步设计的批复》(苏水计〔2016〕55 号)同意对邵仙套闸进行大修改造，批复概算为 1 096 万元。

大修改造的主要内容有闸门加固、启闭机更换；靠船墩、闸室防撞设施改造；混凝土裂缝、碳化修补；监控、视频等自动化系统改造；新建南北远调站、道路等管理设施。

邵仙套闸大修工程主要工程量为航道清淤 18 000 m^3，混凝土 848. 27 m^3，灌注桩 273 m^3，钢筋制安 78. 35 t，混凝土防碳化 950. 0 m^2，房屋 185 m^2。启闭机更新 2 台套，防撞钢板 35. 44 t，闸门加固钢结构 5. 0 t，闸门喷锌防腐 1 080. 0 m^2。监控、视频等自动化改造 1 项。大修工程于 2016 年 7 月 7 日开工，2017 年 4 月 26 日全部完成。

2021 年 9 月至 12 月，省水利厅以《江苏省水利厅关于 2021 年省级部门预算的批复》(苏水财〔2021〕1 号)批复，在邵仙套闸下闸首北侧实施通航设施安全完善项目，主要建设内容包括新建（接长）钢筋混凝土靠船墩 150 米以及相应配套照明、警示设施。项目批复概算为 322 万，工程于 2021 年 9 月 28 日开工，2021 年 12 月 20 日全部完成。

第三节　河　道

一、新通扬运河

新通扬运河是引江水补给苏北里下河地区、渠北地区和沿海垦区用水的主要输水河道，也是里下河地区排涝的主要河道。它西起芒稻河，东至海安县海安镇，全长 90 km，为与原有的通扬运河①区分，定名为新通扬运河。

1952 年治淮委员会编制苏北灌溉总渠规划时，将通扬运河定为南干渠作灌溉之

① 通扬运河历史上称“古盐河”“运盐河”“上官河”“上官运盐河”等，汉吴王刘濞建都广陵（今扬州），为运输海盐，发展盐业生产，在西汉文帝、景帝时（公元前 179～前 141 年）开挖运河，从扬州的茱萸湾（今湾头）至海陵（今泰州），到北宋时期已延伸至南通，通往运盐场。1909 年（清宣统元年）通州大达商轮公司疏浚南通到扬州的运河时，命名为“通扬运河”。

新通扬运河与通扬运河呈剪刀形交叉，交叉点在江都区宜陵镇西侧，交叉点之西，新通扬运河在通扬运河南侧；交叉点之东，新通扬运河在通扬运河北侧。新通扬运河开挖，切断了宜陵镇西的通扬运河段，对通航、灌溉造成一定影响。1964—1978 年五里窑闸、三里窑闸和宜陵地下涵洞先后建成，恢复了通扬运河的航运交通和沿线农田灌溉。

通扬运河的起点原在扬州的湾头，高水河形成后，以江都的褚山坝（土山坝）为起点，向东经宜陵、泰州、姜堰、海安、如皋至南通木耳桥，全长 177 km，流域面积 670 km^2。目前标准为：排水 70 m^3/s，河底高程 -1. 5～0. 6 m，底宽 8～16 m，河坡 1∶2～1∶2. 5。一般通航水位 2. 5 m 左右。

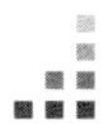

用。因通扬运河沿岸的宜陵、泰州、塘湾、姜堰等城镇，拆迁多，地势高，任务大，1958年秋，省、地水利部门研究决定在通扬运河以北另开一条新河——新通扬运河，并以泰州赵公桥为河道中心，在图上定出河线，向东经姜堰至海安，向西经宜陵折向芒稻河，新河线地势低，村庄少，经济可行。新通扬运河整个工程自1958年开始，至1980年竣工，先后分四期施工。

1. 第一期工程

1958年11月15日，新通扬运河全线开工。江都、姜堰、海安等县民工10.5万人施工，1959年5月，因农作物夏收中途停工。其后，江都闸于1959年8月份建成。1960年春工程复工，参加施工的有扬州、盐城、南通三个地区的11个县民工12.5万人，翌年5月竣工，完成土方1 100万 m^3。至此，江都至泰州段基本开通，河底高程-2.5 m，底宽20 m；姜堰白米至海安19.7 km基本成河，河底宽10 m，河底高程-1.0 m。

2. 第二期工程

1963年一站通过新通扬运河排涝0.995亿 m^3；1964年六七月干旱，自流引江，1964年8月份里下河多雨，内涝威胁严重，又抽排涝水1.643亿 m^3。1964年10月份以后，自流引江，补给里下河及海口冲淤保港用水，全年共自流引江6.306亿 m^3。两年实践证明，新通扬运河断面标准不足，加之砂性土质，两岸雨淋沟坍方严重，自流引江时，上游被冲，下游淤淀；抽排涝水时，不能充分发挥一站、二站抽排120 m^3/s 的作用。于是，省报请水电部按抽排150 m^3/s 整治新通扬运河（江都至泰州段）。经水电部批准，1964年12月25日，在江都工地召开新通扬运河整治工程施工会议，姜堰常备民工负责打坝，东坝于1965年1月7日合拢，西坝于1965年1月12日合拢，春节前做好施工前的一切准备。1965年2月10日，江都西闸至江都闸河道疏浚，宜陵闸至庄家桥砂土削坡和主要段块石护坡等工程全面开工，姜堰、兴化动员民工1.3万人，1965年4月10日工程验收合格，完成土方88万 m^3，石方1.1万 m^3。1965年4月15日14时拆东坝，17时拆西坝，遂投入自流引江，向里下河腹部送水灌溉农田，发挥预期作用。

3. 第三期工程

1967年7月三站兴建后，1968年11月，新通扬运河按抽排250 m^3/s 进行第三期整治工程，拓宽从江都宜陵至姜堰白米的河道，长55.03 km，由扬州、盐城两专区施工，动员姜堰、兴化、江都、宝应、高邮、大丰等区县民工14.7万人施工，翌年1月竣工，完成土方2 051万 m^3。至此，扬州境内新通扬运河全线贯通。

4. 第四期工程

1977年四站建成，抽排能力提高到450 m^3/s。为充分发挥江都抽水站的作用，1978年江都东桥、江都东闸和江都送水闸均已建成。1980年汛前建成宜陵地下涵洞和砖桥镇的新向阳桥。1979年11月21日，又按江都西闸外灌溉期枯潮水位2.19 m、三阳河口水位1.89 m、自流引江550 m^3/s 的标准，施工队伍拓宽了新通扬运河江都东闸至宜陵三阳河河口段，长 10.6 km。由当时的扬州地区 9 个县 14 万民工施工，工程提前 26 天，于 1980 年 2 月竣工，完成土方 743 万 m^3。同时，工程中还拆除向阳桥，并采用控制爆破技术拆除江都闸，汛前完成宜陵地下涵洞。

新通扬运河姜堰白米至海安段 19.7 km，南通地区于 1978 年 11 月 18 日至 12 月 12 日，动员海安县民工 7.3 万人进行拓浚，完成土方 382 万 m^3。

5. 河口疏浚工程

新通扬运河与芒稻河以 90°相交，引水时主流常偏至北侧造成冲刷，1978 年冬，江都西闸上游右岸距闸 130 m 至芒稻河口，以半径 450 m 切滩，长 300 m，高程 0～9 m 砌有干砌块石护坡，坡比 1∶3，但高程 2 m 向下的滩地未能挖除。2001 年 10 月新通扬运河河口进行河道疏浚整治，切除南岸滩地。2002 年 3 月工程竣工，完成土方 26 万 m^3。

6. 江都东、西闸之间河道疏浚工程

根据水利部《关于南水北调东线第一期工程长江至骆马湖段（2003）年度工程江都站改造工程、淮安四站工程、淮安四站输水河道工程、淮阴三站工程初步设计的批复》（水总〔2005〕350 号），江都站改造工程安排对东、西闸之间及抽水站下游引河进行疏浚，对河坡进行护砌，并在四座抽水站引河口增设整流设施。

东、西闸之间河道疏浚至高程-8.0 m，河底宽度 50～80 m。一站至四站四条引河疏浚恢复至原设计断面，引河底高程分别为-3.5 m，-5.0 m、-4.5 m、-6.0 m。排泥场布置在河道南岸，疏浚总土方 55 万 m^3。

河坡防护从东闸翼墙处开始至与西闸设计分界线处止。河坡高程 3.0～5.5 m 范围内采用 M10 浆砌块石挡土墙，墙顶设宽 0.55 m、厚 0.30 m 的混凝土盖顶，挡土墙基础为宽 2.8 m、厚 0.5 m 的 C20 混凝土底板，底板齿坎埋深 1.0 m。高程 0.5～3.0 m 河坡采用浆砌块石护坡，面层为 30 cm 厚浆砌块石，下垫 10 cm 厚碎石、5 cm 厚黄砂及 350 g/m^2 土工布垫层，底部为 0.6 m×0.8 m 混凝土齿坎。护坡顺水流方向每 20 m 设一道 0.4 m×0.6 m 混凝土格埂。高程-8.0～0.5 m 水下河坡采用模袋混凝土护坡形式，充填 C20 混凝土的厚度为 15 cm。河底坡脚处设 2 m 宽水平模袋混凝土护脚。

一站、二站站下引河高程 3.0～5.5 m 原有砌石挡土墙保持不变，挡墙混凝土压顶拆除重建。高程 0.5～3.0 m 河坡为浆砌块石护坡。高程 0.5 m 以下坡面，仍保持原护坡形式不变。三站、四站站下引河坡在高程 3.0～5.5 m 新建浆砌块石挡土墙，高程 0.5～3.0 m 之间原混凝土护坡拆除后新建浆砌块石护坡。

站下引河整流措施为：在站下引河进口距站身下游侧（一站 141 m、二站 147.5 m、三站 131.5 m、四站 148 m）处设倒“Y”形（尾汊与泵站进水方向一致）导流墩，墩顶高程均为 2.0 m，三条边等长，尾汊夹角均为 60°。倒“Y”形导流墩单边长度，一站、二站均为 14 m、三站为 16 m、四站为 20 m。导流墩由 40 cm×40 cm 预制钢筋混凝土板桩组成。一站至四站桩底高程分别为-9.5 m、-10.0 m、

-10.0 m、-11.0 m。墩顶现浇 40 cm×60 cm 钢筋混凝土帽梁。在站前距站身下游侧（一站 90.5 m、二站 97 m、三站 84.5 m、四站 92 m）处设一道导流坎，导流坎为预制钢筋混凝土倒 T 形结构，每节长度为 2 m，厚度 0.4 m。一站至三站坎顶高程为 -2.5 m，坎底宽分别为 1.0 m、1.6 m、1.4 m，四站坎顶高程-3.5 m，坎底宽为 1.6 m。倒 T 形梁导流坎通过水下安装成型，抛石压脚护底。

江都东、西闸之间河道疏浚由省水利勘测设计研究院有限公司设计，施工由省水利建设工程有限公司完成，工程于 2005 年 12 月 22 日开工，2006 年 1 月 13 日开始疏浚，2006 年 5 月底河道疏浚基本完成。2006 年 3 月 12 日完成导流坎、导流墩方桩预制施工。2006 年 5 月 8 日完成 0.5～1.5 m 护坡施工。2006 年 5 月 13 日完成导流墩方桩沉桩、导流坎安装及帽梁施工。2006 年 5 月 25 日完成模袋混凝土护坡施工。2006 年 9 月 26 日完成全部挡土墙浆砌块石墙身施工。2007 年 1 月 30 日完成导流墩两侧桩抛石和导流坎软体沉排施工。2007 年 3 月完成全部挡土墙栏杆施工。2008 年 4 月底完成人行道、路灯施工。2008 年 6 月 12 日通过单位工程验收，2012 年 2 月 25 日通过合同项目验收。

二、高水河

高水河位于江都区西部，为江都水利枢纽工程实现江水北调，抬高水位（设计水位 8.5 m）而开凿，南起江都抽水站，北到江都区邵伯镇与里运河衔接处，全长 15.26 km。

高水河的开凿确保了苏北沿运河地区农田的灌溉，便利内河与长江的航运。当汛期淮水入江流量达 1 万 m^3/s 以上时，又可经运盐闸利用高水河泄洪 830～900 m^3/s 入江。

高水河工程于 1963 年 1 月开始兴建，由兴化、姜堰、泰兴 3 县分段施工。南段从江都抽水站至老江家桥，平地开河结合筑堤。老江家桥至人字河头，利用原芒稻河北段加高东堤，新筑西堤。中段从人字河头至邵仙闸洞，利用原运盐河将邵仙引河西岸堆土区作东堤，邗江区泰安乡高地作西堤。北段从邵仙闸洞至紫竹庵，利用原邵仙引河东堤加高培厚，西堤南部为邵仙引河堆土区，北部为里运河老东堤。从紫竹庵至里运河，平地开河结合筑堤，于邵伯大船闸（1959 年建）与邵伯小船闸（1936 年建）之间接上里运河，邵伯小船闸、邵伯闸调尾接盐邵河与里下河沟通，并在邵伯闸下游建滚水坝，以提高邵伯闸下游水位，维持上、下游水位差在设计范围内。1964 年 5 月高水河工程全部完成，两岸低地筑堤总长 28.97 km，其中东堤长 15.26 km，西堤长 13.71 km。堤顶高程 10.5 m，顶宽 8.0 m，迎水坡 1∶3。背水坡在高程 5 m 处设青坎宽 5～8 m，坡比 1∶3。迎河面建成块石护坡 25.57 km，迎湖面建成块石护坡 3.59 km。块石护砌高程从 5.5 m 至 8.7 m。

江都 4 座抽水站同时开机向北送水时，水位达 8.3 m，江都区仙女镇段东堤窨潮、渗漏，堤脚下临深塘，危及堤身安全。1978 年 5 月，江都组织 1 000 人对引江桥至土山洞（长 2 km）的东堤进行加固，在背水坡高程 8 m 处，加筑宽 10 m 的戗台，坡比

1∶3，台下青坎 2 m，并设有 1 m 宽排水沟。同时，西堤的育才中学及古运河（横河）段也进行加固，于背水坡高程 8 m 加筑宽 10 m 戗台。冬季，江都组织 15 个乡（镇）民工 5 200 余人，切除里运河老西堤，加做黑鱼塘大堤，筑米市街南坝，拆除 1936 年所建的邵伯船闸，并将鸡毛帚（地名）切角，扩大邵伯镇南段河床断面，1979 年 5 月工程竣工。

1963 年至 1979 年，高水河工程共完成土方 346 万 m^3、石方 14.5 万 m^3，国家投资 1 240 万元。

高水河上还建有配套建筑物，东堤自南向北有玉带洞、土山洞、肖家口洞、谈庄洞以解决东岸局部高地的引排水问题。高水河上的邵仙闸洞，邵仙闸控制和调节高水河与里运河水位，邵仙洞沟通邵伯湖与邵仙引河南段，将淮河余水由邵伯湖输入通扬运河。

2000 年 12 月至 2001 年 6 月高水河江都临城段堤防进行垂直铺膜、高压定喷、块石护坡重建及接长接高、抛石护脚等措施进行加固。但是，邵仙闸以北 3.5 km 河道浅狭，仍不适应输水要求，堤防上堤脚陡立有 3 处、5 840 m，窨潮渗漏有 6 处、长 180 m，堤后深塘的有 4 处、长 810 m。

2011 年至 2013 年，南水北调东线一期工程安排实施高水河整治工程，对原邵伯轮船码头至江都临城段 13.1 km 河道进行整治。主要整治内容为邵伯闸以北河道疏浚 3.3 km，堤防加固 6 km，堤防护砌整修 24.33 km，对 15 km 堤防上的狗獾洞进行处理，建筑物加固（拆建）12 座，堤顶道路修建 12 km 等。

三、三阳河

按南水北调东线工程规划，三阳河应具备输水 300 m^3/s 的能力，其中输水 200 m^3/s 经潼河供给宝应站，输水 100 m^3/s 经大三王河供给里下河地区用水。

1973 年 6 月，扬州地区治淮指挥部编制了《苏北引江灌溉续建工程江都枢纽新通扬运河西段疏浚及三阳河整治工程初步设计》。三阳河由宜陵至潼河，全长 68 km。樊川以南的老三阳河小而弯曲，且有丁沟、樊川两大镇，因此，南起老三阳河口，北至樊川镇西，裁弯取直，接上高邮市境内的老三阳河，樊川以北至高邮官垛荡的老三阳河通比较顺直，则可利用老河。

1973 年至 1981 年，从宜陵至三垛，长 37.34 km 的三阳河南段有计划进行整治，三垛以北的三阳河整治工程因限于经费而暂停，有待今后继续整治。

2002 年 12 月至 2005 年 6 月，根据水利部《关于南水北调东线一期工程三阳河、潼河、宝应站工程初步设计的批复》，三阳河、潼河通过扩挖、新开将长江水输送至宝应站下，其中三阳河从三垛镇至六安河利用老河道扩挖长 17.1 km，六安河以北至潼河长 12.86 km 及潼河长 14.26 km 为新开河道，至此三阳河一期整治工程全部完工。

1. 第一期工程

三阳河工程初步设计经省治淮指挥部批准后，1973 年 11 月 14 日开始施工。工

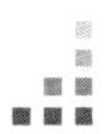

程范围自宜陵至丁沟乡乔河，长 11 km，河底高程-5.5 m，底宽 50 m。工程南部黏土段青坎 5 m，河坡 1∶3；北部砂土段青坎 10 m，河坡 1∶4；软土段河坡 1∶4，在高程-1.0 m 处加 5 m 宽平台，青坎 20～40 m。工程由兴化、江都、高邮、宝应、姜堰、泰兴、仪征、六合 8 县 10 万民工施工，完成土方 970 万 m^3，1974 年 4 月 5 日工程竣工放水。同时，工程还铺设护坡的截水涵管 1.48 km，筑宜樊公路改线 1.5 km，拆建电灌站 10 座，配套建筑物 25 座。国家投资 1 136 万元。

2. 第二期工程

1974 年，扬州地区治淮指挥部根据省治淮指挥部《江苏省南水北调向北送水工程规划报告》和《里下河地区水利规划》，编报《江苏省南水北调江都枢纽配套——新通扬运河西段、三阳河南段工程修改初步设计书》，提出新通扬运河宜陵以西段按引排流量由 250 m^3/s 增加至 550 m^3/s 开挖，三阳河按引江流量 300 m^3/s 开挖，并按冬春自流引江 100 m^3/s 校核，设计水位为三阳河河口 1.84 m、三垛 1.13 m；排涝时，三垛最低水位 1.2 m。为防止砂土河床坍坡，原杞柳护坡改为浆砌块石矮墙护坡。经省批准后，工程于 1974 年 12 月开工，开挖三阳河河口段及新三阳河喇叭口段，喇叭口段长 1 045 m，河底高程-5.5 m，底宽 50 m，河坡 1∶3，青坎东岸为 10 m，西岸预留船闸引河 140～190 m，由兴化、高邮、宝应、姜堰 4 县 2.04 万民工施工，1975 年 4 月完工，并在河口建宜陵北闸，以控制高潮引江时的樊川水位。同时，在三阳河东岸盐邵河上建樊川船闸、樊川节制闸，保持盐城、邵伯航运交通。

3. 第三期工程

1975 年 11 月 2 日，三阳河乔河至樊川段继续开挖，长 9.1 km，河道标准与乔河以南相同。兴化、宝应、高邮、江都、泰兴、靖江、邗江、姜堰、仪征等 9 县 10 万人施工，完成土方 752 万 m^3，护坡 18.53 km，拆建电灌站 13 座，工程于 1976 年 5 月 15 日竣工。1976 年 7 月，瘾东套闸建成。1976 年 10 月，丁泰套闸建成。

4. 第四期工程

1976 年 11 月 6 日樊川到三垛段开始施工，施工段长 15.6 km，因经费不足，此段施工按引排 150 m^3/s 规模施工，河底高程-4 m，底宽 35 m，河坡 1∶4，青坎宽度一般为 10 m，个别软土段为 15～30 m。兴化、高邮、宝应、江都、邗江、靖江、泰兴 7 县 6 万多人施工，完成土方 576 万 m^3，工程于 1977 年 1 月 22 日竣工。1977 年 5 月丁樊公路桥和横沟套闸建成。1977 年 11 月丁西套闸和瘾西套闸建成。高邮境内配套建筑物有单闸 3 座、公路桥 4 座及大、小拖拉机桥各 1 座，工程从 1977 年 3 月开工，至 1978 年 5 月竣工。

1979 年三阳河工程因国民经济调整而停建。

5. 三垛镇裁弯

1981 年冬，鉴于三垛镇以南的三阳河在里下河地区排涝中发挥了显著作用，而三垛镇附近老三阳河弯曲浅窄，阻水严重，北澄子河以北的内涝很难南排，因此，扬州地区水利局提出三垛镇拆迁及新老三阳河接通工程项目。该工程项目经省水利厅批准后于1982年开始拆迁，其范围为南自北澄子河边，北至老三阳河边，宽100 m，长600～640 m。工程中拆迁瓦房1 332间、草房90间、圩口闸8座、35 m桁架桥1座、排水洞19座、三垛至司徒公路改线1段，以及镇上公共设施连同土地征用费等，国家共投资100万余元，1986年工程完工。1986年11月新老三阳河接通工程展开，平地开河460 m，疏浚老河340 m，工程建成后河底高程-2 m、底宽15 m，排水流量可达34 m^3/s。

三阳河整治工程至此暂告一段落。宜陵至三垛全长37.34 km，共完成土方2 725.7万m^3、石方8.37万m^3、混凝土4.51万m^3、桥涵建筑物49座，投资4 229万元。

6. 南水北调东线三阳河、潼河工程

三阳河、潼河工程是南水北调东线工程的水源工程之一，是保证向北方调水、逐步解决北方地区缺水形势的东线第一期工程中的项目。该工程的主要任务是通过三阳河、潼河将长江水输送至宝应站下，由宝应站抽水100 m^3/s入里运河，与江都站（抽水400 m^3/s）共同实现南水北调第一期工程抽江500 m^3/s规模的目标。

三阳河、潼河工程于2002年12月27日正式开工建设，2005年6月河道全线通水。三阳河、潼河工程主要建设内容包括河道工程、跨河桥梁工程、沿线影响工程、水土保持及环境保护工程、移民安置补偿。

三阳河、潼河河道工程总长44.21 km，其中三阳河长29.95 km，潼河长14.26 km。河道断面，河底高程及宽度分别为：三阳河一期工程设计河底宽30 m，底高程-3.5 m，二期工程河底宽50 m，底高程-5.5 m，一期工程实际河底宽为30～50 m，河底高程-5.5 m～-3.5 m；潼河设计河底高程-5.0～-3.5 m，底宽30～40 m，河道边坡1：3～1：4。

三阳河、潼河工程拆迁（新建）跨河公路桥及生产桥计21座。重建、改建沿线影响工程各类小型建筑物共241项，包括节制闸2座，套闸1座，圩口闸29座，灌排泵站31座，涵洞13座，干渠渠首1座，支渠渠首21座，退水洞2座，地涵1座，小节制闸29座，交通桥14座，渡槽1座，圩内小型农水建筑物76座，二横河延伸段桥梁4座，二横河延伸段排洞14座，二横河延伸段泵站1座，运西排涝河排洞1座。水文设施包括新建宝应（抽）站水文、水质站，新建杜巷水位站和三垛水位、水质站；改造邵伯巡测队，邵伯站生产办公用房改造，樊川站自记水位台改造，高邮站办公区改造，水情分中心改造。

国家共批复三阳河、潼河工程概算投资78 814万元，实际投资完成75 045.93万元。其中建筑安装工程投资29 593.46万元，设备投资894.20万元，待摊投资44 558.28万元（含移民支出39 473.22万元）。

三阳河、潼河工程累计完成土方1 848.52万m^3、混凝土9.87万m^3、块石5.02万m^3。其中河道工程累计完成土方1 553.93万m^3、混凝土3.6万m^3、块石1.4万m^3；跨河桥梁工程累计完成土方34.8万m^3、混凝土2.9万m^3、块石2.4万m^3；沿线影响工程累计完成土方259.79万m^3、混凝土3.37万m^3、块石1.22万m^3。

第四章

淮河入江水道归江控制工程

淮河下游入江水道是排泄淮河洪水的主要河道，它的起点位于洪泽湖出口的三河闸，经三河、金沟改道、高邮湖、邵伯湖、归江河道至扬州境内的夹江，在三江营入长江。淮河入江水道归江控制工程主要指廖家沟上的万福闸、太平河下游石羊沟上的太平闸、金湾河下游董家沟上的金湾闸及运盐河上的运盐闸、芒稻闸。历史上这些归江河道均是以打坝的方式蓄水灌溉，泄洪时拆坝。

在泄洪控制运用时，万福闸、太平闸、金湾闸3座水闸开启的顺序为：先开启万福闸，在不能满足泄洪要求时，再开启金湾闸，待满足上、下游安全水位组合时，再开启太平闸；关闭的顺序为：先关闭太平闸，然后关闭金湾闸，最后关闭万福闸。

1961年万福闸管理处成立，分管万福闸、江都闸、邵伯闸。江都水利工程管理处成立后，于1963年11月将万福闸、江都闸、邵伯闸划归管理处管理，万福闸管理处机构不撤销，与管理处是平行关系，江都闸和邵伯闸两个管理所由管理处直接领导。1968年9月为了有利于水利工程的统一管理，省水利厅决定将万福闸管理处改称东风闸管理所，隶属于江都水利枢纽工程管理处革命委员会领导。1972年11月万福闸太平闸管理所成立，负责万福闸、太平闸管理。1984年7月经省水利厅批准，万福闸管理所负责万福闸、太平闸、金湾闸的管理。

第一节 万福闸

万福闸位于扬州市广陵区廖家沟，在凤凰河、新河、壁虎河3河的汇合处，下游连接廖家沟，是淮河入江水道归江控制的主要排洪闸。上游凤凰河的来水基本与闸室宽度方向中心线正交，右岸壁虎河偏右侧，为确保过闸水流基本平顺，在凤凰河和新河合口出隔堤端部向下游增设600米导流堤。该闸于1959年10月动工兴建，1960年7月建筑物主体工程建成，水下工程经过验收便开坝放水。该闸设计流量7 460 m^3/s，属大型水闸，Ⅱ级建筑物。工程主要作用为排泄淮河洪水入江，拦蓄邵伯湖灌溉水，并引江潮补给邵伯湖水之不足，改善邗江、仪征两市（区）的灌溉用水条件，同时保持扬州段大运河的通航水位及改善扬州城市用水。1986年11月工程进行第一次较全面地加固改造，1993年11月工程竣工，1993年12月工程进行加固验收。2012年3月工程开始进行第二次全面加固改造，2018年5月工程完成，同年8月通过单位工程验收，2018年12月19日通过水利部淮河水利委员会和省水利厅联合主持的竣工验收，工程质量等级为优良。2021年12月，万福闸加固工程获2019—2020年度中国水利工程优质（大禹）奖。

一、规划设计

根据淮河流域规划，淮河洪水泄量按300年一遇洪水流量11 500 m^3/s设计，千年一遇洪水流量 13 500 m^3/s 校核。省水利厅勘测设计院于 1959 年前规划勘测，1959 年 8 月编制初步设计并于 1959 年 8 月 25 日由省人委向中央报送邵伯控制工程设计任务书，同年 9 月水电部以（59）水电规水钱字 123 号文和国家计委计农安字 1113 号文批准。淮河入江水道工程按排洪入江 12 000 m^3/s 设计，设计标准为 300 年一遇，当淮河来量为 11 500 m^3/s 时，万福闸排洪 7 460 m^3/s；当淮河来量为 13 500 m^3/s 时，万福闸排洪 8 820 m^3/s，约占淮河总入江流量的 65%；利用闸下高潮位开闸引潮，设计最大引潮流量 2 000 m^3/s，改善邵伯湖沿湖地区 6.67 万公顷农田灌溉用水条件。

万福闸共 65 孔，闸总长 141.0 m，总宽 466.8 m，每孔净宽 6 m，底板共分 32 块，为 π 形钢筋混凝土底板，伸缩缝在底板中间，边孔为两侧岸墙各挑出半块，闸底高程-2.0 m。公路桥设在下游一侧，上游为工作便桥，在工作便桥与公路桥中间为工作桥。闸墩为钢筋混凝土结构，公路桥、工作桥、工作便桥均为钢筋混凝土简支结构。左右两侧为钢筋混凝土岸墙，上、下游均为弧形重力式浆砌块石翼墙，两侧各 3 节。上游翼墙为圆弧面，下游翼墙为扭曲面。上、下游均设消力池。闸门采用上、下扉直升平面闸门，上扉门为钢筋混凝土结构，下扉门为钢架钢筋混凝土面板结构。万福闸使用卷扬式闸门启闭机，启闭方式为上、下扉门联动。

1986 年万福闸因混凝土碳化严重造成混凝土结构大面积损坏而进行加固改造，根据 20 多年的实际情况，改造工程对原设计水位进行了修正。当淮河入江12 000 m^3/s 时，万福闸分担排泄 8 270 m^3/s；入江 15 000 m^3/s 时，万福闸分担排泄 9 400 m^3/s。

二、工程施工

万福闸工程由省水利厅基建工程队负责施工。1959 年 10 月 2 日开始筹备，1959 年 10 月 12 日下游拦河坝开始构筑，至 1960 年 5 月 30 日混凝土浇筑任务全部完成。1960 年 5 月中旬上、下扉闸门及启闭机开始安装，1960 年 7 月 15 日建筑物主体工程建成并放水。1962 年 12 月全部竣工。

万福闸工程总投资 1 700 万元，完成混凝土 5.0 万 m^3、石方 7.3 万 m^3、土方 160 万 m^3，耗用钢筋 1 200 t、钢材 685 t。

万福闸工程因为边设计边施工，因而没有完整的施工资料，无竣工图纸和施工总结，没有办理验收和工程移交手续。1985 年 10 月，根据水利工程“三查三定”精神，省水利厅设计、施工、科研和管理部门人员参加的“万福闸工程技术鉴定会”代替竣工验收手续。

三、加固改造

万福闸建于 20 世纪 50 年代末 60 年代初，由于当时的历史原因和客观条件，主体建筑物混凝土标号偏低，加之施工工艺简陋，工程竣工不久，很多部位的混凝土碳化深度已超过钢筋保护层，导致结构主筋锈蚀，混凝土表面胀裂，裂缝宽度最大达

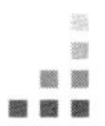

9 mm；消力池混凝土冲损；闸门钢架锈蚀，端柱内侧锈斑累累成块剥落，抗剪强度不够，滚轮锈死，底止水漏水等。为了延长工程寿命，确保工程安全运行，工程于1986 年至 1993 年进行了加固改造。加固后工程经过近 20 年的使用，混凝土碳化仍继续加剧，设备陈旧老化，需要进行第二次加固改造，万福闸加固工程于 2012 年至2018 年进行了第二次加固改造。

1. 第一次全面加固改造

1981 年 10 月至 1984 年 5 月，在水利工程“三查三定”工作中，万福闸闸墩、公路桥、工作桥大梁等主要部位的混凝土碳化严重，碳化深度已超过钢筋保护层（平均 74 mm，最大 94 mm），导致结构主筋锈蚀，混凝土表面胀裂，裂缝宽度最大达9 mm；排架的抗震烈度达不到标准；闸门钢架锈蚀抗剪强度不达标等。1986 年 3 月省水利勘测设计院编制《淮河下游邵伯控制万福闸加固工程设计书》，省水利厅于1985 年 10 月召开万福闸工程技术鉴定会，建议对万福闸进行全面加固，此后，经省水利厅批准，1986 年汛后对万福闸进行全面加固，1986 年 11 月 25 日工程开工，1993 年 11 月 20 日竣工，省水建公司一处统一承建。

省水利厅批复的加固项目有：①上、下扉闸门拆除重建，启闭机解体检修，在工作桥上增设电缆沟，敷设新电缆；②工作桥加固，采用修补和喷刷保护涂料的方法进行；③工作桥排架按地震烈度Ⅶ度加固；④闸墩加固措施为：上游墩头接长，并增设检修门槽，将已碳化的闸墩表层凿除，用喷高强混凝土修复；⑤闸底板加固及基础灌浆，底板伸缩缝用沉柜检查修理，在上游墩头接长后，利用上游检修门槽和原检修门槽下检修门进行检查和修补；⑥上游工作便桥拆除重建；⑦公路桥加固和改建；⑧上、下游护坦和消力池加固；⑨东西桥头堡改建和加固。

上游闸墩圆头接长（增设检修门槽）、工作便桥重建于 1987 年第一季度开始，1989 年第四季度完成。工作桥排架加固于 1987 年 12 月开始，1991 年第二季度完成。工作桥加固于 1990 年 3 月开始，至 1992 年第二季度完成。闸室加固采用连续 3 孔抽水，根据计算在闸墩相应部位加设钢支撑，满足两孔无水施工条件。闸室加固于1988 年秋开始，至 1991 年底完成，主要项目有闸墩碳化层凿除喷射高强度混凝土修补；上下扉门更新；下扉门底止水门坎改造；闸底板检查；在闸墩门槽位置开凿下扉门检修人孔等。

1991 年 12 月 18 日有关部门技术人员召开会议，就闸底板及基础灌浆必要性展开讨论，得出“取消闸底板及基础灌浆的加固项目，在今后工作中加强对闸底板观测”的结论，会议意见报经省水利厅审复同意。

公路桥改建和加固分两个阶段。开工初按设计要求采用环氧厚浆和 KCM 涂料封闭桥底混凝土表面层，以免混凝土继续碳化。1990 年 11 月开始进行公路桥桥面改建。在原公路桥（行车道宽 7.0 m，设计标准为汽-13、拖-60，悬臂人行道宽2.7 m）上部新建公路桥（行车道宽为 9.0 m，设计标准为汽-20、挂-100，南北两侧人行道宽为 1.5 m）。工程在不中断交通的情况下从 1991 年秋开始至 1992 年底完成。

上下游护坦、消力池修补采用自浮式气压沉柜检查修理。工程从1986年9月底开始，为时7年，总计检查了1 679 m^2，上游修补了23处，下游修补了251处，修补材料有810水下环氧混凝土、丙乳砂浆混凝土、普通混凝土、NX双快水泥细石混凝土等。

万福闸是江苏省第一座全面加固的大型水闸，受宏观经济和客观环境影响，以不打坝挡水的方案进行施工，工程分批进行，不影响汛期水闸运用和公路交通。通过几年的施工实践，万福闸加固工程对水闸的加固，特别是对大型水闸且受潮汐影响工程的全面加固积累了一定的经验。例如利用浮箱式检修门、钢板围堰、自浮式气压沉柜，实现不打坝截流进行水下施工；采用老公路桥上加公路桥的方案，预制公路桥面实行半幅施工，不影响公路交通的方案；坚持科学试验，为施工方案、方法、工艺的选定提供科学依据，万福闸加固进行了闸墩接长的混凝土冻融试验、喷射混凝土的抗压强度、新老混凝土粘接试验、湿喷补偿收缩水泥砂浆试验、公路桥悬臂牛腿混凝土配合比试验和原型观测等，同时也为编制施工计划和预算提供了依据。万福闸是江苏省首座大型水闸，加固施工的全过程也是加固概（预）算定额管理经过编制、实践、分析调整、再实践、完善的全过程，为定额编制部门提供了参考材料。

万福闸加固总经费2 496.00万元，工程钢结构制作930 t，混凝土及钢筋混凝土消耗7 200 m^3，启闭机大修65套。

2. 第二次全面加固改造

通过1986年至1993年加固改造，万福闸的混凝土碳化情况有所改善，排架的抗震标准得到提高。加固后经过近20年的运用，混凝土碳化仍继续加剧、设备陈旧老化已不能满足工程管理现代化的要求，需要对万福闸工程进行全面加固改造。

2010年10月，国家发改委以《国家发展改革委关于淮河入江水道整治工程可研报告的批复》(发改农经〔2010〕2539号)予以批复可研报告。2011年6月，水利部以《关于淮河入江水道整治工程初步设计报告的批复》(水总〔2011〕312号)予以批复初步设计。同年8月，省水利厅以《关于淮河入江水道整治万福闸加固及万福闸、芒稻闸水文站改造工程初步设计及概算的批复》(苏水建〔2011〕61号)，同意在维持原设计标准和规模不变情况下，对万福闸工程进行全面加固改造，下发万福闸及万福闸、芒稻闸水文站改造工程的分解批复及概算。工程总投资7 995万元，核定万福闸加固工程概算投资7 147万元（不包括省级控制和统一安排使用的预备费368万元及科研勘测设计费480万元），全部为省级以上资金。其中万福闸加固工程6 721万元，万福闸水文站改造147万元，芒稻闸水文站改造工程103万元，水保、环保及其他176万元。

2016年5月，省水利厅下发《关于淮河入江水道万福闸加固工程启闭机房及桥头堡、防汛道路工程设计变更及动用预备费的批复》(苏水建〔2016〕45号)，此次设计变更增加投资390万元。

2016年12月，省水利厅以《关于淮河入江水道万福闸加固工程新增公路桥、工

作便桥整修项目的批复》(苏水建〔2016〕130 号),增加公路桥、工作便桥整修项目,相应投资 286.66 万元。

2017 年 8 月，省水利厅以《省水利厅关于淮河入江水道整治工程万福闸除险加固工程 2016 年设计变更的批复》(苏水建〔2017〕48 号)，增加护坡整修项目，相应投资 777.38 万元。

根据以上批复，万福闸加固工程总批复投资合计 9 449.04 万元，其中初步设计批复概算投资 7 995.00 万元，设计变更增加投资 1 454.04 万元。

加固改造的主要项目有：

①土建工程。闸底板破损面和伸缩缝修补，闸墩表面水上部位防碳化处理，拆除并重新浇筑门槽，排架、工作桥拆除重建，上游工作便桥改建，上、下游翼墙减载，桥头堡拆除重建，启闭机房新建等。

②机电设备及安装工程。65 台套启闭机更换，启闭方式由原上下扉门联动改为上下扉门独立启闭，采用获得国家实用新型专利的同轴主副卷筒固定卷扬启闭机；更新除备用发电机外的所有电气设备；增设微机监控、视频监视和局域网系统；改建水文缆道及部分测量设备。

③金属结构及安装工程。更新原钢筋混凝土上扉门为钢结构上扉门，原钢结构下扉门门体喷锌防腐、止水改为双向止水、更换部分主滚轮轴套，原闸门铸铁轨道全部更新为 Q345(Q235)组合钢轨，增补 6 套自浮式钢结构检修门，增设上游检修门启闭设施。

④万福闸、芒稻闸水文站改造。主要包括水文基础设施改造和技术装备更新等。

⑤水土保持工程。主要包括水土保持绿化、改建旧步道等。

⑥公路桥、工作便桥整修。主要建设内容为公路桥下游侧废旧栏杆拆除、过桥管线封闭，栏杆维修及表面防碳化处理，北侧大梁面层缺陷处理；工作便桥桥面整平处理及铺设石材面层，检修门槽盖板更换、盖板槽口角钢加固，更换两侧栏杆等。

⑦上下游护坡整修。主要包括上、下游护坡整修；整修段护坡上部水土保持等。

此次加固改造工程于 2012 年 3 月 22 日开工，初设批复项目完工时间为 2017 年 4 月 28 日，2018 年 5 月 10 日新增工程全部完成，同年 12 月 19 日通过水利部淮河水利委员会和省水利厅联合主持的竣工验收，工程质量等级为优良。

3. 堤防达标加固

1997 年根据省水利厅对江海堤防达标建设的要求，针对万福闸堤防存在的问题，依据有关防洪堤防设计标准，对万福闸堤防实施达标加固。

万福闸堤防达标加固工程由省引江水利水电设计研究院设计，设计将万福闸下游 50 年一遇洪水作为设计水位，经频率分析计算及受益范围分析，确定下游堤顶高程为 8.50 m。堤防加固范围为：左堤 0+360～0+604 m 段，高程自 0.0～8.5 m；右堤 0+261～0+620 m 段，高程 2.0～6.5～7.5 m。护坡采用 35 cm 厚 100 号浆砌块石，下设 10 cm 碎石垫层，右岸坡顶增设砌浆砌块石挡浪墙至高程 8.5 m。

万福闸、金湾闸下游堤防达标工程于1999年2月2日开工，至1999年5月18日主体工程完工，共完成土方14 375 m^3，石方10 630 m^3，混凝土及钢筋混凝土143 m^3，堤防加固总长1 238 m，使用工程经费291.5万元。

四、工程维修

1. 管理处防汛仓库建设

管理处防汛仓库土建施工建设地址选择在扬州市生态科技新城置换地范围内，紧邻万福闸管理所北侧，置换地东西长95.97 m，南北长32.00 m，土地面积3 162.59 m^2。防汛仓库总建筑面积为1 143.57 m^2，分两栋建筑物实施，其中1号防汛仓库主体为框架结构，建筑面积845.07 m^2，建筑层数1层，建筑高度为6.75 m；2号防汛仓库主体为砖混结构，建筑面积298.50 m^2，建筑层数2层，建筑高度为7.15 m。为便于工程建成后投入使用，增设对外混凝土道路、围墙及库房周边排水管网等配套设施。该项目于2015年5月8日开工，2015年10月16日完工。

2. 万福闸双回路供电设施应急修复

在万福闸下游右岸西侧新建一间配电房46 m^2。配电房内安装315 kVA专配电设施1套，其中315 kVA变压器1台、低压配电柜4台、高压环网柜1台。该项目于2016年9月22日开工，2016年12月10日完工。

3. 万福闸启闭机钢丝绳更换

万福闸65孔上下扉门原镀锌钢丝绳拆除；65孔上下扉门304不锈钢线接触钢丝绳（260根，长11 895 m）采购、安装调试及不锈钢弹簧卷钢丝绳扎头制作安装。该项目共分三个批次分别更换。其中1号～5号孔钢丝绳于2020年3月20日至4月8日进行更换；6号～35号孔钢丝绳于2021年6月18日至7月18日进行更换；36号～65号孔钢丝绳于2022年3月4日至3月30日进行更换。

4. 万福闸监控分中心升级改造

万福闸控制室监控主屏更换，万福闸、太平闸、金湾闸集中监控系统升级改造。该项目于2021年6月16日开工，2021年12月14日完工。

5. 省属水利工程精密监测试点项目

万福闸新增侧向绕渗测压管，包括测压管安装埋设、灵敏度试验、每组测压管水位联测、管口处理及测压管总体布置、开发精密监测自动化系统。自动化系统包括采集模块、数据管理模块、系统管理模块等。项目于2022年5月15日开工，2022年11月30日完工。

第二节　太平闸

太平闸位于扬州市广陵区太平河下游石羊沟上。该闸设计流量 1 950 m^3/s，校核流量 2 470 m^3/s，属大型水闸，Ⅱ级建筑物。1971 年 11 月工程开工兴建，1972 年 8 月拆坝放水，1973 年 8 月全面竣工验收。1994 年 7 月工程进行加固，1996 年 10 月工程竣工，同年 11 月竣工验收。太平闸工程由万福闸管理所负责日常维护管理。

一、规划设计

太平河系淮河归江旧河道之一，在汛期淮河排洪时拆坝放水，汛后打坝蓄水。省治淮指挥部于 1972 年淮河入江水道工程中安排太平河废坝建闸。太平闸按高邮湖水位 9.5 m，淮河入江水道 12 000 m^3/s，分配太平闸 1 580 m^3/s 流量设计，为今后进一步扩大入江泄流量留有余地，淮河入江泄量 12 000 m^3/s 时，闸上水位 7.18 m，过闸流量为 1 950 m^3/s；淮河入江泄量 15 000 m^3/s 时，闸上水位 7.58 m，过闸流量为 2 470 m^3/s。

太平闸闸总长 115.6 m，闸总宽 167.0 m，共 24 孔，每孔净宽 6.0 m。底板为连续反拱底板，24 孔不分缝。闸墩除门槽部位为钢筋混凝土外，均为浆砌块石结构，公路桥、工作便桥采用无筋板拱，岸翼墙采用浆砌块石连拱墙。闸门为上、下扉结构，上扉门为钢筋混凝土梁钢丝网水泥波浪板闸门，下扉门为钢筋混凝土框架钢丝网水泥双曲扁壳闸门。行走支承系统采用胶木承压板滑块与瓷砖滑道。闸门由 1 台门式移动油压启闭机启闭。公路桥布置在闸门的下游侧，拱形结构，桥面净宽 10 m，行车道宽 7.0 m，两侧为 1.5 m 宽人行道。太平闸设有工作桥、工作便桥，两侧设有空箱式岸墙，上游、下游翼墙均采用连拱圆弧形式空箱结构，两侧各 3 节。

太平闸设计是以闸代坝，且与万福闸调节运用，设计规定，原则上万福闸泄洪 5 000 m^3/s 时，太平闸开闸放水。启闭程序为：先开启万福闸，抬高太平闸下游水位，达到安全水位组合时，太平闸才能开启；闸门开启时，先开下扉门，后开上扉门；开门时由中间向两侧逐孔逐节对称开启，关门时，由两侧向中间逐孔逐节对称关闭；开门或关门时，必须逐孔启闭第 1 节，然后逐孔启闭第 2 节，做到各孔均匀。禁止 1 孔或少数几孔在不安全水位组合的情况下一次到顶。

二、工程施工

太平闸由扬州地区革命委员会治淮指挥部太平闸工程处设计、施工，土方工程由姜堰民工团承担。1971 年 11 月上旬万福闸下游开始切滩，结合太平闸工程填筑下游拦河围堰，1971 年 11 月下旬闸塘开始清淤并进行施工钻探。1971 年 12 月 8 日正式开工，混凝土开始浇筑，预制件除闸门采用木模预制外，其余公路桥、工作便桥、工作桥、挡土墙侧拱等均用土模预制，整个工程至1972年6月20日结束。1972年6月28日省、地区治淮指挥部、省水利总队及管理单位，对水下部位的工程进行检验，检验结果表明工程质量基本良好，同意拆坝放水。1972年7月13日至9月8日拆除上、下游施工坝。1972年淮河来水较大，1972年8月11日至9月15日，24孔闸门全部做好临时放水的准备工作。

油压启闭机于1972年9月初开始安装，到1972年10月上旬基本结束，1973年第一季度行车安装基本结束，同时进行试运转。

太平闸公路从万福闸管理所开始，经过鱼道、太平闸、穿过泰安公路，再向东伸延与原公路相接，全长1 160 m，1972年9月下旬公路工程开始由邗江交通管理站施工。1973年8月6日省、地区治淮指挥部及有关单位进行全面验收，同时移交交通部门管理使用。

太平闸工程造价255万元。主要工程量为土方418 920 m^3，其中闸塘土方89 320 m^3，引河土方23 500 m^3，其他土方306 100 m^3；石方工程16 045.4 m^3，其中浆砌块石7 235.7 m^3，灌砌块石3 508.8 m^3，干砌块石5 302.9 m^3；混凝土与钢筋混凝土11 076 m^3。

三、加固改造

1. 抗震加固

太平闸工程由于为了节省工程建设投资，采用了一些特殊的结构，但由此导致其结构单薄，抗震强度差，对地基变形适应能力不足，闸门启闭可靠性、及时性差，无法保证工程及时安全运用，为此，该闸曾多次进行加固改造处理。另外，原设计计算未考虑抗震设防，工作桥排架采用混凝土空心砌块砌筑而成，尽管空腔内灌注了混凝土并设置了一定数量的钢筋，但经抗震验算，排架不能满足Ⅶ度抗震设防；工作桥混凝土发生碳化等；油压启闭机的油缸活塞杆升降不同步，行车对中困难且容易出现振动顶抬滑移等险象。

针对工程存在的诸多安全隐患，根据省水利厅1993年治淮治太前期工作安排，太平闸进行以抗震为主的工程加固。同年10月21日太平、金湾闸加固工程处成立，负责实施太平闸抗震加固工程的各项工作。省水利厅分别于1994年3月1日以苏水基(94)13号文《关于太平、金湾闸加固工程初步设计和概算的批复》、1995年3月21日以苏水基(95)18号文《关于太平、金湾闸加固工程预算的批复》和1996年1月3日以苏水基(96)02号文《关于太平、金湾闸加固工程追加经费的批复》三个批复文件，明确了太平、金湾闸工程加固的工程项目、工程经费及工期目标。

太平闸加固工程由省水利勘测设计研究院设计，主要加固项目：工作桥混凝土碳化处理，工作桥排架抗震加固，闸门检修及油漆防护，闸门槽下游侧滑道改建，油压启闭设施更新改造，下游翼墙抗震减载，边孔底板裂缝检查，桥头堡加固，测压管修

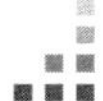

复。太平闸、金湾闸工程加固总投资900万元。

省水利科技咨询中心监理部承担工程的监理工作。建筑工程施工由省水建总公司总承包，机电安装工程由管理处机电安装处承建。工程于1994年7月正式开工，至1996年10月全部竣工。1996年11月5日，水利部淮委、省有关部门和省水利厅会同建设、设计、监理、质监、管理等单位组成验收委员会，对太平闸加固工程进行竣工验收。太平闸加固工程质量等级被评定为优良。

2. 堤防加固

1997年根据省水利厅对江海堤防达标建设要求，针对太平闸堤防工程存在的问题，依据有关防洪堤防设计标准，太平闸堤防实施达标加固工程。

太平闸堤防达标加固工程由处设计院设计，堤顶高程根据万福闸下游50年一遇洪水作为设计水位，经频率分析计算及受益范围分析，太平闸下游堤顶高程经省水利厅批准，确定为8.20 m。堤防加固范围为：左堤0+000～0+290 m段，右堤为0+000～0+149 m段，护坡自高程0.0 m至坡顶7.00 m翻砌灌浆，坡顶建挡浪墙至8.20 m。

太平闸下游堤防达标加固工程于1998年11月5日开工，至1999年12月25日主体工程完工，共完成土方2 147 m^3，浆砌块石1 775 m^3，护坡灌浆加固5 829 m^2，堤防加固总长439 m，使用工程经费83万元。

3. 加固续建

1994年7月至1996年10月对太平闸进行抗震加固后，在工程管理运用过程中，发现其混凝土碳化不断加剧、闸门薄壳面板龟裂、闸门启闭时间长且设施落后等诸多问题。2002年10月至2003年12月，根据省水利厅苏水建〔2002〕23号文《关于太平闸加固续建工程初步设计及概算批复》，太平闸进行了加固续建，主要项目有24孔双曲薄壳混凝土闸门更换为平板钢闸门，24孔一机的移动式液压启闭机更换为一孔一机2×125 kN卷扬式启闭机，工作桥、东西桥头堡拆除重建，公路桥及工作便桥裂缝处理，工作桥排架及闸墩碳化处理，电气设备改造，增设启闭机房以及自动化控制、视频监控系统等。该项目使用经费1 752万元。

4. 底板裂缝加固

太平闸虽经过历次加固，解决了抗震强度不足、混凝土碳化及设备老化等问题，运行管理条件明显提高，但反拱底板、正拱桥的结构对不均匀沉降适应能力不足的先天性缺陷依然存在。2009年2月，太平闸闸室内底板的水下录像检测发现10号孔下游闸室内有一条通长裂缝，15号孔有两处疑似裂缝，缝宽约10 mm，缝长50 mm。根据河海大学利用三维有限单元法对连续反拱底板进行复核计算的成果，太平闸反拱底板确定要进行抗裂加固。2011年省水利厅以苏水建〔2011〕86号文批准对太平闸反拱底板进行加固。加固方案为采用C25混凝土将闸室反拱底板下游反拱段填平，填筑高程至-1.0 m。工程于2012年1月开工，2013年3月工程施工完成。施工抢抓了非汛期下游长江低潮位，利用闸门和钢结构围堰形成无水环境进行混凝土浇筑。该工程概算经费393.73万元。

四、工程维修

1. 太平闸供配电设备更新改造

2015 年 6 月至 7 月，太平闸低压配电设备更新改造，拆除原有二楼配电柜，改造电缆槽，加焊槽钢底座；安装进线照明柜、低压进线柜、电容补偿柜、动力柜等 GCS 低压配电柜。

2. 太平闸监测及视频系统更新改造

2015 年 11 月至 2016 年 4 月，太平闸自动化及监控系统进行了升级改造。主要实现数据采集与处理，运行监视和事故报警，数据通讯等功能，并与管理处调度控制管理系统实时通讯，实现数据指令传送和图像浏览，以及水情数据的收集处理，控制室内集中数据显示、分析、处理。

3. 太平闸建筑物维修

2015 年 6 月至 9 月，太平闸排架、胸墙、门槽、交通桥、工作桥底部、工作便桥栏杆、闸墩等部位防碳化处理；太平闸排架及牛腿部分喷涂真石漆；对胸墙、门槽、交通桥、工作便桥栏杆、闸墩刷涂环氧涂料；启闭机房地坪及墙面维修。

4. 太平闸钢丝绳更换

2022 年 3 月，太平闸 24 孔原镀锌钢丝绳拆除，更换为不锈钢钢丝绳。

第三节　金湾闸

金湾闸位于江都区、广陵区交界的金湾河下游董家沟上，与万福闸、太平闸配合运用，以便发挥排洪、蓄水、引潮等工程效益。该闸设计流量 3 200 m^3/s，校核流量 3 500 m^3/s，属大型水闸，Ⅱ级建筑物。1972 年 10 月金湾闸工程动工兴建，1976 年 5 月工程竣工，同年 10 月验收移交。1994 年 7 月工程进行抗震加固，1996 年 10 月工程竣工，同年 11 月验收。2004 年 2 月进行加固续建（为 2003 年淮河流域灾后重建应急工程），同年年底工程竣工，2005 年 10 月对工程加固进行了验收。金湾闸工程由万福闸管理所负责日常维护管理。

一、规划设计

1959 年经水电部批准的淮河入江水道工程，以排洪入江 12 000 m^3/s 设计，分配金湾闸 3 200 m^3/s 流量作为该闸设计标准。

金湾闸闸址在查勘初设阶段有南、北两个方案，南址在头道桥附近，其优点是桥闸结合，河道疏浚后桥不需重建，公路无需大改线。缺点是地基较差，工程量大，造价高，施工时间长。北址在头道桥以北 950 m，其优点是地基土质好，施工时间短，

挖压土地少，缺点是闸桥分开。后经研究讨论和上级批准，北址位置确定在江都、邗江两区分界的金湾河下游董家沟上。

金湾闸由扬州地区革命委员会治淮指挥部金湾闸工程处设计。

金湾闸共22孔，闸总长154.0 m，闸总宽157.20 m，每孔净宽6 m，底板为混凝土连续反拱底板，西侧设鱼道1孔，闸与鱼道总宽160.0 m。金湾闸交通桥、工作便桥为素混凝土实腹板拱，浆砌块石闸墩（门槽部位为钢筋混凝土结构）、岸翼墙为浆砌块石侧拱结构，闸门为双曲扁壳钢丝网水泥闸门，采用柱塞式油压启闭机。门槽下游侧采用尼龙滑道，高程-3.0～2.0 m，用滑道架安装，高程2.0 m以上采用滑道架嵌固木质层压板，上游侧滑道采用瓷砖。鱼道为混凝土闸门，采用1台10 t螺杆式启闭机启闭。

二、工程施工

金湾闸由省水利工程总队第一工程队施工，1972年10月27日工程开始填筑下游围堰、古运河东、西围堰及加固原金湾河北坝，1972年11月4日下游围堰合拢。1972年11月6日配备3台机船排除积水20多万 m^3，11月11日即入闸塘清基和土方开挖，在闸身部位的土方将要被开挖到计划高程时，发现闸身部位土质不均，后经研究，闸址向北移动50 m，以策安全。1972年2月9日开始浇筑混凝土工程，1972年5月6日混凝土浇筑和浆砌块石工程全部结束。金湾闸工作桥、公路桥、便桥、油泵房牛腿大梁采用土模预制，闸门采用木模预制。1972年5月28日构件吊装结束，1972年6月6日进行了水下工程检验，并开始拆除下游施工围堰，1972年6月15日放水。由于油压启闭机落实加工较迟，闸上采用两台8 t卷扬机进行临时启闭。油压启闭机油缸由省水利工程总队一队于1974年2月下旬开始加工，1975年7月1日试装1孔，1976年6月11日进行全面试车完成。1976年10月24日工程竣工验收移交。

金湾闸工程总投资420万元，完成混凝土12 339 m^3、钢材290 t、石方19 241 m^3，土方545 000 m^3。

三、加固改造

1. 抗震加固

加固缘由：一方面原设计计算未考虑抗震设防，工作桥排架采用混凝土空心砌块砌筑而成，空腔内尽管灌注了混凝土并设置了一定数量的钢筋，但经抗震验算，工作桥和工作桥排架均不能满足Ⅶ度抗震设防；另一方面油压启闭机的油缸柱塞杆外壁拉毛、磨损，局部变形、弯曲，部分油泵损坏，液压系统多为非标产品，备品配件难以购置，无法进行正常的维修保养。

针对工程存在的诸多安全隐患，根据省水利厅1993年治淮治太前期工作安排，金湾闸进行以抗震为主的工程加固。同年10月21日管理处成立了太平、金湾闸加固工程处，负责实施金湾闸抗震加固工程的各项工作。省水利厅分别于 1994 年 3 月 1 日以苏水基（94）13 号文《关于太平、金湾闸加固工程初步设计和概算的批复》、1995 年 3 月 21 日以苏水基（95）18 号文《关于太平、金湾闸加固工程预算的批复》和 1996 年 1 月 3 日以苏水基（96）02 号文《关于太平、金湾闸加固工程追加经费的批复》三个批复文件，明确了太平、金湾闸工程加固的工程项目、工程经费及工期目标。

金湾闸加固工程由省水利勘测设计研究院设计，主要加固项目有工作桥改建、工作桥排架抗震加固、闸门维修、下游翼墙抗震减载、油缸导向增设、油压启闭设施更新维修、测压管修复。太平闸、金湾闸工程加固总投资 900 万元，工期 2 年。

金湾闸加固工程自 1994 年 7 月正式开工，本着先土建后启闭设施，先主要项目后一般项目的施工顺序进行。工程先从太平闸开始，在该闸主要土建项目进入后期施工时，金湾闸加固工程全面展开，至 1996 年 10 月金湾闸加固工程全部竣工。由于金湾闸加固与太平闸加固工程为同期进行，因此金湾闸加固工程的建设、管理与验收情况与太平闸加固工程相同（详见太平闸加固工程）。金湾闸加固工程质量等级被评定为优良。

2. 堤防加固

1997 年，根据省水利厅对江海堤防达标建设的要求，针对金湾闸的堤防工程存在的问题，依据有关防洪堤防设计标准，金湾闸堤防实施达标加固工程（与万福闸堤防达标加固工程同步进行）。

金湾闸堤防达标加固工程由管理处设计院设计。金湾闸下游堤防按 50 年一遇的设计标准，设计洪水位 6.98 m、浪高 0.7 m 及安全超高 0.8 m，经频率分析计算及受益范围分析，金湾闸下游堤顶高程确定为 8.50 m。堤防加固范围为左堤 0+000～0+385 m 段，右堤 0+000～0+285 m 段；护坡自高程 0.0 m 至坡顶 7.0 m，翻砌灌浆，坡顶建挡浪墙至高程 8.5 m，在下游右岸一排水口建挡潮涵洞。

万福闸、金湾闸下游堤防达标工程于 1999 年 2 月 2 日开工，至 1999 年 5 月 18 日主体工程完工，共完成土方 14 375 m^3，石方 10 630 m^3，混凝土及钢筋混凝土 143 m^3，堤防加固总长 1 238 m，使用工程经费 291.5 万元。

3. 加固续建

1999 年 6 月管理处以江管工〔1999〕17 号文向省水利厅报送《金湾闸加固续建工程可行性研究报告》，2003 年 10 月以苏江管〔2003〕25 号文向省水利厅报送《金湾闸加固续建初步设计》，省水利厅以苏水建〔2004〕22 号文《关于淮河流域 2003 年灾后重建应急工程金湾闸初步设计及概算的批复》同意组织实施金湾闸加固续建工程。工程主要加固内容有：①闸墩水面以上及排架部位采用环氧厚浆涂料进行防碳化处理；②工作便桥及公路桥拱圈的裂缝、碳化进行处理；③闸门滑块支撑改为滚轮支撑，门槽改造，拆除上右侧活动挡块浇筑整体混凝土挡块；④油缸更换 6 孔、大修 9 孔，更新液压系统；⑤油泵房维修改造；⑥电气设备更新改造，增设自动化控制和视频监视系统；⑦22 孔混凝土闸门更换为钢结构闸门。

金湾闸加固续建工程于2004年2月18日正式开工，同年12月完成全部项目，2005年11月通过竣工验收。该工程概算批复经费2 012万元（含鱼道加固费用）。

四、工程维修

1. 工程建筑物及附属设施维修

2012年，金湾闸公路桥、工作便桥维修。2015年，金湾闸管理范围安全防护设施新建及巡查道路改建，金湾闸配电房、控制室、油泵房、仓库维修；金湾闸上下游护坡及堤防、下游翼墙整修。2016年，金湾闸管理所铺设沥青路面。2020年，金湾闸工作便桥、检修门防腐处理。

2. 测压管埋设及检测系统升级

2013年，按工程观测任务书要求，金湾闸重新埋设8只测压管。2014年，对金湾闸测压管扬压力自动化监测系统进行更新改造。

3. 金湾闸监测及视频系统更新改造

2015年，闸位计及相应传感器更换，鱼道控制柜更新；监控运行软件更新；控制台及监控显示器更换；租用光纤实现金湾闸实时数据上传至万福闸管理所。

4. 金湾闸液压系统油缸大修

2017年，金湾闸1号、16号、18号、22号孔液压启闭机共8支油缸大修；2018年，8号、10号、13号、15号孔共8支油缸大修。2021年，5号、6号、7号等8孔共16支油缸大修；2022年，4号、14号、17号等6孔共12支油缸大修。

5. 金湾闸电气系统改造

2018年，金湾闸配电房原高压隔离开关拆除，并进行柜体基础改造，新做电缆沟，制作高压电缆终端；采购安装1台10 kV进线辅柜及1台10 kV出线柜；更换低压柜8只断路器以及开关柜损坏配件；购置安全工器具及电气试验；通讯电缆更新，2台通讯管理机、2台交换机、4台摄像机等自动化设备更新。

第四节　鱼　道

一、万福闸、太平闸鱼道

万福闸、太平闸鱼道位于廖家沟、石羊沟（太平河）之间。1971年11月工程动工，1973年3月竣工。2条鱼道由2座进口闸、1座出口闸、1个交汇池、1座观察室、2座公路桥和541.3 m长的明渠组成。鱼道系用混凝土连横边墙及117道砂浆砌块石隔板结构。工程总造价35万元，使用混凝土与钢筋混凝土1 000 m^3。完成土方

11 万 m^3，石方 3 500 m^3。

该鱼道主要是便于各种鱼类进入内河湖泊索饵育肥和出江产卵繁殖后代。过鱼对象主要是：2 月至 4 月过 5 分硬币大小的蟹苗；3 月至 4 月过 6～10 cm 的鳗鱼苗；5 月过 10～30 cm 的刀鱼苗；5 月至 7 月过 5～10 cm 的青鱼、草鱼、鲢鱼、鳙鱼苗。平均每小时过鱼约 183 尾。其一般规律是：晴天过鱼较多，阴天过鱼较少；风向和进口方向一致时过鱼较多，反之较少；刀鱼鳗鱼夜晚过得多，白天过得少；涨潮后约 1 h 鱼过得最多，落潮时过得少，开闸放水对过鱼基本无影响。

二、金湾闸鱼道

金湾闸鱼道紧连金湾闸西侧、沿西岸上游块石护坡布置，为 2 条 0.8 m 宽的小鱼道，全长 135 m，下口门设在金湾闸闸身西侧，配置 1.6 m×3 m 混凝土闸门，启闭机为螺杆启闭机。在 2003 年金湾闸加固续建工程中，更换原混凝土闸门为钢结构平板闸门，更换一台 10 t 螺杆启闭机。

第五章

技术管理

江都水利枢纽工程的建设与管理是一个探索与完善的过程。管理者全过程参与了工程规划、设计、施工，为后来的管理工作奠定了坚实的基础。在建设初期，没有任何管理模式和制度可以借鉴，管理者通过不断摸索，逐步建立了简单易行的工程管理、行政管理以及工程观测等方面的制度，每年根据汛前检查情况对工程进行维修养护。20 世纪 80 年代，管理处着手制定大型水闸管理办法，并开始正常的工程观测工作，同时还不断加强科技革新，探索应用新工艺、新材料，推进工程管理水平提高。90 年代，管理处又针对工程管理实际情况，不断归纳总结，修改完善了各项规章制度，形成了《站区规章制度汇编》《水闸规章制度汇编》和《事故汇编》。90 年代后期，随着水利信息化、自动化建设速度加快，管理处按照现代化管理的需要，逐步建设水文遥测网、工程监控网和办公自动化网，促进了技术水平向新的高度飞跃。之后，管理处又重新修订并完善了《江都水利枢纽工程管理制度汇编》。进入 21 世纪初，由于工程设施日益老化，安全性能逐年下降，加上更新改造和加固改造不能及时进行，管理处为了确保工程效益正常发挥，通过加强技术管理，制定预案和演练，保证了老化工程的安全运行。同时，全部启动泵站更新改造和水闸除险加固，工程设施的老化问题逐步得到解决。加之各项规章制度的日臻完善和严格执行，使步入“知天命”的江都水利枢纽工程又焕发出青春。

为适应新时期水利改革发展和现代化建设的新形势、新要求，以水利工程管理考核为抓手，大力推进规范化建设，工程管理水平全面提升。2013 年起，探索推行精细化管理，以科学管理理论指导水利工程管理实践。突破工程管理传统思维定式，贯彻“精、准、细、严”的核心思想，确立水利工程精细化管理的基本模式、工作体系、实施路径，先行先试，从易到难，以点带面，逐步推广，先后编写出版江都水利枢纽精细化管理丛书 8 部，参与编写全省水利工程精细化管理指导意见、评价办法和标准，促进精细化管理在全省全面推广。2015 年管理处高分通过水利部国家级水管单位考核验收，2016 年通过水利部安全生产标准化一级水管单位评审，2020 年 12 月首创全省水利工程精细化管理单位。工程管理技术水平处在国内水利行业的先进水平，成为全省乃至全国水利工程管理的窗口单位之一。

第一节　规章制度

江都抽水站是我国最早建成的大型泵站，建站初期的工程管理，没有现成的管理技术法规可以借鉴。1964 年 3 月 28 日，在一站运行 1 年的基础上，管理处组织泵站管理人员、技术人员、运行人员，多次讨论修改，制定了《抽水站管理规程(草案)》。同年 12 月，管理处召开的技术管理会议又通过了管理处《观测暂行规程》及《技术档案管理暂定办法》，并从 1965 年 1 月 1 日起开始执行。这为做好站、闸工程观测及技术档案的管理奠定了基础。1965 年 8 月 30 日，管理处第一次制定了《抽水站技术干部工作职责》。同年 9 月 30 日，管理处又颁发了《各职能科室工作职责（草案）》（10 月 1 日起执行）。1964 年到 1979 年，管理处先后建立了江都抽水站运行规程、现场安全规程、变电所运行规程、水闸管理规范、电气试验规程、主机泵检修、安装质量标准，以及操作票、工作票、交接班、资料整编等制度，明确了各工种、各部门的岗位责任制，对主要设备逐一进行了编号，实行技术卡片制度，对技术资料进行了整理、分析、汇编等，健全完善了技术档案，推动了管理工作不断向前迈进。

从 20 世纪 80 年代初期开始，根据水利部 1981 年颁发的《水闸工程管理通则》的精神，管理处对江都西闸、芒稻闸和淮河入江水道归江控制工程万福闸、太平闸、金湾闸等大型水闸制定了工程管理办法，经省水利厅审查后，于 1989 年 3 月 23 日批准执行。处属各中型水闸，根据水利部颁发的《水闸工程管理通则》的精神，由各管理所制定工程管理办法，送管理处审批后，于 1990 年 5 月 12 日起执行。1994 年，管理处又根据水利部颁发的《泵站技术规范》，同时参照兄弟单位的有关管理办法，由下而上地制定并试行了一站、二站、三站、四站管理办法，此次站、闸《管理办法》是针对各工程实际情况作出的管理规定。

江都水利枢纽是我国自行设计、制造、施工和管理的大型电力抽水站工程。管理规范从无到有，通过实践—认识—再实践，逐步摸索和建立了一套较为完整和行之有效的管理制度。1996 年 4 月，管理处制定了《江都水利枢纽工程站区规章制度汇编》与《闸坝规章制度汇编》。随着江都水利枢纽工程自动监控系统的逐步实施，管理处于 2001 年 3 月进一步汇总、研讨、修订成《江都水利枢纽工程管理规章制度汇编》（以下简称《汇编》）。《汇编》适用于江都抽水站、变电所、电力试验室、涵闸、船（套）闸等各工程运行人员、检修人员、试验人员，外单位进入现场工作人员，站、室、所、处领导及技术人员。为进一步提高工程管理水平，管理处于 2010 年编制了《抽水站技术管理细则》《水闸技术管理细则》并经省水利厅批准实施。

为推进工程管理现代化建设，2013 年管理处编写出版了江都水利枢纽工程精细化管理丛书，2015 年管理处结合精细化管理需要全面修订和完善处级规章制度，严格规范各单位、各部门相关管理制度的编制体例格式，细化量化各分项制度内容，涵盖了包括党的建设、工程管理、安全生产、水政、人事、行政、财务、综合经营、职工管理等诸多方面，并汇编出版《江都水利枢纽精细化管理规章制度》。2020 年，又组织对所有规章制度进行了全面修订完善，并将管理处层面 102 项规章制度整理汇编成册，泵站管理单位累计修订各类制度 208 项，技术管理细则 5 项，水闸管理单位累计修订各类制度 312 项，技术管理细则 12 项。

同时，对关键岗位制度进行明示，细化岗位责任，明确考核要求，层层落实岗位目标责任，完善奖惩措施，实行“用制度管人”“靠制度管事”，狠抓制度落实，做到“有章可依，有章必依”，确保各项规章制度落到实处。完善的管理制度为精细化管理提供了较为形象准确的立体坐标体系，切实保证各项工作规范有方、管理有章、执行有据。

第二节 检查与观测

为了保证江都水利枢纽的安全运行，管理处每年都对工程进行检查观测，检查工作主要分常规检查和专项检查。观测内容主要有水工建筑物工程观测和站闸电气设备检测。

一、工程检查

1. 常规检查

常规检查原分为经常检查和定期检查，根据《水闸工程管理规程》(DB32/T 3259—2017)的要求和《江苏省泵站技术管理办法》的要求，现常规检查分为日常检查和定期检查。

日常检查分日常巡查和经常检查。

日常巡查主要对管理范围内的建筑物、设备、设施、工程环境进行巡视、查看；经常检查主要对建筑物各部位、机电设备、金属结构、观测设施、通讯设施、管理设施及管理范围内的河道、堤防和水流形态等进行检查。日常巡查每日不应少于 1 次。工程建成 5 年内，经常检查每周检查不应少于 2 次；5 年后每周检查不应少于 1 次；当水闸处于泄水运行状态或遭受不利因素影响时，对容易发生问题的部位应加强检查观察。泵站日常巡查在非运行期应每天巡查 1 次，日常巡查可结合经常检查进行；运行期巡查每 2 小时巡查 1 次；当超设计标准运行或遭受不利因素影响时，应加强巡查。

值班人员按巡视检查路线检查工程所有设施、设备，按规定做好记录，发现异常时除记录于运行日记、巡视检查记录表外，视情况向管理所领导汇报。

定期检查包括汛前检查、汛后检查和水下检查。

一般为每年汛前（4 月底前）、汛后（10 月底前）完成。汛前检查着重检查建筑物、设备和设施的最新状况，养护维修工程和度汛应急工程完成情况，安全度汛存在问题及措施，防汛工作准备情况，汛前检查应结合保养工作同时进行；汛后检查着重检查建筑物、设备和设施度汛后的变化和损坏情况，冰冻地区还应检查防冻措施落实及其效果等；水下检查着重检查水下工程的损坏情况，超过设计指标运用后，应及时进行水下检查。

汛前、汛后检查应填写记录，及时整理检查资料，编写总结报告，报管理处备案。处职能部门汇总后形成管理处工程检查总结报告，报省水利厅。

2. 专项检查

专项检查是针对工程存在问题，对工程设施进行专门的较为细致的检查，或对泵站排涝效益进行水情调查等。管理处进行的专项检查主要有1973年的水利工程大检查，1975年至1976年的抗震检查验算，1980年7月的水情调查，1981年至1983年的水利工程“三查三定”以及1995年后对工程进行的安全鉴定。

20世纪60年代末70年代初，由于历史原因工程有不同程度的破损。1973年根据全国水利管理会议的精神，在省水电局的布置下，管理处从1973年2月20日至3月底历时40天对所管工程进行了全面检查，查出的主要问题有：芒稻闸、江都西闸下游冲成1～2 m深塘；水闸建筑物普遍存在裂缝；运盐闸启闭设备启闭不灵等。管理处通过检查对工程存在的问题逐步解决，并恢复执行工程管理规章制度，恢复工程观测和检查并对工程资料进行收集、保管。

1975年5月省水电局在沙河水库召开了抗震验算会议。同年7月管理处开始对所属大中型水工建筑物进行抗震验算（大型按地震烈度Ⅷ度、中型按Ⅶ度验算），并于1975年8月1日将验算成果上报省水电局。其结论是：一站地震烈度为Ⅷ度时不稳定；五里窑闸地震烈度为Ⅶ度时不稳定；运盐闸、邵仙闸地震烈度为Ⅶ度时，水平滑动安全系数为1。1976年3月下旬省水利局组织设计、施工、科研、管理等单位在管理处进行现场会审和自振特性测量。同年4月国家地震局南京地震大队出具了江都抽水站地震基本烈度鉴定报告，江都水利枢纽工程按Ⅶ度设防。1976年10月省防汛防旱指挥部（以下简称省防指）批准芒稻闸、江都西闸、江都东闸、宜陵闸、宜陵北闸、邵仙闸工作桥、公路桥防震加固方案，1977年管理处对这些工程先后进行了防震加固。

1980年6月下旬至7月里下河地区普降暴雨，江都4座抽水站日排涝流量在500 m^3/s以上。四站建成和新通扬运河西段拓浚后，为了了解江都水利枢纽工程排涝范围，管理处组织水文、工管人员对海安、东台、盐城、兴化、高邮等市、县进行了水情调查，行程约500 km，确认江都抽水站排涝范围在新通扬运河、串场河、安时河、泰东河、梓辛河、油坊港、子婴河、里运河一线以内，面积约4 000 km^2。兴化市北部和盐城、建湖等县也减少了客水的压力，加快了退水速度，间接受益。

1981年10月至1984年5月，按照省水利厅水利工程“三查三定”要求，管理处对所有工程设施进行了1次专项检查，检查从工程有无设计和批准；工程何时竣工，是否办理过竣工验收手续；工程施工中有无重大质量问题，是否处理；工程运用中出现的重大事故及处理；观测工作情况；是否经过1973年水利工程大检查，有无报告；是否达到设计安全标准，工程是否安全；是否达到工程设计效益，以及管理机构、规章制度、财务、多种经营情况等方面。结果表明江都水利枢纽工程中未办验收手续的有宜陵闸、江都西闸、芒稻闸、邵仙闸、三站；工程存在问题尚未解决的有：芒稻闸底板、消力池受砂石磨损问题，江都西闸下游两岸第二节翼墙外倾3～5 cm，闸下北岸第二节翼墙在高程3.0 m处水平断裂缝（1980年封闭）；江都西闸上游右岸切滩后留下的中埂阻水，江都东闸闸门开启时少数闸孔电动机电流过载，负荷超过启闭机设计荷载；超设计泄量运用的水闸有：江都西闸、芒稻闸、邵仙闸、江都东闸，这些水闸工程本身安全，但江都西闸上、下游河床受到冲刷需整治，邵仙闸过闸流速过大，船只通航不安全。

管理处自1995年起，按《水闸安全鉴定规定》《泵站安全鉴定规程》标准，先后对管理处下属的水闸、泵站全部进行了安全鉴定。至2018年底，对一站、二站、三站、四站、江都站变电所、太平闸、金湾闸、江都西闸、江都东闸、送水闸、芒稻闸、运盐闸、邵仙闸洞、邵伯闸、宜陵闸、宜陵北闸、万福闸先后进行了更新改造、除险加固（参见本志相关章节），以上存在的问题及后来出现的问题都已基本得到解决。此外，还开展了2012年高邮“7·20”震后水利工程特殊检查；2015年台风“灿鸿”、2019年台风“利奇马”、2021年台风“烟花”防御专项检查。

2021年3月，江都水利枢纽精细化管理平台正式上线运行，检查人员可在web及APP端接收任务并执行检查任务。检查内容、路线、成果表可自主设定，对发现的问题与隐患可实时上报，并支持跟踪查看隐患处理情况，整个检查过程做到线上留痕，可追溯。

二、水工建筑物工程观测

水工建筑物工程观测是泵站、水闸、船闸管理的一项重要内容，通过观测，能掌握工程状态和运用情况，及时发现工程隐患，防止事故的发生，充分发挥工程效益，延长工程使用寿命，并为水利工程设计、施工、科学研究提供必要的资料。泵站主要观测项目有：垂直位移、引河河床变形、测压管水位（扬压力）、混凝土建筑物裂缝、建筑物伸缩缝等。配套工程中水闸观测项目与泵站基本相同，后不少工程因测压管堵塞，虽经多次疏通仍无法恢复正常而停止观测。船闸观测项目自1985年以前有垂直位移、河床变形观测，1986年以后只剩垂直位移观测。

管理处的观测工作从建处以后即正常开展，开始由工程管理科组织实施，垂直位移、河床变形由工程管理科配合站、闸管理单位进行观测，泵站扬压力、水闸测压管水位、建筑物伸缩缝、裂缝观测由站、闸技术干部自行观测，每年均进行观测成果的整理和分析。1969年至1980年期间观测工作处于停滞状态，观测成果时有时无，断断续续。1981年3月省水利厅工管处在省三河闸管理处举办了检查观测培训班后，观测工作才正常开展，并且每年年底集中进行全省的观测资料整编，形成正式印刷的《观测资料汇编》。1988年后观测资料整编工作先由管理处组织站、闸技术人员在处内集中整编，然后省水利厅组织进行整编资料的互查，最后印刷成册。

管理处在观测技术方面紧跟时代步伐，采用最新的观测手段，确保观测数据精度不断提高。垂直位移观测从光学水准仪到电子水准仪，河道断面观测从断面索到无人测量船，水下检查从人工检查到水下机器人。2021年管理处还引进中科宁图观测资料整编软件，对录入数据进行加工，结合实景图片展示观测成果，上下游引河采用三维模型，直观展示河道冲淤，努力让数据“活起来”“动起来”。

1. 垂直位移观测

垂直位移观测是监测建筑物垂直方向变化规律，鉴定建筑物是否处于安全状态的一项基础性工作。一般观测从工程浇筑基础开始，此时由施工单位观测，工程竣工后交管理单位继续观测。工程交付管理单位1年内每月观测1次，第2年至第5年每季度观测1次，第6年后为汛前、汛后观测，15年后经资料分析建筑物的垂直位移已趋于稳定的，改为每年观测1次。2011年《江苏省水利工程观测规程》颁布后，垂直位移观测调整为工程完工后5年内，每季度观测1次；以后每年汛前、汛后各观测1次。经资料分析工程垂直位移趋于稳定的可改为每年观测1次，但大型水闸、泵站工程每年汛前、汛后各观测1次。一站、二站的垂直位移观测都是从施工期开始的，三站为工程竣工后18个月才开始观测，四站在建筑物工程建成后开始观测。管理处从1965年1月起开始进行垂直位移观测（之前由施工单位将观测的成果移交给管理单位），1965年、1966年为每月观测，1967年、1968年为每季度观测，1969年、1970年、1974年、1975年、1978年、1979年缺测，从1981年起恢复正常观测，每年汛前、汛后各测1次，1988年后改为每年观测1次。2012年《江苏省水利工程观测规程》实施后，按照新规范的要求，一站、二站、三站、四站、万福闸、太平闸、金湾闸每年汛前、汛后各观测1次，其余水闸每年汛后观测1次。2022年根据省水利厅下发的观测任务书，江都西闸参照大型工程管理，每年汛前、汛后各观测1次。

江都4座抽水站均为大型泵站，垂直位移观测采用精密电子水准仪，按二等水准测量。由于江都地处长江下游冲积平原，土质为粉砂性，一般工程建筑物建成后1年内垂直位移变化即趋于稳定。目前江都抽水站各站的底板沉陷均匀，累计沉陷一般在0～48 mm左右，累计最大沉陷量为48.5 mm（二站2号底板下游侧）。翼墙一般为靠近建筑物底板的沉陷量较小，远离底板的最后一节翼墙沉陷量较大，累计最大沉陷量为97.4 mm（一站下游左侧第三节翼墙），最大不均匀沉陷量为65.8 mm（一站下游左侧第二节和第三节翼墙之间的相对沉陷）。

三站是堤后式泵站，其出水管设在回填土上，沉陷量很大。由于施工期无观测资料，竣工后又没有及时观测，所以目前观测到的累计沉陷值最大只有40.3 mm，出水管与主站房底板最大不均匀沉陷量为52.5 mm，但从管道内部看其错位已超过80 mm。出水管与站房底板之间的不均匀沉陷已严重影响工程运用，造成出水管下部伸缩缝漏水，上部伸缩缝漏气。2006年开始的南水北调江都站改造工程对其密封进行了处理。

江都西闸、万福闸、太平闸、金湾闸按大型水闸进行管理，按二等水准测量，其余水闸按三等水准测量。从多年观测结果来看，各水闸沉陷都已稳定。

江都西闸于1963年12月施工时开始观测，截至2022年10月10日，闸室底板最大累计位移量是66 mm（底板2-3），上游翼墙最大累计位移量是147 mm（上右1-1），下游翼墙最大累计位移量是205 mm（下左3-1）。根据近几年观测资料来看水闸沉陷基本稳定，没有大的不均匀沉陷。

万福闸垂直位移观测从1961年9月18日开始，1962年至1965年每季度观测1次，1966年至1967年为每年观测2次，1968年至1980年每年各观测1次，1981年至1984年汛前、汛后各观测1次。1985年至2011年起为每年汛后观测。2012年起为每年汛前、汛后各观测1次。万福闸首次观测是在闸身建成以后，主要的沉陷量没有观测到。2022年翼墙的最大累计位移量为-14.9 mm（上右翼墙3-2），底板最大累计位移量为-13.3 mm（底板16-4）。从现有观测成果来看，累计垂直位移量和间隔位移量都不大，闸室稳定。

太平闸垂直位移观测始于1971年12月，到1974年至1975年沉陷开始趋于稳定。2022年翼墙的最大累计位移量为-32.4 mm（上左翼墙2-2），底板最大累计位移量为33.2 mm（底板22-2）。从现有观测成果来看，闸室稳定，各闸墩变化均匀，相邻闸墩没有明显不均匀沉陷。

金湾闸垂直位移观测，施工期间由施工单位进行观测，管理单位接收后于1978年开始观测。2022年翼墙的最大累计位移量为-12.5 mm（下右翼墙2-2），底板最大累计位移量为-12.2 mm（底板10、底板11）。从现有观测成果来看，各测点间隔位移量不大，底板各点间隔量基本一致，底板各部分沉陷均匀，闸室稳定。

2. 引河河床变形

引河河床变形采用无人测量船和断面索法观测。多年观测成果分析显示，一站、二站、三站上游引河淤积较为严重，最大淤积达4 m，与标准断面面积相比，淤积量一般在26%左右。下游经过江都东、西闸之间河道疏浚后，现淤积轻微。通过对抽水站河道过流能力复核，引河过流能力满足4座抽水站设计抽水流量的要求。

万福闸河床断面每年汛后观测1次。下游断面CS7下（0+199 m）到CS11下（0+371 m）河道中心有一冲刷深塘，该冲塘在1981年资料中即有反映，现冲塘容积为3万m^3左右，最大深泓-6.79 m。2022年观测成果分析显示河道总体呈淤积状态，其中第八至十二个断面淤积较多。

太平闸河床断面每年汛后观测1次，2022年观测成果分析显示，第八至第九断面为冲刷，其余断面为淤积，但冲淤变化不大。

金湾闸河床断面每年汛后观测1次，2022年观测成果分析显示，第九至第十断面为冲刷，其余断面为淤积，但冲淤变化不大。

江都西闸2022年观测成果分析显示，上下游断面有一定程度淤积，其中上游最大深泓-7.88 m，下游最大深泓-8.73 m。从近几年的观测数据对比分析看来，上、下游河道冲淤量基本稳定。

芒稻闸2022年观测成果分析显示，上、下游断面有一定程度淤积，最大深泓分别为-1.55 m（C.S.3上）和-4.90 m（C.S.4下），但从近几年的观测数据对比分析看来，上、下游河道冲淤量稳定。

江都东闸河道断面观测于每年汛后进行，2022年观测成果分析显示，上、下游断面有一定程度淤积，最大深泓分别为-7.61 m（C.S.3上）和-8.16 m（C.S.1

下），但从近几年的观测数据对比分析看来，上、下游河道冲淤量稳定。

邵仙闸最早始测于 1981 年 4 月，1997 年 10 月 7 日因邵仙套闸施工而中断观测，2001 年 10 月恢复观测。2007 年上游右岸护坡翻砌。2022 年观测成果分析显示，上、下游各断面冲淤基本平衡。

运盐闸 2022 年观测成果分析显示，上、下游断面与标准断面比较河底总体呈淤积状态，但从近几年的比较数据可以看出，上、下游河床冲淤基本平衡。

宜陵闸 2022 年观测成果分析显示，间隔冲淤量最大为-140 m^3，从近几年的观测数据对比分析看来，上、下游河道冲淤量稳定。

宜陵北闸 2022 年观测成果分析显示，间隔冲淤量最大为-140 m^3，从近几年的观测数据对比分析看来，上、下游河道冲淤量稳定。

2022 年根据省水利厅下发的观测任务书，送水闸、邵伯闸、三里窑闸、五里窑闸、宜陵地涵增加河道观测任务，与标准断面比较，上、下游河道呈淤积状态。

3. 测压管水位

一站、二站从 1965 年 2 月开始扬压力观测，三站、四站从 1981 年开始扬压力观测。1981 年后省水利厅组织的全省观测资料整编中只有测压管项目，所以在整编成果中只列了测压管水位，1990 年《江苏省水闸抽水站观测工作细则》执行后，抽水站不再进行扬压力计算。目前的观测成果分析显示，测压管水位基本反应灵敏，从过程线上看，符合理论规律。

4. 裂缝、伸缩缝

江都四座抽水站开展伸缩缝观测，多年观测成果分析显示，一站、二站、三站、四站伸缩缝变化正常。一站主站房伸缩缝累计变化量随温度变化在-8.7～2.6 mm；二站主站房伸缩缝累计变化量在-0.5～1.9 mm；三站主站房伸缩缝累计变化量在-5.4～5.4 mm；四站主站房伸缩缝累计变化量在 1.1～4.4 mm。

江都西闸下游翼墙前倾处理后，1993 年开始进行伸缩缝观测，从观测成果分析伸缩缝变化量不大，只有下游左侧第二节与第三节翼墙之间的伸缩缝变化稍大，缝宽变化量 7～7.5 mm，前后变化量 3～4 mm，伸缩缝最大为垂直方向上变化量为 11～12 mm，与垂直位移观测成果吻合。经多年资料分析，江都西闸下游翼墙已稳定，2005 年以后停止伸缩缝观测。

2022 年根据省水利厅下发的观测任务书，所有水闸增加伸缩缝观测任务。

三、电力设备检测

为保证江都水利枢纽工程电气设备的安全运行，确保工程效益的正常发挥，管理处从泵站建设初期就重视电气设备检测。电气设备检测工作由处电力试验中心（原电力试验室）负责，对新投入或更新改造设备进行交接试验，以及每年定期对泵站、变电所、水闸工程的电气设备进行预防性试验。电气设备检测的项目主要有：电气设备绝缘试验及特性试验、继电保护校验、电气指示仪表校验、微机励磁装置检验、电

 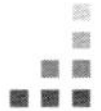

气设备红外热成像检测等。在60年的检测中，管理处查出了大量的设备隐患，为确保电气设备的安全运行做出了重要贡献。

1. 电气设备试验

电气设备试验分为交接试验和预防性试验。

交接试验是指电气设备安装竣工后的验收试验，目的是为了防止不合格的电气设备在投入运行后发生事故，影响电力系统安全运行。新装的电气设备未经交接试验合格不允许投入运行，通过交接试验，也能在一定程度上反映电气设备制造和安装的质量是否符合国家有关技术标准的要求。目前，交接试验依据《电气装置安装工程电气设备交接试验标准》（GB 50150—2016）标准执行。

预防性试验是指为了发现运行中设备的隐患，预防发生事故或设备损坏，对设备进行的检查、试验或监测。预防性试验包括停电试验、带电检测和在线监测，是电力设备运行和维护工作中一个重要环节，是保证电力设备安全运行的有效手段之一。目前，预防性试验依据《电力设备预防性试验规程》（DL/T 596—2021）、《江苏省水利工程电气试验技术规定》（苏水运管〔2022〕10号）标准执行。

2. 电气设备绝缘试验

绝缘试验按照规程规定的项目，根据不同的电压等级，采用各种不同的试验设备、试验方法和检测手段，检验检测高压电气设备的绝缘性能、绝缘特性和绝缘强度。运行中的设备试验结果除应符合规程规范、制造厂家的规定外，还要与该设备历次试验结果相比较，特殊情况时还要与同类设备试验结果相比较，参照相关的试验结果、根据变化规律和发展趋势，进行全面分析、综合判断，对该设备电气性能做出结论，判断该设备是维修还是更换，以保证设备运行的可靠性、安全性和完好性。

绝缘试验项目包括测量电气设备绝缘电阻、吸收比、极化指数、介损，以及对设备进行交流耐压、直流耐压(测量直流泄漏电流)测试，设备冲击试验，油化分析等。

3. 电气设备特性试验

通常把绝缘试验以外的电气试验统称为特性试验。对电气设备进行特性试验的目的是检验电气设备的技术特性是否符合有关技术规程的要求，以满足电气设备正常运行的需要。

特性试验项目主要包括直流电阻测试、接地电阻测试、极性试验、接线组别试验、变压(流)比试验、时间测试、动作顺序试验、电容电感量测试、伏安特性等。

4. 继电保护校验

电力系统中的各类设备，由于内部绝缘的老化、损坏或由于工作人员的误操作，或由于雷电、外力破坏等影响，可能发生故障和不正常运行情况。继电保护装置就是用来保护电力系统和用电设备安全可靠运行的一种装置，能对电力系统中发生的故障或异常情况进行检测，从而发出报警信号，或直接将故障部分隔离、切除。

江都枢纽建站初，电气设备继电保护装置采用电磁型保护。这种继电保护装置体积大，消耗功率大，动作速度慢，机械转动部分和触点容易磨损或粘连，调试维护复杂。20 世纪 90 年代开始，电气设备继电保护装置向微机保护过渡。微机保护装置具有巨大的计算、分析和逻辑判断能力，有储存记忆功能，因而可用于实现性能完善且复杂的保护原理，其工作可靠性很高。

保护装置的检测依据《继电保护和电网安全自动装置检验规程》（DL/T 995—2016）标准执行。主要检测内容：①保护装置外观检查；②装置内定值校验；③保护输入输出回路检查；④装置测量准确度检验；⑤保护功能检验；⑥保护装置连同被保护电气设备或线路整组联动试验。

5. 电气指示仪表校验

电气设备在运行时，为便于管理人员掌握电气设备运行情况，安装电气指示仪表，测量设备电气参数。指示仪表包括指针式仪表和数字式仪表。

指针式仪表的校验依据《直接作用模拟指示电测量仪表及其附件》（GB/T 7676—2017）标准执行。主要检测内容：仪表误差、机械平衡、变差测定、回零测定。

数字式仪表的校验依据《安装式数字显示电测量仪表》（GB/T 22264—2022）标准执行。主要检测仪表误差。

6. 励磁装置检验

励磁装置应用于大型同步电动机的转子励磁，励磁装置性能的好坏直接影响到机组能否连续、稳定运行。

20 世纪 90 年代前，江都水利枢纽工程使用的励磁装置采用以分立元件为主的 KGL 系列和 BKL 系列励磁装置，装置稳定性和可靠性比较低，经常发生故障。90 年代开始，逐步采用 LZK-3G 型以及 WKLF-102 型微机励磁装置。目前，枢纽四座抽水站主机励磁装置均采用北京前锋 WKLF-102 型微机励磁装置。

WKLF-102 型微机励磁装置采用集成电路，全面的表面贴装工艺，装置采用双机热备，稳定性和可靠性有了极大的提高。功能选择及参数设定采用菜单操作，直观、简便。

微机励磁装置检测依据《中小型同步电机励磁系统基本技术要求》（GB/T 10585—1989）、《同步电动机半导体励磁装置总技术条件》（GB/T 12667—2012）标准执行。检测的内容有：励磁变压器试验、装置回路绝缘测试、装置参数检查、信号及报警回路检查、输出波形检查、双机系统切换检查、装置功能测试、整组联调等。通过微机励磁装置性能参数的测试，以确保装置电气性能的稳定性和可靠性。

7. 电气设备红外热成像检测

电气设备的热效应是多种故障和异常现象的重要原因，因此对电气设备的温度进行监测，是保障设备运行可靠的必备手段。红外热成像测温技术是利用红外探测各种电气设备表面辐射的不为人眼所见的红外线辐射状态的热信息，然后转换成温度进行显示的技术，是一种被动的、远距离非接触式的检测手段，它能测量设备表面较大范围的温度，根据温度高低判断设备工作状态。2022 年开始，枢纽工程逐步开展采用红外热像仪巡查电气设备工作。

电气设备红外热成像检测依据《带电设备红外诊断应用规范》(DL/T 664—2016)标准执行。

第三节　维修养护

为了确保泵站、涵闸工程完整，设备状态良好，保证安全运行和延长使用寿命，管理处常态化对工程设备设施进行维修养护。工程维修养护原主要项目有防汛、岁修工程和省属、省指定抽水站维修（大站维修）工程，现合并调整为防汛抗旱项目和维修养护项目。经费来源主要是省财政拨款。

一、维修养护项目经费使用范围

1. 岁修工程

岁修工程为机电设备维修、闸门和启闭设备大修与改进、堤防护坡及护坦等施工维修、河道清淤、水利设施周边绿化、重点工程防震加固和科研工作等。

1985 年，省水利厅《关于省管水利工程岁修计划的改革意见》中规定岁修范围为机电设备、闸门、混凝土、土石方及其他附属工程的维修养护。

1997 年，省财政厅、省水利厅《关于江苏省省级防汛、岁修、抗旱经费使用管理办法(暂行)》中规定，岁修工程经费的具体范围是工程的正常维护费、险工隐患等工程处理费用、自然障碍清除、为工程维修加固而产生的检查、勘测、设计等支出。

2. 防汛工程

1997 年，省财政厅，水利厅印发的《江苏省省级防汛、岁修、抗旱经费使用管理办法(暂行)》中规定，防汛经费（包括中央补助的特大防汛经费等）具体使用范围：防汛和抢险用器材、物料的采购、运输、管理及其保养的必须的费用支出；防汛期间调用民工补助，防汛职工劳保用品补助；防汛检查、宣传和演习等所必须的费用支出；防洪排涝工程除险、加固、维修所必须的费用支出；防汛专用车船和通信设施的运行、养护、维修费用。抗旱经费的使用范围：省属、省指定抽水站等工程、设备及管理设施维修加固；省属和省指定泵站抗旱或排涝所需的费用，同时用于上述泵站的更新改造等。

3. 大站维修

大站维修经费来源为抗旱经费（包括中央特大抗旱补助），具体使用范围为抽水站主机组大修、电气试验及机电设备维修、泵站辅助设备维修及附属设施维修等。

2011 年起大站维修并入工程维修项目中。

4. 翻水费

翻水费为抽水站运行费用、捞草费用和抽水站运行期间的机电设备和工程设施损坏应急维修费用。

2003 年，省财政厅、省水利厅《关于加强省级翻水费使用管理的通知》规定翻水费使用范围只限于翻水发生的电费、油料费、零星维修费、其他费用（包括翻水时发生的消防、捞草、防冰凌、站区的水费等）。2003 年以后，管理处已不在翻水费中支出运行期间的机电设备和工程设施损坏应急维修费用，统一纳入抽水站养护经费中支出。

5. 工程维修养护

2005 年，岁修工程改为工程维修养护项目。

2006 年，省财政厅、省水利厅印发的《江苏省省级水利工程维修养护经费使用管理办法(试行)》中规定，此项经费主要承担防洪、排涝等公益性任务的河道堤防工程、水闸工程、泵站工程等的正常维修养护。水闸工程经费主要用于水工建筑物、闸门、启闭机、机电设备、附属设施、自动控制设施、自备发电机组的维修养护，物料动力消耗，闸室清淤，白蚁防治，以及勘测设计和质量监督检查监理。泵站工程经费主要用于机电设备、辅助设备、输变电系统、泵站建筑物、附属设施、自备发电机组、自动控制设施的维修养护，物料动力消耗，以及勘测设计和质量监督检查监理。

2015 年，省水利厅、省财政厅印发的《江苏省省级水利工程维修养护名录》中规定，适用名录的省江都水利工程管理处省属工程有：万福闸、太平闸、金湾闸、江都东闸、江都西闸、江都送水闸、芒稻闸、宜陵闸、宜北闸、三里窑闸、五里窑闸、邵伯闸、运盐闸、邵仙闸、土山洞、邵仙洞、宜陵地涵、江都一站、江都二站、江都三站、江都四站、江都站变电所。

2015 年，省水利厅、省财政厅印发的《江苏省省级水利工程维修养护项目管理办法》中规定，每年下达的省级水利工程维修养护专项资金用于支持水利工程维修养护项目。涵闸工程维修养护项目包括水工建筑物、闸门、启闭机、机电设备、自动监控系统及设施、输变电系统、自备发电机组、安全设施和附属设施的维修养护，物料动力消耗，白蚁防治，植物防护，防汛积石整修，上下游引河及闸室清淤和冲塘处理，安全鉴定等。泵站工程维修养护项目包括泵站建筑物、主机系统、辅机系统、输变电系统、进出水管道、断流设备、自动监控系统及设施、自备发电机组、安全设施和附属设施的维修养护，物料动力消耗，白蚁防治，植物防护，防汛积石整修，上下游引河及进出水建筑物清淤和冲塘处理，安全鉴定等。

2017 年，省财政厅、省水利厅印发的《江苏省省级水利发展资金管理办法》中规定，省级水利发展资金用于支持水利工程维修养护资金，主要用于列入《省级水利工程维修养护名录》的流域性水利工程的维修养护。

2018 年，省水利厅在《关于 2019 年省级水利发展资金（省直水利工程维修养护）申报的说明》中规定了资金使用范围包括：①水利工程养护，对已建的水利工程及工程附属设施和水文设施经常及时进行保养，及时处理局部、表面、轻微的缺陷，以保持工程完好、设备完整清洁、操作灵活，包括工程日常维护中的零星维修、

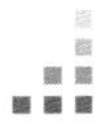

水土保持、材料消耗等；②水利工程维修，对已建的水利工程及工程附属设施运行、检查中发现局部损坏的修理、更换、改造，恢复工程或设备功能和运行，包括遥感监测、安全鉴定及维修过程中的检测、更换物料、动力消耗、白蚁防治等。

2019年，省财政厅、省水利厅印发的《江苏省省级水利发展资金管理办法》中规定，省级水利发展资金用于支持水利工程维修养护资金，用于列入《省级水利工程维修养护名录》的水利工程（不含堤防）及工程附属设施的维修养护、白蚁防治、水土保持、安全鉴定、划界确权、检测监测、动力及材料消耗等。

防汛工程包括防汛急办、度汛应急、水毁工程、中央特大防汛补助等。主要用于流域性江、海、河、湖的堤防和大中型涵闸在防汛期间的抢险主要材料购买以及经省批准增做的汛期工程。

2021年，省财政厅、省水利厅印发的《江苏省防汛抗旱专项资金管理办法》中规定，省防汛抗旱专项资金是用于支持省洪涝、干旱灾害防御方面的资金。防汛抗旱资金（含中央财政下达的水利救灾资金）使用范围包括安全度汛、排涝降渍、水旱灾害防御物资补充及储备管理、泵站翻水等及其他。安全度汛包括列入《省级水利工程维修养护名录》的流域性水利工程度汛隐患消险和水毁修复，重要区域性水利工程设施度汛隐患消险和水毁修复；防汛通讯、监测预警相关设施设备水毁修复；水旱灾害防御决策信息系统维护、设施设备修复和技术保障支持；省级（含）以上批准的水利抢险能力建设等。排涝降渍包括淮河入江水道沿线地区排涝降渍设备运行维护费用补助等。水旱灾害防御物资补充及储备管理包括水旱灾害防御物资更新、补充，省级水旱灾害防御物资日常保管、维护，省级批准的物资仓库应急处置等。泵站翻水包括省属站根据省级调度指令实施抗旱排涝翻水所发生的油、电费及消防、捞草、防冰凌、站区水费等，以及鼓励节水相关费用。其他指兴建应急抗旱水源和调水供水设施、添置提运水设备及运行；经批准用于防汛抗旱其他工作所发生的费用。

二、维修养护项目经费申报审批程序

每年均由各工程管理单位依据汛后检查查出的工程存在问题编制次年工程维修计划，维修计划含立项缘由，工程检查、测量等论证材料；工程的规模、标准、工程量、维修方案和计划；必要的图纸以及经费概算等。由工管科汇总，于当年11月底前统一报省水利厅审核，并会同省财政审核下达。

防汛抗旱、维修养护项目审批权限为管理处防汛抗旱、维修计划由管理处汇总报省水利厅、财政厅审批。

1972年，3 000元以上岁修工程报省审批，3 000元以下（含3 000元）工程省厅只核批总数，由管理处统一安排。

1982年，在省下达岁修工程计划文件中，凡注明省审批的项目需报省批准，其余由各管理处审批下达，项目之间的调整须经省同意。

1985年，岁修经费划分为养护维修和岁修计划，养护维修计划下放由管理处审批，省水利厅负责岁修计划的审批。

1997 年，工程项目与经费一经确定，不得随意变动。确需更改的，需报省批准。

2006 年，省财政厅、省水利厅印发的《江苏省省级水利工程维修养护经费使用管理办法（试行）》中规定，省属水利工程的维修方案和经费预算由各管理处直接上报省财政厅和省水利厅。养护经费不实行年度申报制度，由省财政厅、水利厅根据年度考核实际情况确定下达。维修项目审查工作由省财政厅和省水利厅共同进行，并于每年年初下达本年度项目维修养护经费。维修养护经费一经审批下达，不得调整，执行中确需调整的，必须按原审批程序逐级报批。

2010 年，防汛项目由省防汛防旱指挥部、省财政厅审批下达。

2015 年，省水利厅、省财政厅印发的《江苏省省级水利工程维修养护项目管理办法》中规定，每年 11 月底前，省水利厅会同省财政厅印发下年度省级水利工程维修项目申报指南，明确申报范围、申报原则、申报格式、截止时间等要求。省属水利工程管理处在查清本级管辖范围内流域性水利工程状况、确定工程维修工作量的基础上，考虑轻重缓急、突出重点，确定下年度项目申报计划，于每年 12 月底前直接报省水利厅、财政厅。省水利厅组织审查申报计划，省财政厅、水利厅依据审定意见，于省人民代表大会审议通过，省级财政预算 60 日内行文下达年度项目及金额。

2016 年，省水利厅、省财政厅印发的《江苏省 2017 年省级水利工程维修及河湖管理项目申报指南》中规定，申报范围是《省级水利工程维修养护名录》中明确的闸站工程维修项目。省对项目资金实行总额控制，申报维修项目总额不得超过上年省级下达经费的 150%，单个项目申请补助资金原则上不超过 100 万元。

2017 年，省财政厅、省水利厅印发的《江苏省省级水利发展资金管理办法》中规定，水利工程维修项目采用项目法分配，省属单位申报后，省水利厅组织评审，根据评审意见提出资金分配建议，与省财政厅会商后确定分配方案；水利工程养护采用因素法分配，由省水利厅根据工程设施数量、类型、资产价值、年度工作任务等因素，并结合绩效评价结果提出资金分配建议，与省财政厅会商后确定分配方案。

2018 年，省水利厅印发的《江苏省 2019 年至 2021 年省级水利工程维修项目库申报指南》中规定，编制申报 2019 年至 2021 年的分年度项目库。项目库采取滚动方式进行管理，每年年底一次性补充完善。

2021 年，省财政厅、省水利厅印发的《江苏省防汛抗旱专项资金管理办法》中规定，防汛抗旱资金在省人大批准预算后 60 日内正式下达。由省水利厅提出资金分配建议，报省财政厅审核后下达省属单位。安全度汛资金主要采取项目法分配，排涝降渍、水旱灾害防御物资储备管理资金采取因素法分配，泵站翻水资金（不含鼓励节水费用）采取年初预拨，年末根据实际发生的翻水费据实结算的分配方式。对采取因素法分配的防汛抗旱资金，由省水利厅根据上述分配因素，结合绩效评价结果提出资金分配建议，与省财政厅会商后确定分配方案。对采取项目法分配的防汛抗旱资金，省属单位申报后，省水利厅组织评审，根据评审意见提出资金分配建议，与省财政厅会商后确定分配方案。

三、维修养护项目经费管理

维修养护、防汛抗旱经费一般在汛前下达并完成，以使工程在汛期发挥作用。抽水站主机组大修一般在汛后实施。水利救灾、水毁工程、特大防汛补助等经费，一般是遭遇较大的洪水、台风或其他自然灾害的情况时，由省财政厅、省水利厅审批下达。

工程维修计划经省水利厅审批下达后，由各工程单位编报项目实施计划和预算，由工管科审批。

1997 年，省财政厅、水利厅印发的《江苏省省级防汛、岁修、抗旱经费使用管理办法(暂行)》中规定，对于 50 万元以下的项目可由各单位自行组织施工，或由具有一定施工经验、有相应资质的单位施工；对于 50 万元以上的项目应进行招标或议标确定施工单位。工程开工前应向管理处工管科提交开工报告，经批准后开工。工程维修项目的竣工验收由管理处组织，并填写工程竣工验收卡。竣工验收合格后，档案由管理所和管理处分别存档。

2004 年，全省水利系统体制改革后，工程的维修养护经费计划按改革测算逐年到位。2005 年，岁修改为工程维修养护后，经费有了较大的增加。为了加强项目经费管理，管理处于 2005 年 4 月制定了《江苏省江都水利工程管理处工程维修养护项目管理办法(试行)》，以苏水江管〔2005〕6 号文印发。办法规定工程维修养护项目实行项目管理卡制度，项目管理卡包含了实施计划和预算的编制审批、开工申请及审批、实施情况记录、质量检查情况记录、项目决算、项目总结及项目验收卡，并在验收卡中增加了管理处内部经费使用审计和技术档案验收内容。

2006 年 7 月，省水利厅印发的《关于进一步加强省管水利工程维修养护项目管理的通知》规定，项目管理实行责任制、合同制，项目管理卡制度，同时规定项目经费在 20 万元以上(含 20 万元)的需由省水利厅财审处或由其委托管理处实施政府采购；项目验收规定 30 万元以上(含 30 万元)项目由管理处负责人召集组织进行，同时应报请厅有关部门派员参加。

2012 年 7 月，管理处根据多年的实践对维修养护项目管理办法进行了修订，以苏水江管〔2012〕21 号文印发了《江苏省江都水利工程管理处工程维修养护项目管理办法》，进一步规范工程维修养护的管理。

2015 年 5 月，省水利厅、省财政厅印发的《江苏省省级水利工程维修养护项目管理办法》中规定，项目完工后 15 日内，省属水利工程管理处须委托审计部门或有资质的独立审计中介机构开展竣工决算审计，出具审计报告。根据《江苏省财政专项资金绩效管理办法》规定，省水利厅、省财政厅对项目开展绩效管理，项目管理单位按照要求做好绩效评价。

2015 年 8 月，管理处重新修订维修养护项目管理办法，以苏水江管〔2015〕23 号文印发《江苏省江都水利工程管理处工程维修养护项目管理办法》，规定对预算价值在50万元以上的项目，应实行公开招标采购，按照招投标程序实施；对预算价值在10万元（含10万元）至50万元的项目，报处集中采购领导小组研究确定采购方式，由处集中采购工作小组实施；对预算价值在1万元（含1万元）至10万元的项目，应由处工程管理科、财供科、监察室及项目管理单位联合询价采购，询价不得少于三个协议供应商；对预算价值在5 000元（含5 000元）至1万元的项目，由项目管理单位和财供科共同采购；对预算价值在5 000元以下的项目，由项目管理单位自行成立采购小组（不得少于3人）根据计划自行采购；对预算价值在50万元以内的机电设备及自动化系统维修安装、水土保持等项目，可直接委托处具有相应承揽资质的单位实施，其中涉及施工劳务及材料设备的采购，由实施单位参照上述集中采购程序执行。

2019年，省财政厅、省水利厅印发的《江苏省省级水利发展资金管理办法》中规定，水利工程维修养护类项目执行《省级水利工程维修养护项目管理卡》制度。

2020年，省财政厅印发的《江苏省省级水利发展资金绩效管理暂行办法》中规定，省属单位作为自评基本单元，自评材料报省水利厅复核。

2020年，管理处再次修订维修养护项目管理办法，以苏水江管〔2020〕23号文印发《江苏省江都水利工程管理处工程维修养护项目管理办法》，规定对预算在50万元以上的项目，按照规定实行公开招标程序组织实施；对预算在5万元（含5万元）至50万元的项目，由工程项目采购工作小组组织实施；对一次性采购价值在5 000元（含5 000元）至5万元的采购，由采购申请单位、工管科、财务科派员共同参与；对一次性采购价值在5 000元以下的采购，由采购申请单位成立（3人）采购小组（不包括监督人员）根据计划自行采购；对预算在50万元以内的机电设备及自动化系统维修安装等项目，可直接委托处具有相应承揽资质的单位实施，其中涉及施工劳务及材料设备的采购，由实施单位参照集中采购程序执行；对预算在5万元及以上的采购项目，纪监室参与采购监督；预算在5万元以下的采购项目，采购申请单位所属党支部纪检委员或本单位（部门）党风廉政监督员参与采购监督。江都水利枢纽工程历年维修经费详见表5-1。

表5-1　江都水利枢纽工程历年维修养护经费统计表（万元）

年份	维修养护经费	年份	维修养护经费	年份	维修养护经费	年份	维修养护经费
1965	4.53	1980	114.89	1995	544.78	2010	1 188.00
1966	14.88	1981	75.33	1996	234.57	2011	1 160.50
1967	12.20	1982	63.48	1997	290.72	2012	1 456.90
1968	35.42	1983	90.62	1998	629.33	2013	1 367.00
1969	21.72	1984	76.14	1999	584.30	2014	1 957.00

续表

年份	维修养护经费	年份	维修养护经费	年份	维修养护经费	年份	维修养护经费
1970	44.23	1985	79.90	2000	289.21	2015	2 514.00
1971	49.41	1986	114.00	2001	385.40	2016	1 615.00
1972	46.20	1987	104.87	2002	417.00	2017	1 968.00
1973	66.30	1988	157.58	2003	319.00	2018	2 225.00
1974	69.26	1989	105.83	2004	478.00	2019	1 960.00
1975	23.03	1990	155.68	2005	493.00	2020	1 732.00
1976	18.38	1991	189.03	2006	1 233.00	2021	2 145.00
1977	41.21	1992	308.08	2007	759.00	2022	2 167.00
1978	87.43	1993	213.44	2008	652.00		
1979	68.67	1994	304.53	2009	765.00		

注：2003 年起以下达经费统计，2007 年起含湖泊管理经费，2020 年起不含河湖管理经费。

四、维修养护主要项目

1. 泵站主机泵大修

江都抽水站自 1963 年一站投入运行后，1966 年 2 月开始主机泵大修工作，4 座抽水站每年各有 1～2 台主机泵进行大修，大修工作一般安排在每年非汛期的秋冬季。20 世纪 60 年代至 80 年代初主机泵大修周期一般为 3～5 年。主机泵经过多年不断地技术改进，80 年代中期以后，其大修周期正常为 7～10 年。同时根据设备实际运行工况，随时对产生问题的主机泵进行抢修。

2. 泵站机电设备维修、更新

管理处 4 座抽水站、专用变电所每年汛后都要根据《电力设备预防性试验规程》对高、低压电气设备进行试验，试验设备的优劣对设备及试验结果起着很大的作用，因此对试验设备的更新及换代，省水利厅都给予指导，每年都会根据实际情况对经费作安排，对试验中发现存在安全隐患的一些设备也会及时安排经费予以维修或更新。

2003 年，四站 3 号主变更新、站变更新为干式变压器；2004 年，变电所所变更新 1 台；2009 年，一站、二站高压开关柜更新；2011 年，一站现场低压开关柜 14 台及行车开关柜 2 台更新、2 台站变更换为干式变压器，型号为 SCB10-400/6，空压机更换 2 台，由水冷更换为空冷；2012 年，二站励磁系统、保护系统改造，空压机更换 2 台，由水冷更换为空冷；2013 年，一站供水管道改造，二站行车大修，四站、变电所更换 6 kV 大容量高速开关测控单元，四站增设电动葫芦；2014 年，一站主机冷却水管改造，二站调节机构冷却水箱维修、轴承更换，三站主机清水润滑系统改造，三站主厂房行车大修；2015 年，一站叶片调节机构改造；2016 年二站供水泵更新、水泵层检修闸阀改造；2017 年，四站主厂房行车大修，四站叶轮顶升拆运装置制作，四站冷却水系统应急抢修；2018 年，二站行车改造，三站 1 台主电动机消音降噪，四站电机冷却水母管改造，四站 1 号～7 号励磁装置（WKLF-102）改造；2019 年，二站冷却水系统改造，四站 1 号叶片调节机构现场控制柜维修，四站大容量限流开关柜及 PLC 维修改造；2020 年，一站低压动力柜改造，一站微机机电保护更新，一站励磁改造，二站叶片调节机构及真空破坏阀改造 1 台，二站直流系统更新，四站叶片调节机构及真空破坏阀改造 1 台，变电所微机机电保护更新；2021 年，一站行车改造，一站冷却水系统改造，二站励磁系统改造，三站励磁装置改造，四站叶片调节机构 1 台（4 号）改造，四站真空破坏阀 2 台（4 号、5 号）改造，变电所 110 kV 变压器（1 号主变）大修；2022 年，一站供排水系统改造，二站保护装置更新改造，二站叶片调节机构改造 7 台，三站压油装置升级改造，四站叶片调节机构改造 1 台，四站 3 号主变大修，四站冷却水系统冷却器更换，变电所 10 kV 配电系统改造，变电所 110 kV 变压器（2 号主变）大修。

3. 信息化系统升级维护

2011 年，二站监控系统进行了全面改造；2012 年，一站自动化系统改造；2014 年，二站视频监控系统改造，江都站集中监控系统备用网络及泵站监控系统完善更新，江都站集中监控中心视频系统更新，金湾闸测压管自动观测设备安装，东闸自动控制及视频系统升级更新，水闸工程管理范围确权地籍信息化；2015 年，一站视频监控系统维护和完善，管理处信息化数据中心设备添置，江都水利枢纽调度管理系统开发，江都站工程信息显示屏增设，太平闸监测及视频系统更新，三里窑闸视频监控系统增设；2016 年，三站自动化及视频系统升级改造，四站自动化及视频系统升级改造，变电所监控视频系统完善，运盐闸、邵仙闸洞、邵伯闸监测系统升级改造；2017 年，江都水利枢纽综合信息发布查询系统开发；2018 年，四站机组运行振动监测与分析系统增设，变电所信息显示屏增设，江都水利枢纽水位采集自动化系统改造，西闸自动化及视频监控系统改造；2019 年，四站 PLC 系统、电源监测系统更新，变电所智能化管理系统建设，东闸运行控制自动化系统维修；2020 年，江都水利枢纽集中监控平台升级改造，江都水利枢纽管理平台升级改造；2021 年，江都水利枢纽集中监控屏维修改造，江都水利枢纽工程管理系统服务器升级改造，江都水利枢纽信息资源整合，万福监控分中心维修，邵仙监控分中心维修改造；2022 年，一站监控系统改造，三站主机层监控屏改造，四站视频监控、无线系统改造，东闸视频系统升级改造。

4. 混凝土建筑物维护

（1）混凝土裂缝及表面碳化防护

宜陵闸建成后，公路桥大梁发生裂缝并且不断扩展，1965 年，宜陵闸采用增加钢筋和扩大主梁断面予以加固；1977 年，宜陵闸在工作桥墩顶部和工作桥纵梁交接处增设抗震阻滑块。

20 世纪 80 年代初期水闸通过“三查三定”，发现 20 世纪 50 年代末 60 年代初建

成的水闸混凝土碳化严重，1983 年，管理处用几种防护涂料对万福闸工作桥底部轮廓进行全部封闭试验。取得经验后，管理处对钢筋混凝土裂缝、碳化严重的水闸逐步进行了环氧水泥涂料防护处理。如 1994 年，宜陵北闸工作桥大梁防护；1995 年，宜陵闸工作桥大梁防护；1997 年，江都东闸工作桥大梁防护；1998 年，宜陵闸工作便桥大梁防护；2007 年，三里窑闸闸室墙防碳化处理；2010 年，运盐闸、邵仙闸混凝土工程防碳化保护。

2014 年，芒稻闸混凝土防碳化；2015 年，一站主厂房上下游伸缩缝维修，四站出水流道坡面混凝土防碳化，金湾闸排架、闸墩、工作桥等部位混凝土表面防碳化，太平闸排架及工作桥底部等部位混凝土表面防碳化，金湾闸下游翼墙整修，芒稻闸检修门牛腿加固，江都西闸排架、工作桥底部等部位混凝土防碳化，运盐闸、邵仙闸闸墩混凝土防碳化；2016 年，一站翼墙整治，三站下游胸墙、隔墩防碳化处理，四站工作桥、公路桥栏杆、工作便桥桥面等防碳化处理，东闸排架防碳化，芒稻闸栏杆防碳化，宜陵闸启闭机房、翼墙、排架等混凝土设施防碳化；2017 年，四站部分检修门槽检修（1 号、3 号、6 号）；2018 年，三站发电机房、主机出水流道等堵漏处理，变电所厂房外墙裂缝及渗漏处理，芒稻闸上游左侧翼墙整修；2019 年，三站生产管理用房外墙裂缝渗漏处理，金湾闸工作桥、工作便桥闸墩、排架防碳化，运盐闸、邵仙闸闸墩混凝土防碳化；2020 年，一站至四站公路桥、翼墙及上下游胸墙混凝土防碳化，四站下游翼墙整修；2021 年，芒稻闸排架等部位混凝土防碳化，宜陵闸胸墙、便桥桥底及排架防碳化；2022 年，站区主副厂房屋面防水维修，四站上下游翼墙渗漏处理。

（2）水下工程消能设施修补

2002 年，万福闸下游消力池采用气压沉柜进行水下修补；2005 年，万福闸底板、消力池采用气压沉柜进行了水下修补；2009 年，潜水员采用水下不分散混凝土对芒稻闸下游护坦进行维修；2014 年，一站上游护坦水下检修；2017 年，芒稻闸下游河床护坦混凝土修补。

5. 闸门更新与维护

（1）闸门更新改造

1968 年，宜陵闸 12 节制孔钢架木面板门改为钢架钢丝网水泥面板；1978 年 6 月通航孔上、下扉钢架木面板闸门改为钢闸门。

1992 年 3 月至 6 月，土山坝涵洞将钢架木面板闸门改为钢闸门。

1980 年 6 月 25 日，里下河地区排涝，江都东闸闸门全部吊出水面时，发现下扉钢丝网水泥闸门下游面梁格和波形面板出现大量裂缝。除端柱外梁格裂缝间距一般约为 10 cm；波形面板裂缝一般细而密，大都呈 45°方向，所有裂缝宽度一般在 0. 05～0. 20 mm 之间，缝中大多有石灰质样淌出，间有铁锈混杂。下扉门上游面中柱波形面板也有裂缝，以 7 号、8 号孔为严重；上扉钢丝网水泥门端柱与横梁交接处也有少数裂缝。1981 年 8 月 25 日闸门吊出水面排涝时，发现上扉门梁格和波形面板均有程度不同的裂缝，缝宽一般在 0.02～0.05 mm。分析原因是江都东闸闸门是按平水开闸设计的，而实际运用中上游常受江潮影响，上下游水位差变化较大。虽然验收文件规定闸门开启水位差不得超过 1.0 m，关闭时不得超过 0.5 m，但实际启闭过程中，水位差不易控制在允许范围内。而且由于闸门为滑动行走，支承阻力大，关闭时水位差只有 0.3 m 时闸门便不能正常关闭。1983 年至 1988 年江都东闸将上扉门贴环氧玻璃丝布保护。1990 年至 1992 年下扉门更换为钢闸门。

1998 年，宜陵地涵混凝土钢丝网水泥波形面板闸门更换为钢闸门。

由于高水河段为里运河扬州段的一个支航道，邵仙闸建成后，此处无专门船闸，为了通航，邵仙闸闸门长期处于开启状态，为安全起见，1985 年增设了悬挂式闸门锁定装置，改变了闸门钢丝绳长期受力的状况。2000 年邵仙套闸建成通航以后，邵仙闸不再需要通航，2007 年，邵仙闸为保持闸门始终停在水面以上，在闸门启闭机上设置了一无级变位锁定装置。

2018 年，江都西闸闸门止水座改造，增设邵仙闸闸墩抗震梁。

（2）闸门喷锌

1979 年，五里窑闸、三里窑闸大修中首次对上下游闸门进行喷锌防腐；1981 年，运盐闸下卧式弧形钢闸门喷锌防腐、邵伯闸弧形钢闸门喷锌防腐；1983 年至 1987 年，芒稻闸 7 孔弧形钢闸门喷锌防腐；1984 年至 1985 年，邵仙闸四孔弧形钢闸门喷锌防腐；1990 年至 1992 年，江都西闸等都先后进行了闸门喷锌；2000 年，邵仙闸闸门再次喷锌；2001 年，邵仙洞闸门喷锌，止水更新，同时进行了电气设备改造；2006 年，三里窑闸上游闸门喷锌及底止水更换；2008 年，芒稻闸闸门喷锌及更换止水橡皮 2 孔、五里窑闸弧形闸门喷锌及底止水更换；2015 年，邵仙闸闸门防腐处理；2016 年，金湾闸闸门及检修门防腐处理，江都闸闸门防腐处理，宜陵闸闸门、门槽防腐处理；2020 年，金湾闸检修门防腐处理。

（3）闸门大修

1996 年，五里窑闸大修，更换了下游人字闸门底枢；2006 年，五里窑闸下游人字闸门大修，对顶枢、底枢进行了维修；2007 年，三里窑闸下游横拉门大修，进行了闸门校正，更换了止水橡皮；2012 年，三里窑闸横拉门大修，对锈蚀损坏的底梁进行了更新加固，更换了主滚轮和侧滚轮，对闸门进行了防腐处理，同时利用闸门排空机会对上游弧形闸门桁架进行了加强处理；2015 年，万福闸、太平闸鱼道控制闸大修，宜陵地涵大修；2022 年，西闸顶止水维修，三里窑闸闸门止水维修。

6. 水闸启闭机更新、大修及电气设备更新

（1）启闭机更新、大修

1995 年，管理处按照省水利厅水闸闸门、启闭机设备评级要求对全处大部分水闸启闭机进行了全面解体，更换了齿轮箱内的润滑油，对启闭机进行了全面的保养；2001 年，金湾闸液压启闭机油缸改造，更换 7 孔油缸；2004 年，五里窑闸下游螺杆启闭机大修，并对电气设备进行了维修；2006 年，芒稻闸启闭机大修 7 台、送水闸

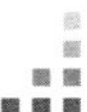

启闭机大修及动力电缆更换、邵仙闸启闭机大修4台及启闭电机更换1台；邵仙洞启闭机更新及部分电器改造；2007年，宜北闸启闭机大修；2008年，邵仙闸更换3台启闭电机；2013年，芒稻闸电动机及制动器更换；2014年，三里窑闸上游启闭机更换；2016年，江都东、西闸钢丝绳更换；2017年，金湾闸液压系统油缸大修；2018年，金湾闸液压系统油缸大修（4孔）；2021年，万福闸启闭机钢丝绳更换（30孔），金湾闸液压系统油缸大修（5孔）及液压油过滤；2022年，万福闸启闭机钢丝绳更换（30孔），金湾闸液压系统油缸大修（6孔）及液压油补充，太平闸启闭机钢丝绳更换（24孔）；西闸水下钢丝绳更换，邵仙闸、运盐闸钢丝绳更换。

（2）水闸电气设备更新

1991年，芒稻闸柴油发电机组更新；1996年，万福闸、江都东闸分别更换了柴油发电机组；1997年，芒稻闸更换变压器；2003年，宜陵闸12孔电气设备、柴油发电机组更新；2005年，五里窑闸柴油发电机更新；2007年，太平闸变压器更换为干式变压器；2009年，五里窑闸变压器更换为干式变压器；2013年，芒稻闸更换变压器；2014年，芒稻闸动力电气设备更新改造；2015年，太平闸低压配电设备更新，邵仙闸电气设备更新；2017年，三里窑闸变配电设施更新；2018年，金湾闸电气系统改造；2022年，西闸、芒稻闸柴油发电机更换，西闸、芒稻闸动力线路，宜陵地涵动力线缆更新；三里窑闸、五里窑闸启闭机控制柜等改造。

7. 检修门槽及检修门增设

管理处早期建成的部分涵闸没有检修设施，不便于对涵闸的闸室部位进行维修养护，管理单位在管理中逐步完善了检修设施。

1978年，五里窑闸改建上游检修门槽，在原门槽下游侧30 cm新开一检修门槽。

1979年3月，江都东闸投入运用后，因采用固定门槽，闸门止水设备无法修理，1979年至1980年将固定门槽改为活动门槽。

1988年，运盐闸在上游侧增建了检修便桥，1989年，增建了检修门启吊设施、节制孔检修门，1990年，又增设了通航孔检修门，完善了检修设施后，1991年至1993年，先后更换了7孔闸门钢丝绳，并更换了上扉门止水。

1999年，邵伯闸增设检修门槽。2013年，芒稻闸检修门制作防腐。2015年，芒稻闸检修门牛腿加固及轨道维修等。2022年，四站增设检修门8扇。

8. 块石护坡接长与维修

（1）块石护坡接长

江都水利枢纽不少水闸工程上、下游护坡砌护长度较短，常发生砌护之外的河坡冲刷、滑坡现象，为了保证管理范围内上、下游引河岸坡的安全和完整，对有关水闸进行了护坡接长、加高。

1978年，邵仙闸上游由20 m接长为200 m，下游由20 m接长为250 m，分4年完成。

1980年，宜陵北闸上、下游两岸块石护坡各接长20 m。同年宜陵闸下游右岸护坡接长120 m，1981年下游左岸护坡接长60 m。

1996年，邵仙洞下游左岸护坡外河坡汛期多次塌方，汛后下达的度汛应急项目中安排护坡抢修，在塌方处下部砌2.6 m×1.5 m的浆砌块石挡土墙，塌方处回填夯实，上部为浆砌块石护坡135.2 m^2，整体长度40 m。

2010年，邵仙洞下游右岸块石护坡接长150 m。

（2）块石护坡维修翻砌

1998年，芒稻闸分别于汛前和汛后对下游护坡破损部位进行抢修，共完成翻修、浆砌块石护坡230 m^2，干砌块石护坡灌浆350 m^2，浆砌块石挡土墙160 m^3。

2004年，万福闸下游左岸块石护坡翻修，对护坡进行翻砌，并进行了灌浆。

2006年，邵仙洞下游块石护坡翻砌灌浆。邵仙闸上游右岸块石护坡翻砌灌浆；运盐闸上游护坡翻砌；宜陵闸干砌块石护坡翻砌灌浆。

2007年，芒稻闸上游右岸闸至江家桥段块石护坡翻砌及挡土墙新建。

2008年，三站上游右岸至四站上游左岸防汛堤防加固，对堤防进行了部分翻砌，新建了挡土墙和堤防巡查便道。

2009年，三里窑闸上游、五里窑闸下游护坡翻砌灌浆；一站上游左岸至二站上游右岸护岸翻修。

2010年，邵仙洞下游右岸块石护坡翻砌。

2010年，芒稻闸下游右岸护坡整治，对护坡进行了翻砌灌浆。

2014年，一站上游护坡整修，芒稻闸下游至西闸上游、送水闸下游护坡整修，东闸下游左岸新建混凝土护坡，西闸下游左岸护坡整修。

2015年，金湾闸上下游护坡及堤防整修，邵仙闸上下游护坡整修，运盐闸上下游护坡整修，宜陵闸上下游堤防及护坡整修，江都东闸上游左岸与四站下游左岸之间护坡整治。

2016年，万福闸下游右岸堤防整治，送水闸下游护坡维修，东闸下游护坡维修，西闸下游左岸护坡维修，三里窑闸下游护坡应急修复（K0+000～K0+360）。

2017年，东闸上游左岸至四站下游左岸堤防整治，宜陵地涵上游护坡应急修复。

2021年，运盐闸下游右岸块石护坡整修，宜陵闸上下游右岸护坡维修。

（3）河床冲刷处理

1976年5月19日，江都西闸上游左岸距上游翼墙240～300 m处岸坡塌方，采用抛柴垛护坡脚，削陡坡回填土方，然后砌块石护坡。1979年初，江都西闸上游右岸距闸130 m处至芒稻河口，高程1.0 m以上，进行切滩退建，退建后新通扬运河与芒稻河的交角为120°～125°。2001年11月至2002年3月在退建处进行了疏浚整治，以1：3的边坡疏浚至高程-5.0 m。

1978年大旱，6月22日江都西闸过闸最大流量达1 340 m^3/s，造成上下游河道严重冲刷。上游距闸约400 m左右最深达高程-15.5 m，闸下游防冲槽倒坍，干砌块石海漫局部被冲刷破坏。1979年下半年至1980年汛前江都西闸对损毁处进行了修复；防冲槽塌坍处抛石处理并向外伸2 m。上下游防冲槽外河床护聚丙乙烯软体沉排

24 150 m^2，闸下北侧第二节重力式翼墙水平断裂，南侧第二节重力式翼墙下发现空穴，均进行处理，并在两岸翼墙后各设减压井两口。

1980 年 10 月省水利勘测设计院复核确定江都西闸按日平均流量 700 m^3/s 以内、瞬时流量不超过 1 000 m^3/s 控制。

1994 年 6 月，苏北旱情严重，省水利厅决定江都西闸引水流量加大到日平均 800 m^3/s，瞬时流量不超过 1 000 m^3/s，并决定对江都西闸上游北岸易冲段进行抛石抢护。1994 年 8 月 15 日下午开始抛石，1994 年 9 月 2 日上午抛石工程全部完成。抛石范围从 0+240 至 0+450 m 断面，长 210 m，护脚段抛石宽度 10 m，厚度为 1.0～1.5 m，护坡段宽度 15～25 m，厚度约为 0.5～0.6 m，共抛石 11 244.5 t。

2014 年，江都站上游引河局部清淤。2016 年，四站下游引河局部清淤。2021 年，江都站拦污栅栅前杂物及淤积清理。

9. 维修加固

（1）江都西闸翼墙加固

1991 年 7 月，因遭受特大洪涝灾害，江都抽水站排涝，江都西闸最大水位差 4.25 m，下游第二节翼墙前发生冒水冒砂，翼墙在高程 3.5 m 左右原水平裂缝以上墙体错位前倾，墙前后水位差达 2.4 m。1991 年 8 月省水利勘测总队新打 3 口减压井，抽水减压，由扬州市水利基建工程处在岸墙两侧南北向采用高压定喷技术，建成防渗刺墙各长 45 m。1992 年，江都西闸下游翼墙加固，裂缝以上翼墙拆除重砌，翼墙墙后减载，下游左翼墙末至左侧南北防渗齿墙加固。

（2）一站、二站翼墙加固

1991 年，一站下游左翼墙墙后浆砌块石护坡发生塌陷，翼墙高程 4.5 m 左右发现水平裂缝，第二节翼墙末端前倾。1992 年，一站和二站下游右翼墙发现冒水，2000 年，对一站、二站下游翼墙进行了减载加固；一站、二站混凝土碳化防护和翼墙维修。

（3）江都送水闸翼墙加固

1997 年，江都送水闸发现下游两侧第一节翼墙前倾有所发展，随即加强伸缩缝观测。2001 年 11 月 1 日至 12 月 28 日，采用钢筋混凝土撑梁支撑的方式进行了加固。

10. 水闸启闭机房及桥头堡建设

2004 年至 2005 年，芒稻闸新建启闭机房和桥头堡。

2010 年，邵仙闸启闭机房改造，对启闭机房彩钢板结构进行了更新，并在水闸左侧新建了钢筋混凝土框架结构桥头堡，方便了水闸的管理，同时对启闭机电动机、开关柜及防雷设施更换，增设了视频监测设施。

2010 年，运盐闸启闭机房改造，对启闭机房彩钢板结构进行了更新，并在水闸右侧新建了钢筋混凝土框架结构桥头堡。

2014 年，邵仙闸洞、运盐闸启闭机房及桥头堡维修，三里窑闸启闭机房改造，江都东闸、江都西闸、芒稻闸启闭机房及桥头堡维修。

2015 年，邵仙闸、邵仙闸洞、运盐闸启闭机房维修。

2016 年，三里窑闸上游启闭机房改造。

2018 年，江都闸启闭机房屋顶维修，江都西闸启闭机房、桥头堡墙面维修及门窗更换。

2018 年，邵仙闸启闭机房、东桥头堡维修改建。邵仙闸启闭机彩钢板房已使用多年，材料老化生锈，房顶漏水严重。改建将原启闭机房 285.75 m^2 拆除，新建钢筋混凝土框架结构启闭机房 421.1 m^2，层高 4 m；闸东侧新建 3 层桥头堡，建筑面积 83.1 m^2，高度 13.3 m。设计使用年限 50 年；工程耐火等级为地上二级。建筑外墙装饰以烟灰色外墙面砖为主，屋顶采用平屋面，外窗采用普通铝合金窗，室内地砖楼地面；内墙为乳胶漆二度。每孔闸墩之间上下游顶部各增设一根 ϕ700 钢管抗震撑梁。

2018 年，运盐闸启闭机房改建。运盐闸启闭机房为钢结构彩板房，锈蚀严重、漏水，桥头堡屋面漏水。改建将原启闭机房拆除，新建钢筋混凝土框架结构启闭机房和东桥头堡。启闭机房建筑面积 467.12 m^2，层高 3.3 m；东桥头堡建筑面积 56 m^2，建筑高度 13.4 m，设计合理使用年限 50 年；工程耐火等级为地上二级。西桥头堡屋面防水 32.2 m^2。建筑外墙装饰以烟灰色外墙面砖为主，屋顶采用平屋面。外窗采用普通铝合金型材，室内地砖楼地面，内墙以乳胶漆墙面为主。

2019 年，运盐闸西桥头堡外墙出新，宜陵闸管理所启闭机房维修。

第四节　调度运用

一、调度原则、权限

江都水利枢纽联系着长江、里运河、里下河、淮河入江水道及邵伯湖、高邮湖等江、河、湖泊，担负着调水、排涝、防洪、改善生态等任务。江都水利枢纽的调水、排涝、泄洪调度运用均由省防指统一发布指令。

（一）调水调度原则

1. 抽引江水北调济淮、济沂

在淮水不足时，根据对洪泽湖蓄水量、淮河预测来水及供水区域的需水量进行的综合平衡分析结果，省防指下达指令，逐步开启江都抽水站，依次解决里运河江都—淮安段、总渠运东闸以下段、运东闸以上段的用水，直至高良涧闸（站）全部关闭；在淮水、沂水不足，淮阴抽水站有向北调水任务时，江都抽水站亦向淮阴抽水站提供供水水源。

2. 自流引江水补给里下河地区

在不同的阶段，根据里下河用水及水位控制需求、长江潮位情况，结合天气趋势

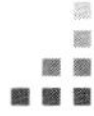

分析，根据省防指指令，开启江都西闸、江都东闸，自流引江补充里下河地区生活、工农业、沿海冲淤保港等用水，维持河网一定水位。

3. 引潮补给邵伯湖蓄水

在灌溉期，如万福闸上游水位不能满足需要，且闸下最高江潮水位超过闸上水位时，江都抽水站可开闸引潮以补邵伯湖水之不足。

4. 提供南水北调东线水源

自2013年南水北调东线工程通水运行后，江都抽水站需满足南水北调东线的供水需求。

（二）排涝调度原则

在里下河地区受涝时，根据不同阶段里下河地区排涝水位控制需求及天气趋势，省防指调度开启江都抽水站抽排涝水入高水河，经芒稻闸排入长江，如有向北调水需求，则可调节芒稻闸，将涝水部分或全部北调。

（三）防洪调度原则

在淮河发生洪水、洪泽湖三河闸开闸泄洪时，根据省防指的调度指令，万福闸开闸调节邵伯湖水位，不能满足要求时再开金湾闸泄洪。当万福闸泄洪流量达到5 000 m^3/s 以上，同时，太平闸下游水位达到开闸安全水位组合时，可开太平闸分泄洪水。当三河闸泄洪流量继续加大，而万福闸、金湾闸、太平闸已全部开启时，如需加大泄洪流量，可视高水河水情许可，通过运盐闸分泄入江水道部分洪水入高水河，经芒稻闸排入长江。当三河闸下泄洪水12 000 m^3/s 时，原则上运盐闸、芒稻闸都将闸门提出水面泄洪。

管理处接到省防指调度指令后，根据工程运行情况、工程管理要求、水情情况，将工程具体控制运用指令下达给各工程管理单位，工程管理单位执行指令后立即向处防汛值班室汇报，双方均应做详细记录。

二、调水调度

（一）抽引江水

江都水利枢纽抽引功能的实现主要是围绕江都抽水站进行的。输水线路是由芒稻河引进长江水，打开位于新通扬运河渠首的江都西闸，江水经江都抽水站抽引沿高水河北上，过邵仙闸，至邵伯镇进入里运河，沿途经过高邮、宝应，直至淮安抽水站下（详见图5-1）。此时江都西闸、邵仙闸处于打开状态，芒稻闸、运盐闸关闭，当输水流量达400 m^3/s 时可通过邵仙套闸分流。

（二）自流引江

江都水利枢纽自流引江输水线路是由芒稻河引进长江水，自流经江都西闸、江都东闸沿新通扬运河至宜陵镇，在此分两条路线：一条路线通过宜陵闸沿新通扬运河，经泰州、姜堰、海安等地向里下河腹地输送灌溉用水；另一条路线通过宜陵北闸沿三阳河向里下河腹地送水（详见图5-2）或为宝应站南水北调提供水源。此时，新通扬

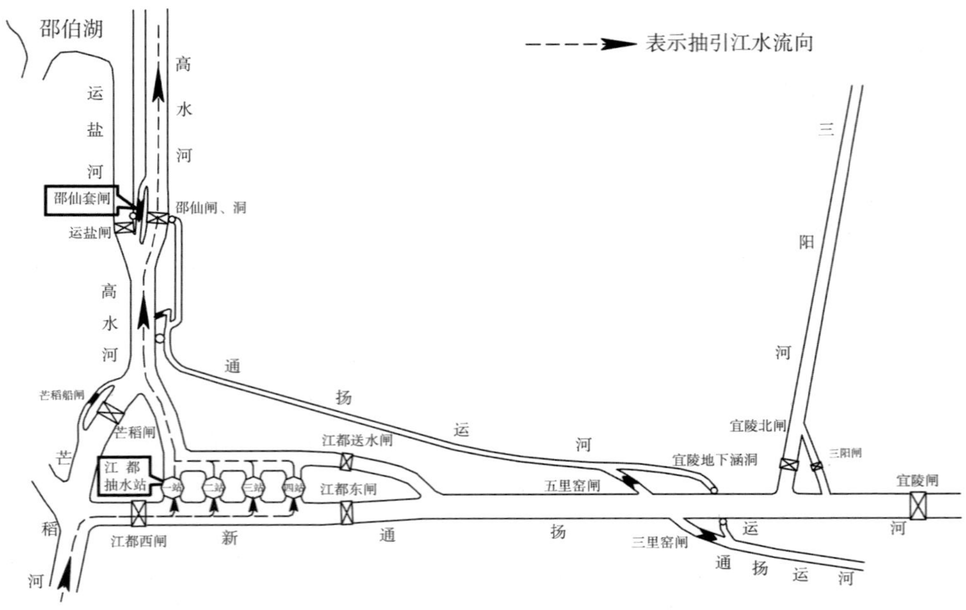

图 5-1　江都水利枢纽抽引江水送水路线示意图

运河上的江都西闸、江都东闸、宜陵闸和三阳河上的宜陵北闸均开闸引水。

（三）自引淮水

江都水利枢纽自流引用淮水主要输水线路是打开邵仙洞从运盐河自引邵伯湖水，经邵仙河进入通扬运河，灌溉新通扬运河北岸地区，经宜陵地下涵洞向通南地区提供灌溉用水和维持通扬运河的航运水位（详见图 5-3）。另外，当淮河丰水时，还可调用里运河淮水，由高水河经邵仙闸，从土山坝涵洞（2015 年封堵）输入通扬运河，或开启江都送水闸输入新通扬运河。

三、排涝调度

（一）抽排里下河涝水

江都水利枢纽抽排里下河地区涝水时抽水站下游来水路线有两条：一条流经宜陵闸的来自新通扬运河的里下河涝水，一条流经宜陵北闸的来自三阳河的江都区及里下河涝水，两路涝水均经江都东闸，由江都抽水站抽至上游。排水路线也有两条：涝水经芒稻闸、芒稻河、夹江全部排入长江（详见图 5-4）。此时，江都西闸、邵仙闸、运盐闸关，江都东闸、宜陵闸、宜陵北闸、芒稻闸开。当需向北调水时，江都水利枢纽则可调节芒稻闸，将涝水部分或全部北调。此时，江都西闸、运盐闸关，江都东闸、宜陵闸、宜陵北闸、邵仙闸开，芒稻闸开启或关闭视水情决定。

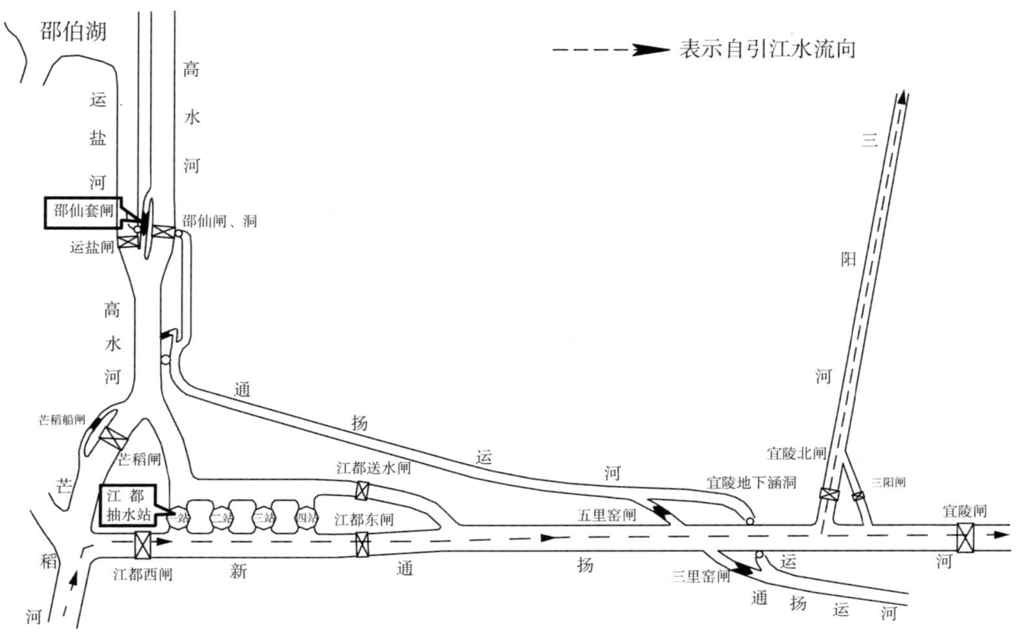

图 5-2　江都水利枢纽自引江水送水路线示意图

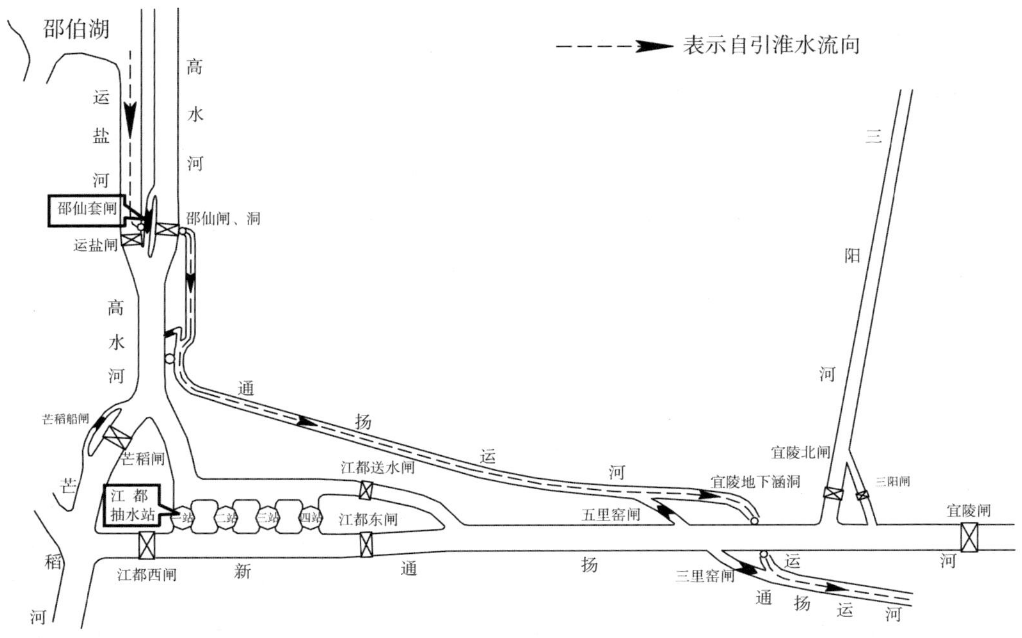

图 5-3　江都水利枢纽自引淮水送水路线示意图

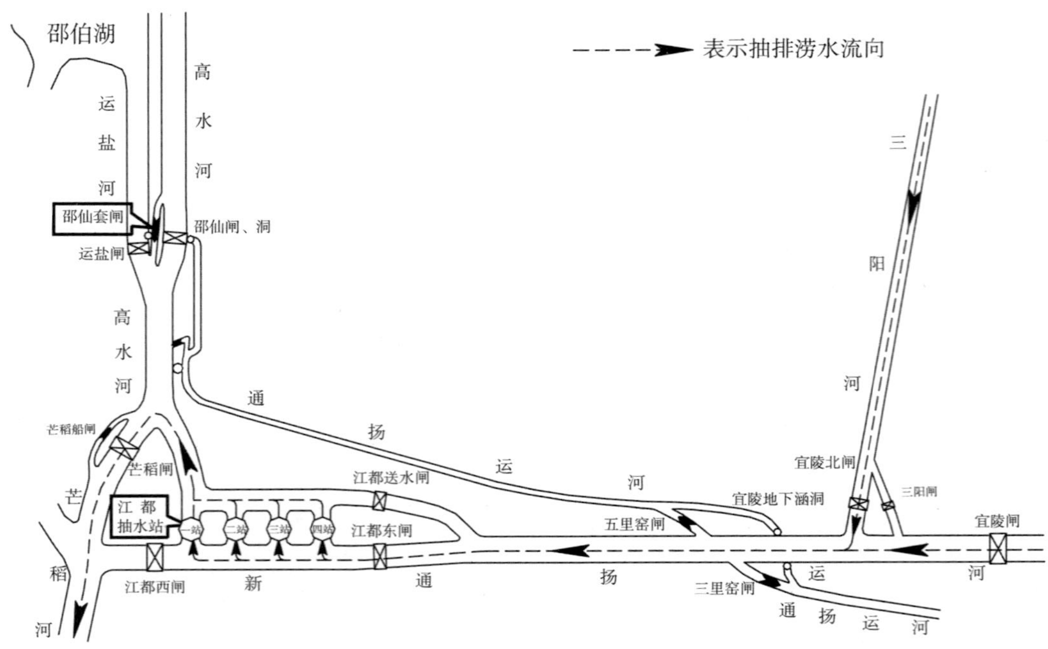

图 5-4　江都水利枢纽抽排涝水路线示意图

（二）自排运西地区涝水

当白马湖和宝应湖地区雨、涝水通过里运河下泄时，可开启邵仙闸、芒稻闸将涝水泄入长江。

四、泄洪调度

万福闸、金湾闸、太平闸、运盐闸、芒稻闸是淮河入江水道的控制口门，淮河洪水可通过邵伯湖经万福闸、金湾闸、太平闸进入万福河、廖家沟、金湾河、太平河泄入长江；当高水河水情允许且万福、金湾、太平三闸全开时，洪水亦可通过运盐闸进入高水河，经芒稻闸分洪泄入长江。

五、调度运行安全管理

（一）高水河水位控制

江都抽水站抽江水北送时，站上高水河一般处于高水位状态，特别是淮北旱情严重时，站上游水位往往接近设计水位。而高水河是以原自然河道为基础加高堤防形成，部分堤段单薄、渗水，高水河东堤堤后地面一般低于河水面 1～3 m，通常控制高水河水位不超过 8.2 m（特殊情况按不超过 8.5 m 控制）。为了保证高水河沿线安全，严格控制高水河水位，管理处利用江苏水文监测系统掌握江都抽水站上游水位，调度值班员 24 h 值班，同时芒稻闸水情值班员 24 h 监视上游水位，如超过控制水位

即向处值班室报警，由处调度值班人员通知抽水站减少流量。当抽引江水上游水位超过 8 m 运行时，由江都区防汛防旱指挥部（以下简称江都区防指）派巡查人员 24 h 值班上堤巡视。

排涝期间由芒稻闸进行高水河水位控制，调度指令由管理处调度值班员通知芒稻闸水情值班人员执行。

（二）旱、涝急转

苏北里下河地区是四周高、中间低的低洼地区，历史上是遇水易涝、遇旱成灾，常出现抗旱期间遇局部天气剧烈变化产生连续集中暴雨，形成旱涝急转的局面。在接到省防指引水转排涝调度指令后，管理处防汛值班员立即通知江都闸管理所关闭江都西闸停止引江，开江都东闸。由抽引长江水改为抽排里下河涝水，在抽排里下河涝水时，打开芒稻闸，涝水直接排入长江。若苏北北部处于抗旱状态，则抽排涝水北送。排涝结束后，若仍需抽江水北送，这时又形成排引急转，江都抽水站保持运行，关江都东闸，开江都西闸。2006 年，江都东闸除险加固后，下扉门的启闭水位差不超过 3.5 m，对应上下游水位为 4.5 m 和 1 m；上扉门的启闭水位差不超过 1.5 m，对应上、下游水位为 3.5 m 和 2 m。因此，开、关闸门时，调度人员必须准确掌握水位变化，由江都东、西闸配合在短时间内实现工程运行工况的转换，以免出现超过闸门安全运行的水位差发生。

（三）调度运用兼顾航运安全

江都水利枢纽工程运用具有变化多、转换快的特点，当开始抗旱抽引江水运行时，高水河水位、流量、流速均会发生变化，对航行的船只安全行驶会产生较大影响。此时，一般由江都区防指与航运部门联系，管理处防汛值班室则需通知邵仙套闸提醒过往的船只注意航行安全。在抽排涝水通过芒稻闸排入长江时，调度人员通知芒稻闸分步加大泄流量，控制上游水位缓慢降低，以防上游船只搁浅。当遇上游船只搁浅时，调度人员在请示后通知芒稻闸控制抬高上游水位，并由江都区防指协调交通航管部门，将搁浅船只拖离。在开芒稻闸之前还必须通知芒稻船闸下游待航过闸的船只，防止开闸泄流时发生意外。

六、工程控制运行

（一）泵站控制运行

管理处防汛办公室在接到省防指开机指令后，根据省防指要求的抽水流量（或水位）确定开机台数，并通知处变电所和有关的泵站及配套水闸。变电所接到调度指令后，向扬州供电公司申请开机用电计划，待用电计划下达后，变电所通知抽水站可以实施开机操作。抽水站接到管理处防办调度指令后，由站长（总值班）布置运行值班人员作开机前的准备工作，在变电所高压电源送到后，实施开机操作。开机操作前由操作人员填写操作票，由值班长签发后进行机组投运操作。操作必须由 2 人执行，其中 1 人操作，1 人监护。

泵站运行期，每 2 小时对设备进行一次巡视检查，交接班时，还需交接班人员共同进行交接班检查。在恶劣气候、设备过负荷或负荷明显增加时需增加巡视次数。

当泵站上游水位接近或等于控制水位（或流量）时，由管理处防汛办公室通知抽水站调整机组运行台数，或调节机组叶片角度。

（二）配套水闸控制运行

江都水利枢纽水闸工程多为多孔水闸，一般闸门的控制运用方式为：闸孔泄水时，保证在任何情况下水跃发生在消力池内；闸门尽量同时均匀分级启闭，如不能全部同时启闭时，可由中间向两侧分段或隔孔对称开启，关闸时顺序相反；双扉闸门先开下扉闸门，再开上扉闸门，关闭时与之相反；闸门避免停留在振动较大的位置。

运盐闸由于下游处于运盐河与高水河相交的弯道，根据水工模型试验，开闸顺序规定为 5 号、9 号、1 号、3 号、2 号、7 号、8 号、6 号、4 号，关闭时顺序相反。

江都西闸由于上游河床冲刷严重，受管理处委托，1980 年 10 月，省水利勘测设计院对江都西闸进行了复核计算，确定其引水流量最大可通过 1 250 m^3/s，相应日平均流量为 1 000 m^3/s。2006 年 2 月江都西闸除险加固工程开工，2008 年完工，经加固后，江都西闸设计流量调整为 950 m^3/s，高潮时闸下水位不得超过 4.5 m，2010 年江都站经更新改造后，闸下水位不得超过 5 m。

江都东闸闸门原设计为平水开闸，闸门为滑动行走支承，竣工文件规定江都东闸开闸水位差不得超过 1.0 m，关闸水位差不超过 0.3 m。1990 年下扉门更换为钢闸门以后，江都东闸开闸水位差不能超过 1.5 m，关闸水位差不能超过 0.5 m。2006 年江都东闸经除险加固后，下扉门启闭水位差不超过 3.5 m，对应的上、下游水位为 4.5 m 和 1 m，上扉门的启闭水位差不超过 1.5 m，对应上、下游水位为 3.5 m 和 2 m。

（三）淮河入江水道控制运行

万福闸、金湾闸、太平闸泄洪开闸顺序为先开万福闸，当淮河来水继续加大，且万福闸泄洪流量达到 5 000 m^3/s 时，在满足安全水位组合的情况下，再依次开金湾闸和太平闸。金湾闸和太平闸开闸时，应分级从中间向两边对称开启，最后闸门全部出水并锁定，关闸时顺序相反。

第五节　水文测报

管理处水文站是为保障江都水利枢纽安全运用而设立，是工程精准调度、安全运行和科学管理的耳目，为区域防汛抗旱、水量平衡计算、生态环境改善等提供水文信息及技术依据。江都水利枢纽建成的同时即设立了相关的水文测站。这些测站 1963 年以前由扬州中心水文站负责领导，1963 年至 1969 年由扬州水文分站负责领导，1970 年底移交至管理处，由管理处水文站（科级建制）管理至今。管理处水文站具体负责处属各水文测站的水文工作，省水利厅水文总站（1996 年 4 月更名为江苏省水文水资源勘测局）进行业务指导和下达水文事业经费。2000 年起水文事业费改由省水利厅直接下达到管理处，省水文水资源勘测局负责行业管理与业务指导。

一、站点布设

1961 年 1 月，省水文总站设立万福闸、江都闸水文测站，1963 年 3 月管理处成立后，又先后设立了江都引江抽水站、宜陵闸、芒稻闸、太平闸、金湾闸等国家级或省级水文（水位）测站。江都闸水文测站于 1977 年 11 月 2 日因江都闸拆除而停测，1980 年 4 月 1 日江都东闸建成后，复设为江都东闸水文测站。

万福闸、太平闸、金湾闸水文站属入江水道水系，是掌握淮河洪水归江的主要控制站；芒稻闸水文站属大运河水系，也是淮河入江水道的控制站之一；江都引江抽水站水文站属通扬运河水系，是掌握四座大型泵站抽引江水北送、抽排涝水入江以及淮河余水发电的控制站；江都东闸水文站位于新通扬运河的渠首，属通扬运河水系，是掌握长江水自流东引灌溉里下河地区的主要控制站；宜陵闸水位站属通扬运河水系，是掌握新通扬运河水情工况的控制站。江都水利枢纽水文测站布设及基本情况见图 5-5 及表 5-2。

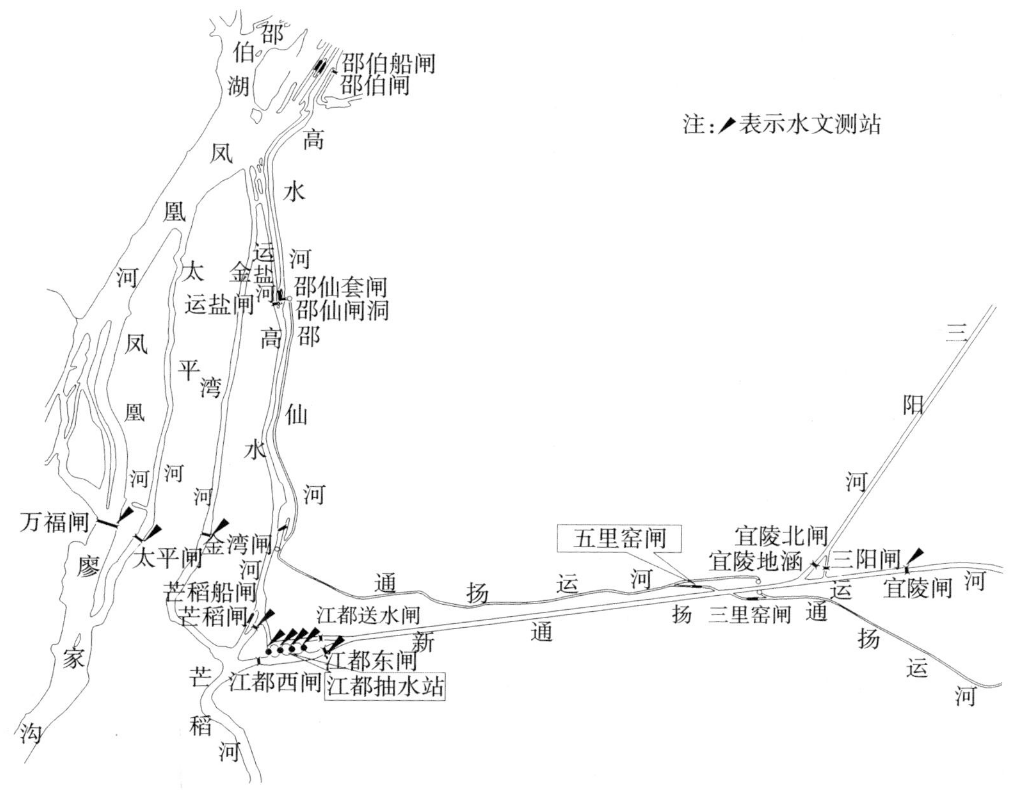

图 5-5　江都水利枢纽水文测站分布示意图

表 5-2 江都水利枢纽水文测站情况一览表

序号	水系	河名	流入何处	站名	设站时间	观测项目	刊布资料
1	通扬运河	抽水站引河	大运河	江都引江抽水站	1963. 8	水位，流量	引水、排涝、发电逐日平均流量表
2	通扬运河	新通扬运河	里下河	江都东闸（江都闸）	1961. 1	闸上、下游水位，流量	闸上、下游逐日平均水位表 逐日平均流量表
3	通扬运河	新通扬运河	里下河	宜陵闸	1964. 6	闸上、下游水位，流量，降水量，地下水	闸上、下游逐日平均水位表 逐日平均流量表（1964—1998 年） 逐日降水量表，降水量摘录表 地下水（5 日表）（至 2011 年）
4	通扬运河	三阳河	里下河	宜陵北闸	1977. 7	闸上、下游水位，流量	闸上游逐日平均水位表（至 1979 年） 闸下游逐日平均水位表（至 1998 年） 逐日平均流量表（至 1979 年）
5	大运河	芒稻河	长江	芒稻闸	1966. 1	闸上游水位，闸下游最高（最低）水位，流量	闸上游逐日平均水位表 闸下游逐日最高、最低水位表 逐日平均流量表
6	入江水道	廖家沟	长江	万福闸	1961. 1	闸上游水位，闸下游最高（最低）潮位，流量，降水量	闸上游逐日平均水位表 闸下游逐日最高、最低水位表 逐日平均流量表 逐日降水量表，降水量摘录表
7	入江水道	太平河	长江	太平闸	1973. 1	水位，流量	逐日平均流量表
8	入江水道	金湾河	长江	金湾闸	1974. 1	水位，流量	逐日平均流量表

2012 年后，江都水利枢纽水文基础设施达标改造项目陆续实施。2012 年 3 月经省水利厅批准，淮河入江水道整治万福闸加固及万福闸、芒稻闸水文站改造工程开工，2018 年 12 月主要工程完成，新建了万福闸上游、芒稻闸上游、芒稻闸下游、金湾闸下游等 4 处水位自记台以及芒稻闸水文缆道。2014 年 3 月经省水文局批复同意万福闸水文设施迁建，2015 年 9 月主要工程完成，新建万福闸下游水位自记台、万福闸水文缆道及附属设施等。2017 年 3 月经省水文局批准，江苏省水文基本站达标建设工程（扬州江都项目）正式开工，2018 年 8 月主要工程完成，新建太平闸上游、太平闸下游、江都引江抽水站下游、江都东闸下游、宜陵闸上游及宜陵闸下游等 6 处水位自记台及附属配套设施。经过工程加固改造和重建，处属各水文测站基础设施、测洪标准及测验环境得到极大地改善和提升。

二、观测项目及历史特征值

万福闸原设计流量 7 460 m^3/s，2018 年加固改造完成后设计流量为 8 270 m^3/s，是淮河洪水入江的主要控制口门，掌握其入江水量对区域防洪具有重要意义。万福闸水文站于 1961 年 1 月 1 日由江苏省水利厅设立，在闸上、下游布设了基本水尺断面和流速仪测流断面以及降水量观测站点，2016 年因新万福大桥建设影响，万福闸水文站下游流速仪测验断面迁移至闸下 450 m 处，主要观测项目有水位、潮位、流量、降水量等。万福闸历年最大泄洪流量为 7 600 m^3/s（1991 年 7 月 12 日），最大引潮流量为 2 860 m^3/s（1987 年 7 月 12 日）。

太平闸设计流量 1 950 m^3/s，金湾闸设计流量 3 200 m^3/s，太平闸、金湾闸水文站分别于 1973 年 1 月和 1974 年 1 月设立，在闸上、下游布设了基本水尺断面和流速仪测流断面，主要观测项目有水位、流量等。太平闸、金湾闸历年最大泄洪流量分别为 1 160 m^3/s 和 1 080 m^3/s（1991 年 7 月 11 日、1991 年 7 月 12 日）。

芒稻闸设计流量 830 m^3/s。芒稻闸水文站于 1966 年 1 月设立，在闸上游、下游布设有基本水尺断面和流速仪测流断面，是掌握芒稻闸引、排水量的控制站，主要观测项目有水位、流量等。芒稻闸历年最大泄洪流量为 1 180 m^3/s（1969 年 7 月 27 日），最大引潮流量为 390 m^3/s（1968 年 7 月 28 日）。

江都引江抽水站水文站于 1963 年 8 月设立，是江苏江水北调和南水北调东线工程源头的控制站。在泵站上、下游布设了基本水尺断面和流速仪测流断面以及遥测降水量观测站点，主要观测项目有水位、流量等。历年四座泵站最大抽引江水流量为 542 m^3/s（1989 年 6 月 4 日），最大抽排涝水流量为 583m^3/s（2015 年 8 月 13 日）；抽水三站历年年最大发电量为 987.4 万 kW · h，发电用水量 15.03 亿 m^3（2003 年）。

江都东闸于 1980 年建成，同年 4 月设立江都东闸水文站。在江都东闸建成之前建有江都闸，江都闸水文站于 1961 年设立，1966 年 12 月撤销，后于 1973 年 5 月复设，1977 年 11 月因整治河道拆除江都闸新建江都东闸而停测。江都东闸作为江都水利枢纽配套工程而建设，设计流量 550 m^3/s。江都东闸上、下游布设有基本水尺断面和流速仪测流断面，是掌握自流引江水灌溉里下河地区的主要控制站，主要观测项目有水位、流量等。江都东闸历年最大引水流量为 1 140 m^3/s（1980 年 10 月 13 日）。

宜陵闸水文站于 1964 年设立，在上、下游布设基本水尺断面和流速仪测流断面以及降水量观测站点。1999 年宜陵闸水文站改级为水位站。历年宜陵闸最大引水流量为 819 m^3/s（1969 年 7 月 3 日）。

根据 2022 年前的水文观测资料统计，江都水利枢纽工程水位流量特征值见表 5-3 和表 5-4。

表 5-3　江都水利枢纽工程水位流量特征值表（一）

序号	工程名称	上游最高水位（m）			上游最低水位（m）			下游最高水位（m）		
		设计	实际	发生日期	设计	实际	发生日期	设计	实际	发生日期
1	江都抽水站		8.65	2009.9.30		2.12	1966.4.19		5.30	1989.10.16
2	江都东闸	4.5	5.30	1989.10.16	-1.0	-1.50	2006.4.8	5.0	4.02	1986.8.19
3	宜陵闸	3.5	4.48	1970.5.27	0.0	-0.15	1982.8.3	3.5	3.40	1991.7.11
4	宜陵北闸	4.5	4.48	1970.5.27	0.0	-0.15	1982.8.3	2.5	3.39	1991.7.11
5	芒稻闸	8.5	8.65	2009.9.30	4.5	1.78	1969.3.23	6.4	6.68	1997.8.19

续表

序号	工程名称	上游最高水位（m）			上游最低水位（m）			下游最高水位（m）		
		设计	实际	发生日期	设计	实际	发生日期	设计	实际	发生日期
6	万福闸	6.5	7.12	1996.8.4	5.0	1.67	1972.9.3	6.98	6.94	1997.8.19
7	太平闸	6.5			4.0			5.5		
8	金湾闸	6.5			4.0			5.5		
9	邵仙闸	8.5	8.22	1978.6.15	0.0	0.77	1976.2.16	8.45	8.19	1978.6.15
10	运盐闸	7.5	7.45	1965.8.5	3.5	2.66	1969.11.2	8.5	8.22	1978.6.15
11	邵仙洞	7.0	6.96		3.0	3.98		4.5	4.55	1991.7.11
12	江都西闸	7.3	6.68	1997.8.19	-1.7	0.54	1979.1.30	4.5	5.30	1989.10.16
13	江都送水闸	8.5	8.43	1981.6.25	6.0	3.33	1979.10.20	1.7	4.02	1986.8.19
14	宜陵地涵	3.5			2.0			4.5		
15	五里窑闸	5.0	3.65	1975.6.24	2.0	2.12	1978.11.4	5.0	4.63	1970.5.27
16	三里窑闸	4.5	5.10	1975.6.24	1.5	1.50	1967.2.23	4.5	4.63	1970.5.27

表 5-4　江都水利枢纽工程水位流量特征值表（二）

序号	工程名称	下游最低水位（m）			最大流量（m^3/s）		
		设计	实际	发生日期	设 计	实 际	发生日期
1	江都抽水站		-1.01	1998.11.16	473（1996 年前）	542（抽引）	1989.6.4
					491（1996—1998 年）	583（抽排）	2015.8.13
					508（1999 年始）	147（发电）	1974.5.27
2	江 都 东 闸	1.0	-0.23	1982.8.3	550	1 140（引水）/—583（排涝）	1980.10.13/2015.8.13
3	宜　陵　闸	0.8～1.0	0.13	1978.4.5	300	819（引水）/—428（排涝）	1969.7.3/1991.7.13
4	宜 陵 北 闸	1.0	0.08	1982.8.3	300	355	1978.6.22
5	芒　稻　闸	-1.7	-0.54	1979.1.30	830	1 180（排洪）/—390（引水）	1969.7.27/1968.7.28
6	万　福　闸	-1.6	-0.7	1961.2.9	7 660	7 600（泄洪）/—2 860（引水）	1991.7.12/1987.7.12
7	太　平　闸	-1.0			1950	1 160	1991.7.11
8	金　湾　闸	-1.2			3 200	1 080（泄洪）/—727（引水）	1991.7.12/1995.6.14
9	邵　仙　闸	6.0	2.95	1968.5.3	300		
10	运　盐　闸	4.5	0.77	1976.2.16	830		
11	邵　仙　洞	3.0			80		

续表

12	江都西闸	-0.5	-1.01	1998. 11. 16	505	1 478	1982. 5. 26
13	江都送水闸	1.0	-0.23	1982. 8. 3	300		
14	宜陵地涵	1.5			40		
15	五里窑闸	0.0	-0.09	1967. 2. 13	80	78.9	1975. 6. 24
16	三里窑闸	0.0	-0.09	1967. 2. 13	80	78.9	1975. 6. 24

注：表中序号1～8资料系从正式审查刊印的水文资料中统计；序号9～16资料系从工程管理单位自行观测的水文资料中统计，因资料不甚完善，且未经正式审查，故仅供参考。

三、测报方式

管理处6个国家重要水文站均为一类精度的水文站。江都水利枢纽水工建筑物的上下游河道多为人工开挖或整治，堤防加固标准高，河道多顺直，无大的浅滩、回流、串沟、死水等现象，断面稳定，不同水位级下的测深、测速垂线位置相对固定。泵站和水闸的上游河道水位日变化较小，下游为感潮河段，因位于潮流界末端，受到长江潮汐涨落影响但不显著，各站水位流量关系线多为单一线。建站初期，各站为满足率定水位流量关系线的需要，在工程运行期间进行了各种工况的流量实测，在水位流量关系曲线稳定后，通常在特殊水情和逢零、逢五年份实施校测。

2012年之前，全处各测站均采用自记水位计、虹吸式自记雨量计观测水位、降水量；人工观测记录闸门开高、闸孔数量和泵站电度、有功功率、机组台数以及叶片角度等工况，流量采用转子式流速仪测流，资料均以记录纸的方式存储。

随着江苏省全面推进水文测报方式改革，管理处水文站于2012年正式启用水文自动测报系统，各测站均配备遥测采集系统，水位遥测传感器采用WFH-2A型浮子式水位计，降水量遥测传感器采用JDZ05型翻斗式雨量计，水位、降水量均以数字化方式存储，实现了水位、降水量等要素的自动采集、传输、报汛，极大地节约了时间，提高了水文站的工作效率和成果质量。2020年在引江桥增加ADCP测流装置，可实时测量江都站总流量。

自2003年开始，各站流量陆续采用声学多普勒流速仪测流，替代了传统的转子式流速仪，缩短了测流时间，提高了测流效率。与此同时，先进的水文测量仪器如电子水准仪、GPS、全站仪等均在各测站水准、大断面、地形测量工作中得到广泛应用，为水文精密监测以及提高测量成果质量提供了技术支撑。

四、成果整编

管理处水文站点均属于《中华人民共和国水文年鉴》中第5卷第4册即淮河下游区（洪泽湖以下）卷册，整编成果主要有逐日平均水位表、逐日最高最低（潮）水位表、逐日平均流量表、逐日降水量表与降水量摘录表、堰闸流量率定成果表等，所有整编成果均按规范编排、逐年刊印，电子数据存储入全国水文资料数据库。

2012 年之前，水文资料整编主要通过人工摘录水位、编制流量和降水量等推算表，完成水位、流量、降水量等要素的成果整编。2012 年开始，水文资料成果的整编主要通过水文资料整编系统 SHDP（南方片）进行，人工辅助合理性检查完成。各水文站主要采用水位流量关系曲线定线推算流量。

万福闸、太平闸、金湾闸泄洪有淹没孔流和淹没堰流两种流态，淹没孔流流态主要受闸门控制，淹没堰流流态主要受入江水道上游来水量影响。三闸闸总长与河道宽度相近，闸门全部提出水面运行时的淹没堰流即为河道自然状态下的过流。淹没孔流均采用堰闸流量系数法定线推流，淹没堰流建站后即采用闸坝系数法定线推流，1986 年开始采用落差法定线推流，落差为六闸（三）水位与本站上游水位之差。引水时，万福闸建站后即采用闸坝系数法定线推流，2017 年开始采用堰闸过水平均流速法定线推流。

金湾闸仅 1994 年、1995 年引水，采用闸坝系数法定线推流。

芒稻闸建闸至今流态主要是淹没孔流，仅在 1983 年、1991 年出现过淹没堰流。2006 年前淹没孔流、淹没堰流均采用闸坝系数法定线推流，2006 年开始淹没孔流采用堰闸过水平均流速法定线推流。

江都抽水站建站后采用合并效率（即装置效率）法定线推流，1992 年开始以叶片角度 α 为参数，以扬程 h 与单机流量 q 定线推流，2001 年开始又采用合并效率法定线推流。发电采用相关因素法定线推流。

江都东闸自流引江水时，流态主要是淹没孔流，仅在 2008 年、2010 年因江都东闸加固改造出现淹没堰流。2006 年前淹没孔流采用闸坝系数法定线推流；2006 年开始采用堰闸过水平均流速法定线推流，淹没堰流也采用此法定线推流。排涝时江都东闸不推流，采用抽水站排涝流量；发电时江都西闸关闭，采用抽水站流量。

在 1999 年前，宜陵闸引、排水时，流态均为淹没堰流，采用闸坝系数法定线推流。后宜陵闸水文站降级为水位站，不再进行流量资料收集。

第六节　安全管理

管理处统筹发展和安全，坚持“安全第一、预防为主、综合治理”的安全生产方针，在本质安全上以标准化建设为基底，全力防范化解风险隐患，有效遏制安全生产事故。

一、机构职能

管理处成立安全生产委员会（以下简称“处安委会”），负责全处安全生产工

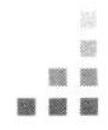

作。随着安全生产工作的不断加强，安全生产组织机构及组成人员逐步完善，处安委会主任由管理处主要负责人担任，处安委会常务副主任由管理处分管安全生产工作的副主任担任，处安委会其他副主任由管理处副职担任，各部门（单位）主要负责人为处安全生产委员会成员。处安委会下设办公室，负责全处安全生产日常管理工作。处属各工程单位及相关部门分别成立安全生产小组，配备专（兼）职的安全生产管理人员。处安全生产委员会工作职责为负责组织、指导全处安全生产工作；定期召开管理处安全生产工作会议，分析全处安全生产状况，研究制订全处安全生产工作计划；组织开展全处安全生产检查；开展安全生产标准化建设，提高全处安全生产管理水平。处安委会办公室主要职责为负责做好全处安全生产的计划、总结、宣传、教育、培训、指导、检查等方面的工作；每季度组织召开处安委会会议，向处安委会汇报安全生产情况；检查督促处安委会决定事项的落实，沟通协调成员部门安全生产监督管理工作；组织开展安全生产监督管理工作考核；负责全处安全生产事故的调查、处理、上报等。

2016 年 2 月，根据省水利厅关于部分直属事业单位相关内设机构增挂“安全生产监督科”牌子的通知，管理处增设安全生产监督科，具体负责全处安全生产综合监督管理工作。安全生产监督科主要职能为组织或者参与拟订管理处安全生产规章制度、操作规程和生产安全事故应急救援预案；组织或者参与管理处安全生产教育和培训，如实记录安全生产教育和培训情况；组织开展危险源辨识和评估，督促落实管理处重大危险源的安全管理措施；组织或者参与管理处应急演练；检查管理处安全生产状况，及时排查生产安全事故隐患，提出改进安全生产管理的建议；制止和纠正违章指挥、强令冒险作业、违反操作规程的行为；督促落实安全生产整改措施；负责安全生产统计和信息报送工作；做好安全生产责任落实情况的定期考核。

二、管理措施

管理处积极开展安全生产标准化建设工作。建立安全生产责任制，健全各级安全生产组织网络，全员逐级签定安全生产责任书，明确各级安全生产职责，严格落实安全生产责任；建立健全安全风险分级管控和隐患排查治理机制，动态开展水闸、泵站工程运行危险源辨识和风险评价，制定管控措施，实施风险分级管控。组织开展安全生产检查，排查安全隐患，建立隐患台账，做到“责任、措施、资金、时限、预案”五落实，防范化解安全风险；健全风险处置机制，完善应急预案，开展预案演练，加强应急保障能力建设。2021 年，根据省水利厅统一部署，建立泵站防汛抢险队，将其作为管理处泵站设备突发故障应急抢险的技术支持和保障力量；探索“安全监管+信息化+精细化”模式，应用水利安全生产信息平台，开发精细化管理平台安全生产子模块，实时掌握工作动态、管控安全风险、发布监测预警；特色引领安全文化建设，以安全生产月活动为抓手，夯实安全发展软实力。通过多措并举，建立预防机制，规范生产行为，使各生产环节符合有关安全生产法律法规和标准规范的要求，人、机、物、环处于良好状态，并持续改进，促进安全生产形势稳定向好，实现了多年安全生产无事故。

三、管理成效

2014 年，管理处被水利部评为全国水利安全监督工作先进单位。2016 年 12 月，管理处被水利部认定为水利安全生产标准化一级单位。2017 年 11 月，承办水利部主办的水利安全生产标准化工作观摩会。2019 年、2022 年两次通过水利部水利安全生产标准化一级证书复核。近年来，管理处在安全生产月活动中多次荣获集体奖（表 5-5），数名职工获得个人奖。

表 5-5　近年来安全生产月活动获奖情况统计表

年份	获奖情况	授予单位
2015	全国水利安全生产网络知识竞赛单位集体奖	水利部
2016	全国水利安全生产网络知识竞赛单位集体奖	水利部
	《管理处安全生产应急预案》获得水利安全生产应急预案竞赛全国优秀奖	水利部
	全省安全生产月活动优秀单位	江苏省安委办
2017	全国水利安全生产网络知识竞赛单位竞赛奖	水利部
2018	全国水利安全生产网络知识竞赛单位集体奖	水利部
2019	《安全铸就源头梦》视频获得全国水利安全生产标准化建设成果展评活动三等奖	水利部
	全省水利安全生产知识竞赛三等奖	省水利厅
2020	“安全隐患大家查”活动组织奖	省水利厅
	“安全生产每日一题”竞赛活动组织奖	省水利厅
2021	全国水利安全生产网络知识竞赛优秀集体奖	水利部
	《作业安全简明指南》获得全国水利安全生产标准化建设成果展评活动三等奖	水利部
2022	全国水利安全生产网络知识竞赛优秀集体奖	水利部
	全省水利系统“身边隐患大家查”活动单位组织奖	省水利厅

四、典型设备故障与安全事故

江都水利枢纽工程在运用过程中由于产品质量、设备老化、违章操作、管理不善等原因，发生主要工程事故 30 余起，简述如下：

1967 年 3 月 8 日 23 时 20 分，一站东端 6 kV 高压母线进口处由于老鼠跳入产生电弧，造成相间短路，引起一站 6 kV 跳闸停机事故。

1967 年 3 月 20 日 18 时许，江都西闸在关闭 2 号闸门时，由于电路接线错误，使闸门上升顶住工作桥面而导致钢丝绳拉断，造成闸门坠落的严重事故。

1972 年 2 月 5 日 23 时 30 分，芒稻闸开闸放水，因操作人员未发现公路桥下停泊的渔船，造成翻船事故，死亡 1 人。

1973 年 8 月 23 日下午，一站准备开机抗旱时，当 Q51 型汽车起重机启吊 2 号检修闸门时，因吊点偏离中心，造成吊车刹车机构损坏，钢丝绳拉断，检修闸门坠落造成事故。

1975 年三里窑闸下游横拉式闸门因操作失误，在有 1 m 水位差情况下开启，造成下游河床冲刷。

1975 年 10 月 21 日，二站调相运行中，当班新工人孙兆芳不幸误触 6 kV 高压油开关带电部位而死亡。

1977 年 4 月 15 日 1 时 40 分左右，变电所 601 开关柜中隔离开关下桩头连接铝排的螺栓松动，导致电弧短路，造成 601 开关柜设备烧坏。

1977 年 6 月 10 日上午，三站启动 5 号机后发生主机上油缸因缺油烧坏推力瓦、上导轴瓦等事故。

1978 年 1 月 17 日下午，试验室在变电所进行 1 号主变二次回路继电保护整组试验的准备工作中，由于中途改变运行方式，安全措施的要求没有得到认真落实，造成工作班成员、省水利基本建设总队实习生高浩芳，在登上 701 油开关接线时触 110 kV 高压电烧伤，经抢救无效死亡。

1979 年 6 月 17 日凌晨，四站 1 号机因自动仪表故障使冷却泵启动控制失灵，供水母管断水，造成 1 号机上导轴瓦烧坏。

1981 年 1 月，宜陵闸 4 号孔螺杆启闭机的承重螺母齿滑牙，闸门从 4 m 高处坠下。

1981 年 5 月 8 日上午，四站电工在高压开关室对电缆母线等处接头补贴示温片时，将三站送到四站的 6 kV 电源隔离开关柜误认为是站变隔离开关柜，致使发生触电电弧烧伤事故。

1981 年 5 月 19 日，三站 3 号主机因开机前未打开上油缸进水闸阀，无冷却水进入，开机后推力瓦温度快速升高，造成被迫停机。

1982 年 10 月 4 日，万福闸加大泄洪流量，操作前，对闸上游 1 km 以外河上的几条小渔船没有采取相关措施，造成一条渔船横撞 26 号闸墩导致翻船事故，船上 5 人落水，3 名成人得救，2 名儿童溺水身亡。

1982 年 10 月 17 日，四站 6 kV 变压器母线因老鼠进入站变隔离刀闸附近的金属挡板上，引起对地短路，造成四站停电停机的事故。

1983 年 11 月 19 日，三站发生一起人为违章打开主泵进人孔盖，导致水泵层被淹，8 台机组被迫停止发电的责任事故。

1986 年 4 月 20 日，宜陵地下涵洞管理人员在启动地涵启闭机关闭闸门时，离开现场去打捞门前水面芦苇，由于限位开关失灵，造成电机过载而烧毁定子绕组事故。

1986 年 6 月 6 日，一站运行的 7 号主电机因局部定子线圈下端部与端箍处绝缘损坏，发生相间短路，其间某些定子线圈击穿与铁芯发生单相接地，造成跳闸停机事故。

1986 年 6 月 29 日，二站运行的 1 号主电机因产品质量问题，使局部定子线圈下端部与端箍处发生相间短路，造成跳闸停机事故。

1987 年 6 月 24 日，二站 3 号机可控硅隔离变压器因设备绝缘老化，发生高压侧 B 相短路事故。

1991 年 2 月 4 日，宜陵地下涵洞在关闭闸门时，因大量水草堵塞门底，操作人员未加仔细观察，没有随时掌握运行动态，致使东孔工作桥连同启闭机被螺杆反顶起而翻落河中，螺杆折断。

1991 年 7 月 13 日 9 时 40 分，河南省沈丘县航运公司四队 3 号船受雇江都镇供销社，牵引川航 542 煤船，违章驶入芒稻闸下游禁区水域，欲停靠省水建公司水泥制品厂码头，行驶中强行穿过芒稻闸水文站测流缆道，造成缆道设施损毁事故。

1993 年 5 月 31 日下午，由于四站 2 号主电机下端部与干燥电热器距离太近，上油缸油溢出，线圈严重油渍，电热管上的高温引起了加热线圈起火而发生火灾事故。

1994 年 5 月 8 日下午，四站 4 号机启动发现火花，经停机检查，发现 104 号槽口绝缘击穿，确认是一起绝缘老化设备事故。

1996 年 3 月 12 日，宜陵闸 4 号螺杆启闭机的承重螺母齿牙全部磨光，造成闸门坠落事故。随后，管理处紧急加工铜质承重螺母，同年 4 月将 12 孔节制孔全部更换为铜质承重螺母。

1998 年 7 月 30 日，四站 7 号机组正常启动运行 8 min 后，突发定子线圈短路击穿故障。经试验检查，故障是由于机组绝缘老化，导致 B、C 相短路而造成。管理处经采用“临时将有故障的 6 只线圈退出运行，并对其进行处理”的方案进行抢修，获得成功。

2003 年 7 月 2 日，江都四站 3 号主变因绝缘老化（铝线圈，1973 年 2 月产品）110 kV 高压侧 C 相外层线圈发生匝间短路，线圈绝缘有两处烧损，每处烧损线圈三层，无法修复。

2012 年 6 月 6 日上午，四站 6 号机水导解体检查，在安装转动油盆密封橡皮时，为了缩短橡皮绳粘接时间，两位检修人员在轴承轴窝内用打火机对橡皮绳接头进行加温，引燃了水导转动油盆周围汽化的汽油蒸气，导致这两位职工面部、手臂、大腿局部浅二度烧伤。

2012 年 10 月 17 日，因四站和变电所自动化监控系统未正确反映开关状态，在四站 110 kV 进线接地刀闸在接地状态下，即通知江都站变电所送 110 kV 电源。因控制回路闭锁，操作未成功，变电所值班人员在未查明原因情况下，为尽快送电开机，在断路器机构操作箱进行机械合闸，造成 110 kV 短路责任事故。

2019 年 7 月，因二站直流系统充电模块及控制器故障，造成主机励磁跳闸，致使机组失电停机。2020 年 4 月，二站完成直流系统更新升级，并在 2021 年底对励磁系统进行改造，励磁系统改进为交直流两路电源控制。

2022 年 5 月 18 日，一站 2 号机组投入抗旱运行不久后，值班人员巡查中发现机组震动异常，第一时间按下紧急停机按钮。经现场勘查分析，初步判定因 20 世纪 90 年代水泵叶片材料及制造工艺缺陷，加之 20 多年的运行，导致一张叶片受外力影响断裂。管理所随即组织成立泵站抢险突击队进行抢修，2022 年 6 月 3 日，2 号机组抢修任务顺利完成。

第六章

工程效益

江都水利枢纽一站、二站、三站、四站全部投入使用后，总抽水能力达 473 m^3/s。1994 年至 1999 年，一站、二站更新改造后，抽水能力增加到 508.2 m^3/s。截至 2022 年底，4 座抽水站共抽水 2 002.7 亿 m^3，其中抽引长江水 1 597.9 亿 m^3，相当于 48 个洪泽湖的灌溉蓄水量，抽排里下河地区涝水 404.8 亿 m^3，三站利用淮河余水发电 10 346.2 万 kW·h。随着江都水利枢纽及里下河水系配套工程日趋完善，工农业生产不断发展，用水量不断增加，江都西闸引江流量超过原设计标准 505 m^3/s，据统计日平均流量在 700～1 000 m^3/s，最大流量达 1 478 m^3/s。1961 年至 2022 年累计向里下河地区自流引江水 1 476.2 亿 m^3（历年抽引、抽排、自引水量详见本志附录二）。江都水利枢纽工程对里下河和徐淮两个大“粮仓”的粮食增产，保持京杭运河苏北段的畅通，保证徐、淮、连、宿部分城乡和工农业生产生活用水，促进这些地区乃至全省国民经济建设和社会的发展，起着举足轻重的作用。同时，为保障京杭运河航运、改善苏北地区特别是里下河腹地、滨海垦区水环境以及港口冲淤等发挥了巨大的效益。

淮河下游入江水道上的万福闸、太平闸、金湾闸是排泄淮河洪水进入长江的主要控制工程，运盐河上的运盐闸、芒稻闸也可排泄部分洪水进入长江，1961 年至 2022 年入江水道归江控制工程共泄洪 10 608.3 亿 m^3；万福闸、金湾闸还具备引江潮补给邵伯湖水不足之功能，至 2022 年累计引江潮 10.62 亿 m^3。

第一节　调　水

一、江水北调

江都水利枢纽等跨流域调水工程的建成，实现了淮水北调、江水北调，除增加农田灌溉水量外，还提供了连云港港口用水，扬州、淮安、宿迁、徐州等城市工业、电厂和城乡生活用水，为京杭运河苏北段通航提供用水。

江都抽水站建站以来，至 2022 年底，共抽江水北送 1 597.9 亿 m^3，特别是 4 座泵站全部建成后的 46 年间，年均抽水 32.2 亿 m^3，其中年抽江水北送 60 亿 m^3 以上的有 1978 年、1995 年、1999 年、2001 年、2013 年、2019 年和 2022 年，年抽江水北送 50 亿～60 亿 m^3 的有 1992 年、1994 年和 2011 年。

1964 年冬至 1965 年 6 月底，苏北地区长期干旱，当时一站和二站建成不久，于 1965 年 6 月上旬投入抗旱运行，开机 23 天，抽引江水 2.45 亿 m^3，提供了运河沿岸急需的抗旱用水。

1966 年到 1967 年，江苏省遭遇连续两年干旱。1966 年汛期 4 个月，淮河、沂河来水很少，淮河断流 221 天，沂河也是无水下泄，洪泽湖、骆马湖干涸见底。一站、二站自 1966 年 5 月下旬开始到 1967 年 7 月开机 413 天，抽引江水 37.7 亿 m^3 北送灌溉，大大缓解了旱情的发展，使大运河沿线灌区一片葱绿，农业喜获丰收。

1978 年，江苏全省出现全年连续大旱的特大旱年，春旱接夏旱，夏旱接秋旱，降雨量仅及常年的 40%，淮河断流 218 天。1979 年江苏省又是春旱、夏旱相接。江都 4 座抽水站自 1978 年 4 月上旬至 1979 年 7 月上旬全部投入抗旱，连续开机 461 天，抽引江水 110.5 亿 m^3，为苏北地区提供了充足的抗旱水源，该地区粮棉作物仍获大丰收。

1994 年 4 月下旬至 8 月下旬，江苏省降雨量较常年同期少 40%～50%，梅雨期雨量较常年梅雨量少 80%～90%，加上长时间的持续高温，苏北地区又遭遇干旱。江都抽水站从 1994 年 4 月 28 日开机，连续大流量、满负荷开机 207 天，向干旱严重的苏北地区补水 56 亿 m^3。1994 年冬，苏北湖库蓄水严重匮乏。1995 年又遇干旱年，4 座抽水站安全运行 273 天，创年度连续运行最高记录，抽引江水 66.6 亿 m^3，为抗旱作出了巨大的贡献。

2019 年，苏北地区出现 60 年一遇气象干旱，4 座抽水站安全运行 235 天，抽引江水 75.85 亿 m^3，创历年引水量最高记录。

2022 年，淮河、长江流域相继出现持续性干旱，长江低潮位不断刷新同期历史最低值，4 座抽水站安全运行 205 天，抽引江水 66.13 亿 m^3。

江都抽水站江水北送，不仅解决扬州、淮安和盐城 3 市沿运地区和苏北灌溉总渠两岸 23 万 hm^2 农田在淮水北调后的灌溉用水，而且促进了易旱易涝的淮北地区的作物改制。随着淮水北调工程和江都水利枢纽工程的建成，逐步实现了引江济淮、江水北调的跨流域调水，有效地保障了淮北地区的“旱改水”的稳定发展，水稻播种面积不断扩大，从而使该地区摆脱了贫困落后的面貌，昔日缺粮的重灾区，而今已成为江苏的商品粮基地。同时，中华人民共和国成立初期，淮北地区 67 万 hm^2 的盐碱地得到充分的水源实施淋盐洗碱后，加上农业措施而得到改良。

连云港市是我国沿海的重要港口。港口建设需要有丰富的淡水资源，而这里过去用水十分困难，不仅农业用水难，就连工业、城市生活用水、港口海轮用水等在干旱年份都无法解决。二十世纪五六十年代初，连云港曾用汽车、火车装运淡水，供海轮和城镇居民使用，花费很大，但还是不能满足要求。自 1977 年江都水利枢纽工程建成后，再遇干旱时，淮水或江水以不少于 20 m^3/s 的流量向连云港送去，基本解决了连云港的用水问题。同时，京杭运河沿线的淮安、宿迁、徐州等城镇的工业用水、电厂用水及生活用水，在淮水不足的情况下主要依靠江都水利枢纽工程送水补给。

二、自流引江

江都水利枢纽配套工程陆续建成后，自流引江能力逐步增加，从 1961 年至 2022 年，累计自流引江 1 476.2 亿 m^3，其中年引水在 40 亿 m^3 以上的有 1978 年、1981 年、1982 年、2019 年和 2022 年，年引水在 30 亿～40 亿 m^3 的有 1973 年、

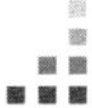

1976 年、1979 年、1980 年、1983 年、1994 年、1996 年、1997 年、2012 年、2017 年、2018 年、2020 年、2021 年。

1964 年冬至 1965 年 6 月底，苏北地区大旱，1965 年 4 月 15 日新通扬运河第二期工程刚竣工，立即开闸引水，补给里下河腹部地区灌溉用水 6.8 亿 m^3，使兴化和溱潼水位分别稳定在 1.0 m 和 1.1 m 左右的正常水位。

1966 年至 1967 年连续干旱，当时新通扬运河已达到二期工程抽排 150 m^3/s 标准，两年引水量分别达到 18.3 亿 m^3 和 19.3 亿 m^3，兴化最低水位保持在 0.87 m 以上。

1978 年发生特大干旱，当年引水达 48.7 亿 m^3，为历年之最，兴化最低水位为 0.61 m。

1982 年大旱时，新通扬运河按自流引江 550 m^3/s 的第四期工程已在 1980 年 2 月竣工，当时开闸引水，5 月 26 日江都西闸出现 1 478 m^3/s 的最大流量，全年引水 44.70 亿 m^3。

1994 年发生大旱，江都西闸超标准运行，当年引水 31.4 亿 m^3。1995 年继续干旱，又引水 28.6 亿 m^3，保持兴化最低水位不低于 0.82 m。

2012 年天气干旱，经过除险加固的江都西闸以崭新的面貌投入自流引江，当年引水 32.6 亿 m^3，为里下河地区旱情的解除作出了重大贡献。

2019 年江苏省发生严重气象干旱，江都东闸自流引江 56.53 亿 m^3，创历年之最高值，全年累计运行 323 天。

2022 年面对历史同期低潮水位，江都东闸自流引江 44.34 亿 m^3，全年累计运行 331 天。

入江水道控制工程的万福闸、金湾闸也具备引江潮补给邵伯湖水不足之功能，至 2022 年累计引江潮 10.62 亿 m^3。

第二节　排　涝

江都水利枢纽从 1963 年建成一站以来，至 2022 年共抽排里下河地区涝水 404.8 亿 m^3，其中年抽排 20 亿 m^3 以上的有 1980 年和 1991 年。1984 年、1985 年、1986 年、1987 年、1989 年、1990 年、1993 年、1996 年、2003 年、2005 年、2007 年、2011 年、2015 年和 2016 年的 14 年每年抽排涝水都在 10 亿 m^3 以上。江都水利枢纽工程在遇不同水情时抽排里下河地区涝水，有高水排涝、涝水预降、排降结合送水的 3 种抽排方式。

一、高水排涝

当里下河地区遭到暴雨袭击，兴化水位猛涨，达到起抽标准时，江都抽水站立即投入排涝，直至水位恢复正常。

1965年6月底到8月初，旱涝急转，江淮之间连降8次暴雨，强度大，来势猛。1965年8月20日，强台风袭击下，暴雨中心的大丰闸24h降雨672.6 mm，里下河地区面平均雨量905 mm，兴化水位陡涨到2.90 m，里下河地区受涝面积达60多万hm^2。此时一站、二站迅速由抗旱转入排涝，持续83天，共抽排涝水9.7亿m^3，使兴化水位平均每日降低近4 mm，避免了像1962年大涝时里下河圩区几乎全面溃决漫溢的局面。1970年秋，里下河地区连续降雨40天，已建成的3座抽水站连续开机49天，抽排涝水9.1亿m^3入江，保证了江都、高邮、兴化、泰州等7个县（区）、市的粮食增产增收。

1991年夏，江苏遭受特大洪涝灾害袭击，里下河地区的兴化56天降雨量达1 302 mm，比常年全年降雨量多30%，是历史上最大的1954年梅雨量的2.1倍，同年7月16日最高水位达到3.35 m，比历史上最高洪水位还高0.27 m。面对极其严重的涝情，省、市对里下河地区采取了“上抽、中滞、下排”的综合措施，其中江都4座抽水站从1991年6月12日开始，开机74天，抽排涝水27.3亿m^3。江都西闸采取加高通航孔门顶高度临时措施，挡住了长江高潮水位6.45 m。这些措施不仅有效地控制了里下河地区水位上涨，还加快了退水速度。兴化水位由最高水位3.35 m降至警戒水位2.00 m仅用24天，而1954年从最高水位3.08 m降至2.00 m长达96天，相比缩短了72天，从而大大减轻了这一地区的受灾损失。

二、涝水预降

1973年规定，江都抽水站抽排里下河涝水的起抽水位，当里下河兴化水位超过1.7 m时，即可开机排涝。1975年又规定，江都抽水站排涝起抽水位，按兴化水位涨至1.7 m，并继续暴雨时开机抽排。20世纪80年代以后，当兴化水位达到1.4 m，即作开机预降准备。

涝水预降避免了水位的急剧上升，起到了明显的减灾作用。例如1982年江都抽水站抽排涝水8.55亿m^3，虽然降雨量大，但兴化最高水位只达1.75 m；1985年江都抽水站抽排涝水10.2亿m^3，兴化最高水位仅至1.62 m；1993年江都抽水站抽排涝水达15.76亿m^3,兴化最高水位也只有1.86 m。

三、排降结合送水

当里下河地区水位偏高，而淮北地区和沿运、总渠出现旱情，需江水北调时，就采取排除或预降里下河地区涝水向北送水。此时江都水利枢纽工程的运用就能得到灌溉与排涝双重功效。

1986年江都抽水站抽排里下河地区涝水17.2亿m^3，其中涝水北送水量8.2亿m^3,北送水量占排涝水量的48%。1990年抽排里下河地区涝水10.6亿m^3，其中涝水北送水量9.67亿m^3，北送水量占排涝水量的91%。由此可见江都水利枢纽工程的排灌双重

功效十分明显。

里下河地区雨涝，过去只有通过沿海四港东排入海，但因输水河线长，比降小，且常受潮汐影响，流速慢，围水时间长，极易成涝。江都水利枢纽工程建成后，据1980年7月水情调查，里下河地区约有4 000 km^2 的涝水，经江都抽水站抽排入江。排水路程比四港缩短50%左右，四港排涝水入海需3天，江都水利枢纽只需1.5天的时间就直接将涝水抽排入江，这样里下河兴化水位下降速度平均每天可达7 cm左右，而在未建江都水利枢纽前，兴化水位下降速度每天只有2～3 cm。江都水利枢纽工程未建前，整个里下河地区排水向北、向东北流入海；一站、二站建成后，江都、姜堰、溱潼一带，排水开始由北向南流；三站、四站建成后，兴化的水也由北向南，这些变化都显示江都抽水站排涝作用。

里下河地区排水能力提高，水位下降速度加快，内涝渍害基本得到解决，再加上江都水利枢纽又能提供灌溉水源，创造了“旱能灌、涝能排、渍能降”的条件，促使里下河27万多 hm^2 的一熟沤田全部改为稻麦两熟田，农业复种指数由原来的125%上升到185%，水稻亩产由130 kg提高到400 kg，又多种了一季麦子，全年平均单产达到550 kg，为“沤改旱”前单产的4.2倍，达到了旱涝保丰收的目的。由于抗旱排涝条件有明显改善，截至1978年，里下河地区的粮食产量递增率达6%以上，比全省平均递增率4%高50%。地处里下河腹部地区洼地的兴化市，中华人民共和国成立初期粮食年产量约15万t，1978年粮食年产量增加到84万t，1979年粮食年产量又增加到90万t，名列全国前茅，一跃成为全省乃至全国的商品粮基地。

另外，江都水利枢纽通过高水河上的邵仙闸、芒稻河河口的芒稻闸，还能将大运河以西地区（白马湖和宝应湖地区）的涝水排入长江。

第三节　通航用水

京杭运河苏北段是浙、苏、鲁南北走向的水运大动脉，承担着北煤南运和大宗物资的运输任务。20世纪50年代河窄水浅，船闸规模小，加上水源不足，1957年邵伯船闸货物通过量约89万t。随着京杭运河苏北段的全面整治，以及江都水利枢纽的建成，尤其是20世纪80年代中期京杭运河徐扬段续建工程中淮阴至解台6座补水站工程完成后，江都抽水站可以及时抽取长江水，并经沿运抽水站逐级上抽，调节运河水位，航道、船闸通航条件大为改善，通航保证率一直维持在95%以上，现已接近100%。

第四节　改善生态环境

江都水利枢纽工程沟通了长江、淮河、京杭大运河和里下河水系，具备了江水北调和自流引江功能，对改善淮北地区和里下河地区的水生态环境起到了重要作用。

一、改善生态环境和水质

淮北地区地处黄河故道，由于长期干旱缺水，往往是黄沙蔽日，尘土飞扬。以江都水利枢纽为龙头的江水北调工程建成后，水源得到了保证。多年来，通过发展水浇地，结合植树造林，这一地区的生态环境有了明显改善。现在的淮北处处是绿洲，生机盎然。当年老百姓因长期饮用含氟较高的地下水而引发的氟骨病（罗锅、黄牙等），也随着江水的到来，降氟改水，随之而去，人民的生活质量明显提高。

江都水利枢纽未建前，里下河地区灌溉水源不足，已建射阳河、新洋港等沿海各闸不能结合冲淤开闸放水，兴化蓄水位保持在 1.2 m 以上，汛前滞涝库容减少，港口淤积加速，加重里下河涝情。同时，由于地下水位偏高，不少田块是一熟沤田。江都水利枢纽建成后，实行大引、大排、大调度，引进江水，使沿海各闸能开闸排水，降低水位，现在兴化蓄水位已从 1.2 m 以上降至约 1 m，水流动了，水质也变好了，港口淤积得到改善，里下河沤田也改成了稻、麦（菜）两熟田。

二、减轻水污染

江水北上进一步改善了淮北地区的水环境。伴随着工业生产的发展，城市污染日益严重，特别是淮河上、中游和沂沭河上、中游的一些市县，经常向淮河和沂沭河排污，污水流进江苏境内；省内一些高排污工厂也有污水下泄，严重影响了人民群众生产生活。每当遇到这种情况，江都抽水站就调度江水北上稀释水污染，改善水质。如1995 年春节期间，连云港市区和蔷薇河沿岸用水，受上游新沂市新沂、高流等造纸厂下泄污水严重污染，影响了 100 多万人的饮用水、港口用水和企业生产。省水利厅下达紧急指令，江都抽水站抽调江水冲污，有效地解决了水污染。1998 年 1 月，徐州市地面水厂受山东省临沂、苍山造纸厂下泄污水影响，省水利厅再次紧急调水，稀释污水浓度，很快使居民生活恢复正常。虽然引水冲污稀释只是权宜之计，但是在污水没有得到有效处理前，这种方法仍不失为是一种在短期内化解水污染事件的重要手段。

 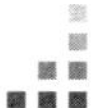

第五节 泄洪与发电

一、泄 洪

当淮河发生洪水时，江都水利枢纽排泄淮河洪水的泄洪路径主要有两条：一条路径经廖家沟上的万福闸（担负淮河入江流量的65%）、太平河下游的太平闸和金湾河下游的金湾闸将洪水排入长江。泄洪路径为：洪水由洪泽湖出口的三河闸下泄，经三河、金沟改道、高邮湖、邵伯湖，归江河道，再通过万福闸、金湾闸、太平闸排入长江（详见本志第四章），这是排泄淮河洪水入长江的主要路径，1961 年至 2022 年泄洪总量为 10 380. 3 亿 m^3；另一条路径由芒稻河河口的芒稻闸将洪水排入长江，泄洪路径是：由邵伯湖经运盐河上的运盐闸，通过高水河、芒稻闸排入长江，1966 年至 2022 年，淮河洪水通过芒稻闸的总泄量为 228. 01 亿 m^3（含运西地区涝水），其中 1969 年泄洪量为 23. 0 亿 m^3，2003 年泄洪量为 13. 9 亿 m^3，1991 年淮河大水时，7 月 8 日至 26 日曾泄洪 2. 3 亿 m^3，由于运盐闸泄洪时闸下水流对高水河形成斜流速，影响通航，因此，这一泄洪路径使用较少或使用时间较短。此外，里运河经高水河上的邵仙闸，通过芒稻闸也可将部分淮水排入长江，这显示了江都水利枢纽具有综合泄洪的功效。

二、发 电

江都水利枢纽工程遇淮河丰水且有余水下泄时，在满足灌溉等用水的前提下，可利用三站的可逆式机组倒转发电，尾水可供里下河地区灌溉，也可排入长江。从 1969 年至 2022 年，三站共发电 10 346. 2 万 kW · h,既为工农业生产提供了清洁的能源，又为管理单位增加了收入。

江都 4 座抽水站所使用的同步电动机，抽水时可以向电网输出电网所缺的无功电，同步电动机也可作调相机运用，向电网输出电网所缺的无功电。据不完全统计，1964 年到 1982 年，江都抽水站根据供电部门要求，同步电机曾作调相机为电网专发无功电约 6 655. 7 万 kvar. h，电机抽水运行时带发无功电约 47 042. 9 万 kvar · h，对改善当时电网的供电质量起到很大作用。1982 年以后，随着电网供电质量的提高，供电部门已不再有发无功电的要求。

第七章

科技创新

管理处十分重视和发展科技教育工作。建处之初为适应建设和管理工作的需要，除派技术人员参加设计、施工、安装外，还对新招职工进行有计划地系统培训，使职工业务水平得到较快的提高。工程技术人员始终坚持在管理工作中开展技术革新和新技术的应用等工作，取得了一定的成果。如主泵轴轴颈喷涂技术应用、大型泵机组轴功率测定、同步电机励磁系统更换、水工建筑物水下结构检修、泵站的四遥远动装置、自浮式移动气压沉柜研制等。1978 年起，管理处明确一名副主任分管科技和教育工作，之后，又成立了科研所和职工教育委员会，为推动整个管理处科技和教育工作进一步发展奠定了基础。1978 年以来，管理处先后多项科技成果分获国家级、省部级、地厅级科学进步奖，多次被评为省部级职工教育先进单位。

1997 年 5 月，省水利厅党组决定，在管理处建立省水利爱国主义教育基地。1998 年，与扬州大学水利学院（现为扬州大学水利与建筑工程学院）联合举办机电工程专业证书班，并被指定为扬州大学水利学院实习基地。

第一节　科学研究

一、科研机构

1963 年管理处成立后，科研工作由工程管理科负责组织实施，按项目抽调科室、站所的技术干部、技术工人组成项目组，进行科研工作。

1978 年，管理处为加强科研工作力量，经报请省水利局批准，于同年 11 月 25 日成立处科研所，所长由管理处主任兼任，主要研究远动装置和计算机在江都抽水站的应用，无线遥控装置在水闸、船闸的应用，水文遥测装置在水文站的应用以及开发数字水位计等。1983 年 12 月，省水利厅决定该研究所由省水利科学研究所和管理处双重领导，明确该所主要进行现代电子技术、计算机技术、通信技术、自动化技术在水利工程中的应用研究以及水利工程管理调度运行优化技术研究，并承接省水利厅和水利部的科研项目以及省内外水利系统的自动化工程。1984 年 3 月，管理处内部机构改革时，该所更名为江苏省江都水利工程科学研究所。1987 年，管理处将抽水机站管理所远动站划归处科研所领导，该所进行了内部调整，成立了泵站测控研究室、水闸测控研究室和水位、闸位变送器生产部，具备了一定规模的系统设计、研制、集成能力。

1990 年，管理处内部机构改革时，将科研所与处设计室合并，更名为江苏省引江水利水电设计研究院，具有乙级水利（灌溉及排涝工程、引水、调水、供水工程）设计，水利水电工程自动化系统设计、开发、安装及科学研究成果推广、应用，丙级建统工程设计，晒图，软件产品研发与销售资质。

2008 年 11 月，省水利厅同意管理处增设“江苏省江都水利工程管理处水利科学研究所”，人员编制和经费来源由管理处内部调剂解决。根据水管单位改革要求，2021 年 9 月，江苏省引江水利水电设计研究院变更登记为江苏省引江水利水电设计研究院有限公司，不再隶属管理处，人员与水利科学研究所合并。

经过多年发展，研究院技术实力不断增强，技术水平不断提升，先后开发研制了水利工程（包括泵站、节制闸、船闸等）计算机自动控制和视频监视系统、水文信息自动测报系统、微机翻译水情电报系统、工程信息管理调度系统；研制并生产了水情数话自动测报终端机、泵站运行温度巡回检测仪、水位计、闸位计等自动化系统配套装置，这些系统和装置技术先进、性能可靠，在省内外多座水利工程得到推广应用。

二、科技创新

多年来，管理处高度重视科技创新，加强与高等院校、科研机构的合作，开展创新课题研究，不断应用新技术、新设备、新材料、新工艺，加快科技成果转化步伐，促进了工程建设、运行、控制、调度和管理水平的提高。

1. 振弦式扭矩测功仪的应用

1973 年，管理处在水电部、第一机械工业部、华东水利学院（现河海大学）的指导下，在二站机组上采用电阻应变扭力测功法测定轴功率，取得了一些经验。为了探索和完善测试方法，1982 年，在上海江南造船厂协助下，采用 MDS-2 型振弦式扭力仪（MAIHAK 公司新产品）实测了三站 3 号、6 号机组和四站 7 号机组的轴功率。1983 年又会同江南造船厂和江苏农学院（现扬州大学农学院）测量三站 10 台机组和四站 2 号、3 号、4 号、6 号机组在水泵叶片不同安放角度情况下的扭矩和轴功率，计算和分析出部分机组的装置效率和电机、水泵各组的运行效率。测试结果表明，应用振弦式扭矩测功仪作为大型泵站轴功率的测量工具是可行的，测试精度可以满足规定的要求，并为以后的泵站改造与建设积累了实测资料。

2. 自浮式移动气压沉柜

1974 年，万福闸管理所对该闸上、下游消力池、护坦等作全面潜水检查时，发现损坏明显的部位有 80 多处，其中冲深 10 cm 以上比较严重的有 8 处。为寻求不打坝作水下修补的方法，管理所组织技术人员和潜水工进行技术攻关，研制了自浮式气压沉柜，运用压气排水、浮体稳定、潜水作用等工作原理，使水底混凝土损坏部位处于一个无水环境，同时又是作业的工作场地。沉柜可在水中浮移，可一块一块地清洗、凿毛、浇捣混凝土，使修补的水底混凝土达到应有的质量。1979 年该沉柜正式使用后，已广泛应用于省内外大中型水闸底板、护坦、消力池的水下检修。此项技术获 1981 年省重要科技成果三等奖、1985 年国家科技进步三等奖。

3. 船闸无线遥控装置（CYJ-20 船闸遥控机）

船闸无线遥控装置（CYJ-20 船闸遥控机）是适用于内河中小型船闸控制和通航

信号的1套无线远动装置。它由发射端（控制端）和接收端（执行端）两部分组成，具有遥控和送话两个功能。它与船闸原有的电气控制设备和扩送音设备相接，在船闸通航时，可以完成闸门、阀门的启闭，闸室蓄水、泄水，指挥船只安全进出闸等工作。发射端控制工作半径可达200 m，每班只需1人即可完成上述通航任务，节省人力，缩短进出闸时间，提高运输效率。该装置1975年首先在宜陵船闸使用，获1978年省科学大会奖、省重要科技成果四等奖，在省内外一些船闸得到推广应用。

4. YSW-01（02）无线水文遥测装置

该装置是1979年由管理处、上海电器科学研究所、浙江省杭州无线电厂共同研制的远距离传送、测量和控制水文信息的1项新设备，同年在管理处的水闸和水文测站投入运行。遥测装置由调度端、执行端和无线通道组成。1个调度端可控制100个执行端。工作体制采用时分制、脉冲编码、调频传送。根据采用的无线数传机功率以及无线高度、形式不同，可对半径为15～40 km范围内系统的水位、雨量、闸门开度及开启孔数等参数进行遥测，提高自动化水平，能迅速提供水文信息，及时进行水情调度。该成果获1980年省重要科技成果三等奖。

5. WSY-16无线远动装置

WSY-16无线远动装置是小型化的遥控、遥测、遥信三遥远动装置。1979年由管理处科研所和江都西闸管理所共同研制，1980年10月在江都西闸投入运行。该装置由控制端和执行端组成，能按节制闸使用规范，进行闸门启闭程序控制，能进行上、下游水位和闸门开启高度的巡回检测，同时具有送话、闸门高度预置、水位自动报警、定点控制、检测、启闭状态指示和事故指示等功能。该装置在节制闸远动技术应用方面，具有较先进水平，适合用于开启频繁的大、中型节制闸。该成果获1982年省水利科技成果一等奖。

6. 江都水利枢纽实时数据处理系统

江都水利枢纽实时数据处理系统，以国产DJS-130型电子计算机为核心组成，通过1∶5集中分散型远动装置和1∶N分散型无线遥测装置，收集和远传4座大型抽水站、1座变电所和13座涵闸的1 482个现场数据。经过接口装置送入计算机进行处理、显示、打印。该系统由管理处和机械工业部上海电器科学研究所从1980年开始共同协作研制，1983年9月投入运行。该系统应用软件采用FORTRAN-Ⅳ语言编写。在调试过程中，解决了实时FORTRAN-Ⅳ语言和用户设备中断信息交换技术关键，在高级语言面向过程控制方面有其创新，实现了在RDOS操作系统管理下，前后两道作业同时工作，提高了计算机的作业率。该系统在国内水利部门中第一次将计算机和远动装置组合一体，实现了在线实时处理，取得了较好的效果，达到了国内先进水平。该系统获1984年省重要科技成果四等奖。

7. 大型泵站单泵测流

管理处根据水利部1981年下达的科研计划，配合武汉水利电力学院试验大型泵站进水流道差压法和食盐浓度法相结合的泵站测流技术。进水流道差压法为泵站正常的监测方法，食盐浓度法为差压流量计流量系数的标定手段。该试验研究从1981年8月至1982年底在二站、三站、四站现场测试，取得的成果经水电部主持鉴定，获1983年度水利部优秀水利科技成果奖，1985年度国家科技进步三等奖。

8. 沿运灌区WYLC-1型两级分布式微机流量自控系统

该项目1985年由水利部农水司下达，由管理处科研所承担，在淮安市渠南灌区管理所的配合下完成。该系统由两级分布式系统组成，能自动对多孔闸门进行定流量、定开高、定水量控制，并能自动进行有关参数的显示、打印。两级系统间采用单总线结构，适应灌区多个闸群的流量自控。该系统于1987年底投入运行，减少了运行人员，降低了劳动强度，防止事故发生，有利于计划、合理、节约用水，有明显的经济效益和较好的社会效益，性能优越，具有国内灌区微机自控的领先水平。该成果获1991年度省科技进步四等奖、水利科技进步一等奖。

9. 微机翻译水情电报系统

微机翻译水情电报系统是微机通过接口收集从邮电局线路传来的水情电报代码，翻译成中文输出，并根据不同的内容进行存储和制表，该系统于1985年8月在省防汛防旱指挥部办公室（以下简称省防办）投入运行，结束了人工翻译水情电报的历史。该项目由省水利科学研究所和省防办研制，当时管理处科研所作为省水利科学研究所的下属单位，参加了研制工作。该项目于1985年获省科技进步四等奖。1986年，管理处科研所和省防办合作，继续完善该系统，使翻译后的水情数据进入数据库管理，得到了参加水利部水调中心主持召开的水文情报、预报应用微机技术经验交流座谈会代表们的一致好评。至1988年，该系统先后在淮委沂沭泗管理局和南京、扬州、盐城、淮阴、镇江、苏州、无锡、常州等地市水利局推广使用。1991年，水情信息翻译和入库技术，在水利部微机实时水情信息接收处理系统中得到了应用。

10. SCZJ-1型水文自动测报终端机

该项目是1989年省水利厅下达的科研项目，由处科研所承担研制。该装置采用单片微处理机和大规模集成电路组成各种接口电路，运用计算机、数据处理、数据通讯、抗干扰等先进的电子技术，能同时进行水文数据的自动采集、显示、存储、无线通讯、电话语音自动应答、实时时钟、人工置数、故障告警等多种功能，其主要技术处于国内同等设备的领先水平，电话语音自动应答为国内首创。该装置能实现水文测站的无人值守，实现水情信息的快速准确传递，增长防汛决策的预见期，减少洪涝灾害损失。该装置1991年首先在无锡南门水文站投入使用，以后迅速推广到全省和天津市、黑龙江省、新疆等省市区的主要报汛站使用。该成果获1991年省水利科技进步一等奖、水利部1993年科技进步四等奖。

11. 水闸上游安设防护设施的推广

在水闸上游垂直水流方向设计安装拦船设施，是确保水闸安全运行的重要措施。该设施根据流量及流速设计、计算浮筒形状、大小、水下混凝土锚块的重量，确定拦河钢索的直径以及两岸岸墩的结构尺寸。该设施于1991年先后在管理处、省灌溉总

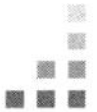

渠管理处、省三河闸管理处等单位的水闸上安装运用，防止船只在大流量引水情况下滑向闸站口，确保工程安全运行、发挥工程效益。该项目获 1992 年江苏省水利科技推广一等奖。

12. 一站主泵改型研究

该成果针对一站原 64ZLB-50 型水泵的泵型陈旧、性能低下、汽蚀损坏严重情况，利用原有土建设施，通过模型试验确定最优水力模型，更新改型机组，增加流量，提高效率，改善汽蚀，主要研究内容包括：①模型泵及装置研究。设计了 3 种新的水力模型，包括非常规叶型，大幅度提高单泵流量和效率，高效区扬程范围为 5～8 m，最高装置效率 74.49%，最高泵段效率 84.8%，具有良好的汽蚀特性。②泵叶片空间曲面计算和数控加工，叶片曲面光滑，绝对误差±0.2 mm。该成果应用于一站更新改造后，总流量增加 17.6 m^3/s，比原旧型泵增加了 27.5%，效率提高，效益明显，获 1996 年省水利科技进步特等奖、1997 年水利部科技进步三等奖。

13. 一站、二站综合技术改造

一站、二站是我国兴建最早的大型轴流泵站。经过 30 多年的运行，主机组及电气设备老化严重，水泵抽水流量、运行效率降低，汽蚀破坏严重，1994 年开始进行技术改造更新。根据“土建基本不变，通过技术改造、设备更新，增加流量、提高效率、改善汽蚀性能，提高自动化水平，确保泵站安全、经济运行”的原则，项目主要研究内容为：

① 研究完成适合江都泵站特定运行工况的轴流泵水力模型替代旧模型，提高水泵效率，增加抽水流量，改善汽蚀性能。

②对泵站核心部件——水泵叶片的加工采用曲面仿真计算，数控加工，大大提高了加工精度，确保模型、原型的几何相似。

③充分利用泵站原有土建设施，优化流道结构，挖掘泵站潜力，大幅度提高泵站效益。

④研制先进的泵站现场监控单元，并与微机励磁、微机保护、各种智能仪表组成微机监控系统、微机视频监控系统。

⑤合理组织施工工期，科学进行新老设备联合运行，利用汛后至汛前检修期完成改造任务，不影响汛期运行。

该成果应用于一站、二站更新改造，增加总流量 35.2 m^3/s，比原旧型泵增加 27.5%，提高了效率，增加了效益，实现了泵站管理现代化，提高泵站管理水平，并为泵站群的优化调度奠定了基础。该成果获 2001 年度省科技进步二等奖、2000 年度省水利科技进步一等奖。

14. 江都泵站计算机监控系统

该项目是水利部科技司 1996 年批准实施的大型泵站机组监控关键技术，其目的是通过引进消化国外先进成熟技术与设备，解决我国大型轴流转浆式水泵的自动化监控技术，提高自动化水平和泵站运行效益。该项目由管理处和水利部南京水利水文自动化研究所、省水利厅工管处共同完成。该系统为分层、分布式结构，设处、站和现场控制级，各级控制功能独立，任务独立，运行安全可靠，达到“无人值班，少人值守”的自动化水平。该项目引进的INTOUCH组态软件首次用于国内大型泵站开发应用，大部分国内配套设备均为国内先进的技术产品。该成果在硬软件系统集成，在线优化调度达国际先进水平，1999年获省水利科技进步一等奖。管理处科研所在参加该项目研制的同时，及时消化吸收国外先进技术和经验，将硬件和软件全部实现国产化，迅速推出大型泵站监控系统于2001年在二站、一站、变电所成功应用，各站通过光纤和网络设备，组成了江都水利枢纽泵站监控系统。2001年随着江都东闸、江都西闸、邵仙闸自动化系统的建成，通过自建光纤和连接公网，完成了各子系统的整合，建成了江都水利枢纽监控系统，并接入江苏水利广域网。

15. 大型泵站反向发电运行方式选择的研究

该项目来源于1997年2月省教委自然科学基金“关于大型轴流泵反向发电运行方式选择的研究”和省水利厅1998年7月“江都三站技术改造泵装置模型试验研究（发电部分）”等项目。该成果提供具有国内先进水平的轴流泵反向发电时，不同运行方式下的临界水头与比转速的关系，对不同比转速的水力模型的水轮机特性进行了实测和理论分析，证实了性能优越的水泵转轮同样具有优越的水轮机性能，为利用泵站进行反向发电提供了理论依据；提出了轴流泵站反向发电选择最优运行方式的方法，以还本年限最短的运行方式作为最优运行方式的方法；提出了泵站反向发电时应采取的技术措施，为泵站进行反向发电提供技术保证。该成果填补了国内外低水头轴流泵站反向发电运行方式选择的空白，推动了国内外对低水头轴流式泵——水轮机的研究。该项目获2001年江苏省科技进步三等奖。

16. 大中型泵站节能改造综合技术推广与应用

该项目来源于省水利厅、扬州大学，由扬州大学和管理处等单位共同完成。该项成果对泵站前池、进水池、进水流道、出水结构、泵型等进行了综合研究，提出了较为系统、完整的技术措施和理论成果，对钟形单向和双向进水流道进行了较为全面内部流场测试，丰富了进水流道设计理论；创造性地提出了矩形箱涵式双向流道出口型式，提出了简单、实用的防涡流措施；针对原64ZLB-50陈旧泵型，设计了3种水力模型，提高了单泵流量和效率，具有良好汽蚀性能；在国内首次采用计算机仿真计算水泵叶片空间曲面，首次成功进行数控铣床加工，确保了原型泵叶片形状的准确性；采用五孔测针不仅可以测得泵站流量，还可同时测出断面的三维流速分布，精度高，为国内首创；对泵站经济运行研究所提出了最优运行准则，优化运行方法达到国内领先水平。该成果获1998年省科技进步三等奖，并已成功运用于国内10余座泵站，取得了显著的经济效益和社会效益。

17. 大型水泵出流特性与机组结构、安装研究

该项目来源于江苏省教育委员会、扬州大学，由扬州大学和管理处等单位共同完成。项目的主要原理是采用五孔探针测得具有轴向后导叶低扬程水泵（如轴流

泵）出口断面总能分布，积分平均得到断面能量，揭示了出口断面能量分布特性，流量一定时，泵出口存在最优旋流使出水流道水力损失最小。首次提出泵—出水流道整体优化水力设计理论和水泵后导叶片优化设计方法，泵装置效率提高5%左右。通过调查分析，目前使用最多的几种大型立式泵机组总体结构和电机推力轴承、水泵导轴承等关键部件结构、受力和故障，研究安装质量对机组运行的影响及影响安装质量的要素，通过计算和现场实测，提出正确合理的、各步相互匹配的安装质量要求和质量控制方法。应用该研究成果后，泵机组安装时间平均缩短约1/3，大修周期由4～6年延长到8～12年，机组事故大修率明显降低，节省安装、维修费用约1/2。该成果获江苏省2001年科技进步三等奖、扬州市2000年科技进步二等奖。

18. 吴江同里轨道式牵引过闸设施工程的研究和应用

该项目来源于吴江市水利局，由吴江市水利局和管理处下属单位省引江水利水电设计研究院共同完成。

同里镇是中外闻名的江南水乡古镇，镇区小桥流水人家，旅游业发达。该项目研究的目的，是开发一套轨道式牵引设施，利用升降式过闸设施的原理，采用轨道式固定船只过闸，达到有轨安全运行，保证游客过闸安全，实现平原地区过闸设施新的形式，可节约大量的建设成本和管理运行成本，而且过闸时间大大缩短，保证了旅游区游船的正常通行，具有十分重要的经济效益。该轨道式牵引过闸设施具有先进性、经济性的优点，对于有特殊地理要求的水利工程乃至其他各行各业具有极大的推广应用前景。该项目获2009年度江苏省水利科技优秀成果二等奖。

19. 泵站引河流态模型试验及整流措施

由于一站至四站均为侧面进水，进水前池内流态较差。无论是抽引还是抽排，进水池内均有大范围的回旋区存在。站下水流侧向进入流道现象明显，特别是边侧机组，水流偏斜尤为严重，电机功率偏大，流量极不均匀。据有关部门实测，中间机组流量超边孔机组流量可达25%。在进水前池的水流回旋范围，造成泥沙淤积，从而又加剧了主流的偏斜，更加恶化了流态。

为改善四座抽水站在不同工况下的进水流态，2004年4月至7月，联合扬州大学进行江都站站下引河流态改善措施模型试验研究。通过对16个方案的试验结果进行经济技术综合分析研究，并经专家鉴定，江都站站下引河流态改善措施选用倒“Y”形（简称Y形）导流墩+低底坎（导流坎）的组合方案。

2006年汛前，各站在站下引河进口处设“Y”形导流墩，墩顶高程均为2.0 m，三条边等长，尾汊夹角均为60°；在导流墩后约90 m处设顶高程约为-2.5 m的导流坎，经多年江都站引水及排涝运行情况来看，总体效果良好。

20. 三站、四站水泵水力模型研制开发

利用国家“十五”水利重大技术装备研制项目——立式轴流泵及装置研制专题，三站、四站针对三站等技术改造中水泵选型需求开发了新的水力模型，为三站、四站水泵选型设计提供了重要依据。该项目于2005年11月在天津进行了成果鉴定，认定开发的模型填补了国内轴流泵水力模型型谱的空白。

21. 南水北调东线一期江都站改造工程

由于江都站的工程大多建于20世纪六、七十年代，经长期运行，工程普遍老化，存在一些问题和隐患，严重地制约了调水功能的正常发挥。因此必须进行改造，以满足南水北调东线设计供水的保证率。江都站改造工程主要建设内容包括：江都三站更新改造、江都四站更新改造、新建江都站变电所、江都西闸除险加固、江都东西闸之间河道疏浚、江都船闸改建等。工程于2005年12月22日开工建设，2013年7月完工，2014年1月通过设计单元完工验收。针对“工程建设必须服从工程运行，工程改造必须结合工程现状”的特点和难点，采取边施工边运行、分期分批实施的方案，妥善处理运行与施工的矛盾，圆满完成了工程建设任务。工程质量核定为优良，获得省水利优秀成果一等奖1项、二等奖1项。2016年12月，南水北调东线一期江都站改造工程获得2015～2016年度中国水利工程优质（大禹）奖。

22. 常熟水情监测调度系统研究与应用

该项目来源于常熟市水利局，由常熟市水利局和管理处下属单位江苏省引江水利水电设计研究院共同完成。

常熟市水利局水情监测调度系统综合应用了先进的计算机测控技术、网络技术、GPRS通讯技术，采集各监测点的雨情、水情、工情和监视图像等信息，并对相关数据和信息进行综合处理和应用。整个系统在防汛调度室设一个调度中心，在相关水利站和相关工程单位共设七个分中心，监测点分别为：圩区五个站点为古里、沙家浜、任阳、辛庄、小东门；望虞河上三个站点为吉桥、谢桥、张墓桥；沿江三个站点为浒浦闸、徐六泾闸、白茆闸。系统分为3个层次：现场监测站、监测分中心、水利局监测调度中心。系统建成后主要功能如下：①各水情监测站实时采集水位、雨量并通过GPRS通讯设备和互联网向调度中心传送相关数据，在现场具有数据显示功能；②各分中心通过网络查询处理相关数据信息，了解有关水情、雨情、工情情况；③调度中心采用GPRS通讯与有线网络通讯相结合的方式与各监测站和已有自动化监控系统的站点进行通信，采集相关数据并进行分析处理、存储、显示、生成报表、网上信息发布等，及时了解有关水情、雨情、工情情况，并能在远程对重点工程的运行情况进行视频监控和录像。该项目获2007年度省水利科技优秀成果三等奖。

23. 进水流道数模计算

为了彻底解决三站进水流道流态差的问题，利用三站更新改造的机遇，对三站进水流道通过三维流动CFD数值计算研究及模型实验，优化确立了肘形流道改造方案。但由于流道作业空间小，加衬的钢筋混凝土厚薄不均，局部较薄，而且投料口数量少，无论是植筋、立模，还是混凝土浇筑都十分困难，施工质量也难以控制。通过开展专题技术研究，确定采用自流平密实混凝土，对立模、混凝土浇筑、施工质量控制等制订了详细的方案，取得了十分理想的应用效果。三站进水流道改造施工技术研究成果获得2009年省水利科技优秀成果二等奖。

四站进水流道为肘形流道，出水流道也为虹吸式出水流道，结构与三站基本相同分为三段，但不同是，中间段是搁置在站身段、驼峰段上，情况良好。为掌握四站进、出水流道性能情况，对四站进、出水流道进行三维流动 CFD 计算研究，验证结果良好，进、出水流道设计基本合理，流道损失为 0. 558，更新改造时未作处理。

24. 吴江泵站集群管理系统的研究应用

该项目来源于吴江市水利局，由吴江市水利局和管理处科研所共同完成。松陵城区是吴江市经济文化中心，2004 年至 2005 年实施了城区水环境综合整治工程，共建设 12 座换水建筑物。随着工程建成，管理人员大量增加，且采用人工值守管理。为提高管理先进性，节省管理运行成本，研究一套泵站（闸）集群智能管理系统，达到泵站（闸）无人值守、远程控制或无人自动控制的智能系统。吴江市城区泵站集群智能管理系统属于自动化控制系统，具有先进性、经济性的优点，同时兼容水质自动监测系统、水文自动测报系统，对于有集群管理要求的水利工程具有极大的推广应用前景。该系统也可应用于取水泵站、转压泵站、自来水分布式泵站、排污泵站、水闸等需要集群控制的工程建筑群的智能化管理。该项目获 2009 年度省水利科技优秀成果三等奖。

25. 同轴主副卷筒固定卷扬式启闭机研制

同轴主副卷筒固定卷扬式启闭机是将主、副卷筒布置在同一根驱动轴上，通过离合器的分离或接合，实现由一套驱动装置独立启闭下扉门或联动启闭上、下扉门的功能，从而满足上、下扉闸门的启闭要求。该新型启闭机设计合理、结构新颖、布置紧凑、运行可靠、管理方便、节省投资，填补了国内水利行业同类产品的空白，并获得了国家发明专利。该项目获 2013 年省水利科技优秀成果二等奖。

26. 大型轴流泵站高效安全关键技术及应用

该科研项目由管理处联合扬州大学等单位共同完成，以江都水利枢纽工程作为典型应用对象，结合南水北调东线一期江都站改造工程，开展水泵装置选型、进水流道三维流动 CFD 数值计算以及模型实验、泵站引河改善流态组合型整流措施等综合高效安全关键技术研究及应用，成功解决了水泵机组运行工况差、效率低以及进水河道大尺度回流、泥沙淤积等问题，使水泵机组运行稳定，装置性能显著提升，具有较高的推广应用价值。该项目获教育部 2020 年度高等学校科学研究优秀成果奖——科学技术进步二等奖。教育部科技奖是仅次于国家三大奖（注：国家三大奖是对当年度最高的科学技术成就奖励，包括自然科学奖、技术发明奖和科技进步奖）的重要奖项。

三、信息化建设

随着自动化技术、通讯技术、计算机技术、互联网络技术的发展，管理处的信息化建设不断深入，逐步形成规模和体系。

1994 年，水闸微机监控系统在江都西闸得到应用，该系统采用两级结构，由单孔现地控制单元和中央控制级组成，单孔现地控制单元将强电、弱电、自动化融为一体，执行就地控制，接受中央控制命令，完成各种信息采集，设备报警等基本功能。中央控制级除对现地单元提供的信息进行综合处理外，还可根据水闸的运行控制要求，自动完成整个水闸的运行操作。

1996 年，一站在更新改造中，运用微机监测系统，实现了泵站运行参数的实时监测、显示、报警、打印、查询等功能。

1997 年，变电所运用微机监测系统，实现变电所运行参数的实时监测等功能。

1998 年，省大运河监测调度系统开工建设，在管理处建成一个分中心，对 10 个水文监测站点的水文参数实现自动化采集。同年，二站在更新改造中运用微机监测系统。

1999 年，四站实施了“94·8”引进国外先进成熟技术应用于农业灌溉项目“泵站监控关键技术”，建成微机监控系统，实现了泵站的自动控制。同年，邵仙套闸在建设中，采用微机监控系统和视频系统，完成对套（船）闸通航过程的自动控制。

2000 年，处科研所在消化吸收国外先进成熟技术的基础上，对二站进行自动化监控系统改造，整个泵站监控系统的软硬件全部实现国产化，并在性能指标上有了提高，2001 年，处科研所研制了水闸微机监控系统，在江都东闸投入运行。

2000 年至 2001 年期间，管理处在处区自行铺设光纤，在处区以外各闸租用公网，建成了全处局域网，并对各分散系统进行了整合，建成泵站、水闸、水文三个系统。计算机局域网上连省水利厅，横连各市水利局、各厅属管理单位，下连处机关各科室、各工程单位，完成了管理处和上述节点之间的宽带连接，实现了语音、图像、数据的实时传输。

水文信息采集系统覆盖全处 10 个水文监测站点，实现水文数据的自动化采集，为防汛抗旱及水资源调度和决策提供依据。

泵站监控系统含二站、四站监控系统以及一站、三站和变电所监测系统。实现对泵站运行工况的实时监测和视频图像采集，可实行对已建监控系统的远程控制，保证工程的安全运行，为“无人值班，少人值守”运行模式创造条件。

水闸监控系统含江都东闸、江都西闸、邵仙套闸监控系统，实现对水闸运行情况的自动监控。

水文数据库主要由水位、流量、雨量等动态数据组成。工情数据库主要由静态信息和动态信息两部分组成，静态信息包括泵站、水闸、船闸、涵洞等工程的设计参数、图纸、周边环境、病险情况和管理等信息，动态信息包括观测资料及实时运行信息。

综合信息平台充分利用信息资源，为水利工作提供多种信息服务，为领导提供决策支持服务。应用系统之间有机结合，系统之间信息共享。防汛决策支持系统利用各种信息，实现旱涝灾情的实时评估、分析，通过会商防汛系统，实现决策分析。泵站优化调度系统对工程运行情况进行分析，确保工程安全、高效运行，依据数学模型，工程效益得到充分发挥，实现定流量情况下抽水功率最小，定功率情况下抽水总量最大。

近年来，管理处以工程加固改造为契机，以自动化监控技术的研发和推广为重点，应用先进的自动化监控技术和设备，全面提升工程控制运用管理水平。在南水北调江都站改造时，江都站进行了自动控制、视频监视与局域网系统等改造和更新，自动化监控工程于 2008 年 3 月 18 日开工，至 2010 年 6 月 30 日完成。局域网通讯系统主要包括调度中心的调度控制管理系统、办公自动化系统、电话程控交换机系统、多媒体会商系统等。全枢纽的调度中心设置在变电所，可实现全枢纽的统一调度，并将信息向上级传输，支持与已建江苏省防汛调度计算机网络系统的互联，还具备与南水北调东线工程调度运行管理网络系统的互联。至 2012 年，管理处的 4 座泵站、变电所、江都东闸、江都西闸、芒稻闸、太平闸、金湾闸、宜陵闸等重要的闸站工程实现自动化监控，管理处工程管理现代化水平大为提高。

2013 年 10 月，在变电所二楼控制室新建集中监控系统，实现江都水利枢纽工程的集中调度控制管理，对核心工程区的 4 座泵站和江都东闸、江都西闸、芒稻闸等实现远程集中控制，对万福闸、太平闸、金湾闸、宜陵闸、宜北闸、邵仙闸、邵伯闸、运盐闸等实现远程集中监测，全处 16 座大中型工程实现了远程集中监视，并具备数据采集、运行监视、控制调节、资源共享等。

2014 年 12 月，作为对集中控制系统的补充，调度中心建立视频监视系统，将全处工程站点的视频信息全部接入集控中心，并可实时传送至省水利厅。

2015 年 5 月，变电所三楼新建江都水利枢纽数据中心标准机房，面积约 77 m^2，其中主机房约 61 m^2，配电间约 16 m^2。数据中心机房设备主要由配电系统、UPS、精密空调、消防器材、10 台机柜及配套计算机组成，实现江都水利枢纽各类运行信息和工程管理信息统一存储、查询，同时建立实时和历史数据库，建设运行工程监控应用软件的云平台，实现通信平台网络化、枢纽信息数字化、信息共享标准化、高级应用一体化、多系统间的联动化。

2015 年 6 月，管理处建设调度管理系统，包括数据库建设、运行环境建设、应用支撑平台建设及业务应用系统建设共四大部分。其中业务应用系统建设包括运行调度、雨情信息、水情信息、工情信息、应急管理、制度管理、运行人员管理、统计分析、系统管理等九大模块。

2016 年 5 月，管理处按照现行泵站、水闸工程管理规程和办法，结合新时期工程管理精细化、安全生产标准化的要求，建设江都水利枢纽工程管理信息系统，包括综合信息、工程管理、控制应用、安全生产、水政执法、应急管理等子系统及相应功能模块，推动了泵站、水闸技术管理的数字化。2017 年，“江苏省江都水利枢纽工程管理系统研究与应用”获省水利科技项目三等奖。

2016 年 7 月，建设河湖管理系统，该系统基于省厅“水利地理信息服务平台”建设的一张图，细化补充高邮湖、邵伯湖和京杭运河扬州段的水利数据，为河湖管理提供了实时的水利基础信息。

2017 年 1 月 10 日，管理处荣获“2012—2016 年江苏省水利科技工作先进集体”和“2012—2016 年水利信息化工作先进集体”荣誉称号，是全省水利系统唯一同时获得两项荣誉称号的单位。

2017 年 6 月，江都水利枢纽综合信息发布查询系统建设完成，范围包括各类数据汇聚、综合数据库和支撑平台建立、工程调度、工程管理等系统升级完善，维修项目管理软件开发，系统服务端及移动端软件开发等。

2017 年 10 月 24 日，由省档案局组成专家评估组现场考核管理处档案信息化工作，管理处综合档案室顺利通过评估，并成为全省水利系统首家 5A 级数字档案室。档案管理系统成功与 OA 系统对接，实现电子文件在线归档，建立了网上 3D 展厅。

2019 年 4 月，四站基于智慧泵站建设要求开发机器人智能巡检系统，该系统实现了水泵机组振动在线监测，数据和波形展示，振动烈度评判和报警，现地系统与云端系统融合，通过历史数据分析实现对机组健康状态分析和故障识别，进行信号状态动态分级，也实现了机器人部分巡检，能无轨自动巡航、热源定位、远程遥控、视频采集和语音报警。

2019 年 8 月，由管理处参与编制的江苏省地方标准《水闸监控系统检测规范》发布实施，该规范结合江苏省区域特点以及当前水闸监控系统建设现状，针对水闸系统检测流程、检测周期、检测内容和检测方法等提供了具体的检测标准和检测要求，极大提升了水闸工程监控系统检测规范性。2020 年 12 月，该规范获得江苏省水利科技进步一等奖。

2019 年 10 月，管理处开展感潮调水泵站智能控制系统研究，按照精准控制水位、流量等调度目标要求，制定感潮泵站不同工况下的最优控制方案，探索实现泵站机组的一键启停。基于运行数据分析研判，实现设备与工况分级预警告警，为工程控制运用和健康管理提供决策支撑。

2020 年 5 月，管理处实施江都水利枢纽管理平台升级改造，充分运用水利信息技术，按照水利工程标准化、精细化管理要求，以原有集中监控系统、工程管理系统为基础，与集中监控平台升级改造相适应，整合重构综合性的管理平台，具有综合事务、生产运行、检查观测、设备设施、安全管理、项目管理、管理驾驶舱、后台管理、APP 移动客户端等功能，提高工程运行效能和管理效率。

2020 年 10 月，数据中心建设江都水利枢纽监控云平台，采用 3 台服务器组成超融合云平台架构，通过虚拟化技术，为管理人员提供云主机的基础运行环境，云主机可安装合适的业务应用系统，并通过 Web 界面可对云主机执行众多的生命周期管理操作，包括停止、启动、快照、克隆和加载/卸载数据云盘等操作。

2021 年，管理处利用云计算、大数据、物联网、人工智能和数字孪生等技术，开展涵盖优化调度与一键启停、健康监测与智能预警、数字孪生与场景化展示、工程精细化管理等功能的数字泵站建设，将虚拟泵站与多源运行管控信息相融合，初步实现了精准化决策、实时化管控和可视化展示。

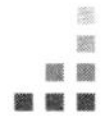

2021 年 11 月，江都水利枢纽建设管理云平台，采用与监控云平台同样的配置架构，解决了管理网服务器杂而多、运维管理成本高、资源利用率低、业务部署上线周期长等难点。

2022 年 9 月，管理处综合近年来的工程信息化成果，完成的“江都水利枢纽数字泵站”成果成功入选 2022 数字江苏建设优秀实践成果，为江苏省水利系统唯一入选成果。

管理处高度重视网络安全与信息化工作，2019 年成立了网络安全与信息化工作领导小组及办公室，通过完善管理机制、落实工作责任、增强安全技防、开展等保测评等措施，切实提高应急处置能力，提升信息安全管理水平，保证管理处网络信息系统安全稳定运行。印发《江苏省江都水利工程管理处网络安全管理办法（试行）》《网络安全工作指南》《上网行为管理制度》，完成江都水利枢纽监控信息化平台系统三级等保，办公自动化系统、江都水利枢纽网站系统二级等保测评工作，同时参与公安部、水利部、省委网信办和省网警等组织的网络攻防演练，委托有资质的第三方专业单位承担网络安全定期检查和维保服务，实现网络安全管理常态化。

四、获奖科技成果

1978 年到 2022 年，管理处荣获国家级科技成果奖 2 项，水利部、教育部科技进步奖 4 项，省科技成果奖 11 项，省水利科技成果奖 25 项，扬州市科技进步奖 1 项，省水利科技推广奖 1 项（表 7-1 到表 7-6）。一些科技成果已在省内外泵站、水闸建设和管理中广泛应用，发挥了很好的作用。

表 7-1　获国家级科技成果奖项目表

序号	成果名称	获奖类别	获奖单位	主要参加人员
1	大型泵站单泵测流	1985 年科技进步三等奖	江都水利工程管理处（参加单位）	李继珊、钟金冒、冯心宽、汪益三、林建时
2	葛州坝一号自浮式检修沉柜	1985 年科技进步三等奖	江都水利工程管理处（参加单位）	汤明根

表 7-2　获水利部、教育部科技进步奖项目表

序号	成果名称	获奖类别	获奖单位	主要参加人员
1	大型泵站单泵测流	1983 年度优秀水利科技成果奖	江都水利工程管理处（参加单位）	陈文和、孔繁琪、林建时
2	SCZJ-1 型水文自动测报终端机	1993 年度科技进步四等奖	江都水利工程管理处	孙汉明、施福基、谢国盛、梅雪红、刘志龙
3	江都第一抽水站主泵改型研究	1997 年度科技进步三等奖	江都水利工程管理处（参加单位）	刘　超、袁伟声、祁朝标、袁家博、汤方平
4	大型轴流泵站高效安全关键技术及应用	2020 年度科学技术进步二等奖	江都水利工程管理处（参加单位）	汤正军

表 7-3　获江苏省科技成果奖项目表

序号	成果名称	获奖类别	获奖单位	主要参加人员
1	船闸无线遥控装置	1978 年度省科学大会奖	江都水利工程管理处	许昭华、谢国盛
2	CYJ-20 船闸遥控机	1978 年度重要科技成果四等奖	江都水利工程管理处	许昭华、谢国盛
3	YSW-01（02）无线水文遥测装置	1980 年度重要科技成果三等奖	江都水利工程管理处（参加单位）	施福基、胡鹤鸣、刘汉元、陈　强、赵礼成
4	自浮移动式气压沉柜	1981 年度重要科技成果三等奖	江都水利工程管理处	汤明根
5	江都水利枢纽实时数据处理系统	1984 年度重要科技成果四等奖	江都水利工程管理处（参加单位）	叶敬尧、张国琪、孙汉明、申建昌
6	微机翻译水情电报系统	1985 年度科技进步四等奖	江都水利工程管理处（参加单位）	杨　玉、柏　屏、刘志龙
7	沿运灌区 WYLC-1 型两级分布式微机流量自控系统	1991 年度科技进步四等奖	江都水利工程管理处（参加单位）	郑允凡、徐肇础、赵庆堂、沈宏平、沈佑生
8	大中型泵站节能改造综合技术推广与应用	1998 年度科技进步三等奖	江都水利工程管理处（参加单位）	刘　超、袁家博、周济人、汤方平、曹志高
9	江都一站、二站综合技术改造	2001 年度科技进步二等奖	江都水利工程管理处（参加单位）	黄莉新、陈学富、刘　超、孙汉明、汤方平、汤正军、周济人
10	大型水泵出流特性与机组结构、安装研究	2001 年度科技进步三等奖	江都水利工程管理处（参加单位）	仇宝云、刘　超、黄海田、陈学富、魏强林
11	大型泵站反向发电运行方式选择的研究	2001 年度科技进步三等奖	江都水利工程管理处（参加单位）	莫岳平、周济人、黄海田、汤方平、陆林广

表 7-4　获江苏省水利科技成果奖项目表

序号	成果名称	获奖类别	获奖单位	主要参加人员
1	WSY-16 无线远动装置	1982 年省水利科技成果一等奖	江都水利工程管理处	许昭华、朱煜明、郑允凡、潘舜民、刘　健
2	SSY-1 型数字守潮仪	1984 年省水利科技成果二等奖	江都水利工程管理处	曹玉生、叶敬尧、包祥荣、殷立功
3	江都水利枢纽实时数据处理系统	1984 年省水利科技成果一等奖	江都水利工程管理处（参加单位）	叶敬尧、张国琪、孙汉明、申建昌
4	P23 酚醛塑料导轴承在大型立式水泵上应用	1985 年省水利科技成果二等奖	江都水利工程管理处	林建时、朱福保
5	船闸微机无线自动装置	1988 年浙江省水利科技进步三等奖	江都水利工程管理处（参加单位）	楼汉良、孙汉明、刘国师、唐瑞山、田春辉

续表

序号	成果名称	获奖类别	获奖单位	主要参加人员
6	SCZJ-1 型水文自动测报终端机	1991 年省水利科技进步一等奖	江都水利工程管理处（参加单位）	孙汉明、施福基、谢国盛、梅雪红、刘志龙
7	沿运灌区 WYLC-1 型两级分布式微机流量自控系统	1991 年省水利科技进步一等奖	江都水利工程管理处（参加单位）	郑允凡、徐肇础、赵庆堂、沈宏平、沈佑生
8	GD-1A 型码带式光电水位传感器	1993 年省水利科技进步特等奖	江都水利工程管理处（参加单位）	许昭华
9	泵站汽蚀调研与抗汽蚀涂层试验研究	1994 年度省水利科技进步二等奖	江都水利工程管理处（参加单位）	储　训、黄莉新、陆一忠、陈文和、黄　辉
10	江都第一抽水站主泵改型研究	1999 年省水利科技进步一等奖	江都水利工程管理处（参加单位）	刘　超、袁伟声、祁朝标、袁家博、汤方平
11	江都泵站计算机监控系统	1999 年省水利科技进步一等奖	江都水利工程管理处（参加单位）	孙京忠、陈　履、陈学富、丁　强、孙汉明
12	江都一站、二站综合技术改造	2000 年省水利科技进步一等奖	江都水利工程管理处（参加单位）	黄莉新、陈学富、刘　超、孙汉明、汤方平
13	水闸工程自动化控制系统的研究应用	2003 年省水利科技优秀成果三等奖	江都水利工程管理处（参加单位）	孙汉明
14	常熟水情监测调度系统研究与应用	2007 年省水利科技优秀成果三等奖	江都水利工程管理处（参加单位）	周宜军、张业春、范金良、徐振祥、朱洪清
15	吴江同里轨道式牵引过闸设施工程的研究和应用	2009 年省水利科技优秀成果二等奖	江都水利工程管理处（参加单位）	金红珍、沈育新、赵培江、吴建林、赵勤星、杨庆宏、倪　波、吕　艳
16	吴江泵站集群管理系统的研究应用	2009 年省水利科技优秀成果三等奖	江都水利工程管理处（参加单位）	姚雪球、金红珍、盛永良、严光华、徐瑞忠、刘　明
17	江都三站进水流道改造施工技术研究	2009 年省水利科技优秀成果二等奖	江都水利工程管理处、省水利科学研究院	朱炳喜、曹　瑚、周灿华、董晓军、邵　林、章新苏
18	大型泵站五孔探针测流装置的研制与现场试验	2012 年省水利科技优秀成果一等奖	江都水利工程管理处、扬州大学	刘　军、刘　超、陶长生、汤　超、汤正军、杨　华、雍成林
19	同轴主副卷筒固定卷扬式启闭机研制	2013 年省水利科技优秀成果二等奖	江都水利工程管理处、省水利机械制造有限公司	周灿华、陶长生、蔡　平、王　波、辛华荣、汤正军
20	大型水利枢纽工程的效益分析研究——以江都水利枢纽工程为例	2017 年度省水利优秀科技成果三等奖	江都水利工程管理处、河海大学	汤正军、樊　旭、辛华荣、刘　俊、徐　慧、徐惠亮、孙正兰
21	江苏省江都水利枢纽工程管理信息系统研究与应用	2017 年省水利科技进步奖三等奖	江都水利工程管理处、福建四创软件有限公司	魏强林、周灿华、辛华荣、江　峰、叶建琴、蔡　平、朱承明

续表

序号	成果名称	获奖类别	获奖单位	主要参加人员
22	水利工程卷扬式启闭机检修技术规程	2017 年省水利科技进步奖三等奖	江都水利工程管理处（参加单位）	张劲松、陈振清、杨　淮、于　涛、辛华荣、赵建亚、周灿华
23	水闸工程管理规程	2019 年省水利科技进步奖三等奖	江都水利工程管理处（参加单位）	郭　宁、辛华荣、高杏根、周灿华、姚文泉、蔡　平、黄振富
24	水闸监控系统检测规范	2020 年省水利科技进步奖一等奖	江都水利工程管理处（参加单位）	王冬生、薛井俊、丁　亚、袁志波、严　爽、周晓锋、赵林章、孙正兰、樊　旭、刘　刚、张　晖、高杏根、王梦旭、任　杰、丁辰龙
25	水利工程精细化管理理论体系及关键技术研究与示范应用	2022 年省水利科技进步奖一等奖	江都水利工程管理处（参加单位）	张劲松、沈菊琴、陆一忠、郭　宁、高杏根、夏方坤、简迎辉、周灿华、谈　震、陈建明、黄天增、刘　敏、蔡　平、匡　正、罗柏明

表 7-5　获扬州市科技成果奖项目表

序号	成果名称	获奖类别	完成单位	主要参加人员
1	大型泵站出流特性与机组结构、安装研究	2000 年科技进步二等奖	江都水利工程管理处（参加单位）	仇宝云、刘　超、黄海田、陈学富、魏强林

表 7-6　获江苏省水利科技推广奖项目表

序号	成果名称	获奖类别	完成单位	主要参加人员
1	水闸上游安设防护设施的推广	1992 年科技推广一等奖	江都水利工程管理处（参加单位）	颜廷举、韦康瑛、叶　华、谷　杉、陈学富、孙文平、孙继科、曹　瑚、孙红滨、鞠建明

第二节　技术革新

江都水利枢纽工程建成后，在运行管理中通过技术革新，对老设备、落后的设备及存在安全隐患的设备进行了升级换代，一些改进和革新在当时的技术条件下，对确保工程安全运用、效益充分发挥起到很大的作用。

一、泵站的技术改进和革新

1. 叶片角度调整

一站、二站主泵叶片安装角度原设计制造只有+2°、0°、−2°三个位置，1970 年底和 1971 年初将两个站的主泵叶片角度全部改装为+5°。改装后，在净扬程 7 m 以下

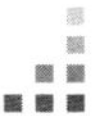

流量均有增大，在低扬程运行进流量增大明显，净扬程 5 m 以下运行时，每台增加 0.9 m^3/s，并且经多年实测水泵效率略有提高，但在净扬程 5 m 以上运行时，水泵效率略有降低。

2. 主水泵气蚀处理

1967 年，一站 6 号机组水泵转轮室外壳汽蚀较严重，蜂窝麻面疮面大，当时采用较先进的环氧树脂加一定比例的铁粉对金属刨面进行修补，收到了良好的效果。

三站 1979 年排涝运行时，8 号机组水泵响声较大，后经检查发现，水泵叶轮中心线下侧叶轮外壳上由于气蚀形成一条深 5 mm、宽 10 mm 成蜂窝状的气蚀带。后将叶轮外壳气蚀带车成一条燕尾槽，用环氧树脂和铁粉进行修补，运行 6 000 h 后检查，效果良好。1980 年对 2 号机组的叶轮外壳气蚀带用同样的方法作了修补。1981 年对其他 8 台水泵叶轮外壳气蚀带在喷砂除锈后作了修补。

3. 电机变极方法改进

三站可逆式同步电机，在工作状态由电动机改变为发电机时，原设计用人工改接定子、转子接线，以达到改变极对数的目的，此方法劳动强度大，工作时间长，而且容易产生接线错误，1972 年改为转动刀闸插入方式，采用此方法，操作简单，劳动强度小，且方便核查接线的正确性。

4. 站变过电压保护增设

1973 年三站为避免发电运行时因电网事故停电，发电机电压升高致过电压而损坏设备，在站变高压侧增装过电压保护装置。当电网停电造成发电机电压升高时，站变过电压保护动作会切断站变油开关，站变停电，发电机零励保护动作令全站停机。

5. 主泵轴轴颈喷涂

1965 年，一站、二站在机组大修时发现主泵大轴部分轴颈磨损，1966 年将 4 根磨损严重的大轴送上海水泵厂检修，1967 年又送修 1 根，但厂方未能如期交货，影响运行。为此，管理处决定自己设计制造专用检修车床和喷涂设备。在有关工厂支援下，1973 年建成投产，1974 年 1 月为二站加工喷涂了第一根水泵大轴。从此，该设备不仅解决了抽水站主泵大轴轴颈喷涂问题，而且还为省内外其他泵站承担主泵大轴的喷涂任务。

6. P23 酚醛塑料导轴承、聚胺脂轴承在大型立式水泵上的应用

我国大型立式轴流泵轴承早期主要有水润滑橡胶轴承和稀油润滑巴氏合金轴承，橡胶轴承结构简单，承载力差，巴氏合金轴承结构复杂，承载力大，但故障率高。一站、二站原采用橡胶轴承，长期运行发现轴承膨胀系数大，经常发生烧瓦，后来在检修中尽量减少水泵摆度和加大橡胶瓦的间隙。从 1974 年始，一站、二站 16 台机组逐步将橡胶瓦改成聚胺脂瓦，解决了抱瓦、烧瓦的现象，确保了安全运行。三站主水泵采用稀油筒式巴氏合金导轴承结构。1979 年开始，三站对稀油筒式导轴承改造方案进行研究，1982 年开始在 3 号、8 号立式轴流泵上对水润滑 P23 酚醛塑料导轴承进行试验，到 1984 年底已分别运行了 6 980.5 h 和 7 477.5 h，情况良好。1985 年 3 月

6 日，管理处向省水利厅申请鉴定，P23 酚醛塑料导轴承在大型立式水泵上的应用获 1985 年省水利科技成果二等奖。

7. 励磁电源装置改造

一站、二站、三站原设计主机励磁电源为逐台配备电动机带动直流发电机的方式供给，因其效率低，噪音大，温度高，维修工作量大等原因，1974 年至 1975 年改为可控硅励磁装置作为励磁电源。

8. 3 号主变压器增容改造

供四站用电的 3 号主变压器容量为 20 000 kVA，它只能满足 6 台机组的用电，另 1 台机组用电需由三站输入，此供电方式线路长，运用制度不合理，不方便，也不安全。1977 年经上级部门批准将 3 号主变更换为 31 500 kVA 的变压器。

9. WDC-31、WGC-11 型水位仪、闸位仪

水位仪、闸位仪是水文自动测量和水闸自动监控必备的自动化仪表。1979 年，处科研所研制出格雷码编码和并行码输出的机械接触式水位仪。1985 年，处科研所和江都电表厂联合生产 3 种型号水位计。为了克服机械接触引起的寿命问题，在 1996 年和 2000 年处科研所又推出了 WDC-31 型和 WGC-11 型两种型号的非接触式水位、闸位仪。

WDC-31 型水位仪、闸位仪由 UDZ 型编码器及 XX 型显示器组成，配以不同闸门启闭设备的传动部件，可以测量闸门的开度（或高度）；配以钢绳、浮子、重锤，可测量液面（水位）高度。该仪器外壳由铸造铝精加工制作，密封性好，便于安装，内部采用单片机和大规模集成电路，具有变率快、微力矩、低功耗、测点现场直接显示，具备 RS-485 接口，采用 Modbus 协议和遥测终端或计算机通信。该仪器已通过水利部水文仪器质量检测中心检验，符合国家标准。

WGC-11 微型水位、闸位仪由绝对值光电编码器，长光刃机械夹缝数字编码阅读器、放置放大器、单片机、齿轮减速器等部件组成。输出采用 RS-485 接口、Modbus 协议和终端或计算机通讯。该仪器也可用作水泵叶片角度测量。2001 年获得国家实用新型专利。

10. 分裂电抗器增设

四站主变压器增容以后，其低压侧 6 kV 短路电流增大，加上系统电网容量不断扩大，经核算，当主变压器 6 kV 侧短路时，已安装的主机 6 kV 油开关的短路遮断容量不够。为此，1982 年管理处主变压器 6 kV 进线侧增设分裂电抗器 1 组，以限制短路电流值，防止主机油开关毁坏，为适应增设分裂电抗器，管理处将原主变压器 6 kV 单母线供电改造为双母线供电。

11. 远动集中控制装置研制

1979 年底至 1980 年初、1981 年、1984 年，为适应泵站的远动集中控制，达到遥测、遥信、遥调、遥控的目的，对一站、二站、三站、四站的电气进行改造，安装了远动集中控制装置。

12. 高压开关柜更换

一站、二站原主机高压开关柜及站变高压侧开关柜为 GG-10 型，内配 SN2-10/600 A 少油断路器，用于 6 kV 时，实际遮断容量只有约 210 MVA，随着三站、四站相继建成和扬州电网扩大，原断路器的遮断容量已远远不能满足要求，加之原断路器系早期产品，配件难以购买，而且检修困难，特别是在运行时，即使 1 台断路器发生了故障，也要全部停机，方可检修。为保证安全运行和检修，1980 年初管理处将原主机高压开关柜全部更换成 GFC-10A 手车式高压开关柜，内配 SN10-10C/1 000 A 少油断路器，用于 6 kV 时额定遮断容量为 300 MVA，不但遮断容量满足了要求，而且检修非常方便，还具有互换性。运行中如某台断路器发生故障，只要更换备用断路器手车，即可恢复运行，提高了设备运行的可靠性。

13. 真空破坏阀安装位置改进

一站原真空破坏阀设置在高程 8.45 m 窄小廊道里，不便于紧急情况下操作和检修保养，1981 年，管理处接长真空破坏阀管道，将真空破坏阀由高程 8.45 m 的出水管廊道提高到高程 10.6 m 的副站房地坪上，方便了运行、管理和检修。

14. 一站、二站、三站 6 kV 输电线路改造

一站、二站、三站原 6 kV 输电线路采用铝导线组合式架空线路方式输电，铝导线线损相对较高，加上暴露于空气中，金属导线氧化严重，金具严重锈蚀，每年汛前都要进行仔细检查。同时，雷雨季节为防线路受直接雷击，沿线布置了一定数量的避雷针，每年雷雨季节前对这些避雷针都要进行电气试验及保养，工程环境美观性也受到影响。

管理处分别于 1999 年 3 月对变电所到一站的 6 kV 架空输电线路、1999 年上半年对变电所到二站的 6 kV 架空输电线路进行改造。改造方案选用三拼 YJV$_{22}$-10-3×185 高压电缆方式供电。电缆直埋于地下，在满足载流量的前提下，安全性相对提高，同时原架空线路进行防雷击保护的避雷针取消后，减轻了对该线路维护的工作量与费用，也美化了工程环境。

在南水北调江都站改造时，新建变电所移址至二站、三站之间，2009 年 2 月一站、二站采用四拼 YJV$_{22}$-10-3×240 高压电缆输电，三站拆除 6 kV 架空输电线路，采用六拼 YJV$_{22}$-10-3×240 高压电缆输电。

15. 氧化锌避雷器的使用

管理处的避雷器原多为阀型避雷器，1995 年起，管理处在所有电气设备上逐步用氧化锌避雷器代替阀型避雷器。氧化锌避雷器具有结构简单、体积小、重量轻、寿命长、动作迅速可靠、无续流、残压低、通流量大等优点，且维护简单。

16. 晶闸管励磁装置的使用

励磁设备从建站初使用的励磁机到“文化大革命”中更换成分列元件控制的晶闸管励磁装置。由于元器件老化，三站、四站于 1995 年将晶闸管励磁装置进行了改造，并将四站隔离变压器由油浸式改成干式。1999 年，二站和四站使用了微机控制

的晶闸管励磁装置，实现了平稳的主机启动，自动可靠的准确投励，恒定参数的闭环调节，保证了同步电机的同步运转。

17. 弹性金属塑料瓦的应用

四站主电机原采用 TDL325/58-40 型 3 000 kW 同步电机，20 世纪 90 年代初开始多次发生推力瓦烧损事故，影响机组安全运行。1998 年 11 月起四站逐步对电机的推力瓦进行更换，将原巴氏合金推力瓦更换为弹性金属塑料瓦，经试验效果良好，有效地遏制了烧瓦事故的发生。该瓦无需研括，大修盘车时只需 8 人即可推动，且停点准确，检查精度高，减少检修工日和劳动强度。南水北调江都站改造时，三站、四站主电机推力瓦均采用弹性金属塑料瓦。一站、二站 2008 年后也多次发生主电机巴氏合金推力瓦烧损事故，2010 年开始，一站、二站将原巴氏合金推力瓦逐步更换为弹性金属塑料瓦，至 2018 年底已全部更换。

18. 采用土钉支护，加固一站、二站翼墙

一站、二站建于 20 世纪 60 年代初，其下游翼墙为圆弧形浆砌块石挡土墙，共分 3 节，采用变截面、变高程形式。管理中发现翼墙不均匀沉陷，墙体外倾；第二节翼墙在高程 3. 0～3. 5 m 处有横向裂缝，墙前多处持续冒水冒砂。经分析计算认为第二节翼墙抗滑、承载力、基底压力不均匀系数均不满足规范要求。2000 年，经省水利厅批准，采取墙后挖土减载换煤渣，埋设透水软管降低墙后水位，临公路侧开挖面采用土钉支护保护翼墙，该项目于 2001 年 4 月完成，加固效果良好。经比较，土钉支护与传统施工方法比较，具有工期短，开挖量小，透水软管透水效果好，造价低。

19. dryfitA600 型全免维护蓄电池的使用

变电所蓄电池原采用 GGF-300 酸性蓄电池组，寿命短，室内酸气大，需定期测量比重、电压和定期调试比重，维护工作量大。2001 年旧电池更换为 dryfitA600 型蓄电池，新电池寿命长（18 年），全免维护，安装空间小，高频充电模块充电，由配套微机进行自动控制。

20. 三站发电技术的改进

三站发电原采用变极、变速方法，电机制造相对复杂，且效率也有所下降（约 2%）。2006 年三站改造时，主电机不作变极设计，而在作发电机运行时改为变频（25 Hz）、降速（125 r/min），主机组发出的电能拖动一台变频电机（3 kV、25 Hz、500 r/min），变频电机拖动连接于电网上的发电机（6 kV、50 Hz、500 r/min），这样既保留了发电功能，又保证了水泵机组的抽水效率和发电效率，且未增加投资费用。

21. 110 kV 六氟化硫封闭式组合电器的应用

2006 年在江都站改造时，江都站变电所及四站专用变电所 110 kV 系统采用 110 kV 六氟化硫封闭式组合电器，该设备将断路器、三工位开关、快速接地开关、电流互感器、电压互感器、避雷器、母线、进出线套管等元件组合封闭在接地的金属壳体内，结构简单、可靠性高、维护工作量小。

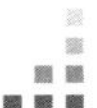

22. 三站出水流道底板无损检测及灌浆加固技术

三站站身为堤后式，出水流道采用虹吸式，由站身段、中间段和驼峰段三部分组成，中间出水流道基本尺寸为13.0 m（长）×3.5 m（宽）×1.5 m（高）。由于虹吸式出水流道中段出水管直接搁置在主、副厂房中间的回填土上，经多年运用，回填土明显沉降，引起出水管中段下沉严重，上接口沉降量达10 cm以上，下接口沉降量达8 cm以上，从而造成接口密封（止水）破坏，导致管外泥土流失，上接口漏气，下接口漏水，使水泵运行效率下降，也直接影响了泵站的安全运行。虽经多次维修处理，但效果一直不理想，在南水北调江都站改造时，出水流道加固被列为重要建设内容之一。

为了查明出水流道中段与回填土之间是否有脱空、空洞等病害及其范围，以便制订出切实可行的出水流道中段地基处理方案，事前，采用美国GSSI（美国通用物探仪器公司）制造的SIR-10H型地质雷达（400 MHz高频天线）对10台机组出水流道中段地基进行了全面无损检测。该设备应用雷达波的折射——反射原理检测路面、结构物以下地基的缺陷或病害等无损检测技术，可自动、均匀、连续地记录数据，数据采集效率和精度均较高。检测结果表明10台机出水流道（中段）左右两侧底板下内均有明显脱空层，脱空层主要在出水流道（中段）两侧墙以下；出水流道（中段）顶部中间亦有空隙现象。

对查明的地基缺陷区域有针对性地进行了高压灌注水泥净浆加固处理，共耗用水泥62 t，其中最多的2号机流道灌浆耗用水泥达9.4 t。经地质雷达抽测和取芯检验结果表明，灌浆后出水流道底板下地基脱空层均得到明显充实，灌浆效果十分理想。

23. FSR大容量高速开关的应用

2006年在南水北调江都站改造时，根据江都站所处电网容量计算，江都站6 kV主接线电网短路容量和电机反馈电流均约为25 kA左右，按短路时电流直接选择开关，开关的开断电流达50 kA以上，并且已改造的一站、二站开关需要全部更换，设备及改造费用很大。FSR大容量高速开关具有额定电流大（可达12 kA），断流能力强（可达240 kA），开断速度快（3 ms内切除故障）等特点。FSR大容量高速开关在使用时，在短路瞬间，其在短路电流尚未达到预期峰值时，先于故障电路保护装置和断路器动作（断路器全分闸时间一般至少需80～120 ms），迅速切断电网故障短路电流，随后电路保护装置和断路器动作仅切断电机的反馈电流。变电所和四站在更新改造时，选用了FSR大容量高速开关方案。

24. 三站主水泵轴承选用

水泵轴承是水泵关键部件之一，水泵轴承寿命直接决定水泵的检修周期。三站的10台水泵油润滑巴氏合金轴承原采用梳齿迷宫式密封加密封橡皮组成的密封装置，密封效果差，故障率高，2006年在南水北调江都站改造时，经多方考察，综合比较，三站水泵采用水润滑弹性金属塑料导轴承，以探索一种新型轴承在大型水泵自润滑条件下的使用经验。

25. 三站主水泵填料函处增设一道轴承

2014 年，结合主机大修，三站在主水泵填料函处增加一道聚胺脂橡胶轴承，对相应泵轴轴颈部分进行了延长处理，提高了水泵运行的稳定性。在接下来几年的主机大修中，三站均采取了在填料函处增加轴承的改造措施。

26. 新型水冷却供水系统应用

2017 年至 2021 年，一站、二站、四站对供水系统进行改造，拆除原供水泵，改用机组循环冷却供水，冷却装置选用直流变频模块式风冷冷水（热泵）机组，水力模块，循环供水装置控制柜，数据采集及巡回检测报警装置。新型水冷却供水系统实现闭路循环，提高了自动控制水平和运行可靠性。

27. 内置式同步液压调节器应用

自 2019 年开始，四站结合主机泵大修对叶片调节机构同步进行改造，截至 2022 年底，四站 1 号、4 号、5 号主机调节机构均已采用内置式同步液压调节器，新型液压调节器采用上置式、内供油方式，体积小、重量轻、结构简单、密封性能好、稳定性高，克服了原先机械式调节机构的缺点。2022 年，二站完成 8 台机组内置式叶片调节机构改造。

二、水闸工程的技术改进和革新

1. 水（船）闸检修门的改进

1960 年前建成的水闸检修门，采用钢板焊接工字叠梁和木止水，重量较重，挡水高度小，使用很不方便。1965 年万福闸首先采用钢板焊接成空箱式结构和橡皮止水的浮箱式检修门。它与工字叠梁式检修门相比，在同样重量情况下，每块铁门挡水高度可提高约 1 倍，安装拆卸十分方便，又可节省钢材用量。之后在江都水利枢纽的水（船）闸工程先后推广使用，所有水闸都安装了检修轨道，五里窑闸、三里窑闸、芒稻闸、江都西闸、江都东闸、运盐闸、邵仙闸、邵伯闸等先后采用了浮箱式检修闸门。此外，万福闸还试制成浮运翻转式检修门，可封闭闸孔，用于检修闸墩的水下工程。

2. 闸门启闭控制的改造

1969 年芒稻闸为了在启闭闸门时便于检查观察闸孔下游河道情况，除原有的集中控制台外，在闸墩工作便桥部位设分散控制操作箱，可逐孔进行人工启闭。1995 年在对电气集中控制系统进行改造时，芒稻闸又增加了启闭机旁 1 号至 7 号分散控制开关箱，这样可方便地对启闭机进行调试。

3. 水（船）闸增设自动化装置

1976 年宜陵船闸安装了处科研所研制的船闸无线遥控装置，在通航操作中既可使用无线遥控装置，也可使用原启闭装置。

1981 年，处科研所研制成江都西闸 WSY-16 无线远动装置，实现开闸集中控制。1993 年，升级研制水闸微机自控系统，2000 年与管理处防汛指挥决策支持系统工程

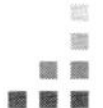

监控网联通。

2001 年 7 月至 9 月由处科研所设计、安装了江都东闸微机监控系统，实现了开关闸的微机自动控制及水位、闸位等的自动监测。

4. 工程测量数字化技术的应用

江都水利枢纽工程由于建筑物数量多、分布范围广，涉及的河道有十多条，其中最宽的万福闸下游河道达 600 多米。长期以来，测量主要采用断面索或光学仪器定位，利用测深锤测量水深，该测量方法不仅操作困难、投入人力多、效率低，而且精度差。随着工程测量数字化技术和设备的不断推广应用，2005 年，管理处采用超声波测深仪和 GPS 全球定位仪组成水下地形测量系统。2021 年，配备遥控无人船和超声波测深仪组成更为先进的测量系统，河道河床水下地形观测更加快捷、高效、精确。

5. 邵仙闸闸门锁定装置

邵仙闸闸门原有锁定为固定装置，即在通航条件下，闸门锁定在最大开度位置。自 2002 年邵仙套闸建成通航后，邵仙闸闸门开度需要随高水河水位变化而变化，由于此段闸门无锁定，若发生制动失灵，闸门则顺势下滑，后果可想而知，经过几年的研究摸索，为保持闸门始终停在水面以上，2007 年邵仙闸在原闸门启闭机上设置一无级变位锁定装置，该装置可使闸门在任意开度锁定，经过多年使用效果良好。该项目由邵仙闸管理所自行设计，处修配所制作安装。

6. 启闭机更新改造

万福闸始建于 20 世纪 60 年代，为了有利于闸身稳定，降低工作桥高度，节省土建成本，闸门采用上、下扉门的布置形式。启闭机采用上、下扉门联动的启闭方式，钢丝绳缠绕方式为大扬程、独根钢丝绳，启闭机结构复杂，体积庞大，启闭速度缓慢，闸门容易卡住，运行可靠性差。在 2012 年开始实施的万福闸新一轮加固工程中，管理处针对万福闸等上、下扉闸门布置方式的水闸研制了一种新型同轴主、副卷筒固定卷扬式启闭机，它是将主、副卷筒布置在同一根驱动轴上，通过离合器的分离或接合，实现了由一套驱动装置独立启闭下扉门或联动启闭上、下扉门的功能，设计合理，结构新颖。该成果的应用可节省上扉门启闭机，减少设备、土建投资，以及日常维护工程量。该启闭设备属国内首创，获得了国家发明专利，可在同类工程中推广，应用前景广阔。

7. 水下工程检修钢围堰

为了给水闸门槽、底板、闸墩等部位检修造成无水施工环境，万福闸管理所于 20 世纪 80 年代设计制作了开口钢围堰，利用钢板挡水，通过堵漏、连续排水，可在围堰内形成无水施工作业环境。该形式的围堰在后续万福闸、太平闸、金湾闸、江都东闸、江都西闸等多个工程加固中得到应用。同时，为了解决因闸孔内空间限制吊装困难的问题，万福闸管理所对钢围堰进行了改进，在其外侧设置浮箱，从而有效减小浮吊力，取得了良好的应用效果。

8. 水闸启闭机钢丝绳更换

2020 年 3 月至 2021 年 3 月，万福闸将原 35 孔（1 号至 35 号）点接触镀锌钢丝绳更换为 304 不锈钢线接触钢丝绳，经过 2020 年至 2021 年汛期大流量、长时间泄洪的严峻考验，表明使用效果良好，满足汛期安全运用要求，并且减少了人力及资金的投入。2022 年 3 月，万福闸 30 孔（36 号至 65 号）、太平闸 24 孔、江都西闸 9 孔、江都东闸 13 孔、芒稻闸 7 孔镀锌钢丝绳更换；2022 年 6 月，运盐闸 9 孔镀锌钢丝绳更换；2023 年 3 月，送水闸 3 孔镀锌钢丝绳更换。

9. 万福闸闸门启闭测控保视一体化平台

2021 年 12 月至 2022 年 3 月，万福闸自主研发闸门启闭测控保视一体化平台，通过传感器和视频实时监测运行参数及状态，出现异常情况自动报警并停机，通过显示控制设备能实现参数设置、故障自检等功能。该系统能实时、准确实现闸门启闭过程的控制及安全监测。内置启门力计算模型，进一步提升精密监测的采样精度、频率，保护功能更加完善。平台采用模块化设计，易于简单快速部署，维护便捷，投资成本较少，普遍适用于类似水闸启闭控制系统。

10. 江都东闸感潮引水智能化控制系统开发与应用

管理处自主研发“江都东闸感潮引水智能化控制系统”，研究感潮水闸上游潮位涨落规律，根据调度要求和运行工况自动进行感潮水闸开、关闸预报，开发智能控制系统，实现感潮水闸在最大能力、定流量、定开高、定水位等不同模式下的调度控制程序。提升感潮水闸精准调度和智能控制水平，提高抗旱运行引调水效率。该自研成果于 2018 年 8 月申报了发明专利《一种感潮水闸智能控制方法》并获得授权。

11. 通航岸基雷达预警系统应用

2021 年，邵仙套闸针对在江水北调大流量运行期间通航安全管理难题，应用通航岸基雷达预警系统，实时监测重点水域船只，对进入警戒区船只进行告警，有效提升通航安全监管水平。

12. 江都抽水站引水口门增设拦污设施

江都四座抽水站引江水口门未设置专用清污设备，仅在抽水站下游进水侧设有一道拦污栅，用于拦截进水池漂浮物。为减少漂浮物对泵站调水运行的不利影响，方便漂浮物清捞，2021 年，在江都抽水站引水口门即江都西闸进水侧利用原检修门槽增设拦污设施，并采购清漂船 1 艘。

三、五小创新

管理处立足单位发展实际，积极引导职工创造性开展“五小”(小发明、小革新、小改造、小设计、小建议)水利科技攻关活动，不断提高创新成果转化能力，至 2022 年，先后完成“五小”创新项目 52 项，其中获省水利“五小”成果奖 4 项、水利部“五小”成果奖 5 项、水利部“五小”成果推广 1 项、全国水利职工创新活动成果奖 15 项（表 7-7 到表 7-10）。

表 7-7　获省水利“五小”成果奖项目表

序号	成果名称	获奖类别	获奖时间	主要参加人员
1	同步电机转子集电环在线研磨工具	省 2014—2015 年度水利“五小”成果评审二等奖	2016. 11	徐　宁、李　扬、马罗扣
2	江都四站主水泵水导密封动静环压簧座技术改造	省 2014—2015 年度水利“五小”成果评审二等奖	2016. 11	张　宇、陈　阳、徐卫忠
3	江都四站检修闸门旋转式自动抓梁技术改造	省 2014—2015 年度水利“五小”成果评审三等奖	2016. 11	华　骏、杨　华、吴春林
4	水闸卷扬式启闭机闸门锁定装置	省 2014—2015 年度水利“五小”成果评审三等奖	2016. 11	冷其江、王　波、刘　刚

表 7-8　获水利部“五小”成果奖项目表

序号	成果名称	获奖类别	获奖时间	主要参加人员
1	同步电机转子集电环在线研磨工具	第二届“五小”成果评选活动二等奖	2016. 12	徐　宁、李　扬、马罗扣
2	江都四站主水泵水导密封动静环压簧座技术改造	第二届“五小”成果评选活动优秀奖	2016. 12	张　宇、陈　阳、徐卫忠
3	江都四站检修闸门旋转式自动抓梁技术改造	第二届“五小”成果评选活动优秀奖	2016. 12	华　骏、杨　华、吴春林
4	水闸卷扬式启闭机闸门锁定装置	第二届“五小”成果评选活动优秀奖	2016. 12	冷其江、王　波、刘　刚
5	卷扬式启闭机绳孔封闭自动装置研制探讨	第二届“五小”成果评选活动优秀奖	2016. 12	陈宇潮、何云轩、万　泉

表 7-9　获水利部“五小”成果推广项目表

序号	成果名称	获奖类别	获奖时间	主要参加人员
1	同步电机转子集电环在线研磨工具创新技术	水利部“五小”成果水电类优秀项目推广活动	2017. 10	徐　宁、李　扬、马罗扣

表 7-10　获全国水利职工创新成果奖项目表

序号	成果名称	获奖类别	获奖时间	主要参加人员
1	大型立式同步机组不安全因素研究及解决方案	2016—2018 年度全国水利职工创新成果评选活动一等奖	2019. 12	徐　宁、王肇优、刘劲枫、王　俊、徐　丹、缪　薇、申　林
2	泵站智慧巡检系统（无线测振、机器人、大数据平台）	2016—2018 年度全国水利职工创新成果评选活动一等奖	2019. 12	张　宇、李　扬、孙岚清
3	大中型电动机冷却水系统在线清理堵塞技术改造	2016—2018 年度全国水利职工创新成果评选活动三等奖	2019. 12	阚永庚、何小军、孙振华、沈春林、王　飞、杭诗敏、徐士坤
4	感潮水闸智能控制系统的开发与应用	2016—2018 年度全国水利职工创新成果评选活动优秀奖	2019. 12	薛井俊、孙国娟、吕　艳、周开欣、袁志波

续表

序号	成果名称	获奖类别	获奖时间	主要参加人员
5	水闸单轨道自动巡检监控系统	2016—2018年度全国水利职工创新成果评选活动优秀奖	2019.12	蔡　平、张　晖、田磊磊、胡春麟、严　峰、吕　鹏
6	江都一站主机组摆度测量技术改造	2016—2018年度全国水利职工创新成果评选活动优秀奖	2019.12	钱利华、沙新建、朱　宁、孙　衍
7	大型泵站立式轴流泵叶片调节机构系统改造创新	第二届水利职工创新成果遴选活动一等奖	2022.10	薛井俊、徐　丹、李　扬、缪　薇、冷若瑶
8	闸门启闭测控保视一体化平台	第二届水利职工创新成果遴选活动二等奖	2022.10	周灿华、李　扬、袁志波、高　兴、任　杰、马文韬、张剑鹏
9	大中型泵站立式轴流泵机组安装检修教学仿真装置	第二届水利职工创新成果遴选活动二等奖	2022.10	刘　刚、沙新建、朱　宁、江如春、张歆、邱晓侨、虞世海
10	精益管理理念在水利工程中的创新应用与实践	第二届水利职工创新成果遴选活动二等奖	2022.10	蔡玲玲、滕　军、李　扬、袁志波、缪慧丽
11	长管道自动高效排气装置	第二届水利职工创新成果遴选活动三等奖	2022.10	阚永庚、朱玉兵、徐士坤、杭诗敏、唐　茹
12	泵站智能控制技术的探索与实践应用	第二届水利职工创新成果遴选活动三等奖	2022.10	袁志波、薛井俊、李　扬
13	水利工程智慧管理子系统探索与实践	第二届水利职工创新成果遴选活动三等奖	2022.10	李　扬、袁志波、严　峰、薛宽政、汤国庆
14	大型泵站同步电机励磁系统改造创新	第二届水利职工创新成果遴选活动优秀奖	2022.10	王肇优、李　扬、徐　丹、任　杰
15	大型泵站测控保一体化	第二届水利职工创新成果遴选活动优秀奖	2022.10	薛井俊、袁志波、李　扬、徐卫忠

第三节　管理创新

精细化管理是一种管理理念和管理方法，通过规则的系统化和量化，组织管理各单位精确、高效、协同和持续运行。水利工程精细化管理的本质意义就在于它是一种对管理单位发展规划和目标任务进行分解细化和落实的过程，是提升工作成效和整体执行能力的一个重要途径。为顺应新时期水利工程管理要求，进一步规范管理行为，促进水利工程管理水平提档升级，管理处在强化水利工程依法管理、规范管理的基础上，积极推进管理创新。结合水利行业特点和单位实际情况，率先探索实践水利工程精细化管理，着力构建适应现代化要求的工程管理新模式，实现从定性到量化、从静

态到动态、从粗放型到精细化管理的转变，工程管理现代化水平不断提升。

管理处通过50多年的积累和发展，构建了较为完善的工程体系，形成了良好的管理基础。为适应新时期水利改革发展和现代化建设的新形势、新要求，2013年起，探索推行精细化管理，以科学管理理论指导水利工程管理实践。突破工程管理传统思维定式，贯彻“精、准、细、严”的核心思想，以专业化、系统化、标准化、信息化为基本方法，加强方案设计，联合河海大学开展专题研究，构建理论体系，确立水利工程精细化管理的基本模式、工作体系、实施路径，重点从管理任务、管理标准、管理制度、管理流程、管理评价和管理平台等多方位系统推进，细化目标任务，健全管理制度，明晰工作标准，规范作业流程，强化考核评价，构建信息平台。先行先试，从易到难，以点带面，逐步推广，探索实践水利工程精细化管理新模式，精细化管理经验做法在全省得到全面推广，在全国同行得到充分肯定。

一、细化目标任务

坚持目标导向，制定年度工作目标计划，对控制运用、工程检查、设备评级、工程观测、维修养护、安全生产、制度建设、教育培训、水政监察、档案管理、标志标牌管理等11大类重点工作，按照年、月、周、日分解细化，明确各阶段工作任务，编制工作任务清单。同时确定各时段工作任务及完成时间节点，横标定人定职责，纵标定时定进度，使得工作要求进一步明确化、系统化。同时，完善管理岗位设置，明确岗位工作职责、岗位标准和考核要求，建立以岗定责、任务明确的责任体系，做到事事有人做、人人有事做。

二、健全管理制度

坚持按制度办事、用制度管人。不断健全完善各项管理规章制度，涵盖党的建设、工程管理、安全生产、人事、行政、财务、综合经营、职工管理等诸多方面，整理汇编成册，印发给每位职工，与此同时，对关键岗位制度进行明示，狠抓制度落实，加强执行效果评估，及时修订完善。以制度为精细化管理提供形象准确的立体坐标体系，切实保证各项工作规范有方、管理有章、执行有据。

三、明晰工作标准

标准是指导和衡量工程管理的标尺，是保证管理目标任务执行到位的前提。建立健全较为系统、规范、量化的管理标准化体系，做到全处同类工作标准一致、同类图表格式一致、同类标牌设置一致。对照国家标准、水利行业标准及相关规定要求，区分不同工程类型和工程特点，明晰控制运用、工程检查、工程评级、工程观测、养护维修、安全生产、制度管理、教育培训、档案管理、水政管理、标志标牌设置等工作标准，并将其与具体工作有机结合。

四、规范作业流程

对典型性、规律性、重复性强的工作推行流程化管理，加强过程控制。针对控制运用、工程检查、工程评级、工程观测、维修养护、安全生产、制度管理、档案资料管理和水政管理等工作，编制工作流程图。对控制运用、工程检查、设备评级、工程观测、维修养护和机组大修等典型工作，组织编制相应的作业指导书，明确工作内容、标准要求、工作流程、方法步骤、注意事项、资料格式等，指导和规范各专项工作，实现从开始到结束全过程闭环式管理。

五、强化考核评价

提高执行力是保证精细化管理取得实效的关键。在完善目标管理体系的基础上，着力健全精细化考核评价机制。按照事业单位人事管理及考核管理相关要求，发挥好绩效分配激励引导作用，结合单位实际，建立单位工作效能考核和职工实绩考核制度，制订完善考核办法和标准，将考核结果与评先评优、岗位聘用、职务晋升和收入分配相挂钩。强化过程控制，做到目标明确、任务具体、责任到位、奖惩有据。

六、构建信息平台

精细化管理需要信息技术作支撑。管理处先行组织研发精细化管理平台，将精细化管理涉及的任务、制度、标准、流程、评价及成效等方面的管理要素通过信息化手段进行固化、落实、监管及展示，并融合水利工程管理考核、安全生产标准化建设等要求，体现系统化、全过程、留痕迹、可追朔的思路，实行管理任务清单化、管理要求标准化、工作流程闭环化、成果展示可视化、管理档案数字化，力求以信息化促进精细化管理快捷有效推进。

管理处精细化管理的先行探索实践，取得了显著成效和丰硕成果，成为水利工程管理的新亮点。先后参与起草全省水利工程精细化管理指导意见、评价办法和评价标准等指导性文件，编写出版《江都水利枢纽精细化管理丛书》8 部，参与编写水利部《大中型排灌泵站标准化规范化管理工作手册》《水利工程标准化管理工作手册示范文本（水闸工程）》《水利工程标准化管理评价指南（水闸篇）》和《江苏水利工程精细化管理系列丛书》（水闸、泵站、水库）等。2015 年 11 月，管理处以高分通过水利部国家级水利工程管理单位考核验收，泵站得分全国第一，水闸得分全国领先。2016 年，又高分通过水利部安全生产标准化管理一级单位评审。2020 年 12 月，率先通过全省精细化管理单位评价验收。2021 年，“水利枢纽精细化质量管理模式”获得第四届中国质量奖提名奖。2022 年，管理处所有工程均被认定为江苏省精细化管理工程。

第八章

对外服务

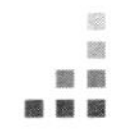

自1965年起管理处就开始承接对外水利水电设备安装任务，但由于当时处于计划经济时代，不是以盈利为目的，基本没有经营收入，因此不能称之为综合经营。但从某种意义上说，这也是管理处综合经营的雏形。党的十一届三中全会以后，随着经济体制改革的不断深化，管理处开始从工程管理人员中抽出少量职工尝试发展综合经营。1981年管理处由全额拨款事业单位改为差额拨款事业单位，不足部分需靠自己经营收入来弥补，这样发展综合经营显得十分重要。

1982年，省水利厅批准管理处成立多种经营科，负责全处综合经营工作。但由于长期受计划经济体制下“大锅饭、铁饭碗”思想影响，当时职工参与综合经营的积极性不高，小打小闹，不成气候，加之缺乏经验和市场意识，一些经营项目，如种玫瑰花、办香精厂、办养兔场、养地鳖虫等成功率很低。1983年，管理处综合经营毛收入为51万元。初期的综合经营工作进展缓慢。

20世纪80年代以后，管理处利用自身的技术、设备、水土资源等优势，先后组建并完善了机电安装、水利水电设计、自动化控制、机械加工维修、水下沉柜检修等经营队伍，开辟了江都闸、宜陵闸、邵仙套闸等新的通航线路，综合经营逐步形成规模。1987年，全处综合经营毛收入达到137万元，比1983年翻了两番。1994年起，管理处安排一名处领导专职抓经营工作，建立了一整套奖惩制度，并按市场经济规律调整经营思路，逐步打开了机电安装、自动化控制、钢结构防腐、水下检修、代管运行、旅游餐饮服务、通航、发电等对外经营市场，全处综合经营稳步增长。1995年，全处综合经营毛收入首次突破1 000万元，达到1250.1万元。2012年净收入达2 059万元。2019年净收入突破3 000万元，达3 305万元。2020年净收入突破4 000万元，达4 399万元。2022年净收入达5 718万元。

近年来，管理处继续挖掘潜力，不断开辟新的经营渠道。充分利用人才、管理技术优势，对外开展代管运行、工程达标技术服务，提高邵仙套闸通航效益，经营质效逐年提升。经过多年的发展，管理处综合经营规模、效益和管理质效都走在全省水利行业的前列。

第一节　经营管理

管理处综合经营从小到大、由弱到强，不断发展壮大，管理水平逐步提升，并形成了具有“源头”水利特色的经营管理方式。

一、经营制度

在开展综合经营初期，由于规模小，人员少，管理处基本没有形成具体的规章制度，直到20世纪90年代才逐步建立起相应的经营制度。1995年，管理处制定了《经费审批制度》《物资采购验收暂行规定》等。1998 年，管理处制定了《关于工程施工项目中有关补助加班费发放的办法(试行)》，提高了经营一线职工的补贴标准，更好地体现了多劳多得的分配原则。1999 年，管理处又制定了《关于加快发展水利经济,搞好综合经营的暂行规定》。2011 年 3 月，为加强经济合同管理，提高经济效益，修订了《经济合同管理制度》。2012 年 3 月，为了进一步调动职工开展综合经营的积极性，管理处对处综合经营项目补助、加班费发放规定进行了修订，其后多次对发放标准进行修订。2013 年 12 月，制定了《关于进一步加强单位经营监管的意见》。2022 年 4 月，管理处明确了对外经营服务项目使用退休职工的办法。2022 年 11 月，制定了《江苏省江都水利工程管理处对外经营项目管理办法（试行）》。经营制度的建立健全明确了生产经营单位的人事管理权、用工权、分配权、决策权以及奖惩机制，进一步提高了职工参与经营工作的积极性。

二、经营效益

随着经营思路的不断调整，管理处的经营效益也随之不断提高。1993 年至 2002 年，管理处综合经营毛收入平均每年递增 8%。2003 年后，管理处统计的都是净收入，2003 至 2005 年，每年增加 5%，2006 至 2011 年，每年增加 8%，2012 年增加 5%。2013 年至 2022 年，经营效益尤为显著，2019 年净利润突破 3 000 万元，2020 年净利润突破 4 000 万元，2022 年突破 5 000 万元。1981 年至 2022 年，管理处综合经营毛（净）收入情况见表 8-1。

综合经营进一步提高了单位的经济实力，促进了单位文明建设的健康发展。一方面，经营收入弥补了事业经费的不足，保证了工程维护、运行和管理等工作的正常开展，确保了工程能够及时拉得出，打得响，充分发挥效益；另一方面，随着经营收入的不断增长，职工收入也不断提高，办公、生活环境不断改善，精神面貌焕然一新，职工的获得感、幸福感不断增强。

表 8-1　管理处历年综合经营毛（净）收入情况表（万元）

年份	毛收入	年份	净收入
1981	81.0	2003	978.0
1982	108.2	2004	1 028.0
1983	51.0	2005	1 075.0
1984	48.3	2006	1 173.0
1985	56.8	2007	1 369.0
1986	76.5	2008	1 503.0
1987	137.0	2009	1 640.0
1988	164.9	2010	1 782.0
1989	176.4	2011	1 965.0

续表

年份	毛收入	年份	净收入
1990	245. 7	2012	2 059. 0
1991	243. 3	2013	2 366. 0
1992	344. 3	2014	2 501. 0
1993	390. 2	2015	2 103. 0
1994	739. 7	2016	2 202. 0
1995	1 250. 1	2017	2 440. 0
1996	1 818. 5	2018	2 690. 0
1997	1 868. 4	2019	3 305. 0
1998	1 868. 2	2020	4 399. 0
1999	2 037. 3	2021	4 680. 0
2000	1 822. 3	2022	5 718. 0
2001	1 836. 0		
2002	1 989. 0		

第二节　经营机构

综合经营是管理处工作的一个重要内容。综合经营中的重要事项均经管理处党委研究决定。

经营项目管理职能科室作为全处经营工作的指导机关，主要负责全处经营指标的拟定下达及合同的签订，经营行为的规范，经营活动的指导与监督，对内对外经营关系的协调，新项目的开发论证，根据承包合同及管理处有关规定提出具体奖惩意见等。2005 年 1 月，经营科撤销，其职能划归财供科。

2012 年，省水利厅批复成立经营项目管理科，与财务科合并办公。2019 年，省水利厅批复同意管理处内设机构调整，设立项目管理科，与财务科合并办公。2021 年 11 月，项目管理科独立履行职能。

管理处主要有维修养护中心、水科所、接待中心等经济实体，均为科级单位，实行二级独立核算。维修养护中心由管理处原机电安装处、修配所合并而成。机电安装处成立于 1989 年，原称为江苏省江都水利工程管理处水利水电设备安装处，1997 年更名为江苏省江都水利枢纽机电安装处，具有法人资格，实行独立核算，自负盈亏，注册资金 1 800 万元，具有省建设委员会核批的水利水电工程安装施工二级承包专业资质，年施工能力达 3 000 万元。江苏省江都水利枢纽机电安装处下属防腐公司（简称防腐公司），成立于1979年，年施工能力3万m^2，能承接大中型钢结构防腐工程施工业务。修配所的前身是成立于1963年的检修班，于1980年4月改为修配所，主要经营项目是机械加工维修。水管单位实行管养分离后，2004年11月在安装处、修配所的基础上成立了维修养护中心，与江都水利枢纽机电安装处合署办公。

水科所的前身科研所成立于1978年，主要从事计算机在水利工程、水文等领域自动监测和自动控制的研究及推广应用工作，2008年11月更名为江苏省江都水利科学研究所。设计院成立于1987年，原称为江都水利工程管理处设计室，1998年更名为江苏省引江水利水电设计研究院，具有建设部核定的水利专业乙级设计资质，同时具有省建委核定的丙级建筑工程设计及丙级电力设计资质。

2002年12月，江都水利枢纽迎宾馆成立，主要从事餐饮服务，接待室并入迎宾馆，2007年6月管理处成立接待中心，与迎宾馆合署办公。

2021年9月，根据江苏省省级机关和事业单位经营性国有资产集中统一监管改革领导小组办公室印发《关于进一步明确省级党政机关和事业单位所办企业集中统一监管改革有关事项的通知》（苏经资管办〔2021〕37号文件）要求，江苏省江都水利枢纽机电安装处实行公司制改革，更名为江苏省江都水利枢纽机电安装有限公司，股权划入江苏省水利投资开发有限公司；江苏省引江水利水电设计研究院更名为江苏省引江水利水电设计研究有限公司，股权划入江苏省江都水利枢纽机电安装有限公司，随江苏省江都水利枢纽机电安装有限公司一并划转至江苏省水利投资开发有限公司；江都水利枢纽迎宾馆注销。

至此，管理处具备独立法人资格的经济实体全部移交或注销。为促进对外服务健康发展，弥补财政补助经费不足，增强造血功能，管理处在原有事业单位法人资质的基础上，新增了承装（修、试）电力设施许可四级、水资源论证单位水平评价乙级资质，要求处属各单位在圆满完成主责主业的前提下，大力开拓对外服务市场，确保完成年度承包指标。

第三节　对外服务

截至2021年9月底，管理处对外服务主要分为水利水电工程安装、微机监控系统设计及安装、委托管理、水下检查维修、接待服务等，其他还有通航、发电等项目。目前，管理处对外服务的项目主要有委托管理、安装检修、电气试验、水下检查、达标创建、电子与智能化施工、接待服务等。

一、水利水电工程安装

管理处充分利用人才、技术优势从事大中型泵站的安装和机组大修任务，历年管理处机电设备安装、检修项目情况详见表8-2。

表 8-2 管理处机电设备安装、检修表

工程名称	工作内容	开工年份	竣工年份	安装台数（台套）	水泵形式	叶轮（水轮机）直径（mm）	设计扬程（m）	单机流量（m^3/s）	单机容量（kW）或（kVA）	发电量（kW/台）	质量评定结果
江苏省淮安大胡抽水站	主机泵及电气设备安装	1965	1965	6	立式轴流泵	700					优良
江苏省淮安邵葛抽水站	主机泵及电气设备安装	1965	1965	2	立式轴流泵	700					优良
江苏省淮安苏嘴抽水站	主机泵及电气设备安装	1965	1965	1	污工泵	1 050	3				优良
江苏省宿迁刘口抽水站	主机泵及电气设备安装	1966	1966	1	36ZLB	900		1			优良
江苏省安丰电力抽水站	主机泵及电气设备安装	1967	1969	2	3CJ		3	18. 1	800		优良
南京武定门抽水站	污工泵安装	1968	1969	10		1 050	2. 8				优良
江苏省如皋二案抽水站	污工泵安装	1969	1969	10		1 050	3. 5		280		优良
江苏省高良涧水电站	2 m 水泵机组安装	1969	1972	16			3	13	200		优良
江苏省泰兴马甸抽水站	电气设备安装试验	1970	1970								优良
江苏省徐州睢宁抽水站	主机泵及电气设备安装	1971	1972	6		1 200	9		400		优良
江苏省朱码水电站	主机泵及电气设备安装	1971	1971	2		1 800	5	10	600		优良

续表

工程名称	工作内容	开工年份	竣工年份	安装台数（台套）	水泵形式	叶轮（水轮机）直径（mm）	设计扬程（m）	单机流量（m^3/s）	单机容量（kW）或（kVA）	发电量（kW/台）	质量评定结果
山东省高青县马扎子扬水站	主机泵及电气设备安装	1972	1973	2		1 200	6	6	600		优良
江苏省盱眙县青山抽水站	立式离心泵安装	1972	1972	4		800			500		优良
山东省济阳张甸抽水站	主机泵及电气设备安装	1973	1974	4		1 200	5	5	500		优良
江苏省淮安抽水一站	主机泵及电气设备安装	1973	1974	8		1 600		8	800		优良
安徽省城西湖抽水站	主机泵大修	1973	1974	10		1 600		8	800		优良
江苏省阜宁水电站	主机泵及电气设备安装	1973	1973	7		2 000	8			200	优良
黑龙江省肇东市涝州抽水站	主机泵及电气设备安装	1973	1974	4		1 600	8	8	800		优良
江苏省江都第四抽水站	主机泵及电气设备安装	1974	1976	7		3 100	7	30	3 000		国家金质奖、部优质工程奖
坦桑尼亚姆巴拉利农场水电站	卧式水泵发电机组安装、运行、管理	1974	1980	4		1 500				160	优良
新疆库尔勒市博湖扬水站	主机泵及电气设备安装	1977	1977	8		1 540	8		800		优良
江苏省菱陵抽水站	机电安装	1978	1979	12		1 600	7	8			淮阴市“全优样板工程”

续表

工程名称	工作内容	开工年份	竣工年份	安装台数（台套）	水泵形式	叶轮（水轮机）直径（mm）	设计扬程（m）	单机流量（m^3/s）	单机容量（kW）或（kVA）	发电量（kW/台）	质量评定结果
江苏省谏壁抽水站	主机泵及电气设备安装	1978	1979	6		2 800	5.4	21	1 600		国家银质奖、部优质工程奖
内蒙古镫口抽水站	主机泵及电气设备安装（指导性）	1981	1981	6		1 350	5.6	6	500		优良
江苏省响水三圩抽水站	电气设计、安装、试验，水泵安装	1982	1982	4		900					优良
陕西东雷一级抽水站	主机泵大修	1984	1985	4		1 600			800		优良
天津尔王庄泵站	主机泵大修	1985	1986	3		1 800	5		630		优良
江苏省泗阳抽水发电站	主机泵及电气设备安装	1986	1991	7		1 200	8	5	500		优良
江西省青山湖泵站	主机泵及电气设备安装	1988	1988	4		1 600		8	800		优良
南京第二热电厂	泵房电气设备安装、调试	1988	1988								优良
厄瓜多尔埃尔埃斯塔多水电站	水电站电气设计、安装、技术指导	1988	1991	2			110			850	优良
厄瓜多尔金萨洛马水电站	水电站电气设计、安装、技术指导	1988	1991	2						400	优良
厄瓜多尔隆巴基水电站	水电站电气设计、安装、技术指导	1988	1991	2						200	优良

续表

工程名称	工作内容	开工年份	竣工年份	安装台数（台套）	水泵形式	叶轮（水轮机）直径（mm）	设计扬程（m）	单机流量（m^3/s）	单机容量（kW）或（kVA）	发电量（kW/台）	质量评定结果
江都抽水站变配电设施改造	110 kV 电气设计及安装	1988	1989								优良
江苏省淮阴抽水站	主机泵及电气设备大修、泵轴喷镀	1989	1989	3		3100	4	30	2 000		优良
江苏省泰县姜堰抽水站	主机泵及电气设备安装（指导性）	1989	1989	6			4	3	250		优良
引黄济青工程	宋庄、王耨、亭口、棘洪滩四座轴流泵机电质量检查验收、管理培训	1989	1991								
山东省济阳抽水站	主机泵及电气设备安装	1989	1989	4		1 200	5	5	500		优良
江西省万年县姚坊泵站	主机泵及电气设备大修	1989	1990	4			7	8	800		优良
江苏省扬州石油化工厂	35 kV 变电所设备安装	1992	1993								优良
江苏省江都一站更新改造	主机泵及电气设备安装	1994	1996	8		1 750	6	10.2	1 000		江苏省优质工程
江苏省刘老涧抽水站	主机泵及电气设备安装	1995	1996	4		3 100	4.2	37.5	2 200		优良
江苏省泗阳二站	主机泵及电气设备安装	1995	1996	2		2 800	6	33	2 800		优良
江苏省淮安三站	机电安装	1995	1996	2		2 800	7	30	2 800		优良

续表

工程名称	工作内容	开工年份	竣工年份	安装台数（台套）	水泵形式	叶轮（水轮机）直径（mm）	设计扬程（m）	单机流量（m^3/s）	单机容量（kW）或（kVA）	发电量（kW/台）	质量评定结果
江苏省江都二水厂	电气设备安装、试验	1996	1977								优良
天津尔王庄泵站更新改造	主机泵及电气设备安装	1997	1997	10		1 400	5	5	630		天津市优质工程
江苏省连云港临洪东站	主机泵及电气设备安装	1997	1997	12		3 100	7	30	3 000		优良
江苏江阴白屈港闸站	主机泵及电气设备安装	1997	1998	4		2 500	4	20	1 000		江苏省优质工程
江苏省江都二站更新改造	主机泵及电气设备安装	1997	1999	8		1750	6	10. 2	1 000		优良
天津津南水库泵站	主机泵及电气设备安装	1998	1998	6		1 200		5	400		优良
孟加拉国戈兰查特巴里抽水站	指导性安装	1998	1998	3			8	8	800		
浙江盐官泵站	主机泵大修	1999	1999	4		4 000	1. 5	50	1 600		优良
太仓浏河节制闸改造	电气设备安装	2001	2001								优良
山东淄博引黄供水工程新城水库	机电安装	2001	2001	8			36		1 600		优良
江苏省淮阴第二抽水站	机电安装	2001	2002	3		3 100	4	33. 5	2 800		优良
江苏省华能电厂	循环泵检修	1995	2002	8							优良

续表

工程名称	工作内容	开工年份	竣工年份	安装台数（台套）	水泵形式	叶轮（水轮机）直径（mm）	设计扬程（m）	单机流量（m^3/s）	单机容量（kW）或（kVA）	发电量（kW/台）	质量评定结果
扬州二电厂	循环泵检修	1999	2002	6							优良
天津引滦宜兴埠泵站	电气设备更新改造	2000	2000								优良
武进大通河水利枢纽	机电安装	2002	2003	3		2 000	4	15	500		优良
淮河入海水道海口枢纽	电气设备采购、安装、调式	2002	2003								优良
仪征土桥泵站	机电安装	2002	2003	3		2 000	4	15	500		优良
天津引滦潮白河泵站	电气设备更新改造，35 kV、6 kV系统拆除、安装、调试、电缆敷设	2003	2003								优良
苏州裴家圩水利枢纽工程	机电安装	2003	2004	4		2 000	2	10	630		优良
淮河入海水道妇女河泵站	机电安装	2003	2004	3		2 000	2. 5	10	350		优良
淮河入海水道芦杨泵站	机电安装	2003	2004	4		2 000	2. 5	10	350		优良
谏壁抽水站更新改造	机电安装	2004	2005	6		2 500	4	20	1 100		优良
无锡仙蠡桥水利枢纽	机电安装	2004	2006	5		2 000	4	10	630		优良

续表

工程名称	工作内容	开工年份	竣工年份	安装台数（台套）	水泵形式	叶轮（水轮机）直径（mm）	设计扬程（m）	单机流量（m^3/s）	单机容量（kW）或（kVA）	发电量（kW/台）	质量评定结果
常州横塘河北枢纽工程	机电设备安装	2005	2006	4	双向竖井式贯流泵	2 300			450		优良
泰州五叉河工程	机电设备安装、电气 10 kV 以下系统及自动化设备采购、安装	2005. 8	2006. 5								优良
苏州东风新泵站工程	机电设备安装	2005	2006	5	平面“S”型轴伸泵	1 400					优良
张家港朝东圩泵站工程	泵站机电设备采购、安装	2005	2006	2	开敞式轴流泵	2000			1 000		优良
无锡伯渎港工程	机电设备安装	2006	2007	3	立式轴流泵	2 200			630		优良
南水北调刘山泵站工程	机电设备安装	2006	2007	5	立式轴流泵	2 900			2 800		优良
山东胶东供水灰埠泵站工程	机电设备安装	2006	2007	6	混流泵	1 400 1 200					优良
苏州大龙港泵站工程	机电设备安装	2006	2007	4	平面“S”型轴伸泵	1 400					优良
江都泵站变电所改造	新建 110 kV 变电所	2006	2008	110 kV 主变 3 台					40 000 25 000 31 500		优良
无锡市北兴塘泵站	机电设备安装	2006	2007	4	立式轴流泵	2 200			630		优良

续表

工程名称	工作内容	开工年份	竣工年份	安装台数（台套）	水泵形式	叶轮（水轮机）直径（mm）	设计扬程（m）	单机流量（m^3/s）	单机容量（kW）或（kVA）	发电量（kW/台）	质量评定结果
江都三站更新改造	机电设备安装	2006	2008	10	立式 轴流泵	2 000	7. 8	13. 5	1 600		优良
常州市金坛石桥泵站	机电设备安装	2007	2008	4	竖井式 贯流泵			10	400		优良
苏州市外塘河泵站	机电设备安装	2007	2008	3	双向平面“S” 型轴伸泵	1 450			250		优良
盐城市串场河泵站	机电设备安装	2007	2008	4	竖井式 贯流泵	2 400			630		优良
苏州市娄江泵闸	机电设备安装	2008	2009	3	单向“S” 型轴伸泵	1 300			200		优良
常州北塘河泵站工程	机电设备安装	2008	2009	4	竖井式 贯流泵				200		优良
江都四站更新改造	机电设备安装	2008	2010	7	立式 轴流泵	2 900	7. 8	30	3 400		优良
无锡市大渲河泵站	机电设备安装	2008	2009	4	竖井式 贯流泵	2 000			355		优良
通榆河北延送水工程大套三站	机电设备安装	2008	2009	5	立式 轴流泵	1 750			1 000		优良
常熟枢纽更新改造工程	机电设备安装	2009	2011	9	开敞式 轴流泵	2 500			1 000		优良
楚州茭陵泵站改造工程	机电设备安装	2009	2010	12 15	轴流泵	1 000 1 600			560 800		优良

续表

工程名称	工作内容	开工年份	竣工年份	安装台数（台套）	水泵形式	叶轮（水轮机）直径（mm）	设计扬程（m）	单机流量（m^3/s）	单机容量（kW）或（kVA）	发电量（kW/台）	质量评定结果
连云港临洪东泵站改造工程	机电设备安装	2009	2012	12	立式轴流泵	3 100			2 000		优良
南水北调皂河站工程	机电设备安装	2010	2012	3	立式轴流泵	2 650			2 000		优良
盐城南阳中心河泵站	机电设备安装	2010	2011	4	竖井式贯流泵	1 750			500		优良
南水北调北坍泵站	机电设备安装	2011	2012	4	轴流泵	2 200	3.7	16.5	1 150		优良
南水北调邳州站工程	机电设备安装	2011	2013	4	竖井式全调节贯流泵	3 200			1 950		优良
南水北调阜宁站	机电设备安装	2012	2013	5	轴流泵	1 600	3.5	7.5	500		优良
木渎港泵闸	主机泵大修	2011			潜水轴流泵			5			优良
六合区金牛灌区	机电设备安装	2012									优良
九龙泵站改造工程	机电设备采购及安装工程	2012									优良
扬州第二发电厂	2#机组A级循泵检修	2013	2013	2	混流泵	2 200		27	2 000		优良
白屈港抽水站	机组大修工程	2013	2013	2				20	1 000		优良
张家港市朝东圩港水利枢纽、梁丰河泵站	机组大修工程	2013	2014								

续表

工程名称	工作内容	开工年份	竣工年份	安装台数（台套）	水泵形式	叶轮（水轮机）直径（mm）	设计扬程（m）	单机流量（m^3/s）	单机容量（kW）或（kVA）	发电量（kW/台）	质量评定结果
高港泵站	机组大修	2013	2013	2	立式轴流泵	3 000	4	34	2 000		优良
张家港三干河工程	机电安装	2014									优良
盐城市马中河闸站	机电设备安装	2014	2015	3	双向潜水贯流泵	1 600		10	280		优良
连云港临洪西站	机电设备安装	2014	2016	3	立式轴流泵	3 100		30	2 000		优良
姚坊大站	机组大修	2015	2015		立式轴流泵			24	900		优良
上海市堤防（泵闸）设施管理处	太浦河泵闸机组大修	2015	2016	2	斜 15°轴伸泵	4 100		50	1 600		优良
安徽省凤凰颈排灌泵站	机电设备大修	2016	2016		立式轴流泵	3300	7	40	2 400		优良
上海市桃浦河泵闸	主机泵大修	2016 2017	2016 2017	1 1	斜式轴流泵	2 000	3. 5	13. 4			优良
盐城市大套一站	主机泵大修	2016 2018 2019 2021 2021 2022	2016 2018 2020 2021 2022 2022	2 2 5 1 1 2	立式轴流泵	1 750	5. 2	10	1 000		优良

续表

工程名称	工作内容	开工年份	竣工年份	安装台数（台套）	水泵形式	叶轮（水轮机）直径（mm）	设计扬程（m）	单机流量（m^3/s）	单机容量（kW）或（kVA）	发电量（kW/台）	质量评定结果
山东省棘洪滩泵站	主机泵大修	2016 2017	2016 2017	1 2	立式 混流泵	1 600	8. 66	7	800		优良
		2016 2017	2016 2017	1 1	立式 混流泵	900	8. 66	2. 06	330		优良
上海市彭越浦泵闸	主机泵大修	2017	2017	1	立式 轴流泵	900		2. 5			优良
江阴市白屈港抽水站	主机组大修	2017 2020	2017 2020								优良
上海市杨树浦泵闸	主机泵大修	2017 2018	2017 2019	1 1	双向潜水 贯流泵	1 400	3. 7	5	400		优良
盐城市串场河伍佑闸站	机电设备安装	2017	2017	4	潜水贯流泵	2 000	1. 65	6. 7	280		优良
盐城市冈中河闸站	机电设备安装	2017	2017	3	潜水贯流泵	2 000	1. 65	6. 7	280		优良
江苏国信靖江发电厂	2#机组 B 循环水泵检修	2017	2017	2	混流泵	2 200	10	27	2 000		优良
盐城市永新河南闸站	机电设备安装	2018	2018	3	潜水贯流泵	1 680	1. 2	6. 7	315		优良
盐城市永丰渠西闸站	机电设备安装	2018	2018	3	潜水贯流泵	1 680	1. 2	6. 7	315		优良

续表

工程名称	工作内容	开工年份	竣工年份	安装台数（台套）	水泵形式	叶轮（水轮机）直径（mm）	设计扬程（m）	单机流量（m^3/s）	单机容量（kW）或（kVA）	发电量（kW/台）	质量评定结果
盐城市中岗河南闸站	机电设备安装	2018	2018	3	潜水贯流泵	1 680	1. 2	6. 7	280		优良
国信靖江发电有限公司	1#机组 A 循环水泵检修	2018	2018	2	混流泵	2 200	10	27	2 000		优良
常州市横塘河北枢纽	主机泵大修	2018	2018	3	竖井式贯流泵	2 200	1. 5	10	450		优良
常州市北塘河枢纽	主机泵大修	2018	2018	1	竖井式贯流泵	1 850	1. 5	10	500		优良
常州市武进区水利枢纽	大通河东、西枢纽水泵解体大修	2018	2018								优良
淮安市茭陵一站	主机泵大修	2019	2019	1	立式轴流泵	1 600	4. 9	8. 3	800		优良
南通市九圩港泵站	主机泵大修	2019 2022	2019 2022	5 3	竖井式贯流泵	3 250	1. 96	30	1 250		优良
常州市魏村泵站	主机泵大修	2019 2020	2019 2020	2 2	立式轴流泵	2000	2. 8	15	800		优良
江苏省太湖处张家港水利枢纽	主机泵大修	2019 2020 2021	2019 2020 2021	1 1 1	竖井式贯流泵	2 600	1. 5	17	500		优良
常州市澡港泵站	主机泵大修	2020	2020	1	立式轴流泵	2 500	2	20	1 000		优良
常州市南运河枢纽	主机泵大修	2020	2020	2	竖井式贯流泵	1 820	1. 5	10	355		优良

续表

工程名称	工作内容	开工年份	竣工年份	安装台数（台套）	水泵形式	叶轮（水轮机）直径（mm）	设计扬程（m）	单机流量（m^3/s）	单机容量（kW）或（kVA）	发电量（kW/台）	质量评定结果
常州市串新河枢纽	主机泵大修	2020	2020	1	竖井式贯流泵	1 820	1.5	10	355		优良
常州市采菱港枢纽	主机泵大修	2020	2020	2	竖井式贯流泵	1 820	1.5	10	355		优良
江阴夏港、白屈港泵站	机组大修	2020	2021								优良
江阴新夏港抽水站	主机泵大修	2020	2021	3	斜式轴流泵	2 000	2.8	15	800		优良
溧阳市蒋家荡枢纽	主机泵大修	2021 2022	2021 2022	1 1	竖井式贯流泵	1 950	1.54	10	500		优良
常州市澡港河南枢纽	主机泵大修	2021	2021	2	竖井式贯流泵	2 180	1.3	10	500		优良
常州市大运河东枢纽	主机泵大修	2021	2021	2	竖井式贯流泵	3 000	0.9	25	900		优良
常州市澡港新站	主机泵大修	2021	2021	1	立式轴流泵	2 500	2	20	1 000		优良
泰州引江河高港泵站	1 号、6 号机组大修 2 号、8 号机组大修	2021 2022	2021 2022	4	立式轴流泵	3000	4	34	2 000		优良
南通市九圩港泵站	主机组大修	2022	2023	2	竖井贯流泵	3 250		30	1 250		优良

其中，自行安装施工的江都抽水站于 1982 年获得国家工程质量金质奖；镇江谏壁抽水站于 1984 年获得国家优质工程质量银质奖；一站更新改造工程于 2000 年被评为江苏省优质工程；2007 年管理处 110 kV 新变电所易地重建时，在全省水利系统首次承担 110 kV 变电所安装工程，并顺利实施新老变电所之间的切换；2006 年至 2008 年三站、四站更新改造中，采用多种新技术、新设备、新工艺，并在确保汛期机组正常运行的情况下，顺利完成改造任务，这些工程都被评为了优良工程。在检修方面，扬州二电厂的循环泵是一种新型的抽芯式混流泵，结构复杂，检修难度大，检修人员对检修方法进行了改进，使检修工作取得了良好的效果。通过几十年的工程管理与施工实践，管理处积累了丰富的实践经验，具备了深厚的技术功底和较强的水利水电大型机泵的安装能力。

管理处原下属经济实体机电安装处具有电子与智能化专业承包二级资质、水利水电机电安装工程专业承包二级资质、承装（修、试）电力设施许可证三级资质，可以从事水利水电机电设备安装、起重设备工程安装、电子工程施工、水工建筑物基础工程施工、水工金属结构制作安装、110 kV 及以下电力设施的安装、调试及维修等业务。2017 年，安装处被评为江苏省水利安全生产标准化二级单位。

2021 年 9 月，江苏省江都水利枢纽机电安装处变更登记为江苏省江都水利枢纽机电安装有限公司。2021 年 10 月，江苏省江都水利枢纽机电安装有限公司股东变更为江苏水利投资开发有限公司 100% 控股。

二、微机自动化控制

微机自动化控制由管理处原下属经济实体科研所负责实施。早在 20 世纪 70 年代，科研所就将电子技术应用于大型同步电机励磁系统，将无线电技术应用于船闸遥控。20 世纪 80 年代，科研所率先进行微机控制技术在大型泵站和水文测报系统的应用研究。20 世纪 90 年代，科研所在首次对大型泵站进行改造的同时，将微机控制技术、通讯技术、自动控制技术、信息网络技术全面应用到工程的监控调度、管理办公等领域，并向省内外推广应用。多年来，先后研制开发了大型泵站监控系统、大型水闸和灌区流量自控系统、水文自动测报系统、信息网络管理系统、水文数话自动测报终端机、水位（闸位）计、温度巡回检测仪等自动化装置，并且由于装置技术先进，性能可靠，在全国水利行业得到了广泛应用和推广，受到了用户普遍赞誉，已累计获得了省部级、厅级科技成果奖 16 项。

科研所还将自动化科研成果应用到泵站、水闸、船闸、水文测报等实际工作中，提高了工程应用的安全性和效率，其中泵站微机监控系统、水闸监控系统、水文测报系统技术先进，方案科学，先后在山东、天津、北京、陕西、浙江、广东、新疆、黑龙江、安徽等省（市、自治区）开展了技术合作服务，经济效益显著。主要完成的工程情况见表 8-3 至表 8-6。

表 8-3　管理处泵站自动化工程施工情况表

序号	工程名称	工程开始时间	工程完成时间	评价
1	江都一站更新改造微机监测系统	1996. 1	1996. 5	获 2001 年度省科技进步二等奖、2000 年度省水利科技进步一等奖
2	江都三站温度巡测系统	1996	1996	经省水利厅验收为优良工程
3	江都水利枢纽变电所模拟屏	1997	1997	经管理处验收为优良工程
4	江都水利枢纽变电所微机检测系统	1997. 1	1997. 4	经省水利厅验收为优良工程
5	连云港临洪东站温度水位微机检测系统	1997	1998	经省水利厅验收为优良工程
6	江都泵站计算机监控系统	1998. 5	1999. 12	2000 年 1 月通过水利部验收并获 1999 年度省水利厅科技进步一等奖
7	江都四站微机温度巡视系统	1999	1999	经省水利厅验收为优良工程
8	江都二站更新改造微机监控系统	1999. 1	1999. 4	获 2001 年度省科技进步二等奖、2000 年度省水利科技进步一等奖
9	陕西省交口抽渭管理局西楼抽水站微机监控系统	1999. 7	1999. 10	经陕西省水利厅验收为优质工程
10	仪征十二圩泵站微机监控系统	2000. 1	2000. 4	经仪征市水利局验收为优良工程
11	江都水利工程管理处监控网络系统	2000. 6	2000. 10	经省水利厅验收为优良工程
12	山东省淄博市引黄供水工程新城水库泵站微机监控系统	2001. 1	2001. 4	经山东省水利厅验收为优良工程
13	扬州市瓜洲水利枢纽除险加固工程微机监控系统	2002	2003	经验收评定为优良工程
14	南京市六合金牛山水库泵站自动化控制系统	2002	2003	经验收评定为优良工程
15	扬州市卞港、六圩西泵站微机、视频监控系统	2004	2004	经验收评定为优良工程
16	水利部“948”计划技术创新与转化项目	2004	2005	经验收达到规定的各项要求，并作为泵站自动化推广项目
17	望虞河常熟水利枢纽泵站自动化控制系统设备采购与安装	2004	2005	经验收评定为优良工程
18	盐城市大套二站自动化监控系统维修改造项目	2005	2006	经验收评定为优良工程
19	泰州市五叉河闸站电气及自动化设备安装工程	2005	2006	经验收评定为优良工程
20	无锡市城市防洪利民桥水利枢纽工程计算机监控系统及视频监测系统	2006	2007	经验收评定为优良工程
21	盐城市大套第二抽水站管理所巡视系统与视频系统升级采购及安装	2007	2008	经验收评定为优良工程

续表

序号	工程名称	工程开始时间	工程完成时间	评价
22	南水北调东线第一期工程江都站改造工程——江都站自动化控制、视频监视与局域网系统设备采购与安装	2008	2010	经验收评定为优良工程
23	上海长宁区朱家浜泵闸监控、视频系统自动化设备采购及安装	2008	2008	经验收评定为优良工程
24	盐城市大套一站更新改造工程微机监控系统	2009	2009	经验收评定为优良工程
25	淮安市楚州茭陵泵站更新改造工程自动化控制及视频监视系统设备采购与安装	2009	2010	经验收评定为优良工程
26	徐州郑集河泵站更新改造工程自动控制和视频系统采购与安装	2010	2010	经验收评定为优良工程
27	东台市富安泵站更新改造工程自动控制和视频系统采购与安装	2010	2011	经验收评定为优良工程
28	海安县贲家集泵站更新改造工程自动控制和视频系统采购与安装	2010	2011	经验收评定为优良工程
29	镇江市丹徒区长山提水站除险加固工程自动化控制系统与采购	2010	2010	经验收评定为优良工程
30	盐城市城市防洪南洋中心河泵站、东伏河闸站工程	2010	2010	经验收评定为优良工程
31	连云港临洪东站更新改造工程综合自动化系统合同	2011	2013	经验收评定为优良工程
32	南水北调东线第一期工程里下河水源调整工程阜宁站、北坍站自动化系统采购与安装	2011	2012	经验收评定为优良工程
33	江都二站自动化系统改造工程自动化系统设备采购与安装	2011	2012	经验收评定为优良工程
34	江都一站自动化系统改造工程自动化系统设备采购与安装	2012	2013	经验收评定为优良工程
35	江都三站监控设施维护	2012	2013	经验收评定为优良工程
36	盐城小洋河东支闸站监控系统升级改造服务工程	2012	2013	经验收评定为优良工程
37	淮安市楚州茭陵泵站新增项目	2012	2013	经验收评定为优良工程
38	江都二站保护系统改造	2012	2013	经验收评定为优良工程
39	江都一站自动化系统改造工程自动化系统设备采购与安装	2012	2013	经验收评定为优良工程

续表

序号	工程名称	工程开始时间	工程完成时间	评价
40	江都二站励磁系统改造	2012	2013	经验收评定为优良工程
41	清安河排涝泵站自动化改造	2012	2013	经验收评定为优良工程
42	淮安市清浦区韩候泵站新建工程自动化设备采购与安装工程	2013	2014	经验收评定为优良工程
43	白屈港抽水站继电保护系统应急修复工程	2013	2014	经验收评定为优良工程
44	南通市开发区富民港出江闸、天星横河东闸等闸站微机监控系统	2013	2014	经验收评定为优良工程
45	徐州市邳西泵站更新改造工程07段	2013	2014	经验收评定为优良工程
46	江都站集中控制系统改造工程	2013	2014	经验收评定为优良工程
47	盐城市2014年度城市防洪马中河闸站	2014	2015	经验收评定为优良工程
48	宝应站微机保护通信系统维修	2014	2015	经验收评定为优良工程
49	徐州市房亭河泵站更新改造工程自动控制和视频监视系统采购及安装	2014	2015	经验收评定为优良工程
50	澡港水利枢纽泵站液压系统改造工程	2015	2015	经验收评定为优良工程
51	上海科技网络通信有限公司圩区排涝站远程遥测系统工程	2015	2016	经验收评定为优良工程
52	江苏省江都水利工程管理处地籍数据收集	2015	2015	经验收评定为优良工程
53	盐城市迎春河闸站自动化监控系统采购及技术服务	2015	2016	经验收评定为优良工程
54	泰州城区调水泵站自动化系统维护	2015	2016	经验收评定为优良工程
55	江都抽水站及水闸、管理处监控系统维护	2015	2016	经验收评定为优良工程
56	江都站集中控制中心视频更新完善	2015	2016	经验收评定为优良工程
57	扬中市二敦港闸站自动化系统维修	2016	2016	经验收评定为优良工程
58	上海太浦河主机泵控制系统	2016	2017	经验收评定为优良工程
59	上海清水河泵站自动控制系统整体更新改造	2017	2017	经验收评定为优良工程
60	扬中市夏家港泵站自动化及视频监控系统维修	2018	2018	经验收评定为优良工程
61	盐城市市区防洪工程管理处闸站自动化维护采购	2018	2018	经验收评定为优良工程

续表

序号	工程名称	工程开始时间	工程完成时间	评价
62	徐州市郑集西站自动化系统维修	2019	2019	经验收评定为优良工程
63	江都四站励磁系统自动化控制安装调试	2019	2019	经验收评定为优良工程
64	徐州市大庙翻水站自动化控制系统维修	2019	2019	经验收评定为优良工程
65	江苏省江都水利工程管理处抽水站维护项目	2019	2019	经验收评定为优良工程
66	扬州市水资源一期工程系统维护	2020	2022	经验收评定为优良工程
67	引江河城区泵站 PLC 控制系统更新改造	2022	2022	经验收评定为优良工程
68	扬州市 2022—2023 重点灌区渠首监测计量建设项目	2022	2022	经验收评定为优良工程

注：2003 年后仅列出主要项目。

表 8-4　管理处水闸自动化工程施工情况表

序号	工 程 名 称	工程开始日期	工程完成日期	评价
1	江都水利枢纽工程实时数据处理系统	1975	1984	1984 年度省科技进步四等奖
2	江都西闸无线遥控系统	1977	1978	1978 年度江苏省科技进步奖
3	江都三里窑船闸无线遥控系统	1981	1982	1982 年度省水利科技进步一等奖
4	塞内加尔闸门自动控制箱	1983	1984	
5	盐城射阳港挡潮闸守潮仪	1984	1984	1984 年度省水利科技进步二等奖
6	盐城黄沙港挡潮闸守潮仪	1985	1985	经江苏省盐城水利局验收为优良工程
7	沙河水库无线水情测报系统	1985	1986	经江苏省沙河水库验收为优良工程
8	水情电报翻译系统	1986. 1	1986. 12	1986 年度江苏省科技进步四等奖、1986 年度省水利科技进步一等奖
9	无锡北塘联圩泵站微机监测系统	1986	1987	经江苏省无锡水利局验收为优良工程
10	浙江省上浦船闸微机自动控制系统	1987	1988	1989 年度浙江省水利科技进步三等奖
11	新疆头屯河渠首流量自动控制系统	1989	1991	经新疆头屯河管理处验收为优质工程
12	水利部微机实时水情信息接收处理系统	1991	1991	
13	江都三里窑闸微机控制系统	1991	1993	经管理处验收为优良工程
14	江都西闸自动控制系统	1993. 8	1993. 12	经省水利厅验收为优质工程

续表

序号	工程名称	工程开始日期	工程完成日期	评价
15	东海水情无线测报系统	1993	1994	经连云港水利局验收为优良工程
16	张家港十一圩船闸微机监测系统	1994	1995	经张家港水利局验收为优良工程
17	镇江谏壁船闸闸墙内外水位自动控制装置	1996	1996	经镇江谏壁船闸验收为优良工程
18	万福闸测压管水位微机自动监测系统	1998	1998	经管理处验收为优良工程
19	仪征船闸微机监测系统	1998	1998	经仪征水利局验收为优良工程
20	江都邵仙套闸微机监控系统	1999.8	1999.11	经省水利厅验收为优良工程
21	仪征市大闸微机监测系统	2000.5	2000.6	经扬州市水利局验收为优良工程
22	南通市九圩港闸微机监控系统	2000.4	2000.7	经省水利厅和南通市水利局验收为优良工程
23	南通市营船港闸微机监控系统	2000.12	2001.3	经省水利厅和南通市水利局验收为优良工程
24	江都东闸微机自动控制系统	2001.3	2001.9	经省水利厅验收为优良工程
25	扬州市太平闸加固工程自动化系统设备采购与安装项目	2003	2004	经验收评定为优良工程
26	仪征市泗源沟节制闸工程微机监控	2003	2003	经验收评定为优良工程
27	常熟市浒浦闸微机监控、视频监视系统工程	2003	2004	经验收评定为优良工程
28	镇江市赤山闸、陈家边站除险加固项目	2003	2004	经验收评定为优良工程
29	镇江市谏壁闸自动控制及视频监视系统工程	2004	2005	经验收评定为优良工程
30	海南省松江水库溢洪道表孔弧型闸门和南丰引水发电洞闸门电控制系统设备采购	2004	2005	经验收评定为优良工程
31	江苏省金湾闸综合自动化系统	2004	2005	经验收评定为优良工程
32	江苏省二河闸加固工程微机监控、视频监视及局域网系统	2005	2006	经验收评定为优良工程
33	淮河入海水道近期工程通信设施项目集中监测系统	2005	2006	经验收评定为优良工程
34	江都东闸除险加固工程电气自动化系统	2006	2007	经验收评定为优良工程
35	吴江松陵水利防洪工程	2006	2007	经验收评定为优良工程
36	浙江象山大目涂龙洞山水闸、船闸电气设备采购及安装	2006	2006	经验收评定为优良工程

续表

序号	工 程 名 称	工程开始日期	工程完成日期	评价
37	淮河入海水道滨海闸下移工程滨海新闸自动控制、视频监视系统设备采购与安装工程	2006	2007	经验收评定为优良工程
38	吴江同里水环境综合整治远程视频监视系统设备采购及安装	2006	2006	经验收评定为优良工程
39	淮安市三河船闸除险加固工程自动化控制及视频监视系统	2007	2007	经验收评定为优良工程
40	泰州市老东河闸站、智堡河闸站电气及自动化设备安装工程	2007	2007	经验收评定为优良工程
41	吴江同里升船机监控、视频系统自动化设备采购及安装	2007	2008	经验收评定为优良工程
42	象山县大目涂海堤三闸电气、自动化设备项目	2007	2008	经验收评定为优良工程
43	南京市六合区山湖水库、河王坝水库除险加固工程自动化控制部分	2008	2009	经验收评定为优良工程
44	南京市溧水县中山水库除险加固工程自动化控制部分	2008	2009	经验收评定为优良工程
45	仪征月塘水库除险加固工程自动化控制及大坝安全监测系统	2009	2009	经验收评定为优良工程
46	江苏省蔷薇河地涵拆建工程自动化控制及视频监视系统	2009	2010	经验收评定为优良工程
47	盐城市区饮用水源生态净化工程计算机监控及视频监视系统设备采购与安装	2010	2011	经验收评定为优良工程
48	扬州水资源管理信息系统扬州分工程	2010	2011	经验收评定为优良工程
49	盐城市大套船闸计算机监控及视频监视系统设备采购与安装	2011	2012	经验收评定为优良工程
50	泰州市城区水生态环境封闭控制工程电气及自动化设备采购及安装（中干河）	2012	2013	经验收评定为优良工程
51	宿迁市七堡引水枢纽工程自动化	2012	2013	经验收评定为优良工程
52	焦港闸自动化控制系统集成安装工程	2012	2013	经验收评定为优良工程
53	通州区营船港闸自动化监控系统改造工程	2012	2013	经验收评定为优良工程

续表

序号	工 程 名 称	工程开始日期	工程完成日期	评价
54	海安焦港北闸改造工程自动化及监控系统	2012	2013	经验收评定为优良工程
55	泰州市城区水生态环境封闭控制工程	2012	2013	经验收评定为优良工程
56	扬州市江都区沿运灌区工程自动化与信息化工程	2012	2013	经验收评定为优良工程
57	太仓市杨林导流闸自动化控制系统	2012	2013	经验收评定为优良工程
58	南通市经济技术开发区农村工作局开发区防汛信息系统遥测系统项目	2012	2013	经验收评定为优良工程
59	走马塘拓浚延伸张家港市境内工程七干河西节制闸	2012	2013	经验收评定为优良工程
60	利用连申线（通榆河南延）结合送水工程焦港闸工程	2012	2013	经验收评定为优良工程
61	下坵河枢纽除险改造工程	2012	2013	经验收评定为优良工程
62	管理处太平闸自动化系统维修	2012	2013	经验收评定为优良工程
63	盐城市大套船闸自动化控制系统维护	2012	2013	经验收评定为优良工程
64	管理处金湾闸自动化系统维修	2012	2013	经验收评定为优良工程
65	白茆闸自动化改造工程	2012	2013	经验收评定为优良工程
66	淮安市西偏泓闸工程自动化安装	2013	2014	经验收评定为优良工程
67	句容市北山水库除险加固工程自动化系统采购及安装	2013	2014	经验收评定为优良工程
68	通州区新江海河闸自动化控制系统改造工程	2013	2014	经验收评定为优良工程
69	徐州市便民河闸除险加固工程C标段	2013	2014	经验收评定为优良工程
70	江苏省盐河闸除险加固工程建设处自动控制及视频系统设备采购与安装	2013	2014	经验收评定为优良工程
71	大丰市王港闸下移工程自动控制及视频系统设备采购与安装	2013	2014	经验收评定为优良工程
72	靖界河闸自动化控制工程	2013	2014	经验收评定为优良工程
73	江都闸监控系统维修设备更换	2013	2014	经验收评定为优良工程
74	洪泽湖大堤除险加固工程	2013	2014	经验收评定为优良工程
75	盐城市响水船闸维修工程	2013	2014	经验收评定为优良工程

续表

序号	工程名称	工程开始日期	工程完成日期	评价
76	大目湾海堤水闸微机监控系统维护	2013	2014	经验收评定为优良工程
77	江都东闸自动控制及视频系统升级更新	2014	2014	经验收评定为优良工程
78	芒稻闸自动控制系统升级更新及送水闸监测系统	2014	2014	经验收评定为优良工程
79	徐州市云龙湖水库泄洪闸改造工程	2014	2015	经验收评定为优良工程
80	下六圩闸管理所自动化维修项目	2015	2015	经验收评定为优良工程
81	浏河闸自动化控制系统维护	2015	2015	经验收评定为优良工程
82	淮安市里运河北门桥控制工程	2015	2016	经验收评定为优良工程
83	常熟福山闸自动化、视频系统	2015	2016	经验收评定为优良工程
84	里运河昭关闸维修项目	2015	2015	经验收评定为优良工程
85	江苏省沭新退水闸拆建工程微机监控、视频监视系统	2016	2016	经验收评定为优良工程
86	扬州市乌塔沟分洪道工程完善工程施工Ⅱ标	2016	2018	经验收评定为优良工程
87	泰州市通南片水生态调度控制工程	2016	2017	经验收评定为优良工程
88	江苏省三河闸等7座闸数据接入工程	2016	2016	经验收评定为优良工程
89	丹徒凌塘水库项目	2016	2016	经验收评定为优良工程
90	邵仙闸自动化及视频系统升级改造工程	2016	2016	经验收评定为优良工程
91	金湾闸自动化	2018	2018	经验收评定为优良工程
92	江都西闸自动化及视频监控系统升级改造	2018	2018	经验收评定为优良工程
93	句容市赤山湖水利枢纽维修自动化系统更新改造	2019	2019	经验收评定为优良工程
94	邵仙监控分中心自动化改造	2021	2021	经验收评定为优良工程
95	万福闸、太平闸、金湾闸监控升级改造	2021	2021	经验收评定为优良工程
96	二河闸自动化维修	2021	2021	经验收评定为优良工程
97	邵仙套闸船舶实时安全跟踪监测系统	2021	2021	经验收评定为优良工程

注：2003年后仅列出主要项目。

表 8-5　管理处开发项目推广应用情况表

序号	工程名称	开发时间	推广应用情况	评价
1	水文测报终端机	1994. 1	新疆玛纳斯河流域 新疆库尔勒博湖 哈尔滨市松花江水文站 天津海河闸 天津二道闸 天津西河闸 天津进洪闸 无锡南门 太湖无锡犊山 太湖无锡五里湖 无锡锡澄河 太湖苏州西山 长江南通天生港 长江南通九圩港 南通三条港 南通丁堰 长江镇江京口闸 长江镇江沙家港 长江常州魏村 古运河扬州闸 江都东闸 江都万福闸 江都宜陵闸 江都芒稻闸 江都三站 江都四站	水利部科技进步四等奖
2	WDC-31 水位闸位仪	1996—2013	全国水利工程广泛应用	通过水利部水文仪器质量检验
3	WGC-11 水位、闸位、角度仪	2000—2013	全国水利工程广泛应用	获国家实用新型专利（专利号 488859）
4	大运河监测调度系统设备安装与闸位、水位传感器供货	1998. 3		经省世界银行贷款项目办公室验收为优良工程
5	江苏省南通江海堤防达标工程和环太湖水情遥测系统水位计、闸位计供货	2000. 2		应用良好
6	江苏省引江河水情遥测系统水位计、闸位计供货	2000. 2		经省世界银行贷款项目办公室验收为优良工程
7	江苏省水文水资源勘测局 WDC-31 型测量水位计供货（常年）	2004—2013	全省水文水资源广泛应用	应用良好
8	深圳市东深电子技术有限公司水位计、闸位计供货	2006—2011	广东水利工程广泛应用	应用良好

续表

序号	工程名称	开发时间	推广应用情况	评价
9	上海高诚智能科技有限公司水位计、闸位计供货	2006—2010	上海水利工程广泛应用	应用良好
10	江苏省水利机械制造有限公司闸门开度仪供货	2006—2012	水利机械配合应用	应用良好
11	北京金水信息技术发展有限公司水位计供货	2009. 2	北京水利工程应用	应用良好
12	上海宝景信息技术发展有限公司水位计、闸门开度仪供货	2009. 6	上海水利工程应用	应用良好
13	北京金水信息技术发展有限公司水位计供货	2011. 11	江苏省水文设施改扩建工程项目应用	应用良好
14	南京水利水文自动化研究所水位计供货	2012. 10	江苏省中小河流项目应用	应用良好
15	西安山脉科技发展有限公司闸位计、水位计供货	2012. 11	江苏省小型水库防汛通信预警系统项目应用	应用良好
16	南京南瑞集团公司闸位计、水位计供货	2012. 12	江苏省小型水库防汛通信预警系统项目应用	应用良好
17	江苏省水文水资源勘测局销售水位计供货	2012. 11	全省水文水资源广泛应用	应用良好
18	江苏省灌溉总渠管理处 WDC-31 浮子式水位计供货	2014. 9	江苏水利工程应用	应用良好
19	南京钛能电气有限公司水位高度仪供货	2014. 9	江苏水利工程应用	应用良好
20	上海漪嘉电子通讯设备有限公司闸门开度仪供货	2012. 12	上海水利工程应用	应用良好
21	江苏邵仙水利开发有限公司水位计供货	2013. 2	江苏水利工程应用	应用良好
22	靖江市水利局十圩套闸管理所水位计供货	2013. 3	江苏水利工程应用	应用良好
23	江苏省水文水资源勘测局泰州分局水位计供货	2013. 3	全省水文水资源广泛应用	应用良好
24	南京河海南自水电自动化有限公司水位计供货	2013. 5	江苏水利工程应用	应用良好
25	江苏省灌溉总渠管理处水位计供货	2013. 7	江苏水利工程应用	应用良好
26	南京卓华科技有限公司水位计供货	2013. 7	江苏水利工程应用	应用良好
27	无锡市太湖闸站工程管理处闸位计供货	2013. 1	江苏水利工程应用	应用良好
28	江苏省水文水资源勘测局泰州分局 WDC-31 水位计供货	2015. 4	全省水文水资源广泛应用	应用良好
29	句容市赤山湖水利枢纽管理处 WDC-31 闸位计供货	2015. 6	江苏水利工程应用	应用良好

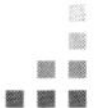

续表

序号	工程名称	开发时间	推广应用情况	评价
30	上海迅翔开发实业总公司 WDC-31 水位计供货	2015.6	上海水利工程应用	应用良好
31	南京钛能电气有限公司 WDC-31 水位计供货	2015.8	江苏水利工程应用	应用良好
32	江苏省三河闸管理所 WDC-31 水位计供货	2015.8	江苏水利工程应用	应用良好
33	涟水县一帆河闸管理所 WDC-31 闸位计供货	2017.3	江苏水利工程应用	应用良好
34	丰县闸站管理处闸位计供货	2017.11	江苏水利工程应用	应用良好
35	无锡市城市防洪工程管理处伯渎港船闸、节制闸闸位计供货	2017.11	江苏水利工程应用	应用良好
36	句容市郭庄水利农机服务站 WDC-31 闸位计供货	2018.5	江苏水利工程应用	应用良好
37	钛能科技股份有限公司水位高度仪供货	2018.10	江苏水利工程应用	应用良好
38	太仓市宁太水运产业有限公司闸位计供货	2019.10	江苏水利工程应用	应用良好
39	江苏省太湖地区水利工程管理处常熟枢纽管理所闸位计供货	2019.7	江苏水利工程应用	应用良好
40	江苏省水文水资源勘测局南通分局省水文局南通分局水位计供货	2021.5	全省水文水资源广泛应用	应用良好

注：2003 年后仅列出主要项目。

表 8-6　管理处自动化设计情况表

序号	工程名称	投资规模（万元）
1	江苏省淮阴市高良涧水电站微机自动监控系统可性行研究报告	100
2	广东省南海市大沥区镇水东泵站微机监控系统设计方案	90
3	广东省南海官山大泵站自动监控系统初步设计方案	250
4	广东省南海官山水系自动化系统设计方案	700
5	山西省禹门口黄河提水工程自动化系统可行性研究报告	650
6	江苏省江都水利枢纽抽水站自动化系统规划设计方案	1 600
7	江苏省江都水利枢纽闸（节制闸、船闸）自动化系统规划设计方案	1 100
8	江苏省江都水利枢纽网络系统规划设计方案	1 000
9	江苏省江都水利枢纽办公自动化规划设计方案	200
10	江苏省江都水利枢纽闸站多媒体视频系统规划设计方案	800
11	江苏省盐城射阳五岸灌区 2000 年自动化实施方案	500

续表

序号	工程名称	投资规模（万元）
12	江苏省沭阳县沂北灌区自动化监控系统初步设计方案	125
13	江苏省张家港一干河泵站自动控制系统设计方案	100
14	江苏省仪征土桥泵站自动化设计方案	60
15	江苏省镇江谏壁抽水站自动化改造方案	250
16	浙江省萧山排灌总站江边站微机自动监控项目可行性研究报告	200
17	江苏省海安北凌新闸更新改造工程自动控制系统初步设计方案	70
18	江苏省碾砣港闸微机自动控制系统设计方案	120
19	江苏省江都一站微机监控系统初步设计方案	350
20	江苏省无锡犊山水利枢纽自动化可行性研究报告	150
21	江苏省无锡北塘联圩城市防洪排污系统自动化系统可行性研究报告	150
22	北京市城市河湖水利信息化建设方案设计	10 000
23	北京大兴区安全饮水工程机电自动化可行性研究报告及工程设计	350
24	象山大目涂大门山、鹁鸪山西闸、东闸电气改造及自动化设计技术咨询	150
25	南通节制闸电气自动化系统技术咨询	56
26	谏壁二线船闸电气控制系统部分改造工程设计	20
27	常熟望虞船闸自动控制系统改造工程工程设计咨询	40
28	北京污水处理厂赵家场水厂自动化监控和视频系统设计	100
29	北京芦各庄水厂自动化监控和视频系统设计	100
30	常州澡港水利枢纽船闸自动化改造工程设计	45
31	常州澡港水利枢纽微机监控系统设计	250
32	泗洪枢纽自动化系统设计	700
33	扬中市东新港闸除险加固工程电气设计及技术咨询	75
34	江苏省万福闸自动化设计	300
35	白屈港泵站自动化设计	150
36	海安县城市防洪信息化工程设计	1 200
37	江苏省水利科教中心消防视频监测系统	45
38	宿迁市来龙灌区 2014 年度续建配套与节水改造项目信息化管理系统	850
39	南水北调东线江都区截污导流机泵及控制设备维修	20
40	扬州乌塔沟分洪道自动化系统及视频系统工程设计	800
41	江都区农村基层防汛预报预警体系建设	400
42	无锡水利工程管理中心调度中心项目设计	2 400

注：2003 年后仅列出主要项目。

三、水利水电工程设计

水利水电工程设计项目由管理处原下属经济实体设计院负责经营。设计人员大多在泵站、水闸、变电所、科研所、修配所、试验室等基层单位从事过技术工作，不仅专业理论基础好，而且具有一定的实际工作经验和解决技术难题的能力。

设计院先后完成的设计项目有：一站、二站、连云港临洪东站、仪征十二圩泵站等大中型泵站的更新改造工程，苏丹农业河岸泵站、省江堤达标工程的淮河入江水道整治、江都高水河整治、江都泵站群前池河道整治等工程，扬州石化厂的总降压站及第一、第二分降压站，热电厂能源场等工程。年平均毛收入 60 万元左右，最高约 300 余万元。设计院还承接了孟加拉国达卡防洪泵站、江苏省江堤达标部分工程的监理业务、江都大桥“四有一则”标准化厂房、江都阳光新城住宅小区及中海工业江苏有限公司护岸工程、江都张纲河整治工程的设计工作，同时编写了江都三江营船业及江都白塔河段防洪评价报告，受到业主的好评。

其中，一站更新改造设计项目还荣获了省优秀工程设计二等奖。一站、二站更新改造设计受原有规划、水工建筑的制约及水情变化的影响，难度较大，设计人员深入调查研究，大胆应用新技术、新设备，成功地摸索出一套老站改造方案。一站、二站改造不仅提高了设备安全性能，而且使抽水流量增加 35.2 m^3/s，批准的经费也很节省，起到了事半功倍的效果，为全国泵站技术改造设计开了个好头，树立了样板。

四、委托管理

1998 年起管理处利用人才、管理和技术优势，对外开展工程委托管理、工程达标技术服务。委托管理模式有完全托管、指导运行等，委托管理项目有泵站有水闸，遍布省内省外。委托管理项目具体情况见表 8-7。

表 8-7　管理处各单位委托管理项目情况表

单 位	工程项目名称	接管时间	代管模式
维修养护中心	上海太浦河泵站	2008.01	完全托管
	上海清水河、新虬江、杨树浦泵闸	2009.11	完全托管
	上海汇山西船闸	2019.01	完全托管
	溧阳市城市防洪工程管护项目	2005.03	完全托管
	泰州五叉河	2007.05	完全托管
	泰州老东河	2008.03	完全托管
	泰州自保河	2008.03	完全托管
	泰州周家墩	2010.04	完全托管
科研所	上海市奉贤区水闸市场化养护	2014.01	完全托管

续表

单 位	工程项目名称	接管时间	代管模式
一 站	宝应站	2005.01	完全托管
	常州武进港、雅浦港枢纽	2012.06	指导运行
	常州孟河水闸管理	2013.01	完全托管
	常州武进南北遥观枢纽	2018.05	完全托管
	扬州市水利工程建设中心防汛物资机械设备维护保养服务	2022.05	指导运行
二 站	常州丹金闸管理项目	2003.05	指导运行
	上海浦东国际机场二级排水系统	2005.01	完全托管
	上海浦东新区水闸管理署高桥套闸	2013.04	完全托管
三 站	南水北调东线一期邳州站工程	2013.04	完全托管
	润扬河闸、仪扬河闸运行管理及维修养护	2013.05	完全托管
	南通海港引河南闸	2022.03	完全托管
四 站	常熟泵站	1998.01	指导运行
	常州海洋泾泵站	2011.06	指导运行
	泰兴马甸枢纽	2021.04	指导运行
	瓜洲泵站运行管护	2021.01	完全托管
	扬州市城市河道管理处闸站管护	2016.01	完全托管（万福闸、江都闸）
江都闸	太仓汤泾闸	2008.01	完全托管
	太仓新塘闸	2013.04	完全托管
邵仙闸	常熟望虞河船闸	2000.01	指导运行
	泗洪船闸	2013.01	指导运行
宜陵闸	太仓堤闸七座水闸（含江都闸2座）	2005.01	完全托管
	泰州备用水源泵站	2009.01	完全托管
	泰州城区调水泵站	2011.05	完全托管

五、机械加工维修

机械加工维修项目由管理处原下属经济实体修配所负责经营。经过多年的发展，修配所拥有能加工直径1.25 m、长8 m的C61125卧式车床和加工直径2.5 m、高1.6 m的C5225立式车床及其他型号卧式、立式车床多台；3m龙门刨床及铣、磨、钻、锯、剪板机等机械加工设备；水泵轴及其他各种轴类修复的专用喷涂设备。修配所技术力量逐年增强，质量体系不断完善，具备了为省内外大中型泵站、水闸工程提供科研试制、技术改造、机械加工与维修、钢结构制作安装、水泵轴及其他轴类不锈钢喷涂等多种服务的能力，取得了一定的经济效益。

2012年12月，因南水北调东线工程建设的需要，修配所加工车间搬迁至邵仙闸东岸。

（一）大轴不锈钢喷涂

水泵轴在运行中受各种因素影响而产生的磨损，使轴和轴承间隙增大，引起叶片碰壳、机组振动，水泵轴因此要进行修复或更换。传统修复方法是采用镶套、堆焊等，这些方法在实际使用中都存在一定的困难或缺陷，修配所采用国内先进的不锈钢喷涂工艺修复水泵轴，先后对管理处一站、二站、三站、四站，连云港临洪西站、临洪东站，省灌溉总渠管理处第一、第二抽水站，镇江谏壁发电厂，江都市轧钢厂，响水抽水站，南京武定门抽水站，江都嘶马抽水站，淮阴华能电厂，淮安市茭陵抽水站，以及黑龙江省肇东抽水站，山西省尊村引黄工程一站，安徽省城西湖水泵站，上海市金山石油化工总厂等单位的水泵轴、水轮机轴、化工搅拌轴、轧钢机轴、排粉机轴进行喷涂修复。不锈钢喷涂工艺以其成本低、时间快、质量好、延长使用寿命等特点，受到省内外用户的好评。

（二）闸、站技术改造与设备维修

修配所还积极参与新产品开发、科研试制、技术改造工作，与科研所合作开发研制了第一代数字式水位计，改进了大运河沿线水情测报系统中的 WDC-31 型闸门开高水位高度仪。

在四站水泵轴承密封止水设备改造中，修配所成功地解决了动环制作、静环机械加工、工件装夹、焊接变形、止水橡皮无法切削等技术问题。经改造后的动环下平面与叶轮头平面及动环上平面与静环结合良好，装配方便，运行中漏水量大大减小，延长了密封止水的运行寿命。

修配所在研究试制具有较好耐磨、介电和机械加工性能的聚醚型聚氨脂浇注橡胶轴承的过程中，解决了轴承的环削刀具与轴的配合间隙问题，以及该材料膨胀率大的问题。经技术改造后的新材料轴承，运行寿命可达 4.5 万 h，被许多大型泵站采用。

修配所还及时、高效地配合闸站的正常检修和事故抢修，如四站 7 号机发生的推力瓦烧损事故抢修。在三站操作油管破裂后的突击修复工作中，修配所成功地解决了操作油管破裂修复时，原结构对裂缝无法补焊及焊接应力变形，管壁薄难以机械加工等技术难题，缩短了抢修工期，保证了机组的正常运行。在金湾闸油压启闭机油缸严重拉毛，漏油严重，尼龙导向环过盈卡阻在油缸上，不能空缸复位等问题的处理上，修配所采取油缸锡焊修复，对铜导向环、闸门侧滚轮进行机械加工、更换等措施，保证了工程安全运行。

（三）钢结构制作与机械加工维修

修配所在钢结构制作与机械加工维修方面，对内先后承担了一站、二站检修钢闸门制作；一站、二站、三站、四站水下拦污栅的制作；万福闸水下检修沉柜制作；三里窑闸横拉门改造。除此之外，修配所还先后承接了徐州工程机械股份有限公司水泥仓制作、省太湖管理处常熟泵站通航孔改造和清污机起吊装置改造、无锡犊山防洪工程船闸下游靠船墩除险加固和闸门钢丝绳更换等加工维修业务。

六、钢结构防腐

钢结构防腐项目由防腐公司负责经营。钢结构防腐主要工艺流程为：表面处理(喷砂处理)—喷涂—检验(或修补)—涂料封闭。为了有效地控制钢铁制品的腐蚀程度，延长钢结构的使用寿命，防腐公司长期以来一直开展钢结构防腐蚀试验研究，除了应用高效优质防腐材料外，进一步探索了阴极保护等先进防腐蚀技术，并已取得显著成效。

管理处10多座大中型水闸和船闸钢结构闸门保养水平在全省水利行业受到高度评价，做到了无锈蚀、无斑驳，防腐处理后的钢结构可确保15～20年内不锈蚀。在完成管理处钢结构防腐施工任务的同时，防腐公司还应邀先后承接了浙江天台里石门水库管理局、宁波胶口水库管理局、天津引滦工程局沿线各管理处、盐城黄砂港节制闸、江阴扬子江船厂、泰州引江河船闸等几十座大型闸站的钢结构防腐施工，其精湛的技术受到了用户的一致好评。

七、沉柜水下检查维修

沉柜水下检修项目由检修中心负责经营。检修中心拥有管理处自行研制的自浮式气压沉柜（简称水下沉柜）设备，该设备属国内首创，曾获江苏省重大科技进步奖。水下沉柜是全省水利行业水下工程主要的检修和抢修工具，广泛应用于水工建筑物的底板、消力池护坦、铺盖等水下部位的不打坝检修，施工人员可在沉柜中进行气割、焊、机械凿除、混凝土修补。检修中心于1981年参加葛洲坝水利枢纽下游护坝维护，1984年赴上海大河东闸进行水下检查，并为省内的多项工程实施水下检查维修，详见表8-8。

表8-8　沉柜水下检查维修施工情况表

年份	承揽项目	收入（万元）
1981	葛洲坝水下工程检查	2.9
1984	盐城新洋港底板维修	2.3
1988	上海大治河东闸水下检修	5.0
1989	万福闸水下检修	5.0
1990	万福闸水下检修	5.0
1991	南通团结闸伸缩缝大修	5.0
1992	南通团结闸伸缩缝大修	26.5
1994	九龙闸水下检查	1.2
1996	镇江谏壁闸抢险	10.0
1997	泰州过船港闸水下检修	3.4
1998	扬中抢险、灌云图西闸水下检修、泰州口岸闸水下检查	26.5
1999	六垛南闸水下检修	12.0
2000	南通节制闸伸缩缝修理、扬州二电厂江堤护岸检查、邵伯节制闸门槽改造、盐城新洋港闸水下检修、二河闸水下检查	78.4

续表

年份	承揽项目	收入（万元）
2001	九圩港闸水下检修、口岸闸水下检修	69.0
2002	常州新闸水下混凝土验收、万福闸水下检修	38.5
2005	江都捞草桥支架水下安装	38
2006	上海蕴东水闸水下检修	51
2009	镇江谏壁闸水下检修	39
2012	上海大治河西闸门槽维修	16
2013	南通节制闸闸室伸缩缝维修	86
合计		520.7

检修中心还配备了1支全省水利行业建立最早的经验丰富的潜水员水下作业队伍——潜水组，潜水组于1964年由省水利基建队划归管理处领导，常年承接水下切割、焊接、检查等业务。20世纪90年代以前，潜水组主要以完成省厅下达的任务为主，对外服务较少，而且基本不收取服务费用。90年代初，潜水组逐步开展综合经营，不断开拓省内外水下检修市场，曾先后为福建省三明市自来水公司、天津尔王庄泵站、常熟枢纽泵站、南通市通州区六座水闸、常州市澡港水利枢纽、魏村水利枢纽及小河、孟城水闸、金坛市城市防洪管理处各水利枢纽、泰州市高港水利枢纽、谏壁发电厂、镇江市谏壁节制闸、扬州市涵闸管理处水泵房、扬州市第一电厂、扬州市第二电厂、华能淮安电厂等工程进行水下检查、堵漏、清理、检修工作。

八、接待服务

1963年一站建成后，外来参观人数较多，参观的来宾主要是国家领导人、水利专家以及外宾等。20世纪80年代初期扩大对外开放，根据需要和行政许可，管理处逐步象征性地收取参观费用，参观费按场次收，20人以内收30元，20～30人收40元，并按人数递增而增加费用。1993年，经物价部门同意，将门票定为1.5元/人。1999年调增至3元/人。2002年调整为6元/人，同行业人士、学生等以参观与学习工程为主的来宾可免费或部分免费参观。后按照公益型工程管理和景区免费开放要求，不再收取门票。

随着人们对旅游需求的不断提高，管理处抓住这一有利形势，利用水工程自身优势，加大对水利旅游的开发力度，不断增加旅游景点，完善服务设施，扩大对外宣传。2001年，成立迎宾馆和接待中心，陆续新建园中园东园、西园、芒稻茶社、实训基地，集参观接待、会议、培训、餐饮、住宿、展览等多种功能于一体。服务设施的完善，进一步促进了接待水平的提高。2001年被确定为国家级水利风景旅游区后，前来江都水利枢纽工程观光旅游的游客逐步增多。2020年11月13日，习近平总书记视察江都水利枢纽，在“江淮明珠”展览馆发表重要讲话。截至2022年，旅游区接待国内外参观达200万人次。

九、其他

（一）通航

江都水利枢纽工程中曾具有通航功能的船闸或节制闸有五里窑闸、三里窑闸、宜陵闸、邵仙套闸、江都东闸、江都西闸。

五里窑闸主要解决江都区仙女镇附近的通航问题。闸室长 135 m，宽 12 m。三里窑闸于 1966 年建成，主要解决江都及通扬运河东段部分地区通航问题。闸室长 135 m，宽 12 m。由于船舶越来越大，加上河道淤积和水利工程的兴建，部分航道不能通航，船只很少，两船闸通航收入较低。

宜陵闸建于 1963 年，设有通航孔，主要解决里下河、通扬运河以南等地区通航问题，通航孔净宽 10 m，每天根据潮水情况开启数次，1985 年通过技术改造，宜陵闸开始通航收费。1996 年江都东闸、西闸通航时，宜陵闸通航业务量较大，但自泰州引江河船闸开通后，通航业务量骤减。江都东闸、西闸停止通航后，三里窑、五里窑禁止通航，宜陵闸几乎没有船舶通过。

邵仙套闸于 1999 年 12 月建成通航，主要解决了高水河邵仙段通航与送水矛盾，该船闸闸室长 160 m，宽 16 m，年过船吨位 800 万 t 左右，通航业务比较稳定。该套闸由省水利投资公司、管理处等 5 家单位共同投资兴建，组成有限责任公司。2019 年 11 月 18 日，根据省水利厅《省水利厅办公室关于同意撤销江苏邵仙水利开发有限公司的批复》(苏水办财〔2019〕4 号文)，邵仙套闸资产划拨管理处，工程由管理处统一管理。

江都东闸和西闸均为节制闸，江都西闸原设有通航孔，1995 年投资 65 万元改建江都东闸南边孔为通航孔，东闸、西闸相距约 1 500 m，通航口净宽 6 m，中间的河道作为闸室及进出船只停泊区，沟通了新通扬运河、芒稻河，解决了江都、泰州、泰兴、姜堰、海安、东台、兴化、盐城等地区的船只经新通扬运河从江都芒稻河进出长江的问题。1996 年 1 月正式通航后，江都东闸、西闸年过船吨位约 80 万 t，收入 60 万元左右。1998 年泰州引江河船闸开通后，许多船只直接通过泰州高港船闸进出长江。江都东闸、西闸通航船只骤减，年过船吨位约 20 万 t，收入 10 万元左右。同时，由于江都东闸、西闸是江都水利枢纽 4 座抽水站引江抽水的节制闸，当抽引江水超过 250 m^3/s 流量时，从安全角度考虑应立即停止通航。因此，江都东闸、西闸通航受到工情和水情的制约，每年 3～10 月一般不通航，这也是江都东闸、西闸通航业务难以稳定的重要因素。2002 年，江都东闸、西闸停止通航。

（二）发电

三站装有 10 台可逆式机组，可利用淮河余水发有功电。1969 年到 2022 年期间，共发有功电 10 346. 2 万 kW · h。江都 4 座抽水站还可以在抽水运行时带发无功电，也可专发无功电。根据供电部门要求，1964 年开始发无功电，1964 年至 1982 年，共发无功电 53 698. 6 万 kvar. h。1982 年以后，随着电网供电质量的提高，供电部门已不再有发无功电的要求。

第九章

党建和精神文明建设

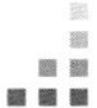

管理处自 1963 年成立以来，随着工程的不断扩建，管理机构与队伍也不断地扩大。从 1963 年到 2022 年，管理处的机关科室和下属单位由 4 个发展到 28 个，职工人数由 48 人增加到 488 人。同时，党、政、工、团组织也随之发展与扩大。

第一节　党政机构

1963 年初，在一站即将竣工时，省水利厅立即着手筹建管理机构，向省编制委员会报请建立江苏省水利厅江都水利枢纽工程管理处，省编制委员会于 1963 年 2 月 25 日函复同意，并核定事业编制 48 人。省水利厅于 1963 年 5 月 10 日正式成立江苏省水利厅江都水利枢纽工程管理处，并于 1963 年底将该日定为“处庆日”。

“文化大革命”期间，有关党政、人事方面归属扬州地区革命委员会领导，有关工程建设、管理、维修、经费等业务技术方面仍属省水利厅领导。1968 年 9 月 27 日，省水利厅调整省属工程管理单位体制，将万福闸管理处并入江都水利枢纽工程管理处。1970 年 9 月 15 日，省革命委员会（以下简称省革委会）水电局通知将原名称更名为江苏省江都水利工程管理处革命委员会（以下简称管理处革委会），并启用新印章。1978 年 1 月 19 日，省委同意将管理处的党政关系收归省管，为省水利局直属单位，恢复“文化大革命”前的领导体制。

一、党组织

1963 年管理处建立后，成立了中共江苏省水利厅江都水利枢纽工程管理处支部委员会，直属省水利厅机关党委领导，李羿维任党支部书记，委员有尚广传、路天忠。1965 年 6 月 15 日，经省水利厅党委会报请省农林水党委批准，同意建立中共江苏省水利厅江都水利枢纽工程管理处总支部委员会，直属省水利厅党委领导。是年，党总支下设 4 个支部，10 个党小组，有党员 62 人，占职工总数的 26.6%，李羿维任党总支代理书记（1966 年 2 月任书记），委员有黄明学、路天忠、高锦成、邢庆先、顾西江。随着工程建设规模的不断扩大，职工队伍的逐步壮大，党员人数的逐渐增多，1971 年 6 月 20 日，中共扬州地区委员会（以下简称扬州地委）批准建立中共江苏省江都水利工程管理处委员会（以下简称管理处党委），同年 6 月 26 日启用新印章。当时，管理处党委下设 5 个支部，有党员 95 人，李羿维任党委书记。1973 年、1983 年、1987 年、1996 年、2005 年、2012 年、2017 年、2023 年分别选举产生了新的 8 届党委，选举产生或省水利厅党组任命的管理处党委书记先后为李羿维、管怀山、陈文和、祁朝标、陈学富、汤超、汤正军、辛华荣、王冬生、问泽杭、夏方坤、钱邦永。至 2023 年 5 月，管理处党委下设 23 个支部，党员 406 人。历届管理处党委组成情况见表 9-1。

表 9-1　历届管理处党委组成情况表（1971—2023 年）

届数	时间	书记	任职时间	副书记	任职时间	委　员	增补委员	
							姓名	任职时间
1	1971.6—1973.5	李羿维	1971.6—1973.5			路天忠、孙　健、黄明学、贺红旺、周开元、马松年		
2	1973.5—1983.3	李羿维	1973.5—1976.9	周思德	1973.5—1976	路天忠、贺红旺、黄明学、周开元、马松年	刘明泉	1977.10
		管怀山	1977.10—1980.3	赵　斌	1977.10—1984.1		张树本	1979.12
				沈日迈	1979.12—1981.12			
3	1983.3—1987.4			陈文和	1983.3—1986.7	陈庆山、陈如珍、杨冬生、张顺民、徐正元、夏振国		
		陈文和	1986.7—1987.4	许太谷	1984.1—1984.6			
				李义楼	1984.6—1986.7			
4	1987.4—1996.2	陈文和	1987.4—1993.2	夏振国	1987.3—1993.2	汤明根、华国镜、陈庆山、张顺民、徐正元	郭永田	1993.4
				祁朝标	1993.2—1995.10		戴立明	1994.3
		祁朝标	1995.10—1996.2	戴立明	1995.10—1996.1			
5	1996.2—2005.11	祁朝标	1996.2—1997.6	夏振国	1995.10—1997.9	汤正军、陈庆山、张顺民、郭永田、徐正元	史建华	1999.6
		陈学富	1997.6—2001.4					
				荣迎春	2001.4—2005.05		王葆青	2002.10
				汤正军	2001.4—2005.11			
		汤　超	2001.5—2005.11					
6	2005.11—2012.8	汤超	2005.11—2012.4	汤正军	2005.11—2012.4	王葆青、史建华、孟　俊、李　勇、马晓忠	徐明	2008.7
		汤正军	2012.4—2012.8	辛华荣	2012.4—2012.8			

续表

届数	时间	书记	任职时间	副书记	任职时间	委　员	增补委员	
							姓名	任职时间
7	2012.8—2017.5	汤正军	2012.8—2014.2	辛华荣	2012.8—2014.2	王葆青、魏强林、徐　明（2015.10调离）、李　勇（2015.9退休）、黄亚明（2015.10调离）		
		辛华荣	2014.2—2017.5	王葆青	2014.5—2016.4			
8	2017.5—2023.3	辛华荣	2017.5—2019.2			魏强林、徐惠亮、王雪芳、周灿华、顾学明（2020.11调离）、华　骏		
		王冬生	2019.2—2019.8					
		问泽杭	2019.8—2020.5					
		夏方坤	2020.5—2022.7	魏强林	2020.12—2021.12			
		钱邦永	2022.7—2023.3					
9	2023.3—	钱邦永	2023.3—			孟　俊、徐惠亮、王雪芳、周灿华、黄亚明、华　骏		

注：第三届党委自1993年2月起由祁朝标主持。第五届党委自2001年4月起由荣迎春主持，汤超赴西藏支援工作。

1981年8月25日，省水利厅党组批复同意成立管理处纪律检查组，由张树本兼任纪律检查组组长。1985年初，管理处党委根据中央纪律检查委员会有关精神，为改善党的领导，维护党纪党规，切实搞好党风，发扬党的优良传统，经省水利厅党组批准，于是年1月31日成立第一届管理处纪律检查委员会（以下简称管理处纪委），书记为李义楼。1987年、1996年、2005年、2012年、2017年、2023年先后选举产生了第二、第三、第六、第七、第八、第九届管理处纪委，书记分别为夏振国、郭永田、史建华、徐明、顾学明、魏强林、黄亚明。历届管理处纪委组成情况见表9-2。

表9-2　历届管理处纪委组成情况表（1985—2023年）

届数	时　间	书　记	任职时间	委　员
1	1985.1—1987.4	李义楼	1985.1—1986.9	王长广、于万珍、马松年、潘舜民
		夏振国	1986.9—1987.4	
2	1987.4—1996.2	夏振国	1987.4—1993.2	王长广、乔国栋、施之玄、于万珍
		郭永田	1993.3—1996.2	

续表

届数	时　间	书　记	任职时间	委　员
3	1996. 2—2005. 11	郭永田	1996. 2—2005. 10	史建华、刘从会、沈卫东、施之玄
		史建华	2005. 10—2005. 11	
6	2005. 11—2012. 8	史建华	2005. 11—2008. 6	刘从会、孙汉明、沈卫东、黄亚明
		徐　明	2008. 6—2012. 8	
7	2012. 8—2017. 5	徐　明	2012. 8—2015. 10	刘从会、沈卫东、蔡　平、王雪芳
		顾学明	2015. 10—2017. 5	
8	2017. 5—2023. 3	顾学明	2017. 5—2020. 11	朱建军、孙明权、夏　炎、吉　庆
		魏强林	2020. 12—2021. 12	
		黄亚明	2022. 6—2023. 3	
9	2023. 3—	黄亚明	2023. 3—	汤　亮、周　洁、刘　刚、陈　葆

注：纪委与党委一直同步改选，为了表述统一，从2005年11月改选后，纪委与党委统一届数。

管理处历届党委认真落实党的建设工作要求，压实管党治党政治责任，切实履行全面从严治党主体责任和监督责任，按照“政治功能要强、党组织班子要强、党员队伍要强、作用发挥要强”的要求，持续锻造坚强有力的基层党组织。管理处2011年被授予“全国先进基层党组织”，2018年被评为江苏省“党员教育实境课堂示范点”，2022年荣获“省级机关模范机关建设标兵单位”称号。

多年来，管理处始终坚持大抓基层的鲜明导向，深入开展党建标准化规范化建设，不断夯实党建工作基础，提高党支部建设质量，处属多家党支部先后被选树为“服务高质量发展标兵党支部”“省级机关党支部书记工作室”“省水利厅党支部书记工作室”。自2013年起，管理处创新提出打造“一支部一品牌”，不断总结提炼、深化拓展，在实践中逐步丰富为“一支部一品牌一工作法”。

表9-3　各党支部品牌工作法

序号	党支部名称	品牌	工作法
1	机关第一党支部	阳光服务　情系干群	“聪”字工作法
2	机关第二党支部	精细管理　科学管家	“五位一体”工作法
3	机关第三党支部	精细管理　岗位先锋	“四精一创”工作法
4	机关第四党支部	建美丽源头　做服务先锋	“一好三力”工作法
5	机关第五党支部	源头工程　榜样之基	“三进三融四围绕”工作法
6	第一抽水站管理所党支部	源头第一站　服务创一流	“四心合力”工作法

续表

序号	党支部名称	品牌	工作法
7	第二抽水站管理所党支部	精准精益　老站生辉	“二元二次方程”工作法
8	第三抽水站管理所党支部	情系旗帜　两项创优	“严、先、精、联”四字工作法
9	第四抽水站管理所党支部	大站工匠　江淮明珠	“精、承、新”三步工作法
10	变电所党支部	“核心”动力　“智水”先锋	“三项四线制”工作法
11	电力试验中心党支部	水利行业电气试验先锋	“CMA”工作法
12	万福闸管理所党支部	发挥大闸效益　传承劳模精神	“心、微、慧”三字工作法
13	江都闸管理所党支部	枢纽口门　服务先锋	“三精三创”工作法
14	邵仙闸管理所党支部	绿色通道　惠民先锋	“谈、访、议”三言工作法
15	宜陵闸管理所党支部	生态兴闸　党员先行	“5X”工作法
16	维修养护中心党支部	移动的堡垒　飘扬的旗帜	“三唯两护一中心”工作法
17	技能鉴定站党支部	明德　笃行　拓新	“三人聚力”工作法
18	水利科学研究所党支部	聚智创新　携手前行	“ISO”工作法
19	接待中心党支部	以“文”化“人” “荷”谐共唱	“六联”工作法
20	水文水情党支部	水文情韵　水润源头	“五彩同心圆”工作法

与此同时，处纪委在作风建设、风险防控、廉政文化建设方面不断探索实践。持续深化专项整治和制度建设，形成《改进工作作风、密切联系群众的实施意见》《加强和改进工作作风监督检查办法》《“向上向善向好看我行”作风建设提升实施方案》等一系列长效机制。积极打造“清风流韵　崇德畅廉”廉政文化品牌，2017年，管理处被评为“江苏省廉政文化建设示范点”，成为全省水利系统首家获此殊荣的单位。2018年，管理处出台《廉政风险防控工作实施方案》，编制完成涉及145个风险环节、286个廉政风险点的防控手册，着力构筑以“岗位为点、程序为线、制度为面”的廉政风险防控网。

二、行政机构

管理处行政机构自1963年5月建立后，随着工程的扩建和工程管理的发展，机构设置多次调整，逐步完善。60年来，大体上可以分为建处初期（1963年至1964年）、完善时期（1965年至1983年）、改革时期（1984年至2022年）3个阶段。

管理处行政机构是正处级建制，下设正科级单位。处级领导人由省水利厅考核任命，科级负责人由管理处考核，报省水利厅审批，由管理处任命（或聘任）。至

2022年先后任主任的有李羿维、刘长明、赵木禾、管怀山、陈文和、祁朝标、陈学富、荣迎春、汤超、辛华荣、王冬生、问泽杭、夏方坤、钱邦永。历届处级领导人职务及时间详见表9-4。

表9-4　管理处行政领导成员更迭表（1963—2022年）

姓名	职务	任职时间
王凌洋	负责人	1963. 3—1963. 12
李郁华	负责人	1963. 3—不详
李羿维	副主任	1963. 9—1968. 9
	主　任	1968. 9—1976. 9
路天忠	副主任	1968. 9—1977. 7
周思德	副主任	1972—1976
孙　健	副主任	1976. 1—1977. 9
刘长明	主　任	1976. 10—1977. 7
赵木禾	主　任	1977. 7—1977. 9
管怀山	主　任	1977. 10—1980. 3
赵　斌	副主任	1977. 10—1984. 1
雍思琪	副主任	1977. 11—1980. 4
沈日迈	副主任	1979. 12—1981. 12
张树本	副主任	1979. 12—1983. 3
陈文和	副主任	1981. 6—1984. 2
	主　任	1984. 2—1993. 11
戴立明	副主任	1993. 11—1996. 3
夏振国	副主任	1984. 1—1995. 10
汤明根	副主任	1984. 1—1997. 9
祁朝标	副主任	1993. 2—1995. 10
	主　任	1995. 10—1997. 6
陈学富	主　任	1997. 6—2001. 4
汤正军	副主任	1997. 3—2005. 5
	副主任（正处级）	2005. 5—2014. 1
王葆青	副主任	1999. 11—2016. 4
荣迎春	主　任	2001. 4—2005. 5

续表

姓名	职务	任职时间
汤 超	主 任	2005. 5—2012. 4
魏强林	副主任	2006. 2—2020. 12
辛华荣	主 任	2012. 4—2019. 2
徐惠亮	副主任	2013. 4—
史建华	副主任	2014. 5—2015. 7
周灿华	副主任	2015. 10—
王雪芳	副主任	2016. 8—
王冬生	主任	2019. 2—2019. 8
问泽杭	主任	2019. 8—2020. 5
夏方坤	主任	2020. 5—2022. 7
孟 俊	副主任	2020. 11—
华 骏	副主任	2022. 6—
钱邦永	主任	2022. 7—

（一）建处初期

1963 年 2 月 25 日，省编制委员会同意建立管理处时，核定处内设机构有人秘组、技术指导组与抽水站（含修配人员）3 个部门。同年 7 月 6 日，成立宜陵闸管理所，隶属管理处领导。是年 11 月 28 日，原万福闸管理处（1960 年成立）下属的江都闸管理所和邵伯闸管理所划归管理处领导。至 1963 年底，管理处机关设 2 个组，下属 4 个单位。

（二）完善时期

1964 年 8 月二站建成投运。1965 年 6 月 9 日，经省水利厅党组研究决定，管理处机关由组改为科室，成立秘书室、保卫科、技术管理科等 3 个科室，同年 7 月 16 日，处务会议决定将原由一站代管的变电所、二站代管的检修班和管理处代管的潜水组划归技术管理科领导。此时管理处下属单位除建处初期的一站和宜陵闸、江都闸、邵伯闸 3 个管理所外，又增加二站、邵仙闸洞管理所及五里窑管理所。是年 8 月和 9 月管理处分别制定抽水站技术干部与各职能科室工作职责并执行。

1968 年 9 月万福闸管理处并入管理处。1969 年 10 月三站竣工投运，1977 年 3 月四站投产，1980 年配套工程竣工，至此，江都水利枢纽工程全部建成。此时，各工程配备的水文人员原属扬州水文中心站（后称水文分站）领导，也划归管理处领导。同时，管理处机关科室作了相应调整，并增加了下属单位。1978 年，管理处机关科室有政工科、行政科、工程管理科、财供科、保卫科、水文站共 6 个，下属单位有一站、二站、三站、四站、变电所、试验室、万福闸管理所、金湾闸管理所、芒稻西闸管理所、江都东闸管理所、邵仙闸管理所、邵伯闸管理所、宜陵闸管理所、三里窑闸管理所、五里窑闸管理所、潜水组、检修班等。

（三）改革时期

1984 年，根据上级有关精神，管理处行政机构体制进行了改革，采取了下属单位按性质合并、处机关合署办公的办法进行调整。管理处机关设办公室、人事保卫科、工程管理科（水文站与其合署办公）、计划财务科，下属单位有抽水机站管理所、江都闸管理所、邵仙闸管理所、万福闸管理所、宜陵节制闸管理所、三里窑闸管理所、修配试验室、综合经营公司、科学研究所。

随着工程管理的规范化，工作内容的增多，市场经济的深入发展，综合经营项目的增加，机构又进行了调整。2002 年，管理处机关科室有办公室、人事科（成立党办与之合署办公）、工程管理科、财供科、监察室、水政保卫科、经营科、水文站、后勤服务中心，下属单位有一站、二站、三站、四站、变电所、试验室、万福闸管理所、江都闸管理所、邵仙闸管理所、宜陵闸管理所、三里窑闸管理所、安装处（成立维修中心与之合署办公）、修配所、科研所、设计院。

2004 年，省水利厅核定管理处为社会公益第Ⅰ类事业单位，核定机关科室 7 个，具体为：办公室、人事科（党办、团委）、财供科、工程管理科、水政保卫科、纪委（监察室）、工会。处属单位 10 个，具体为：江苏省江都水利工程管理处第一抽水站管理所、江苏省江都水利工程管理处第二抽水站管理所、江苏省江都水利工程管理处第三抽水站管理所、江苏省江都水利工程管理处第四抽水站管理所、江苏省江都水利工程管理处变电所、江苏省江都水利工程管理处水文站、江苏省江都水利工程管理处万福闸管理所、江苏省江都水利工程管理处江都闸管理所，江苏省江都水利工程管理处邵仙闸管理所、江苏省江都水利工程管理处宜陵闸管理所。并同意管理处成立“江苏省江都水利枢纽工程维修养护中心”，主要承担工程维修养护任务，实行企业化运作。在经费不到位的情况下，实行独立运作，合同管理。

随着单位发展和职能增加，经省水利厅同意，管理处陆续增设一批科级建制机构，人员编制及经费来源内部调剂解决，2007 年，成立江苏省江都水利工程管理处接待中心；2008 年，增设湖泊管理科、江苏省江都水利工程管理处电力试验中心和江苏省江都水利工程管理处水利科学研究所；2012 年，成立经营项目管理科；2013 年，成立江苏省水利系统技师工作室；2015 年，成立水利职业技能培训鉴定站。

2015 年 12 月，省水利厅批复在管理处财供科增挂审计科牌子，与财供科合署办公；在工程管理科增挂安全生产监督科牌子。

2019 年 7 月，省水利厅批复同意管理处内设机构调整。单独设立党办、审计科，湖泊管理科更名为河湖管理科，另设副总工一职。调整后，管理处内设办公室、人事科、党办、工程管理科（安全生产监督科）、河湖管理科、财务科、审计科、项目管

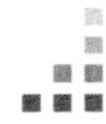

理科、水政保卫科、纪律监督室、工会11个科室，下设第一抽水站管理所、第二抽水站管理所、第三抽水站管理所、第四抽水站管理所、变电所、电力试验中心、水文站、万福闸管理所、江都闸管理所、邵仙闸管理所、宜陵闸管理所、维修养护中心、水利职业技能培训鉴定站、水利科学研究所、接待中心、省水利系统技师工作室16个单位。

2020年12月，省水利厅批复同意管理处成立水情教育中心。

2021年6月，省水利厅同意增挂江苏省南水北调水情教育中心牌子。江苏省江都水利工程管理处（江苏省南水北调水情教育中心）的职责任务是为江都水利工程正常运行提供管理保障；承担管理处所属工程的运行管理；国情、水情教育；江都水利枢纽国家水情教育基地、国家水利风景区管理和利用；高邮湖、邵伯湖保护、开发、利用、管理；工程技术服务。

第二节　群众团体

一、工会

1964年7月，经江都县总工会批准，江都水利工程管理处工会委员会成立，下设13个工会小组，会员138名，占职工总数62.4%。1973年8月进行改选组成第二届工会委员会。至2022年，工会共进行8次改选，历时9届，有20个分工会。历届工会委员会情况详见表9-5。工会委员会下设经费审查委员会、妇女工作委员会，至今共有9届。

1984年1月20日，管理处召开首届职工代表大会（简称职代会），建立生产管理、财务管理、生活福利、分房和提案审查5个专门小组，会议通过了管理处《〈国营工业企业职工代表大会暂行条例〉实施细则》、《职工奖惩暂行条例》和《职工考勤细则》。第二、第三届职代会分别于1987年4月、1991年2月改选。1996年3月27日进行了第3次改选，产生第四届职代会房改、生活福利、规章制度、干部评议、劳动保护5个专门工作小组。第五、第六、第七、第八届职代会分别于2005年5月、2013年1月、2018年1月、2023年4月改选。

表 9-5　管理处历届工会委员会情况表（1964—2023 年）

<table>
<tr><th>时间</th><th>主席</th><th>副主席</th><th>委员</th><th>附注</th></tr>
<tr><td>1964. 7—1973. 8</td><td>吴荣生</td><td></td><td>袁超、任儒珍等</td><td rowspan="20"></td></tr>
<tr><td>1973. 8—1978. 11</td><td>路天忠</td><td>沈逢亮
周延年</td><td>刘厚生、石方俊、陈如珍、张洪益、于富林、陆美英</td></tr>
<tr><td>1978. 11—1980. 10</td><td rowspan="2"></td><td>高锦成
刘学林</td><td rowspan="2">周延年、沈逢亮、张洪益、刘厚生、顾九玉、张　余、梅雪红、徐国祥</td></tr>
<tr><td>1980. 10—1983. 12</td><td>付宗文
曹文伟</td></tr>
<tr><td>1983. 12—1987. 7</td><td>汤明根</td><td>刘学林</td><td>朱福保、陆秀英、翟兔喜、徐国祥、倪建民</td></tr>
<tr><td>1987. 7—1992. 3</td><td>汤明根</td><td rowspan="4">梅向东
陈如珍
华国镜</td><td rowspan="4">陆秀英、翟兔喜、祁宝根、朱福保、徐国祥</td></tr>
<tr><td>1992. 3—1993. 2</td><td>郭永田</td></tr>
<tr><td>1993. 2—1995. 10</td><td>汤明根</td></tr>
<tr><td>1995. 10—1996. 3</td><td>郭永田</td></tr>
<tr><td>1996. 3—2006. 3</td><td>郭永田</td><td>华国镜
黄玲英</td><td>张世为、周明亮、翟兔喜、黄亚明、樊秉玉、谢国盛、杨利平</td></tr>
<tr><td>2006. 3—2008. 7</td><td>史建华</td><td rowspan="2">孙广荣</td><td rowspan="2">孙明权、严光华、杨利平、季建兰、周明亮、徐　宁、黄亚明</td></tr>
<tr><td>2008. 7—2013. 1</td><td>徐　明</td></tr>
<tr><td>2013. 1—2015. 12</td><td>徐　明</td><td>孔　恺</td><td>王雪芳、孙明权、徐　宁、蔡　平、严光华、季建兰、金　超</td></tr>
<tr><td>2015. 12—2018. 1</td><td>顾学明</td><td>孔　恺
李　丽</td><td>孙明权、严光华、徐　宁、蔡　平、季建兰、金　超</td></tr>
<tr><td>2018. 1—2020. 11</td><td>顾学明</td><td>孔　恺
李　丽</td><td>孙明权、张　宇、冷其江、吉　庆、季建兰、金　超</td></tr>
<tr><td>2021. 4—2023. 4</td><td>孟　俊</td><td>孔　恺
李　丽</td><td>钱利华、吉　庆、刘　刚、冷其江、季建兰、金　超</td></tr>
<tr><td>2023. 4—</td><td>黄亚明</td><td>孙广荣
李　丽</td><td>张　晖、钱利华、吉　庆、刘　刚、薛井俊、金　超</td></tr>
</table>

工会是职代会的工作机构，自成立以来，在维护职工权益、办好集体福利事业、开展文体活动、为职工排忧解难等方面做出了很大的贡献。1985 年，管理处新建 540 m^2 的职工之家综合楼，为职工提供文化娱乐场所，并于 2002 年进行了维修改造。2000 年，工会设置了合理化建议箱，广泛收集职工建议，更好发挥桥梁纽带作用。为了帮助职工解决一些实际困难，工会于 2002 年成立了职工“特困基金”和“互助储金会”，体现“一方有难，八方支援”的精神。2009 年，为了加强退休职工服务工作，根据相关规定并结合管理实际，管理处制定了《江都水利工程管理处退休职工服务工作暂行办法》，成立退休职工服务中心，为退休职工提供集中统一的服务工作，做到“有人员、有阵地、有经费、有活动”。2010 年，推出《职工重大疾病医疗救助管理试行办法》，成立了管理处职工重大疾病医疗救助资金管理小组，缓解了基本医疗保险标准偏低的实际问题。2018 年，推出《会员慰问管理办法》《困难职工帮扶管理办法》，修订了《职工重大疾病医疗救助管理办法》，规范了职工慰问、帮扶、医疗救助工作。2021 年，修订了《会员慰问管理办法》《困难职工帮扶管理办法》，推出了《职工代表大会提案管理办法》。2020 年，管理处新建了“职工书屋”，占地 210 m^2，藏书 3 000 余册，为职工提供了阅读交流场所。当年，被省总工会评为“江苏省工会职工书屋示范点”。工会由于工作比较突出，于 1990 年和 1997 年两次被省总工会评为“省模范职工之家”，2005 年被中华全国总工会评为“全国模范职工之家”，多次被省水利厅评为“先进基层工会”，万福闸工会小组于 2002 年被省总工会评为“模范职工之家”，万福闸、二站和变电所工会小组分别于 2007 年、2010 年和 2012 年被中国农林水利工会全国委员会评为“全国水利系统模范职工之家”。2020 年，江都三站管理所被省总工会授予“江苏省工人先锋号”。

二、共青团组织

1965 年 5 月 25 日，经共青团江苏省水利厅委员会批准成立江都水利枢纽工程管理处团总支委员会，下设 3 个支部，12 个小组，团员 92 名，占青年总数的 78. 8%。1978 年经上级批准，团总支委员会改为团委会（以下简称团委），并于同年 12 月进行改选，产生第一届团委，后于 1983 年、1987 年、1996 年、2001 年分别进行 4 次改选，产生第二至第五届团委会。2019 年合并 8 个团支部，成立机关、站区、水闸、经营 4 个团支部，截至 2022 年 12 月，管理处共有 28 岁以下青年团员 59 人、青年党员 9 人。历届团委情况详见表 9-6。

多年来，团委以改革创新为抓手，推动团的工作新发展，管理处涌现出一批一流业绩、团结奋进的先进青年集体。2002 年，邵仙闸管理所团支部荣获“江苏省五四红旗团支部标兵”称号、站区团支部荣获“省级机关五四红旗团支部”称号。2004 年，邵仙闸管理所团支部升级为“全国五四红旗团支部”。2014 年，团委被团省委审定为第十六批江苏省五四红旗团委创建单位。2015 年，团委荣获“江苏省五四红旗团委”称号。2019 年，站区团支部被评为“江苏省五四红旗团支部”。

2020 年处团委荣获“省级机关五四红旗团委”称号。2021 年，团委再次荣获“江苏省五四红旗团委”称号。

表 9-6 管理处历届共青团委员会情况表

<table>
<tr><th>届数</th><th>时间</th><th>书记</th><th>副书记</th><th>委员</th><th>附注</th></tr>
<tr><td>1</td><td>1978. 12—1983. 5</td><td>施之玄</td><td>范宝乐</td><td>梅雪红、沈卫东、王永春、杜德琴、童　玲</td><td rowspan="10">1965 年 5 月至 1978 年 12 月为总支委员会，书记为周开元</td></tr>
<tr><td rowspan="2">2</td><td>1983. 5—1985. 8</td><td rowspan="2">张顺民</td><td rowspan="2">王葆青</td><td>史建华、孙干生</td></tr>
<tr><td>1985. 8—1987. 6</td><td>增　补：张爱耘、管昌发、魏强林、殷　琳</td></tr>
<tr><td>3</td><td>1987. 6—1996. 4</td><td>王葆青</td><td>孟　俊</td><td>史建华、张爱耘、冷其江</td></tr>
<tr><td>4</td><td>1996. 4—2001. 12</td><td>汤　亮</td><td></td><td>周灿华、马晓忠、钱利华、金　丽</td></tr>
<tr><td>5</td><td>2001. 12—2007. 8</td><td>汤　亮</td><td></td><td>戴　威、滕海波、黄　晖、于　水</td></tr>
<tr><td>6</td><td>2007. 8—2012. 12</td><td>夏　炎</td><td></td><td>薛井俊、黄季艳、张　晖、俞国兵</td></tr>
<tr><td>7</td><td>2012. 12—2018. 3</td><td>夏　炎</td><td>颜　蔚</td><td>俞国兵、缪树杰、马　俊、杨　阳</td></tr>
<tr><td rowspan="2">8</td><td>2018. 3—2021. 11</td><td>颜　蔚</td><td>庄伟栋</td><td>申　林、田　扬、沈芳芳</td></tr>
<tr><td>2021. 11—</td><td>颜　蔚</td><td>庄伟栋</td><td>申　林、田　扬</td></tr>
</table>

团委紧紧围绕全处中心工作，扎实做好推优工作，深入开展各种文体活动、志愿服务活动以及青年文明号创建活动等，丰富团员青年业余文化生活，引导团员青年树立正确的世界观、人生观和价值观，不断提高团员青年综合素质，充分发挥了团员青年的生力军和突击队作用。1995 年开展创建“青年文明号”活动以来，管理处先后有设计室、万福闸管理所、接待室、邵仙闸管理所、水利科学研究所、第二抽水站管理所、宜陵闸管理所 7 个青年集体荣获“省级机关青年文明号”称号。2001 年，万福闸管理所升级为“江苏省青年文明号”。2010 年，接待室升级为“江苏省青年文明号”。2014 年，水利科学研究所成为“江苏省青年文明号”。2011 年、2013 年、2015 年、2017 年万福闸管理所连续 4 次荣获“全国青年文明号”称号。2021 年，水利科学研究所被评为“第 20 届全国青年文明号”。

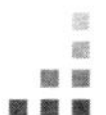

第三节　队伍建设

随着江都水利枢纽工程的逐步完善，管理处的职工队伍逐步壮大，结构趋于合理，人员素质不断提高。截至 2022 年 12 月，管理处有 488 名职工，其中研究生学历 18 人，大学本科学历 273 人，大学专科学历 92 人，中专学历 84 人。

一、职工队伍

管理处的职工队伍是在枢纽工程“边建设、边投产、边配套、边运行、边提高”的建设过程中发展壮大起来的。1963 年 2 月 25 日，省编制委员会核定全处事业编制 48 人，其中工人 36 人，干部 12 人。同年 3 月 30 日省水利厅党组研究批复，同意从一站施工单位——省水利厅基建工程队中，调配干部 9 人、工人 36 人到管理处工作，组成建处初期的基本队伍。此后，厅属有关单位陆续调配干部、工人充实管理处力量，1964 年 8 月省水利厅在全省各地招用了 1962 年水利学校毕业的中技生 45 人到管理处工作，并陆续招用大专院校、中等专业学校毕业生及复员军人、军队转业干部、知青以及通过社会招工等充实队伍。至 1965 年底，全处职工队伍达 232 人（含原万福闸管理处人员）。

1977 年，江都水利枢纽工程全面建成，队伍随之扩大。至 1979 年底，全处人员达 503 人。1986 年江苏省编制委员会核定编制 565 人。截至 2022 年 12 月，全处职工达 488 人（各单位职工人数情况见表 9-7）。几个关键年份管理处职工人数情况详见表 9-8。

表 9-7　2022 年 12 月管理处各单位职工人数情况表

单位名称	职工人数	单位名称	职工人数
主任室	7	第三抽水站管理所	39
副总工	1	第四抽水站管理所	33
办公室	27	变电所	19
人事科	6	电力试验中心	15
党办	4	水文站	10
工程管理科	15	万福闸管理所	29
河湖管理科	9	江都闸管理所	31
财务科	19	邵仙闸管理所	32
项目管理科	5	宜陵闸管理所	21

续表

单位名称	职工人数	单位名称	职工人数
水政保卫科	8	维修养护中心	28
纪律监督室	4	技能鉴定站	9
工会	4	水利科学研究所	26
第一抽水站管理所	30	接待中心	16
第二抽水站管理所	32	水情教育中心	9

表 9-8　关键年份管理处职工人数情况表（1963—2022 年）

年份	职工总数	干部人数	工人人数	备注
1963	48	12	36	建处初期
1972	286	46	240	
1984	546	147	399	体制改革
1993	568	169	399	工资改革
2002	522	152	370	
2012	489	208	281	岗位设置
2022	488	236	252	

二、专业技术队伍

1963 年建处时，管理处配备工程师（兼技术组长）1 人，技术员 2 人，助理技术员 2 人。1964 年管理处招用了一批中技毕业生，他们在参加抽水站的安装、运行、管理中不断学习、实践，业务技术提高较快，20 世纪 70 年代初期，已基本成为技术骨干，有的是电气、机务上的技术负责人，有的晋升为机、电工程师。

1980 年，国家恢复技术职称的评定工作（“文化大革命”期间停止），同年 9 月省水利厅水利技术职称评定委员会批复，同意管理处 5 人套改为工程师、17 人为助理工程师。1981 年经省水利厅水利技术职称评定委员会考核评定，厅党组批准，14 人晋升为工程师。1984 年 6 月省水利厅党组研究决定 3 人任管理处副总工程师。1988 年 6 月，经省水利工程技术高级职务评审委员会评审，报请省职改办批准，3 人已具备高级工程师任职资格。1988 年管理处行政聘任高级技术职务 5 人，中级技术职务 42 人，初级技术职务 62 人。以后逐年进行技术职务评审，1992 年有 1 人被评为教授级高级工程师。2002 年底，全处在职技术人员达 143 人，其中高级技术职务 9 人，中级技术职务 60 人，初级技术职务 66 人。到 2022 年 12 月，全处在职技术人员达 206 人，其中正高级技术职务 6 人，副高级技术职务 77 人，中级技术职务 67 人，初级技术职务 56 人。历年高、中级职称评定人员情况详见表 9-9、表 9-10。

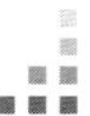

表 9-9　管理处高级职称评定情况表（1987—2022 年）

年份	职　称	姓　名
1992	正高级工程师	封文堪
2005		孙汉明
2007		汤正军
2010		曹　瑚
2012		魏强林
2013		周灿华
2014		辛华荣
2015		蔡　平　姚文泉
2016		徐惠亮
2018		龚维明
2019		钱邦永　樊　旭
2020		孙正兰
2021		戴春祥
2022		董晓军
1987	高级工程师	封文堪　张尧培　孔繁琪
1988	高级工程师	汤明根　张国琪　张汉君
1993	高级工程师	刘蔷芬　周　岳　包祥荣
1997	高级工程师	孙汉明　祁朝标　范景林　黄海田
1998	高级工程师	刘志龙
1999	高级工程师	汤正军　朱福保　魏强林　龚维明
2000	高级工程师	王秀珍　姚文泉　曹　瑚
2001	高级工程师	仇天林　朱爱平　董　毅
2002	高级工程师	冷其江
	高级会计师	黄亚明
2003	高级工程师	周灿华　马晓忠
	高级政工师	荣迎春
2004	高级工程师	雍成林　樊　旭　蔡　平　孙正兰　黄仁康
	高级政工师	郭永田　史建华

续表

年份	职　称	姓　名
2005	高级工程师	汤　超　王葆青　李　勇　周思年　戴春祥
	高级政工师	孟　俊　沈宏平　李　丽
2006	高级工程师	孔　恺　严光华　刘东民　乔凤权　钱利华
	高级会计师	张伟民　范　珩
	高级经济师	符荣华
	高级政工师	黄玲英　汤　亮
2007	高级工程师	徐惠亮　张业春　石庆生　竺小芹　张晓英　游善江
	高级会计师	王雪芳　吉　庆　刘晓兰
	高级经济师	肖建华
2008	高级工程师	吕建平　沙新建　李尚红　沈昌荣　阚永庚　董晓军
2009	高级工程师	王　军　周新洋　田明云　孙明权　陈　靳　刘瑞生
	高级经济师	季建兰
	高级政工师	刘从会
2010	高级工程师	陈　伟　汤建忠　李银海　孙振华　吕　艳
2011	高级工程师	朱建军　霍安新　薛井俊　邵　林　王德俊　丁小锋　沈卫东
	高级会计师	吕晓静
	高级政工师	孙广荣　夏　炎
2012	高级工程师	华　骏　刘　刚　张　宇　朱玉兵　张继杰　倪　波　万继芳
	高级经济师	张　敏
	副研究馆员	李　丽（转评）
	高级政工师	戴　威
2013	高级工程师	叶建琴　袁长治　万章生　郑宏胜　朱　敏　傅　华　孙国娟
	高级经济师	夏　炎
2014	高级工程师	王　浩　张小兵　张建峰　匡　正　于振山　何小军　田磊磊
2015	高级工程师	徐冰凌　黄春华　高　萧　陈　丹
	副研究馆员	穆　梅
	高级会计师	张　洁　梁　燕

续表

年份	职 称	姓 名
2016	高级工程师	张 晖 朱承明 沈 坚 范顺芳 许 媛
	高级政工师	顾 芸
	高级会计师	张 丽
2017	高级工程师	孙广荣（转评） 宗金华 刘媛媛 曹 云 周 洁 王骏秋 曹美萍 孙岚清 蔡玲玲 孙志科 周 颖 万 泉 季 晨
	高级政工师	张 鹏
2018	高级工程师	孙养武 顾玉兰 王开谟 高 群 夏 炎（转评） 李江艳 王 成 黄智丰
2019	高级工程师	朱 宁 孙 衍 李 扬 滕 军 张俊嵩 杨絮飞 刘 洁 胡春麟
	高级会计师	赵 军 唐 玲 俞国兵
2020	高级工程师	缪树杰 王 江 肖 璐 陈 葆 杨兴丽 周旭东 张 莹 马 俊 华 璇 杭纾名（以考代评）
	高级会计师	严静慧
2021	高级工程师	袁志波 陈 华 周开欣 王龙飞
	副研究员	颜 蔚
2022	高级工程师	印丽娟 陆明浩 高 兴 崔 凯 申 林 于洪亮 陈宇潮 尤文成
	高级人力资源管理师	孙 翔

表 9-10 管理处中级职称评定情况表（1980—2022 年）

年份	职称	姓名
1980	工程师	孔繁琪 江丕谟 沈日迈 张尧培 封文堪
1981	工程师	韦康英 刘蔷芬 汤明根 李惠卿 张国琪 张汉君 谢道坦 金霖桃 周 岳 范景林 徐仁冠 徐道金 赖烈先 洪江渥 周正介
1982	工程师	叶敬尧 吕省三 张笃顺 陈文和
1987	工程师	申建昌 汤正军 孙汉明 刘志龙 朱福保 沙荣昌 张正安 居士鹏 周思年 周延年 金宏宽 黄仁康 黄铁盘 曹玉生 董金龙 穆玉林
	会计师	陆秀英
	主治医师	王生瑞
1988	工程师	叶桂生 余芷英 佘明凤 陈 威 李桂娣 何寿明 徐肇础 徐正元 袁秀英 潘培忠 薛荣熙 袁天宝
1989	工程师	朱爱平

续表

年份	职称	姓名
1993	工程师	王秀珍　仇天林　石庆生　凌　平　龚维明　曹　瑚　董　毅　魏强林
	会计师	黄亚明
	主治医师	胡艾兰
1994	工程师	叶清华　朱正生　姚文泉　黄玉成　戴立明
	会计师	黄玲英
1995	工程师	王葆青　汤　超　刘东民　冷其江　洪修文　蔡　平　戴春祥
	主治医师	吕志凤
1996	主治医师	戴梅芳
1997	工程师	马晓忠　孔　恺　孙正兰　张业春　沈卫东　周灿华　袁长治　樊　旭
1998	工程师	于振山　刘瑞生　杜治潮　严光华　张晓英　钱利华　雍成林
	会计师	王　勤　刘晓兰　范　珩
	经济师	沈宏平
	档案馆员	孙才寿
1999	工程师	万继芳　王　军　叶建琴　刘庆龙　沈道寿　张顺林　郑宏胜　荣迎春 梅雪红
	会计师	王卫青　曹玉琴
	经济师	孟　俊　符荣华
2000	工程师	田明云　乔凤权　李　勇　范顺芳　周新洋　竺小芹　游善江
	会计师	王雪芳　张伟民
	经济师	李　丽　肖建华　汤　亮
2001	工程师	吕建平　陆明浩　汤　泳　沙新建　徐惠亮
2002	工程师	孙明权　董晓军　陈　靳　沈昌荣　阚永庚　万章生　李尚红　陈笃俊
	会计师	吉　庆
	经济师	季建兰
2003	工程师	张继杰　李银海　王　浩
	政工师	张顺民　潘舜民　刘从会
2004	工程师	孙养武　孙广荣　王德俊　滕海波　汤建忠　张　坚　华　璇　曹美萍
	会计师	吕晓静　唐　玲

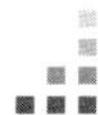

续表

年份	职称	姓名
2005	工程师	朱建军　丁小锋　孙振华　李晓雁　陈　伟　朱玉兵　霍安新　顾玉兰
	经济师	夏　炎
2006	工程师	薛井俊　倪　波　刘　刚　张　宇　华　骏　邵　林
	会计师	张　丽
	政工师	孙广荣（转评）　夏　炎（转评）　戴　威　姚爱群
2007	工程师	朱　敏　孙国娟　田磊磊　何小军　张小兵　傅　华　孙国娟
	经济师	陈　葆
2008	工程师	黄季艳　王骏秋　王开谟　匡　正　张建峰
2009	工程师	孙志科　高　萧　周　洁　徐冰凌　陈　丹　翟家骏　黄春华　吕　艳
	经济师	顾　芸　梁　燕
	馆　员	穆　梅
	政工师	张　鹏
2010	工程师	许　媛　朱承明　沈　坚　高　群　宗金华
2011	工程师	蔡玲玲　万　泉　孙　毅　孙岚清　周　颖　杨絮飞　张　晖　周至诚 刘媛媛　曹　云
	会计师	俞国兵　赵　军
2012	工程师	刘　洁　张鹏昌　黄智丰　王　成　李江艳　胡春麟　唐　亮
2013	工程师	张俊嵩　孙　衍　王龙飞　朱　宁　滕　军　陈　华　夏　炎
	馆　员	卞如冰
	政工师	顾　芸
2014	工程师	缪树杰　王　江　肖　璐　周开欣　李　扬　杭　帆
2015	工程师	陈　佳　周旭东　张　莹　印丽娟　马　俊　杨兴丽
	政工师	颜　蔚
	会计师	严静慧
2016	工程师	于洪亮　崔　凯　申　林
	会计师	杨　阳
2017	工程师	沈芳芳　陈　葆（转评）徐　俊　江如春　任　杰
	会计师	孙　翔　张雨萌

续表

年份	职称	姓名
2018	工程师	韩　猛　张　鹏（转评）　缪慧丽　唐　燕　郭　凯　谭月光　缪　薇
	会计师	滕　敏
2019	工程师	庄伟栋　沈春林　王肇优　林思群　田　扬　邱晓侨　周　颖　胡安静　徐　丹　虞　乐
	助理研究员	董晶晶
	会计师	练　佳
	人力资源经济师	商梦月
2020	工程师	李蕴升　张　猛　王丹丹　汤国庆　胡　曦
	助理研究员	严　爽　李　彤　沈芳芳
2021	工程师	刘　伟　严　森　薄又凡
2022	工程师	王　飞　王梦旭　周星晨　陈瑶池

注：1980 年 5 人为套改工程师。

第四节　职工教育

20 世纪 70 年代以前，管理处的职工教育以岗前培训为主。70 年代以后以专业培训为主，并逐步由对处内职工的培训发展到对外单位职工的培训，由对省内职工的培训发展到对省外职工的培训。

一、教育机构

（一）职工教育委员会

职工教育委员会为对内培训职工的教育机构。二十世纪六七十年代，管理处职工教育培训领导工作由处领导直接负责。80 年代初期设立业余技术学校委员会（简称校委会），由管理处和处属有关部门负责人员组成。1987 年管理处正式成立职工教育委员会（简称教委会），由管理处副主任兼教委会主任。由于人事变动，至 2022 年底，教委会已调整 19 次，详见表 9-11。

表 9-11　管理处教委会变动表

年　份	主　任	副主任	委　员
1987—1995	汤明根	蒋荣华、梅向东	张尧培、杨冬生、包祥荣、陆秀英、叶敬尧、盛春林

续表

年　份	主　任	副主任	委　员
1996—1997	汤明根	蒋荣华、梅向东	张汉君、包祥荣、陆秀英、曹　瑚、凌　平、杨冬生
1997—1998	汤明根	蒋荣华、梅向东	张汉君、杨冬生、包祥荣、陆秀英、曹　瑚、沙荣昌
1998—1999	汤正军	黄仁康	张汉君、杨冬生、沙荣昌、曹　瑚、黄亚明
1999—2001	汤正军	史建华、孟　俊	张汉君、孙汉明、龚维明、冷其江、黄玲英、曹　瑚、黄亚明、马晓忠
2001—2005	汤正军	史建华、朱福保	张汉君、孙汉明、龚维明、冷其江、黄玲英、曹　瑚、黄亚明、马晓忠
2005—2006	汤正军	史建华、雍成林	孟　俊、孙汉明、龚维明、冷其江、周灿华、曹　瑚、黄亚明、马晓忠
2006—2009	魏强林	史建华、孟　俊、雍成林	孙汉明、龚维明、冷其江、周灿华、曹　瑚、黄亚明、马晓忠、李　勇、孙广荣
2009—2013	魏强林	徐　明、黄亚明、雍成林	李　勇、龚维明、冷其江、周灿华、曹　瑚、孙广荣
2013—2014	汤正军	辛华荣、魏强林、徐　明	黄亚明、李　勇、雍成林、龚维明、冷其江、周灿华、曹　瑚、孙广荣、孔　恺、王雪芳
2014—2016	辛华荣	王葆青、魏强林、徐　明	黄亚明、李　勇、雍成林、龚维明、冷其江、周灿华、曹　瑚、孙广荣、孔　恺、吉　庆
2016—2018	辛华荣	王葆青、魏强林、徐惠亮、周灿华、顾学明、史建华	华　骏、蔡　平、李尚红、龚维明、冷其江、孙广荣、孔　恺、吉　庆、张　敏、王　军
2018—2019	辛华荣	魏强林、徐惠亮、王雪芳、周灿华、顾学明	华　骏、蔡　平、孙广荣、孔　恺、朱建军、吉　庆、张　敏、李尚红、龚维明、冷其江、王　军
2019	王冬生	魏强林、徐惠亮、王雪芳、周灿华、顾学明	华　骏、蔡　平、孙广荣、孔　恺、朱建军、吉　庆、张　敏、李尚红、龚维明、冷其江、王　军
2019—2020	问泽杭	魏强林、徐惠亮、王雪芳、周灿华、顾学明、孙泽东	华　骏、孙广荣、蔡　平、吉　庆、朱建军、孔　恺、张　敏、龚维明、冷其江、李尚红、王　军
2020—2021	夏方坤	魏强林、徐惠亮、王雪芳、周灿华、顾学明、孙泽东	华　骏、孙广荣、夏　炎、蔡　平、吉　庆、朱建军、孔　恺、张　敏、龚维明、冷其江、李尚红、王　军
2021—2022	夏方坤	魏强林、孟　俊、徐惠亮、王雪芳、周灿华	华　骏、孙广荣、夏　炎、蔡　平、吉　庆、朱建军、孔　恺、张　敏、龚维明、冷其江、钱利华、王　军
2022	夏方坤	孟　俊、徐惠亮、王雪芳、周灿华	龚维明、孙广荣、夏　炎、周　洁、华　骏、吉　庆、朱建军、孔　恺、徐　宁、邵　林、钱利华、孙正兰、王　军
2022—	钱邦永	孟　俊、徐惠亮、王雪芳、周灿华、黄亚明、华　骏	龚维明、孙广荣、周　洁、吉　庆、朱建军、孔　恺、徐　宁、薛井俊、邵　林、钱利华、孙正兰、王　军

1985 年以前，管理处职工教育具体办事机构为职工教育办公室（简称教办），隶属工管科，由一位副科长负责，配 3～4 人管理日常事务。1985 年为加强职工教育管理，管理处增设职能机构安全教育科。1998 年管理处行政机构调整，撤销安全教育科，职教工作隶属组织人事科，负责职工培训及省水利厅委托办班工作。2015 年，经省水利厅批准，成立水利职业技能培训鉴定站，具体负责水利行业特有工种职业技能培训和鉴定工作。

（二）培训机构

1983 年，经省水利厅批准，成立省水利职工培训中心，由管理处承担职工培训教育具体工作，实行双重领导。培训中心主要以培训泵站、水闸技术工人为主，中、短期兼有，管理处安全教育科负责日常工作。培训方式主要是结合站闸实际，进行理论和操作技能的培训。培训中心拥有 1 幢 1 730 m^2 综合教学楼，可同时接纳学员 120 余人。1984 年 9 月，培训中心开始对全省水利系统技术工人进行培训。

1996 年 2 月，经水利部人事教育司核批，报劳动部职业技能开发司同意，管理处建立首批水利行业特有工种职业技能鉴定站，负责江苏省水利行业泵站机电设备维修工、泵站运行工、闸门运行工等工种技能鉴定工作。2008 年，劳动和社会保障部培训就业司又批准增加水工防腐工、渠道维护工、水文勘测工的技能鉴定工作。省水利职工培训中心相应更名为江苏省水利厅职业技能培训中心，是省水利行业特有工种职业技能培训基地，由原来的工人技术培训转变为机关事业单位工人技术等级岗位培训。

为进一步做好水利行业特有工种职业技能实训鉴定工作，2013 年至 2014 年，在江都四站东侧及江都西闸下游南岸重建省水利职业技能实训和鉴定基地，主要由教学综合楼、综合宿舍楼、学员宿舍楼、阶梯教室等建筑物组成，内设技师研讨室、技术成果展示室、机械实训室、电气实训室和教学培训室等专业性工作场所。2015 年，经省水利厅批准，成立水利职业技能培训鉴定站，为科级建制。

1996 至 2015 年间，工人技术培训工作由管理处指定专人负责、专人教学，考评工作由职业技能鉴定站负责，站长由管理处主任兼任。水利职业技能培训鉴定站成立后，原工人技术培训转变为机关事业单位工人技术等级岗位培训，培训、考评工作由职业技能鉴定站负责。具体成员组成情况详见表 9-12。

表 9-12　鉴定站成员组成情况表

时间	站长	考评人员
1996—1997	祁朝标	朱福保、黄仁康、雍成林、徐正元、陈笃俊、张顺林、杨冬生
1998—1999	陈学富	蔡应杉、黄振富、朱福保、黄仁康、雍成林、徐正元、张顺林、陈笃俊、杨冬生、徐善安、孙红兵、陈作义、周　岳、李炳浩、史建华、陈　威
2000—2005	荣迎春	朱福保、冷其江、雍成林、张顺林、徐正元、陈　威、黄仁康、陈笃俊、张跃明、周明亮、史建华、孟　俊
2005—2012	汤　超	魏强林、万继芳、陈　威、张顺林、周明亮、周心禹、吕广舜、雍成林、张跃明、杨明生

续表

时间	站长	考评人员
2012—2017	辛华荣	魏强林、万继芳、陈　威、张顺林、周明亮、周心禹、吕广舜、雍成林、张跃明、杨明生
2017—2021	张　敏	刘　洁、万继芳、刘　莉、邵　斌、周卫东、杨兴丽、金　超
2021—	孙正兰	孙正兰、符荣华、刘瑞生、姚爱群、刘　洁、万继芳、杨兴丽、周卫东、邵　斌、沙　慧、刘　莉

（三）技师（大师）工作室

根据省人社厅、省水利厅《关于同意成立“江苏省水利系统技师工作室”的批复》（苏水人〔2013〕67 号）精神，为切实发挥好技师工作室的行业引领作用，2013 年 11 月，成立“江苏省水利系统技师工作室”。2018 年 12 月，江苏省人力资源和社会保障厅批准成立“江苏工匠工作室”。2019 年 1 月，根据《省人力资源社会保障厅关于公布 2019 年江苏省高技能人才重点项目评审结果的通知》（苏人社发〔2019〕44 号），管理处“金超技能大师工作室”获评“江苏省技能大师工作室”。2021 年 2 月，水利部批准设立“全国水利行业首席技师工作室”。2022 年 12 月，根据江苏省总工会发布的《关于命名第五批“江苏省示范性劳模创新工作室”的通知》，管理处“陈宇潮技师工作室”获评“江苏省示范性劳模创新工作室”。

二、培训内容

管理处从建处以来，对行政干部，特别是处、站、所领导的培训，主要是以水利工程基础知识为主，注重普及培训，提高他们的业务知识和技术管理水平；对技术干部主要是解决他们工作上带有普遍性、关键性、复杂性的技术问题，如抽水站进口段的淤积问题，抽水站的噪声、散热处理问题，提高水泵效率问题，辅机合理配备问题，闸坝水下检修等；对技术工人则进行理论知识和操作技能培训，如可控硅励磁装置使用维护等。同时还选送有关人员外出学习进修自动化、电子计算机、远动遥控装置方面的知识，参加水利部举办的大型泵站讲习班等，把学到的新技术带回来，推广使用，取得了较好效果。

20 世纪 80 年代初期以来，职工培训课程逐步走上了正规，专业层次有了提高，选用高等院校有关机电专业课程、全国水利行业工人技术考核培训教材、全国机械工人技术培训电工类通用教材等作为培训教材。有关培训课程及专业层次详见表9-13。

表 9-13　培训课程及专业层次

培训班名称	课　程	学时（月）	使用教材	专业层次
全国大型泵站技术骨干训练班	电工学、机械制图、水力学、电工仪表、测量、电气设备、大泵安装检修、泵站测流、电子技术、模拟电子电路、数字电子电路、可控硅技术	3	大专院校机电排灌、农田水利专业教材	大型泵站技术骨干培训

续表

培训班名称	课　程	学时（月）	使用教材	专业层次
省水利厅电工技术培训班	电工学、电工仪表、测量、电子技术、电气设备、安全用电、电工工艺学	2～3	全国机械工人技术培训电工类通用教材	省初、中、高级工技术培训
江苏省水利行业特有工种职业技能培训班	水文、水力学、机械制图、水工建筑物、微机、电工基础、机械基础、泵站专业、闸门专业	0.5～1	全国水利行业工人技术考核培训教材	省机关事业单位工人技术等级岗位培训、技师培训

三、教育成果

多年来，管理处职工通过培训，理论知识较扎实，职业技能熟练，技术水平得到了不断提高。如对 1964 年招用的一批中专生办了两期训练班，各训练了 3 个月，5 年后他们成为技术上的骨干，其中一部分人成为技术负责人和泵站管理负责人，能承担整个泵站的安装、检修和管理工作。管理处之所以能在 1974 年独立承担四站机电设备的安装，以及后来对外承接省内、外大型泵站的安装，与始终坚持对全体职工进行业务培训、培养了一大批技术骨干分不开。同时，在全国和省各种大型技能比赛中，管理处职工多次获得了荣誉（详见本章第五节“先进（代表）人物”）。

管理处不但重视业务技能的培训，还重视学历、文化的培养。至 1999 年底已培养大专以上学历 133 人，中专学历 6 人，研究生课程进修班 10 人，高中文化教育 120 人。1989 年至 2012 年，管理处共有 6886 人次参加了各种形式的业务培训。2013 年至 2022 年，管理处进一步创新培养模式、加大培训力度，相继成立技师工作室、技能鉴定站，建成江苏工匠工作室、大师工作室、首席技师工作室等，开展干部素质教育、技术人员继续教育、岗前培训、岗位讲坛、技术培训等各种形式的业务培训 32 437 人次。

第五节　先进（代表）人物

几十年来，管理处涌现出的先进（代表）人物有全国先进生产者 1 人、全国先进工作者 1 人、全国人大代表 1 人，省部级劳动模范和先进生产（工作）者有 37 人，省厅级先进工作者 100 多人次，全省水利技工技能竞赛荣誉获得者 45 人。

一、国家级先进生产（工作）者及全国人大代表简介

陈科，男，汉族，1927 年 7 月出生，江苏沭阳人，初小文化程度，中共党员，1949 年 3 月参加工作，曾为运河工程处公勤员、泰州船闸闸工、涟水船闸闸工、省

水利厅潜水工，于1961年11月调入管理处工作，做潜水工。1981年5月退休。陈科同志平时工作任劳任怨，脚踏实地，埋头苦干，为水利事业作出了无私的奉献，1955年出席江苏省社会主义建设积极分子代表大会，1956年4月出席全国农业水利先进生产者代表大会，被评为全国先进生产者。

张顺民，男，汉族，1946年1月出生，江苏海门人，高中文化程度，中共党员，1967年参加工作。1983年当选为管理处党委委员，1984年后任万福闸党支部书记。在他的带领下，万福闸党支部先后被省委评为“100个先进基层党支部”，被省级机关工委评为“先进党支部”“模范党支部”，被省水利厅授予“先进党支部”称号。1991年被授予省劳模称号，1995年4月被国务院授予“全国先进工作者”称号，1998年被水利部评为全国水利系统文明职工。

孙汉明，男，汉族，1949年3月出生，江苏靖江人，中共党员。1973年2月参加工作，1974年7月入党，1978年毕业于南京工学院自动控制专业。1997年被评为高级工程师，2005年被评为教授级高级工程师，曾担任管理处副总工、科研所所长，还担任扬州电工学会副理事长。2002年6月享受国务院政府特殊津贴，2002年12月当选为第十届全国人大代表。

金超，男，汉族，1973年1月出生，江苏江都人，中共党员，1992年12月参加工作，工作认真负责，刻苦钻研业务，业务水平和工作能力突出。2001年获全省泵站运行工技能大赛第一名。2002年获全国水利行业泵站运行工技能竞赛第十名，并获“全国水利技术能手”称号。2012年获江苏省水利行业技术技能创新大赛二等奖和全国水利行业泵站运行工技能竞赛第一名。2013年荣获“全国五一劳动奖章”，并被授予“全国技术能手”称号。2016年12月享受国务院政府特殊津贴。

二、省部级劳动模范和先进生产（工作）者名录

管理处职工中荣获省部级劳动模范和先进生产（工作）者的有37人，其中省政府表彰6人，新疆维吾尔自治区人民政府表彰1人，水利部表彰23人，交通部表彰2人，全国总工会表彰1人，国家防总、人事部、水利部联合表彰1人，国家卫生健康委、中国红十字总会、中央军委后勤保障部卫生局联合表彰1人，国务院南水北调工程建设委员会办公室表彰1人，国务院表彰1人，详见表9-14。

表9-14　省部级劳动模范、先进人物表

姓名	授予称号	授予时间	授予单位
宋子余	省劳模	1956. 2	省政府
刘厚生	治淮先进生产者	1962. 2	交通部
高文郁	治淮先进生产者	1962. 2	交通部
马松年	全国抗洪抢险模范	1992. 7	国家防总、人事部、水利部
夏振国	全国水利系统安全生产先进工作者	1995. 3	水利部

续表

姓名	授予称号	授予时间	授予单位
黄爱忠	模范工人	1996.11	水利部
吕　鹏	模范工人	1996.11	水利部
周　岳	全国水利系统水利管理先进工作者	1997.1	水利部
周明亮	全国闸门运行工技术比武一等奖（中华技术能手）	1997	水利部
周心禹	全国闸门运行工技术比武三等奖	1997	水利部
	全国水利技术能手	2002.9	
张顺民	全国水利系统文明职工	1998.12	水利部
史建华	全国水利系统劳动工作先进个人	1999	水利部
蔡桂林	全国水利技术能手	2002.4	水利部
徐　宁	第二届全国水利行业技能竞赛（泵站运行工）第8名（全国水利技术能手）	2002.4	水利部
金　超	第二届全国水利行业技能竞赛（泵站运行工）第10名（全国水利技术能手）	2002.4	水利部
	第四届全国水利行业技能竞赛（泵站运行工）第1名	2012.11	水利部
	全国技术能手	2012.12	人社部
	全国五一劳动奖章	2013.4	全国总工会
	享受国务院政府特殊津贴专家	2016.12	国务院
	江苏工匠	2018.1	省政府
	江苏大工匠	2021.12	省政府
汤　超	全省民族团结进步先进模范个人	2005.12	省政府
	江苏省勤廉标兵	2008.9	省委、省政府
汤正军	2006年度江苏省有突出贡献中青年专家	2006	省政府
王　军	全国水利技术能手	2006.12	水利部
周永健	第三届全国水利行业技能竞赛（泵站运行工）第8名（全国水利技术能手）	2006	水利部
	2008年度全国知识型职工先进个人	2009	全国总工会
	第四届全国水利行业技能竞赛（泵站运行工）第4名	2012.11	水利部
	全国水利技能大奖	2013.6	水利部
	2018年度江苏省有突出贡献的中青年专家	2018.8	省政府
	江苏工匠	2021.12	省政府
周晨蕾	第四届全国水利行业技能竞赛（水文勘测工）第11名（全国水利技术能手）	2007	水利部
孙广荣	全国优秀工会工作者	2009.9	全国总工会

续表

姓名	授予称号	授予时间	授予单位
陈宇潮	全国水利技术能手	2009	水利部
	第六届全国水利行业技能竞赛（水工闸门运行工）第 1 名	2018. 11	水利部
	全国五一劳动奖章	2019. 4	全国总工会
	全国技术能手	2019. 7	人社部
	2020 年度江苏省有突出贡献的中青年专家	2020. 7	省政府
	全国水利行业首席技师	2021. 2	水利部
	第三届最美水利人	2021. 11	水利部精神文明建设指导委员会
王雪芳	南水北调系统资金管理先进工作者	2010. 11	国务院南水北调工程建设委员会办公室
于　水	全国水利技术能手	2011	水利部
魏强林	全国水利系统“五五”普法先进个人	2011. 12	水利部
	全省防汛抗洪工作先进个人	2021. 5	省委、省政府
杨　华	第四届全国水利行业技能竞赛（泵站运行工）第 12 名	2012. 11	水利部
	全国水利技术能手	2013. 6	水利部
	全国水利技能大奖	2018. 7	水利部
	第二届绿色生态工匠	2021	中国农林水利气象工会
王　成	第五届全国水文勘测技能大赛第 4 名	2012. 11	水利部
	全国水利技能大奖	2013. 6	水利部
丁建兰	全国五一巾帼标兵	2013. 3	全国总工会
	全国水利技术能手	2013. 6	水利部
张　歆	第五届全国水利行业技能竞赛（泵站运行工）第 1 名	2017. 10	水利部
	全国技术能手	2019. 1	人社部
	全国五一劳动奖章	2021. 4	全国总工会
周晨钟	第五届全国水利行业技能竞赛（泵站运行工）第 6 名	2017. 10	水利部
	全国水利技能大奖	2018. 7	水利部
王　江	第六届全国水文勘测技能大赛第 8 名	2017. 11	水利部
	全国水利技能大奖	2018. 7	水利部
	第七届全国水利行业技能竞赛（水工监测工）第 5 名	2019. 12	水利部
	全国水利技能大奖	2021. 2	水利部
何云轩	第六届全国水利行业技能竞赛（水工闸门运行工）第 4 名	2018. 11	水利部
	全国水利技能大奖	2021. 2	水利部

续表

姓名	授予称号	授予时间	授予单位
缪树杰	第九批省市优秀援疆干部人才	2020.1	中共新疆维吾尔自治区委员会、新疆维吾尔自治区人民政府
徐士坤	第八届全国水利行业技能竞赛（泵站运行工）第1名	2020.11	水利部
	全国五一劳动奖章	2021.4	全国总工会
	全国技术能手	2021.7	人社部
尤文成	第八届全国水利行业技能竞赛（泵站运行工）第2名	2020.11	水利部
	全国技术能手	2021.7	人社部
肖　强	全国无偿献血奉献奖铜奖	2020.12	国家卫生健康委、中国红十字总会、中央军委后勤保障部卫生局
张　晖	全省防汛抗洪工作先进个人	2021.5	省委、省政府
严　爽	水利青年讲师	2022.9	水利部

三、省厅级表彰的先进工作者名录

截至2022年，管理处先后有多人荣获省总工会、省级机关工委、省人事厅、团省委及省水利厅表彰，见表9-15（表中为部分被表彰人员名单）；有35人在全省泵站运行工技能比赛、闸门运行工技术比武和水文勘测工技能竞赛和水行政执法技能竞赛中荣获名次，见表9-16。

表9-15　省厅级表彰的先进人物（部分）表（1989—2022年）

姓　名	授予名称	授予时间	授予单位
张顺民	江苏省水利系统先进生产（工作）者	1989.9	省水利厅
张顺民、张国琪、孙汉明、陆秀英、徐正元、樊兆桃、潘元喜、雍成林、徐贵龙、陈　威、孙广荣	先进工作（生产）者	1990.12	省水利厅
王葆青	江苏省新长征突击手	1991.4	团省委
雍成林、张顺民	优秀共产党员	1994.6	省级机关工委
汤正军、陈　威、张国琪、孙汉明、袁　斌、周　岳、曹　瑚、黄正中、王德槐、于富林、孔　恺	1994年度全省水利先进个人	1995.2	省水利厅
董金龙、常广荣、吕广舜、刘益功、邵正华、包祥荣、吕　鹏、黄爱忠、王玉锦、李汉章、徐国祥	1995年度厅属管理处先进个人	1996.3	省水利厅

续表

姓　名	授予名称	授予时间	授予单位
张顺民	勤政廉政优秀干部	1996.6	省级机关工委
李　勇	优秀共产党员	1996.6	省级机关工委
张顺民、张顺林、刘庆龙、徐正元、雍成林、樊　旭、陈　威、黄爱忠、张玉宏、朱福保、吕　鹏	1996 年度厅属管理处先进个人	1997.3	省水利厅
陈学富	全省水利优秀领导干部	1998.2	省水利厅
朱福保、李　勇、李顺德、潘元喜、季建兰、周明亮、金　丽、梅雪红、常广荣、吕　鹏、张建扬、刘玉喜、张顺林、刘劲枫、雍成林、朱才佐、陈根娣	1997 年度厅属管理处先进个人	1998.3	省水利厅
徐正元、雍成林、张顺林、曹　瑚、周明亮、吕广舜、朱福保、周秋洋、李　勇、张顺民、霍安新、孟　俊	1998 年度厅属管理处先进个人	1999.3	省水利厅
陈学富、张顺林、张顺民	1999 年度水利工程管理工作先进个人	2000.3	省水利厅
汤正军	2001 年度全省水利系统先进个人	2002.2	省水利厅
张顺民、周灿华、雍成林、徐正元、孙汉明、李　勇、张顺林、史建华、黄亚明、沈宏平、徐　宁、金　超、周明亮、周　平、孙明权、王　琴、游善江	2001 年度全省厅属工程管理单位先进个人	2002.3	省水利厅
史建华	全省机关事业单位工考工作先进个人	2002.12	省人事厅
沈宏平、孙汉明、龚维明、雍成林、张顺林、刘劲枫、李宏祥、丁学军、曹　瑚、孔　恺、周心禹、李　敏、陈根娣、黄亚明、孟　俊、周茂如、李　勇	2002 年度全省厅属工程管理处先进个人	2003.4	省水利厅
雍成林	2002 年度全省水利系统先进个人	2003	省水利厅
樊　旭	2002 年度全省水政监察工作先进个人	2003	省水利厅
王厚平	2001—2002 年度全省水文系统先进个人	2003	省水利厅
龚维明、雍成林、张顺林、刘劲枫、李洪祥、丁学军、曹　瑚、孔　恺、周心禹、李　敏、孙汉明、李　勇、陈根娣、黄亚明、孟　俊、沈宏平	2002 年度全省厅属工程管理单位先进个人	2003	省水利厅

续表

姓　名	授予名称	授予时间	授予单位
汤正军、黄亚明、史建华、雍成林、张顺林、曹　瑚、孔　恺、李　勇、孙汉明、周树华、周心禹	2003 年度厅属工程管理单位先进个人	2004	省水利厅
曹　瑚	2003 年度全省淮河流域先进个人	2004	省水利厅
沈宏平	2003 年度全省水利系统办公室工作先进个人	2004	省水利厅
李　丽	全省水利新闻宣传先进个人	2004	省水利厅
汤正军	江苏百名农村杰出人物	2004	江苏百名农村杰出人物大型宣传评选活动组委会
沈卫东	2004 年度水政监察工作先进个人	2005	省水利厅
孙汉明	2004 年度学会工作先进个人	2005	省水利学会
汤　亮	2004 年度优秀团干部	2005	省水利厅
雍成林、黄亚明、史建华、孙汉明、李　勇、曹　瑚、龚维明、张顺林、周灿华、周明亮、刘劲枫	2004 年度厅直属水利工程单位先进个人	2005	省水利厅
李　丽	2004 年度全省水利系统档案工作先进个人	2005	省水利厅
夏　炎	2004 年度全省水利系统信息工作先进个人	2005	省水利厅
张顺林、吕　鹏、李　勇	厅系统优秀党员	2005	省水利厅机关党委
孟　俊	厅系统优秀党务工作者	2005	省水利厅机关党委
汤　超	2005 年度全省水利新闻宣传突出贡献奖	2005	省水利厅
沈宏平、李　丽	2005 年度水利新闻宣传工作先进个人	2005	省水利厅
樊　旭	2005 年度水政监察工作先进个人	2006	省水利厅
汤正军、雍成林、黄亚明、龚维明、张顺林、张　军、孔　恺、李　勇、王　萍、蔡桂林、周心禹	2005 年度厅直属水利工程管理单位先进个人	2006	省水利厅
孙汉明	2005 年度学会工作先进个人	2006	省水利学会
周明亮	第三届“江苏省十佳文明职工”	2006	省总工会
	江苏省“五一劳动奖章”	2006	省总工会
张　斌	2006 年度省级机关共青团工作先进个人	2006	省级机关团委
汤正军、雍成林、马晓忠、蔡　平	全省水利工程管理先进个人	2006	省水利厅
周灿华	2006 年度全省水利先进个人	2006	省水利厅
沈宏平、李　丽	2006 年度水利新闻宣传工作先进个人	2006	省水利厅

续表

姓　名	授予名称	授予时间	授予单位
孙汉明、张顺林、蔡　平、马晓忠、华　俊、李　勇、周树华、周明亮、丁学军、董　毅、张建扬	2006 年度厅直属水利工程管理单位先进个人	2007	省水利厅
黄亚明	厅系统优秀共产党员	2007	省水利厅机关党委
汤　超	厅系统优秀党务工作者	2007	省水利厅机关党委
沈宏平、李　丽	2007 年度全省水利新闻宣传工作先进个人	2007	省水利信息中心
周永健	江苏省知识型职工标兵	2007	省总工会
蔡玲玲、穆　梅、俞国兵	2006—2007 年度江苏省水利厅优秀团员	2007	省水利厅团委
薛井俊、朱建军	2006—2007 年度江苏省水利厅优秀青年	2007	省水利厅团委
汤　亮	2006—2007 年度江苏省水利厅优秀团干部	2007	省水利厅团委
汤　超	江苏省支持工会工作优秀领导干部	2008. 4	江苏省总工会
周永健	江苏省十佳文明职工	2008	省委宣传部、省总工会
	江苏省五一劳动奖章	2008	省总工会
陈宇潮	2007 年度江苏省杰出青年岗位能手	2008	省团委、省劳动和社会保障厅
汤正军	2004—2008 年度省水利科技工作先进个人	2008	省水利厅
沈宏平、李　丽	2008 年度全省水利新闻宣传工作先进个人	2008	省水利厅
雍成林、马晓忠、龚维明、孙汉明、孔　恺、李　勇、张顺林、任宏志、周晨蕾、于　水	2007 年度厅直属水利工程单位先进个人	2008	省水利厅
姚爱群	江苏省三八红旗手	2008. 11	省妇联
周灿华、董晓军、滕海波、田磊磊	2008 年度江苏省南水北调工程建设管理先进工作者	2009	省南水北调工程建设领导小组办公室、南水北调东线江苏水源公司
沈宏平、李　丽	2009 年度全省水利新闻宣传工作先进个人	2009	省水利厅
周新洋、李尚红、孙明权	2007—2008 年度厅系统优秀党员	2009	省水利厅
孟　俊	2007—2008 年度厅系统优秀党务工作者	2009	省水利厅
李　勇、刘瑞生、徐惠亮、雍成林、李　军、徐贵龙	2008 年度厅直属水利工程单位先进个人	2009	省水利厅
刘庆龙、孙汉明、张顺林、马晓忠	全省水利工程管理先进个人	2009	省水利厅

续表

姓　名	授予名称	授予时间	授予单位
刘庆龙、田磊磊、邵　林	2009 年度江苏省南水北调工程建设管理先进工作者	2010	省南水北调工程建设领导小组办公室、南水北调东线江苏水源公司
沈宏平、沈广彪	2010 年度全省水利新闻宣传工作先进个人	2010	省水利厅
张鹏昌、周开欣、穆　梅	2008—2009 年度江苏省水利厅优秀团员	2010	省水利厅
王开谟、陈宇潮	2008—2009 年度江苏省水利厅优秀青年	2010	省水利厅
俞国兵	2008—2009 年度江苏省水利厅优秀团干部	2010	省水利厅
汤　超	2009 年度厅属事业单位处级干部考核优秀	2010	省水利厅
汤正军、严光华、李　勇、徐　宁、钱利华、陈正年、徐贵龙、孔　恺、雍成林、孙明权	2009 年度省属水利工程管理先进个人	2010	省水利厅
周灿华	省第四期第一批“333 高层次人才培养工程”第三层次培养对象	2011	省人才办
汤正军	2010 年度厅机关单位处级干部考核优秀	2011	省水利厅
薛井俊	十佳青年科技标兵	2011	省水利厅机关党委
张　斌	十佳青年岗位能手	2011	省水利厅机关党委
汤正军	2009—2011 年省水利科技工作先进个人	2011	省水利厅
沈宏平、李　丽	2011 年度全省水利新闻宣传工作先进个人	2011	省水利厅
沈卫东	2006—2010 年省级机关法制宣传教育先进个人	2011	省委宣传部、省级机关工委、省司法厅
李　勇	省级机关优秀共产党员	2011	省级机关工委
雍成林、刘瑞生、严光华、张继杰、陈宇潮、田磊磊	全省水利工程管理先进个人	2011	省水利厅
张晓英	2009—2010 年度防汛防旱先进个人	2011	省水利厅
夏　炎	2010 年度省级机关共青团工作先进个人	2011	省级机关团委
孙明权、张　宇、吕　鹏	2009—2010 年度厅系统优秀共产党员	2011	省水利厅
汤正军	江苏省五一劳动奖章	2011. 12	省总工会
汤　超	2009—2010 年度厅系统优秀党务工作者	2011	省水利厅
徐　明、雍成林、刘瑞生、冷其江、严光华、陈　阳	2011 年度厅直属水利工程管理单位先进个人	2012	省水利厅
缪树杰、马　俊	2010—2011 年度优秀共青团员	2012	省水利厅团委
黄季艳	2010—2011 年度优秀团干部	2012	省水利厅团委
张　晖、薛井俊	2010—2011 年度优秀青年	2012	省水利厅团委

续表

姓　名	授予名称	授予时间	授予单位
徐　明	全省水利系统人才工作先进个人	2012	省水利厅
汤正军、黄亚明、雍成林、丁学军、张继杰、周永健	2010—2012 年厅系统创先争优优秀共产党员	2012	省水利厅机关党委
黄亚明	江苏省机关事业单位工考工作先进个人	2012	省人社厅
田明云	2011 年度保密工作先进个人	2012	省水利厅保密委员会
汤　超	2011 年度厅直属事业单位处级干部考核优秀	2012	省水利厅
王雪芳	2010—2011 年度全省水利系统财务审计工作先进个人	2012	省水利厅
董晓军、邵　林	“111 人才工程” 优秀科技人才培养对象	2012. 4	省水利厅
黄季艳、薛井俊	“111 人才工程” 青年骨干人才培养对象	2012. 4	省水利厅
蔡桂林、陈宇潮、金　超、于　水、周晨蕾、周传福、马罗扣	“111 人才工程” 高技能人才培养对象	2012. 4	省水利厅
王葆青	全省水利先进个人	2012	省水利厅
丁建兰	江苏省五一巾帼标兵	2012. 3	省总工会
李　丽	全省水利系统办公室工作先进个人	2012	省水利厅
	2012 年度全省水利宣传工作十佳通讯员	2012	省水利信息中心
蔡　平	省第六期第二批 “333 高层次人才培养工程” 第三层次培养对象	2013	省人才办
汤正军	2012 年度事业单位处级干部嘉奖	2013	省水利厅
雍成林、李　勇	全省水利厅先进工作者	2013	省人社厅、省水利厅、省公务员局
金　超	全省水利行业技术技能创新大赛二等奖	2013	省水利厅
肖　强	全省水利行业技术技能创新大赛三等奖	2013	省水利厅
穆　梅	2012 年度保密工作先进个人	2013	省水利厅
魏强林、樊　旭、蔡　平、张　宇、李长忠	全省水利工程管理和小型病险水库加固先进集体	2013	省水利厅
丁建兰、张　歆	江苏省五一劳动奖章	2014. 4	省总工会
张　宇	2013—2014 年度厅系统优秀共产党员	2015. 6	省水利厅机关党委
夏　炎	2013—2014 年度厅系统优秀党务工作者	2015. 6	省水利厅机关党委
张　歆	江苏水利系统好青年	2015. 9	省水利厅团委
何云轩	江苏省五一劳动奖章	2015. 12	省总工会
许　媛	2015 年度全省水利宣传工作十佳通讯员	2016. 2	省水利信息中心
夏　炎	优秀党务工作者	2016. 6	省水利厅机关党委

续表

姓　名	授予名称	授予时间	授予单位
张　敏、张　宇、邵　林、董晓军	2015—2016 年度厅系统优秀共产党员	2016. 6	省水利厅机关党委
顾　芸	2016 年度水利宣传工作十佳通讯员	2016. 12	省水利信息中心
周永健	江苏省水利系统十大水利工匠	2016. 12	省水利厅
丁建兰	江苏省文明职工	2016	省委宣传部、省总工会
阚永庚、张　宇	“111 人才工程”优秀科技人才培养对象	2017. 3	省水利厅
朱承明、王　成	“111 人才工程”青年骨干人才培养对象	2017. 3	省水利厅
陈宇潮、何云轩、金　超、王玉芳、杨　华、张　歆、周永健	“111 人才工程”高技能人才培养对象	2017. 3	省水利厅
王德俊	2016 年度全省防汛防旱先进个人	2017. 4	省防汛防旱指挥部
虞　乐	2016 年度省级机关优秀共青团员	2017. 5	省级机关团委
邵　林	2016—2017 年度江苏省水利建设质量管理工作先进个人	2017. 11	省水利厅
周永健	第二届江苏省最美水利人	2018. 1	省水利厅
夏　炎、缪树杰	江苏省优秀共青团干部	2018. 4	省团委
徐士坤	2017 年度省级机关优秀共青团员	2018. 5	省级机关团委
张　歆	2017 年度江苏省杰出青年岗位能手	2018. 6	省团委、省人社厅
夏　炎	厅系统优秀党务工作者	2018. 6	省水利厅党组
朱建军、钱利华	厅系统优秀共产党员	2018. 6	省水利厅党组
华　骏	省第五期“333 高层次人才培养工程”第三层次培养对象	2018. 7	省人才办
顾　芸	2018 年度省水利厅十佳通讯员	2018. 10	省水利信息中心
金　超	江苏省技能大师工作室领办人	2019. 1	省水利厅
华　骏、孙明权	厅系统优秀党务工作者	2019. 7	省水利厅党组
陈　葆、何小军、陈宇潮、薛井俊、刘东民	厅系统优秀共产党员	2019. 7	省水利厅党组
顾　芸	2019 年度省水利厅十佳通讯员	2019. 10	省水利信息中心
徐士坤	江苏省五一劳动奖章	2020. 1	省总工会
魏强林	全省抗旱抗台抗洪工作先进个人	2020. 4	省人社厅、省水利厅、省应急管理厅
夏　炎	省级机关优秀党务工作者	2020. 6	省级机关工委
张　宇	厅系统优秀党务工作者	2020. 6	省水利厅党组
孙泽东、孙正兰、阚永庚、郭　凯、刘　刚	厅系统优秀共产党员	2020. 6	省水利厅党组

续表

姓　名	授予名称	授予时间	授予单位
徐士坤	江苏最美职工	2021.4	省委宣传部、 省总工会
夏　炎	2020—2021 年度省水利厅系统优秀党务工作者	2021.6	省水利厅党组
陈宇潮、薛井俊、朱建军	2020—2021 年度省水利厅系统优秀共产党员	2021.6	省水利厅党组
薛井俊	省第六期“333 高层次人才培养工程” 第三层次培养对象	2022.1	省委人才办、 省人社厅
尤文成	江苏省五一劳动奖章	2022.4	省总工会

表 9-16　全省水利技工技能竞赛荣誉获得者

姓名	授予名称	授予时间	授予单位
周明亮	1997 年江苏省闸门运行工技能比赛全能第一名	1997	省水利厅 省人事厅
	江苏省机关事业单位有突出贡献的技术能手	2002	省人事厅
周心禹	1997 年江苏省闸门运行工技能比赛全能第二名 （江苏省机关事业单位技术能手）	1997	省水利厅 省人事厅
蔡桂林	江苏省泵站运行工技术比武第一名	1998	省水利厅 省人事厅
徐　宁	江苏省泵站运行工技术比武第二名	1998	省水利厅 省人事厅
金　超	2001 年江苏省泵站运行工技能大赛第一名 （江苏省机关事业单位技术能手）	2001	省水利厅 省人事厅
	江苏省青年岗位能手	2006	团省委 省人事厅
	江苏省机关事业单位有突出贡献技术能手	2012.11	省人社厅
马罗扣	2001 年江苏省泵站运行工技能大赛第二名 （江苏省水利行业技术能手）	2001	省水利厅 省人事厅
	江苏省技术能手	2002	省人事厅
李宏祥	2001 年江苏省泵站运行工技能大赛第六名 （江苏省水利行业技术能手）	2001	省水利厅 省人事厅
张　军	2001 年江苏省水文勘测工技能竞赛第六名 （江苏省水利行业技术能手）	2001	省水利厅 省人事厅
陈宇潮	江苏省第二届闸门运行工职业技能竞赛第一名 （江苏省机关事业单位技术能手）	2002	省水利厅 省人事厅
	江苏省技术能手	2004	省人事厅
徐　凯	江苏省第二届闸门运行工职业技能竞赛第三名 （江苏省机关事业单位技术能手）	2002	省水利厅 省人事厅
	江苏省第三届闸门运行工技能大赛省直三等奖 （江苏省水利系统技术能手）	2007	省水利厅 省人事厅

续表

姓名	授予名称	授予时间	授予单位
杜宏奎	江苏省第二届闸门运行工职业技能竞赛第六名 （江苏省机关事业单位技术能手）	2002	省水利厅 省人事厅
周永健	江苏省第三届泵站运行工技能大赛第一名 （江苏省机关事业单位技术能手）	2005	省水利厅 省人事厅
王　军	江苏省第三届泵站运行工技能大赛第二名 （江苏省机关事业单位技术能手）	2005	省水利厅 省人事厅
周传福	江苏省第三届泵站运行工技能大赛三等奖 （江苏省水利行业技术能手）	2005	省水利厅 省人事厅
于　水	江苏省第三届闸门运行工技能大赛第一名 （江苏省机关事业单位技术能手）	2007	省水利厅 省人事厅
张　斌	江苏省第三届闸门运行工技能大赛省直组一等奖 （江苏省机关事业单位技术能手）	2007	省水利厅 省人事厅
杨　华	江苏省第四届泵站运行工技能大赛第一名 （江苏省机关事业单位技术能手）	2009	省水利厅 省人事厅
王松峻	江苏省第四届泵站运行工技能大赛省直组一等奖 （江苏省机关事业单位技术能手）	2009	省水利厅 省人事厅
王　俊	江苏省第四届泵站运行工技能大赛省直组二等奖 （江苏省机关事业单位技术能手）	2009	省水利厅 省人事厅
郭　平	江苏省第四届泵站运行工技能大赛省直组二等奖 （江苏省机关事业单位技术能手）	2009	省水利厅 省人事厅
	全省水利系统泵站运行与维修工技能竞赛第一名 （江苏省技术能手、江苏省五一创新能手）	2017	省总工会 省人社厅 省水利厅
丁建兰	江苏省第四届闸门运行工技能大赛第一名 （江苏省机关事业单位技术能手、江苏省五一巾帼标兵）	2011	省水利厅 省人事厅
冷　明	江苏省第四届闸门运行工技能大赛省直组一等奖 （江苏省机关事业单位技术能手）	2011	省水利厅 省人事厅
何云轩	江苏省第四届闸门运行工技能大赛省直组二等奖 （江苏省机关事业单位技术能手）	2011	省水利厅 省人事厅
	江苏省水利系统闸门运行工技能竞赛第一名 （江苏省技术能手、江苏省五一创新能手）	2015	省总工会 省人社厅 省水利厅
王　成	江苏省第四届水文勘测技能竞赛二等奖、第三名 （江苏省五一创新能手）	2012	省水利厅 省人社厅
王玉芳	江苏省第四届水文勘测技能竞赛三等奖、第八名 （江苏省水利系统技术能手）	2012	省水利厅 省人社厅
	江苏省第五届水文勘测技能竞赛一等奖 （江苏省技术能手、江苏省五一创新能手）	2016	省总工会 省人社厅 省水利厅

续表

姓名	授予名称	授予时间	授予单位
张　歆	江苏省水利系统泵站运行与维修工技能竞赛第一名（江苏省技术能手、江苏省五一创新能手）	2013	省总工会 省人社厅 省水利厅
尤文成	江苏省水利系统泵站运行与维修工技能竞赛二等奖（江苏省技术能手、江苏省五一创新能手）	2013	省总工会 省人社厅 省水利厅
	全省水利系统泵站运行与维修工技能竞赛一等奖（江苏省技术能手、江苏省五一创新能手）	2017	省总工会 省人社厅 省水利厅
周晨钟	江苏省水利系统泵站运行与维修工技能竞赛二等奖（江苏省技术能手、江苏省五一创新能手）	2013	省总工会 省人社厅 省水利厅
徐　华	江苏省水利系统泵站运行与维修工技能竞赛三等奖（江苏省水利系统技术能手）	2013	省总工会 省人社厅 省水利厅
周　洁	第五届全省水行政执法技能竞赛个人三等奖（全省水行政执法办案能手）	2014	省水利厅
	全省水行政执法技能竞赛个人第一名（江苏省水行政执法办案能手）	2016	省总工会 省人社厅 省水利厅
	江苏省技术能手、江苏省五一创新能手	2017	省总工会 省人社厅 省水利厅
薛宽政	江苏省水利系统闸门运行工技能竞赛二等奖（江苏省技术能手、江苏省五一创新能手）	2015	省总工会 省人社厅 省水利厅
	第六届全省闸门运行工技能竞赛第二名（江苏省技术能手、江苏省五一创新能手）	2019	省总工会 省人社厅 省水利厅
刘　兵	江苏省水利系统闸门运行工技能竞赛二等奖（江苏省技术能手、江苏省五一创新能手）	2015	省总工会 省人社厅 省水利厅
	第六届全省闸门运行工技能竞赛第三名（江苏省技术能手、江苏省五一创新能手）	2019	省总工会 省人社厅 省水利厅
王　江	江苏省第五届水文勘测技能竞赛第三名	2016	省总工会 省人社厅 省水利厅
	江苏省水文勘测技能竞赛第五名	2020	省总工会 省人社厅 省水利厅

续表

姓名	授予名称	授予时间	授予单位
徐士坤	全省水利系统泵站运行与维修工技能竞赛二等奖 （江苏省水利技术能手）	2017	省总工会 省人社厅 省水利厅
	第六届全省闸门运行工技能竞赛第一名 （江苏省技术能手、江苏省五一创新能手）	2019	省总工会 省人社厅 省水利厅
张志军	全省水利系统泵站运行与维修工技能竞赛三等奖 （江苏省水利技术能手）	2017	省总工会 省人社厅 省水利厅

第六节　先进集体

截至 2022 年，管理处多次获得国家级、省部级和厅级荣誉，其中获得国家级荣誉的情况见表 9-17；获得省部级表彰的情况见表 9-18；获得省水利厅及扬州市表彰的情况见表 9-19；管理处下属单位获厅级及以上表彰的情况见表 9-20。

表 9-17　管理处荣获国家级荣誉情况表

单位名称	授予荣誉名称	授予时间	授予单位
江都抽水站	国家七十年代优秀设计项目	1981	国家建设委员会
	国家优质工程金质奖	1982	国家质量奖审定委员会
管理处	全国部门造林绿化 300 佳单位	1993. 12	全国绿化委员会
	全国绿化先进单位	1996. 3	全国绿化委员会、林业部、人事部
	全国创建文明行业工作先进单位	1999. 9	中央精神文明建设指导委员会
	全国绿化模范单位	2004. 3	全国绿化委员会
	全国模范职工之家	2005. 5	全国总工会
	全国文明单位	2005. 10	中央精神文明建设指导委员会
		2009. 1	
		2011. 12	
		2015. 2	
		2017. 11	
		2020. 11	
	全国厂务公开民主管理先进单位	2007	全国厂务公开协调小组
	全国五一劳动奖状	2008. 4	全国总工会
	全国工人先锋号	2009. 4	全国总工会
江都水利枢纽工程	百年百项杰出土木工程	2012. 1	中国土木工程学会

续表

单位名称	授予荣誉名称	授予时间	授予单位
管理处党委	全国先进基层党组织	2011.7	中共中央组织部
江都水利枢纽	国家水情教育基地	2019	水利部、共青团中央、中国科协
	全国爱国主义教育示范基地	2021	中共中央宣传部
管理处	中国质量奖提名奖	2021.9	第四届中国质量奖评选表彰委员会

表 9-18　管理处荣获省部级荣誉情况表

单位名称	授予荣誉名称	授予时间	授予单位
江都抽水站	优质工程项目	1982.11	水电部
管理处	江苏十佳建设工程	1984.11	《江苏之最》电视竞赛评审委员会
	绿化先进单位	1986.11	省政府
	模范职工之家	1990	省总工会
		1997	
江都抽水站	全国先进灌区、排灌泵站	1990.11	水利部
	部一级管理单位	1991.10	水利部
管理处	绿化先进单位	1991.12	省绿化委员会
	江苏省 1991 年抗洪救灾先进集体	1991.12	省委、省政府
	城乡绿化工作先进单位	1992.1	省绿化委员会
	全国水利行业职工教育先进单位	1993.10	水利部
	全国水利系统安全生产先进集体	1995.3	水利部
	1995 年度水利部设备管理优秀单位	1996.12	水利部办公厅
	文明服务示范单位	1997.5	水利部精神文明建设指导委员会
	1997—1998 年度江苏省文明单位	1999	省精神文明建设指导委员会
	1999—2000 年度江苏省文明单位	2001	
	2001—2002 年度江苏省文明单位	2003	
	2003—2004 年度江苏省文明单位	2005	
	2005—2006 年度江苏省文明单位	2007	
	2013—2015 年度江苏省文明单位	2016	
	2016—2018 年度江苏省文明单位	2019	
	2019—2021 年度江苏省文明单位	2022	
	江苏省爱国主义教育基地	2001.6	省委宣传部
江都水利枢纽水利风景区	国家水利风景区	2001.9	水利部
管理处	1996—2000 年省级机关法制宣传教育先进集体	2001.9	省级机关工委
	江苏省学习型组织示范点	2003.12	省总工会
	江苏省群众性经济技术创新工程示范岗	2004.3	
	全国水利系统先进集体	2005.12	水利部、人事部

续表

单位名称	授予荣誉名称	授予时间	授予单位
管理处	2003—2005 年度全国水利系统优秀政研会（单位）	2006. 3	中国水利职工思想政治工作研究会
	水利行业技能人才培育突出贡献奖	2006. 12	水利部
	江苏省五一劳动奖状	2007. 4	省总工会
	江苏省学习型组织标兵单位	2007. 10	
	全国农林水利系统和谐企事业单位	2007. 12	中国农林水利工会
	江苏省群众性经济技术创新工程先进单位	2008. 4	省总工会
	全国水利系统职工文化先进集体	2008. 10	中国农林水利工会
	江苏省工人先锋号	2008. 12	省总工会
	全国水利系统学习型组织先进集体	2009. 9	中国农林水利工会
	全国水利工程管理体制改革工作先进集体	2010. 3	水利部
	2007—2009 年度江苏省文明单位标兵	2010	省委、省政府
	2010—2012 年度江苏省文明单位标兵	2013	
	2011 年度先进通联组织	2011	中国水利报
	江苏省十一五劳动竞赛先进集体	2011. 5	江苏省劳动竞赛委员会
管理处党委	江苏省先进基层党组织	2011. 6	省委
管理处	2006—2010 年省级机关法制宣传教育先进集体	2011	省委宣传部、省级机关工委、省司法厅
	江苏省第四届水文勘测技能竞赛优秀组织奖	2012. 5	省人社厅、水利厅
	全省水利系统先进集体	2013	省人社厅、省水利厅、省公务员局
	2014 年度全国水利系统职工文化建设先进集体	2014. 10	中国农林水利工会
	江苏省五一劳动奖状	2015. 4	省总工会
	全国水利安全监督工作先进集体	2015. 5	水利部
	江苏省厂务公开民主管理先进单位	2015. 12	江苏省厂务公开协调小组办公室
	国家级水利工程管理单位	2015	水利部
	水利安全生产标准化一级单位	2016. 12	水利部
	2015—2016 年厅系统档案工作先进单位	2017. 1	省水利厅、省档案局
	第三批省级机关法治文化建设示范点	2017. 10	省委宣传部、省委省级机关工委、省司法厅
	江苏省廉政文化建设示范点	2017. 11	省纪检委机关、省委宣传部等 9 家省廉政文化建设联席会议成员单位
江都水利枢纽	江苏最美水地标	2017. 11	省水利厅、省文化厅、省旅游局
管理处	党员教育实境课堂示范点	2018. 1	省委组织部

续表

单位名称	授予荣誉名称	授予时间	授予单位
管理处	第六批省级法治文化建设示范点	2018.6	省委宣传部、省依法治省领导小组办、省法治宣教工作领导小组办、省司法厅、省文化厅、省新闻出版广电局
	金超江苏工匠工作室	2018.12	省人社厅
	金超技能大师工作室	2019.1	省人社厅
江都水利枢纽	江苏最美运河地标	2019.5	省委宣传部、省交通厅、省水利厅、省文化与旅游厅、省文物局
管理处	全省抗旱抗台抗洪工作先进集体	2020.4	省人社厅、省水利厅、省应急管理厅
	全国水利行业首席技师工作室	2021.2	水利部
	全省防汛抗洪工作先进集体	2021.5	省委、省政府
	江苏省职工职业技能竞赛基地	2021.12	省劳动竞赛委员会办公室
	水利干部培训机构	2021.6	水利部办公厅
江都水利枢纽	2022 年度江苏省科普教育基地	2022.7	省科协、省社科联、省科技厅、省教育厅
管理处水利风景区	国家水利风景区高质量发展标杆景区	2022.7	水利部

表 9-19　管理处荣获省水利厅及扬州市荣誉情况表

授予荣誉名称	授予时间	授 予 单 位
1980 年省属水利系统工程管理先进单位	1980.12	省水利厅
绿化合格单位	1986.12	扬州市政府
1987 年度省属水利工程管理先进单位	1988.1	省水利厅
扬州市抗洪救灾先进集体	1991.9	扬州市委、扬州市政府
全省 1994 年度水利先进单位	1995.2	省水利厅
1995 年度全省水利先进单位	1996.1	省水利厅
1996 年度厅属和县（市）级水利先进单位	1997.2	省水利厅
省水利爱国主义教育基地	1997.5	省水利厅
1995—1996 年度扬州市文明单位	1997.12	扬州市委、扬州市政府
1997 年度厅属水利先进单位	1998.2	省水利厅
1998 年度、1999 年度、2000 年度、2001 年度、2002 年度全省水利综合经营工作先进单位	1998、1999、2000、2001、2002	省水利厅
1997—1998 年度扬州市文明单位	1999	扬州市委、扬州市政府
省水利科技教育先进集体	2000.4	省水利厅
江苏省爱国主义教育基地	2001.6	省水利厅
1999—2001 年度扬州市文明单位	2001	扬州市委、扬州市政府

续表

授予荣誉名称	授予时间	授 予 单 位
2001 年度全省水利系统先进单位	2002. 2	省水利厅
2002 年度全省水利工程水费计收和多种经营工作先进单位	2003. 5	省水利厅
2001—2002 年度扬州市文明单位	2003	扬州市委、扬州市政府
2003 年度水利改革创新奖	2004. 2	省水利厅
2003 年度全省水利新闻宣传先进集体	2004. 9	省水利厅
2004 年度全省水利先进集体	2005. 3	省水利厅
2004 年度全省水利系统老干部工作先进集体	2005. 10	省水利厅
2004 年度会计决算、审计统计工作先进单位	2005. 12	省水利厅
2004 年度学会工作先进集体	2005	省水利学会
2005 年度学会工作先进集体	2006	省水利学会
2006 年度学会工作先进集体	2007	省水利学会
江苏省第三届泵站运行与维修技能竞赛先进集体	2006. 2	省水利厅
2005 年度全省水利先进单位	2006. 6	省水利厅
全省水利系统“四五”普法先进单位	2006. 11	省水利厅
全省水利系统依法行政工作先进单位	2007. 10	省水利厅
全省水利系统老干部工作先进单位	2008. 5	省水利厅
全省水利先进单位	2008. 4	省水利厅
2008 年度全省水利系统先进单位	2009. 5	省水利厅
2009 年全省水利先进单位	2010. 4	省水利厅
2008—2010 年度全省水利系统老干部工作先进单位	2011. 2	省水利厅
2010 年度全省水利先进单位	2011. 5	省水利厅
全省水利系统人才工作先进集体	2012. 5	省水利厅
2011 年度全省水利先进集体	2012. 5	省水利厅
2012 年度全省水利宣传工作先进单位	2012. 11	省水利信息中心
2013 年度全省水利宣传工作先进单位	2013. 10	省水利信息中心
全省水利系统 2011—2013 年度老干部工作先进集体	2014. 3	省水利厅
2014—2015 年度厅系统档案工作先进集体	2016. 1	省水利厅
2015 年度全省水利宣传工作先进单位	2016. 2	省水利信息中心
2016 年度全省水利宣传工作先进单位	2016. 12	省水利信息中心
2012—2016 年度江苏省水利科技工作先进集体	2016. 12	省水利厅
2012—2016 年度江苏省水利信息化工作先进集体	2016. 12	省水利厅

续表

授予荣誉名称	授予时间	授予单位
2015—2016 年度扬州市无偿献血先进集体	2017. 12	扬州市卫计委、扬州市红十字会
2015—2016 年度省水利厅系统模范职工之家	2018. 3	省水利厅工会
厅系统先进基层党组织	2018. 6	省水利厅党组
2017—2018 年度扬州市文明单位	2019	扬州市委、扬州市政府
水利行业节水型机关	2020. 8	省水利厅
水利工程精细化管理单位	2021. 1	省水利厅运管处
2019—2020 年度扬州市文明单位	2021	扬州市委、扬州市政府
省级机关模范机关建设标兵单位	2022	省级机关工委

表 9-20 管理处下属单位荣获厅级及以上荣誉情况表

单位名称	授予名称	授予时间	授予单位
变电所	安全生产、文明生产先进集体	1988. 6	省水利厅
江都抽水站水文站	先进水文站	1990. 11	水利部
变电所、二站	先进集体	1990. 12	省水利厅
安全教育科	职工教育先进单位	1992. 9	省水利厅
变电所、江都闸管理所	1994 年度全省水利系统安全生产先进单位	1994. 12	省水利厅
一站、变电所、宜陵闸管理所	厅属管理先进单位	1995. 2	省水利厅
万福闸水文站	全省水文系统先进单位	1995. 3	省水利厅
二站、变电所、江都闸管理所、宜陵闸管理所	水利工程管理达标单位	1995. 6	省水利厅
二站、变电所、江都闸管理所	1995 年度厅属管理处先进单位	1996. 3	省水利厅
万福闸管理所党支部	先进党支部	1996. 6	省级机关工委
四站	水利工程管理达标单位	1996. 6	省水利厅
变电所	水利工程经营管理达标管理所	1996. 6	省水利厅
万福闸管理所 江都闸管理所	一类单位工程	1996. 12	水利部水管司
二站、变电所、宜陵闸管理所	1996 年度厅属管理处先进单位	1997. 3	省水利厅
变电所	1995—1996 年全省水利系统安全生产先进集体	1997. 3	省水利厅
变电所、电力试验室、万福闸管理所	1997 年度厅属管理处先进集体	1998. 3	省水利厅
四站	水利工程经营管理达标管理所	1998. 8	省水利厅
一站	水利工程管理达标单位	1998. 8	省水利厅

续表

单位名称	授予名称	授予时间	授予单位
人事劳资科	全省水利人事工作先进集体	1998.4	省水利厅
三站、万福闸管理所	1998 年度厅属管理处先进单位（集体）	1999.3	省水利厅
工管科、变电所	1999 年度水利工程管理工作先进集体	2000.3	省水利厅
办公室	1999 年度全省水利系统办公室先进集体	2000.4	省水利厅
	全省水利系统先进办公室	2001.6	省水利厅
变电所、科研所、万福闸管理所	全省厅属管理单位 2000 年度先进集体	2001.6	省水利厅
万福闸管理所	首届江苏省“五一文明班组”	2001.12	省总工会、省精神文明建设指导委员会
四站、变电所、科研所	2001 年度厅直属工程管理单位先进集体	2002.3	省水利厅
人事科	全国水利系统人事劳动教育工作先进集体	2002.12	水利部办公厅
办公室	2001 年度全省水利系统先进办公室	2002.4	省水利厅
	2002 年度全省水利系统先进办公室	2003.4	省水利厅
万福闸管理所、变电所	2002 年度厅属工程管理单位先进集体	2003.4	省水利厅
	2003 年度厅属工程管理单位先进集体	2004	省水利厅
邵仙闸管理所团支部	全国五四红旗团支部	2003.12	团中央
水政监察总队江都支队	2003 年度水政监察先进集体	2003	省水利厅
	2004 年度水政监察先进集体	2004	省水利厅
	2005 年度水政监察先进集体	2005	省水利厅
	2006 年度水政监察先进集体	2006	省水利厅
万福闸管理所	2003—2004 年度文明单位	2004.4	省水利厅
工会	2005 年度先进职工之家	2006	省水利厅工会
	2006 年度先进职工之家	2007	省水利厅工会
	2007 年度先进职工之家	2008	省水利厅工会
	2008 年度先进职工之家	2009	省水利厅工会
	2009 年度先进职工之家	2010	省水利厅工会
	2010 年度先进职工之家	2011	省水利厅工会
	2011 年度先进职工之家	2012	省水利厅工会
	2012 年度先进职工之家	2013	省水利厅工会
团委	2004 年度省水利厅先进团组织	2005.3	省水利厅
万福闸、试验室党支部	省水利厅系统先进党支部	2005.6	省水利厅机关党委
变电所、万福闸管理所、安装处	2004 年度厅直属水利工程单位先进集体	2005	省水利厅
接待室	全国三八红旗集体	2006.3	全国妇联

续表

单位名称	授予名称	授予时间	授予单位
金湾闸	2006年江苏省水利优秀施工工程	2006. 11	省水利厅
变电所、万福闸管理所、维修养护中心	2005年度厅直属水利工程管理单位先进集体	2006	省水利厅
试验室	江苏省学习型班组	2006. 10	省总工会
	全国学习型先进班组	2007. 1	全国创争活动领导小组
一站、二站	省一级水利工程管理单位	2007. 1	省水利厅
宜陵闸水文站	2005—2006年度全省水文系统先进集体	2007. 5	省水利厅
万福闸管理所	全国水利系统模范职工小家	2007. 9	中国农林水利工会
万福闸管理所、工管科、第二抽水站	2006年度厅直属水利工程管理单位先进集体	2007	省水利厅
办公室	2007年度全省水利新闻宣传工作优秀集体	2007	省水利信息中心
	2008年度全省水利新闻宣传工作优秀集体	2008	省水利信息中心
	2009年度全省水利新闻宣传工作优秀集体	2009	省水利信息中心
	2010年度全省水利新闻宣传工作优秀集体	2010	省水利信息中心
工会女工委	江苏省先进女职工组织	2007. 3	省总工会
南水北调江都站改造工程建设处	江苏省群众性经济技术创新工程单位	2008. 4	省总工会
工管科、第二抽水站、邵仙闸管理所	2007年度厅直属水利工程单位先进集体	2008	省水利厅
工会	江苏省工会财会工作先进集体	2008. 11	省总工会
江都闸管理所、第二抽水站	2008年度厅直属水利工程单位先进集体	2009	省水利厅
江都东闸	2008年江苏省水利建设优质工程奖	2009. 3	省水利厅
试验室、科研所党支部	2007—2008年度厅系统先进党支部	2009. 7	省水利厅
水文站	2009年度全省水文系统先进集体	2010. 4	省水利厅
科研所	江苏省水利厅工人先锋号	2010. 5	省水利厅工会
团委	2008—2009年度省水利厅先进团组织	2010. 6	省水利厅
财供科	全国水利财务工作先进集体	2010. 8	水利部办公厅
第二抽水站	全国水利系统模范职工小家	2010. 9	中国农林水利工会
第二抽水站、水科所、邵仙闸	2009年度省级机关青年文明号	2010. 11	省级机关团委
万福闸、邵仙闸、第二抽水站	2009—2010年度全省水利系统文明单位	2010. 12	省水利厅
变电所	江苏省水利厅工人先锋号	2010. 12	省水利厅工会

续表

单位名称	授予名称	授予时间	授予单位
万福闸、接待室	2009 年度省级机关省级青年文明号	2010. 12	省级机关工委、团省委
第二抽水站、水科所	2009 年度省属水利工程管理先进集体	2010	省水利厅
电力试验中心、机关二支部	党员示范岗	2011. 1	省水利厅机关党委
邵仙闸管理所	省一级水利工程管理单位	2013	省水利厅
工管科	2009—2010 年度防汛防旱先进集体	2011. 3	省水利厅
保卫科	全省水利政策法规工作先进单位	2011. 3	省水利厅
万福闸、机关二支部	2009—2010 年度厅系统先进党支部	2011. 6	省水利厅
万福闸	2009—2010 年度全国青年文明号	2011. 6	水利部、共青团中央
	2011—2012 年度全国青年文明号	2013. 6	水利部、共青团中央
	2013—2014 年度全国青年文明号	2015. 4	水利部、共青团中央
	2015—2016 年度全国青年文明号	2017. 3	水利部、共青团中央
第三抽水站、工管科	2010 年度全省水利工程管理先进集体	2011	省水利厅
变电所	江苏省工人先锋号	2012. 4	省总工会
	全国水利系统模范职工小家	2012. 9	中国农林水利工会
老干部活动室	全省水利系统示范性老干部活动室	2012. 4	省水利厅
团委	省水利厅 2010—2011 年度先进团组织	2012. 5	省水利厅
机关二支部、万福闸、维修养护中心党支部	2010—2012 年度厅系统创先争优先进基层党组织	2012. 6	省水利厅
管理处水文站	2010—2011 年度全省水文系统先进集体	2012. 6	省水利厅
办公室	全省水利系统办公室工作先进集体	2012. 10	省水利厅
邵仙闸管理所	江苏省水利厅模范职工小家	2012. 2	省水利厅工会
工管科、万福闸	全省水利工程管理除险加固先进集体	2013	省水利厅
三站、四站	省一级水利工程管理单位	2013	省水利厅
第三抽水站、工管科	2011 年度厅直属水利工程管理单位先进集体	2013	省水利厅
万福闸管理所、工管科	2012 年度全省水利工程管理先进集体	2013	省水利厅
江都闸管理所	江苏省工人先锋号	2014. 4	省总工会
团委	江苏省五四红旗团委创建单位	2014. 10	团省委
机关二支部	2013—2014 年度厅系统先进党支部	2015. 6	省水利厅机关党委
工会	2014—2015 年度省水利厅系统先进职工之家	2016. 2	省水利厅工会
老干部活动室	全省水利系统示范性老干部活动室	2016. 3	省水利厅
江都站改造工程	2015—2016 年度中国水利优质工程（大禹）奖	2016. 11	中国水利工程协会

续表

单位名称	授予名称	授予时间	授予单位
第四抽水站管理所	江苏省工人先锋号	2017. 4	省总工会
科研所、接待室	2015—2016 年度江苏省青年文明号	2017. 5	省级机关工委、团省委
二站、邵仙闸	2015—2016 年度省级机关青年文明号	2017. 8	省级机关团工委
水文站	江苏省五一巾帼标兵岗	2018. 3	省总工会
邵仙闸管理所	江苏省工人先锋号	2018. 4	省总工会
站区第二团支部	2017 年度“省级机关五四红旗团支部”	2018. 5	省级机关团委
综合档案室	江苏省 5A 级数字档案室	2018. 10	省档案局
办公室	2018 年度全省水利新闻宣传工作先进单位	2018	省水利信息中心
	2019 年度全省水利新闻宣传工作先进单位	2019	
四站党支部	省级机关党支部书记工作室	2018. 12	省级机关工委
万福闸管理所党支部	省水利厅党支部书记工作室	2018. 12	省水利厅机关党委
万福闸管理所	江苏省工人先锋号	2019. 4	省总工会
江都闸管理所	全省水利系统先进集体	2020. 1	省人社厅、省水利厅
一站党支部	2019 年度省级机关党支部“服务高质量发展先锋行动队”标兵	2020. 3	省级机关工委
三站	江苏省工人先锋号	2020. 4	省总工会
站区第二团支部	江苏省五四红旗团支部	2020. 5	团省委
邵仙闸管理所团支部	2019 年度省级机关五四红旗团支部	2020. 5	省级机关团委
机关一支部、万福闸党支部	江苏省水利厅系统先进基层党组织	2020. 6	省水利厅党组
职工书屋	职工书屋示范点	2020. 12	省总工会
一站党支部	江苏省水利厅系统先进基层党组织	2021. 6	省水利厅党组
科研所	第 20 届全国青年文明号	2021. 9	全国创建“青年文明号”活动组委会
万福闸加固工程	2019—2020 年度中国水利工程优质（大禹）奖	2021. 12	中国水利工程协会
邵伯节制闸、江都西闸、江都水利枢纽（含一站、二站、三站）、芒稻闸、太平闸、邵仙洞闸、万福闸	江苏省首批“省级水利遗产”	2021. 12	省水利厅
团委	江苏省五四红旗团委	2022. 4	团省委

第十章

行政管理

管理处行政管理包括水行政执法、河湖管理、安全生产、财务物资管理、经营管理、档案管理、接待工作、环境管理以及国情、水情教育等。建处初期，主要抓好内部管理，搞好财务物资管理，开展环境绿化等。随着工程的续建，管理处进一步完善了各项管理制度，提高行政管理水平，为实现工程管理规范化、制度化、精细化、科学化、现代化、法治化和园林化服务。

20 世纪 80 年代，《中华人民共和国水法》颁发以后，管理处步入依法管水的新阶段。90 年代中期组建水政监察队伍，大力开展水法律法规的宣传教育，提高干群法治观念，严格依法管水。2005 年 3 月《江苏省湖泊保护条例》施行，2010 年 2 月管理处增设了湖泊管理科，2019 年 7 月更名为河湖管理科，负责高邮湖邵伯湖管理与保护工作，通过向湖区群众普及依法管理湖泊的知识，提高社会依法管理湖泊的意识。2015 年 12 月管理处增设了安全生产监督科，负责安全生产工作。财务管理方面，逐步健全完善各项制度，加强会计核算，深入开展增收节支工作，管好用好各项资金，并在 2001 年全面实现了会计电算化。针对固定资源性收入有限，对外经营创收任务繁重，2012 年 11 月管理处增设了经营项目管理科，2019 年 7 月更名为项目管理科，进一步加强经营管理工作。2015 年 12 月管理处增设了审计科，进一步加强单位内部审计工作。1977 年管理处成立了专门的接待机构，逐步建立起一套较完善的制度，2007 年 6 月为满足国内外来宾参观、考察的需要，成立了江都水利工程管理处接待中心，并逐步发展水利旅游工作。环境建设开始以绿化为主，逐步向美化、亮化和园林化推进，形成了独特的水利园林风格，2001 年 9 月江都水利枢纽被水利部授予“国家水利风景区”称号，优美的环境，受到了国内外来宾的一致好评。2020 年 11 月 13 日，习近平总书记在江都水利枢纽视察时作出重要指示，强调“要依托大型水利枢纽设施和江都水利枢纽展览馆，积极开展国情和水情教育，引导干部群众特别是青少年增强节约水资源、保护水生态的思想意识和行动自觉，加快推动生产生活方式绿色转型”。2020 年 12 月，经省水利厅批准，管理处成立了水情教育中心，负责开展国情、水情教育。2021 年 6 月，管理处增设了江苏省南水北调水情教育中心，负责南水北调东线源头水情教育规划编制及其实施工作；依托江都水利枢纽和江都水利枢纽展览馆等场所设施开展国情水情教育、水利科普宣传和水文化研究；负责江都水利枢纽国家水情教育基地建设、管理和维护工作。

第一节　水行政执法

江都水利枢纽工程建成后，各类水工程均与周边毗邻单位签订管理规范协议，实行协议管理。1991 年 6 月，经省水利厅批准，管理处设置了水政科，处理水工程管理范围内的水事事件或水事案件，依法保护水、水域、水工程，服务于工程管理、防汛抗旱和水利中心工作，维护管理处的合法权益，使水行政执法工作逐步走上了规范化、制度化、法治化轨道。

一、队伍建设

1995年，根据省水利厅苏水政〔94〕26号文要求，经水政字第〔94〕27号函批准，管理处的6名在职人员，通过培训、报批，被聘任为专职水政监察员，同时，在各闸管所和有关科室任命兼职水政监察员22名。同年2月，江都水利工程管理处水政监察队正式挂牌成立，隶属管理处水政科领导。

1995年6月，《江苏省〈水政监察组织暨工作章程（试行）〉实施细则》出台，省水政监察总队挂牌成立，并统一了全省各级水政监察队伍的命名、建制、编制、着装、标志、证件以及职能和隶属关系等。1996年10月，管理处重新组建省水政监察总队江都支队，支队具有行使水政监察的职权，是实施水行政执法的专职队伍。水政监察员是行使水行政执法权的代表，按照法律、法规规定的授权范围，实施直接的水政监察活动。闸管所设水政监察站，是水政监察支队的派出机构。支队和水政科一套班子，两块牌子，配专职水政监察员4人，下设4个水政监察站，即引江水政监察站、邵仙水政监察站、宜陵水政监察站、万福水政监察站。1999年6月水政科与保卫科合并为水政保卫科。

2002年，根据省水政监察总队《关于同意成立江苏省水政监察总队江都支队四个大队的批复》（苏水监总〔2002〕51号）文件精神，江都支队下属水政监察站更名江都水政监察大队。

2022年，江都水政监察支队（原江都水政监察大队升级）共拥有36名专职水政监察员，其中处领导2人，水政保卫科8人，湖泊科2人，引江大队4人，万福大队6人，邵仙大队5人，宜陵大队5人，站区4人。

江都水政监察支队成立以来，根据水利部水政监察规范化建设的目标，围绕执法队伍专职化、执法管理目标化、执法行为合法化、执法文书标准化、考核培训制度化、执法统计规范化、执法装备系列化、检查监督经常化等“八化”要求，加强水政监察队伍建设。1997年底，江都水政监察支队经省厅水政监察规范化建设验收小组一次验收达标。

1998年以来，江都水政监察支队以实现“一流的队伍，一流的管理，一流的工作，一流的形象”为发展目标，不断深化“八化”内涵，外延“八化”内容，开展创“三优”（优质管理、优良作风、优美形象）争“五好”（政治思想好、业务素质好、奉献精神好、廉洁自律好、依法行政好）活动，推行水政执法公示制，推动了水政监察工作的健康发展。

2021年，为进一步加强管理处水政监察队伍建设，根据省水利厅、省水政监察总队统一部署和工作要求，支队通过强化思想、建设队伍、完善制度、提升装备、规范场所等措施，以实现机构标准化、装备现代化、队伍专业化、制度规范化，打造一

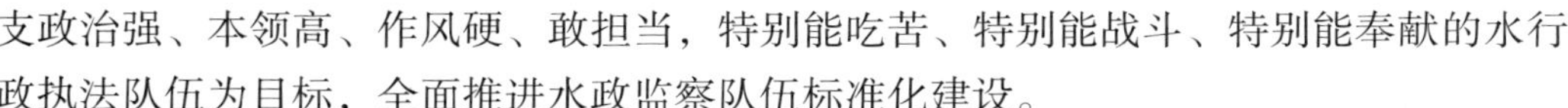

支政治强、本领高、作风硬、敢担当，特别能吃苦、特别能战斗、特别能奉献的水行政执法队伍为目标，全面推进水政监察队伍标准化建设。

2022 年，江都水政监察支队率先通过省水政监察队伍标准化建设省级示范点验收。

江都水政监察支队成立至今，先后 10 次荣获“全省水行政执法工作先进集体”称号，并有多名水政监察人员先后受到省政府、省水利厅、省水政监察总队的表彰。2010 年，支队引江大队获得“水行政执法先进大队”称号。支队水政监察员凭借扎实的理论功底和丰富的实践经验，在全省水行政执法技能竞赛中也屡创佳绩，2008 年荣获第二届全省水行政执法技能竞赛第一名，2012 年获得第四届全省水行政执法技能竞赛二等奖，2016 年获得全省水行政执法技能竞赛集体赛三等奖，2018 年获得全省水行政执法技能竞赛三等奖。

二、水政执法

江都水政监察支队依法行使水政监察职权，主要职责为贯彻执行水法律法规、水政监察的方针政策和规范性文件；做好水法律法规宣传普及工作；依法查处各类涉水违法违章行为；依法保护管理范围内的水工程、水域、水资源、防汛和水文监测设施；依法征收水行政规费；做好防汛清障工作等。

管理处是厅属水工程管理单位，不是一级水行政主管部门，也不是省水利厅的派出机构，水行政执法主体资格来源于法律法规授权。1989 年以前，管理处没有法律法规的授权，也没有专职水政执法队伍。1989 年，省水利厅发文授予管理处在管理范围内可行使《中华人民共和国水法》《中华人民共和国河道管理条例》和《江苏省水利工程管理条例》中的部分水行政职权，在量罚尺度上亦可参照所在市、县制定的与上述法规配套的实施办法中有关规定执行。

1994 年，省第八届人大常委会第八次会议通过修正的《江苏省水利工程管理条例》，省水利厅根据条例第十条“经省、市人民政府批准设置的水利工程管理机构，可以行使同级水利部门授予的行政管理职能”的规定，授予管理处防汛管理、水资源管理以及部分行政许可和水行政管理职能。

1996 年，《江苏省河道管理实施办法》颁布实施，第八条第三款规定：“经省、市人民政府批准设置的水利工程管理机构，可以行使同级河道主管机关授予的部分行政管理职能。”

1997 年第三次修正的《江苏省水利工程管理条例》授予管理处依据《江苏省水利工程管理条例》实施行政处罚的权利。

2003 年，《江苏省水资源管理条例》第四十九条第二款规定：“在省水利工程管理范围内，省水行政主管部门行使的行政处罚权可以依法委托经省人民政府批准成立的水利工程管理机构行使”。

2013 年，《江苏省建设项目占用水域管理办法》颁布实施，其中第五条第三款规定："依法设立的省属水利工程管理机构，接受省水行政主管部门的委托，行使水域管理和保护的有关职责"，同时赋予省属水利工程管理机构依据《江苏省建设项目占用水域管理办法》行使水行政处罚的权利，进一步明确了管理处在河湖水域管理中的职责。

2017 年，《江苏省河道管理条例》颁布实施，第五十六条第二款规定"经省人民政府批准设立的水利工程管理机构，在其管理职权范围内实施行政处罚"。

水政执法主要是包括查处水工程案、河道案和水资源案、水土保持案及其他案件。至 2022 年底管理处共查处或处理水事违法案件共 463 例，历年水事违法案件处理情况详见表 10-1。如 1978 年江都东闸建成后，王家圣在闸右岸下游水工程范围内擅自搭建简易棚一间，并就地设置鱼罾捕鱼。1990 年，江都区在创建卫生城活动中将其拆除，半年后，他又在原址上搭建房屋，闸管所人员多次要求其自行拆除，未果，1998 年 4 月 3 日，水政科送达《责令停止违法行为通知书》，限期自行拆除渔棚、网具，当事人又未履行，监察人员 1998 年于 4 月 8 日送达《水行政处罚告知书》，于 1998 年 4 月 20 日送达《水行政处罚决定书》，当事人在法定期限内既未提出行政复议和诉讼请求，又未履行水行政处罚决定，1998 年 5 月 6 日，管理处申请江都市人民法院强制执行，江都市人民法院受理并于 1998 年 5 月 27 日发出执行通知，于 1998 年 7 月 14 日强制执行，拆除违章建筑和网具。

表 10-1　历年水事违法案件处理情况统计表

年份	类别	发生案件总数	现场及时处理	结案率（%）	罚款（元）	责令赔偿（元）	水行政处罚案件	处罚情况
1989 年前		83	30	36				
1990		12	5	41.6		4 900		
1991		15	8	53		5 000		
1992		26	13	50		1 500		
1993	水工程案	11	6	55				
	其他案	3	1	33				
1994	水工程案	11	5	45.5				
1995	水工程案	44	42	95	10 000	100		
	河道案	9	9	100				
	水资源案	1	1	100				
	其他案	2	2	100				
1996	水工程案	28	26	93				
1997	河道案	8	7	88	2 140			警告，罚款
	水工程案	32	31	97			1	

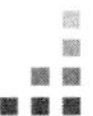

续表

年份	类别	发生案件总数	现场及时处理	结案率（%）	罚款（元）	责令赔偿（元）	水行政处罚案件	处罚情况
1998	水工程案	31	28	90	20		5	申请人民法院强行拆除
	河道案	4	4	100				
1999	水工程案	16	16	100	50			
	河道案	5	5	100				
2000	水工程案	16	14	87.5	70	100		
	河道案	1	1	100				
2001	水工程案	10	10	100	30			
2002	水工程案	5	5	100				
2003	水工程案	2	2	100				
	河道案	1	1	100				
2004	水工程案	4	4	100				
2005	水工程案	3	2	100	450		1	
	河道案	1	1	100				
2006	水工程案	3	3	100				
	河道案	1	1	100				
2007	水工程案	1	1	100				
2008	河道案	1	1	100				
2009	水工程案	2	2	100				
2010	水工程案	2	2	100				
	河道案	1	1	100				
2011	水工程案	3	3	100				
	河道案	2	2	100				
2012	水工程案	4	4	100				
	河道案	3	3	100				
2013	水工程案	1	1	100				
	河道案	3	3	100				
2014	水工程案	2	2	100				
	河道案	2	2	100				
2015	水工程案	1	1	100	500		1	警告，罚款
	河道案	4	4	100				

续表

年份	类别	发生案件总数	现场及时处理	结案率（%）	罚款（元）	责令赔偿（元）	水行政处罚案件	处罚情况
2016	水工程案	1	1	100	2000		1	警告，罚款
	河道案	3	3	100				
2017	水工程案	2	2	100				
	河道案	4	4	100				
2018	水工程案	1	1	100				
	河道案	4	4	100				
2019	水工程案	3	1	33.3	800		1	罚款
	河道案	5	5	100				
2020	水工程案	1	1	100				
	河道案	4	4	100				
2021	水工程案	2	2	100				
	河道案	6	6	100				
2022	水工程案	1	1	100				
	河道案	6	6	100	1 200		6	罚款
合计	水工程案	379	276	72.3	17 260	11 600	16	
	河道案	78	77	98.7				
	水资源案	1	1	100				
	其他案	5	3	60				

由表 10-1 可以看出，水工程案发案率最高，占各类水事违法案件发生总数的 81.86%，其次是河道案，占各类水事违法案件发生总数的 16.84%。1989 年前发生案件 83 件，结案 30 件；1989 至 1995 年发生的水事案件当年结案率均不超过 55%，主要是由于对水行政执法方面的规定过于原则、抽象，操作性不强，与《中华人民共和国水法》相配套的水法规尚未健全，专职执法队伍没有建立，人们法制观念较低等因素有关，导致结案率偏低。随着水法规的健全，宣传力度的加大，执法队伍的建立和执法力度的加强，1995 年以后的年均结案率在 95% 以上，且历年水事违法案件数量逐年下降。除 2019 年的历史遗留问题，自 2001 年以来，其他年份水事违法案件结案率均达 100%。

三、水工程用地管理

为依法确认水利工程用地权属，切实加强工程管理，充分发挥工程效益，并合理开发利用水利工程用地，按照省水利厅的指示精神，1994 年 3 月，管理处开展了水工程用地的确权划界工作。该项工作在土地管理部门的大力支持下，根据《水法》

《土地管理法》以及国家有关部门、地方各级政府有关开展确权划界，加强土地管理、水利工程管理的法规文件规定，本着“尊重历史，面对现实、适当微调、妥善处理”的精神，到1995年底，经过将近两年的艰苦细致的工作，终于全面完成管理处水利工程用地的调查、登记、发证工作，水利工程用地总面积为2 345 517.2 m^2，共发放国有土地使用证15本。

1999年，管理处在省水利厅的主持下与省水利建筑工程总公司，就芒稻闸、江都西闸水工程管理范围及确权划界问题达成协议，并形成会议纪要。2000年4月15日，双方签订《江苏省江都西闸上游、芒稻闸下游左岸水工程用地确权划界协议》，并依据协议分别向江都市人民政府申领了国有土地使用证。2004年，鉴于省水利建设工程总公司改制为省水利建设工程有限公司，根据《中华人民共和国土地管理法》第十二条规定和省水利厅《关于江都西闸上游、芒稻闸下游左岸水工程用地变更土地权属的批复》(苏水管〔2004〕85号)文件精神，省水利建设工程有限公司将其在江都西闸上游、芒稻闸下游左岸143 698.6 m^2 土地权属变更给管理处作为水工程用地。

管理处1995年完成的土地确权划界工作，形成了明确的土地界线、界址，取得了合法有效的土地使用权证，但因历史客观条件限制，没有实施土地信息数字化管理。随着江都城市化进程的不断发展，管理处周边地形、地貌发生了一些变化。2012年，为加强水工程用地管理，避免权属争议和重复发证现象的发生，管理维护好国有水工程用地，保证水管单位合法权益，管理处与江都区国土部门合作，共同开展管理处水工程用地信息数字化工作，并形成会议纪要。该项工作进一步明确管理处国有水工程用地界线、界址，测量坐标，建立与国土部门接轨的土地信息数据库。

2015年7月，省政府办公厅印发《关于开展河湖和水利工程管理范围划定工作的通知》(苏政办发〔2015〕76号)，对开展河湖工程管理范围划定工作必要性、目标要求、实施步骤、组织保障等提出明确要求，根据《省水利厅关于开展河湖和水利工程管理范围划定工作的实施意见》(苏水管〔2015〕134号)，省直管水利工程管理范围划界及确权登记经费由省级负责，为切实做好管理处所辖21座水利工程管理范围划定工作，管理处成立了省江都管理处河湖和水利工程管理范围划定工作领导小组和工作小组，组织编制了《省江都管理处水利工程管理范围划定实施方案》，并于2015年12月17日上报省水利厅，通过了省河道局组织的专家评审。2017年1月，由省河道局牵头，省水利工程科技咨询服务有限公司具体负责，汇编形成《江苏省水利厅直属工程管理单位河湖和水利工程管理范围划定总体实施方案(报批稿)》，2017年3月获得省发改委同意批复。

2018年10月24日，省河道管理局在管理处组织召开江苏省水利厅直属工程管理单位河湖和水利工程管理范围划定二标段（江都处）验收会。验收工作组一致认为：江苏省水利厅直属工程管理单位河湖和水利工程管理范围划定二标段（江都处）划定工作符合相关法律法规、省委省政府文件要求，技术路线正确，成果规范可行，可作为水利工程管理和保护的重要依据，同意通过项目验收。

此项目完成了管理处21座闸站涵（涵闸17座，泵站4座）水利工程管理范围划界，绘制1：2000、1：1 000、1：500地形图17幅，现场埋设界桩275根、界牌34个、告示牌47个、分界牌50个，设置测量控制点48个，测绘管理范围边界线28 434. 22 m，形成水工程用地地籍信息化面积2 083 832. 94 m^2，原《土地使用证》申领换发为《不动产权证书》18本。

2019年，省水利厅办公室《关于开展省管水利工程安全警戒区划定工作的通知》（苏水办河〔2019〕5号）文件明确了省管水利工程安全警戒区划定工作的重要性，要求依据厅属管理单位河湖和水利工程管理范围划定成果，在工程管理范围内划定省管水利工程安全警戒区，明确区域界线，设立标志。划定的工程安全警戒区要能够保障工程运行安全及工程效益充分发挥。为切实做好管理处安全警戒区划定工作，管理处成立了江苏省江都水利工程管理处水利工程安全警戒区划定工作领导小组。2019年7月，以处水政保卫科、工管科、设计院为主要力量，会同各工程管理单位开展划定方案编制工作，从基本情况、管理范围界线、划定依据、标识标牌设置、管理措施等内容对全处水利工程安全警戒区划定工作制定了详细的计划，并于2020年9月通过省水利厅批复实施。

2022年管理处所辖21座闸站涵（涵闸17座，泵站4座）水利工程共划定安全警戒区面积2 660 772 m^2，警戒区边界线长26 386 m，安全警戒区告示牌、安全警示牌已全部设置到位。

四、水法普及宣传

江都水政监察支队成立至今，经历从“三五”到“八五”六个五年普法规划。作为普法宣传教育的中坚力量，江都水政监察支队为管理处普法工作以及获得“全省水利系统‘四五’普法先进单位”、“五五”普法期间荣获“2006—2010年省级机关法制宣传教育先进单位”称号、“六五”期间被确立为“全省水利系统‘六五’普法依法治理联系点”做出了突出的贡献。“七五”普法期间，管理处加强法治宣传队伍建设，精心打造普法宣传阵地，广泛开展法治宣传教育，以“法润源头，治水安澜”为主题扎实开展具有行业特色的法治文化建设活动，被评为第三批省级机关法治文化示范点、省级法治文化建设示范点。

江都水政监察支队通过丰富的活动载体、多样的形式、精彩的内容，不断强化水法律法规普及宣传教育工作，努力提高全处干部职工和广大人民群众的法制意识，向社会传播依法治水的理念，为管理处水利现代化建设营造了良好的法治氛围。在“世界水日”“中国水周”活动期间，先后在龙川广场、平安法治文化广场、处区、自在公园、三河六岸公园等地举办了多场宣传活动启动仪式。联合江都区政府、水务局举办“江淮春潮”文艺晚会，联合江都区委政法委、司法局、水务局、浦头镇政府等举办“水润龙川”平安法治文艺演出，联合省泰州引江河管理处携手开展水法宣

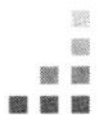

传活动等。同时以“报、网、端、微、屏”为载体，采用“线上+线下”模式，开展网络趣味答题、骑行活动、与水相关的道德讲堂、水法规知识竞赛、水情知识宣讲进校园、水法规知识宣讲进企业、节水宣传标语征集等活动，并邀请各方面专家授课，不断扩大水法宣传的影响力和辐射面。

第二节　河湖管理

2005 年 3 月 1 日起施行的《江苏省湖泊保护条例》第六条规定，江苏省高邮湖、邵伯湖在内的 13 个重点湖泊由省水行政主管部门管理，标志着高邮湖、邵伯湖管理与保护工作进入新的阶段。2008 年 3 月 24 日，为做好高邮湖、邵伯湖保护、开发、利用和管理工作，省水利厅批复同意管理处成立湖泊管理科，与水政保卫科合署办公。2010 年 2 月 24 日，管理处调整机构设置，湖泊管理科不再与水政保卫科合署办公，增设独立的湖泊管理科，具体负责高邮湖邵伯湖管理与保护工作。

2018 年 5 月 22 日，江苏省发布《关于加强全省湖长制工作的实施意见》，管理处河湖管理与保护工作逐步开始以“河湖长制”为依托向建设“幸福河湖”进发。2019 年 7 月 20 日，湖泊管理科更名为河湖管理科，增加京杭运河苏北段、淮河入江水道、高邮湖、邵伯湖、宝应湖、白马湖河长制相关工作职能。

一、管理范围

管理处河湖管理与保护工作主要包括江苏省高邮湖、邵伯湖管理与保护，京杭运河苏北段、淮河入江水道、高邮湖、邵伯湖、宝应湖、白马湖省级河长联系人工作，以及扬州市月塘水库和镇江市句容、茅山、北山、仑山、二圣、墓东、凌塘水库卫星遥感监测核查工作等。

高邮湖、邵伯湖位于江苏省中部，京杭大运河以西，为江苏湖泊保护名录中省级以上管理湖泊。高邮湖、邵伯湖是相互串联的两个过水型湖泊，也是淮河行洪入江和南水北调规划供水的通道。高邮湖、邵伯湖以新民滩上的高邮控制线为界，以上为高邮湖，以下为邵伯湖，行洪期间两湖连为一片，行洪后期两湖分别利用高邮控制线上的漫水闸及归江控制线上的万福闸、太平闸、金湾闸、运盐闸等控制蓄水。高邮湖面积 728.2 km^2，江苏境内 657.8 km^2，行政隶属主要为江苏省淮安市金湖县及扬州市宝应县、高邮市，高邮湖西部部分水域和陆域隶属安徽省天长市。邵伯湖面积 132.2 km^2，行政隶属于扬州市邗江区、江都区、高邮市。

京杭运河苏北段自扬州六圩至南四湖二级坝、中运河省界，全长约 476.5 km，自南向北分为里运河、中运河、不牢河、大运河湖西段等 4 个河段，具有行洪、调水、饮用水水源地、排涝、航运、景观等功能，既是江水北调和南水北调工程的主要输水通道，也是重要的航道。

淮河入江水道北起洪泽湖三河闸，南至扬州三江营，全长 157.2 km，涉及江苏省淮安、扬州 2 市 10 县（区）。沿线河、湖、滩串联，白马湖、宝应湖、高邮湖、邵伯湖等分布其间。淮河入江水道是淮河下游最大泄洪通道，分泄淮河 70% 以上的洪水，泄洪能力 12 000 m^3/s，同时具有排涝、蓄水灌溉、南水北调供水、航运、渔业养殖、农业生产、石油开采、维护生态等综合功能。

白马湖、宝应湖同属于江苏湖泊保护名录中省级以上管理湖泊。白马湖分属淮安市金湖县、洪泽区、淮安区和扬州市宝应县，保护面积 117.5 km^2。宝应湖属淮河流域入江水道水系，跨扬州市宝应县、淮安市金湖县，保护面积 80.66 km^2。

扬州市月塘水库及镇江市北山、二圣、句容、仑山、茅山、墓东、凌塘共 8 座中型水库，具有供水、防洪、灌溉、养殖、旅游和维持生态环境等多种功能，是一种重要的战略性资源。作为水资源的重要载体之一，水库的安全运行对于地区社会经济发展和维持社会稳定具有重要的作用。

二、管理组织

高邮湖、邵伯湖等省管湖泊实行统一管理与分级管理相结合的管理体制，省水利厅为高邮湖、邵伯湖的主管机关。管理处作为高邮湖、邵伯湖省水利厅授权管理单位，牵头各涉湖市、县（区）及湖泊管理单位，履行湖泊联席会议办公室职能，协调相关部门共同做好高邮湖、邵伯湖管理与保护工作。湖泊管理组织体系详见图 10-1。

2011 年 8 月建立高邮湖邵伯湖联席会议制度，联席会议设有办公室，其主要工作为：在省政府的领导下，贯彻落实《江苏省湖泊保护条例》《江苏省环境保护条例》《江苏省渔业管理条例》等法规，组织高邮湖、邵伯湖保护规划的实施；向省政府及省水行政等主管部门提出高邮湖、邵伯湖管理与保护的政策和措施建议；研究提出高邮湖、邵伯湖管理与保护的规范和标准，对高邮湖、邵伯湖管理和保护进行技术指导和服务；建立高邮湖、邵伯湖保护管理效果评估机制；协调解决高邮湖、邵伯湖管理与保护工作中涉及跨地区和跨部门的重要问题；协调各有关部门按照职能分工开展高邮湖邵伯湖管理与保护联合行动；参加高邮湖、邵伯湖保护范围内中重大建设项目及重要开发利用项目的研究；协调高邮湖、邵伯湖保护范围内重大以上级别污染事件的处理；督促指导有关地方和部门的高邮湖、邵伯湖管理与保护工作；省政府交办的有关高邮湖、邵伯湖管理与保护其他工作。

三、管理职能

河湖管理与保护需要建立综合管理体系，形成一套较为完善的工作机制，管理处河湖管理与保护职能主要包含以下几个方面：

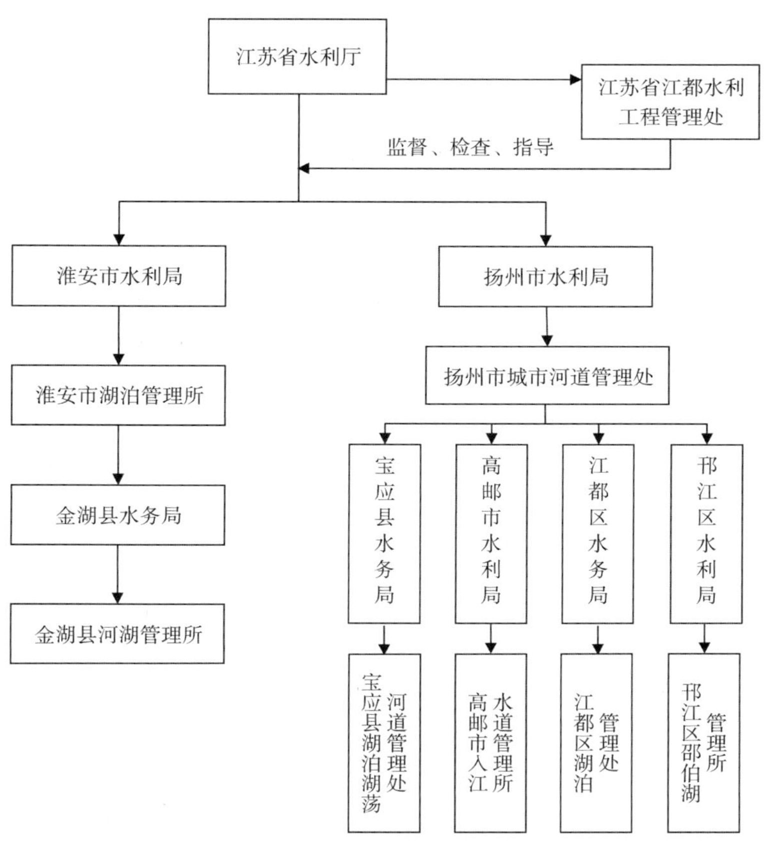

图 10-1　湖泊管理组织体系图

1. 湖泊巡查管理。围绕“零违章”工作目标，按时、按质、按量开展高邮湖与邵伯湖的巡查工作。组织开展巡查演练，运用信息化、网格化等现代化管理手段，提升巡查管理水平。跟踪督查涉湖违法行为，督促涉湖市、县（区）对涉湖违法行为进行严格查处。

2. 湖泊资源开发利用管理。合理开发利用湖泊资源，规范湖泊开发利用行为，加强涉湖建设项目事前、事中及事后监管，确保建设项目严格按行政审批内容实施，严格防范未批先建等违法行为的发生。

3. 河湖保护宣传。联合涉湖市、县（区）开展形式多样、内容丰富的系列宣传活动，向社会公众广泛宣传河湖保护与河湖长制相关知识，提高社会公众加强河湖保护、全面推行河湖长制的意识与理念。

4. 卫星遥感核查。开展高邮湖、邵伯湖、淮河入江水道、京杭运河苏北段及镇江、扬州 8 座水库卫星遥感监测核查对比分析工作，动态掌握河湖空间变化情况，及时发现违法建设、占用等违法行为，做好遥感违法事件的跟踪处理。

5. 河湖生态监测。联合省水文水资源勘测局、省水利科学研究院等科研部门，开展高邮湖、邵伯湖等水质、水情及水生态监测及水域保护状况调查评价，动态掌握湖泊健康状况，及时向省水利厅上报监测成果。

6. 退圩还湖专项工程。督促、指导涉湖市、县（区）推进退圩还湖工程，通过退圩还湖加强流域、区域防洪，改善湖泊水质、水生态，满足区域供水，保证沿湖地区经济可持续发展，妥善解决围湖区历史遗留问题。

7. 河湖管理能力建设。加强河湖管护基础设施建设，推进河湖管理信息化水平，逐步推进湖泊精细化管理落地生根。响应湖长制网格化管理工作要求，构建湖泊网格化管理体系。开展河湖生态建设等课题研究，加快研究成果推广应用。

8. 河湖长制工作。履行“两河四湖”省级河长联系人职责，制定省级河长巡河方案，做好与地方政府的沟通协调，制作河长制公益微视频、专题片，配合做好省级河长巡河工作。开展河湖长制明查暗访，督查“两违三乱”任务清单完成情况，完成省河长办交办的其他工作任务。

四、管理成效

多年来，管理处河湖管理与保护工作在河湖空间管控、生态监测、遥感监测、河湖长制工作、能力建设、长效管护等方面取得了较为明显的成效，实现了从无到有，从“摸着石头过河”到向科学化、精细化管理迈进的质的转变。

1. 加强河湖空间管控。一是构建湖泊网格化管理体系。完成高邮湖、邵伯湖三级网格划分 306 个，实现“人员入格、责任定格”，做到网格巡查、监控、日常管护全覆盖。二是强化河湖巡查管理。开展河湖日常巡查、专项巡查、联合巡查等各类巡查活动，年巡查里程数达 2 万公里。运用无人机、视频监视、巡查记录仪等现代化手段提升巡查效能。积极发挥省属管理单位在湖泊管理工作中的牵头、协调作用，联合涉湖市、县（区）相关管理单位积极开展专项巡查执法活动。三是深化卫星遥感监测核查。自 2011 年开始，开展高邮湖、邵伯湖、淮河入江水道、苏北京杭运河、月塘水库、凌塘水库、北山水库、仑山水库、句容水库、墓东水库、二圣水库、茅山水库卫星遥感监测核查对比分析工作，组织召开遥感监测成果会商会议，对变化点逐一进行核查定性，动态掌握河湖空间变化情况，省、市、区三级水利部门加强成果运用，强化河道、湖泊、水库的依法管理和有效管控，违章行为得到有效整治。近年来遥感监测违章点数量统计详见表 10-2。四是推进退圩还湖专项工程。督促涉湖市县加快推进高邮湖退圩还湖专项工程，通过退圩还湖增加湖区自由水面及防洪库容，涵养水源、修复生态。金湖县、宝应县、高邮市高邮湖退圩还湖专项规划均获省政府批复，实施方案获省水利厅审批。金湖县完成高邮湖退圩还湖一期工程，清退高邮湖圈圩 9 515 亩，清退圩埂 35.1 km，清退土方 42.9 万 m^3，恢复库容 968.35 万 m^3。

表 10-2 2016—2021 年遥感监测违章点数量统计表

	2016 年	2017 年	2018 年	2019 年	2020 年	2021 年	总计
河道	41	40	13	27	8	65	194
湖泊	133	65	29	88	59	73	447
水库	30	14	0	13	13	15	85
总计	204	119	42	128	80	153	726

2. 严格涉湖项目监管。一是积极参与涉湖建设项目初审工作。做好项目现场查勘，提供初审意见，为上级湖泊主管机关作出合法合理的行政许可决定出谋划策。先后参与 500 kV 上江Ⅰ线环入扬州西线路工程在跨入江水道新民滩、京杭运河建设项目，扬州市高邮湖西水厂取水工程，金湖县高邮湖涂沟避风港工程、宝应县高邮湖金宝渔业村避风港工程等涉湖建设项目的行政许可工作。二是做好在建项目过程监管。加强在建项目事前、事中、事后监管工作，建立涉湖项目管理档案，及时掌握工程建设中有无违规工程建设、有无破坏水工程设施等情况，一经发现，坚决予以制止。三是严防未批先建的情况发生。加强对湖泊关键水域和重点堤防段的巡查，及时发现并制止未经批准的违法涉湖建设项目。

3. 持续河湖生态监测。一是加强水生态监测工作。自 2012 年开始，联合省水文水资源勘测局、省水利科学研究院等部门开展高邮湖、邵伯湖水生态监测工作。2020 年开始对京杭运河苏北段进行水生态监测，2021 年开始对淮河入江水道进行水生态监测，逐步实现了河湖水生态监测全覆盖。通过对水质、水量及自由水面率、浮游植物、浮游动物、水生高等植物、底栖动物等指标进行监测，动态掌握水生态变化趋势，评估河湖水域健康状况。近年来，高邮湖、邵伯湖等河湖水质安全达标，水生态状况持续改善。根据 2012～2021 年水质监测资料，高邮湖总氮、总磷浓度除个别年份略有升高外，总体呈下降趋势，水质类别为Ⅲ类；邵伯湖总氮、总磷浓度波动较小，水质类别为Ⅲ～Ⅳ类。二是开展高邮湖湖流监测。2019 年与中科院南京地理与湖泊研究所联合开展了江苏省高邮湖湖流监测研究，通过分析高邮湖丰、平、枯不同水情条件，设定高邮湖湖流观测方案，获得不同情景下的湖流参数，构建高邮湖水动力数值模型，进行高邮湖湖流特征及成因机制研究，为深入了解高邮湖水环境变化，科学管理高邮湖，维持高邮湖健康生命提供基础数据和特征背景信息。三是逐步实施水域调查。根据《江苏省水域保护办法》要求，自 2021 年开始对高邮湖、邵伯湖、京杭运河苏北段、淮河入江水道、金宝航道、运西河—新河等水域进行保护状况调查评价，根据综合评价结果，阐明 2 个湖泊、4 条河道水域状况保护现状，分析存在问题，提出水域保护的对策和建议。

4. 推进河湖长制工作。一是服务好省级河长巡河工作。自 2017 年开始为京杭运河苏北段、微山湖省级河长和淮河入江水道、邵伯湖、高邮湖、宝应湖、白马湖省级河长巡河做好联络、协调和服务工作，制定巡河方案，进行路线查勘，先后完成省级河长巡河任务 8 次，拍摄制作河湖长制专题汇报片 8 部、河长制公益微视频 1 部。二是认真摸清河湖家底。先后 4 次运用无人机对京杭运河扬州淮安段、淮河入江水道进行全程航拍，掌握河湖现状，梳理问题清单。三是按照省河长办工作要求开展河湖长制明查暗访。对河湖“两违三乱”、河长制公示牌、违建别墅、堤防及水工程、碍洪问题等进行专项督查，配合有关部门持续攻坚、整治到位。

5. 强化管理能力建设。一是开展河湖课题研究，加快科研成果推广应用。先后开展《基于生态文明理念的高邮湖保护研究》《河湖流域协同管理关键技术研究》《里运河水生态监测研究》《高邮湖菹草暴发生态环境效应与防控技术研究》等多项省水利科技项目。二是加强河湖信息化系统的研发与运用。建立并升级“高邮湖邵伯湖及京杭运河（扬州段）管理与保护信息系统”，推广运用“江苏省管湖泊网格化管理信息平台”“江苏省河湖资源管理与巡查系统”等信息化手段，建设及共享高邮湖备用水源地、横桥联圩、陈家圩、利农河排污口等监控视频 42 处，实现对河湖重点区域、违章多发区的实时监控。加快智慧河湖相关软件研发与应用，取得《江都河湖监管一张图系统软件》《江都河湖热点事件甄别与督办信息管理系统软件》等 5 项国家版权局著作权登记证书。三是加强河湖管护基础设施建设。建造高邵湖管理 1 号、2 号、10 号及苏水政江都 01 号等 4 艘巡查艇，建设高邮湖执法基地、邵伯湖执法码头，推进高邮湖邵伯湖科学保护试验站建设项目。

6. 提升长效管护水平。一是发挥湖泊联席会议平台作用，协调解决湖泊开发利用、违法建设等重点、难点问题。先后跟踪督查高邮湖金宝渔业村 3 150 亩违法圈圩、运河西堤 9 处共 3 436. 2 m^2 违法建设、湖滨庄台河 2 处共 2 209. 8 m^2 违法建设等较大项目。自 2012 年开始，每年编制《江苏省高邮湖邵伯湖管理年报》，总结梳理湖泊管理经验，及时向联席会议成员单位及社会各界通报高邮湖、邵伯湖管理保护现状。二是加强河湖规划、管理制度等修编工作。联合有关部门，编制《江苏省高邮湖、邵伯湖保护规划》《江苏省京杭运河苏北段保护规划》，修订《高邮湖邵伯湖巡查管理办法》《高邮湖邵伯湖管理与保护工作考核办法》，编写《江都水利枢纽湖泊精细化管理》。三是加强对地方湖泊管理单位的业务指导。每年举办河湖保护业务知识培训班，组织河湖管理人员开展学习调研，不断提高河湖管理工作人员的综合素质和业务水平。与扬州市、淮安市水利局成立高邮湖、邵伯湖管理与保护工作考核领导小组，每年对湖泊管理与保护工作进行考核，系统提升湖泊管理与保护水平。四是加强河湖保护宣传。每年利用“世界水日”“中国水周”等宣传契机，开展湖泊保护与河湖长制系列宣传活动。通过传单、画报、展板等传统媒介以及网页、微视频、公众号等新媒介，不断拓宽宣传渠道，创新宣传方式，向社会公众普及河湖保护知识和依法保护河湖的意识。

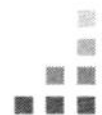

第三节 财务物资管理

建处初期，管理处没有设置单独的财务机构，由秘书科负责财务物资管理工作，配有专职人员。1973 年 7 月 13 日，省革命委员会水电局以苏水电（73）计字第 76 号文批复，同意成立计划财务科，具有会计核算、物资采购、仓储保管等职能。1978 年 12 月 20 日，撤销原计划财务科，组建财供科。1984 年 7 月 9 日，财供科更名为计划财务科，增加工程计划及核算功能。1992 年计划财务科又更名为财供科。2020 年，因内设机构调整，经省水利厅人事处批复，财供科正式更名为财务科。

在计划经济时期，管理处的工程设施管理费用开支单一，实行的是“收支两条线”，因而会计核算简单，只有两名会计人员。工程所需物资需向省水利厅申请，然后按省水利厅下达的调拨单计划采购。党的十一届三中全会以后，财务工作的重点逐步转到核算上来，另增加工程计划及核算职能。1981 年，管理处工程设施管理费由全额拨款事业单位改为差额拨款事业单位，不足部分由经营收入弥补。为加强经费和成本核算，全处共形成 15 个二级核算单位。20 世纪 90 年代初，综合经营工作被作为实业开展工作，计财科又新增经营管理职能。1994 年经营管理职能交给新成立的经营科，财供科的职能转向了专业的财务物资管理。2006 年，经管理处党委研究，经营管理职能归并财供科。2016 年，根据省水利厅《关于部分直属事业单位相关内设机构增挂“审计科”牌子的通知》(苏水人〔2015〕88 号)，管理处设立审计科，与财供科合署办公。2020 年，根据《省水利厅关于同意江苏省江都水利工程管理处内设机构调整的批复》(苏水人〔2019〕39 号文件)精神，将财供科调整为财务科，审计科与财务科合署办公，经营管理职能划转至项目管理科。目前，处财务科具有财务管理、内部审计、物资管理三大职能。

一、财务制度建设

为规范会计行为，促进财务工作规范化，管理处十分重视规章制度的建设，以国家财经法律、法规为指南，制定了一系列的财务规章制度，并根据形势发展，对制定的规章制度及时进行修订完善（详见表 10-3），促进财务管理工作更加规范化、制度化、科学化，进一步提高资金使用效率，确保水利资金安全，更好地发挥水利工程效益。

表 10-3　财务规章制度制定和修订情况

年份	财务规章制度制定和修订情况
1995 年	制定《经费审批制度》《物资采购、验收暂行规定》《物资领用保管制度》《固定资产暂行管理制度》
1996 年	制定《差旅费报销制度》《会计档案保管制度》
1998 年	对以上六项制度和暂行规定进行修订补充
1999 年	制定《个人劳动保护用品标准》
2000 年	修订《经费审批制度》《差旅费报销制度》
2001 年	制定《物资集中采购办法》《会计人员管理办法》《总账会计委派制度》《会计人员考核百分细则》《会计人员轮岗办法》《财务管理办法》《会计电算化账务处理制度》《会计电算化岗位职责及操作制度》《会计电算化软硬件维护管理制度》《计算机操作程序》《计算机上机操作记录制度》《会计电算化分工表》
2002 年	制定《招待费控制办法》《电话费使用管理办法》《办公用品采购、使用管理办法》《汽车轮胎及加油使用管理办法》
2003 年	制定《处内部控制管理和检查制度》；修订《财务管理办法(试行)》
2006 年	制定《经济合同管理制度(试行)》；修订《经费审批制度》
2008 年	修订《财务管理制度》
2009 年	制定《内部结算凭证管理办法》；修订《差旅费开支标准》
2010 年	修订《处经费审批制度》
2011 年	修订《经济合同管理制度》
2012 年	修订《处综合经营项目补助、加班费发放规定》
2013 年	修订《关于加强经营财务监管的意见》
2014 年	修订《处集中采购管理办法(试行)》
2015 年	制定《江苏省江都水利工程管理处经营资质证书管理办法》；修订《江苏省江都水利工程管理处个人劳动保护用品发放标准》《江苏省江都水利工程管理处会计人员管理办法（试行）》《江苏省江都水利工程管理处经费审批制度》《江苏省江都水利工程管理处财务内部控制管理和检查制度》《江苏省江都水利工程管理处财务管理制度》
2016 年	制定《江苏省江都水利工程管理处差旅费管理办法(试行)》
2017 年	制定《江苏省江都水利工程管理处经营项目投标管理办法(试行)》；编写《江都水利枢纽精细化管理财务管理》
2018 年	制定《江苏省江都水利工程管理处经营业务用车管理实施细则》
2019 年	制定《江苏省江都水利工程管理处综合经营差旅费管理办法》；修订《江苏省江都水利工程管理处差旅费管理办法》
2020 年	制定《江苏省江都水利工程管理处内部审计管理办法》；修订《江苏省江都水利工程管理处集中采购管理办法》
2021 年	修订《江苏省江都水利工程管理处集中采购管理办法》《江苏省江都水利工程管理处经费审批制度》
2022 年	修订《江苏省江都水利工程管理处政府采购管理办法》

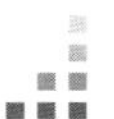

二、会计核算体系

1981年，管理处工程设施管理费由全额拨款改为差额拨款后，必须开展多种经营活动以弥补经费不足。为加强成本核算，管理处于1982年改统一核算方式改变为分级核算方式，建立了近15个二级核算单位。但由于财务战线太长，会计人员素质不高，会计基础工作薄弱，没有达到预期的效果。为此，管理处对所属二级核算单位实行撤、并，精简会计机构。截至2022年底，全处二级核算单位精简至6个，其中4个预算单位：管理处本级、处江都闸管理所、处宜陵闸管理所、处万福闸管理所；2个经济实体：江苏省江都水利枢纽机电安装有限公司、江苏省引江水利水电设计研究院有限公司。

随着财政管理制度的改革，2004年管理处本级和江都闸管理所财政性资金纳入国库账户体系管理，2005年全处形成了预算和经营两大会计核算体系，2019年宜陵闸管理所和万福闸管理所财政资金纳入国库账户体系管理，财政资金实行国库集中支付。预算单位的会计核算全部集中在处本级，经济实体的核算在各经济实体，所有单位的总账由处委派，出纳实行定期轮岗，财政监督显著加强。

管理处对防汛岁修经费、翻水费、工程设施管理费、基本建设资金等专项资金都严格执行专项资金管理办法，实行项目从预算到决算全过程跟踪管理，做到专款专用。2005年，根据财政资金拨款用途，岁修经费归并为维修养护经费。2011年，大站维修经费归并维修养护经费。年度工程维修养护经费由省水利厅、财政厅批准下达管理处，工程管理科会同财务科根据省厅关于维修项目和经费批复文件的精神，制定项目实施要求，经管理处审批后，以文件形式下达各相关单位。

20世纪90年代，随着工程的更新改造，列入基建项目的资金必须实行专户储存，专款专用，专项核算。管理处按照基建程序的要求，严格将基建资金和行政管理经费区分开来，确定专人专项核算。2019年开始，基本建设项目执行政府会计制度并入部门预算统一核算。

2001年管理处所有二级核算单位都实行会计电算化，为加强会计核算，提高财务管理水平打下了基础。2017年，省水利厅统一实行NC会计电算化系统进行会计核算，财务制度执行2017年财政部《政府会计制度》。各项收支实行预算管理，预算单位由管理处实行统一管理、集中核算。人员经费、公用经费从每年部门预算中列支，泵站及水闸等公益服务工程维修养护经费每年由省财政下拨。各类费用严格程序，按预算批复的额度和开支范围执行预算，工程经费专款专用。根据本单位实际发生的业务事项进行会计核算、填制会计凭证、登记账簿、编制财务报告，会计事项真实完整，会计基础工作规范有序，构建了会计核算、监督、管理、服务于一体的会计核算模式。

三、国家资金投入

江都水利枢纽在建设和运行管理的过程中，国家投入了大量的人力、物力和财力。国家投入的资金主要包括水利工程维护费和基本建设投资，其中基建投资从1994年才开始。随着国家对水利基础产业投入的不断增加（特别是1991年的特大洪涝灾害后，国家投资的力度明显加大），加之翻水电价不断提高（由1994年的0.055元/kW·h提高至1999年的0.269元/kW·h，2006年提至0.288元/kW·h，2009提至0.319元/kW·h，2012年提至0.357元/kW·h，2022年提至0.484元/kW·h），因此，管理处的财政拨款呈不断上升趋势。1981年到2022年，国家对管理处的水利工程维护费、抗旱经费拨款累计达15.21亿元，其中主要是翻水电费（2002年前含部分参与运行人员工资）。另外，随着工程的不断老化，国家对泵站和闸坝的更新改造、江堤达标、河道除险加固的力度不断加大，1994年，国家开始投入资金用于工程的更新改造、加固。1994年到2022年，国家对管理处投入各种形式的基建资金累计达6.44亿元。国家资金投入情况见表10-4。

表10-4　国家资金投入一览表

单位：万元

年度	小计	工程维护费			抗旱经费		基建投资
		防汛	岁修	维修养护	翻水费用	抗旱工程	基建拨款
1981	614.37	11.4	48.17		525.8	29	
1982	674.58	192.9	45.51		416.4	19.77	
1983	489.42	36.04	40.58		406.3	6.5	
1984	609.05	42.95	64.4		501.7		
1985	380.53	94	61.53		207.5	17.5	
1986	1 170.2	159	58		789.7	163.5	
1987	648.61	155.6	52.3		417.21	23.5	
1988	1 160.04	69.3	63.1		907.4	120.24	
1989	940.65	44.3	52.25		811.7	32.4	
1990	581.96	44.99	54.87		426.9	55.2	
1991	815.1	118.7	52.8		591.5	52.1	
1992	1 060.29	26.59	55.7		899.9	78.1	
1993	913.8	60.3	49		742.1	62.4	
1994	2 664.3	73.7	49		1 841.6	350	350
1995	3 117.6	116.6	49		1 650	802	500
1996	4 047	79.1	51		2 843.8	388.5	684.6

续表

年度	小计	工程维护费			抗旱经费		基建投资
		防汛	岁修	维修养护	翻水费用	抗旱工程	基建拨款
1997	3 540. 3	90. 5	88		2 375. 8	586	400
1998	5 144. 7	228. 5	64		2 032. 7	869. 5	1950
1999	8 900. 3	168. 8	68. 5		4 045	372	4 246
2000	5 452. 99	68. 65	75		4 000	173	1 136. 34
2001	7 732. 2	131	76		6 024	247. 5	1 253. 7
2002	6 475. 49	177. 4	90		4 712. 9	197	1 298. 19
2003	3 133. 1	76	98		1 638. 77	140	1 180. 33
2004	5 008. 99	272. 94	80		2017. 05	139	2 500
2005	29 491. 12	202		309	2 143. 6	137	26 699. 52
2006	2 671. 32	91		416. 99	2021. 33	142	
2007	4 237. 9	160		1 030. 11	2 300	96	651. 79
2008	1 722. 9	95		532. 9	1 000	95	
2009	4 693	144		654	2 751	152	992
2010	2 700. 63	179. 63		825	1 600	96	
2011	17 804. 91	153. 5		1 047. 5	5 751	5	10 847. 91
2012	6 941. 66	186. 76		1 277. 9	3 700		1 777
2013	11 280. 61	97. 63		1 372. 5	4 800		5 010. 48
2014	9 873. 33	167. 63		2 044. 7	6 000		1 661
2015	10 714. 63	152. 63		2 850	6 800		912
2016	7 355. 6	207. 6		2 101	4 700		347
2017	7 209. 7	215. 7		1994	5 000		
2018	3 639. 2	254. 3		1 884. 9	1 500		
2019	6 325	285		1983	4 050	7	
2020	10 961	89		2 133	8 739		
2021	5 900	208		2 547	3 145		
2022	7 710	60		2 500	5 000	150	
累计	216 508. 08	5 488. 64	1 486. 71	27 503. 5	111 826. 66	5 804. 71	64 397. 86

四、物资管理

江都水利枢纽工程运行管理所需的主要物资，在计划经济时期一律凭省水利厅每年下达的调拨单计划进行采购。

20世纪90年代，物资供应从计划调度转为市场采购，管理处物资采购随行就市，按需采购。管理处在采购过程中货比三家，采取最佳批量采购和最佳批量储存相结合的方法，对超过一定金额的物资采购还要进行招投标，从而减少了库存材料，降低了仓储成本。

为适应物资采购的需要和体制的变化，物资管理向经营管理转变，于1994年成立了经营性的物资公司，对内承担仓库的职能，提供工程物资、劳保物资等4 400多个品种的采购任务；对外可以销售五金、日用百货等物资，既确保本单位的物资供应，又提高了综合经营效益。

随着市场经济的不断发展，社会产品的极大丰富，物资公司已没有存在的必要，经研究，2007年物资公司撤销，保留仓库职能，主要履行管理处集中采购的日常工作，物资采购以需定。同时，为防范和控制采购风险，提高资金使用效益，促进廉政建设，按照《中华人民共和国政府采购法》《江苏省省级预算单位政府采购内部控制规范》《江苏省水利厅政府采购管理办法》《江苏省江都水利工程管理处政府采购管理办法》等文件规定，进一步加强采购管理，规范采购行为。对纳入政府采购目录的必须进行政府集中采购，未纳入政府采购目录的要按规定实行部门集中采购和单位分散采购。明确处集中采购范围，按规定成立采购小组，采购小组应由不同部门人员参加，并形成合理制约机制。对货物（设备）、服务、工程采购，按照采购价值标准确定采购方式。对于供应商的选择，严格执行集中采购制度，建立并公示供应商名录，加大潜在供应商选择范围，全面推行网上公开招标采购。

截至2022年底，库存物资已由20世纪70年代的170多万下降到35万元左右，节约了大量的人力、物力、财力。

2015年管理处以创建国家级水管单位为契机，对防汛仓库进行维护完善，新防汛仓库位于万福闸管理所院内，占地面积约845 m^2。为保障抗洪抢险和抗旱救灾的需要，处根据国家以及省内的防汛物资储备定额和相关标准测算之后，集中储备了编织袋、土工布、防汛块石、铅丝、钢管、桩木、救生衣、发电机组、便携式工作灯等防汛物资，其中防汛块石储存在基层闸坝管理所。为规范防汛抗旱物资管理，完善了防汛物资调运组织网络，制定了防汛抗旱物资调运方案及防汛物资调运线路图，健全了防汛物资储备管理制度、安全管理制度及保管员的岗位职责等。

在防汛物资日常管理方面，严格贯彻“安全第一、常备不懈、讲究实效、定额储备”的原则，始终坚持“专物专用、专令调配”，并根据各类防汛物资的储存特性，分别采取了相应的避光、避潮、防火、防尘、防霉变、防虫蛀等措施，并经常性地进行检查、保养并做好相关记录，及时更新防汛专用通讯录，加强对仓管人员调运流程等业务知识的培训，确保防汛抗旱抢险任务顺利完成。

第四节 档案管理

管理处档案管理工作开始于1964年，分为文书、人事、会计和科技4大类。自管理处成立综合档案室以来，档案管理由办公室牵头，人事科、财供科、工管科各负其责。文书档案记载管理处历史沿革和发展变迁情况；人事档案记录职工个人经历、思想品德、业务能力、工作能力和社会实践情况，是知人善任、正确选拔使用干部的重要依据；会计档案包括会计凭证、会计账簿和财务报告等；科技档案包括工程的规划设计、加固改造、重大岁修和维修项目、观测资料，以及设备的技术、试验和运行资料。

截至2022年，管理处档案室共存各种门类、载体档案共6类，其中文书档案16 105件、科技档案6 713卷、会计档案6 656卷、人事档案964卷；声像档案其中照片档案513张，录音、录像档案27盘，光盘档案172张；实物档案257件（包括字画、奖牌证书等）。为保持档案的完整性，确保档案管理的规范性，管理处确定专人分别负责各类档案的管理工作，并结合实际制定了《档案管理人员岗位职责》《档案立卷归档制度》《档案保管制度》《档案资料借阅制度》等，对档案的库房管理、借阅手续和保密安全等都作了明确规定。随着时代发展，为推进档案管理信息化建设，2012年管理处出台了《电子文件归档与管理办法》，并坚持档案信息化管理与处办公自动化管理同步发展、同步提高。2004年11月，管理处综合档案室通过江苏省档案“二星级”管理单位验收，2012年12月，通过江苏省档案管理“三星级”等级测评，2013年12月，通过江苏省档案管理“五星级”等级测评，2018年，通过江苏省5A级数字档案室评估。随着管理条件不断改善，管理处档案工作正逐步向规范化、科学化、信息化、数字化迈进。

第五节 接待工作

江都水利枢纽工程以其宏伟的水工建筑、巨大的社会效益、秀美的自然环境为世人所瞩目，成为江苏水利对外宣传和开展爱国主义、社会主义教育的阵地，吸引了国内外各界人士前来参观考察，是江苏水利接待外宾较早、最多的工程。1963年一站建成后，管理处就开始接待前来考察的国内外来宾。党的十一届三中全会后，随着改革的深入，经济发展和社会的进步，来管理处参观、考察、旅游的人数不断增加，他们中有国家元首、政府首脑、专家学者及社会各界人士。

为了做好来宾的接待工作，管理处指定专门的机构负责，1965 年前由处技术指导组负责接待。1966 年至 1969 年，受“文化大革命”的影响中断接待。1969 年三站建成后恢复接待工作，指定专人接待，隶属政工科。1977 年，管理处正式成立接待科，由 8 人组成，分接待组和服务组。1980 年将接待科改为外事科。1984 年，外事科、政工科、保卫科三科合并为人事保卫科，外事科改为接待室。1994 年起接待室划归办公室。2002 年底，接待室与迎宾馆合并，并于 2007 年正式成立接待中心。2020 年事业单位机构改革，江都水利枢纽迎宾馆法人单位注销，接待中心作为管理处对外窗口单位，担负着管理处以及省水利厅系统内外各项重要接待、会务、培训等工作。

1975 年之前，管理处没有专门的接待场地和设备，接待人员也是临时抽调，来宾一般是到站区参观，介绍方式主要通过挂在墙上的图纸向来宾讲解。1975 年启用了专用接待室。1977 年成立接待科后，接待工作逐步走上正轨，配备了专业讲解员和介绍设备，先后采用了灯光模拟屏、电影资料片、专题电视片等形式进行介绍。2000 年接待人员采用了多媒体进行介绍。2001 年江都水利枢纽风景区被确定为国家水利风景区后，特别是接待中心成立后，又增设了实体动态模型展示、三维动画展示等介绍形式，使接待工作更为专业化、规范化、现代化。2018 年、2019 年和 2022 年江都水利枢纽展览馆、南水北调江苏展示馆和新时代江苏治水展示馆相继建成，三馆均采用了数字展厅技术，使得来宾在互联网上即可获取参观和讲解服务。

截至 2022 年，管理处累计接待中外来宾 200 万人次，其中包括：习近平、江泽民、胡锦涛、杨尚昆、李先念、温家宝、朱镕基、乔石、吴官正、曾培炎、田纪云、叶飞、唐家璇等党和国家领导人（详见表 10-5），朝鲜、孟加拉国、马里、突尼斯等国家的元首、政府首脑（详见表 10-6），以及来自亚洲、非洲、欧洲、美洲、大洋洲等五大洲 120 多个国家和地区的外宾 8 万余人次，港澳台同胞 8 万余人次。

表 10-5　国家领导人视察情况表

姓名	职务	时间
陈　云	时任全国人大常委会副委员长	1975. 7. 16
乌兰夫	全国人大常委会副委员长	1976. 6. 15
陈永贵	国务院副总理	1976. 7. 4
罗瑞卿	解放军总参谋长	1977. 2. 3
谭震林	全国人大常委会副委员长	1977. 12. 14
纪登奎	国务院副总理	1978. 4. 22
荣毅仁	全国政协副主席	1978. 5. 14
季　方	全国政协副主席	1978. 5. 18
蒋南翔	国家科委副主任	1978. 10. 19
叶　飞	交通部部长	1978. 10. 21

续表

姓名	职务	时间
赵守一	中共安徽省委书记	1978. 11. 7
李先念	中共中央副主席	1979. 5. 22
周　扬	中国社会科学院副院长	1979. 12. 27
康世恩	国务院副总理	1980. 4. 14
黄　云	广西壮族自治区人民政府副主席	1980. 4. 30
陈慕华	国务院副总理	1980. 9. 18
张劲夫	国务委员	1984. 3. 14
谷　牧	国务委员	1984. 5. 10
胡　绳	中共中央党史办公室主任	1984. 11. 16
姬鹏飞	中央顾问委员会常委	1984. 11. 28
习仲勋	中共中央政治局委员	1985. 11. 2
乔　石	时任国务院副总理	1986. 6. 14
杨尚昆	国家主席	1989. 2. 7
钱正英	全国政协副主席	1989. 4. 20
江泽民	中共中央总书记、国家主席	1991. 10. 13
邹家华	国务院副总理	1993. 2. 3
田纪云	全国人大常委会副委员长	1995. 6. 3
姜春云	国务院副总理	1995. 6. 19
陈俊生	国务委员	1997. 11. 22
华国锋	中共中央原主席	1998. 8. 13
朱镕基	国务院总理	2000. 4. 16
钱伟长	全国政协副主席	2001. 2. 22
温家宝	时任国务院副总理	2001. 9. 4
张怀西	全国人大常委、民进中央常务副主席	2002. 8. 4
吴官正	中共中央政治局常委、中央纪律检查委员会书记	2003. 8. 17
毛如柏	全国人大环境资源委员会主任	2004. 1. 10
胡锦涛	中共中央总书记、国家主席	2004. 5. 1
李　蒙	全国政协副主席	2005. 9. 22
曾培炎	国务院副总理	2005. 10. 30
任建新	中共中央书记处原书记	2005. 11. 9
孙孚凌	全国政协原副主席	2007. 10. 26
唐家璇	前国务委员	2010. 11. 29

续表

姓名	职务	时间
石泰峰	时任江苏省委副书记	2013. 8. 13
杨邦杰	全国人大常委会原常委	2015. 4. 28
陈　竺	全国人大常委会副委员长	2015. 5. 20
刘晓峰	全国政协副主席	2015. 5. 20
李　强	时任江苏省委书记	2016. 12. 1
吴政隆	时任江苏省委副书记、省长	2017. 9. 4
胡春华	时任国务院副总理	2019. 7. 12
习近平	中共中央总书记、国家主席	2020. 11. 13
刘奇葆	全国政协副主席	2021. 6. 16
丁仲礼	全国人大常委会副委员长	2022. 6. 13

表 10-6　外国领导人参观、访问情况表

国名	姓名	职务	参观时间	备注
突尼斯	赫迪·努伊拉	总理	1975. 4. 6	偕同夫人，由对外经济联络部副部长陈慕华、省委书记彭冲陪同
冈比亚	贾瓦拉	总统	1975. 5. 15	偕同夫人，由全国人大常委会副委员长乌兰夫陪同
泰　国	巴实	国民议会主席	1975. 6. 10	带领 22 个政部组成的议员访华团
尼泊尔	贾伦德拉	亲王	1975. 10. 27	2 位亲王偕同夫人
	迪伦德拉	亲王		
利比里亚	威廉·理查德·托尔伯特	总统	1978. 6. 24	全国人大常委会副委员长谭震林陪同
肯尼亚	丹尼尔·阿拉普·莫伊	总统	1980. 9. 18	国务院副总理陈慕华陪同
巴基斯坦	萨哈布扎达·雅各布·汗	副总统	1982. 4. 19	
圭亚那	比什韦沃·那姆萨罗普	副总统	1984. 7. 26	
坦桑尼亚	卡·瓦瓦	革命党总书记	1985. 5. 11	
哥斯达黎加	菲格雷斯·费雷尔	民主党主席	1985. 9	
几内亚比绍共和国	卡尔门·佩雷拉（女）	国民议会议长	1986. 5. 19	
马　里	穆萨·特拉奥雷	总统	1986. 6. 24	偕同夫人
布基纳法索	孔波雷	国务部长	1987. 6. 24	
孟加拉国	侯赛因·穆罕穆德·艾尔沙德	总统	1987. 7. 5	
	艾哈默德	副总理		
民主德国	赖歇尔特	部长会议副主席	1988. 10. 10	

续表

国名	姓名	职务	参观时间	备注
朝鲜民主主义人民共和国	金日成	劳动党总书记、国家主席	1991.10.13	江泽民总书记陪同
	李钟玉	国家副主席		
乌拉圭	不详	副总理	1993.4	

一、接待类型

管理处接待工作主要根据来宾的不同身份和目的，分别规定了3种接待，即省部级以上重要接待、外事接待和常规接待三类。

重要接待主要指国家领导人及省部级领导的视察，由处领导参加，统一指挥，对接待场地的布置、环境卫生、参观线路、接待人员、文字介绍等都作明确的部署。安全保卫工作，正常由处保卫科负责，接待国家领导人时由处保卫科协同当地公安部门共同负责，并根据需要对接待人员和工作人员进行定岗审核，对接待设施、接待场地、参观沿途进行认真仔细的安全检查，确保万无一失。

外事接待主要指外国元首、政府首脑的来访以及外国专家、学者、水利考察团的参观、学习、交流。外事接待由管理处统筹安排，办公室会同接待中心落实。接待外国元首时要事先了解该国风土人情、社交礼仪等方面的情况。接待过程中，接待人员服装统一，仪表大方，接待外宾时使用中文或英文讲解。

除以上两类接待其他统称为常规接待，由处分管领导审批后，接待中心负责接待，主要向客人介绍工程基本情况和水利风景区景观介绍。除了作正常工程情况介绍外，接待人员要讲解相关专业知识，必要时派工程技术人员陪同参加接待，并根据客人的要求准备好相关文字资料。

二、接待场所

20世纪70年代初，接待工作没有专门场地和设备，来宾一般直接到站区现场参观，接待人员也是临时抽调。后来，利用一站一间20 m^2的房子作为接待场地，一次可接待15人。1972年移至一站二楼，一次可接待30人，若接待大型代表团则需另辟场地。1974年接待美国访华代表团时，就是利用一站的门厅作为临时接待场所。1975年正式启用新建的400 m^2专用接待室，内设160 m^2的接待大厅，一次可接待150～200人，并建有休息室、办公室以及其他卫生服务设施，具备了较好的接待条件。2001年后，陆续新建了迎宾楼、园中园东园、西园等，2014年又新建了实训基地，集参观接待、会议、餐饮、住宿于一体，设施先进，配备齐全，进一步改善了接待条件。2018年9月江都水利枢纽展览馆正式落成，该馆面积380 m^2，以江淮地域水文化为切入点，以江都水利枢纽特色水文化为重点，贯穿国家重大水工程建管历程，着力挖掘弘扬优秀水历史和水文化，突出工程功能效益和管理经验集成，彰显新中国治水的伟大实践和现代水利发展的巨大成就。2022 年 11 月，新时代江苏治水展示馆正式建成，布展面积 484 m^2，主要展示了江苏水利牢记嘱托，以担当践行使命、以实干开创新局、以成效回报关爱的工作实践，以江河战略为引领，形成切实有效治水路径、构建江苏特色防汛格局、推动水生态转折变化、实现工程体系整体提升、增强服务民生能力水平的工作成效。

三、介绍方式

早期的接待只是利用挂在墙上的图纸进行介绍。1978 年，水利部为参加意大利国际水利展览，专门制作了《江都水利枢纽》灯光模拟屏，回国后送给管理处用于参观接待用。该灯光模拟屏采用平面灯光动感显示，清晰地反映了江都水利枢纽的地理位置、主要功能、受益范围、周边水系及苏北水系情况，使人看后一目了然，起到了较好的宣传效果。1979 年，水利部委托北京电影制片厂拍摄了《江都水利枢纽》资料片，把工程概况和功能效益用电影的形式展现在观众面前。80 年代随着电视的普及，委托江苏电视台于 1988 年摄制了《壮丽的工程》专题电视片，更加全面、详细地介绍了工程的全貌及其发挥的巨大效益，并向观众展示了处区优美的环境。近年来，随着计算机的发展，又应用多媒体进行更为形象、生动的介绍。2000 年接待国务院总理朱镕基视察时首次应用电脑多媒体进行介绍。2018 年江都水利枢纽展览馆、2019 年南水北调江苏展示馆和 2022 年新时代江苏治水展示馆相继建成，三馆采用投影、LED 屏互动、数字沙盘模型、二维码智能导览、VR 全景等数字展厅技术，使参观人员能够通过高科技的视听效果更加直观了解江都水利枢纽的建设历史以及工程效益。

在接待过程中，管理处还通过宣传资料、画册、宣传片辅助介绍，并根据形势的变化及时更新，自 1978 年以来先后共发行了 5 个版本的中英文资料。2001 年、2015 年和 2016 年，又专门印制了旅游宣传画册和“追梦江淮”宣传画册、江都水利枢纽工程手绘地图来展示国家级水利风景区的优美风光。

2018 年、2019 年和 2020 年管理处分别拍摄了《江淮明珠》《江都水利枢纽工程记忆》和《卓创江淮》等宣传片，使来访人员对江都水利枢纽建设的历史原因、治水成就和工程全貌有了更深刻的了解。

第十一章

文化建设

第一节 水文化建设

一、水文化发展历程

从20世纪50年代，毛主席发出“一定要把淮河修好”的伟大号召后，中国大地上掀起了如火如荼的水利建设。在江都水利枢纽建设初期，水文化就伴随工程产生。在1961年—1971年工程建设时期留下的奠基石、工程建设过程中的建设资料、珍贵的领导视察照片、视频，建设场景照片，工地使用的各类生活用品老物件等，成为水利人在治理水、管理水、保护水、利用水的过程中，形成的具有文化意义和文化内涵的物质表现。自1964年起，管理处围绕水利单位核心业务开展构建制度体系，1974年出版《江都排灌站》工程管理书籍，是制度水文化代表。同时精神水文化也在悄然生长，表现在水利职工在与水的互动过程中，创作的文化作品，以工程建设竣工为主题的庆祝联欢活动、以工程建设工作回顾、经验总结等形成的文字汇报等，长期形成一定的水文化心理积淀。

《治淮》杂志1989年刊发的《应该开展对水文化的研究》被视为是中国水文化研究的开端。2001年，江都水利枢纽工程“源头”石碑，为建处40周年而立。江都水利枢纽工程规章制度也建成体系，编制汇总了系列工程管理制度。行为水文化与精神文明建设相融合，积极参加从“五讲四美三热爱”活动到以创优质服务、优良秩序、优美环境为主要内容的创“三优”活动；从创建文明家庭、文明楼院到创建文明小区、文明城市等群众性精神文明创建活动，对水利职工行为产生规范引导效应。

2010年，水利部颁布《水文化建设规划纲要(2011—2020年)》和江苏省水利厅颁布《江苏省“十二五”文化发展规划》后，2011年江都水利枢纽编制水文化发展规划，并在《江都水利枢纽“十二五”规划》中列入了水文化发展规划部分。江都水利枢纽水文化逐渐展现出以水工程为形质、以水文化创新为灵魂的美学创新，注重将水工程的美学内涵与当地的文化风格相结合，依托水利风景资源丰富、自然文化特点突出的水域和水工程，将历史与现代文化的有机结合，形成特色的水文化风格。

2010年至2020年是水文化发展的黄金时期，江都水利枢纽水文化“品牌”建设上不断实践探索。注重水利工程的文化性利用，挖潜文化内涵，丰富文化成果，以水文化扩大水工程的影响力，不断提升周边地区的综合承载能力和文化服务功能。注重水利枢纽工程的美学性利用，以艺术灵感的激发水景观创作，给人以美的享受和陶冶情操的生态文化空间，使人们获得独特的审美体验。

二、枢纽水文化遗存

江都水利枢纽是伟大治淮的重要节点工程，又是江苏江水北调和南水北调东线的“源头”工程。在工程建设过程中，水文化概念也随之萌发。建设者们充分利用科学技术、通过工程手段建造水利工程，充分发挥工程的水利作用，控制、调节、治理和利用水的自然属性。工程继承并拓展了邗沟水域水利工程的社会与经济作用，集流域调水、防洪、排涝、灌溉、航运等综合效益于一体，为苏中、苏北区域经济发展注入了新的活力。

江都水利枢纽工程坐落于中国运河名城扬州，襟长江枕淮河，北贯京杭大运河及邵伯湖、高邮湖，东连新通扬运河及三阳河，有着丰厚的水文化历史底蕴。江都水利枢纽水文化与淮扬水文化有着不可分割的联系。公元前486年吴王夫差挖邗沟，筑邗城。公元605年隋炀帝疏通扩大邗沟旧道，宋代始称邗沟为运河，元代开通京杭运河，如今也是江苏江水北调工程和南水北调东线的重要输水干道。通扬运河（现称老通扬运河）始建于西汉文景年间，是中国最早的盐运河。明朝起，通扬运河成为淮河洪水减水通路，清代到民国通扬运河几次修筑，保持通航至今。新通扬运河1958年开挖，又经1968年、1979年两次拓浚，是江都水利枢纽工程发挥自流引江、排涝、灌溉、航运作用的重要河道。三阳河是山阳渎的一部分，隋文帝时期开凿，隋炀帝重新开凿邗沟以后，成为其辅助河道。1973年三阳河重新开挖疏浚，作为里下河水网西部的一条南北向河道。江淮流域治水给江都水利枢纽留下了丰沛的水文化资源。江淮地区历代治水先贤，基于实际的治水实践与经验，因势利导，太傅谢安在步邱之北筑埭，兼备旱潦，百姓追思其功，将其比作周代召伯，将埭称为“邵伯埭”，湖名“邵伯湖”；淮水归江闸坝称“归江十坝”是江淮流域明清治水的重要物质载体；黄河夺淮，运堤常淹，公元1414年，平江伯陈瑄筑“归海五坝”，公元1821至1850年，张东甫筑三阳河圩堤，以防泄洪成灾。东汉张纲，北宋罗适，清朝张鹏翮、嵇曾筠、嵇璜、鲍漱芳、魏源，民国丁文莹，在江淮治水历史上都留下了浓重的一笔。建国以后，历代治水经验的总结是江都水利枢纽水文化的发源（见表11-1、11-2）。

表11-1　江都水利枢纽水域水利工程遗址一览表

名称	年代	相关人物	备注
邗沟	公元前486年	夫差	《左传·哀公九年》：“秋，吴城邗，沟通江、淮。”《水经注》：“中渎水自广陵北出，武广湖东，陆阳湖西，二湖东西相直五里，水出其间，下注樊梁湖。旧道东北出，至博芝、射阳二湖，西北出夹邪，乃至山阳矣。”
邗沟西道	公元197年 公元605年	陈登 杨广	陈登裁弯取直，因改河道在西，历史上将此称为邗沟西道。隋大业年间，杨广拓邗沟，从淮安至扬子津入江，“渠广四十步，渠旁皆筑御道，树以柳。”使邗沟重回西道

续表

名称	年代	相关人物	备注
山阳渎	公元 587 年	隋文帝	隋灭梁，与陈划江而治，贺若弼献“灭陈十策”，隋文帝从今湾头开运河，利用运盐河向东至宜陵，转北经樊汊，入高邮、宝应三阳河，达射阳湖至末口入淮
通扬运河	公元前 179—前 141	刘濞	始凿于西汉文景年间（公元前 179～前 141），其前身是西汉吴王刘濞开凿的一条西起扬州茱萸湾（即今湾头镇）、东通海陵仓（今泰州）及如皋蟠溪的运河。自刘濞之后，历代又逐渐将其向东南延伸，最终直达南通，是中国最早的盐运河
欧阳埭	公元 345—356 年	——	今仪扬河运口古堰。《水经注》：江都水断，其水上承欧阳埭，引江入埭，六十里至广陵城。《甘棠小志》：仪征入江之路，晋欧阳埭故道也
邵伯埭	公元 358	谢安	步邱（邵伯）地势西高东低，每年春夏湖水涨，东浸民田，西又苦旱，筑埭界之。百姓比之召（邵）伯，邵伯埭、邵伯镇、邵伯湖，皆以谢安得名
平津堰	公元 808 年	李吉甫	唐元和三年，淮南节度使李吉甫筑江都等处漕河的平津堰，“泄有余防不足”，以保持官河水位
绍熙堰（邗沟湖堤）	公元 1006—1194 年	李溥、张纶、陈损之	公元 1006 年，江淮发运使李溥主持沿湖东筑长约 35 里石堤，邗沟中段始有堤防，公元 1017—1021 年，发运副使张纶修筑漕河堤 200 里，高邮以北始有长堤，公元 1194 年，淮东提举陈损之自扬州江都至淮安楚州筑堤 360 公里，名绍熙堰，淮扬之间始有长堤
邵伯越河	公元 1600—1632 年	刘东星、顾云凤、杨洵	明成化四年（公元 1478 年）太监汪直建议，于邵伯、高邮、宝应、白马四湖“筑重堤于老堤之东，积水行舟，以避风浪”。明万历二十八年（公元 1600 年），总督漕河尚书刘东星命郎中顾云凤、扬州知府杨洵开挖邵伯越河，北起露筋，南迄三沟闸（今昭关坝），明天启三年（公元 1632 年），修筑露筋庙湖口石堤。至此，东西运堤形成
邵伯南越河	公元 1700—1832 年	——	清康熙三十八年（公元 1699 年），邵伯南更楼（今南塘）决堤，次年堵塞决口，开南越河，公元 1743 年，开母家港以南越河，公元 1806 年拓浚，1832 年开凿普贤墩以西越河。公元 1878 年（光绪四年）大修运河东西堤，自江都六闸至宝应黄浦，长 160 余公里
邵伯古堤	公元 1714 年	——	邵伯古堤是位于江都邵伯镇甘棠社区以西的运河故道东岸的一段古运河河堤，始建于宋代，用于防止邵伯湖湖水外泄，保持运河水位。明代以后，运河成为淮河的入江通道，河床逐年淤垫升高，运河逐渐成为悬河，对运河以东地势低洼的里下河地区构成巨大威胁，此段大堤作为防洪屏障被不断加高加固
邵伯船闸	公元 1934 年	蒋介石	民国时期扬州运河淤积，为解决航运、灌溉及减轻水患，实施导淮工程，新建邵伯船闸，保持航运水位，蒋介石题写闸名
茱萸湾古闸	公元 1902 年	——	位于湾头老街的西街和北街交会处的茱萸湾古闸始建于清代，闸北、西岸的券门上石额分别刻有阮元题“古茱萸湾”及“保障生灵”，是扬州大运河申遗后续申报遗产点，而位于闸区的西街、北街等老街，还保留着原有的历史风貌，闸东为避风塘
归海五坝	公元 1680—1984 年	靳辅、张鹏翮	南关坝、五里中坝、车逻坝、南关新坝、昭关坝

续表

名称	年代	相关人物	备注
归江十坝	公元1699—1972年	康熙、高斌、百龄、陈凤翔、徐瑞	褚山坝、拦江坝、东湾坝、西湾坝、金湾坝、凤凰坝、新河坝、壁虎坝、老坝、沙河坝

表11-2　江都水利枢纽水域水文化古迹遗存一览表

名称	年代	遗迹简介
《露筋之碑》	北宋	此为书法家米芾为礼赞江都境内露筋祠所写。《露筋之碑》记载的是古代江都人民建祠纪念露筋女的事迹。宋绍圣元年（公元1094），米芾东归，经过露筋祠下，以行草书写下《露筋之碑》，并刻石勒铭，赞颂封建时代妇女忠贞自守的节操。相传露筋女死后，贞女的形象逐渐变成了朝廷漕运和运河船民们的护佑女神，江都地区兴建露筋村以此悼念
《罗君生祠记》	北宋	宋元丰年间，江都县令罗适，清廉勤政，凡民有讼，曲直自决，不以属吏；兴水利，济贫困，民感其德，于邵伯玉皇阁侧建生祠（又称明王庙）与谢公共享不朽。秦观撰《罗君生祠记》，勒于石。碑现存邵伯中学
邵伯斗野亭	北宋	斗野亭现位于江都水利枢纽下属的邵伯闸管理所区域，始建于宋熙宁二年（公元1069），因亭的位置“于天文属斗分野”而得名。斗野亭雄踞高丘，面临邵伯湖，凭眺湖光浩渺，远观帆影点点，近看田间炊烟。数百年来，斗野亭吸引了诸多文人墨客。流连于此，既可饱览大运河风光，又可欣赏名家之墨宝
《谢太傅祠碑文》	明朝	此为明朝沈珠为纪念谢安在治理江都时的功绩而专门为其做记。谢安能处大事，决大疑，当大难，成大功，咸不动声色。其治水时，筑埭为界，解一方水患，论其功绩盖比之召公，所以又称邵伯，镇与湖皆以其命名
《芒稻闸上谕碑文》	清朝	此为乾隆皇帝为解决河官排水与盐官蓄水之争而发的上谕。乾隆下诏“芒稻闸不准下闸板”。解决了下游百姓的民生安全的问题。上谕一出，从此河、盐两官之争得到化解。同时此碑文亦具有较强的历史价值
《重建万福桥碑记》	清朝	清道光二十九年（公元1849年），扬州官民集资建木桥横跨廖家沟，后因清围剿太平天国而毁。公元1867年，扬州盐运使程恒生、扬州知府孙思寿为交通之便重建万福桥。程恒生撰写《重建万福桥碑记》，现存于江都水利工程管理处万福闸管理所
邵伯铁犀	清朝	清朝康熙年间，淮河水灾，邵伯镇南更楼决堤，康熙皇帝见到奏章，大为震惊，责令漕河总督张鹏翮迅速堵塞决口。因决口太深，一时难堵，故避开决口，开越河一道，自仓巷口向西折南至南大王庙接运河，又筑南北二坝。康熙四十年，朝廷在淮河下游至入江处设置了镇水动物形象，安放于水势要冲，邵伯铁犀便是保存比较完好的一只。邵伯铁犀也体现出古代人对于治水的决心与智慧

三、水文化建设成果

经过多年发展，水文化建设取得一定成果。2013年，管理处通过广泛征集职工意见，较系统地梳理和把握江都水利枢纽文化内涵，凝炼多年来的发展理念和治水实践，形成“引源、厚泽、卓创、致远”的“源头”精神。向社会征集创作了《追梦江淮》，与《江淮明珠》并列成为处歌。通过形象识别，强化“源头工程”形象，设计具有特色的处标识，以明快线条，简洁元素体现了单位理念和精神，并将处标识广

 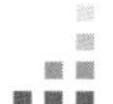

泛运用于对外宣传和事务用品、环境布置等方面，建立统一规范的视觉形象系统，向社会展示管理处管理理念、价值观念、审美意识等文化内涵。

江都水利枢纽物质水文化审美提升。万福闸——讲述淮河归江沿革。在万福闸加固建管中注重水文化基因保存，把归江文化融入水利工程，建设“淮河归江文化园”。邵伯闸——重现运河古迹风韵。邵伯节制闸位于邵伯运河故道上，在加固改造设计中注重与邵伯千年古镇环境相融合，闸体采用仿古建筑，与河岸护堤及沿河古街相互呼应；复建斗野亭，修复清代镇水铁犀。芒稻闸——酝酿漕运文化积淀。清代芒稻闸有“归江第一尾闾”美名，现代芒稻闸以历史背景打造了水文化墙，讲述官辖芒稻闸以及“漕盐之争”始末，同时以《后汉书·郡国志》记载杜、康两位仙女治水救人传说为主题，兴建仙女游园。创新发展特色源头文化。江都第一抽水站附近建有源头广场，设置“源头”巨石，基座刻有同名赋文；“流韵”雕塑与其相望，寓意此处为南水北调东线水上大动脉起点；江都西闸建有“南水北调第一闸”文化石，与之遥相呼应的还有江都东闸的《临江都闸怀古》文化墙。以水文化历史为底蕴，深度融合物质水文化发展，提升文化审美。

制度文化形成一整套完善规范的制度，编制完成站区、闸坝《规章制度汇编》《技术管理细则》《精细化管理指导书》等工程制度汇编材料，以及管理处《行政规章制度汇编》《财务制度汇编》。2014 年在《江都水利枢纽管理现代化规划》的引领下，着力推进《江都水利工程管理处水文化发展规划》的编制工作，推进管理处泵站、水闸精细化管理的实施工作，形成以规章制度为基础，发展规划为引领，相互支撑、配合的管理制度。

行为水文化外延创新，重视对水利工程文化功能和美学价值的考量，水工程细节文化建设体现风格，做到传承历史与时代创新相结合，整体规划与重点布局相结合，工程风格与城市文化相结合，彰显水利特色与活力，体现水文化的主题与灵魂。水工程建管人员素质文化建设体现管理，并将体现水文化的特色与内涵作为基本的监督考核指标，切实贯彻“安全第一，预防为主，综合治理”的方针，加强施工现场和泵闸运行现场安全监督管理，加强廉政文化建设体现教育，采取多种形式开展廉政建设的宣传教育活动。

第二节　水情教育

根据《全国水情教育规划(2015—2020 年)》，要依托已有各类教育场所和具有水情教育功能的水利设施等，建设一批水情教育基地。2019 年 5 月，江都水利枢纽被正式授牌为全国第三批“国家水情教育基地”。2020 年 11 月 13 日，习近平总书记视察江都水利枢纽时强调，要依托大型水利枢纽设施和江都水利枢纽展览馆，积极开展国情和水情教育，引导干部群众特别是青少年增强节约水资源、保护水生态的思想意识和行动自觉，加快推动生产生活方式绿色转型。2021 年管理处成立“水情教育中心”，面向社会公众广泛开展国情水情教育，着力打造江都水利枢纽国情水情教育品牌，促进形成人水和谐的社会秩序，推动经济社会可持续发展，以实际行动争当表率、做好示范、走在前列。

一、组织管理

江都水利枢纽水情教育具备丰富的水情教育内容，有成熟的宣传资料，有具备一定规模的场所和基本配套设施，有专业的管理人员负责落实基地的规划组织和管理工作。能够结合自身特点，开展适合青少年参与的各类主题教育活动。免费为受众提供服务，年接待学生人数达到总人数的25%。水情教育中心负责研究解决爱国主义教育基地有关的重大问题，制定《国家水情教育基地管理办法》《国情水情教育发展规划》等方案，规范各项管理制度，深化水情教育。

江都水利枢纽加强对讲解员和接待人员的教育培训，从而使其认真履行岗位职责，在接待咨询、参观引导、讲解示范等方面实行规范化服务，以主动和热情的态度为公众提供满意的服务；规范便利服务内容、方式和手段，制作江都水利枢纽手绘地图，抓实安保、车队、医疗等后勤保障工作，确保服务优质、高效；注重志愿者队伍建设，配齐配强工作队伍，管理处的接待部门配备 8 名高素质的专职讲解员，江都抽水站、万福闸、江都闸、邵仙闸、宜陵闸、技师工作室等各工程场所配备兼职讲解员，负责展陈场所的参观讲解和对外接待服务，每位讲解员平均每月讲解不低于 90 次；利用专题讲座、现场教学等形式，每季度开展讲解员业务集中培训，提升他们的思想素质和业务技能。完善表彰激励机制，提高讲解员的积极性。

“3+”平台延伸，新方式构架服务网络。江都水利枢纽以水利行业、地方政府、非政府组织为三个切入点，积极联动，搭建并延伸服务平台，给水情教育提供良好的输出渠道，为弘扬社会新风、构建和谐社会做贡献。纵向联动行业，突出水利特色。根据省水利厅统一部署要求，积极开展“保护山川河流”“南水北调江苏段清水走廊”等志愿者服务活动；每年“世界水日”“中国水周”期间，与江都区水务局联合开展形式多样的水利宣传活动；发挥省管湖泊职能，与高邮湖、邵伯湖涉湖管理单位联合开展湖泊保护行动，志愿者深入湖泊核心功能区，给渔民送水法、送宣传；世界运河名城博览会恰逢节假日，管理处志愿者热情做好与会代表参观访问管理处期间的迎宾、后勤等服务工作。

横向联动政府，服务地方发展。积极与地方政府合作，成为扬州江都地方税务局传播水文化、弘扬社会主义核心价值观、发挥爱国主义教育基地作用的“源头”水情教育基地，每年志愿者接待地方中小学生参访 2 万人次。机制科学合理，注重将水情教育评价和职工的日常行为规范相结合，用制度细化职工思想行为准则，把日常管理工作与思想教育有机结合，将水情教育评价和人才培养工作相结合，引导职工扎实

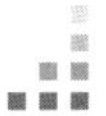

学好理论知识，在实践中提高专业技能，提升综合素养。聚焦水情教育主题，利用报刊重要版面、广播电视黄金时段，推出有深度、有温度的鲜活报道。加强水情教育网络内容建设，广泛开展网上主题教育活动，唱响互联网水情教育主旋律。注重运用微博、微信、视频网站等传播平台，开展生动活泼的网上宣传教育。

管理处志愿者服务队隶属于江苏省水利志愿者总队，现有注册志愿者 179 人，覆盖率达 40%。近年来，在省水利厅党团工委的正确领导下，管理处将志愿者服务组织建设作为培育和践行社会主义核心价值观的重要载体，丰富精神文明建设的重要环节，积极探索志愿者服务管理模式，构建服务网络，壮大队伍组织，打造出一支有水利行业特色的志愿者服务队伍，赢得了社会的广泛认同和好评。

二、活动宣传

江都水利枢纽与都江堰联合倡议成立“长江经济带国家水情教育基地联盟”，将长江经济带 11 个省（市）的国家水情教育基地聚合起来，联珠成串、并线成网，提升水情基地建设和水情教育整体水平。通过联盟实现流域水情教育上中下游呼应、东中西部联合，提高水情宣传教育声势，扩大水情教育影响力和受众面，促进长江水文化研究与挖掘、发展与繁荣，为“保护传承弘扬长江文化”提供动力。以国情水情教育示范基地创建为抓手，推动“百校千家”计划，拓宽水情教育渠道，通过水利建设丰富多彩的实践活动反映新时代社会主义建设伟大成就。

组织“水伴少年”水生态课堂。联合都江堰管理局，以“源头”“都江堰”等特色水文化丰富、服务课外生活。线上以水知识、水法规、节水教育为主题，面向少年儿童开展志愿服务课堂；线下以水情教育基地为依托，开展“我是小河长”等水利职业体验等活动，帮助在水边成长的少年儿童树立亲水、节水、护水意识，搭建少年儿童学知识、交朋友的平台。志愿服务小组与校园、社区联动，专业配套实施“成长计划”，确保活动的规范化、长效化。

“水润华年”水利技术讲坛。搭建起水利职工运用技术、传播技术、研究技术的平台，以江都水利枢纽、都江堰人才技能培训为依托，以优质人才资源为支撑，以弘扬工匠精神、劳模精神鼓励水利技术创新思维、加强水利技术创新交流，以水泵、水闸、水文、水执法等行业工种新技术为水利知识讲堂主题，制作教学视频，开放线上讲堂，实现云端共享，为水利行业青年学习技术知识提供免费视频教程等学习资源，推进水利新技术实践运用和研究发展，并将线上精品课汇聚线下，开展水利行业公益技术讲坛，弘扬劳动光荣、技能宝贵、创造伟大的时代风尚。

围绕编辑的文艺创作评论刊物、内部交流网络平台，开展积极健康的文艺评论。围绕重大作品、文艺精品和创作思潮组织开展好专题研讨会，让作品创作真正形成理论成果，去指导推动作品创作的实践，把作品创作提高到一个新的水平。编著出版了《江都水利枢纽志》《江都水利枢纽志续》《江淮明珠》《江都水利枢纽精细化管理丛书》《江都水利枢纽水情教育读本(社会版)》《江都水利枢纽水情教育读本（青少年版）》等，拍摄制作了《我是一滴水》《“源”语青春》《清源之梦》《京杭大运河黄金水脉》《梦在水利 爱在源头》等多部微电影作品。

三、场馆建设

1. 江都水利枢纽展览馆

该馆于2018年9月建成，坐落于江都水利枢纽核心工程区内，面积约380 m^2，分为序厅、历史篇、创业篇、工程篇、管理篇、人文篇等展区。陈展内容跨越千年历史，浓缩治水精华，定格治水瞬间，传承治水精神。在表现手法上，以江淮地域水文化为切入点，以江都水利枢纽特色水文化为重点，贯穿国家重大水工程建管历程，着力挖掘弘扬优秀水历史和水文化，突出工程功能效益和管理经验集成，彰显新中国治水的伟大实践和现代水利发展的巨大成就。

历史篇带领观众走进江淮这方曾经沧桑和鸿蒙苦难的水土。主场景塑像群的表现主题为1931年那场骇人听闻的水患，受灾群众踏上背井离乡之路。展板以古代治淮、人工运河等为主线，追溯江都水利枢纽工程水域所涉的淮河归江水道、邗沟与大运河、通扬运河、三阳河历史以及“归江十坝”等古代江淮人民的水利智慧，反映水是人类文明之源，水利和农桑是人类历史的主旋律。该篇章同时陈展中国国家博物馆典藏的国宝级书画珍品《乾隆南巡图》第四卷《阅视黄淮河工》仿品，以及清扬州盐运使程恒生所立重修万福桥碑真迹，并以电影《江淮之都 应水而生 缘水而兴》反映水利兴则仓廪实、颓则万民哀的历史事实，体现水利工作的重要战略地位。

创业篇以宏伟构想起首，阐述毛泽东主席关于治淮、南水北调的伟大战略，周恩来总理对江苏水利的重视和对江都水利枢纽工程前身“苏北引水灌溉工程”的关怀。概述了江水北调规划、治淮规划，讲述国家南水北调东线一期工程和淮河归江水道尾闾工程的前世今生。描绘了江苏江水北调龙头、国家南水北调东线源头、治淮骨干工程江都水利枢纽工程建设及加固改造历程。一帧帧斑驳的黑白老照片、一个个锈迹斑斑的老物件令人泛起回忆，追忆在经济技术困难条件下，自力更生，艰苦奋斗的创业艰辛。

工程篇以水科普为重点，直观展示江都水利枢纽工程调度运用实现七大功能。以江都四站、江都东闸两座典型泵站、水闸的电动实物模型并辅以3D演示水工建设过程和机电装置工作原理。展板以图文方式全面统计江都水利枢纽工程建成后释放巨大的生态效益、社会效益和经济效益；以巨幅精美照片展开水美江苏画卷。定格于重大历史时刻，收集了江都抽水站各站工程建成期间《人民日报》等刊发的文章。互动体验区让参观者以驾驶直升机的方式游览核心工程区，可谓足不出户，即可感受这座历久弥新的工程所散发的魅力。

管理篇从组织管理出发，梳理管理处管理体系演变和发展过程，从技术管理、达标创建创新管理、信息化建设、人才培养、水政执法、“河长制湖长制”工作推进、全面从严治党、精神文明建设、水利经济、风景区建设等工作维度出发，充分展示建

处以来各部门成立发展过程和脉络，以及在各项工作领域中取得的长足进步和丰硕成果。该区域还设有光影感知与亲水互动体验区，虚拟荷塘锦鲤游弋，参观者可在锦绣影像中体会人与自然和谐共生的乐趣。

人文篇展示内容纪实丰富。分别解读管理处精神、处徽、处歌内容与内涵，展示荣誉分为工程建设、工程管理、党建精神文明、群团组织、风景区及水文化等五个子项，并从管理处取得200多项荣誉中精选多项陈展于荣誉柜。该篇集中展示曾经调研考察和到访的众多党和国家领导、省部级领导和国际友人的现场图片。将众多名人关于江都水利枢纽工程题词画作呈于墙上供参观者欣赏，从艺术角度了解江都水利枢纽工程。“源头记”可通过触摸屏查阅工程建管大事记、各类视频影像资料。驻足在恢宏磅礴的《江淮明珠赋》前，共忆辉煌历程，展望筑梦未来。

2. 南水北调江苏展示馆

南水北调东线展示馆座落于江都水利枢纽一站与二站之间。该馆以“南水北调工程功在当代利在千秋”为主题，反映江苏贯彻党和国家实施南水北调工程战略，统筹配置境内江、淮、沂沭泗等多种水源和区域雨洪资源，周密部署、科学调度，竭尽全力保证南水北调东线工程向省外调水水质水量，充分彰显江苏扛起为全国发展大局作贡献的责任担当，确保南水北调东线工程成为优化水资源配置、保障群众饮水安全、复苏河湖生态环境、畅通南北经济循环的生命线。

展厅分为序厅和主厅两个部分，序厅中央大屏江都水利枢纽鸟瞰图上“节水优先、空间均衡、系统治理、两手发力”十六字治水思路熠熠生辉，序厅西侧展示南水北调工程规划示意图，直观展示南水北调东线、中线、西线调水线路。主展厅中心位置设有一座1：75 000的沙盘模型，结合声光电、多媒体立体化陈展南水北调东线一期工程将长江之水通过13级泵站，跨越65 m高程，逆越1 156 km被送往北方大地的全貌，并动态显示调水过程。东侧展墙大屏展示《江苏江水北调示意图》《南水北调东线一期工程示意图》《南水北调东线二期规划示意图》等，同时播放纪录片《为有源头活水来》。南侧展墙剖面图由低到高依次陈展江苏境内9个输水梯级，展示了从0.7 m高程的江都水利枢纽，经过9级台阶提升40 m，送水逾400 km进入山东的输水线路。北侧展墙通过时间轴陈展60年来江水北调奠基、南水北调赓续的工程历史沿革，系统展示工程建设运行与综合效益，展望后续工程宏伟蓝图。

3. 新时代江苏治水展示馆

新时代江苏治水展示馆于2022年建成，展馆共5层，建筑面积约600 m^2。其中1至3层为布展区域，面积约400 m^2，全方位展示新时代江苏治水成效。

馆的正门以传统的古铜色为底色，以中式笔触镂印水滴和水花，既有节水优先之意，又有上善若水之韵。

一楼展厅展示的正是江苏水利人牢记总书记嘱托，开创水利发展崭新局面的心路历程，设置了谆谆嘱托、赤诚在心、争当先锋3个板块。正前方的大屏上播放的是2020年11月13日习近平总书记视察江都水利枢纽时的画面。展厅内四根立柱呈现的是习近平总书记视察时提出的确保南水北调东线工程成为“优化水资源配置、保障群众饮水安全、复苏河湖生态环境、畅通南北经济循环的生命线”要求。

二楼展厅主要陈展党的十八大以来江苏治水成效，陈展面积约 150 m^2。展厅分为切实有效的治水路径、构建江苏特色的防汛格局、推动水生态转折变化、实现工程体系整体提升、增强服务民生的能力水平五个板块，展示江苏省全面贯彻习近平总书记关于治水兴水的重要讲话指示批示精神，落实习近平总书记江河战略和河长制重大决策部署的工作成果。展厅内的数字地图上展示的是习近平总书记考察过的涉水点位，标红的部分为江苏点位，主要有江都水利枢纽、扬州运河三湾生态文化公园、南通五山滨江片区、镇江世业洲和徐州潘安湖。江河奔流，见证了习近平总书记心系中华民族伟大复兴和永续发展的赤子情怀。

三楼展厅展陈书画作品和史料实物，展示江都水利枢纽丰富的人文积淀。其中包括田纪云、朱穆之等领导和名人参观江都水利枢纽留下的墨宝、江都水利枢纽总规划设计图、江都水利枢纽工程施工图、江都水利枢纽工程巡查记录等文史资料。治水精神历久弥新，参观者能够在三楼展厅领略水利工程建设在历史中写就的光荣与梦想，展望新时代水利事业高质量发展的美好前景。

第三节　风景区建设

管理处充分利用水利工程发展绿化的有利条件，坚持环境建设与工程建设同步，环境管理与工程管理齐抓的方针，大力开展环境建设和管理，环境建设逐步走上正轨。经过多年不懈努力，管理处打造出众多优美的自然和人文景观，使其既是观光旅游胜地，又是爱国主义教育和科普教育基地，从而赢得了一项又一项国家级、省级荣誉。1986 年获省“绿化先进单位”，1993 年被全国绿化委员会授予“全国最佳绿化单位”称号，1996 年被评为“全国绿化先进单位”，2000 年荣获“全国绿化奖章”，2001 年被水利部首批确定为“国家水利风景区”，2004 年荣获“全国绿化模范单位”。2006 年管理处建成省级园林式单位，2011 年管理处成立江都水利枢纽植物园，2016 年高分通过国家级水利风景区复核，2022 年被授予“国家水利风景区高质量发展标杆景区”和“国家级红色基因水利风景区”称号。

一、环境建设

管理处的环境建设随着工程的完善逐步发展，投入也不断增加。经费主要来源于有关工程经费、岁修经费、行政经费，环境建设年均投入 200 多万元。

建处初期，按照“建设一个工程，绿化一片土地”的原则，管理处在新建工程周围的空地上植树种草，绿化环境，到 1978 年底处区的绿化覆盖率已超过 90%，形

成了经济林、常绿林、花木园等多块体系。处区主干道两侧栽有银杏、龙柏、雪松等树木，站区上、下游两岸以刺槐、柳树、桃树为主，站区周围形成黑松林、枫树林、樟树林，管理处东大门南侧有 2 hm^2 树木苗圃。二十世纪七八十年代，处环境建设开展了有规划、有步骤地美化和亮化工作，按照“总体规划，分散分批实施”的要求进行建设。在 500 多米长的迎宾大道两旁种植 102 棵银杏树，成为远近闻名的银杏大道。如今，银杏大道两侧银杏树枝繁叶茂，夏季绿树成荫，秋季果实累累。秋去冬来之时，金黄色的树叶随风飘落，撒满整个大道，此时，银杏大道便成为名副其实的“黄金大道”，真正做到了在美化环境的同时又带来了一定的经济效益。2022 年，为推进“黄金大道”名片风光带提档升级，邀请南京林业大学、扬州大学等各方专家教授，探讨制定《“黄金大道”维养复壮方案》并立项推动工程实施。站区、办公区种植了金桂、银桂、月季、广玉兰等观赏性植物，河道护堤上种植了垂柳、紫穗槐和玫瑰花等护堤植物（详见表 11-3），达到“四季常绿，月月有花，有利工程保护，注重经济效益”的总体目标。

20 世纪 90 年代以后，尤其是 1997 年省水利厅提出工程管理园林化要求后，管理处又适地兴建了亭、台、水榭和花园，配以假山、喷泉，打造成为有水工程特色的园林景点，并邀请了中科院南京植物研究所、扬州市园林局的专家参与规划。同时，管理处还注重水利旅游资源的开发，统筹规划，加大投入。

景区林草覆盖率达 95%，种植各类植物 180 多个品种、200 多万株，常见的有银杏、雪松、龙柏、垂柳、水杉、鸡爪槭、香樟、桂花等。区内野生动物种类繁多，常见白鹭、夜鹭、红嘴鸥、喜鹊、麻雀、斑鸠等鸟类，景区还有多种鱼类。

表 11-3 景区内种植的常见植物

植物名称	分布	植物名称	分布
银杏	黄金大道、三站、园中园	雪松	松柏大道
龙柏	松柏大道	紫藤	一站下游紫藤长廊
棕榈	迎宾大道西侧棕榈林	玉兰	迎宾馆周边
高杆女贞	办公楼东侧停车场	垂柳	景区水边的小径上
水杉	金湾闸	桂花	景区办公用房及迎宾馆周边
香樟	三站东侧	琼花	北大门、园中园
羽毛枫	园中园西园	枫香	园中园东园
鸡爪槭	管理用房东侧及实训基地对面	杜仲	数据中心南侧及金湾闸
无患子	四站东入口	龙爪槐	管理用房、数据中心、迎宾馆
木绣球	园中园西园、迎宾馆、金湾闸	竹类	四站以东竹景园
黑松	北大门门口	柿子	棕榈林
广玉兰	管理用房对面及迎宾馆周边	布迪椰子	管理用房南侧

续表

植物名称	分布	植物名称	分布
红叶石楠	主干道及建筑物周边	海桐	主干道及建筑物周边
红花檵木	主干道及建筑物周边	栾树	变电所周边
春梅	江石溪纪念碑亭及四站东侧	紫叶李	园中园主干道
茶花	园中园西园	喜树	明珠阁
合欢	四站西侧，明珠阁下	枇杷	实训基地周边
紫薇	实训基地	石榴	实训基地对面
木瓜	实训基地对面小山坡	樱花	迎宾馆周边
桃花	景区河边		

江都水利枢纽水利风景区的建设有效促进了水生态环境修复和保护工作。多年来江都水利枢纽水利风景区加强建设与开发，提升了景区及周边的自然和人文环境，提高了当地的基础设施和服务设施水平，丰富周边生态旅游资源，体现了人文理念和生态效益的统一。同时，江都水利枢纽水利风景区使城市具有更好的抗旱能力和抗涝能力，并能调节气候、优化水环境，旱则能蓄之，涝则能泄之，城市活力大大增强。

江都水利枢纽水利风景区的建设逐步做到在开发和保护水利风景区资源的同时，实现经济、社会、生态效益相统一，使景区发展具有较好的综合效益。目前已经实现了较好的社会效益，经济效益和生态效益也有所体现。随着景区各个项目的建成，社会效益将更加凸显，经济效益和生态效益也将逐渐提高，近期成为扬州市江都区最快的经济增长点之一，远期将带动江都区的加快发展，从而促进扬州市社会经济与资源、环境协调的可持续发展。

二、管理制度

20 世纪 80 年代初，管理处制定了《绿化管理规定》，以加强环境管理。1995 年，管理处制定了《江都水利工程管理处绿化管理办法》，将环境专业管理和单位包干管理相结合，明确了各单位管理的范围和职责。后勤服务中心分别与各单位签订《单位环境管理责任书》，将环境管理纳入管理处《两个文明建设目标管理考核办法》进行考核，明确各单位和部门的环境建设和管理责任。1998 年，管理处颁布了《江都水利工程管理处大院管理暂行规定》，按照“统一领导、分级管理、条块包干、专群结合、综合治理”的原则，明确了破坏环境建设和管理的行为以及对违章行为的处罚规定。2001 年风景区成立以来，管理处成立景区管理委员会，坚持规划优先，稳步有序推进；坚持营造特色，因地制宜建设景点；坚持协调发展，不断完善配套设施，强化景区管理。针对景区管理工作实际，管理处逐步建立健全一系列比较完善的规章制度，做到有章可循，有章可依，促进景区规范化管理。管理处重视景区的监督

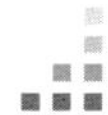

与考核工作，把景区管理工作纳入管理处《三个文明建设目标管理考核细则》，增强基层单位和职工责任意识。科学制定并认真实施《江苏省江都水利枢纽管理现代化规划（2011—2020）》《江都水利枢纽水文化发展规划（2014—2020）》《江苏省江都水利枢纽水利风景区发展规划》，完善景区总体规划和功能性提升规划，秉持一脉相承的规划理念，立足水利工程，以水文化为内涵，合理布局游憩空间和功能分区，完善基础设施与休闲旅游服务设施，促进景区可持续发展，彰显东线“源头”水文化特色。平时，管理处重点抓好环境绿化、卫生、安全、水政执法和环境保护等日常维护管理工作。这些制度的建立健全，保证了管理处环境建设和管理工作正常而有序的开展，提高了职工参与环境建设与管理的积极性。

三、管理队伍

建处后，管理处专门聘请了几位有技术经验的老花木工从事环境建设和管理，在他们的带领下培养了一批有一定技能的环境建设和管理队伍。1996 年，管理处成立了由 20 人组成的绿化管理所，统筹安排环境建设和管理，及时做好剪枝、治虫、浇水、施肥、育苗移栽等工作。1999 年，绿化管理所更名为绿化环卫管理所，隶属于后勤服务中心。管理所下设花房组、绿化组、机械机动组和环卫管理组，进一步理顺工作关系，明确了工作职责，加强了管理队伍的建设。2002 年，管理所有正式职工 2 人，临时工 30 人。2004 年，江都水利枢纽园林绿化工程有限公司成立，有风景园林工程师 2 人，技术管理人员 10 人，中高级工 20 人，临时工 24 人，对内从事景区绿化管理、养护，对外承接绿化工程。2021 年管理处成立“水情教育中心”，分管风景区建设与管理事宜。

第四节　水利遗产

江都水利枢纽遗产主要分为物质遗产和非物质遗产两大系统。物质遗产以江都水利枢纽工程为主体，包括江都水利枢纽 4 座大型抽水站、12 座大中型节制闸本体，以及输配电装置、输水河道等附属设施、周边环境以及附属于工程的古代石碑及相关文献、档案等；非物质遗产包括与江都水利枢纽有直接或实质联系的治水理念、人文精神、价值观念、传统治水工艺、传统水事活动及宗教节庆、传统习俗、知识技艺等及其表现形式（态）等。

江都水利枢纽是新中国成立后，在党中央和国务院直接关心和指导下，在国民经济持续发展和中国制造技术不断提高的基础上，中国人民发扬自力更生、艰苦奋斗的优良传统，自行设计、制造、安装和管理的先驱性“宝藏工程”，是世界最大的电力排灌工程，堪称全国治水典范，推动和验证了我国大型电动机、大型水泵研发、制造技术以及管理大型水利枢纽的水平和能力，为国家培养大批水利建管人才打下坚实基础，为国民经济、社会事业健康发展以及人民生命财产安全做出了巨大贡献，是我国宝贵的红色水利遗产。

为做好江都水利枢纽水利遗产传承和保护工作，管理处立足新发展阶段推进水文化建设的实践要求，结合新时代新形势，将红色文化记忆融入现代治水成果，科学保护、传承和利用水利遗产，弘扬中华优秀治水文化，不断提升水利改革发展软实力，推动新阶段水利高质量发展。2018 年，江苏省水利厅开展水文化遗产普查调研工作，管理处以“加强顶层设计、摸清遗产家底、加强遗产管理、促进保护展示、夯实基础工作”为主要任务，按照“古为今用、活化传承，功能延续、合理利用，应保尽保、分类施策”的原则，对江都水利枢纽 16 座工程开展调研，完成水利遗产信息现场勘查、数据录入、图片更新完善等工作，为开展遗产普查奠定了良好基础。2021 年，根据水利部关于国家水利遗产管理保护工作部署，在省水利厅领导下，管理处高度重视水利遗产管理和保护工作，在开展水利遗产普查，摸清水文化遗产资源的家底，在对水文化遗产进行了较为详细的分类的基础上，挖掘江都水利枢纽遗产资源，申报江苏省水利遗产。经过申报、补充梳理、专家论证、征求意见等环节，江都水利枢纽邵伯节制闸、江都西闸、江都水利枢纽（含一站、二站、三站）、芒稻闸、太平闸、邵仙洞闸、万福闸等 7 处工程成功入选《江苏省首批省级水利遗产名录》。

2021 年 10 月 20 日，水利部下发《水利部办公厅关于开展国家水利遗产认定申报工作的通知》，启动国家水利遗产认定工作。管理处成立专项工作组，组织开展国家水利遗产认定申报工作培训，对照相关申报工作，开展江都水利枢纽工程遗产资料整编。2022 年 8 月 11 日，水利部专家组来到管理处开展国家水利遗产现场核查，对江都水利枢纽国家水利遗产申报工作给予充分肯定。2022 年，管理处参加《江苏水利遗产规划导则》编制，并组织《江都水利遗产保护发展规划》编制工作，统筹协调好水利遗产保护和水利工程功能发挥的关系，通过开展现场调研、实地考察、专家交流等工作，于 2022 年 12 月高质量完成规划编制工作。

第五节　节水机关建设

为深入贯彻“节水优先”方针和国家节水行动总体要求，按照水利部和省水利厅的部署要求，自 2019 年开始，管理处高度重视并积极推进节水机关建设工作，成立专门组织机构，建立完善规章制度，广泛开展宣传教育，切实加强节水管理，高质量完成了水利行业节水机关建设任务。

2020 年 7 月，管理处节水设施改造全部完成并投入使用，自主开发的“江都水利枢纽智慧节水监管平台”实现用水智慧管理实际推广应用。同年 8 月，管理处满分通过节水机关建设考核验收，标志着节水示范模式全面开启。

自节水机关建设顺利验收后，管理处立足新起点，紧跟新形势，充分发挥自身优势，认真总结经验，着力巩固完善，形成节水制度规范化、节水技术专业化、节水管理精细化、节水宣传常态化等标准，打造水利行业节水示范和标杆，营造良好的节水护水新风尚。

一、制度建设

根据水利部《关于开展水利行业节水机关建设工作的通知》和省水利厅《关于开展全省水利行业节水机关建设工作的通知》，2019 年 5 月，管理处编制了实施方案和初步设计，并经处党委研究决定，成立了节水工作领导小组与节约用水办公室，专门印发《关于成立节水机关创建领导工作小组的通知》，配强精干队伍，明确组织分工，狠抓工作落实，确保高标准完成节水机关建设工作创建任务。节水办公室制定了节水机关建设工作方案，组织指导各部门协同开展节水机关建设工作，为节水机关建设工作实施提供坚实保障。同时，制定了《节水巡回检查》《节水设备维护》等 13 项制度，每年以文件形式下发内部用水计划，严格执行定量管理制度，编制内部管理手册，安排人员定期巡检用水器具。用水计量设施实现手机端实时监控，迅速了解用水情况，每月对比用水计划，及时发现并解决问题，形成了具有自身特色且行之有效的制度体系，确保各项工作有序推进。

二、设施改造

节水设施改造是节水机关建设工作的重要组成部分。2020 年 5 月至 7 月，管理处对照《水利行业节水机关建设标准》，对标国际先进技术水平，选用技术先进、适合实际的节水技术和节水用品，实施了节水器具更换、非常规水收集利用、高效节水灌溉等一系列改造工程。安装 24 块新型智能水表，该水表具备用水自动抄表、数据远程传输、后台智能管理等功能，为后续水量控制、分析提供直接数据支撑；建设智慧监管平台，实现远程用水监测、分析、统计和报警管理，做到全过程、全方位、全天候、全口径的实时监管；更换老旧阀门，改用节水龙头，确保用水管网漏损率达标，做到处区节水设备、器具全覆盖；改变绿化用水方式，科学使用喷灌、微灌和滴灌等新型节水灌溉方法以达节水目的；建设雨水集蓄设施和灰水、纯净水尾水、空调冷凝水等水处理再利用装置，做好非常规水源利用；改造一站、二站、四站主机组电机润滑油冷却系统，实现工业用水循环使用。

三、节水宣传

自 2014 年习近平总书记提出“节水优先、空间均衡、系统治理、两手发力”十六字治水思路以来，为提高干部职工节水意识和行动自觉，管理处积极筹措资金，采用先进手段，打造节水教育基地，增设节水设施控制演示中心及节水展厅，安装室外节水设施演示模型，通过给水管网模型展示、雨水情变化情景模拟、喷滴灌及灰水集蓄利用演示等方式，增强沉浸式参观体验的趣味性、互动性与认同性。每年 3 月 22 日至 3 月 28 日，借助“世界水日”“中国水周”时机，管理处通过节水主题宣传、张贴节水标志、举办专题讲座、发放宣传资料等形式，广泛开展节水宣传“六进”活动。管理处与扬州树人学校、江都实验小学、扬州报业传媒集团小记者中心等建立稳定合作关系，助推青少年节水宣传教育工作取得显著成效；与江都引江社区、禹王宫社区等建立长效宣传机制，每年宣传教育对象达 10 万余人次。

2020 年是管理处“水利行业节水机关创建年”，管理处以“七个一”为抓手，即一个节水信息化平台、一套节水宣传资料（画册、海报、标语、标牌、宣传二维码、小物件）、一系列节水科普活动（进小区、进学校、进广场）、一个节水教育基地（节水集中展示及宣传栏）、一个节水宣传视频、一张节水展示计划、一期节水专题宣传报道，复合多维强化“节水+”宣传工作，增强节水宣传教育的影响力和辐射面。

2021 年，管理处采取“线上+线下”宣传模式，广泛运用传统平台和网络媒体，深入宣传法治水利建设成效。组建宣讲志愿服务队，走进江都区中小学，开展水情水法进校园活动。联合江都区政府及有关部门联合开展巡江护江行动。2021 年 3 月 23 日，管理处与省水利厅、省教育厅、团省委、省科协、省节水办、省少工委等单位联合举办“节水中国　你我同行”推进会暨“水韵江苏——节水少年行”主题宣传活动，得到江苏省电视台、江苏省科技报等媒体宣传。

2022 年，管理处精心谋划“五个联合”工作举措，全方位营造节水宣传氛围。水保科、河湖科、水情教育中心联合制作宣传展板，重点展示新时期治水方针、新阶段水利发展等内容；联合布设宣传长廊，图文并茂展现管理处节水工作特色亮点及创新成果；联合打造“报、网、端、微、屏”宣传矩阵，面向社会投放电子海报 5 张、电子标语 30 条，发送彩信 1 万余条；联合泵站、水闸等基层单位，张贴节水宣传海报，发放节水宣传资料；联合开展“幸福河湖”网络趣味答题、“节水・关爱地下水”骑行、邵伯湖特色巡湖、水情宣讲进校园等一系列活动，设计“源头”节水主题系列文创产品，促进全社会形成知水、节水、护水、亲水的良好风尚，切实推进节水理念深入人心。

附　录

附录一 大事年表

1958 年

11 月 15 日，新通扬运河泰州至海安段开工，于翌年 4 月至 5 月相继中途停工，全线未贯通。1960 年初复工，开挖江都至泰州段，于 1961 年 5 月竣工。从 1963 年起，配合江都 4 个站的兴建，陆续经过 3 期施工，至 1980 年 2 月完成，其自流引江能力达到 550m^3/s。

12 月，江都闸开工，1959 年 8 月竣工。1979 年冬，因新通扬运河疏浚、提高引江标准，该闸拆除。

是年，省水利厅在《江苏省水利规划提纲》中，提出了扎根长江，“淮水北调、引江济淮”规划。

1960 年

1 月，中共中央召开上海会议期间，江苏省委向周恩来总理呈报请求解决苏北缺水问题报告后不久，周恩来总理同意兴办苏北引江工程，并批示：“请一波、志远阅办。”

2 月，省人委报送了《江水北调东线江苏段工程规划要点》和《苏北引江灌溉电力抽水站设计任务书》。

4 月，省水利厅向水电部编报了《江苏引江灌溉第一期工程滨江电力抽水站及高宝湖电力抽水站初步设计》。4 月 15 日，水电部批复，同意第一期工程按设计方案施工。滨江站于 12 月开工。开工不久，省水利厅根据扬州专署提出的建议，经省水利勘测设计院进一步规划论证，权衡利弊，决定滨江站停办，站址移至江都，改名为江都抽水站，原计划的高宝湖站移至淮安，称淮安抽水站。

1961 年

8 月，省水利厅编制了《苏北引江灌溉工程第一期工程江都抽水站初步设计》，经省人委报送水电部批准。技术设计经省人委批准。

12 月 1 日，一站开工，1963 年 3 月 30 日竣工。同年 3 月 31 日至 4 月 4 日，由省水利厅副厅长陈志定为主任委员等组成的江都抽水站验收委员会正式验收，一致认为一站土建工程和机电设备安装的质量基本是好的，符合工程设计要求，同意先行验收交接。一站经过 31 年的运行后，于 1994 年 11 月开工进行更新改造，1996 年 12 月竣工，1997 年 3 月验收，抽水能力增加 17.6 m^3/s。

12 月 6 日，土山坝涵洞开工，1962 年 11 月竣工，1963 年 4 月 4 日与一站一起通过验收。1971 年夏，增设水力发电设备，中孔为船机发电。1975 年后停止发电。1993 年 7 月 27 日拆除发电机、水轮机及变压器等。

1963 年

1 月，国务院批准江都抽水站装机规模第一步按抽排里下河地区涝水 250 m^3/s，近期抽引江水灌溉限于 250 m^3/s 设计，如以后淮河来量减少，装机需要扩大时，再行报批。

同月，高水河工程开工，1964 年 5 月完成河道及其配套建筑工程玉带洞、肖家口洞、谭庄洞、邵仙闸洞等工程。

3 月 1 日，宜陵闸开工兴建，同年 7 月 1 日至 2 日建成验收，验收认为该工程质量基本良好，符合设计要求，同意初步验收。7 月 6 日，省水利厅批复同意建立宜陵闸管理所，隶属管理处直接领导，编制 12 人。8 月 1 日，管理所正式成立，全称为江苏省水利厅江都水利枢纽工程管理处宜陵闸管理所。

3 月 6 日，省水利厅通知，经省编制委员会 1963 年 2 月 25 日函复，同意建立江苏省水利厅江都水利枢纽工程管理处，并核定事业编制 48 名（其中工人编制 36 名）。管理处工作决定暂由承担该站施工的省水利厅水利基建队负责人王凌洋、李郁华负责。管理处编制所需人员，原则上由省水利厅基建工程队在参加抽水站工程建筑安装的职工中选配。3 月 30 日，省水利厅党组批复基建工程队总支，同意从该队调配干部 9 人、工人 36 人到管理处工作。5 月 10 日，江苏省水利厅江都水利枢纽工程管理处正式成立。

4 月，邵伯一线船闸加固开工，主要为闸门加固。此工程列为江都水利枢纽组成部分之一，并由江都水利枢纽工程处组织施工机构负责施工。省水利厅基本建设队承建，于同年 6 月 4 日竣工。

5 月，邵仙闸洞（上部为闸，下部为洞）开工兴建，1964 年 5 月竣工，1965 年 12 月 10 日交由管理处代管。1999 年 10 月进行邵仙闸除险加固，于 2000 年 12 月竣工。邵仙洞封堵两侧边孔，由 7 孔减为 5 孔。

6 月 25 日，五里窑船闸开工兴建，1964 年 5 月 20 日建成，1965 年 4 月交付管理处使用。

6 月，江都西闸开工兴建，1965 年 4 月竣工，同年 12 月 10 日管理处同意接收代管理。

7 月，二站开始兴建，9 月 21 日正式动工挖土，1964 年 8 月上旬安装完毕，由省水利厅等单位联合组成的启动委员会对工程质量作全面检验鉴定，并决定 8 月 21 日起试运行，31 日结束。9 月 20 日，江苏省水利厅江都水利枢纽工程管理处第二抽水站成立。二站经过 33 年运行后，1997 年 12 月进行更新改造，1999 年 4 月竣工，2001 年 7 月通过省水利厅验收。

9月6日，省水利厅研究决定调李羿维任管理处副主任。

同日，省水利厅同意江都水利枢纽工程水文测站人员编制：宜陵闸流量站5人，邵仙闸流量站3人，江都西闸水位站2人。江都闸现有3人暂维持不变。

11月28日，管理处召开处务会议，会议由李羿维副主任主持，会上讨论确定了组织领导等问题：① 根据省水利厅党组指示，万福闸、江都闸和邵伯闸划归管理处管理，万福闸管理处机构不撤销，它与管理处是平行关系，万福闸管理处方延法主任调走后，该处的领导工作由管理处李羿维代管，万福闸的具体工作由孔繁琪工程师负责；② 江都闸管理所和邵伯闸管理所，今后由管理处直接领导。

12月28日，省水利厅通知，江都闸及邵伯闸两管理所1963年决算仍由万福闸管理处负责，1964年1月1日起财务上划归管理处领导。

1964年

1月17日，江都西闸浇筑公路桥大梁混凝土过程中，发生了6号孔大梁因脚手架支撑不牢倒塌的严重事故，死亡9人，受伤21人。

3月28日，根据工程管理需要，管理处拟订了《抽水站管理规程（草案）》。这是江都水利枢纽工程抽水站管理的第一个规程。

7月21日，宜陵船闸正式开工，1965年12月16日水下工程通过竣工检验，1966年1月23日拆坝放水，8月22日办理管理处接交代管手续。

8月3日，省水利厅在各地招用了部分1962年水利学校动员回家的往届中技毕业生，分配到直属单位工作，管理处被分配到45人。

9月3日，为了更好地搞好工程管理，管理处对一站、二站人员进行调整，变电所（5人）、检修班（12人）政治思想、行政工作分别暂归一站、二站管理。

9月18日，芒稻闸开工兴建，1965年7月竣工，1966年8月23日办理接交代管手续。

9月28日，水电部、农业部批复，同意在江苏省举办大型排灌站技工训练班，省水利厅委托管理处办理，并成立训练班筹备处，由李羿维负责，下设政工组、教务组、行政组，各组人员除由省电业局派教师外，其他人员均由管理处配备解决。

10月22日，省水利厅批复同意潜水组由省水利厅基建工程队划归管理处领导（潜水工9名）。

10月25日，芒稻船闸开工兴建，1966年4月5日竣工，同年10月15日移交交通部门接管运用。

12月2日至4日，管理处召开技术管理会议，制订《观测暂行规程》及《技术档案管理暂定办法》，1965年1月1日起执行。

12月21日，省水利厅转发水电部批复：① 同意在1965年首先继续完成目前正在施工的芒稻闸、芒稻船闸、新江家桥、宜陵船闸和二期堤防5项工程。② 同意仙女庙船闸改建工程在1965年按设计完成；运盐闸在1965年进行准备工作和基础工程；新通扬运河进行初步整治。七闸人行桥不应列入江都枢纽工程计划内。

12月28日，原属二站领导的管理处检修班因工种较多，且与整个枢纽工作有关，改由处直接领导，其工作计划、业务指导由处技术指导组负责。

1965年

4月，管理处拟订了《江都抽水站现场安全规程和运行规程(草案)》。

5月，宜陵闸交通桥、工作桥大梁裂缝加固。

6月1日，省水利厅向上海水泵厂、上海电机厂发函邀请，对三站的机型进行技术、经济比较，提供有关技术意见。

6月9日，省水利厅研究决定，管理处成立秘书室、保卫科、技术管理科，三科室印章6月20日启用，并行使职权。

6月15日，省水利厅党委会讨论同意，并报农林水党委批准，同意管理处成立党总支，由李羿维任代理书记，直属省水利厅党组领导。总支委员会由李羿维、黄明学、路天忠、高锦成、邢庆先、顾西江6人组成。党总支下设4个支部、10个党小组，共有党员62名，占职工总数的26.6%。

7月3日，芒稻闸发生开坝事故。在拆除上游施工坝时，因上游施工坝口门的水位差达7 m，造成坝下的上游护坦严重冲毁，冲深一般1～2 m，最深达3 m。1966年1月采取水中分层抛填黄沙、瓜子片、小石子、大石子和块石，原浆砌块石护坦和钢筋混凝土护坦连接处，用麻袋混凝土代替块石层。经潜水员检查，施工质量基本良好。

7月15日，三站现场设计小组成立，由省水利勘测设计院、省水利厅基本建设工程总队、江都水利枢纽工程处和管理处共同抽派人员组成，由省水利勘测设计院胡同生负责具体技术业务领导。

7月16日，管理处处务会议决定，原由一站代管的变电所、由处代管的潜水组均划归技术管理科领导，并成立处安全卫生委员会。

7月22日，江都船闸调向加固工程开工，由芒稻闸工务所兼管施工事务，1966年4月22日开坝放水。

8月30日，管理处制订了抽水站技术干部工作职责。

9月14日，运盐闸开工，1966年5月竣工、验收。1999年10月进行加固改造，原2孔通航孔中间加隔墩改为4孔，2000年12月竣工。

9月30日，管理处颁发各职能科室工作职责(草案)，10月1日起执行。

1966年

1月6日，管理处召开全体党员大会改选总支委员会，并报省水利厅机关党委，2月11日省水利厅机关党委批复同意，党总支由李羿维、高锦成、黄明学、路天忠、王公然、邢庆先、顾西江7人组成，李羿维任总支书记，下设4个支部。

5 月 22 日，管理处开始对技术管理科专业技术员，一站、二站全体机、电工及技术员，检修班电工及技术员，各闸电工等进行规程考试，颁发安全等级合格证，并成立考试委员会。

5 月，扬州军分区派遣守护部队一个连队，负责一站、二站以及万福闸的警卫工作。

8 月 17 日，省人委批准，宜陵船闸、邵仙闸、运盐闸、五里窑船闸从 1966 年 9 月 1 日起征收过闸费。收费标准：套闸按交通部门的规定收取；节制闸按交通部门的规定标准二分之一收取。

12 月 1 日，三站开工兴建，1969 年 10 月竣工投产。1970 年 10 月 8 日至 10 日省水电局组织验收，验收小组认为该工程运行以来性能良好，完全符合设计要求，10 月 10 日起移交管理处管理。

1967 年

1 月 18 日，根据省水利厅党组 1 月 12 日决定，管理处成立生产领导小组，为处行政最高领导机构（不包括党、团、工会），领导小组由 9 人组成。各科、室、站、闸按原有组织系统进行工作。

3 月 8 日 23 时 20 分，一站东端 6 kV 高压母线进口处由于老鼠跳入时触电造成短路，突然发生电弧，引起高压隔离网门外覆盖起重设备用的麻袋燃烧，发生跳闸停机事故。

3 月 20 日 18 时许，江都西闸在关闭 2 号闸门时，由于电路接线错误，使闸门上升顶住工作桥面而导致钢丝绳拉断，造成闸门坠落的严重事故。

1968 年

4 月初，根据省水利厅 3 月 22 日通知，邵仙、宜陵、运盐三闸 4 月 1 日起停征过闸费。

5 月 4 日，省革委会生产指挥组批准成立江苏省江都第三抽水站工程处，原江苏省江都水利枢纽工程处撤销。

9 月 13 日，经扬州专区革命委员会批复，同意省水利厅江都水利枢纽工程管理处革委会由李羿维、路天忠、邢庆先、钱炳生、范网生 5 名委员组成，李羿维任主任委员，路天忠任副主任委员。处革委会下设政治、生产、后勤 3 个工作组。12 月 19 日，精简为政治工作组和生产管理组。

9 月 27 日，省革委会生产指挥组农水组批复，同意将江苏省水利厅万福闸管理处改为江苏省水利厅东风闸管理所，隶属于江苏省水利厅江都水利枢纽工程管理处革委会领导。

是年，五里窑船闸进行第一次大修，重点解决下游人字门侧止水漏水严重和修补上闸首南侧墙及下闸首底板发生裂缝等问题。1979 年大修中，对下闸首原有裂缝进行处理，对闸门进行防腐处理。1996 年大修中，主要项目有闸室清淤、人字门整修及防腐处理和启闭机改装等内容。

是年，宜陵船闸大修，主要内容为增开上游弧形门主梁腹板排水孔，整修闸室导航设施及增建检修门移动起吊设施等。1978 年大修，主要对下游横拉门、阀门进行整修，1984 年 11 月底检修横拉门水下主滚轮，1991 年改横拉门水下承重行走机构为水上横梁悬挂承重行走机构。

1969 年

7 月 5 日，扬州专区革委会同意增补孙健、刘运生、蒋树青、马广龙 4 人为管理处革委会委员。

1970 年

9 月 15 日，接省革委会水电局通知，自即日起启用“江苏省江都水利工程管理处革命委员会”新印章。

1971 年

6 月 20 日，中共扬州地委批复，同意建立中共江苏省江都水利工程管理处委员会，由 6 月 14 日至 17 日选举产生的李羿维、路天忠、孙健、黄明学、贺宏旺、周开元、马松年 7 人组成，李羿维任书记。经中共江都县委员会（以下简称江都县委）批准，6 月 25 日正式成立。

1972 年

2 月 5 日 23 时 30 分，芒稻闸开闸放水时，渔船停泊在闸公路桥下，开闸时管理人员没有发觉，造成翻船事故，死亡 1 人。

11 月 14 日，经江都县委批复同意建立管理处潜水党支部，至此，管理处党委下设 6 个支部。

11 月 18 日，江都县委下达管理处科级干部任职批复，管理处以下行政机构为生产组、办事组、政工组、潜水组、水文站、翻水站、一站、二站、三站、万福闸太平闸管理所、芒稻西闸管理所、邵伯节制闸管理所、邵仙闸管理所、宜陵闸管理所、三里窑船闸（即宜陵船闸）管理所、五里窑船闸管理所、江都闸管理所。是年 4 月全处实有人员 276 人，其中干部 46 人，工人 191 人，临时工 39 人（准备转正 30 人）。

是年，宜陵闸节制孔钢架木面板直升门改建为钢架钢丝网波型面板直升门。

1973 年

2 月 23 日，省水电局批复同意江都西闸上游河南偏西的管理范围内，借给江都县交通局 1.26 万 m^2 建船民小学。1975 年 2 月 24 日，协议正式签订。

5 月 17 日，江都县委批复：接扬州地委扬委组(73)168 号文，同意改选后的第二届管理处党委，由李羿维、周思德、路天忠、贺宏旺、黄明学、周开元、马松年 7 人组成，李羿维任书记，周思德任副书记，下设 5 个党支部。

7 月 13 日，省水电局批复同意管理处成立行政管理科（原办事组）、政工科（原政工组）、工程管理科（原生产组）、计划财务科（原会计室、计划、统计、仓库）、电力试验室（原试验室）、检修班（原检修车间，包括车、钳、锻、焊等）和潜水班（原潜水 3 个作业组），其他闸管所、变电所、一站、二站、三站、翻水站等名称不变。

8 月 23 日下午，一站准备开机抗旱时，当 Q51 型汽车起重机起吊 2 号孔检修闸门时，由于吊点偏离中心，造成检修闸门坠落、吊车刹车机构损坏、钢丝绳拉断等严重事故。

9 月 29 日，国家批准增建四站。为加强对这一工程的领导，扬州地委批准，成立南水北调江苏段江都第四站工程处，由曹剑任主任，李羿维、郭文祥、朱玉堂、陈祥、许太谷、成平等任副主任。11 月 11 日，四站正式开工，1977 年 2 月中旬 7 台机组全部安装结束，同年 3 月 4 日至 8 日机组正式运转，3 月 15 日起机组投入抽水灌溉，1978 年 3 月 25 日机组通过验收，移交管理处管理。同年进行主体工程抗震加固。

11 月 14 日，三阳河第一期工程自宜陵至丁沟乡乔河段开始施工，长 11 km，1974 年 4 月 5 日工程竣工放水。第二期工程于 1974 年 12 月开工，开挖宜陵北闸引河及新三阳河喇叭口段，1975 年 4 月完工。第三期工程，1975 年 11 月 2 日开工，继续开挖三阳河乔河至樊川段，长 9. 1 km，于 1976 年 5 月 15 日工程竣工。第四期工程，1976 年 11 月 6 日开工，开挖樊川至三垛段，1977 年 1 月 22 日工程竣工。三垛镇裁弯，1982 年开始拆迁，1986 年 11 月开始新老三阳河接通工程。至此，三阳河整治工程暂告一段落，共完成宜陵至三垛段全长 37. 34 km。

是年，管理处对已建成的一站、二站、三站、江都西闸、江都闸、芒稻闸、宜陵闸、运盐闸、邵仙闸洞、邵伯闸、五里窑船闸、宜陵船闸等工程开展水利工程大检查（即五查四定）。

是年，国家一机部部长李水清视察江都水利枢纽工程。

1974 年

7 月 23 日，宜陵船闸、五里窑船闸 10 kV 高压线路由变压器至公路边 1 段支线产权交归宜陵变电所。

11 月 16 日，宜陵北闸开工兴建，1975 年 9 月 25 日工程竣工并验收移交管理处管理，同年 10 月 22 日建立闸管所并启用公章。

1975 年

2 月 17 日，管理处研究决定撤销临时翻水站，建立处设备材料仓库。

4 月 15 日，江都县委组织部同意管理处恢复建立保卫科。

8 月 1 日，经对管理处各大型泵站、水闸进行抗震验算，一站地震烈度为Ⅷ度时不稳定，五里窑船闸地震烈度为Ⅶ度时不稳定，运盐闸、邵仙闸地震烈度为Ⅶ度时，水平滑动安全系数为 1。

8 月 15 日，省水电局通知，据省计委批复："经会同省农办和人事局研究，同意四站隶属管理处，列为省事业编制。"四站工程管理体制属省，党团组织关系在地方，业务行政由管理处直接领导。

10 月 21 日，二站调相运行中，当班新工人孙兆芳因不幸误触 6 kV 高压油开关带电部位而死亡。

12 月 22 日，管理处党委委员、副书记、副主任周思德因病需长期治疗休息，经处党委研究同意本人要求，由路天忠为党委副书记，直至党委改选之日止。

是年，宜陵船闸下游横拉式闸门因操作失误，在有 1 m 水位差情况下开启，造成下游河床冲刷。

是年，突尼斯总理赫迪・努伊拉、冈比亚共和国总统乌达・凯拉巴・贾瓦拉、泰国国民议会主席巴实、尼泊尔贾伦德拉与迪伦德拉二亲王偕夫人参观江都水利枢纽工程。

是年，国防部副部长粟裕，全国人大常委会副委员长陈云视察江都水利枢纽工程。

是年，江苏省委书记（后任全国人大常委会副委员长）彭冲视察江都水利枢纽工程。

1976 年

4 月 15 日，根据国家地震局南京地震大队鉴定，江都抽水站建设地区，未来 100 年内地震基本烈度为Ⅶ度。

是年，全国人大常委会副委员长乌兰夫、国务院副总理陈永贵视察江都水利枢纽工程。

1977 年

4 月 15 日，变电所 601 号开关柜中隔离开关下桩头连接铝排的螺栓松动，导致电弧短路，造成 601 号开关柜设备烧坏的事故。

6 月 10 日上午，三站启动 5 号机后发生主机上油缸缺油烧坏推力瓦、上导轴瓦等的事故。

10 月 31 日，根据苏革水(77)党字第 7 号函，经扬州地委研究同意，管怀山任管理处党委书记、管理处革委会主任，赵斌任管理处党委副书记、管理处革委会副主任，刘明泉任管理处党委委员、政工科科长。

11 月 1 日，江都东闸开工兴建，1978 年 3 月 25 日主体工程通过竣工验收。根据省水利局电示：为保证及时向里下河放水，该闸由管理处先接管使用，所有尾工由工程处负责完成。1978 年 4 月 5 日工程全部竣工，拆坝放水。

11 月 29 日，根据省水利局党组决定，雍思琪从省水利工程总队调任管理处任副主任。1980 年 4 月 29 日，省水利厅党组通知，雍思琪调任省水利勘测设计院任副院长，免去其管理处副主任职务。

12 月 10 日，宜陵地下涵洞开工，1980 年 5 月 20 日工程竣工，5 月 25 日工程验收。

12 月，江都送水闸开工兴建，1978 年 10 月底工程竣工，1979 年 1 月 6 日工程验收移交。

是年，中国人民解放军总参谋长罗瑞卿、全国人大常委会副委员长谭震林视察江都水利枢纽工程。

是年，日本日中农交山形县友好之翼访华团、日本共同社记者以及世界气象组织区域间洪水预报讲习班参观江都水利枢纽工程。

1978 年

1 月 17 日下午，试验室在变电所进行 1 号主变压器二次回路断电保护整组试验的准备工作中，因未严格执行有关安全工作规程，从而造成工作班成员、省水利基本建设总队实习生高浩芳登上 701 油开关接线时触 110kV 高压电烧伤，经抢救无效死亡。

1 月 19 日，省委批复同意省水利局党组，将管理处的党政关系收归省管，为省水利局的直属单位。

11 月 1 日，中国科学院自然资源综合考察委员会南水北调考察组考察江都水利枢纽工程，了解南水北调工程有关情况。

11 月 4 日，由管理处自行设计、制造、安装的万福闸自浮移动式气压沉柜正式组装下水，试验成功。

11 月 25 日，省水利局批准建立“江苏省江都水利枢纽科学研究所”。

11 月 30 日，江都闸工作桥西的闸墩、翼墙部位开始进行试爆。

12 月 14 日，因洪泽湖补水工程需要，邵伯航道站需从运河中堤上拆迁，由于邵伯沿运附近没有建房空地，经省水利局同意，由地区水利局会同有关单位协商，达成协议：邵伯节制闸路南的土地，让出三分之二给邵伯航道站建房，留三分之一给节制闸使用。

是年，伊拉克共和国水利代表团、墨西哥水利考察组以及利比里亚总统威廉·理查德·托尔伯特参观江都水利枢纽工程。

是年，中共安徽省省委书记万里，全国政协副主席季方、荣毅仁，国务院副总理纪登奎和陈永贵，国家科委副主任蒋南翔，交通部部长叶飞以及安徽省省委书记赵守一等视察江都水利枢纽工程。

1979 年

2 月 16 日，省水利局复函扬州地区水利局，同意即行拆除江都闸闸门及启闭机、桥及桥架、胸墙和翼墙等水上部分，并为今后打坝断水全面拆除爆破进行技术和机具准备。

3 月，江都西闸上、下游河床用聚丙乙稀软体沉排防护冲刷坑，共沉放 24 150 m^2，其中护底 18 550 m^2，护坡 5 600 m^2，于 1980 年 5 月完工。经 7 年使用后检查，虽过闸流量超过设计约 2 倍，排体仍稳定覆盖良好，上游排面落淤厚达 30～40 cm，闸下游亦已停止被冲刷。

6 月 17 日，四站 1 号机因自动仪表故障使自动控制失灵，供水母管断水，造成上导瓦烧坏。

6 月 25 日，江都东闸下扉闸门波形面板检查发现大量裂缝。

6 月，宜陵闸通航孔上、下扉闸门由原钢架木面板直升门改建为钢架钢面板直升门。

9 月 5 日，省水利局政治处同意撤销安装队党支部，成立科研所党支部。

9 月 13 日，省水利局批复将原江都闸管理所房屋无价划归扬州地区水利局钻探测量队使用。10 月 31 日正式办理了交接手续。

10 月 12 日，省水利局批复同意三里窑船闸（即宜陵船闸）自 1980 年 1 月 1 日起征收过闸费（闸门全开行水时不收费）。该船闸自 1965 年建成以来一直未收过闸费，管理费用全部由国家开支。

12 月 17 日，省水利局党组转发省委组织部 11 月 8 日批复，同意沈日迈任管理处副主任、党委副书记。

同日，管理处决定从 1980 年起，实行二级财务核算，对岁修、基建、行管、防汛抗旱、科研、技术等经费，分项核算包干，并在全处推行“工号卡”制度。

是年，菲律宾共和国水利工程考察团、联合国水利考察组、孟加拉水利考察组、世界气象组织“洪水预报讲习班”学员、美国农业工程师学会代表团，以及泰王国水利考察组等参观江都水利枢纽工程。

是年，中共中央副主席李先念、中国社会科学院副院长周扬视察江都水利枢纽工程。

是年，江都东闸改建活动门槽 1 孔，其余 12 孔于 1979 年至 1980 年改装完毕。

1980 年

1 月 31 日，省水利厅批复同意将接待科改为外事科，3 月 31 日启用公章。

2 月 5 日，管理处函告江都县文教局称，管理处电视大学教学班自 1979 年 2 月举办以来，困难不少，拟从 1980 年起将校址移往江都镇，转请江都县总工会继续办理。

2 月，江都抽水站荣获由省长惠浴宇签名的江苏省人民政府嘉奖令。

4 月 21 日，省水利厅批复同意将检修班改为修配所。

7 月 16 日至 19 日，里下河地区普降暴雨，江都抽水站日排涝流量在 500 m^3/s 以上。管理处组织人员对海安、东台、盐城、兴化、高邮等县进行了水情调查，行程约 500 km，确认江都抽水站排涝范围在新通扬运河、串场河、安时河、泰东河、梓辛河、油坊港、子婴河、里运河一线以内，面积约 4 000 km^2，兴化县北部和盐城、建湖等县也减少了客水压力，加快了退水速度，间接受益。

8 月 5 日，省水利厅批复同意在江都东闸利用检修门槽设置拦污栅，以利清除抽水站在抽排里下河涝水时的水草和杂物，保证抽水站运行安全和抽排效率。

是年，国务院副总理康世恩、陈慕华、广西壮族自治区人民政府副主席黄云等视察江都水利枢纽工程。

是年，西德柏林工业大学博士托马斯・克劳塞和该校外交委员会主席亨姆伯乐、澳大利亚友好人士毕晓普等、孟加拉河流综合利用考察组、肯尼亚总统丹尼尔・阿拉普・莫伊、朝鲜植物检疫考察团，以及由联合国大学参加南水北调考察专家组等参观江都水利枢纽工程。

1981 年

1 月，宜陵闸 4 号孔螺杆启闭机的承重螺母滑车，闸门从 4 m 高处坠下。

3 月 30 日，管理处向水利部申请进行大泵单机测流（盐水测流法）及大型泵站最优运行方案（水泵轴功率测定）试验，预算经费 4.5 万元。4 月 24 日水利部同意该 2 项试验在江都抽水站进行，并列为全国性试点。6 月 10 日至 15 日由水利部主持在江都抽水站召开泵站测流方案研究会。会上选定三站作为测流试点，试点工作由武汉水电学院和江都抽水站联合进行。7 月 6 日，水利部农田水利局批复同意“泵站测流试点工作计划”，交由管理处与武汉水电学院共同负责付诸实施，并要求秋后或明春在江都举办一次成果验收和推广会。

3 月，宜陵地下涵洞改建拦污设备。由于杂草较多，上、下游洞首拦污栅弯曲变形，取出上、下游洞首拦污栅，在上洞首以北 60 m 处的新民河上设拦污设施。

4 月 29 日，省水利厅批复同意三站、四站抗震加固项目预算。

5 月 8 日上午，四站电工在高压开关室对电缆母线等处接头补贴示温片时，将三站送到四站的 6 kV 电源隔离开关柜误认为是站变隔离开关柜，因而发生触电电弧烧伤事故。

5 月 19 日，三站 3 号主机因开机前未打开上油缸进水闸阀，无冷却水进入，造成开机后推力瓦温度快速升高，被迫停机。

6 月 1 日，管理处党委向省水利厅党组报告，拟成立处纪律检查组。8 月 25 日，省水利厅党组批复同意张树本兼任管理处纪律检查组组长。

6 月 30 日，省水利厅党组根据省委组织部、农委指示，批复同意陈文和任管理处副主任，汤明根任里下河四港控制工程管理处副主任。

10 月 30 日，省水利厅批复同意管理处为了整治江都西闸上游引河、研究河床及河岸的保护措施进行模型试验，试验经费 3 万元。

10 月，管理处开始进行江都水利枢纽工程“三查三定”工作，到 1984 年 5 月工作基本结束。

12 月 18 日，省水利厅批复同意，将管理处行政科改为办公室。

是年，日本农业水利技术访华团、朝鲜闸门建设技术考察组、荷兰灌溉农业专家罗拾、孟加拉国水利发展局计划董事阿布杜尔·哈迪、美国戴维斯加州大学教授詹姆斯·N·柳辛偕夫人、联合国提水工具和水利管理讨论会国外代表近 30 人以及日本国际协力事业团等参观江都水利枢纽工程。

1982 年

1 月 8 日，管理处科研所研制的 WSY-16 型无线遥控装置，由管理处组织鉴定验收后交付江都西闸正式运用。

3 月 26 日，省水利厅批复同意成立管理处多种经营科。

3 月 30 日，省水利厅同意成立江苏省江都引江园艺场。

6 月 25 日，管理处向省水利厅汇报本年 6 月以来邵仙闸连续发生翻船交通事故，其中较为严重的：①6 月 3 日 20 时 30 分，射阳县淮海农场一船队，被撞沉 1 条 40 t 水泥船，撞漏水 2 条水泥船。②6 月 11 日凌晨，安徽省涡阳地区水运公司船队，被撞沉 1 条 30 t 水泥船，损失磷肥约 15 t。③6 月 15 日深夜，南通地区船队又在邵仙闸遇险，被撞沉 1 条 40 t 水泥船，损失磷肥约 20 t。④另据邵仙闸职工回忆，往年也有类似交通事故发生，先后曾有 5 人落水，1 人淹死。

7 月 13 日，根据省水利厅通知，江都抽水站工程经国家建委批准被评为国家 70 年代优秀设计项目。

9 月 3 日，三里窑船闸恢复使用“宜陵船闸”名称。宜陵船闸建于 1965 年，在“文革”期间改称三里窑船闸。由于该闸设计文件、图纸及有关技术资料均为宜陵船闸，为与技术文件资料统一，管理处经研究决定仍用原宜陵船闸名称。

9 月，江都抽水站被国家经委评为优质工程，经国家质量奖审定委员会批准，荣获金质奖章。

10 月 17 日，四站 6 kV 母线因老鼠进入站变隔离闸刀附近的金属挡板上，引起对地短路，造成停电停机事故。

11 月，经水电部评定，江都抽水站工程为优质工程项目。

是年，巴基斯坦副总统萨哈布扎达·雅各布·汗参观江都水利枢纽工程。

1983 年

3 月 29 日，管理处召开全体党员大会，选举管理处党委第三届委员会，由陈文和、陈庆山、陈如珍、杨冬生、张顺民、徐正元、夏振国 7 人组成，陈文和任管理处党委副书记。

5月18日，省水利厅批复同意管理处按照水工建筑物管理规范的规定和各工程上、下游的实际情况，设置上、下游安全警戒区。

5月21日，省水利厅决定在管理处建立水利职工培训中心，负责机电方面的业务培训。

7月7日，六合县人民政府同意管理处借用该县冶山林场冶山林地500 m^2 建立水文遥测中继站。

11月19日，三站发生一起人为打开主泵进入孔盖，导致水泵层被淹，8台机组被迫停止发电的责任事故。

1984年

1月20日，管理处召开首届职工代表大会，历时4天，建立生产管理、财务管理、生活福利、分房和提案审查5个专门工作小组，会议通过管理处《国营工业企业职工代表大会暂行条例》实施细则、《职工奖惩暂行条例》和《职工考勤细则》等提案。

1月26日，省水利厅党组研究决定，许太谷任管理处党委副书记，免去其水利建筑工程公司党委副书记职务，汤明根、夏振国任管理处副主任，赵斌任管理处督导员（副处级），免去副主任职务。

2月9日，省水利厅党组接省委农村工作部关于干部任职的批复，陈文和任管理处主任。

6月26日，省水利厅组织有关专家、技术人员参加在管理处举行的“江都水利枢纽实时数据处理系统”鉴定会，会议认为该系统在国内水利部门第一次将计算机和远动装置组合成一个整体，推动了水利工程管理向自动化迈进的步伐。

6月29日，经省水利厅党组研究决定，孔繁琪、封文堪、张尧培3人任管理处副总工程师。

同日，省水利厅党组决定，李义楼任管理处党委副书记，许太谷任省水利建筑工程公司督导员（副处级），免去其管理处党委副书记职务。

7月9日，管理处体制改革基本结束，经省水利厅批准，管理处党委设办公室，处机关设办公室、人事保卫科、工程管理科（含处水文站）、计划财务科；下属单位为抽水机站、宜陵船闸、宜陵闸、江都闸、万福闸、邵仙闸6个管理所及科学研究所、修配试验所、综合经营公司。

11月，为庆祝中华人民共和国成立35周年举办的《江苏之最》电视评选“江苏十佳建设工程”活动中，江都水利枢纽工程被评为“江苏十佳建设工程”。

是年，国务委员张劲夫、谷牧，中共中央党史办公室主任胡绳，中共中央顾问委员会常委姬鹏飞等视察江都水利枢纽工程。

是年，日本爱知县土木部河川课本守真人先生、圭亚那副总统比什韦沃·那姆萨罗普、日本大阪府府立大学教授田口贤士、日本日中经济协会水管理技术考察团、日本滋贺大学湖泊研究所教授堀太郎先生及学者新井正、国际灌溉排水委员会施工与运行委员会主席霍金斯以及匈牙利布达佩斯工科大学教授哈斯普拉等参观江都水利枢纽工程。

1985年

1月20日，管理处向省水利厅申请成立江苏省江都水利工程管理处建筑安装工程公司，公司下设建筑设计室、建筑施工队和机电安装队。

同日，管理处向省水利厅申请成立江苏省江都水利工程管理处建筑结构设计室，开展对内、对外水工及工民建的设计工作。1987年3月23日，省水利厅批复同意成立设计室，不增编制，报省、市建委批准，领得设计证书后，方能承接设计任务。1998年10月7日，省水利厅同意设计室更名为江苏省引江水利水电设计研究院。12月8日，扬州市建委同意省水利厅的更名批复。研究院主营：水利（不含勘察）乙级；兼营：建筑丁级、水利自动化科学研究推广、应用。

1月31日，省水利厅党组批复管理处党委，同意管理处纪律检查委员会由5人组成，李义楼任书记。

4月11日，管理处增设安全教育科。

12月19日，管理处向省水利厅请示审定一站、二站设备更新改造方案。

是年，中共中央政治局委员习仲勋、全国政协常委李雪峰、海河水利委员会老干部一行13人等视察江都水利枢纽工程。

是年，坦桑尼亚革命党总书记卡·瓦瓦、哥斯达黎加民主党主席菲格雷斯·费雷尔、国际水资源管理培训中心主席等一行6人，厄瓜多尔电力委员会总经理金·汉斯·柯林等一行5人，联邦德国农田喷灌专家佩洛特先生、联合国工发组织技术转让处处长田中宏先生一家4人，拉丁美洲20个国家小水电决策者和专家及能源组织、经委会代表等一行25人以及苏联土壤改良和水利考察团等参观江都水利枢纽工程。

1986年

1月24日，江都水利枢纽工程派出所（江都县公安局引江派出所）成立。

2月26日，省水利厅下达江都抽水站部分设备更新计划，总投资16.1万元，主要用于更新一站、二站主电机和主水泵各2台套，一站、二站附属设备、站用空压机4台，变电所电器设备部分备件以及站身漏雨处理及新材料研究试用。

2月，三站技术改造模型试验由水电部主持鉴定。

4月20日，宜陵船闸管理所地涵管理人员在启动地涵启闭机关闭闸门时，离开现场去打捞水面芦苇，由于限位开关失灵，造成电机过载而烧毁定子绕组的事故。

6月6日，一站运行的7号主电机因局部定子线圈下端部与端箍处绝缘损坏，发生相间短路，其间某些定子线圈击穿与铁芯发生单相接地，造成跳闸停机事故。

同日，管理处向省防指等部门报告，本年以来邵仙闸送水通航时发生2次较大事故，死3人：①4月14日晚8时，1条水泥船由南向北撞击闸墩，船头妇女落水，船尾船主下水营救，2人淹死；②5月30日凌晨3时半，南京西州1号船队过闸，每条货船均碰撞闸墩，其中4号船21岁男青年落水淹死。

6月29日，二站运行的1号主电机因产品质量原因，使局部定子线圈下端部与端箍处发生相间短路，造成跳闸停机事故。

7月21日，省水利厅党组批复，陈文和任管理处党委书记、管理处主任，免去李义楼党委副书记职务。

9月4日，省水利厅下达江都抽水站主机泵更新改造经费84.57万元，用于更新一站、二站原黄绝缘各1台，另备用1台以及三站第一台、第二台主泵改造和江都抽水站叶轮模型试验等。

9月15日，省水利厅党组批复，夏振国兼任管理处纪律检查委员会书记，汤明根兼任管理处工会主席。

10月6日，管理处向省水利厅报告宜陵闸通航孔拟恢复通航，该闸建成后曾通航多年，“文化大革命”期间停航。

是年，时任国务院副总理乔石视察江都水利枢纽工程。

是年，几内亚比绍共和国国民议会议长卡尔门·佩雷拉（女）等一行5人、马里总统穆萨·特拉奥雷偕同夫人等一行30人参观江都水利枢纽工程。

1987年

1月16日，中央电视台在新闻联播节目里播放了江都抽水站水利设施遭人为破坏的情况和编后语后，江都县人民政府于1月21日发布了《关于加强江都西闸至东闸堤防管理的座谈纪要》。省水利厅于1月26日致函江都县人民政府，原则上同意上述座谈纪要。根据纪要精神，江都县人民政府及有关方面于1月26日至27日对现场的扒翻种植、取土拖土、违章建筑的处理情况进行检查。

2月9日，省水利厅党组决定，免去赵斌管理处副处级督导员职务。

4月17日，省水利厅党组同意经选举产生的管理处党委第四届委员会由陈文和、夏振国、汤明根、华国镜、陈庆山、张顺民、徐正元组成，陈文和任书记，夏振国任副书记。纪律检查委员会由5人组成，夏振国兼纪委书记。

5月21日，省水利厅批复江都县人民政府，同意在江都东闸上游左岸堆土区西南角，距新通扬运河边100 m外，结合纱厂进厂道路取土奠基。

6月15日，管理处成立职称改革领导小组，陈文和任组长，汤明根、杨冬生任副组长，职称改革工作班子由4人组成。同日，成立管理处职称评审委员会，汤明根为主任委员，封文堪、张国琪为副主任委员。

6月24日，二站3号机可控硅隔离变压器因设备绝缘老化，发生高压侧B相短路事故。

7月2日，省水利厅关于江都县要求在江都送水闸下游北侧利用堆土区和废地约2.7 hm^2 规划建设县体育中心问题，批复江都县人民政府，并对江都送水闸下游左侧管理范围重新划定，即闸中心线下游100 m内，从护坡顶向北50 m，闸中心线下游100 m外，距坡顶18 m为界，在此界线以南为水闸管理范围，由管理处绿化。废除1985年江都闸管理所与江都县交通局签订的关于借用该区域土地的协议。

同日，省水利厅批复，同意管理处将10 kV引江专线与10 kV邮电专线合并后，必须保证原引江专线上管理处用电的正常供应，不得影响供电质量和安全可靠性。有关技术问题、实施方案、供电问题等由管理处与江都县供电局具体商定，并签订协议。

7月9日，管理处研究并经上级同意，抽水站管理所下属的远动站划归科研所、水文遥测划归工管科（水文站）。

7月16日，管理处成立会计专业初级职务评议小组，汤明根任组长。

8月23日，三站技术改造前的测试工作圆满结束。这次测试工作技术复杂，涉及面广，工作量大，来自北京、上海、武汉、南京等地水利专家及工作人员60余人参加测试，有些专家认为这次测试工作规模是全国最大的一次。

是年，布基纳法索国务部长孔波雷、孟加拉国总统侯赛因·穆罕默德·艾尔沙德等一行45人等参观江都水利枢纽工程。

是年，华东六省一市人大常委会主任视察江都水利枢纽工程。

是年，毛泽东儿子毛岸青、儿媳邵华参观江都水利枢纽工程。

1988年

2月10日至11日，管理处召开了第二届职工代表大会第二次会议，陈文和、王葆青、梅向东3人分别向职工代表大会汇报了1987年的工作、财务、工会情况。

3月25日，一站、二站更新3台电机，其中一站更新6号、7号机，二站更新1号机。

5月10日，管理处举行建处25周年庆祝会，省水利厅厅长王守强，副厅长贾启模在大会上作了重要讲话，市、县地方政府及有关兄弟单位也前来祝贺。

5月18日，水电部农水司致函省水利厅及管理处，就委托在管理处举办的“大型泵站技术骨干培训班”，向省水利厅及管理处领导以及主管此项工作的同志表示感谢，并拨款5 000元，作为购置学员生活用品更新费用。

6月3日，省水利厅批复同意管理处成立“江苏省江都水利枢纽汽车修理厂”，该厂全民性质，经济上非独立核算，所需人员从内部调整配备。次日，经扬州汽车维修行业管理处等单位验收合格为“一类”厂并挂牌营业。

6月24日，省水利厅批复同意因江都兴建体育中心，管理处35 kV线路改道，转接220 kV砖桥变电所，在体育场西面立2座转角塔接到原35 kV孔江线路。

10月7日，管理处党委制定《关于党政干部保持廉洁的规定》。

10月25日，管理处党委制定《党的建设十项工作制度》。

11月10日，管理处制定《专业技术干部业务技术考核办法（试行）》。

是年，民主德国部长会议副主席赖歇尔特、莱比市市长、市委书记等一行6人以及荷兰瓦根林根农业大学副教授卡尔绍文等参观江都水利枢纽工程。

1989年

2月6日，副省长凌启鸿，省水利厅副厅长潘志南及扬州市有关领导来管理处慰问。

2月7日，国家主席杨尚昆在省委书记韩培信、省长顾秀莲、南京军区司令员向守志等陪同下视察江都水利枢纽工程，并亲临站房与春节期间坚守运行岗位的职工一一握手，向大家表示节日慰问。杨尚昆对管理处的工程管理和综合经营给予了高度评价。

2月21日，管理处党委根据省水利厅1月21日批复，撤销处抽水机站管理所，成立处第一抽水机站、第二抽水机站、第三抽水机站、第四抽水机站、变电所；撤销处修配试验所，成立处电力试验室、修配所。成立的站、室、所均为科级建制。

3月20日，根据1987年12月省水利厅核定的具备水利水电设备安装施工二级企业的资格和相应的资格等级证书，管理处报省水利厅成立江都管理处水利水电设备安装处，属全民事业单位性质，非独立核算，营业范围为水利水电设备安装施工，法人代表为陈文和。1990年1月15日，省水利厅批复同意成立该处，正科级单位，属事业单位内部独立核算的经济实体。

3月31日，中央电视台《神州风彩》摄制组来管理处进行了为期2天的拍摄工作，主要摄制了工程概况、4个站外景、三站发电情况、宜陵船闸的运行情况及遥测系统等。

4月20日，全国政协副主席、原水电部部长钱正英，在省水利厅厅长孙龙、副厅长戴澄东等陪同下，视察江都水利枢纽工程。

8月29日，水利部、农业部暨省水利厅、农林厅等一行20余人，陪同世界银行专家组来管理处对排灌工程项目进行投资论证。

9月7日11时57分，管理处离休干部、老红军贺宏旺同志因病逝世。

是年，水利部副部长候捷、副省长凌启鸿和全国南方农田水利建设会议代表以及全国总工会副主席顾大桥等一行参观视察江都水利枢纽工程。

是年，苏联俄罗斯水利土壤改良研究院院长等一行4人考察江都水利枢纽工程。

1990年

2月7日，为实行规范化、制度化管理，管理处实行工程管理工作制度日制度，作为管理处对各单位考核内容。

2月28日，省水利厅批复同意管理处成立江都东闸加固工程工务所，由8人组成，夏振国任所长。

2月，江都抽水站被水利部评为全国先进排灌泵站。

3 月 2 日，省水利厅党组批复同意管理处成立监察室，由处党委副书记、纪委书记夏振国兼任监察室主任。

5 月 25 日，省水利厅批复同意江都东闸 13 孔下扉门全部更换为钢闸门以及工作桥加宽等，8 月 27 日工程开工，1992 年 6 月工程完成。

7 月 27 日，为加强工程管理，解决工程管理范围内扒翻种植、取土、埋坟以及违章乱建、乱堆等问题，扬州市人民政府副秘书长丁士宏来管理处主持召开了由管理处负责人以及江都县人民政府和市、县水利局、土地管理局负责同志参加的协调会议，共同研究了加强江都水利枢纽工程管理安全具体措施。

是年，全国人大常委会副委员长叶飞视察江都水利枢纽工程。

是年，山东引黄济青指挥部代表团一行 23 人参观江都水利枢纽工程。

是年，苏联国立水文研究所 2 位专家、坦桑尼亚姆巴拉利农场代表团一行 3 人以及国际地学灾害会议代表一行 22 人等参观江都水利枢纽工程。

1991 年

2 月 4 日，宜陵地下涵洞在关闭闸门时，因大量水草堵塞在门底，操作人员未加仔细观察及随时掌握运行运态，致使东孔工作桥连同启闭机被螺杆反顶起，翻落河中，螺杆折断。

6 月 5 日，省水利厅批复同意撤销管理处人保科，分设人事科、保卫科，增设水政科。水政科和工管科合署办公，1992 年 12 月，2 科分开办公。

6 月 8 日，国家防汛总指挥部副总指挥、国务院副秘书长李昌安率领的防汛检查组一行 10 余人冒着滂沱大雨，来管理处检查工作。

6 月 12 日晚 11 时，管理处在接到省防指紧急开机排涝的指令后，立即行动，用较短的时间开足负荷投入排涝运行，从此打响了 1991 年抗洪排涝的“第一仗”。

7 月 7 日，季允石副省长来管理处视察、慰问。

7 月 12 日下午，省委副书记曹克明在省水利厅沈志毅副厅长的陪同下，来管理处视察慰问。

7 月 13 日 9 时 40 分，河南省沈丘县航运公司四队 3 号船受雇江都镇供销社，牵引川航 542 煤船，违章驶入芒稻闸下游禁区水域，欲停靠省水建公司水泥制品厂码头，行驶中强行穿过芒稻闸水文站测流缆道，造成缆道设施损毁的事故。

7 月 16 日，国务院赴江苏省抗洪救灾工作组来管理处视察慰问。

7 月 21 日下午，水利部周文智副部长在省水利厅副厅长翟浩辉的陪同下，来管理处视察慰问。

7 月 29 日，江都西闸下游翼墙除险加固工程开工，10 月 17 日工程结束，确保水闸安度汛期。汛后管理处委托省水利勘测设计院进行除险加固设计，加固项目 9 项，于 1992 年 2 月 26 日工程开工，3 月 31 日工程结束。

8 月 5 日，省委副书记曹克明在省水利厅副厅长翟浩辉陪同下，到管理处西片闸坝及江都西闸察看险情。

8月11日，省水利厅副厅长潘志南、总工程师沈日迈专程来管理处察看江都西闸险情，指导除险加固工作。

8月16日，水利部、淮河水利委员会组成的录像摄制组，来管理处摄制抗洪救灾工作中工程运用情况录像。

8月20日，由于兴化水位下降，涝情解除，江都抽水站运行66天后，全部停机，在此期间共抽排涝水25.5亿 m^3，创建站以来排涝运行之最。四站职工不辞劳苦，在停机仅1天后（21日），又投入向大运河的补水运行。

8月27日，江都东闸加固工程开工，12月31日工程主体部分基本竣工，1992年6月底工程扫尾结束。

9月12日下午，管理处召开抗洪救灾总结表彰大会，表彰在抗洪救灾工作中涌现出来的先进集体和先进个人。

10月13日，由中共中央总书记江泽民、国务院副总理吴学谦、中共中央办公厅主任温家宝等陪同，朝鲜劳动党中央委员会总书记、朝鲜民主主义人民共和国主席金日成、国家副主席李钟玉来管理处参观视察。参观时，江泽民亲自手执电动显示捧，对着模拟图向金日成介绍长江、淮河和里下河水系情况，接着贵宾们来到四站观看了开机抽水情景。金日成主席题词："治山治水是天下之大本，搞好治水工作，建设鱼米之乡，战胜洪涝灾害，这显示了在中国共产党领导下人民的伟大力量，是社会主义的巨大胜利。"

10月18日，省水利厅任命陈文和、夏振国分别为省级主任、副主任水政监察员。

是年，多米尼加劳动党代表一行3人，中日河口坝工会议日方代表团一行15人以及世界银行国际灌溉排水技术研究（IPTRID）项目专家考察团及该考察团长江中下游组等参观考察江都水利枢纽工程。

是年，长江中下游5省市长防汛联防会议近百人参观江都水利枢纽工程。

是年，河海大学农田水利工程专业1989级政府奖学金类留学生9人来管理处进行认识实习。

1992年

6月10日，管理处重新组建处水利工程初级职务任职资格评审委员会。主任委员为陈文和，副主任委员为张汉君、张国琪。

7月10日，省水利厅批复同意邵伯航道站将邵伯节制闸管理范围内平房拆除，改建为4层职工住宅楼1幢，建筑面积1 787 m^2。新建楼房北墙边与节制闸南平房南墙边距离不小于13.35 m，同时对新住宅楼河道堤防段进行加固处理，并在河边南北向留有一定宽度的通道。

11月27日，根据省水利厅批复，管理处人事保卫科分为人事劳资科、保卫科，计划财务科更名为财供科。

12 月 15 日，省水利厅批复同意芒稻闸与芒稻船闸之间导流堤上建房规划。

1993 年

2 月 25 日，省水利厅党组决定，祁朝标任管理处党委副书记（主持党委工作）、管理处副主任，郭永田任管理处纪委书记，免去其管理处工会主席职务，免去陈文和管理处党委书记职务，免去夏振国管理处党委副书记、管理处纪委书记职务。

3 月 26 日，管理处成立清产核资领导小组，陈文和任组长。1994 年 5 月 10 日该领导小组调整，祁朝标任组长。

4 月 28 日上午，扬州市化工轻工公司江都水利枢纽物资分公司举行开业典礼。8 月 17 日江都县计委研究批准同意成立此物资公司，公司为全民企业性质，独立核算，自负盈亏。

5 月 31 日下午，四站 2 号主电机下端部和干燥电源电热器距离太近，上油缸油溢出使得线圈严重油渍，电热管上的高温和电火花引起了被加热线圈起火而发生火灾事故。

6 月 11 日，由国家防汛抗旱总指挥部副总指挥、水利部部长钮茂生带队的国家防汛抗旱总指挥部淮河防汛检查组一行 16 人来管理处检查工作。

9 月 20 日，管理处党委研究决定成立反腐败斗争领导小组，祁朝标任组长。

11 月 12 日，省水利厅明确一站更新改造的基本原则为土建基本不动，对部分老化、破损、汽蚀严重的机泵、电气设备进行更新改造，改造经费控制在 900 万元以内。

11 月 26 日，经省水利厅党组研究决定，免去陈文和管理处主任职务，调任省水利勘测设计研究院党委书记，戴立明任管理处副主任，免去其省水建公司党委副书记职务。

12 月 2 日，管理处职称改革领导小组调整为由祁朝标等 4 人组成，管理处初级职务评审委员会调整为汤明根任主任委员，祁朝标任副主任委员。

是年，日本海外经济协力基金驻京办事处青晴海先生和李家震先生、孟加拉国陆军军官学习团一行 12 人、乌拉圭副总理（姓名不详）以及日本海外经济协力基金考察团一行 3 人等来管理处参观。

是年，国务院副总理邹家华视察江都水利枢纽工程。

1994 年

1 月 20 日，省水利厅任命祁朝标为省级主任水政监察员，免去陈文和省级主任水政监察员职务。

3 月 12 日，管理处职工教育委员会调整为 9 人组成，汤明根兼任主任。

3 月 22 日，省水利厅机关党委批复，同意增补戴立明为管理处党委委员。

4月15日，省水利厅在管理处召开“江都一站设备技术鉴定会”，鉴定会认为：一站所有机电设备已处于超龄服役老化状态，建议及早进行更新改造。6月15日，省水利厅批复同意对一站进行技术改造。改造内容为：更新主机泵设备8台套及相应的站内电器、辅机系统；土建基本不动，对因主机泵改型涉及的进出水流道、电机大梁等进行加固改造；改造必要的管理设施，改善管理运行条件。7月16日，省水利厅通知，一站改造工程在汛后开始实施，并成立江苏省江都一站更新改造工程处，由祁朝标任主任，夏振国、张汉君任副主任，人员12人，由管理处统一调配。11月2日，省水利厅批复同意一站更新改造工程分2期进行，先改造2台机组，即日开工。1995年7月4日，省水利厅通过2台更新改造机组验收。1996年12月26日，8台机组更新改造试运行一次成功，更新改造工程全部竣工，总投资1 603.44万元。

4月18日，管理处水利枢纽汽修厂举办了“全国汽修行业用户信得过维修业户”挂牌仪式。

5月8日下午，四站4号机启动发现火花，即停机检查，发现104号槽口绝缘击穿，确认是一起绝缘老化设备事故。

6月2日，管理处召开“江都四站主电机绝缘老化”鉴定会，鉴定会一致认为5月8日四站4号主电机定子绕组击穿事故，是由于定子绕组绝缘老化和铁芯松动，将线棒槽口处绝缘磨伤所致而引起的设备事故，并提出：“江都四站主电机绕组已存在老化现象，绕组端部绝缘老化较为明显，应引以高度重视……为确保四站安全运行和发挥效益，建议先订1台3 000 kW主电机和部分线棒作备用”。10月7日，省水利厅批复同意四站更新4号主电机，备用1台主机定子（不含机架），同时更新三站、四站可控硅励磁装置17台套，核定总经费330万元。

6月5日下午，国家防汛抗旱总指挥部淮河防汛检查组，在水利部副部长周文智的率领下来管理处检查工作，省水利厅厅长孙龙、副厅长翟浩辉等陪同，检查组视察了站、闸工程后，对管理处的防汛准备工作给予充分肯定。

7月11日，副省长姜永荣、省水利厅厅长孙龙、扬州市副市长丁解民等亲临四站慰问长期坚持在抗旱一线的职工。

7月18日，省水利厅同意管理处成立江都引江水利建筑工程公司，公司为具有法人资格的全民所有制经济实体，实行自主经营，自负盈亏，经济上实行二级核算。

8月15日，副省长姜永荣、省水利厅厅长孙龙、副厅长翟浩辉等领导，再次来管理处视察抗旱工作，对管理处抽水北送超负荷，东引江水超标准，引潮补水超历史，抽水站安全运行超百天的成绩给予充分肯定。

8月25日，省委副书记、省长郑斯林，副省长姜永荣，省水利厅厅孙龙，副厅长翟浩辉等来管理处视察抗旱工作，对管理处抗旱工作给予高度评价，并代表省委、省政府向奋战在抗旱一线的职工表示慰问。扬州市委书记李炳才、市长施国兴、副市长丁解民等陪同视察。

8月，江都西闸超标准引水抗旱。为缓减当时苏北严重旱情，省水利厅决定在江都西闸上游北岸易冲段进行抛石保护的同时，将原核定江都西闸日平均引水流量700 m^3/s 加大到 800 m^3/s。

9 月 6 日，因三站 3 号机叶轮外壳汽蚀穿孔喷水，省水利厅批复同意更换叶轮外壳 1 台套，核定控制经费 7 万元。

9 月 14 日，全国水利五大体系政策研讨会议代表参观管理处。

10 月 24 日，省水利厅批复同意将江都东闸南侧孔改造成通航孔，控制经费 72 万元。同日，省水利厅批复同意管理处对现有机构进行调整：① 新设后勤服务部（原行政办公室分为办公室和后勤服务部）和审计科；② 党办、纪检与监察室，财供科与审计科，保卫科与人武部分别合署办公；③ 机电安装处组成班子，形成实体；④ 撤销综合经营公司。

11 月，经省水利厅评估，管理处具备了职工培训办学资格，并颁发资格证书。

12 月 17 日，省水利厅批复同意成立江苏省江都水利工程管理处水政监察队，隶属于管理处水政水资源科。

12 月 29 日，省水利厅决定，祁朝标担任管理处法人代表，陈文和不再担任管理处法人代表。

是年，古巴水利专家一行 2 人参观江都水利枢纽工程。

1995 年

2 月 13 日，江都市人民武装部批复同意管理处建立人民武装部。

4 月 7 日，管理处决定建立水利执法领导小组，祁朝标任组长，日常工作由水政科负责。

5 月 4 日，管理处建立工人技师考核领导小组和工种考核小组，考核领导小组由祁朝标任组长，夏振国、汤明根任副组长，下分电工、机工、电焊工 3 个考核小组。

6 月 3 日，全国人大副委员长田纪云在省人大常委会副主任凌启鸿等陪同下来管理处视察。田纪云对江都水利枢纽工程发挥的作用表示充分肯定，对管理处经济发展情况表示关心，要管理处学习都江堰，水要走向市场，收取水费。同时，他勉励管理处要大力发展二、三产业，以促进水利行业良性循环机制的建立。临别之前，田副委员长挥毫写下了“江淮明珠”题词。

6 月 19 日，国务院副总理姜春云一行视察江都水利枢纽工程，省长郑斯林和副省长姜永荣陪同。姜春云听了回报后说：“江都水利枢纽工程规模最大，效益最大，集灌溉、排涝、发电、运输等多功能为一体，具有排得出、挡得住、灌得上、降得下 4 个功能，为江苏的工业发展、农业发展和城乡人民生活立下了汗马功劳。当前，机电设备老化，修缮是第一位的”。

6 月，江都东闸通航孔改造工程开始，同年 11 月工程竣工。1996 年 1 月江都东西闸开始正式通航。

7 月 6 日，省水利厅批复同意江都市体育运动委员会占用送水闸工程用地

1 369 m^2 兴建游泳池及附属设施。所占用地属临时用地，其土地权属性质不变，并按有关规定按年收取费用。今后水利工程需要，游泳池及附属设施必须无条件拆迁，不作赔偿（6 月 30 日管理处与江都市体育运动委员会订有协议）。

10 月 26 日，省水利厅党组决定，祁朝标任管理处党委书记、管理处主任，戴立明任管理处党委副书记、管理处副主任，夏振国任管理处党委副书记，免去其管理处副主任职务，郭永田任管理处纪委书记兼工会主席，免去汤明根管理处工会主席职务。12 月 18 日上午，管理处召开科级及工程师以上人员会议，省水利厅副厅长徐俊仁到会，宣布了新任领导班子成员组成及变动情况。

12 月 10 日，省水利厅副厅长沈之毅陪同南水北调工程东线考察团一行来管理处视察。

是年，管理处党委委员、万福闸党支部书记张顺民，由于工作出色，成绩显著，被评为全国先进工作者。“五一”节前夕，他光荣地出席了全国劳模和先进工作者表彰大会，受到了党和国家领导人亲切接见。5 月 12 日，管理处党委决定在全处开展向孔繁森、张顺民学习活动。5 月 23 日，管理处召开学习动员大会，并由张顺民作个人先进事迹报告。

是年，管理处职工教育培训中心经省水利厅验收合格取得办学证书，并经水利部华东片职教专家评估团、职教工作系列检查验收等部门检查合格。

1996 年

1 月 15 日至 31 日，管理处召开全处第五次党员大会，选举产生了管理处第五届委员会和纪委，由汤正军、祁朝标、陈庆山、张顺民、郭永田、徐正元、夏振国 7 人组成。纪委会由 5 人组成。第五届党委和纪委于 1 月 31 日晚，分别召开了第一次会议，选举产生了党委书记为祁朝标，党委副书记为夏振国，纪委书记为郭永田。2 月 15 日省水利厅党组批复同意以上选举结果。

2 月 28 日，经水利部人事教育司核批，报劳动和社会保障部职业技能开发司同意，管理处被首批建立水利行业特有工种职业技能鉴定站，对水利行业特有工种闸门运行工、泵站机电设备维修工、泵站运行工的初、中、高级职业技能进行鉴定。

3 月 12 日，宜陵闸 4 号孔闸门坠落，主要原因系承重螺母齿全部磨光造成。4 月，将 12 个节制孔承重螺母更换为铜螺母。

3 月 28 日，省水利厅党组研究决定，免去戴立明管理处党委副书记、管理处副主任职务，调任省水利建设工程总公司总经理。

4 月 4 日，省水利厅批复原则同意 35 kV 砖提线更新改造时，将线路改道南迁至管理处抽水站北大堤范围内，线路塔基的具体位置和形式，在满足工程安全和管理的前提下由管理处审批。

4 月 5 日，省水利厅批复扬州市水利局，同意在江都东闸东侧兴建江都市北京路大桥（即龙川大桥），并对有关问题提出了意见，工程的施工放样和竣工验收，由扬州市水利局和管理处共同参加。

5 月 8 日，省水利厅批复同意江都东、西闸在确保灌溉、排涝效益充分发挥的前提下，作为套闸通航。

5 月 25 日，日本科技厅防灾技术研究所气圈、水圈科学技术研究部的水循环研究室长岸井雄德先生参观江都水利枢纽工程。

7 月 7 日下午，副省长姜永荣在省水利厅厅长翟浩辉的陪同下来管理处视察，实地察看正在开闸泄洪的万福闸及运行中的抽水站，慰问了在抗洪排涝第一线的职工。

10 月 4 日，省水利厅批复同意在江都抽水站北大堤，由管理处和江都市城建局共同开发建设江都抽水站高水河堤防绿化保护区。绿化保护区建设用地仍属水利工程用地，使用权属关系不变，仍由管理处管理。10 月 15 日，管理处与江都市城建局签订协议书。

10 月 30 日，省水政监察总队江都支队举行挂牌仪式，江都支队下设引江、万福、邵仙、宜陵 4 个监察站。

11 月 6 日，根据国家劳动保护条例的有关规定及工伤申报新办法的要求，管理处工伤领导小组调整为夏振国任顾问，汤正军任组长。

12 月 20 日，江都送水闸首度开启，淮河余水流向缺水的里下河地区。

12 月 25 日，管理处举办了“三五”普法教育第一期学习班，水利部水政司司长李泽冰、省水利厅水政处处长洪国增等参加了学习班开学典礼。

是年，水利部〔1996〕104 号文批准立项的“江都抽水站机组监控关键技术”被列入 1996 年引进国际先进农业科学技术——水利项目。

1997 年

3 月 20 日，省水利厅批复同意对二站进行技术改造。

3 月 26 日，省水利厅党组决定，汤正军任管理处副主任。

4 月 29 日，省水利厅批复同意管理处对抽水站南大堤护堤地长 0.5 km 范围内先进行治理并绿化，对高程在 6.5 m 以上的弃土约 10 万～15 万 m^3 有偿提供给公路部门，收取的费用用于南大堤绿化。

6 月 4 日，省水利厅党组决定，因祁朝标调离，陈学富任管理处党委书记、主任，免去祁朝标管理处党委书记、主任职务。

6 月 17 日，省水利厅批复同意，高邮水泵厂为二站设备更新改造工程主机泵设备的中标单位。

7 月 8 日，由于人事变动等原因，管理处职改领导小组调整，陈学富任组长，汤明根、汤正军任副组长。管理处初级技术职务评审委员会由汤明根任主任委员，陈学富、汤正军、张汉君任副主任委员。

8 月 13 日，管理处决定成立中共江都水利工程管理处委员会业余党校，陈学富任校长，郭永田任副校长。

9 月 1 日，省水利厅党组决定免去夏振国管理处党委副书记职务，免去汤明根管理处副主任职务。

9 月 19 日，省水利厅决定，黄海田、郑在洲任管理处主任助理（正科级）。

10 月 15 日，省水利厅批复同意成立江都二站更新改造工程处，陈学富任主任，黄海田、张汉君任副主任，下设工程、财务后勤、质检安全 3 个小组。核定工程处工作人员 12 名。

10 月 15 日，省水利厅批复同意扬州市航道管理处在芒稻闸导流堤上兴建宿舍楼。

11 月 3 日，根据省水利厅指示，管理处成立无线电管理工作领导小组，汤正军任组长。

11 月 6 日，管理处反腐败工作领导小组调整，陈学富任组长，郭永田任副组长，下设办公室，办公室与处监察室合署办公。

是年，国务委员陈俊生视察江都水利枢纽工程。

1998 年

1 月 24 日，管理处设计室设计的“江都一站更新改造工程”项目，获“省水利系统第六次优秀工程设计项目二等奖”，并被推荐报送省建设委员会评审。9 月 15 日，一站更新改造工程被省建设委员会评为优秀工程设计二等奖。

2 月 13 日，省水利企业管理协会在江阴召开会议，管理处在该会议上确定为会员单位，陈学富为协会理事会理事。4 月 27 日，该协会报省民政厅备案。

7 月 30 日，四站 7 号机组正常启动运行 8 min 后，突发定子线圈短路击穿故障。经试验检查，认为故障是由于机组绝缘老化，导致 B、C 相短路而造成的。经管理处采用“临时将有故障的 6 只线圈退出运行，并对其进行处理”的方案进行抢修，获得成功。

9 月 9 日，省计划与经济委员会批复省水利厅，同意对邵仙闸控制进行加固改造。10 月 6 日，省水利厅决定，成立江都水利枢纽邵仙控制加固改造工程处，戴伟如任主任，唐云涛任常务副主任，陈学富任副主任。11 月 20 日，邵仙套闸开工，1999 年 11 月 28 日主体工程竣工，并通过竣工初步验收，投入试运行。后续、配套完善工程于 2001 年 11 月 20 日开工，2002 年 6 月竣工。该套闸为Ⅴ级航道标准Ⅱ级建筑物，闸室长 160 m，上、下闸首和闸室宽均为 16 m。2002 年 8 月 13 日邵仙套闸工程正式竣工验收。

9 月 21 日，经省水利厅批复，同意管理处在抽水站南大堤，沿确权划界线新建砖围墙 1 200 m，经费控制在 20 万元以内。

10 月 15 日，省水利厅批复同意，成立江苏省江都水利枢纽江堤达标加固工程处，陈学富任主任，汤正军、冷其江任副主任。其中，太平闸下游堤防达标加固工程于 1998 年 11 月 5 日开工，至 1999 年 12 月 25 日主体工程完工；万福闸、金湾闸下游堤防达标工程于1999年2月2日开工，至1999年5月18日主体工程完工；江都西闸上游堤防达标加固工程于1999年12月20日开工，2000年4月30日主体工程基本完成；芒稻闸下游堤防达标加固工程于2003年12月6日开工，2004年6月30日主体工程全部完工。

11月16日至17日，四站7号机组安装的哈尔滨大电机研究所生产的弹性金属塑料瓦进行试运行，在相同工况下塑料瓦的温度比钨金瓦的温度低5℃（以压力表式温度计为参考），且性能良好。

12月2日，省水利厅批复同意，将邵仙套闸工程实施要占用江都市堤防管理所管辖的400 m隔堤划归管理处邵仙闸管理所管理，即邵仙闸向北700 m的高水河与运盐闸之间的隔堤范围内均为邵仙闸管理所管理。

12月4日，省人大常委会副主任俞敬忠等一行7人视察江都水利枢纽工程。

是年，中共中央原主席华国锋视察江都水利枢纽工程。

1999年

3月15日，省水利厅批复同意扬州冈本针织有限公司北车间门厅东山墙向东扩建3 m，扩建的门厅南北长度为17.6 m，占地面积52.8 m^2，为混砖结构。

6月2日，省水利厅机关党委批复同意增补史建华为管理处党委委员。

6月23日，管理处精神文明建设领导小组进行调整，陈学富任组长，郭永田、汤正军任副组长，下设办公室。

7月2日，管理处安全生产委员会进行调整，陈学富任主任，汤正军、郭永田、黄海田任副主任。

10月，运盐闸加固工程开工，采用上扉门改为胸墙，下扉门弧形门改为平面门方案，共有加固项目9项，由省水建总公司承建，至2000年12月工程竣工。

10月，邵仙闸加固工程开工。加固项目共9项，2000年12月工程竣工。

11月2日，省水利厅批复同意江都市建设委员会使用管理处所属部分土地6.6 hm^2建设龙川广场，所占用水利工程用地的土地性质不变，权属关系不变。2000年5月16日，管理处与江都市人民政府就江都抽水站河南3.3 hm^2水工程用地使用权变更一事，以及兴建龙川广场占用江都抽水站北大堤堤防及护堤地签订协议。

11月19日，省水利厅批复同意江都市建设委员会关于江都东闸公路桥利用现有桥墩向西拓宽4.5 m，送水闸公路桥向东拓宽5.0 m的意见。

11月26日，省水利厅党组决定，王葆青任管理处副主任。

12月28日，省水利厅通知，一站更新改造工程荣获1998年度省水利优秀施工工程。

2000年

4月4日，省水利厅批复同意对一站、二站下游翼墙进行减载加固。11月8日，省水利厅核实该项加固概算经费 147 万元。工程于 12 月 25 日开工，2001 年 5 月工程竣工，2001 年 7 月工程通过省水利厅验收。

4 月 15 日，根据 1999 年 3 月 23 日省水利厅办公会议纪要精神，经与省水利建设工程总公司协商，管理处依法对江都西闸、芒稻闸 2 工程的管理范围和确权范围进行确权划界，签订协议。

4 月 16 日，国务院总理朱镕基视察江都水利枢纽工程，省委书记回良玉、省长季允石等陪同。

4 月 29 日，省水利厅批复同意芒稻船闸管理所在本单位土地确权范围内将芒稻船闸和芒稻闸之间上游导流堤左岸侧护坡（船闸侧）改造为直立式护岸。

8 月 11 日，经省政府同意，省水利厅批复同意兴建江都水利枢纽对外接待调度楼。10 月 20 日，省水利厅同意成立对外接待调度楼工程处，王葆青任主任。

8 月 25 日，省水利厅批复同意江都抽水站北大堤水工程用地 0.9 hm^2 划归江都市建设委员会使用，作为置换南苑二村住宅 9 000 m^2 的用地。

8 月 31 日，省水利厅批复同意按所报设计对 328 国道江都引江桥实施改造，并明确有关事宜。

12 月 1 日，省水利厅批复同意高水河堤防除险加固工程扩大初步设计。加固工程内容为江都临镇堤防防渗合计 2.95 km，沿线堤防迎水坡块石护坡修建 4.54 km，邵仙控制河坡整治以及江都抽水站高水河左岸护坡整治等。核实加固工程概算总经费 1 077.1 万元。

12 月 28 日，省水利厅批复同意对江都西闸上游引河进行切滩整治，上游引河断面按设计流量 950 m^3/s 设计，相应引河设计水位 2.09 m，特征水位最低水位 -0.65 m。2001 年 3 月，省水利勘测设计研究院作初步设计，2001 年 6 月，省水利厅批准设计方案。工程于 2001 年 10 月 31 日开工，2003 年 1 月 23 日工程竣工，完成土方 26 万 m^3、抛石护岸 12 470 m^3、老扒扒桥抛石护底 2 000 m^3、闸基清除 3 200 m^3，总投资 526.8 万元。

2001 年

1 月 17 日，管理处成立保密工作领导小组，陈学富任组长，汤正军任副组长。

1 月 25 日，全国政协副主席钱正英视察江都水利枢纽工程。

2 月 22 日，经省水利厅评审，一站、二站综合技术改造获 2000 年度省水利科技进步一等奖。

2 月 22 日，全国政协副主席钱伟长视察江都水利枢纽工程。

3 月 8 日，经省水利学会常务理事会研究同意成立江苏省水利学会江都水利工程管理处工作委员会，隶属省水利学会领导。同意由陈学富任主任委员，汤正军、孙汉民、朱福保任副主任委员。

3 月 26 日，管理处成立科技进步及优秀论文奖评审委员会，陈学富任主任，汤正军、孙汉明、朱福保任副主任。

4 月 10 日，省水利厅党组研究决定，免去陈学富管理处党委书记、管理处主任职务，荣迎春任管理处主任、管理处党委副书记，免去其省淮沭新河管理处主任兼党委副书记职务，汤正军任管理处副主任、管理处党委副书记。

4 月 28 日，管理处安全生产委员会调整，荣迎春任主任，汤正军任常委副主任，郭永田、王葆青任副主任。

4 月 29 日，管理处成立信息化建设工作领导小组，荣迎春任组长，汤正军任副组长。

5 月 28 日，省水利厅党组研究决定，汤超任管理处党委书记（援藏，任拉萨市水电局局长）。

6 月 1 日，管理处精神文明建设领导小组调整，荣迎春任组长，汤正军、郭永田任副组长。

6 月 4 日，管理处教育委员会调整，汤正军任主任，史建华、朱福保任副主任。

6 月 4 日，管理处技术职务评审领导小组调整，荣迎春任组长，汤正军任副组长。管理处初级技术职务评审委员会由荣迎春任主任评委，汤正军、孙汉民为副主任评委。

7 月 24 日，省水利厅批复同意邵伯镇政府在邵伯闸水工程确权范围内兴建仿古建筑“斗野亭”、“六角亭” 以及游道，并进行环境绿化，所占用地权属关系不变。

9 月 4 日，国务院副总理温家宝视察江都水利枢纽工程，水利部部长汪恕诚、省委书记回良玉、省长季允石等陪同。

11 月 1 日，江都送水闸下游翼墙前倾处理工程开工，12 月 28 日工程竣工。

12 月 5 日，省水利厅批复同意江都市建设委员会在抽水站北大堤人防工事上新建观光阁 1 座，观光阁与抽水站北大堤人防工事立交，3 层全框架结构，占地 198 m^2，建筑面积 410 m^2。

2002 年

1 月 21 日，省水利厅批复同意江都市建设委员会在芒稻节制闸管理范围内实施绿化工程。

1 月 31 日，管理处印发《安全生产监督管理办法》，对安全生产组织网络、安全生产责任制、宣传教育、安全生产检查、事故分析处理、奖惩办法等内容进行了明确规定。

2 月 4 日，管理处成立物资集中采购工作领导小组，并印发《处物资集中采购管理办法》。

5 月 8 日，省水利厅批复同意组织人事科更名为人事科，设立党委办公室，与人事科合署办公。

同日，省水利厅批复同意成立江苏省江都水利枢纽维修中心，与水利水电设备安装处合署办公。

6 月 5 日，江都市人民政府主持召开办公会议，专题研究协调邵仙闸交通安全管理有关问题。会议明确邵仙闸及其便桥应按照水利工程及其内部工作便道、人行便桥的要求规范管理，由闸管理所设立标识，设置阻止机动车辆通行的路障。

6 月 10 日，管理处印发《处计算机网络信息管理办法》，加强计算机网络的运行管理，确保工程监控系统、遥测系统及办公自动化系统安全、稳定、可靠运行。

7 月 4 日，省水利厅批复，同意在江都西闸上游引河切滩工程完成的基础上，增做江都西闸下游新通扬运河左岸（含一站进口段）490 m 长护坡整治，以及右岸桩号 0+150~0+200 m 段抛石护岸、防汛仓库 180 m^2 翻修等项目。

7 月 19 日，省水利厅通知，根据省人事厅苏人通〔2002〕144 号《关于公布 2001 年度享受政府特殊津贴专家名单及做好有关工作的通知》，孙汉明经人事部批准为 2001 年度享受政府特殊津贴专家。国务院颁发了荣誉证书，并一次性发给 1 万元津贴，由中央财政专项列支拨款，免征个人所得税。

8 月 4 日，全国人大常委、民进中央常务副主席张怀西、副主席王立平来管理处视察。

8 月 15 日，扬州市公路管理处在宜陵闸管理所主持召开 S233 射江线宜陵闸桥病害对策专题会。会议要求江都公路管理站设立限速“20 km”、限载“10 t”的警示标志，加大射江线路政执法力度，并与管理处联手定期观测病害情况。

8 月 23 日，扬州市航道管理处函告管理处，同意邵仙套闸通航。

9 月 5 日，省水政监察总队通知，荣迎春、汤正军、沈卫东、樊旭等 11 人为专职水政监察员，曹瑚等 9 人为兼职水政监察员。

9 月 12 日，省水利厅批复同意对太平闸进行加固续建，工程于 10 月 28 日开工，2004 年 11 月 16 日工程通过竣工验收。

10 月 30 日，省水利厅机关党委批复，同意增补王葆青为管理处党委委员。

12 月 16 日，省水利厅批复，同意变电所 1 号主变压器更新改造可行性研究报告。

12 月 20 日，江都水利枢纽迎宾馆成立，隶属管理处后勤服务中心。

12 月 28 日，省水政监察总队批复，江苏省水政监察总队江都支队下辖引江、万福、邵仙、宜陵 4 个大队。

2003 年

1 月 18 日，江都水利枢纽迎宾馆正式开业（2002 年 10 月 8 日试营业）。

3 月 13 日，省水利厅批复同意成立江都水利枢纽工程变电所更新改造工程建设处，荣迎春任主任，汤正军、朱福保任副主任。

4 月 22 日，管理处成立处思想政治工作人员专业资格评定工作领导小组，荣迎春任组长，汤正军、郭永田、王葆青任副组长，下设办公室。

5 月 21 日，管理处成立落实党风廉政建设责任制领导小组，荣迎春任组长，汤正军、郭永田任副组长。

7 月 2 日，管理处成立了处庆 40 周年筹备工作领导小组，荣迎春任组长，汤正军、郭永田、王葆青任副组长。

8 月 17 日，中共中央政治局常委、中央纪律检查委员会书记吴官正视察江都水利枢纽工程，省委副书记、省长梁保华，省委副书记、纪委书记王寿亭陪同。

8 月 19 日，省水利厅党组研究决定，索巴任管理处主任助理。

9 月 23 日，省水利厅批复同意实施芒稻闸、江都西闸江堤达标工程（江都西闸江堤达标工程省水利厅于 1999 年 11 月 2 日已批复，但下达经费不足，本次给予补足。工程于 1999 年 12 月 20 日开工，2005 年 6 月 30 日工程竣工）。芒稻闸江堤达标工程于 2003 年 12 月 6 日开工，2005 年 6 月工程完工，同年 9 月 30 日通过了绿化、水土保持及配套设施建筑工程验收。

2004 年

1 月 6 日，省水利厅批复同意对金湾闸进行加固续建，1 月 13 日，成立江苏省金湾闸加固续建工程建设处，荣迎春任主任，汤正军、曹瑚任副主任。工程于 2 月 18 日开工，12 月底完工并通过竣工初步验收。

3 月 15 日，管理处组织完成全处各工程管理单位及相关重要场所《反事故预案》的制定。

3 月 24 日，管理处调整工管体制改革领导小组，荣迎春任组长，汤正军、王葆青任副组长，下设工作小组。

3 月 29 日，管理处成立南水北调江都站改造工程前期工作领导小组，荣迎春任组长，汤正军任副组长。12 月 31 日，国家发改委批复关于南水北调东线一期长江至骆马湖段(2003)年度工程可行性研究报告。

4 月 1 日，省委书记李源潮视察江都水利枢纽工程。

5 月 1 日，中共中央总书记、国家主席胡锦涛视察江都水利枢纽工程，中央办公厅主任王刚、省委书记李源潮、省长梁保华陪同。

6 月 29 日，管理处成立水利系统队伍建设调研工作课题组，荣迎春任组长，汤正军、郭永田任副组长。

10 月 27 日，省水利厅党组研究决定，免去郭永田管理处纪委书记职务。

10 月 27 日，省水利厅批复，同意成立江苏省江都水利枢纽工程维修养护中心。

12 月 15 日，根据工管体制改革工作部署，省水利厅批复同意成立江苏省江都水利枢纽工程维修养护中心，科级建制。

2005 年

1 月 19 日，管理处调整内设机构，决定撤销后勤服务中心，其工作内容划归办公室；撤销经营科，其职能划归财供科；宜陵船闸管理所与宜陵闸管理所合并为宜陵闸管理所。

1月20日，管理处调整教育委员会成员，汤正军任主任，史建华、雍成林任副主任。

同日，管理处调整安全生产委员会成员，荣迎春任主任，汤正军、王葆青任副主任，下设办公室和3个工作小组。

同日，管理处成立保持共产党员先进性教育活动领导小组，汤超任组长，汤正军、史建华任副组长，下设办公室。

3月8日，管理处成立水利工程管理考核领导小组及考核工作小组，汤正军任领导小组组长，雍成林任工作小组组长。

4月5日，管理处制订《江苏省江都水利工程管理处工程维修养护项目管理办法（试行）》。

4月12日，省水利厅批复同意对江都东闸进行除险加固，6月7日，成立江都东闸除险加固工程建设处，汤超任主任，汤正军、曹瑚任副主任。工程于7月22日开工，2007年8月16日工程通过竣工验收。

5月3日，中共中央原总书记、国家原主席江泽民和夫人王冶坪前来江石溪碑亭扫墓。

5月13日，省水利厅党组研究决定，汤超任管理处主任，汤正军任管理处副主任（正处级）兼党委副书记，免去荣迎春管理处主任、党委副书记职务。

8月3日，南水北调东线江苏水源责任有限公司批复，同意成立江苏省南水北调江都站改造工程建设处，邓东升任主任，汤超、汤正军、冯旭松任副主任，孙汉明任总工程师。8月17日，水利部批复《关于南水北调东线第一期工程长江至骆马湖段（2003）年度工程江都站改造工程、淮安四站工程、淮安四站输水河道工程、淮阴三站工程初步设计》，其中江都站改造工程内容为：江都三站更新改造，江都四站更新改造，江都站变电所更新改造，江都西闸除险加固工程，江都东西闸之间河道疏浚工程，江都船闸改建工程等。

9月26日，管理处调整安全生产委员会成员，汤超任主任，汤正军、王葆青任副主任，下设办公室和3个工作小组。

10月30日，国务院副总理曾培炎视察江都水利枢纽工程，国务院南水北调工程建设委员会办公室主任张基尧、江苏省委书记李源潮、省长梁保华陪同。

11月21日至22日，管理处召开党员代表大会，选举产生了第六届党委和纪委。党委由马晓忠、王葆青、史建华、汤超、汤正军、李勇、孟俊7人（以姓氏笔画为序）组成，纪委由史建华等5人组成。第六届党委和纪委分别召开了第一次会议，选举汤超任党委书记，汤正军任副书记，史建华任纪委书记。11月25日，省水利厅机关党委批复，同意上述选举结果。

12月22日，南水北调江都站改造工程正式开工。同日，江都东、西闸间河道疏浚工程开工，2007 年 3 月主体工程完工，2008 年 6 月 12 日，江都东、西闸间河道疏浚工程通过单位工程验收。

2006 年

2 月 13 日，省水利厅党组研究决定，魏强林任管理处副主任。

2 月 28 日，江都西闸除险加固工程开工，2008 年 12 月 29 日通过单位工程验收。

3 月 14 日，管理处调整精神文明建设领导小组成员，汤超任组长，汤正军、史建华任副组长，办公室设在人事科。

同日，管理处调整安全生产委员会成员，汤超任主任，汤正军、王葆青、魏强林任副主任，下设办公室和 3 个工作小组。

同日，管理处调整教育委员会成员，魏强林任主任，史建华、孟俊、雍成林任副主任。

6 月 26 日，管理处成立“十一五”规划编制工作领导小组，汤超任组长，汤正军、王葆青、魏强林、史建华任副组长。

同日，管理处成立“五五”普法领导小组及办公室，汤超任组长，魏强林任副组长。

7 月 1 日，南水北调东线江苏水源责任有限公司批复，同意对江苏省南水北调江都站改造工程建设处领导班子组成人员进行调整，邓东升任主任，汤超任常务副主任，汤正军、曹瑚、雍成林任副主任，孙汉明任总工程师，周灿华任副总工程师。

7 月 12 日，管理处成立治理商业贿赂专项工作领导小组，汤超任组长，汤正军、史建华任副组长。

9 月 28 日，管理处成立城乡共建文明结对工作领导小组，汤超任组长，史建华任副组长。

10 月 16 日，第一抽水站、第二抽水站管理所通过了省水利厅组织的省一级水利工程管理单位达标考核专家组验收，2007 年 1 月 8 日，省水利厅批准第一抽水站、第二抽水站管理所为省一级水利工程管理单位，并颁发了等级证书。

10 月 25 日，管理处调整创建学习型组织领导小组成员，汤超任组长，汤正军任副组长，下设工作小组。

11 月 6 日，江都三站更新改造工程开工，2009 年 11 月 10 日通过试运行验收，2010 年 10 月 11 日通过单位工程验收。

12 月 15 日，变电所 35 kV 引湾线（引江变电所至湾头变电所）改由扬州广陵变电所供电，线路改称引广线。

2007 年

3 月 10 日，南水北调东线江苏水源责任有限公司经研究决定，江苏省南水北调江都站改造工程建设处由汤超任主任，邓东升不再兼任主任职务。

4 月 8 日，江都站变电所更新改造工程开工，更新改造内容主要有：在二站、三站之间东南 350 m 处新建 1 座 110 kV 变电所，安装监控、视频系统；新变电所按年运行 8 000 h 设计，分别向一站、二站、三站供 6 kV 电源，向四站 3 号主变压器供 110 kV 电源，向一站至四站以及管理处办公区、生活区供 400 V 电源等，2009 年 2 月 17 日至 5 月 10 日新建变电所依次完成 110 kV、35 kV 供电线路切换并投入运行，同年 10 月 10 日通过试运行验收，12 月 11 日通过单位工程验收。

6 月 5 日，省水利厅批复同意成立江都水利工程管理处接待中心，科级建制。

8 月 22 日，省水利厅批复同意实施江都东闸下游清污机启吊便桥工程。工程于 11 月 19 日开工，2009 年 7 月 27 日工程通过竣工验收。

9 月 5 日，管理处成立临时用工管理工作领导小组，汤超任组长，汤正军、史建华任副组长。

2008 年

3 月 15 日，管理处调整安全生产委员会成员，汤超任主任，汤正军、王葆青、魏强林任副主任，下设办公室和 3 个工作小组（同时调整了处安全生产委员会委员、工作小组成员等）。

3 月 24 日，省水利厅批复同意，管理处增加协助做好高邮湖、邵伯湖保护、开发、利用和管理工作的职责，并设立湖泊管理科。8 月 14 日，管理处正式设立湖泊管理科，科级建制，与水政保卫科合署办公。

6 月 10 日，省水利厅党组研究决定，史建华任泰州引江河管理处纪委书记，免去其管理处纪委书记职务；徐明任管理处纪委书记，免去其泰州引江河管理处纪委书纪职务。

7 月 28 日，省水利厅机关党委批复，同意增补徐明为管理处党委委员。

9 月 3 日，江都四站更新改造工程开工，2010 年 6 月 23 日工程通过试运行验收，同年 11 月 11 日工程通过单位验收。

11 月 11 日，省水利厅批复，同意增设江都水利工程管理处电力试验中心和江都水利工程管理处水利科学研究所，2 单位均为科级建制。

2009 年

2 月 16 日，管理处成立保密委员会，汤超任主任委员，魏强林任副主任委员。

3 月 5 日，管理处调整安全生产委员会成员，汤超任主任，汤正军、王葆青、魏强林任副主任，下设办公室和 3 个工作小组（同时调整了安全生产委员会委员、办公室和工作小组成员等）。

3 月 23 日，管理处调整精神文明建设领导小组成员，汤超任组长，汤正军、徐明任副组长，办公室设在人事科，孟俊兼任办公室主任。

同日，管理处调整机关作风建设领导小组成员，汤超任组长，汤正军、王葆青、魏强林、徐明任副组长，办公室设在党委办公室。

8月7日，省水利厅批复同意对江都抽水站站区主干道进行改建，同日，成立江苏省江都抽水站站区主干道改建工程建设处，汤超任主任，王葆青任副主任。工程于8月18日开工，10月10日主体工程竣工，2010年5月14日工程通过竣工验收。

8月12日，省水利厅党组研究决定，郭宁挂职任管理处副主任。

12月1日，管理处调整精神文明建设领导小组成员，汤超任组长，汤正军、徐明任副组长，下设办公室，黄亚明任办公室主任。

同日，管理处调整教育委员会成员，魏强林任主任，徐明、黄亚明、雍成林任副主任。

2010年

1月8日，管理处调整安全生产委员会成员，汤超任主任，汤正军、王葆青、魏强林、郭宁任副主任，下设办公室和3个工作小组。

2月24日，管理处调整机构设置，湖泊管理科不再与水政保卫科合署办公。

3月5日，管理处成立处职工重大疾病医疗救助资金管理小组，徐明任组长，孙广荣任副组长。

3月31日，管理处成立全国先进基层党组织创建工作领导小组，汤超任组长，汤正军、徐明任副组长。

4月6日，根据《江苏省泵站技术管理办法》《江苏省水闸技术管理办法》，管理处组织完成全处各工程技术管理细则的制定，8月11日由省水利厅批复执行。

4月9日，省水利厅批复同意实施江都水利工程管理处管理用房改造工程，批复工程经费656万元。4月20日，管理处成立江都水利工程管理处管理用房改造工程建设处，汤超任主任，王葆青任副主任。工程于6月19日开工，12月31日工程完成主体土建，2012年4月6日工程通过竣工验收。

6月21日，管理处成立创先争优活动领导小组，汤超任组长，汤正军、徐明任副组长。

6月28日，管理处成立节能工作领导小组，汤超任组长，魏强林、沈宏平任副组长。

7月12日，管理处成立青年工作领导小组，徐明任组长，黄亚明任副组长。

8月19日，管理处成立“十二五”规划编制工作领导小组，汤超任组长，汤正军、王葆青、魏强林、徐明任副组长。

9月3日，管理处成立江都引江机械电气检测有限公司，主营水利工程质量检测业务。

11月29日，前国务委员唐家璇视察江都水利枢纽工程，省委常委、副省长黄莉新陪同。

12 月 25 日，邵仙闸管理所通过了省水利厅组织的省一级水利工程管理单位达标考核专家组验收，2011 年 1 月 5 日，省水利厅批准邵仙闸管理所为省一级水利工程管理单位，并颁发了等级证书。

2011 年

1 月 28 日，省水利厅批复同意对宜陵闸进行除险加固，3 月 26 日，江苏省宜陵闸除险加固工程建设处成立，汤超任主任、法定代表人，魏强林、曹瑚任副主任。工程于 5 月 15 日开工，2012 年 12 月 31 日工程通过竣工验收。

4 月 26 日，省水利厅批复同意对太平闸反拱底板裂缝进行加固，6 月 24 日，江苏省太平闸反拱底板裂缝加固工程建设处成立，汤正军任主任，周灿华、蔡平任副主任。工程于 2012 年 3 月 12 日开工，于 2013 年汛前工程基本完成，概算总投资 393.73 万元。工程加固主要内容为采用 C25 混凝土将闸室反拱底板下游反拱段填平。

8 月 23 日，省水利厅批复同意对万福闸进行加固改造，8 月 26 日，江苏省淮河入江水道万福闸加固工程建设处成立，汤正军任主任，周灿华、蔡平任副主任。工程于 2012 年 3 月 22 日开工，概算总投资 7 995 万元。

11 月 8 日，管理处成立“六五”普法领导小组，汤超任组长，汤正军、魏强林任副组长，下设办公室。

12 月 1 日，管理处成立学习型党组织建设领导机构，汤超任组长，汤正军、徐明任副组长，办公室设在党委办公室。

12 月 16 日，南水北调东线江苏水源责任有限公司批复，同意成立南水北调东线一期江都水利枢纽沿运闸洞漏水处理工程建设处，汤超任主任，汤正军、雍成林任副主任，周灿华任总工程师。工程于 2012 年 7 月开工，工程涉及江都水利枢纽工程的建筑物有芒稻闸、邵伯闸及运盐闸 3 座水闸，概算 1 038.31 万元，省水利厅补助邵伯闸加固改建经费 197 万元。

12 月 16 日，省水利厅公布厅系统当选江苏省第四期“333 高层次人才培养工程”培养对象的人员，管理处周灿华当选。

2012 年

3 月 20 日，管理处成立岗位设置工作领导小组，汤超任组长，汤正军、徐明任副组长。

4 月 9 日，省水利厅党组研究决定，汤超任省水利厅机关党委副书记（正处级），免去其管理处党委书记、主任职务。

4 月 10 日，省水利厅党组研究决定，汤正军任管理处党委书记，辛华荣任管理处主任、党委副书记，免去其水利工程建设局项目处副处长职务。

4 月 12 日，省水利厅确定全省水利系统首批“111 人才工程”培养对象，管理处董晓军、邵林入选“优秀科技人才培养对象”，黄季艳、薛井俊入选“优秀骨干人才培训对象”，蔡桂林、陈宇潮、金超、于水、周晨蕾、周传福、马罗扣入选“高技能人才培养对象”。

4月25日至26日，第三抽水站、第四抽水站管理所通过了省水利厅组织的省一级水利工程管理单位达标考核专家组验收，2013年1月11日，省水利厅批准第三抽水站、第四抽水站管理所为省一级水利工程管理单位，并颁发了等级证书。

5月18日，管理处成立处“打非治违”工作领导小组，辛华荣任组长，汤正军任常务副组长，王葆青、魏强林任副组长。

5月25日，南水北调东线江苏水源责任有限公司经研究决定，省南水北调江都站改造工程建设处由汤正军任主任，汤超不再担任主任职务。

6月12日，管理处成立绩效工资实施工作领导小组，汤正军任组长，辛华荣任常务副组长，徐明任副组长。

8月23日至24日，管理处召开党员代表大会，选举产生了管理处第七届党委和纪委。党委由王葆青、汤正军、李勇、辛华荣、徐明、黄亚明、魏强林7人（以姓氏笔画为序）组成，纪委由徐明等5人组成。第七届党委和纪委分别召开了第一次会议，通过选举，汤正军任党委书记，辛华荣任副书记，徐明任纪委书记。8月29日，省水利厅机关党委批复，同意上述选举结果。

11月22日，省水利厅批复，同意成立管理处经营项目管理科，该科为科级建制。

11月28日，省水利厅批复，同意成立南水北调东线一期工程江苏通水应急调度中心（调度灾备中心）建设处，11月30日，建设处成立，辛华荣任主任，汤正军、王葆青任副主任。

2013年

1月29日，管理处编制的《江苏省江都水利枢纽管理现代化规划（2011—2020）》率先在厅属管理单位获得省水利厅批复。该规划以科学发展观为指导，坚持统筹兼顾、突出重点、改革创新、科学管理、适度超前、继承发展，提出的目标任务、总体布局、重点建设内容既与《江苏水利现代化规划（2011—2020）》等上位规划基本衔接，又体现了管理处水利工程管理及河湖保护特色。规划的批复实施，为管理处今后一个时期水利现代化建设提供了基本依据。

3月29日，省水利厅批复，同意成立江苏省水利职业技能实训和鉴定基地工程建设处，辛华荣任主任，汤正军、王葆青、徐明任副主任。

4月3日，中共中央原总书记、国家原主席江泽民和夫人王冶坪前来江石溪碑亭扫墓。

4月8日，省水利厅党组研究决定，徐惠亮任管理处副主任。

4月10日，省水利厅批复，同意成立江苏省江都水利工程管理处维修养护中心基地工程建设处，辛华荣任主任，汤正军、王葆青任副主任。

4月28日，省水利厅批复，同意成立宜陵北闸加固改造工程建设处，辛华荣任主任，魏强林、雍成林、冷其江任副主任。

5月3日，为提升城市品位、打造南水北调东线源头形象，改善管理处部分职工居住条件，受扬州市江都区人民政府委托，江都城乡建设局与管理处签订了江都水利枢纽西区实施棚户区改造框架协议书，此次协议书的签订标志着管理处西区环境改造取得突破性进展。

5月27日，管理处成立推进管理现代化建设领导小组，辛华荣任组长，汤正军任副组长，下设5个工作小组。

5月30日，南水北调东线一期工程江苏段试通水工作现场会在管理处变电所举行。

6月21日，管理处确立“引源、厚泽、卓创、致远”为江苏省江都水利工程管理处精神。

同日，管理处成立“四位一体”评议政风行风创新工作领导小组。辛华荣任主任，王葆青、徐明任副主任。

6月27日，管理处成立推进江都水利枢纽西区实施棚户区改造领导小组和工作小组，辛华荣任主任，汤正军、王葆青、魏强林、徐明、徐惠亮任副主任。

7月31日，国家防办防汛抗旱督察专员梁家志一行检查江都水利枢纽抗旱调水工作。

8月9日，发展中国家水利经济部长研讨班一行考察江都水利枢纽，研讨班成员包括埃塞俄比亚、斐济水利部长及来自亚、非、拉美、东南欧的13个发展中国家共21名水利部门官员。江苏水源公司董事长、总经理邓东升，副总经理冯旭松等陪同考察。

8月14日，江苏省委副书记石泰峰来江都水利枢纽调研指导抗旱工作。

10月19日上午，南水北调东线一期工程开始全线试运行。国务院南水北调办公室副主任张野在东线源头江都水利枢纽宣布试运行开始，副省长徐鸣出席并讲话，省人大常委会秘书长、省南水北调办公室主任吕振霖，省环保厅副厅长柏仇勇、省水利厅副厅长陶长生、省南水北调办公室副主任张劲松，江苏水源公司董事长、总经理邓东升，扬州市政府副市长丁一等参加试运行查看活动。

10月29日，国务院南水北调办公室副主任蒋旭光一行来江苏省检查南水北调工程试运行工程质量和移民稳定情况，查看四站工程现场运行情况。

11月22日，国务院南水北调办公室副主任于幼军一行调研江苏省南水北调水质保障工作，现场查看调水源头江都西闸上下游河道断面情况。

11月25日至28日，江苏省水利系统泵站运行与维修工职业技能竞赛在管理处举行，管理处张歆获特等奖，周晨钟、尤文成获二等奖，徐华获三等奖。

11月26日，根据省人力资源和社会保障厅、省水利厅批复，“江苏省水利系统技师工作室”在管理处正式成立。

11月29日，管理处高分通过省档案局“五星级”档案管理考核测评。

2014年

3月28日，中国南水北调东线总公司筹备组副组长赵存厚一行5人来管理处调研工程运行管理工作。省南水北调办副主任张劲松，江苏水源公司董事长、总经理邓东升，副总经理冯旭松陪同调研。

4月18日，中国水利水电科学研究院水利史专家来管理处调研水文化发展规划、水利遗产保护与利用等工作。省水利厅党组副书记、副厅长陶长生，省河道局副局长于涛，管理处领导辛华荣、王葆青、徐惠亮等陪同调研。

5月18日，宜陵北闸加固改造工程通过省水利厅组织的水下工程验收。

5月20日，水利部离退休干部局党委书记、局长凌先有、党委副书记邢志勇带领水利部离退休老干部60余人来管理处参观考察水利工作，厅副巡视员韩全林陪同考察。

5月28日，南水北调东线江苏水源有限责任公司组织对沿运闸洞漏水处理工程江都管理处工程进行单位工程暨合同项目完成验收。

7月1日，管理处举办“践行社会主义核心价值观　弘扬东线源头特色水文化”知识竞答活动。

7月2日，南水北调东线江苏水源有限责任公司组织对沿运闸洞漏水处理工程江都管理处工程进行单位工程合同项目档案专项验收。

7月14日，省水利厅转发省发改委关于江都水利枢纽土山坝涵洞应急封堵工程初步设计的批复。

7月21日，管理处新版门户网站投入试运行。

8月22日，管理处成立江苏省江都水利枢纽土山洞应急封堵工程建设处，辛华荣任主任，魏强林、周灿华任副主任。

9月4日，管理处电力试验中心职工徐华被江苏省省级机关妇女工作委员会评选为省级机关“巾帼建功”标兵。

9月10日，国务院南水北调办原党组成员、副主任李铁军一行考察江都水利枢纽工程。

9月20日，由中国产业报协会主办、水利部办公厅和中国水利报社共同承办的“碧水蓝天万里行”走基层采访团来管理处开展集中采访活动。采访团由中国水利报总编辑李先明带队，新华社、中国产经新闻报、中国国土资源报、中国环境报、中国水利报等5家中央媒体参与采访活动。

10月，管理处团委被团省委审定为第十六批“江苏省五四红旗团委创建单位”。

10月12日至13日，管理处组织召开《江都水利枢纽水文化发展规划（2015—2020）》专家评审会，河海大学、省水利厅、扬州市水利局等有关单位的水文化专家参加评审。

11月5日，李亚平厅长带领厅办公室、规计处、财审处等部门主要负责人来管理处，专题调研江都水利枢纽（引江）西区综合改造工程项目。扬州市委、江都区委主要负责同志参加推进方案的会商。

11月11日至14日，省水利厅在管理处举办省水闸、泵站技术管理培训班，来自全省各地水闸、泵站管理单位的站所长和技术干部共160多人参加培训。

11月19日，省水利厅在管理处举办厅系统精神文明创建工作培训班。厅直有关单位分管领导、文明办主任和获得省文明单位、省级机关单位称号的单位负责人共60人参加培训。

12月12日，古巴全国水资源委员会副主席安东尼奥·罗德里格斯（副部级）来管理处访问。

12月25日，太平闸底板裂缝加固工程通过竣工验收。

2015年

1月7日，江都闸管理所顺利通过省一级工程管理单位考核验收。

1月30日，管理处成立创建国家级水利工程管理单位领导小组，辛华荣任组长，王葆青、史建华、徐明、魏强林、徐惠亮任副组长。

2月1日，管理处新版办公系统正式上线运行，将日常办公、信息发布、公文管理、即时通讯等应用平台融合，实现现代化、规范化、无纸化的全新办公管理模式。

2月11日，江苏省水利职业技能实训鉴定基地工程通过省水利厅竣工验收。基地于4月10日投入运营。

2月16日，省水利工程建设局批复同意成立江都水利枢纽土山洞应急封堵工程安全监督项目组。

3月1日，由于人员变动和工作需要，王葆青同志任宜陵北闸加固改造工程建设处副主任，刘从会同志担任宜陵北闸加固改造工程建设处纪检监察员。

3月23日，省水利厅同意成立省江都水利工程管理处水利职业技能培训鉴定站。

4月20日，管理处被中央精神文明建设指导委员会批准继续保留“全国文明单位”荣誉称号，这是管理处连续第四次获此殊荣。

4月22日，管理处成立江苏省江都水利工程管理处防汛仓库工程建设处，徐惠亮任主任，蔡平、肖建华任副主任。

4月27日，南水北调东线一期工程江都站改造工程获2013—2014年江苏省水利优质工程。

4月28日，全国人大常委、致公党中央副主席杨邦杰，全国人大常委、致公党中央副主席严以新率致公党中央调研组来处视察。

5月20日，全国人大常委会副委员长、农工党中央主席陈竺和全国政协副主席、农工党中央常务副主席刘晓峰一行专题调研南水北调东线水污染和水生态环境情况。

5月27日，在水利部召开的全国水利安全监督工作会议上，管理处被评为全国水利安全监督工作先进集体。

6月29日，管理处团委被团省委审定为“江苏省五四红旗团委”。

7月6日，非洲莫桑比克客人一行在省水利厅有关部门负责人陪同下来管理处参观访问。

7月16日，美国加利福尼亚大学洛杉矶分校环境工程学院院长斯图尔特教授一行来管理处参观访问。

9月15日，河海大学港口海岸与近海工程学院“变化环境下的洪水风险”国际学术研讨会与会学者来管理处参观，实地考察江都水利枢纽工程建设和管理情况。

9月25日，澳大利亚环境部副部长大卫·帕克考察江都水利枢纽。

11月9至10日，宜陵北闸加固改造工程通过竣工验收。

11月17日，管理处高分通过水利部水利工程管理考核验收。

11月20日，管理处召开第六届职代会团组长、第八届工会委员会第四次联席会议，补选顾学明同志为管理处工会委员。

12月14日，管理处老干部活动中心高分通过“江苏省水利系统示范性老干部活动中心”认定验收。

12月18日，管理处财供科增挂“审计科”牌子。

12月18日，管理处承担的“南水北调工程建设信用评价研究”项目通过国调办组织的审查验收。

12月21日，管理处工程管理科增挂“安全生产监督科”牌子，核增副科级职数1名。

2016年

1月15日，江都水利枢纽水利风景区被评为首届全省十佳水利风景区。

3月22日，管理处组建江苏省邵仙套闸大修工程建设处，建设处主任由辛华荣同志担任，徐惠亮、周灿华、朱建军同志任副主任。

8月9日，省淮河入江水道万福闸加固工程建设处在万福闸管理所主持召开了淮河入江水道整治万福闸加固工程水土保持合同工程完工验收会。

8月31日，王雪芳同志任管理处副主任。

10月14日，管理处顺利通过省文明办复审，继续保留“江苏省文明单位”称号。

10月19日，江苏省第五届水文勘测技能竞赛圆满落幕，管理处王江、王玉芳两位选手均取得优异成绩：王江总成绩列大赛第三名。王玉芳作为技术工人组第三名荣获大赛一等奖，并被授予“江苏省五一创新能手”和“江苏省技术能手”荣誉称号。管理处被江苏省人力资源和社会保障厅及江苏省水利厅授予“江苏省第五届水文勘测技能竞赛组织奖”。

10月31日，经任职试用期满考核合格，周灿华同志任管理处副主任，顾学明同志任管理处纪委书记，任期自2015年10月起计算。

11月8日，《江都水利枢纽精细化管理——规章制度》出版发行。

11 月 14 日，经省水利厅水利风景区建设与管理领导小组审定，江都水利枢纽水利风景区通过水利风景区复核审定。

11 月 21 日，经中国水利工程优质（大禹）奖评审委员会评审，南水北调东线第一期工程江都站改造工程荣获 2015—2016 年度中国水利工程优质（大禹）奖。

12 月 30 日，管理处电力试验中心高级技师周永健被评为全省水利系统“十大水利工匠”。

2017 年

1 月 11 日，第二抽水站管理所的创新项目——同步电机转子集电环在线研磨工具荣获全国水利系统第二届“五小”成果二等奖。

3 月 15 日，万福闸管理所被评为 2015—2016 年度全国青年文明号。

3 月 23 日，管理处成立江都水利枢纽职工食堂改建工程建设处，辛华荣任主任，王雪芳任副主任。

4 月 21 日，第四抽水站管理所被评为江苏省工人先锋号。

4 月 27 日，管理处成立江苏省江都水利工程管理处国家级水利风景区基础设施更新改造工程建设处，辛华荣任主任，周灿华、顾学明、孙广荣任副主任。

5 月 4 日，在水利部举办的纪念建团 95 周年会议暨水利系统青年文明号培训班会上，万福闸管理所与全国水利系统其他 14 家青年集体参加了 2015—2016 年度水利系统“全国青年文明号”命名和授牌仪式。

5 月 10 日，管理处申请定性为公益一类事业单位。

5 月 23 日，管理处召开党员代表大会，选举产生了管理处第八届党委和纪委。党委由王雪芳、华骏、辛华荣、周灿华、顾学明、徐惠亮、魏强林 7 人（以姓氏笔画为序）组成，纪委由吉庆、朱建军、孙明权、顾学明、夏炎 5 人（以姓氏笔画为序）组成。第八届党委和纪委分别召开了第一次会议，通过选举，辛华荣任党委书记，顾学明任纪委书记。6 月 1 日，省水利厅机关党委批复，同意上述选举结果。

8 月 17 日，省纪委检查考核组对管理处“省级廉政文化建设示范点”创建工作进行了验收。

9 月 1 日，管理处成立“河长制”领导小组，辛华荣任组长，魏强林、徐惠亮、王雪芳、周灿华、顾学明任副组长。

9 月 4 日，江苏省省长、总河长吴政隆视察江都水利枢纽工程。

9 月 30 日，管理处印发《江苏省江都水利工程管理处全国文明单位岗位行为规范编制工作实施方案》。

11 月 13 日，管理处选手王江在第六届全国水文勘测技能大赛决赛中，荣获二等奖（个人总成绩第八名）的好成绩。

11 月 17 日，管理处通过中央精神文明建设指导委员会复审，继续保留全国文明单位荣誉称号。

11 月 20 日，江都水利枢纽被评为“江苏省最美水地标”。

11 月 30 日，江苏省水利系统泵站运行与维修工职业技能竞赛闭幕，郭平获竞赛特等奖，尤文成获一等奖，徐士坤获二等奖，张志军获三等奖。郭平、尤文成获江苏省五一创新能手、江苏省技术能手称号；徐士坤、张志军获江苏省技术能手称号。

12 月 14 日，管理处首本不动产权证成功落地。

12 月 20 日，管理处选手张歆获第五届全国水利行业泵站运行工职业技能竞赛第一名，周晨钟获第六名。

12 月 22 日，万福闸、江都闸、邵仙闸、宜陵闸管理所档案室通过档案三星级测评。

2018 年

1 月 8 日，管理处荣获“2015—2016 年度厅系统档案工作先进单位”称号。

1 月 30 日，管理处周永健同志荣获第二届江苏省“最美水利人”称号。

3 月 1 日，管理处荣获省水利厅“模范职工之家”称号。

3 月 9 日，上海市水务局副局长刘晓涛一行考察江都水利枢纽。

3 月 13 日，管理处被江苏省委组织部授予“党员教育实境课堂示范点”。

4 月 12 日，管理处被扬州市江都区人民政府授予“2017 年度无偿献血工作先进单位”荣誉称号。

4 月 28 日，管理处荣获“2015—2016 年度扬州市无偿献血先进集体”荣誉称号。

5 月 9 日，农业农村部副部长余欣荣来管理处考察。

5 月 10 日，管理处陈葆同志获“我读马列经典”微信朗读 4 月“最美信仰之声”评选第一名。

5 月 17 日，水文站荣获“江苏省五一巾帼标兵岗”称号。

5 月 18 日，邵仙闸管理所荣获“江苏省工人先锋号”称号。

5 月 19 日，宁夏回族自治区水利厅副厅长李永春来管理处考察。

5 月 18 至 19 日，国家防总工作组来管理处检查指导防汛工作（淮委沂沭泗局副局长阚善光）。

8 月 10 日，“大江奔流——来自长江经济带的报道”大型主题采访团走进江都水利枢纽（《人民日报》、新华社、中央广播电视总台等 10 家中央媒体以及长江经济带沿线 11 个省市媒体记者）。

8 月 22 日，淮河入江水道整治万福闸加固及万福闸、芒稻闸水文站改造工程通过单位工程验收。

8 月 23 日，江都水利枢纽土山坝涵洞应急封堵工程通过竣工验收。

9 月 12 日，省委常委、组织部长郭文奇考察江都水利枢纽。

9 月 12 日，江都水利枢纽展览馆建成投运。

9 月 13 至 14 日，管理处参加全国水利思想文化建设经验交流会并作交流发言。

9 月 29 日，水利部运行管理司阮利民司长来管理处调研。

10 月 13 日，管理处综合档案室通过省档案工作规范“五星级”复审。

10 月 18 日，水利部运行管理司李远华巡视员来管理处调研。

10 月 18 日，水利部调水司来管理处调研南水北调水量调度工作。

10 月 24 日，管理处划界确权项目顺利通过合同验收。

10 月 24 日，管理处档案室高分通过江苏省 5A 级数字档案室评估。

10 月 26 日，管理处“最甜家乡水 最美家乡河”志愿者项目获评省“保护母亲河 争当河小青”试点项目。

11 月 9 日，四站管理所党支部被江苏省委省级机关工作委员会选树为“省级机关党支部书记工作室”。

11 月 13 日，水利部总工程师刘伟平来江都水利枢纽调研南水北调东线一期工程及二期规划工作。

11 月 13 日，中国农林水利气象工会全国委员会主席蔡毅德来管理处调研基层工会工作。

11 月 14 日，2018 年全国水工闸门运行工职业技能竞赛圆满落幕，管理处选手陈宇潮、何云轩分获第一名、第四名。

11 月 15 日，维修养护中心喜获新一轮承装类（修、试）三级电力设施许可证资质证书。

11 月 30 日，管理处成功举行“引防——2018”防空袭演习。

12 月 5 日，水利部南水北调工程管理司李鹏程司长来管理处调研。

12 月 18 至 19 日，淮河入江水道整治万福闸加固及万福闸、芒稻闸水文站改造工程通过竣工验收。

12 月 20 日，管理处获全省水行政执法技能竞赛三等奖。

2019 年

1 月 9 日，管理处金超工作室获评首批“江苏工匠工作室”。

1 月 10 日，万福闸管理所党支部被命名为“省水利厅党支部书记工作室”。

2 月 15 日，省水利厅党组调整管理处主要领导，任命王冬生同志为管理处党委书记、主任；免去辛华荣同志管理处党委书记、主任职务（另有任用）。

3 月 7 日，管理处与江都区联合宣传推介“引江精神”。

3 月 20 日，江都水利枢纽工程入选国家水情教育基地名录（第三批）。

8 月 8 日，管理处完成京杭运河苏北段、淮河入江水道全程航拍任务。

8 月 23 日，管理处水利部水利工程质量检测单位甲级资质成功延续。

8 月 27 日，省水利厅党组对管理处主要领导进行调整，任命间泽杭同志为管理处主任、党委书记。

9 月 9 日，管理处荣获“2017—2018 年度扬州市文明单位”称号。

9月21日，莫桑比克ISCED教育集团外宾来管理处访问。

10月14日，管理处组织编写的《水利工程管理考核指导手册》通过审查。

11月4日，山东省委常委、宣传部部长关志鸥考察江都水利枢纽。

11月6日至9日，管理处选手王江在全国首届水工监测工职业技能竞赛中取得优异成绩（第五名）。

11月13日，江苏省委副书记任振鹤考察江都水利枢纽。

11月28日，管理处接受“省级法治文化建设示范点”授牌。

12月13日，管理处选送江苏省国庆70周年成就展展品获省委宣传部、省发改委联名感谢（“江都水利枢纽第四抽水站模型”“泵站智慧巡检机器人”）。

12月26日，管理处有六项创新成果获得水利职工创新成果奖，其中一等奖2项，三等奖1项，优秀奖3项。《大型立式同步机组不安全因素研究及解决方案》和《泵站智慧巡检系统（无线测振、机器人、大数据平台）》获水利职工创新成果一等奖，《大中型电动机冷却器水系统在线清理堵塞技术改造》获水利职工创新成果三等奖，《江都一站主机组摆度测量技术改造》《感潮水闸智能控制系统的开发与应用》和《水闸单轨道自动巡检监控系统》获水利职工创新成果优秀奖。

12月31日，2019年江都水利枢纽抽江北送、江水东引双创历史新高。江都抽水站抽水总量达75.85亿m^3，抗旱抽水北送水量超过2013年69.03亿m^3的年抽水总量，创建处以来历史新高，抗旱运行达235天；江都东、西闸实施江水东引累计安全运行329天，引水56.5亿m^3，水量超过1978年48.70亿m^3的年引水总量，创建处以来历史新高。

2020年

1月2日，管理处成功中标上海市奉贤区水闸市场化养护项目，喜迎2020年综合经营工作“开门红”。

1月6日，水利部精神文明建设指导委员会办公室对63个水利系统基层单位文明创建案例予以通报，管理处提交的“道德花开文明处　明珠光耀江淮间”文明创建案例受到水利部通报表彰。

1月6日，省委省级机关工委对2019年度党建与中心工作深度融合研究成果进行表彰，管理处报送研究课题《党建与中心工作深度融合的科学机制研究》荣获优秀成果奖。

1月14日，应急管理部副部长孙华山考察江都水利枢纽。

1月14日，江苏省文明委发布决定，命名表彰2016—2018年度江苏省文明行业和江苏省文明单位、文明校园（苏文明委〔2019〕15号），管理处顺利通过复审，再次蝉联“江苏省文明单位”称号。

2月27日，邵仙套闸智能运管系统建设方案通过专家审查。

3月11日，一站管理所党支部被江苏省委省级机关工委授予2019年度“服务高质量发展先锋行动队”标兵称号。

3 月 25 日，江苏省副省长赵世勇调研水利工作，考察江都水利枢纽工程。省政府副秘书长诸纪录、省水利厅厅长陈杰等陪同调研。

4 月 29 日，管理处启动里运河水生态监测研究项目，中科院南京地理与湖泊研究所高俊峰研究员、管理处副主任徐惠亮及项目组主要成员参加会议。

5 月 14 日，国家发改委农经司副处长苏治中、中咨公司副总经理赵国栋率队来管理现场调研南水北调东线二期工程规划。

5 月 22 日，省水利厅党组对管理处主要领导进行调整，任命夏方坤同志为管理处党委书记、主任；免去问泽杭同志管理处党委书记、主任职务。

5 月 28 日至 29 日，省生态环境厅党组成员、副厅长周富章一行来管理处调研基层党建标准化规范化建设工作。

6 月 2 日至 3 日，水利部副部长叶建春率队来管理处调研南水北调东线工程一期运行管理及二期工程前期工作情况，江苏省副省长赵世勇陪同调研。省水利厅厅长陈杰、扬州市委书记夏心旻、市长张宝娟等领导参加活动。

6 月 7 日，水利部人力资源研究院常务副院长王济干一行，来管理处开展人力资源战略规划项目调研。

6 月 10 日，省人力资源和社会保障厅、省水利厅、省应急管理厅联合发布决定，表彰全省抗旱抗台抗洪工作先进集体和先进个人，管理处获“全省抗旱抗台抗洪工作先进集体”称号，魏强林荣获“全省抗旱抗台抗洪工作先进个人”称号。

6 月 21 日，参加战“疫”英雄河湖健康行活动的来自省疾控中心、省人民医院、省中西医结合医院、南医大四附院等单位近 20 组抗疫医护人员，来到江都水利枢纽水利风景区参观。

6 月 22 日，管理处第三抽水站管理所被江苏省总工会授予“江苏省工人先锋号”称号。

6 月 23 日，管理处参加里下河地区超标洪水防御调度演练。

7 月 1 日，江苏省委副书记、省长吴政隆考察江都水利枢纽工程，检查防汛工作。

7 月 6 日，管理处职工食堂天然气管道铺设完成。

7 月 8 日，管理处妥善解决太平闸等水域历史占用问题，太平闸、金湾闸下游水域共约 53 条大小船只基本清理完毕。

7 月 10 日，新华日报社全媒体党建中心主任钟勇一行考察管理处党建工作。

8 月 5 日，管理处“服务高质量发展先锋行动队”创建工作得到省级机关工委充分肯定，第一抽水站管理所党支部先进事迹《四心合力　打造高质量“清水走廊”》入选《2019 年度省级机关“服务高质量发展先锋行动队”标兵党支部先进事迹汇编》。

8 月 17 日，水利部南水北调司、水利部发展研究中心、中央党校等单位组成联合调研组，来管理处开展南水北调精神现场考察。

8月20日，安徽滁州市委副书记朱诚考察江都水利枢纽。

9月8日，水利部节水促进中心总工任志远一行来管理处检查指导节水机关建设工作。

10月14日至16日，水利部长江委组织专家组对管理处国家级水利工程管理单位进行考核复核，管理处高分通过国家级水利工程管理单位考核复核。

10月28日，邵仙套闸智能运管系统通过验收。

11月13日下午，习近平总书记视察江都水利枢纽，了解南水北调东线工程规划建设和江都水利枢纽运行等情况。总书记来到展厅观看南水北调东线工程及江都水利枢纽专题片，结合沙盘听取南水北调东线工程建设运行情况介绍。总书记又走进第四抽水站，察看抽水泵运行。在观测平台，工作人员向总书记展示了刚刚提取的水样，介绍当地加强水源地生态保护等情况。在江都水利枢纽展览馆，总书记边走边看，详细了解水利枢纽发展建设历程和发挥调水、排涝、泄洪、通航、改善生态环境等功能情况。总书记指出，“北缺南丰”是我国水资源分布的显著特点。党和国家实施南水北调工程建设，就是要对水资源进行科学调剂，促进南北方均衡发展、可持续发展。要继续推动南水北调东线工程建设，完善规划和建设方案，确保南水北调东线工程成为优化水资源配置、保障群众饮水安全、复苏河湖生态环境、畅通南北经济循环的生命线。要把实施南水北调工程同北方地区节约用水统筹起来，坚持调水、节水两手都要硬，一方面要提高向北调水能力，另一方面北方地区要从实际出发，坚持以水定城、以水定业，节约用水，不能随意扩大用水量。习近平强调，南水北调东线工程取得的重大成就，离不开数十万建设者长期的辛勤劳动，离不开沿线40万移民的巨大奉献。要依托大型水利枢纽设施和江都水利枢纽展览馆，积极开展国情和水情教育，引导干部群众特别是青少年增强节约水资源、保护水生态的思想意识和行动自觉，加快推动生产生活方式绿色转型。

11月19日，全国人大常委会委员、宪法和法律委员会副主任徐辉带领调研组来管理处立法调研。

11月28日，“都江堰·江都站世纪工程交相辉映”共建仪式在管理处举行。

11月30日，管理处选手徐士坤、尤文成包揽第八届全国水利行业（泵站运行工）技能竞赛冠亚军。

12月4日，水利部太湖流域管理局党组成员、副局长戴甦一行，来管理处开展水利干部培训机构现场调研考察。

12月8日，中国南水北调集团有限公司总经理张宗言一行来管理处调研南水北调建设管理与后期规划情况。

12月10日，由来自巴勒斯坦、阿联酋、黎巴嫩、卡塔尔、约旦、阿曼、阿盟、也门、埃及、科摩罗、伊拉克驻华大使（公使、参赞）组成的阿拉伯国家驻华使节团来管理处考察。

12月13日至14日，省水利厅组织专家组对管理处水利工程精细化管理单位进行考核验收。

12 月 21 日，江苏省水利学会公布 2020 年度江苏省水利科技进步奖评选结果，管理处主编的《水闸监控系统检测规范》被评为一等奖。

12 月 23 日，管理处“职工书屋”被评为江苏省工会“职工书屋”示范点。

12 月 23 日，厅党组调整管理处领导班子成员，任命魏强林同志为管理处党委副书记、纪委书记，免去其管理处副主任职务；任命孟俊同志为管理处副主任；免去顾学明同志管理处纪委书记、孙泽东同志管理处副主任（挂职）职务。

12 月 28 日，水利部精神文明建设指导委员会印发《关于水利系统第六届全国文明单位和复查确认继续保留荣誉称号的全国文明单位的通报》（水精〔2020〕7 号），管理处顺利通过中央文明委复查确认，第六次蝉联“全国文明单位”荣誉称号。

12 月 29 日，在水利部开展的第三批全国水利行业首席技师选拔工作中，万福闸管理所高级技师陈宇潮作为闸门运行工优秀代表脱颖而出，成为候选人之一。

2021 年

1 月 26 日，管理处组织对 2020 年度工程维修重点项目及防汛应急项目进行集中竣工验收。

2 月 22 日，管理处微视频作品《我是一滴水》在江苏省总工会“网聚职工正能量　争做中国好网民”活动中获全省三等奖。

3 月 4 日，中国国际发展知识中心副主任王亮一行来管理处调研调水工程江苏经验。

3 月 5 日，江都水利枢纽水情教育读本编制讨论会在管理处召开，会议讨论《以水定城　以水定业——江都水利枢纽印记》编制工作。

3 月 5 日，管理处“源头·水云间”志愿服务项目荣获“江苏省十佳青年志愿服务项目”。

3 月 10 日，安徽省水利厅厅长张肖来管理处调研水利规划建设工作。

3 月 23 日，“节水中国　你我同行”推进会暨“水韵江苏——节水少年行”主题宣传活动在江都水利枢纽正式启动。

4 月 15 日，管理处获评江都区“2020 年度无偿献血工作先进单位”。

4 月 29 日，教育部发布“关于 2020 年度高等学校科学研究优秀成果奖（科学技术）奖励的决定”，由管理处联合扬州大学等单位共同完成的“大型轴流泵站高效安全关键技术及应用”项目获科学技术进步二等奖。

4 月 30 日，管理处水情教育中心正式成立。

5 月 11 日，江苏省副省长潘贤掌调研指导江都水利枢纽防汛备汛工作。

5 月 14 日，省属泵站防汛抢险队（江都）正式成立。

5 月 14 日，珠江委水文局总工沈鸿金一行到管理处调研水文监测工作。

5 月 21 日，“跟着习近平总书记的足迹学党史”第九届“新华红”思享会暨江苏党建联盟单位走进管理处。

5 月 27 日，管理处与南京信息工程大学水文与水资源工程学院签署合作协议。

6 月 16 日，全国政协副主席刘奇葆考察江都水利枢纽。

6 月 22 日，江都水利枢纽被命名为“全国爱国主义教育示范基地”。

6 月 23 日至 24 日，淮河入江水道整治万福闸加固及万福闸、芒稻闸水文站改造工程顺利通过大禹奖申报现场复核。

7 月 8 日，全国水利系统第 31 届工会主席联席会议暨“助推绿色发展　建设美丽长江”全国引领性劳动和技能竞赛总结大会在管理处召开。

9 月 16 日，管理处以“水利枢纽精细化”质量管理模式荣获中国质量奖提名奖。

10 月 14 日，中国南水北调集团董事长蒋旭光一行调研江都水利枢纽。

10 月 21 日，水利部太湖流域管理局吴文庆局长一行调研江都水利枢纽。

10 月 22 日，新华日报社党支部书记顾新东一行来管理处考察交流党建工作。

10 月 27 日，扬州市委网信办、文化广电和旅游局联合发布“向往扬州”2021 网红打卡地夏秋季榜单，管理处“银杏大道”成功入选。

10 月 29 日，新命名省级以上爱国主义教育基地负责人会议在南京召开，江都水利枢纽被正式授牌为全国爱国主义教育示范基地。

11 月 5 日，江都水利枢纽水利风景区主题曲《追梦江淮》荣获“水美中国”专题赛事提名奖。

11 月 8 日，江都水利枢纽水利风景区入围国家水利风景区高质量发展典型案例。

11 月 13 日，管理处治水展示馆建设项目正式开工。

11 月 30 日，“2021 长江经济带及黄河流域省级党报全媒体行”记者团来管理处参观采访。

11 月 30 日至 12 月 3 日，由省人社厅主办、省水利厅承办的全省机关事业单位工勤技能人才水利行业特有工种高级研修班在管理处成功举办。

12 月 2 日，党史学习教育中央第五指导组一行来管理处调研。

12 月 14 日，管理处水利科学研究所荣获“全国青年文明号”称号。

12 月 23 日，江都水利枢纽邵伯节制闸、江都西闸、江都水利枢纽（含一站、二站、三站）、芒稻闸、太平闸、邵仙洞闸、万福闸等 7 处工程入选江苏省首批省级水利遗产名录。

12 月 23 日，管理处参与修订的《泵站技术管理规程》（GB/T 30948—2021）正式发布，并于 2022 年 6 月 1 日实施，管理处是江苏省唯一参与该规程修订的水利工程管理单位。

12 月 27 日，管理处职工金超被评为“江苏大工匠”，周永健被评为“江苏工匠”。

2022 年

1 月 13 日，中国工程院副院长、南水北调后续工程专家咨询委员会主任何华武院士，副主任张建云院士，河海大学党委书记唐洪武院士等一行来到江都水利枢纽，现场调研南水北调东线有关工程规划和沿线发展情况。

1 月 17 日，管理处与南通大学全面战略合作协议签约仪式在管理处举行。管理处党委书记、主任夏方坤和南通大学副校长杨宇民分别代表双方签订产学研全面战略合作协议书。

1 月 19 日，江苏省文明委发布决定，命名表彰 2019—2021 年度江苏省文明单位，管理处顺利通过复审，再次蝉联“江苏省文明单位”称号。

3 月 30 日上午，中央第二生态环境保护督察组组长宋秀岩一行来管理处考察。

4 月 13 日，江苏省委副书记、省长许昆林来管理处调研水利工作，考察江都水利枢纽工程。

6 月 13 日下午，全国人大常委会副委员长丁仲礼考察江都水利枢纽，扬州市委书记张宝娟等陪同调研，管理处领导参加活动。

6 月 23 日，“江苏省社会主义学院教学基地”挂牌仪式在管理处举行。

6 月 27 日，江苏省副省长马欣调研水利工作，考察江都水利枢纽工程。省水利厅一级巡视员张劲松等陪同调研。

6 月 30 日，中国南水北调东线有限公司董事长、党委书记李孝振一行调研江都水利枢纽。

7 月 13 日，省水利厅来管理处组织召开干部大会，宣布管理处主要领导干部调整决定。夏方坤同志不再担任管理处党委书记、主任职务，钱邦永同志任管理处党委书记、主任，黄亚明同志任管理处纪委书记，华骏同志任管理处副主任。

管理处组织开展“源头・水云间”志愿服务项目经过组织申报、合规性审查、专家评审、社会公示等环节，荣获第六届中国青年志愿服务项目大赛水利专项赛（节水护水志愿服务类）二等奖。

7 月 28 日，水利部水利风景区建设与管理领导小组办公室联合中国农影中心，在北京举办“水美中国”首届国家水利风景区高质量发展典型案例发布会，江都水利枢纽水利风景区被授予“国家水利风景区高质量发展标杆景区”并进行了现场推介。

8 月 10 日，江都水利枢纽通讯铁塔维修项目顺利完工。该通讯铁塔高 90 米，建于 20 世纪 90 年代，因年久失修存在塔身锈蚀、螺栓松动缺失、塔体构件高空脱落等严重安全隐患。通过此次维修加固，不仅消除了安全隐患，又同步实施了亮化工作，实现了项目预期效果。

8 月 14 日，万福闸下游出现历史同期最低潮 0.88 m。据统计，自 1961 年万福闸水文站设立以来，8 月出现的最低潮位为 1971 年的 1.14 m，1961 年至 2021 年间 8 月低潮平均值为 2.49 m，而 2022 年 8 月 14 日出现的低潮 0.88 m 比历史同期最低值低 0.26 m，不足同期低潮平均值的四成。

9 月 7 日，管理处申报的“江都水利枢纽数字泵站”项目成功入选 2022 数字江苏建设优秀实践成果，这是江苏省水利系统唯一入选成果。

9 月 16 日下午，扬州市举办 2022 年“全国科普日”暨中国流动科技馆江苏换展项目扬州・邗江站启动仪式。启动仪式上，管理处副主任王雪芳代表江都水利枢纽接受“2022 年度江苏省科普教育基地”荣誉授牌。

9 月 28 日，管理处联合扬州市公安局江都分局特警大队开展 2022 年度防恐防暴演练，进一步做好水利反恐怖工作，提高管理处反恐怖袭击事件应急处置能力。

10 月 1 日，中国新闻社推出系列直播“江河奔腾看中国”节目，中国新闻社、中国新闻网直播团队于当天 13：00 走进江都水利枢纽，带领百万网友“云游”南水北调东线工程源头，近距离参观全国规模最大的电力排灌工程、亚洲最大的泵站枢纽。

10 月 9 日，省人大常委会副主任、党组副书记王燕文来管理处调研水利工作，考察南水北调东线及江都水利枢纽工程。

11 月，在全国水利职工创新及教育理论成果遴选活动中，管理处 10 项成果获奖，包括水利职工创新成果一等奖 1 项、二等奖 3 项、三等奖 3 项、优秀奖 2 项，教育理论研究成果一等奖 1 项，管理处被授予“优秀组织奖”，是江苏省获奖数量最多的水利工程管理单位。

11 月 2 日下午，江苏省委常委、省纪委书记、省监委主任王常松来管理处考察调研。

11 月 7 日下午，管理处“大师工作室”开工仪式在技能鉴定站举行。“大师工作室”将充分发挥技能大师的示范、引领和辐射作用，为高质量推进江都水利枢纽现代化建设注入新动能、激发新活力。

11 月 13 日，新时代江苏治水展示馆正式开放。展馆的建成，为管理处国情水情教育又添亮丽新名片。

11 月 13 日，在习近平总书记视察江都水利枢纽两周年之际，江苏水利系统在江都水利枢纽开展“牢记嘱托建新功”活动。

12 月 2 日，由共青团中央、中央文明办、民政部、水利部、文化和旅游部、国家卫生健康委员会、中国残疾人联合会等联合举办的第六届中国青年志愿服务项目大赛获奖名单公布，管理处“源头・水云间”志愿服务项目经层层遴选，通过大赛终评，荣获全国银奖。

12 月 15 日，水利部水利风景区建设与管理领导小组办公室公布《红色基因水利风景区名录》，江都水利枢纽水利风景区成功入选“国家级红色基因水利风景区”。

附录二　江都水利枢纽工程运行情况统计资料

表 1　江都抽水站历年抽水量统计表

单位：亿 m^3

年份	抽水总量	抽引江水	抽排涝水		
			涝水总量	涝水入江	涝水北送
1963	0. 995	0	0. 995	0. 995	0
1964	1. 643	0	1. 643	1. 643	0
1965	12. 121	2. 453	9. 668	9. 668	0
1966	20. 02	20. 02	0	0	0
1967	17. 71	17. 71	0	0	0
1968	8. 116	8. 116	0	0	0
1969	5. 562	0	5. 562	5. 562	0
1970	10. 264	1. 208	9. 056	9. 056	0
1971	8. 497	6. 191	2. 306	2. 306	0
1972	11. 621	7. 012	4. 609	4. 609	0
1973	10. 635	10. 14	0. 495	0. 066	0. 429
1974	15. 03	10. 8	4. 23	2. 281	1. 949
1975	3. 11	2. 00	1. 11	0. 824	0. 286
1976	28. 0	28. 0	0	0	0
1977	31. 80	28. 57	3. 23	0. 81	2. 42
1978	62. 8	62. 8	0	0	0
1979	56. 27	47. 67	8. 60	4. 57	4. 03
1980	27. 6	5. 30	22. 3	22. 3	0
1981	36. 48	29. 5	6. 98	3. 582	3. 398
1982	43. 65	35. 1	8. 55	7. 752	0. 798
1983	29. 66	20. 5	9. 16	6. 39	2. 770
1984	36. 2	26. 2	10. 0	9. 145	0. 855
1985	15. 33	5. 13	10. 2	7. 85	2. 350
1986	48. 8	31. 6	17. 2	9. 005	8. 195
1987	21. 68	2. 08	19. 6	18. 59	1. 010

续表

年份	抽水总量	抽引江水	抽排涝水		
			涝水总量	涝水入江	涝水北送
1988	51.76	44.2	7.56	1.48	6.080
1989	38.09	26.67	11.419	7.249	4.170
1990	27.17	16.57	10.6	0.934	9.666
1991	44.03	16.78	27.25	23.103	4.147
1992	57.069	50.59	6.479	2.161	4.318
1993	33.77	18.01	15.76	11.346	4.414
1994	57.343	55.96	1.383	0	1.383
1995	68.222	66.61	1.612	0.092	1.520
1996	49.12	37.82	11.3	8.512	2.788
1997	45.74	41.27	4.47	3.069	1.401
1998	11.699	4.803	6.896	6.896	0
1999	65.84	60.56	5.28	0.98	4.300
2000	38.676	35.86	2.816	0.943	1.873
2001	68.45	66.52	1.930	0.489	1.441
2002	49.583	45.91	3.673	2.173	1.500
2003	16.627	3.327	13.300	13.30	0
2004	27.700	27.700	0	0	0
2005	28.010	17.040	10.97	10.97	0
2006	26.789	18.0	8.789	8.789	0
2007	28.03	17.26	10.77	10.77	0
2008	6.419	1.446	4.973	4.973	0
2009	41.450	33.130	8.320	8.320	0
2010	19.056	13.49	5.566	5.566	0
2011	64.590	52.91	11.68	11.68	0
2012	37.835	31.57	6.265	6.265	0
2013	69.03	69.03	0	0	0
2014	41.73	39.25	2.48	2.48	0
2015	48.22	29.58	18.64	18.64	0
2016	42.71	29.11	13.60	13.60	0
2017	27.14	23.34	3.80	3.80	0

续表

年份	抽水总量	抽引江水	抽排涝水		
			涝水总量	涝水入江	涝水北送
2018	18. 92	16. 53	2. 39	2. 39	0
2019	75. 85	75. 85	0	0	0
2020	38. 26	35. 23	3. 03	3. 03	0
2021	8. 16	1. 70	6. 464	6. 464	0
2022	66. 13	66. 13	0	0	0
合计	2002. 66	1 597. 82	404. 84	327. 35	77. 49

表 2　江都抽水站各站历年抽水量统计表

单位：亿 m^3

年份	抽引江水					抽排涝水				
	一站	二站	三站	四站	合计	一站	二站	三站	四站	合计
1963	0				0	0. 995				0. 995
1964	0				0	1. 643				1. 643
1965	1. 258	1. 195			2. 453	4. 902	4. 766			9. 668
1966	8. 775	11. 245			20. 02	0	0			0
1967	9. 026	8. 684			17. 71	0	0			0
1968	3. 977	4. 139			8. 116	0	0			0
1969	0	0	0		0	2. 070	2. 087	1. 405		5. 562
1970	0. 337	0. 265	0. 606		1. 208	1. 152	2. 633	5. 271		9. 056
1971	0. 762	0. 759	4. 670		6. 191	0. 592	0. 614	1. 101		2. 306
1972	2. 253	1. 552	3. 207		7. 012	1. 067	1. 120	2. 423		4. 609
1973	1. 661	0. 630	7. 849		10. 14	0	0. 159	0. 336		0. 495
1974	2. 355	2. 311	6. 134		10. 8	0. 817	1. 115	2. 298		4. 23
1975	0. 325	0. 017	1. 658		2. 00	0. 374	0	0. 736		1. 11
1976	4. 969	7. 131	15. 899		28. 0	0	0	0		0
1977	6. 996	5. 551	10. 963	5. 060	28. 57	0. 842	0. 693	0. 102	1. 594	3. 23
1978	7. 686	7. 688	16. 729	30. 697	62. 8	0	0	0	0	0
1979	6. 360	5. 405	9. 947	25. 958	47. 67	1. 327	1. 265	3. 130	2. 878	8. 6
1980	0	0. 093	2. 708	2. 499	5. 30	2. 219	2. 517	7. 224	10. 340	22. 3
1981	4. 944	5. 643	7. 855	11. 059	29. 5	1. 161	0. 315	1. 820	3. 684	6. 98
1982	6. 338	4. 453	8. 096	16. 213	35. 1	1. 100	1. 370	2. 620	3. 459	8. 55

续表

年份	抽引江水					抽排涝水				
	一站	二站	三站	四站	合计	一站	二站	三站	四站	合计
1983	2. 250	2. 809	6. 008	9. 434	20. 5	0. 985	0. 971	2. 230	4. 974	9. 16
1984	4. 511	3. 282	9. 300	9. 106	26. 2	1. 017	1. 231	1. 307	6. 445	10
1985	1. 647	1. 480	0	2. 002	5. 13	1. 620	2. 042	0	6. 538	10. 2
1986	4. 013	4. 867	7. 494	15. 225	31. 6	2. 862	2. 263	4. 724	7. 350	17. 2
1987	0. 480	0. 043	0	1. 557	2. 08	3. 100	3. 095	4. 458	8. 946	19. 6
1988	5. 746	6. 366	10. 442	21. 646	44. 2	1. 170	1. 136	1. 733	3. 522	7. 56
1989	2. 793	2. 053	5. 006	16. 818	26. 67	1. 629	1. 548	1. 190	7. 053	11. 42
1990	2. 959	2. 886	3. 958	6. 767	16. 57	0. 911	1. 456	2. 638	5. 595	10. 6
1991	3. 018	3. 836	2. 936	6. 991	16. 78	3. 855	3. 882	7. 884	11. 628	27. 25
1992	7. 830	8. 675	13. 568	20. 516	50. 59	0. 835	0. 881	1. 767	2. 997	6. 479
1993	3. 285	4. 445	3. 977	6. 303	18. 01	2. 828	2. 678	4. 068	6. 186	15. 76
1994	8. 171	8. 550	15. 324	23. 915	55. 96	0. 374	0. 375	0. 623	0. 011	1. 383
1995	1. 352	15. 162	19. 552	30. 544	66. 61	0. 157	0. 836	0. 270	0. 350	1. 612
1996	1. 144	9. 027	8. 478	19. 171	37. 82	1. 270	1. 854	2. 798	5. 379	11. 3
1997	7. 476	5. 386	6. 685	21. 723	41. 27	0. 667	0. 851	0. 901	2. 051	4. 47
1998	1. 640	0. 039	2. 006	1. 118	4. 803	1. 210	0. 904	2. 652	2. 130	6. 896
1999	11. 991	6. 286	21. 870	20. 413	60. 56	0. 853	0. 697	1. 894	1. 836	5. 28
2000	7. 301	3. 677	12. 791	12. 091	35. 86	0. 308	0. 345	0. 993	1. 170	2. 816
2001	11. 900	11. 730	16. 660	26. 230	66. 52	0. 374	0. 504	0. 576	0. 476	1. 930
2002	10. 80	8. 086	10. 76	16. 26	45. 91	0. 902 4	0. 869 4	0. 890 0	1. 011	3. 673
2003	0. 823 4	0. 568 8	0	1. 934	3. 327	2. 172 7	1. 834 1	3. 030	6. 264	13. 30
2004	2. 626	5. 08	7. 36	12. 62	27. 7	0	0	0	0	0
2005	2. 272	1. 406	2. 994	10. 36	17. 04	1. 472	1. 68	2. 996	4. 797	10. 97
2006	3. 998	3. 713	2. 987	7. 299	18. 00	1. 507	1. 410	2. 167	3. 702	8. 789
2007	2. 617	2. 649	3. 595	8. 405	17. 26	1. 896	1. 925	2. 531	4. 417	10. 77
2008	0. 238 0	0. 083 5	0. 149 7	0. 974 7	1. 446	0. 848 1	0. 867 2	1. 200	2. 053	4. 933
2009	7. 852	8. 097	8. 702	8. 473	33. 13	1. 071	1. 088	2. 163	3. 998	8. 32
2010	0. 732 5	1. 322	3. 641	7. 792	13. 49	1. 319	0. 841 9	1. 470	1. 932	5. 566
2011	8. 187	8. 421	14. 09	22. 21	52. 91	1. 228	1. 396	3. 378	5. 679	11. 68
2012	3. 209	2. 605	8. 041	17. 71	31. 57	0. 886 7	0. 865 2	1. 561	2. 953	6. 265

续表

年份	抽引江水					抽排涝水				
	一站	二站	三站	四站	合计	一站	二站	三站	四站	合计
2013	9. 123	8. 403	14. 940	36. 560	69. 026	0	0	0	0	0
2014	7. 399	5. 345	8. 884	17. 620	39. 248	0. 367	0. 358	0. 633	1. 122	2. 481
2015	3. 410	3. 577	6. 060	16. 530	29. 577	2. 740	2. 697	5. 019	8. 183	18. 639
2016	4. 222	4. 252	90 959	10. 680	29. 113	2. 104	2. 243	3. 281	5. 965	13. 593
2017	3. 356	2. 684	5. 567	11. 640	23. 247	0. 672	0. 602	1. 032	1. 492	3. 798
2018	1. 495	1. 782	4. 821	8. 430	16. 528	0. 357	0. 375	0. 581	1. 076	2. 389
2019	11. 27	10. 570	18. 170	35. 840	75. 850	0	0	0	0	0
2020	5. 038	6. 145	12. 01	12. 04	35. 23	0. 535 9	0. 535 8	0. 677 7	1. 275	3. 025
2021	0	0	1. 698	0	1. 698	0. 926 7	0. 947 9	1. 529	3. 063	6. 464
2022	9. 097	9. 747	18. 06	29. 23	66. 13	0	0	0	0	0. 00
总计	256. 2	260. 9	424. 9	655. 8	1 597. 82	68. 4	67. 6	105. 5	163. 3	404. 84

表 3 江都三站历年发电量统计表

年份	发电量(万 kW · h)	发电用水量 (亿 m^3)	年份	发电量(万 kW · h)	发电用水量 (亿 m^3)
1969	220. 5		1997	0	0
1970	247. 3	3. 028	1998	24. 5	0. 513
1971	154. 7	3. 544	1999	0	0
1972	111. 5	2. 990	2000	409. 0	7. 376
1973	0	0	2001	329. 4	6. 450
1974	122. 8	3. 31	2002	0	0
1975	231. 7	3. 90	2003	987. 4	15. 03
1976	30. 2	0. 497	2004	338. 8	5. 547
1977	0	0	2005	366. 7	6. 126
1978	0	0	2006	529. 0	8. 773
1979	57. 3	1. 81	2007	191. 7	2. 831
1980	179. 7	3. 08	2008	0	0
1981	84. 2	1. 46	2009	92. 0	1. 219
1982	7. 9	0. 113	2010	473. 0	6. 751
1983	196. 7	3. 69	2011	404. 2	6. 469
1984	0	0	2012	227. 3	3. 219

续表

年份	发电量(万 kW·h)	发电用水量（亿 m^3）	年份	发电量(万 kW·h)	发电用水量（亿 m^3）
1985	389.7	7.73	2013	36.000	0.452
1986	264.5	4.09	2014	170.000	2.166
1987	709.6	10.9	2015	0	0
1988	341.1	5.08	2016	294.000	3.615
1989	446.2	7.012	2017	484.000	7.320
1990	386.3	6.772	2018	111.000	1.595
1991	119.8	2.729	2019	0	0
1992	38.0	0.771	2020	0	0
1993	272.5	4.085	2021	164.7	2.153
1994	0	0	2022	0	0
1995	0	0	合计	10 346.2	166.45
1996	105.1	1.914			

表 4　江都抽水站历年发无功电统计表

单位：万 kvar·h

年份	代发无功电	专发无功电	年代	代发无功电	专发无功电
1964	15.0	0	1974	2 700.4	110.2
1965	346.4	0	1975	556.7	838.6
1966	1 539.9	0	1976	848.7	223.4
1967	1 433.1	0	1977	2 798.6	0
1968	920.2	0	1978	7 327.1	523.5
1969	625.4	235.4	1979	6 872.4	0
1970	1 002.2	422.3	1980	4 015.3	2 697.2
1971	1 116.4	446.2	1981	5 375.1	0
1972	2 433.3	824.6	1982	5 596.0	0
1973	1 520.7	334.3	合计	47 042.9	6 655.7

注：1982 年以后，随着电网供电质量的提高，供电部门已不再有发无功电的要求。

表 5 江都抽水站历年运行时间汇总表

站别		统计年限		总运行时间（h）	平均每台运行时间（h/台）	平均每台年运行时间（h/台·年）	运行时间最长的机组	
		年数（年）	起迄年份				机组号	时间（h）
一站		改前 33	1963—1995	577 607. 9	72 201. 0	2 187. 9	6 号	141997. 4
		改后 27	1996—2022	517 605. 1	64 700. 6	2 396. 3		
		合计 60	1963—2022	1 095 213. 0	136 901. 6	2 281. 7		
二站		改前 34	1965—1998	686 384. 6	85 798. 1	2 523. 5	6 号	143 375. 5
		改后 24	1999—2022	413 632. 2	51 704. 0	2 154. 3		
		合计 58	1965—2022	1 100 016. 8	137 502. 1	2 370. 7		
三站	抽水	改前 38	1969—2006	785 495. 9	78 549. 6	2 067. 1	7 号	123 944. 9
		改后 16	2007—2022	370 617. 8	37 061. 8	2 316. 4		
		合计 54	1969—2022	1 156 113. 7	115 611. 4	2 141. 0		
	发电	改前 38	1969—2006	359 798. 1	35 979. 8	946. 8	2 号	49 868. 1
		改后 16	2007—2022	100 843. 0	10 084. 3	630. 3		
		合计 54	1969—2022	460 641. 1	46 064. 1	853. 0		
四站		改前 33	1977—2009	539 022. 4	77 003. 2	2 333. 4	6 号	114 891. 7
		改后 13	2010—2022	235 030. 2	33 575. 7	2 582. 7		
		合计 46	1997—2022	774 052. 6	110 578. 9	2 403. 9		

注：统计年限栏内“改前”为更新改造前、“改后”为更新改造后。

表 6 江都一站各机组历年运行时间统计表

单位：h

年份	机号								合计
	1 号机	2 号机	3 号机	4 号机	5 号机	6 号机	7 号机	8 号机	
1963	400. 5	399. 0	426. 0	357. 0	414. 0	426. 0	401. 0	387. 0	3 210. 5
1964	364. 0	331. 0	575. 0	574. 0	559. 0	483. 0	563. 0	574. 0	4 023. 0
1965	2 437. 5	2 454. 0	2 451. 5	2 436. 5	2 444. 0	2 387. 0	2 443. 5	2 430. 0	19 484. 0
1966	1 905. 0	4 857. 5	4 821. 0	4 802. 0	3 228. 0	3 225. 0	4 227. 5	4 351. 5	31 417. 5
1967	3 185. 0	4 174. 0	3 831. 0	3 731. 0	3 018. 0	3 200. 0	4 078. 0	4 018. 0	29 235. 0
1968	1 410. 0	1 635. 0	1 551. 0	1 695. 0	1 667. 0	1 707. 0	1 518. 0	1 701. 0	12 884. 0
1969	794. 0	794. 0	794. 0	778. 0	794. 0	794. 0	794. 0	779. 0	6 321. 0
1970	528. 0	528. 0	528. 0	452. 0	528. 0	528. 0	510. 0	264. 0	3 866. 0
1971	529. 0	529. 0	529. 0	529. 0	524. 0	524. 0	524. 0	524. 0	4 212. 0
1972	2 139. 0	2 142. 0	2 145. 0	2 135. 0	2 132. 0	2 120. 0	1998. 0	2 134. 0	16 945. 0

续表

年份	机号								合计
	1 号机	2 号机	3 号机	4 号机	5 号机	6 号机	7 号机	8 号机	
1973	770.5	866.0	852.0	863.5	857.5	865.5	862.5	865.0	6 802.5
1974	1 473.5	1 275.0	1 233.0	1 461.5	1 463.0	1 387.5	1 230.0	1 319.0	10 842.5
1975	1 247.9	784.5	1 097.2	1 003.2	1 314.9	1 336.1	1 247.1	1 336.0	9 366.9
1976	1 576.5	2 426.0	2 571.0	2 563.0	2 379.5	2 564.0	2 293.5	2 543.0	18 916.5
1977	3 206.0	3 392.0	3 421.5	3 488.0	3 450.5	3 523.0	3 310.5	3 320.0	27 111.5
1978	3 504.2	3 829.1	3 435.2	3 697.8	3 743.1	3 930.7	1 792.7	3 650.1	27 582.9
1979	3 659.5	3 164.0	3 707.0	3 738.5	3 705.5	3 648.5	3 021.5	3 030.0	27 674.5
1980	2 886.0	2 886.0	2 868.0	2 874.0	2 880.0	2 878.0	2 886.0	2 884.0	23 042.0
1981	2 788.0	2 774.0	2 798.0	2 798.0	2 784.0	2 692.0	2 796.0	2 748.0	22 178.0
1982	3 408.0	3 106.0	3 116.0	3 310.0	3 230.0	3 578.0	3 742.0	3 236.0	26 726.0
1983	1 415.0	1 415.0	1 366.0	1 384.0	1 415.0	1 415.0	1 415.0	1 414.0	11 239.0
1984	2 485.0	2 485.0	2 485.0	2 485.0	2 482.0	2 485.0	2 485.0	2 480.0	19 872.0
1985	1 514.0	1 630.0	336.0	1 630.0	1 206.0	1 509.5	1 606.5	1 587.0	11 019.0
1986	3 286.0	3 206.0	3 236.0	2 920.0	3 286.0	3 294.0	3 066.0	3 256.0	25 550.0
1987	1 688.5	1 664.5	1 545.0	1 652.5	1 586.0	1 688.0	1 650.0	1 585.0	13 059.5
1988	3 112.5	3 178.5	2 860.5	3 052.5	2 796.9	3 171.5	2 892.5	3 265.0	24 329.9
1989	2 138.0	2 082.0	1 910.0	858.0	1954.0	2006.0	2 140.0	2014.0	15 102.0
1990	1 753.5	1 866.0	1 526.0	1 197.0	1 584.0	1 860.0	1 876.0	1 374.0	13 036.5
1991	3 032.5	3 014.5	3 037.5	2 938.0	3 009.5	2 804.0	3 052.5	2 224.0	23 112.5
1992	3 699.5	3 747.5	3 767.5	3 765.5	3 769.5	3 715.5	3 369.5	3 764.2	29 598.7
1993	2 289.0	2 626.0	2 661.0	2 778.5	2 778.5	2 724.5	2 784.5	2 711.5	21 353.5
1994	3 648.5	3 762.5	3 435.5	3 675.5	3 390.5	3 810.5	3 745.5	3 634.5	29 103.0
1995	**2 079.0**	**1 767.5**	**1 596.0**	**1 267.0**	**1 432.0**	**1 558.5**	**1 768.5**	**1 769.0**	13 237.5
1996	**1 256.5**	**1 262.5**	**1 265.5**	**1 217.0**	**1 199.0**	**1 247.7**	0	0	7 448.2
1997	**2 696.0**	**2 841.5**	**2 962.0**	**2 942.8**	**3 306.3**	**3 201.8**	**2 739.8**	**2 551.3**	23 241.5
1998	**1 114.0**	**1 184.0**	**1 188.0**	**1 271.0**	**1 240.0**	**1 164.0**	**1 114.0**	**1 108.0**	9 383.0
1999	**3 936.5**	**4 660.0**	**5 209.5**	**5 362.0**	**5 255.5**	**5 034.0**	**4 637.5**	**3 806.0**	37 901.0
2000	**2 214.0**	**2 374.5**	**3 255.5**	**3 060.5**	**3 035.5**	**3 231.5**	**2 932.5**	**2 893.5**	22 997.5
2001	**2 947.0**	**4 870.5**	**5 337.5**	**3 888.0**	**5 241.0**	**5 387.5**	**5 134.5**	**4 879.0**	37 685.0
2002	**4 495.0**	**4 748.0**	**4 822.0**	**4 170.0**	**4 760.0**	**4 818.0**	**4 778.0**	**4 438.0**	37 029.0

续表

年份	机号								合计
	1 号机	2 号机	3 号机	4 号机	5 号机	6 号机	7 号机	8 号机	
2003	**1 192. 0**	**1 119. 0**	**1 192. 0**	**1 082. 0**	**1 224. 0**	**1 216. 0**	**1 192. 0**	**974. 0**	9 191. 0
2004	**736. 0**	**936. 0**	**1 246. 0**	**1 242. 0**	**1 196. 0**	**1 022. 0**	**1 100. 0**	**634. 0**	8 112. 0
2005	**1 085. 1**	**1 362. 9**	**1 668. 6**	**1 756. 8**	**1 711. 4**	**1 555. 8**	**1 565. 7**	**1 117. 7**	11 824. 0
2006	**1968. 1**	**2 152. 5**	**2 181. 5**	**2 215. 7**	**2 310. 3**	**2 216. 7**	**2 156. 4**	**1 941. 6**	17 142. 8
2007	**1 613. 5**	**1 707. 0**	**1 717. 0**	**1 717. 0**	**1 721. 5**	**1 755. 5**	**1 707. 0**	**1 641. 5**	13 580. 0
2008	**386. 6**	**390. 4**	**388. 0**	**383. 1**	**383. 1**	**390. 1**	**380. 8**	**386. 8**	3 088. 9
2009	**2 296. 6**	**3 171. 7**	**3 409. 0**	**2 884. 5**	**3 126. 5**	**3 374. 9**	**3 047. 6**	**2 287. 7**	23 598. 3
2010	**774. 0**	**777. 0**	**777. 0**	**657. 0**	**658. 5**	**731. 5**	**777. 0**	**664. 0**	5 816. 0
2011	**3 168. 3**	**4 195. 8**	**3 610. 8**	**4 130. 8**	**4 151. 8**	**3 993. 3**	**4 052. 8**	**3 321. 0**	30 624. 6
2012	**1 405. 0**	**1 342. 5**	**1 710. 0**	**1 540. 5**	**1 492. 5**	**1 620. 0**	**1 705. 0**	**1 260. 0**	12 075. 5
2013	**3 475. 8**	**4 013. 7**	**3 688. 8**	**3 676. 1**	**3 907. 8**	**3 694. 8**	**4 125. 5**	**2 697. 2**	29 279. 7
2014	**2 883. 9**	**3 476. 8**	**3 460. 3**	**3 285. 1**	**3 502. 3**	**3 152. 6**	**3 139. 6**	**2 430. 7**	25 331. 3
2015	**2 576. 5**	**2 256. 5**	**2 329. 0**	**2 285. 5**	**2 041. 5**	**2 440. 5**	**2 505. 5**	**2 597. 0**	19 032. 0
2016	**2 259. 8**	**2 937. 8**	**2 819. 5**	**2 554. 3**	**2 440. 5**	**2 617. 5**	**2 616. 5**	**2 273. 8**	20 519. 5
2017	**1 496. 0**	**1 524. 8**	**1 183. 5**	**1 817. 5**	**1 184. 3**	**1 816. 8**	**1 766. 1**	**1 448. 0**	12 236. 9
2018	**483. 3**	**649. 0**	**801. 0**	**1 040. 3**	**726. 0**	**1 040. 5**	**963. 0**	**482. 8**	6 185. 8
2019	**4 266. 7**	**4 920. 1**	**4 621. 0**	**5 028. 2**	**4 692. 3**	**4 327. 8**	**4 777. 2**	**4 513. 5**	37 146. 6
2020	**2 310. 5**	**2 293. 2**	**2 183. 3**	**2 371. 5**	**2 303. 9**	**2 295. 1**	**2 251. 8**	**2 165. 1**	18 174. 4
2021	**383. 4**	**388. 9**	**388. 5**	**373. 9**	**376. 4**	**390. 2**	**383. 4**	**388. 5**	3 073. 11
2022	**4 224. 6**	**3 960. 7**	**4 089. 3**	**4 229. 2**	**4 462. 3**	**4 422. 2**	**4 480. 7**	**2 191. 4**	32 060. 2
改造前	68 274. 1	73 023. 6	72 512. 4	72 890. 5	71 805. 9	73 839. 3	72 090. 3	73 171. 8	577 607. 9
改造后	59 720. 5	67 286. 6	67 501. 9	66 178. 2	67 650. 0	68 158. 1	66 017. 9	55 091. 9	517 605. 1
总　计	127 994. 6	140 310. 2	140 014. 3	139 068. 7	139 455. 9	141997. 4	138 108. 2	128 263. 7	1 095 213. 0

注：加黑数字为改造后的运行时间。

表 7　江都二站各机组历年运行时间统计表

单位：h

年份	机号								合计
	1 号机	2 号机	3 号机	4 号机	5 号机	6 号机	7 号机	8 号机	
1965	2 367. 3	2 441. 3	2 430. 3	2 343. 1	2 404. 3	2 265. 0	2 309. 5	2 295. 7	18 856. 5
1966	4 484. 3	4 738. 3	3 182. 3	4 694. 3	3 379. 4	4 630. 4	3 186. 8	4 560. 4	32 856. 2

续表

年份	机号								合计
	1 号机	2 号机	3 号机	4 号机	5 号机	6 号机	7 号机	8 号机	
1967	4 183. 9	3 943. 9	2 449. 9	4 316. 7	3 024. 9	3 203. 5	2 896. 5	4 107. 7	28 127. 0
1968	1 694. 0	1 690. 1	1 693. 0	1 691. 6	1 692. 9	1 693. 1	1 648. 3	1 605. 9	13 408. 9
1969	1 348. 3	1 435. 1	1 427. 0	1 420. 8	1 435. 1	1 402. 8	1 337. 7	788. 1	10 594. 9
1970	1970. 6	1 353. 3	1 936. 0	1 895. 2	1 933. 3	1959. 5	1981. 6	1 558. 2	14 587. 7
1971	1 554. 9	1 559. 7	1 523. 0	1 567. 9	1 567. 6	1 567. 4	1 567. 6	1 555. 4	12 463. 5
1972	1 789. 9	1 889. 0	1 902. 0	1 897. 0	1 893. 9	1 883. 4	1 894. 7	1 894. 7	15 044. 6
1973	889. 2	887. 3	890. 8	735. 6	890. 8	890. 8	890. 8	890. 8	6 966. 1
1974	1 625. 4	1 571. 8	1 749. 5	1 828. 8	1 639. 8	1 802. 4	1 375. 0	1 338. 3	12 931. 0
1975	1 321. 7	1 339. 2	1 342. 9	64. 0	1 121. 5	1 354. 0	1 318. 5	1 285. 7	9 147. 5
1976	3 071. 5	2 888. 9	3 021. 9	2 679. 5	3 000. 3	3 136. 5	3 137. 7	2 872. 7	23 809. 0
1977	1 393. 1	2 789. 1	2 746. 2	2 981. 9	2 739. 5	3 083. 8	3 080. 1	2 782. 7	21 596. 4
1978	1 236. 7	4 303. 4	4 179. 5	3 894. 3	4 239. 1	4 514. 3	4 224. 3	4 443. 4	31 035. 0
1979	3 155. 9	2 796. 4	3 116. 2	2 998. 1	2 606. 4	3 154. 1	3 027. 3	3 150. 2	24 004. 6
1980	3 129. 3	3 127. 1	3 133. 4	3 123. 3	3 132. 0	3 132. 0	3 127. 6	3 127. 7	25 032. 4
1981	2 764. 7	2 740. 7	2 754. 7	2 746. 7	2 754. 7	2 754. 7	2 636. 7	2 764. 7	21 917. 6
1982	2 329. 0	2 758. 0	2 738. 0	2 306. 0	2 760. 0	2 653. 0	2 715. 0	2 657. 0	20 916. 0
1983	1 647. 2	1 652. 2	1 610. 2	1 637. 1	1 651. 5	1 651. 4	1 651. 3	1 651. 3	13 152. 2
1984	2008. 0	2008. 0	2008. 3	2008. 3	2008. 3	2008. 3	2009. 0	2009. 0	16 067. 2
1985	1 208. 7	1 563. 0	1 628. 0	1 594. 8	1 635. 1	1 625. 9	1 434. 1	1 107. 8	11 797. 4
1986	3 122. 2	3 354. 5	3 357. 0	3 366. 2	2 853. 1	3 355. 3	3 356. 1	3 358. 1	26 122. 5
1987	1 454. 3	1 501. 0	1 434. 5	1 454. 2	1 490. 6	1 497. 4	1 483. 5	1 286. 8	11 602. 3
1988	3 389. 5	3 255. 7	3 151. 5	3 450. 2	3 374. 2	3 373. 9	3 493. 8	2 868. 5	26 357. 3
1989	1 344. 0	318. 6	1 207. 4	1 874. 0	1 924. 8	1 871. 5	1 915. 8	1 812. 7	12 268. 8
1990	1 548. 1	2 075. 2	2 088. 6	1 650. 1	1 895. 1	1 636. 5	1 881. 8	1 909. 2	14 684. 6
1991	3 057. 4	3 175. 3	3 225. 0	3 346. 5	3 345. 5	3 354. 1	3 171. 9	3 176. 3	25 852. 0
1992	3 928. 4	3 830. 3	3 825. 1	4 274. 1	4 272. 2	4 105. 2	4 168. 9	4 219. 3	32 623. 5
1993	2 604. 9	2 724. 0	2 924. 1	2 867. 2	2 923. 9	2 956. 0	3 105. 1	2 891. 6	22 996. 8
1994	3 164. 4	3 931. 9	3 927. 7	4 038. 3	4 123. 7	3 456. 3	3 782. 3	3 972. 5	30 397. 1
1995	5 535. 6	5 121. 3	4 541. 4	5 450. 3	5 492. 8	4 678. 6	5 206. 5	5 217. 7	41 244. 2
1996	4 400. 7	4 499. 0	4 611. 7	5 121. 8	4 805. 3	4 724. 8	4 312. 4	4 207. 9	36 683. 6

续表

年份	机号								合计
	1 号机	2 号机	3 号机	4 号机	5 号机	6 号机	7 号机	8 号机	
1997	2 785. 3	2 768. 7	2 771. 6	2 773. 8	1 707. 9	2 718. 2	2 480. 9	2 073. 8	20 080. 2
1998	290. 0	290. 0	290. 0	290. 0	**380. 5**	**258. 4**	**316. 3**	**308. 2**	2 423. 4
1999	**2 058. 2**	**2 344. 1**	**2 791. 4**	**2 705. 5**	**2 868. 5**	**2 908. 6**	**2 659. 0**	**2 648. 6**	20 983. 9
2000	**1 551. 1**	**1 508. 0**	**1 542. 5**	**1 488. 7**	**1 548. 4**	**1 495. 4**	**1 563. 8**	**1 558. 2**	12 256. 1
2001	**4 753. 2**	**3 661. 3**	**4 792. 0**	**5 181. 9**	**5 213. 0**	**4 813. 5**	**4 583. 4**	**4 340. 3**	37 338. 6
2002	**2 390. 0**	**2 531. 0**	**3 313. 0**	**3 366. 0**	**3 191. 0**	**3 171. 0**	**2 691. 0**	**2 641. 0**	23 294. 0
2003	**896. 5**	**919. 8**	**919. 8**	**919. 8**	**896. 5**	**919. 8**	**896. 5**	**896. 5**	7 265. 2
2004	**1 698. 8**	**1 359. 4**	**1 712. 9**	**1 862. 3**	**1 862. 3**	**1 816. 2**	**1 062. 1**	**1 578. 8**	12 952. 8
2005	**1 274. 6**	**1 307. 3**	**1 287. 5**	**1 307. 6**	**1 340. 9**	**1 336. 2**	**1 198. 1**	**1 199. 6**	10 251. 8
2006	**2 031. 0**	**1 689. 5**	**2 287. 6**	**2 287. 8**	**2 098. 2**	**2 281. 8**	**2 114. 2**	**1 484. 2**	16 274. 3
2007	**1 404. 7**	**1 443. 5**	**1 519. 0**	**1 524. 5**	**1 536. 1**	**1 521. 8**	**1 483. 7**	**1 467. 8**	11 901. 1
2008	**373. 4**	**373. 4**	**317. 2**	**370. 4**	**373. 5**	**375. 6**	**318. 9**	**277. 8**	2 780. 2
2009	**2 742. 4**	**3 675. 3**	**3 924. 1**	**3 953. 1**	**3 853. 5**	**3 766. 2**	**3 281. 1**	**2 605. 7**	277 801. 4
2010	**711. 2**	**879. 6**	**879. 4**	**784. 1**	**874. 6**	**871. 7**	**878. 9**	**730. 2**	6 609. 7
2011	**4 135. 6**	**4 392. 8**	**3 877. 1**	**3 838. 6**	**3 884. 2**	**4 306. 3**	**4 238. 7**	**3 866. 6**	32 539. 9
2012	**1 425. 4**	**1 265. 8**	**1 197. 2**	**1 124. 1**	**1 197. 1**	**1 454. 2**	**1 356. 1**	**1 352. 8**	10 372. 7
2013	**3 519. 2**	**4 000. 5**	**2 591. 8**	**3 526. 6**	**4 127. 1**	**3 490. 1**	**3 332. 9**	**2 508. 6**	27 096. 8
2014	**1 409. 3**	**2 575. 4**	**2 188. 3**	**2 533. 6**	**2 542. 8**	**2 615. 3**	**2 330. 0**	**2 113. 6**	18 308. 2
2015	**2021. 8**	**2 690. 5**	**2 683. 0**	**2 214. 2**	**2 682. 7**	**2 684. 1**	**2 689. 4**	**1 776. 7**	19 442. 5
2016	**2 394. 1**	**2 376. 9**	**2 655. 0**	**3 089. 0**	**3 092. 6**	**3 083. 7**	**2 186. 4**	**2 110. 5**	20 988. 1
2017	**1 079. 3**	**1 200. 9**	**1 434. 6**	**1 434. 6**	**1 434. 6**	**1 434. 5**	**1 328. 4**	**1 078. 8**	10 425. 9
2018	**1 031. 9**	**1 032. 7**	**1 004. 0**	**630. 2**	**345. 5**	**1 164. 3**	**965. 7**	**974. 3**	7 148. 5
2019	**2 678. 4**	**3 463. 3**	**3 216. 3**	**3 386. 2**	**3 395. 1**	**3 211. 0**	**3 428. 9**	**2 566. 9**	25 346. 1
2020	**2 347. 1**	**2 984. 9**	**2 944. 5**	**2 798. 4**	**2 798. 3**	**2 522. 0**	**2 415. 8**	**2 404. 5**	21 215. 4
2021	**382. 9**	**382. 8**	**386. 6**	**517. 2**	**386. 5**	**386. 7**	**383. 4**	**382. 6**	3 208. 7
2022	**3 592. 5**	**4 403. 7**	**4 245. 1**	**4 430. 2**	**4 436. 7**	**4 429. 0**	**4 292. 0**	**4 217. 9**	34 047. 1
改造前	81 798. 4	86 321. 3	84 818. 7	88 381. 7	85 719. 5	88 094. 1	85 809. 1	85 441. 8	686 384. 6
改造后	47 129. 2	51 570. 8	52 591. 1	54 198. 8	55 249. 5	55 281. 4	51 233. 3	46 378. 4	413 632. 2
总 计	128 927. 6	137 892. 1	137 409. 8	142 580. 5	140 969. 0	143 375. 5	137 042. 4	131 820. 2	1 100 016. 8

注：加黑数字为改造后的运行时间。

表 8　江都三站各机组历年运行时间统计表

单位：h

年份	机号										合计
	1 号机	2 号机	3 号机	4 号机	5 号机	6 号机	7 号机	8 号机	9 号机	10 号机	
1969	524.0	581.0	431.0	461.0	448.0	35.0	8.0	16.0	23.0	15.0	2 542.0
1970	502.5	1 067.0	1 140.0	961.0	850.0	982.0	1 015.5	876.5	962.5	1 066.5	9 423.5
1971	997.5	1 086.5	1 004.5	935.5	1 094.5	1 066.5	1 344.0	1 070.0	841.0	1 169.5	10 609.5
1972	1 149.0	1 168.0	1 166.5	1 177.0	1 099.5	906.0	1 081.5	869.5	908.5	1 022.5	10 548.0
1973	1 689.8	1 683.3	1 698.3	1 696.3	1 695.8	1 693.3	1 533.8	1 694.3	1 132.3	1 694.8	16 212.0
1974	1 727.0	1 819.5	1 590.0	1 705.5	1 806.5	1 638.5	1985.5	1 829.0	1 587.0	802.0	16 490.5
1975	430.0	423.5	424.0	447.5	517.5	507.0	448.5	443.5	449.0	449.0	4 539.5
1976	2 880.0	3 079.0	3 286.0	3 118.5	2 983.0	3 198.5	3 317.0	2 714.5	2 795.0	2 855.5	30 227.0
1977	2 423.0	2 620.0	2 650.0	2 387.0	2 341.0	1 757.0	1 902.0	2024.0	2 160.0	2 436.0	22 700.0
1978	3 408.0	3 540.5	3 321.5	2 962.5	2 381.5	3 438.0	3 560.5	3 205.5	3 260.0	3 538.0	32 616.0
1979	3 229.0	3 322.0	3 382.0	2 635.5	2 165.0	2 582.5	2 884.0	1 592.0	3 112.0	2 953.5	27 857.5
1980	2 938.0	2 471.0	2 394.5	2 884.0	2 318.0	2 533.5	2 120.0	1 592.5	1 689.5	2 508.0	23 449.0
1981	2 460.5	2 310.0	2 372.0	2 354.0	2 156.0	2 466.0	2 153.5	927.0	1 932.5	1 701.5	20 833.0
1982	1 590.5	1986.5	2 130.5	2 450.0	2 395.0	2 483.5	2 371.0	2 258.0	2 531.5	2 611.0	22 807.5
1983	1 706.5	1 100.0	1 703.0	1 789.0	1 792.0	1 786.5	1 738.0	1 791.0	1 784.5	1 788.0	16 978.5
1984	2 180.5	2 254.0	2 222.5	2 419.0	2 209.5	2 258.0	2 209.5	2 405.0	2 170.0	2 412.0	22 740.0
1985	0	0	0	0	0	0	0	0	0	0	0
1986	2 533.0	2 384.5	3 032.5	2 671.0	2 905.5	2 424.0	2 928.0	2 641.0	2 783.5	2 488.5	26 791.5
1987	990.1	990.1	990.1	985.6	985.6	990.6	990.6	967.6	990.1	899.5	9 779.9
1988	3 020.0	21.5	3 071.0	3 029.0	3 271.0	2 953.0	2 639.0	2 509.0	2 740.5	2 078.0	25 332.0
1989	842.0	796.0	1 419.5	1 437.5	1 472.0	1 672.5	1 687.0	1 364.5	1 023.0	912.5	12 626.5
1990	1 347.0	1 388.5	1 547.0	1 547.0	1 546.5	1 532.5	1 546.5	1 546.5	874.5	375.5	13 251.5
1991	2 240.0	2 211.0	2 356.0	2 280.0	2 291.0	2 295.5	2 383.5	2 215.5	1 539.5	1994.5	21 806.5
1992	3 555.0	3 705.5	3 279.5	3 680.0	2 919.5	2 969.5	3 161.0	3 697.0	2 411.5	1 743.0	31 121.5
1993	1 799.0	1 473.0	2 280.0	1978.9	2 126.5	2 396.5	2 223.5	1 755.5	1 058.0	309.5	17 400.4
1994	3 394.0	3 429.0	2 768.5	3 045.5	3 927.5	3 676.5	2 992.0	3 541.0	3 148.5	2 267.0	32 189.5
1995	4 275.5	4 196.5	3 896.0	3 759.5	2 706.0	4 851.5	4 917.0	4 409.5	4 649.5	4 898.5	42 559.5
1996	2 284.0	2 316.5	2 550.5	2 613.0	2 774.5	2 773.5	2 703.5	2 492.5	2 761.2	1 695.5	24 964.7
1997	1 188.5	1972.5	2 137.5	1 818.5	1 029.5	1 000.5	1 835.0	1 908.5	1 706.8	1 381.0	15 978.3

续表

年份	机号										合计
	1 号机	2 号机	3 号机	4 号机	5 号机	6 号机	7 号机	8 号机	9 号机	10 号机	
1998	827.0	773.5	1 132.5	1 180.0	610.0	614.0	1 145.0	1 171.5	807.0	957.0	9 217.5
1999	4 843.0	3 793.0	4 572.0	6 090.0	5 080.0	5 551.0	5 354.0	5 948.0	4 876.0	4 428.0	50 535.0
2000	2 743.5	2 943.5	2 988.5	2 772.0	2 879.0	2 824.5	3 154.5	3 006.0	3 174.1	3 054.0	29 539.6
2001	3 871.5	3 754.0	3 645.5	3 760.0	3 914.0	3 797.5	4 134.0	4 241.5	3 781.5	3 749.5	38 649.0
2002	2 360.0	2 057.0	2 534.0	2 840.0	2 231.0	1 666.0	2 772.0	2 530.0	2 551.0	1 640.0	23 181.0
2003	693	693	672	690	687	690	693	680	690	688	6 876
2004	1 073	1 274	1 545	1 545	1 484	1 545	1 426	1 315	1 272	1 356	13 835
2005	1 213	1 219	1 244	1 598	1 849	1 851	1 820	1 243	1 428	1 046	14 511
2006	3 574	3 893	3 939	4 069	4 067.5	3 895	3 546.5	3 638	4 157.5	3 936	38 715.5
2007	**1 190**	**1 439**	**1 381**	**1 403**	**1 257**	**1 206**	**1 372**	**1 372**	**1 118**	**1 276**	13 014
2008	**280**	**242.5**	**0**	**284**	**284.5**	**0**	**261**	**263**	**0**	**261**	1 876
2009	**1 517.2**	**1 833.8**	**1977.6**	**2 303.7**	**2 308.7**	**2 344.2**	**2 119**	**2 140.4**	**1 946.4**	**1 749.7**	20 240.5
2010	**757**	**1 074.8**	**1 021.3**	**1 058.8**	**838.5**	**1 108.5**	**1 188.5**	**1 118.5**	**644**	**1 047.5**	9 857.3
2011	**3 616.2**	**3 696.8**	**3 899.5**	**3 890.7**	**3 940.2**	**4 023**	**3 931.1**	**3 887.9**	**3 362.2**	**2 785.3**	37 032.6
2012	**1 871.4**	**1 762.5**	**2 215.1**	**1 941.0**	**2 201.5**	**1988.8**	**2 173.1**	**2 199.6**	**2017.4**	**1 292.8**	1966.3
2013	**3 238.2**	**2 469.1**	**3 735.8**	**2 407.2**	**3 842.3**	**3 303.3**	**4 276.9**	**3 034.8**	**3 468.5**	**2 380.6**	32 156.7
2014	**2 308.0**	**1 781.4**	**2 439.0**	**1 932.9**	**2 290.8**	**2 218.0**	**2 348.5**	**2 112.3**	**2 351.0**	**1950.2**	21 732.1
2015	**2 419.2**	**1963.0**	**2 337.1**	**2 513.5**	**2 776.4**	**2 804.3**	**2 372.0**	**2 802.5**	**2 217.1**	**2 181.7**	24 386.8
2016	**3 153.0**	**3 026.5**	**3 077.0**	**3 606.0**	**3 723.5**	**3 490.0**	**3 726.0**	**3 585.5**	**2 431.0**	**3 638.5**	33 457.0
2017	**1 451.5**	**1 624.5**	**1 624.5**	**1 623.5**	**1 624.5**	**1 624.5**	**1 624.5**	**1 624.5**	**1 624.5**	**1 450.5**	15 897.0
2018	**367.0**	**1 231.0**	**1 727.5**	**1 720.5**	**1 098.5**	**1 215.0**	**1 718.5**	**1 718.5**	**1 050.0**	**1 707.0**	13 553.5
2019	**4 530.5**	**4 522.0**	**4 674.5**	**4 658.0**	**4 257.0**	**4 256.5**	**4 656.0**	**3 864.5**	**4 254.0**	**4 300.0**	43 973.0
2020	**2 879.5**	**2 978.5**	**3 229.0**	**3 722.0**	**3 443.5**	**3 353.5**	**3 346.5**	**2 885.5**	**2 359.5**	**2 736.0**	30 933.5
2021	**699.0**	**583.0**	**923.5**	**927.0**	**927.0**	**926.5**	**926.0**	**698.5**	**605.0**	**926.5**	8 142.0
2022	**4 223.5**	**4 417.5**	**4 790.0**	**4 603.0**	**4 778.0**	**4 462.0**	**4 181.5**	**4 602.0**	**4 043.5**	**4 602.0**	44 703.0
改造前	78 501.9	75 796.4	82 516.9	83 772.8	79 009.4	81 301.9	83 723.9	78 129.4	75 762.0	70 920.3	789 434.9
改造后	34 501.1	34 645.8	39 052.2	38 594.6	39 591.8	38 324.1	40 221.0	37 910.0	33 492.0	34 285.2	370 617.8
总　计	113 003.0	110 442.2	117 630.1	122 367.4	118 601.2	119 626.0	123 944.9	116 039.4	109 254.0	105 205.5	1 156 113.7

注：加黑数字为改造后的运行时间。

表 9　江都三站各机组历年发电运行时间统计表

单位：h

年份	机号										合计
	1 号机	2 号机	3 号机	4 号机	5 号机	6 号机	7 号机	8 号机	9 号机	10 号机	
1969	996. 0	276. 0	777. 0	1 314. 0	1 210. 0	1 516. 0	354. 0	1 341. 0	1 504. 0	1 064. 0	10 352. 0
1970	557. 0	1 792. 8	1 160. 3	524. 5	998. 3	969. 3	815. 3	602. 5	793. 0	1 140. 8	9 353. 8
1971	1 004. 0	960. 5	1 019. 0	1 023. 0	1 023. 0	1 044. 0	1 044. 0	995. 0	854. 0	2. 0	8 968. 5
1972	667. 5	637. 5	823. 5	856. 0	828. 5	739. 0	805. 5	753. 5	700. 5	636. 0	7 447. 5
1973	0	0	0	0	0	0	0	0	0	0	0. 0
1974	707. 5	844. 5	717. 0	1 010. 5	1 104. 5	1 106. 0	799. 0	1 043. 5	682. 5	914. 0	8 929. 0
1975	1 287. 0	1 229. 5	1 240. 0	337. 0	1 415. 0	1 414. 5	1 405. 0	786. 0	1 312. 0	1 283. 0	11 709. 0
1976	178. 0	178. 0	178. 0	19. 0	178. 0	178. 0	178. 0	178. 0	178. 0	108. 5	1 551. 5
1977	0	0	0	0	0	0	0	0	0	0	0
1978	0	0	0	0	0	0	0	0	0	0	0
1979	563. 5	562. 5	563. 0	562. 5	547. 5	0. 0	460. 5	516. 5	540. 5	532. 5	4 849. 0
1980	781. 0	919. 5	977. 0	910. 5	981. 5	982. 0	732. 0	678. 5	736. 5	775. 5	8 474. 0
1981	433. 0	437. 0	286. 5	413. 5	126. 0	411. 5	412. 5	326. 5	436. 5	435. 5	3 718. 5
1982	0	0	0	0	38. 0	48. 0	48. 5	47. 5	48. 0	47. 5	277. 5
1983	1 243. 5	1 251. 0	1 265. 0	1 269. 0	1 154. 0	1 020. 0	951. 5	1 006. 5	508. 0	0	9 668. 5
1984	0	0	0	0	0	0	0	0	0	0	0
1985	2 136. 5	1 502. 5	2 353. 5	2 349. 0	2 354. 5	2 301. 5	2 355. 0	1 882. 0	2 339. 5	2 171. 5	21 745. 5
1986	1 200. 0	1 203. 5	1 200. 0	1 200. 0	1 206. 5	512. 0	1 083. 5	1 206. 5	1 206. 5	1 200. 0	11 218. 5
1987	2 632. 0	2 221. 0	2 977. 0	3 006. 0	3 010. 0	2 730. 0	2 930. 5	2 849. 5	2 857. 5	2 812. 0	28 025. 5
1988	1 537. 0	0. 0	1 547. 0	1 547. 0	1 547. 0	1 496. 0	1 523. 0	1 529. 0	1 505. 0	1 517. 0	13 748. 0
1989	1 867. 0	845. 0	1 867. 0	1 868. 0	1 747. 5	1 857. 0	1 831. 0	1 855. 0	844. 0	1 826. 5	16 408. 0
1990	1 938. 5	505. 5	1957. 0	1958. 0	1958. 5	1957. 5	1 929. 0	1 948. 0	681. 5	1 939. 0	16 772. 5
1991	829. 7	848. 2	847. 7	850. 2	850. 7	848. 2	847. 7	824. 2	93. 0	820. 7	7 660. 3
1992	269. 5	251. 5	275. 0	275. 0	275. 0	251. 5	245. 0	275. 0	275. 0	0. 0	2 392. 5
1993	910. 0	1 231. 5	1 234. 0	1 178. 0	1 091. 5	853. 0	1 232. 0	1 190. 0	1 208. 0	1 138. 0	11 266. 0
1994	0	0	0	0	0	0	0	0	0	0	0
1995	0	0	0	0	0	0	0	0	0	0	0
1996	554. 0	553. 5	553. 0	563. 5	564. 0	544. 5	561. 0	14. 5	551. 0	550. 5	5 009. 5
1997	0	0	0	0	0	0	0	0	0	0	0
1998	0	162. 0	170. 5	172. 0	27. 0	247. 0	247. 0	168. 0	169. 5	0	1 363. 0

续表

年份	机号										合计
	1 号机	2 号机	3 号机	4 号机	5 号机	6 号机	7 号机	8 号机	9 号机	10 号机	
1999	0	0	0	0	0	0	0	0	0	0	0
2000	1 870. 5	1957. 5	1957. 0	1956. 5	1956. 0	1955. 0	1954. 5	1 893. 5	1953. 5	1953. 5	19 407. 5
2001	528. 0	1 811. 0	1 810. 5	1 810. 0	1 809. 5	1 809. 0	1 808. 0	1 807. 0	1 807. 0	1 807. 0	16 807. 0
2002	0	0	0	0	0	0	0	0	0	0	0. 0
2003	4 135. 0	4 536. 0	4 538. 0	4 533. 0	4 537. 0	4 183. 0	4 262. 0	4 037. 0	4 494. 0	4 151. 0	43 406. 0
2004	1 628. 0	1 742. 0	1 743. 0	1 744. 0	1 744. 0	1 629. 0	1 647. 0	1 742. 0	969. 0	1 742. 0	16 330. 0
2005	1 326. 0	2009. 0	1 714. 0	1 743. 0	1 738. 0	1 719. 0	1 704. 0	1 717. 0	2011. 0	1 721. 0	17 402. 0
2006	2 490. 0	2 663. 5	2 726. 5	2 630. 5	2 485. 5	2 498. 0	2 186. 5	2 574. 5	2 705. 0	2 578. 5	25 537. 5
2007	**1 312. 0**	**1 231. 0**	**1 312. 0**	**1 309. 0**	**1 309. 0**	**1 311. 0**	**117. 0**	**0**	**289. 0**	**136. 0**	8 326. 0
2008	**0**	**0**	**0**	**0**	**0**	**0**	**0**	**0**	**0**	**0**	0
2009	**345. 3**	**345. 6**	**347. 4**	**347. 7**	**347. 9**	**346. 5**	**346. 2**	**345. 6**	**52. 4**	**345. 2**	3 169. 9
2010	**1 634. 8**	**1 633. 6**	**1 687. 1**	**1 896. 2**	**1 873. 8**	**1 849. 0**	**1 914. 1**	**1 914. 1**	**1 698. 1**	**1 791. 0**	17 891. 4
2011	**1 203. 5**	**1 875. 3**	**2021. 0**	**1 299. 0**	**1 883. 5**	**1 374. 0**	**2022. 0**	**2022. 0**	**1 530. 3**	**1 230. 5**	16 461. 0
2012	**910. 5**	**820. 3**	**903. 8**	**911. 5**	**911. 5**	**744. 0**	**766. 8**	**808. 5**	**800. 8**	**911. 5**	8 489. 0
2013	**0**	**191. 5**	**191. 5**	**0**	**191. 5**	**191. 5**	**191. 5**	**191. 5**	**0**	**0**	1 149. 0
2014	**575. 0**	**594. 4**	**489. 2**	**594. 7**	**594. 7**	**441. 7**	**594. 2**	**594. 2**	**578. 4**	**593. 9**	5 650. 4
2015	**0**	**0**	**0**	**0**	**0**	**0**	**0**	**0**	**0**	**0**	0
2016	**1 019. 2**	**126. 0**	**1 019. 2**	**1 012. 2**	**1 019. 2**	**1 015. 2**	**1 018. 7**	**1 018. 7**	**1 018. 7**	**1 018. 7**	9 285. 8
2017	**2 109. 0**	**2 110. 5**	**2 325. 0**	**2 279. 5**	**2 138. 0**	**1 177. 5**	**1 177. 5**	**2 319. 5**	**2 107. 5**	**2 108. 0**	19 852. 0
2018	**419. 5**	**661. 5**	**475. 0**	**643. 0**	**398. 0**	**449. 5**	**379. 0**	**445. 5**	**355. 0**	**355. 0**	4 581. 0
2019	**0**	**0**	**0**	**0**	**0**	**0**	**0**	**0**	**0**	**0**	0
2020	**0**	**0**	**0**	**0**	**0**	**0**	**0**	**0**	**0**	**0**	0
2021	**330. 0**	**454. 0**	**620. 0**	**665. 5**	**666. 0**	**587. 0**	**666. 5**	**666. 5**	**666. 0**	**666. 0**	5 987. 5
2022	**0. 0**	**0. 0**	**0. 0**	**0. 0**	**0. 0**	**0. 0**	**0. 0**	**0. 0**	**0. 0**	**0. 0**	0. 0
改造前	34 269. 7	33 132. 0	38 477. 0	37 623. 2	38 506. 5	36 819. 5	36 352. 5	35 787. 7	33 963. 5	34 867. 5	359 799. 1
改造后	9 858. 8	10 043. 6	11 391. 1	10 958. 3	11 333. 0	9 486. 9	9 193. 4	10 326. 1	9 096. 1	9 155. 8	100 843. 0
总 计	44 128. 5	43 175. 6	49 868. 1	48 581. 5	49 838. 5	46 306. 4	45 545. 9	46 113. 8	43 059. 6	44 023. 3	460 641. 1

注：加黑数字为改造后的运行时间。

表 10　江都四站各机组历年运行时间统计表

单位：h

年份	机号							合计
	1 号机	2 号机	3 号机	4 号机	5 号机	6 号机	7 号机	
1977	851. 4	1 108. 7	689. 8	753. 1	955. 7	463. 6	1 306. 9	6 129. 2
1978	4 140. 7	4 055. 7	3 633. 1	2 395. 2	4 201. 5	4 200. 7	4 305. 9	26 932. 8
1979	2 685. 1	3 782. 9	3 709. 6	3 809. 4	4 029. 7	5 058. 0	4 651. 8	27 726. 5
1980	2 412. 3	2 096. 0	1 321. 1	2 819. 5	2 720. 8	2 657. 5	2 098. 5	16 125. 7
1981	1 889. 9	2 254. 3	1 488. 9	2 268. 0	2 542. 4	2 278. 9	1 480. 9	14 203. 3
1982	2 873. 9	2 228. 6	2 818. 1	2 504. 5	3 000. 6	2 604. 5	2 817. 7	18 847. 9
1983	1 925. 4	2 038. 5	2025. 0	2 069. 9	2007. 2	1 448. 7	1 822. 1	13 336. 8
1984	2 248. 1	2 080. 9	1 614. 4	2 276. 1	2 192. 3	1 870. 8	2 258. 4	14 541. 0
1985	1 166. 6	24. 7	1 212. 1	1 395. 5	1 240. 5	1 462. 0	1 012. 6	7 514. 0
1986	3 213. 2	2 984. 3	3 331. 2	2 548. 8	3 364. 8	3 322. 3	3 316. 1	22 080. 7
1987	1 669. 9	1 073. 9	1 388. 9	1 369. 5	1 667. 9	1 534. 6	1 496. 5	10 201. 2
1988	3 556. 6	3 000. 8	3 474. 7	3 133. 8	3 071. 8	3 381. 6	3 941. 2	23 560. 5
1989	3 015. 7	3 349. 2	2 793. 0	2 991. 5	2 943. 1	3 082. 4	3 627. 8	21 802. 7
1990	1 339. 5	1 743. 4	1 735. 8	844. 4	1 621. 7	2 188. 6	1 727. 7	11 201. 1
1991	2 309. 8	2 248. 1	2 593. 3	2 409. 4	2 209. 1	2 330. 2	2 668. 3	16 768. 2
1992	2 083. 0	2 752. 2	4 103. 4	3 571. 2	2 534. 3	3 907. 4	2 558. 1	21 509. 6
1993	1 416. 1	1 389. 4	2 251. 3	2 069. 0	1 932. 4	2 196. 3	867. 7	12 122. 2
1994	2 644. 4	2 596. 2	3 718. 1	3 342. 6	3 637. 9	2 959. 2	2 855. 3	21 753. 7
1995	3 505. 0	5 395. 5	4 200. 3	3 979. 3	4 312. 1	5 237. 9	4 603. 5	31 233. 6
1996	2 782. 3	3 718. 9	4 391. 6	3 353. 3	4 242. 1	3 690. 2	2 920. 0	25 098. 4
1997	2 188. 0	3 340. 9	3 291. 3	3 489. 1	3 502. 3	2 594. 1	2 971. 6	21 377. 3
1998	300. 9	167. 6	531. 8	611. 5	681. 3	361. 4	205. 1	2 859. 6
1999	3 120. 4	3 659. 2	3 391. 5	2 562. 8	3 066. 6	2 875. 3	3 700. 8	22 376. 6
2000	2 076. 5	2 218. 5	2 093. 5	2 355. 0	2 235. 5	2 122. 5	2 058. 0	15 159. 5
2001	3 246. 5	3 821. 0	3 876. 0	3 724. 5	2 985. 5	4 683. 0	4 307. 0	26 643. 5
2002	2 706. 0	2 690. 0	2 718. 0	2 092. 0	2 877. 0	2 642. 0	2 586. 0	18 311. 0
2003	1 182. 1	1 333. 5	1 436. 0	1 346. 1	1 403. 9	1 368. 9	1 406. 5	9 477. 0
2004	1957. 0	1 905. 0	1 661. 0	1 856. 0	2018. 5	1 863. 5	1 799. 5	13 060. 5
2005	2 709. 0	2 183. 0	2 650. 0	2 047. 0	2 670. 0	2 743. 0	2 686. 0	17 688. 0

续表

年份	机号							合计
	1 号机	2 号机	3 号机	4 号机	5 号机	6 号机	7 号机	
2006	1 139. 0	1 794. 5	2 221. 8	1 931. 1	1 926. 9	1 651. 7	1 905. 1	1 257. 1
2007	1 911. 0	2023. 5	1 901. 5	1 847. 5	2 103. 5	1 713. 5	1 910. 5	13 411. 0
2008	537. 8	524. 2	123. 0	475. 2	526. 4	409. 6	544. 7	3 140. 9
2009	**1 700. 9**	**1 682. 4**	**1 771. 7**	**1 579. 8**	1 569. 0	1 637. 8	1 606. 0	11 547. 6
2010	**1 101. 6**	**1 256. 5**	**939. 1**	**1 178. 9**	**1 248. 1**	**1 242. 9**	**1 022. 1**	7 989. 3
2011	**3 177. 1**	**3 413. 9**	**3 322. 8**	**3 117. 2**	**3 614. 0**	**3 441. 0**	**3 320. 8**	23 406. 9
2012	**2 198. 34**	**1 408. 2**	**1 747. 3**	**1 085. 0**	**1 613. 8**	**1 337. 2**	**1 504. 1**	10 893. 8
2013	**4 492**	**4 949. 0**	**5 035. 5**	**4 409**	**2 496. 5**	**5 529. 5**	**5 090. 0**	32001. 0
2014	**2 627. 5**	**2 662. 5**	**2 692. 0**	**2 398. 5**	**1 799. 0**	**2 698. 5**	**2 498. 5**	17 376. 5
2015	**2 582. 5**	**3 705. 0**	**3 072. 5**	**3 462. 5**	**3 230. 5**	**1953. 5**	**3 487. 0**	21 493. 5
2016	**2 696. 0**	**2 153. 0**	**2 221. 0**	**3 069. 0**	**2 608. 0**	**1 409. 0**	**1 056. 0**	15 212. 0
2017	**1 414. 0**	**1 584. 0**	**1 626. 0**	**1 666. 0**	**1 466. 0**	**2 050. 0**	**1 860. 0**	11 666. 0
2018	**1 679. 5**	**1 292. 5**	**466. 0**	**1 060. 5**	**1 556. 5**	**1 469. 5**	**1 465. 5**	8 990. 0
2019	**3 758**	**3 640**	**3 549**	**3 679**	**3 747**	**3 839**	**3 624**	25 836
2020	**1 414**	**1974**	**1 939**	**1 912**	**1 921**	**2004**	**2 058**	13 222
2021	**417. 0**	**422. 0**	**422. 0**	**406. 0**	**407. 0**	**410. 0**	**373. 0**	2 857. 0
2022	**4 284. 0**	**4 089. 0**	**4 350. 0**	**4 102. 0**	**3 003. 0**	**4 418. 0**	**4 284. 0**	28 530. 0
改造前	70 135. 7	75 031. 5	78 482. 9	73 467	81 337. 9	81 473. 2	79 094. 2	539 022. 4
改造后	34 825. 5	35 340. 4	34 003. 1	34 065. 5	30 104. 5	33 418. 5	33 272. 7	235 030. 2
总　计	104 961. 2	110 371. 9	112 486. 0	107 532. 5	111 442. 4	114 891. 7	112 366. 9	774 052. 6

注：加黑数字为改造后的运行时间。

表 11　江都抽水站各站历年引、排运行天数统计表　　单位：天

年份	抽引江水				抽排涝水			
	一站	二站	三站	四站	一站	二站	三站	四站
1963	0				20			
1964	0				25			
1965	22	23			83	83		
1966	208	208			0	0		
1967	188	195			0	0		
1968	73	74			0	0		

续表

年份	抽引江水				抽排涝水			
	一站	二站	三站	四站	一站	二站	三站	四站
1969	0	0	0		35	35	31	
1970	11	10	10		45	45	46	
1971	14	14	59		11	11	9	
1972	42	29	34		19	19	19	
1973	32	12	69		0	4	4	
1974	49	51	73		17	22	22	
1975	7	2	19		7	0	8	
1976	103	148	155		0	0	0	
1977	137	129	122	67	20	18	3	17
1978	188	173	183	234	0	0	0	0
1979	130	112	116	206	35	28	34	29
1980	0	13	42	28	39	46	73	74
1981	101	118	94	91	22	8	18	23
1982	143	94	93	114	22	29	28	26
1983	44	52	56	61	19	19	25	30
1984	90	67	98	68	19	22	12	42
1985	39	30	0	18	35	44	0	48
1986	79	96	93	109	0	50	50	51
1987	11	2	1	18	65	67	45	65
1988	125	133	128	154	19	25	22	26
1989	62	51	64	111	34	36	16	53
1990	63	61	45	53	22	30	28	46
1991	59	71	38	60	74	73	72	70
1992	145	168	147	202	19	22	25	26
1993	60	76	66	85	60	60	56	57
1994	155	172	167	172	6	6	6	1
1995	80	155	220	235	10	14	7	6
1996	25	166	94	163	30	44	32	43
1997	132	106	78	139	15	19	15	19
1998	42	2	29	19	18	17	27	17

续表

年份	抽引江水				抽排涝水			
	一站	二站	三站	四站	一站	二站	三站	四站
1999	248	113	243	165	19	13	27	16
2000	137	66	135	91	6	8	9	19
2001	217	213	196	190	11	10	13	10
2002	196	157	142	135	19	19	15	9
2003	15	12	0	21	41	31	30	50
2004	58	91	81	109	0	0	0	0
2005	49	28	48	79	33	38	37	44
2006	68	76	37	71	29	29	29	29
2007	47	48	43	72	31	32	23	31
2008	5	3	3	12	15	16	12	17
2009	153	172	95	68	22	22	21	25
2010	15	28	39	53	22	16	16	15
2011	164	169	148	153	27	27	33	34
2012	65	55	99	144	15	15	16	18
2013	184	178	181	246	0	0	0	0
2014	144	105	100	121	8	9	9	9
2015	67	69	74	137	49	49	49	49
2016	96	95	120	102	40	41	41	41
2017	66	50	58	77	12	12	12	12
2018	40	44	69	70	7	7	7	7
2019	219	211	198	235	0	0	0	0
2020	93	123	150	78	11	11	8	10
2021	0	0	23	0	18	18	18	20
2022	195	189	202	190	0	0	0	0
总 计	5 200	5 108	4 877	5 026	1 280	1 319	1 158	1 234

表 12 江都抽水站历年运行天数统计表

单位：天

年份	抽江水	排涝水	发电	年份	抽江水	排涝水	发电	年份	抽江水	排涝水	发电
1963	0	20		1984	124	43	0	2005	79	49	91
1964	0	25		1985	50	59	102	2006	109	29	116

续表

年份	抽江水	排涝水	发电	年份	抽江水	排涝水	发电	年份	抽江水	排涝水	发电
1965	23	83		1986	161	64	51	2007	72	32	58
1966	210	0		1987	32	68	137	2008	21	17	0
1967	203	0		1988	162	29	67	2009	193	27	16
1968	74	0		1989	146	60	79	2010	67	22	86
1969	0	35	65	1990	72	52	84	2011	196	34	85
1970	12	49	82	1991	112	74	39	2012	176	18	40
1971	65	11	48	1992	214	27	12	2013	282	0	9
1972	52	19	44	1993	110	68	54	2014	151	9	26
1973	69	4	0	1994	207	8	0	2015	137	49	0
1974	98	27	52	1995	273	14	0	2016	203	41	44
1975	19	8	74	1996	207	44	27	2017	82	12	74
1976	182	0	8	1997	180	24	0	2018	72	7	32
1977	176	20	0	1998	51	29	11	2019	235	0	0
1978	270	0	0	1999	262	28	0	2020	195	11	0
1979	228	36	26	2000	158	20	84	2021	23	20	29
1980	44	74	52	2001	229	15	78	2022	205	0	0
1981	141	23	20	2002	252	19	0				
1982	193	33	3	2003	23	57	196				
1983	62	32	57	2004	113	0	75	合计	7 757	1 578	2 333

表 13　江都水利枢纽工程历年自流引江水量统计表

单位：亿 m^3

年份	水量	年份	水量	年份	水量	年份	水量
1961	3. 049	1977	18. 5	1993	11. 72	2009	23. 89
1962	4. 393	1978	48. 7	1994	31. 36	2010	22. 43
1963	0. 028	1979	34. 1	1995	28. 56	2011	15. 83
1964	6. 303	1980	31. 8	1996	30. 41	2012	32. 64
1965	6. 809	1981	46. 4	1997	32. 86	2013	29. 57
1966	18. 32	1982	44. 70	1998	5. 925	2014	23. 26
1967	19. 27	1983	32. 6	1999	15. 95	2015	19. 46
1968	7. 675	1984	25. 8	2000	20. 65	2016	26. 23
1969	14. 76	1985	17. 4	2001	17. 08	2017	32. 49

续表

年份	水量	年份	水量	年份	水量	年份	水量
1970	26.58	1986	27.0	2002	16.52	2018	35.31
1971	23.55	1987	20.6	2003	22.42	2019	56.53
1972	26.40	1988	24.29	2004	27.74	2020	37.71
1973	35.39	1989	17.60	2005	21.52	2021	35.3
1974	24.4	1990	15.76	2006	14.01	2022	44.34
1975	28.7	1991	8.815	2007	13.77		
1976	32.4	1992	20.26	2008	19.36	合计	1 476.2

注：表中水量统计，1961—1977 年 11 月 1 日采用江都闸资料，1977 年 11 月 2 日至 1980 年 3 月 31 日采用宜陵闸、宜陵北闸资料，1980 年 4 月 1 日起采用江都东闸资料。

表 14 淮河入江水道归江控制工程历年泄洪水量统计表

单位：亿 m^3

年 份	泄洪水量			年份	泄洪水量		
	万福、太平、金湾闸之和	芒稻闸	合计		万福、太平、金湾闸之和	芒稻闸	合计
1961	15.59		15.59	1993	62.84	3.64	66.5
1962	171.4		171.4	1994	0.820	0.513	1.333
1963	437.6		437.6	1995	13.3	0	13.3
1964	437.3		437.3	1996	225.9	7.870	233.8
1965	229.7		229.7	1997	26.07	2.016	28.09
1966	12.47	0	12.47	1998	389.5	9.174	398.7
1967	13.37	3.241	16.61	1999	7.02	0	7.02
1968	227.8	12.79	240.6	2000	241.0	0.401	241.4
1969	218.8	23.03	241.8	2001	27.36	0	27.36
1970	117.4	11.78	129.2	2002	74.09	0	74.09
1971	137.7	3.123	140.8	2003	620.4	13.94	634.3
1972	206.2	7.061	213.3	2004	60.42	0	60.42
1973	111.8	1.895	113.7	2005	413.5	2.60	416.1
1974	110.7	1.298	112.0	2006	139.4	3.181	142.6
1975	351.7	10.49	362.2	2007	386.4	5.280	391.7
1976	8.81	0.068	8.88	2008	176.2	6.687	182.9
1977	73.97	0.050	74.02	2009	38.45	1.85	40.30
1978	0	0	0	2010	145.8	5.034	150.8

续表

年　份	泄洪水量			年份	泄洪水量		
	万福、太平、金湾闸之和	芒稻闸	合计		万福、太平、金湾闸之和	芒稻闸	合计
1979	142.0	1.48	143.5	2011	43.08	0.06	43.14
1980	344.4	4.10	348.5	2012	22.22	0.33	22.55
1981	11.15	0.415	11.57	2013	2.12	0	2.12
1982	320.0	0.720	320.7	2014	82.89	0	82.89
1983	281.0	1.183	282.2	2015	170.73	2.15	172.88
1984	358.2	10.97	369.2	2016	169.0	5.53	174.53
1985	182.5	7.751	190.3	2017	227.5	5.68	233.18
1986	93.86	0.60	94.46	2018	196.53	8.29	204.82
1987	250.9	5.90	256.8	2019	8.395	0	8.395
1988	20.50	0	20.50	2020	317.53	5.52	323.05
1989	146.0	1.388	147.4	2021	310.75	14.76	325.51
1990	141.3	0	141.3	2022	20.43	2.65	23.08
1991	571.7	10.45	582.2				
1992	14.84	1.008	15.85	合计	10 380.3	228.01	10 608.3

注：1. 芒稻闸泄洪水量含运西地区排涝水量。

2. 芒稻闸 1991 年泄洪水量中含运盐闸 7 月 8 日至 26 日泄洪水量约 2.3 亿 m^3。

附录三 江都水利枢纽碑文[①]

江苏，拥吴楚而连中原，濒东海而纳大川，江淮沂沭泗贯东西，古大运河穿南北，南蕴太湖一明珠，北怀洪泽数镜泊。然低处不胜寒。多有洪水骤汇之险危，常遇暖冷气流交碰之变机，潜存海陆相风暴潮之威逼。大洪年份，江淮并涨，风暴肆虐，海潮顶托，水天一色；大旱时节，河湖干涸，赤地千里，淮北尤甚。故而，一江两地，差莫大焉。

乾坤得定，水利大兴，领袖又指点江山，绘制南水北调宏图，江苏勇著先鞭。依滨江之势，于江都铸引源三站；承运河之基，拓输水北上通道；倚洪泽诸湖，蓄贮降引之源；选沿途节点，打造多级翻水控制。次第又工成四站，配套涵闸船闸十三。工程始于一九六一年，竣于一九七七年。其间，遇三年自然灾害，遭十载“文革”浩劫，而江淮儿女，矢志不渝，气吞山河，拓进不息，终成降龙伏虎之鼎器。又经治淮大修复加固，枢纽完善矣。

观江都枢纽系统，引长江，连淮河，串湖泊，衔五百流量之江水，攀四十米之高程，越五百公里之坎坷，达淮北千万顷之渴沃，并吞吐淮河里下河之潦涝入江。从此，淮北旱涝无虞。流泉鸣处，陇亩平添锦绣，粮仓涌立；碧波荡时，街衢插翅腾飞，万象更新。此则江都水利枢纽工程之为也，其效其益，难述备矣。

迩岁，南水北调三线筹划就绪，引江济淮之东线先启扩容，江都龙首，再露峥嵘。会期滔滔江水，逾黄淮而穿泰岱，济海河直达京津，泽润齐鲁，碧染幽燕，其膏民济世之功，可与日月同辉也，是为记。

① 江都水利枢纽是南水北调东线工程的源头。2003 年，管理处成立 40 周年之际，在一站上游立一巨石，取名“源头”，以此纪念。水利部水利经济研究会秘书长（省水利厅政策法规处原处长）祁正卫同志专门为此撰写碑文。

附录四　江淮明珠

1=D 4/4 2/4
颂扬地

引 江 人 词
杜建申 常畅 曲

(领)滚滚长江水，昂首奔北方，滚滚长江水，昂首奔北方，
(领)滔滔洪涝水，俯首入长江，滔滔洪涝水，俯首入长江，
(领)大禹的传人，扎根在“引江”，大禹的传人，扎根在“引江”，

高歌一路送清泉，神州东方神州东方齐欢唱。
水天一色自安澜，淮河下游淮河下游鱼米乡。
丹心一片献水利，与时俱进与时俱进铸辉煌。

(合)啊 江都水利枢纽，雄伟壮丽的工程，
(合)啊 江都水利枢纽，吞江吐淮的工程，
(合)啊 江都水利枢纽，闻名中外的工程，

令人神往的地方，啊 江都水利枢纽，南水北调第一站，
人们赞颂的地方，啊 江都水利枢纽，防洪保安威力大，
我们热爱的地方，啊 江都水利枢纽，文明窗口展风采，

千秋伟业啊著华章。
造福人民啊誉四方。
江淮明珠啊美名扬。

结束句

(领)江淮明珠美名扬！

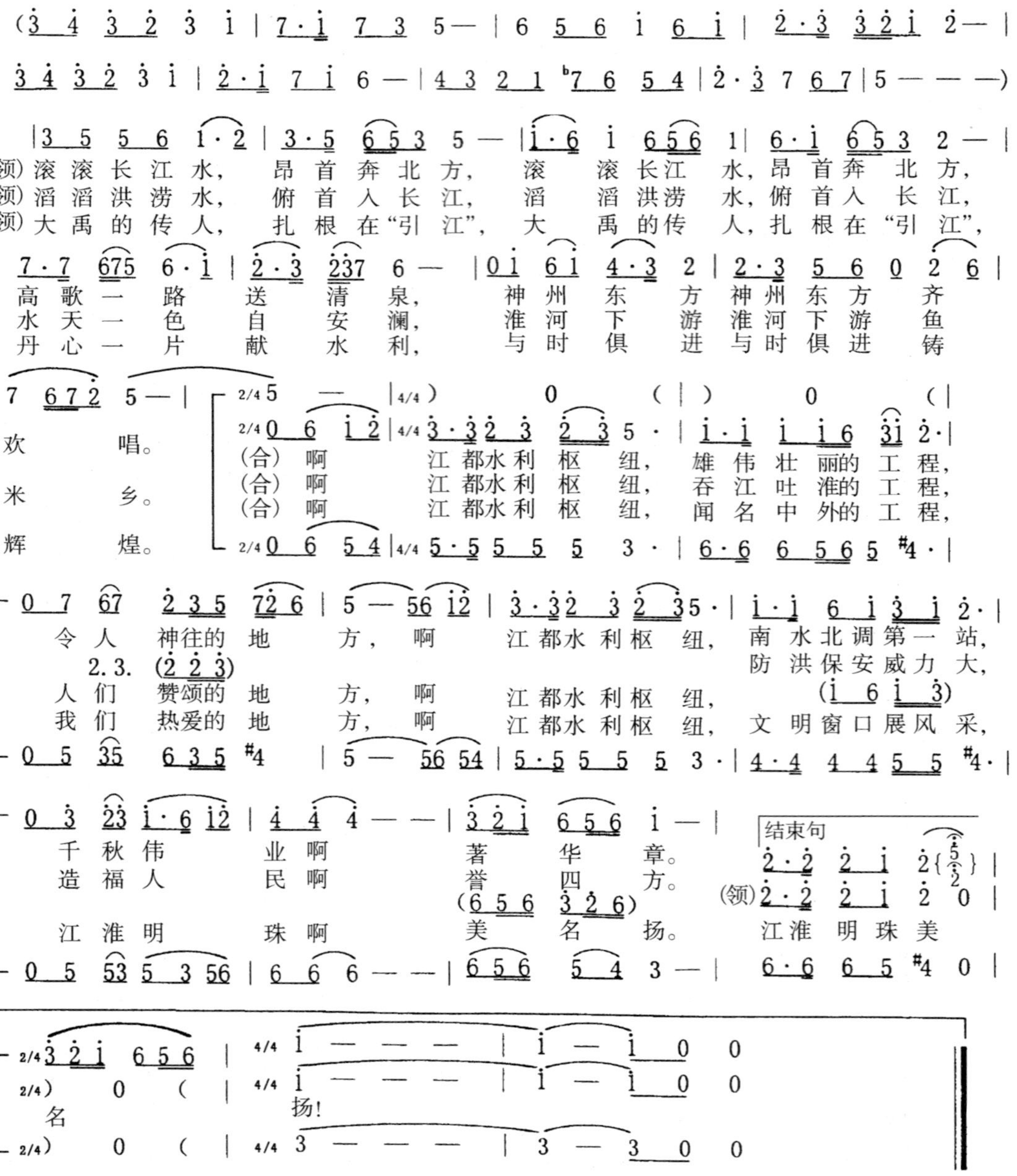

附录五　追梦江淮

江都水利枢纽之歌

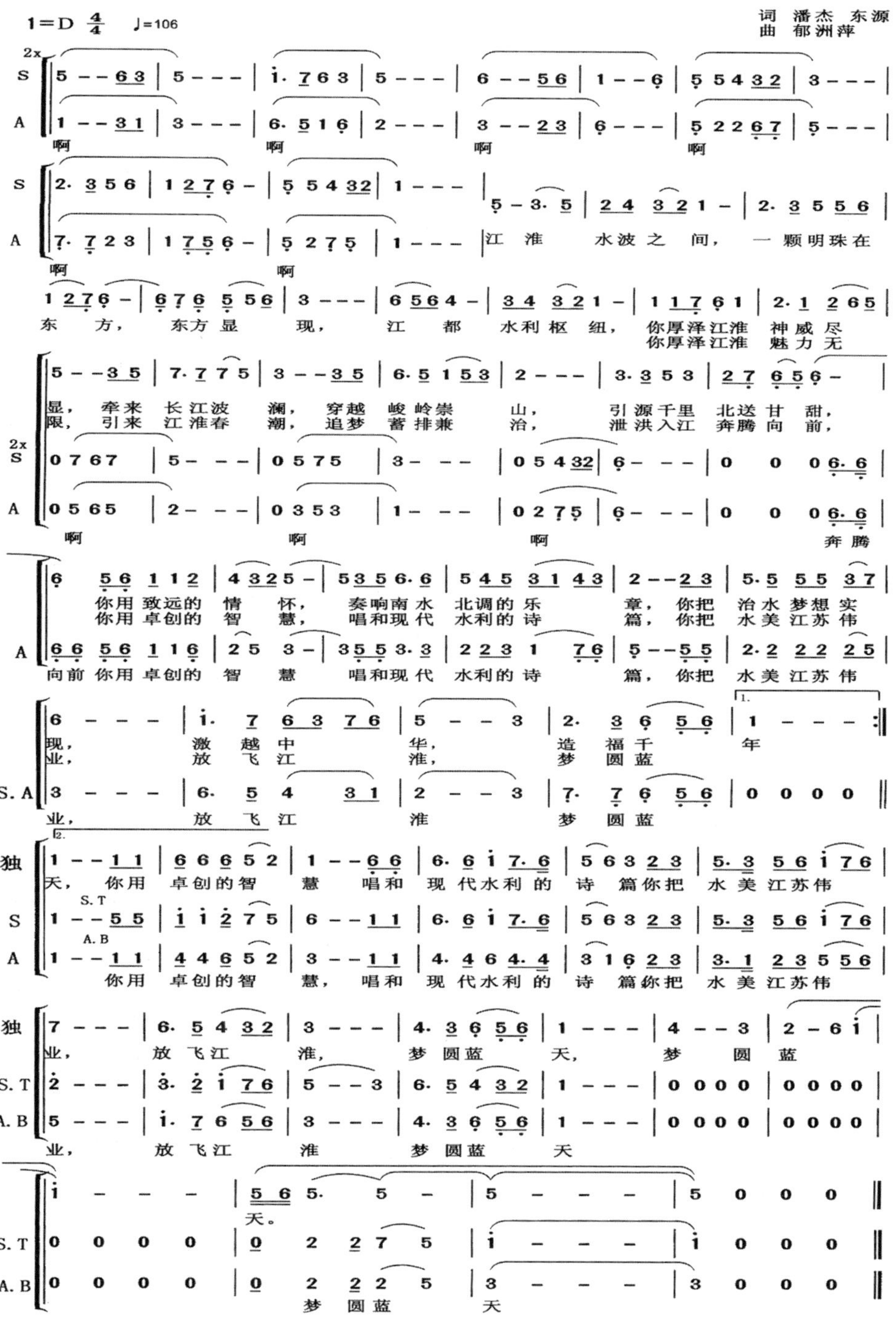
1=D 4/4 ♩=106
词 潘杰 东源
曲 郁洲萍
啊 啊 啊 啊
啊 啊
江淮水波之间，一颗明珠在
东方，东方显现，江都水利枢纽，你厚泽江淮神威尽
你厚泽江淮魅力无
显，牵来长江波澜，穿越峻岭崇山，引源千里北送甘甜，
限，引来江淮春潮，追梦蓄排兼治，泄洪入江奔腾向前，
啊 啊 啊 奔腾
你用致远的情怀，奏响南水北调的乐章，你把治水梦想实
你用卓创的智慧，唱和现代水利的诗篇，你把水美江苏伟
向前你用卓创的智慧唱和现代水利的诗篇，你把水美江苏伟
现，激越中华，造福千年
业，放飞江淮，梦圆蓝
业，放飞江淮梦圆蓝
天，你用卓创的智慧唱和现代水利的诗篇你把水美江苏伟
你用卓创的智慧，唱和现代水利的诗篇你把水美江苏伟
业，放飞江淮，梦圆蓝天，梦圆蓝
业，放飞江淮梦圆蓝天
天。
梦圆蓝天